Deep Mind

Deepen Your Mind

前言

人工智慧的浪潮正在席捲全球，機器學習是人工智慧領域最能表現智慧的分支。隨著電腦性能的提升，機器學習在各個領域中大放光彩。尤其是自從 2016 年 AlphaGo 戰勝人類圍棋頂尖高手後，機器學習、深度學習「一夜爆紅」，遍佈網際網路的各個角落，成為民眾茶餘飯後討論最多的話題。不過很多人可能苦於不知如何下手，又或考慮到演算法中的數學知識，從而產生了放棄學習的念頭。因此本書剔除了枯燥乏味的數學原理及其推導過程，用淺顯易懂的程式去實現這些經典和主流的演算法，並在實際的場景中對演算法進行應用。

Python 語言是全球最熱門的程式語言，其最大的優點就是自由、開放原始碼。隨著 Python 的不斷發展，其已經在機器學習和深度學習領域受到了許多學者和企業的關注。本書在簡介機器學習理論知識的同時，重點研究如何使用 Python 語言來建模分析實際場景中的資料，增強讀者的動手能力，促進讀者對理論知識的深刻瞭解。

本書共分為 12 章，前 4 章介紹了 Python 的使用與基於 Python 機器學習的預備知識，後 8 章則分模組介紹了統計分析、機器學習與深度學習的主流演算法和經典應用。本書盡可能做到內容全面、循序漸進，案例經典實用，而且程式透過 Jupyter Notebook 來完成，清晰易懂，方便操作，即使沒有 Python 基礎知識的讀者也能看懂本書的內容。

透過閱讀第 1 章～第 4 章，你將學到以下內容。

第 1 章：Python 機器學習入門。先介紹機器學習相關知識，然後介紹如何安裝 Anaconda 用於 Python 程式的運行，接著介紹 Python 相關的基礎知識，快速入門 Python 程式設計，最後介紹 NumPy、pandas 與 Matplotlib 等第三方 Python 函數庫的使用。

第 2 章：資料探索與視覺化。將介紹如何使用 Python 對資料集的遺漏值、異常值等進行前置處理，以及如何使用豐富的視覺化圖型，展示資料之間的潛在關係，增強對資料的全面認識。

第 3 章：特徵工程。利用 Python 結合實際資料集，介紹如何對資料進行特徵變換、特徵建構、特徵選擇、特徵提取與降維，以及對類別不平衡資料進行資料平衡的方法。

第 4 章：模型選擇和評估。該章主要介紹如何更進一步地訓練資料，防止模型過擬合，以及針對不同類型的機器學習任務，如何評價模型的性能。

透過閱讀第 5 章～第 12 章，你將學到以下內容。

第 5 章：假設檢驗和回歸分析。該章主要介紹統計分析的相關內容，如 t 檢驗、方差分析、多元回歸分析、Ridge 回歸分析、LASSO 回歸分析以及 Logistic 回歸分析等內容。

第 6 章：時間序列分析。該章將介紹如何對時間序列這一類特殊的資料進行建模和預測，結合實際資料集，比較不同類型的預測演算法的預測效果。

第 7 章：聚類演算法與異常值檢測。該章主要介紹機器學習中的資料聚類和異常值檢測兩種無監督學習任務內容。其中聚類演算法將介紹 K- 平均值聚類、K- 中值聚類、層次聚類、密度聚類等經典的聚類演算法；異常值檢測演算法將介紹 LOF、COF、SOD 等經典的無監督檢測演算法。

第 8 章：決策樹和整合學習。該章主要介紹幾種基於樹的機器學習演算法，如決策樹、隨機森林、AdaBoost、梯度提升樹等模型在資料分類與回歸中的應用。

第 9 章：貝氏演算法和 K- 近鄰演算法。該章將介紹如何利用貝氏模型進行文字分類及如何建構貝氏網路，同時還會介紹 K- 近鄰演算法在資料分類和回歸上的應用。

第 10 章：支持向量機和類神經網路。該章主要介紹支持向量機與全連接神經網路在資料分類和回歸上的應用。

第 11 章：連結規則與文字探勘。該章主要結合具體的資料集，介紹如何利用 Python 進行連結規則分析及對文字資料的分析與探勘。

第 12 章：深度學習入門。該章主要依靠 PyTorch 深度學習框架，介紹相關的深度學習入門知識，如透過卷積神經網路進行圖型分類、透過循環神經網路進行文字分類及透過自編碼網路進行圖型重建等實戰案例。

本書在編寫時盡可能地使用了目前最新的 Python 庫，但是隨著電腦技術的迅速發展，以及作者水準有限，編寫時間倉促，書中難免存在疏漏，敬請讀者不吝賜教。

余本國

目錄

03 特徵工程

04 模型選擇和評估

05 假設檢驗和回歸分析

06 時間序列分析

07 聚類演算法與異常值檢測

08 決策樹和整合學習

09 貝氏演算法和 K- 近鄰演算法

10 支持向量機和類神經網路

11 連結規則與文字探勘

12 深度學習入門

A 參考文獻

Chapter 01

Python 機器學習入門

從戰勝人類圍棋高手的 AlphaGo，到說出「毀滅全人類」的機器人 Sophia，電腦的發展給人們的生產和生活帶來了巨大的變化，尤其是具有強大算力的電腦和大量的資料集在多種演算法的應用下，對各行各業的發展產生了巨大的影響。在資訊資料爆炸式增長的巨量資料時代，誰掌握了機器學習技術，誰就有可能成為巨量資料時代的領先者。

在許多的機器學習程式語言中，Python 無疑是非常受歡迎的機器學習語言之一，其憑藉優雅的語法，許多好用的開放原始碼機器學習演算法庫，以及非常活躍的社區，使得很多新的機器學習演算法都會優先提供 Python 的使用介面，尤其是許多深度學習框架，使用 Python 可以非常方便地進行演算法應用。因此，利用機器學習演算法並結合各種 Python 開放原始碼函數庫，每個人都可以快速地對資料進行分析與學習。

1.1 機器學習簡介

本章主要涵蓋機器學習的概念、演算法的類型與 Python 入門知識。針對 Python 入門知識將介紹 Python 的基礎語法、NumPy、pandas 與 Matplotlib 等函數庫的基礎使用方法。

機器學習是人工智慧的分支，現已經有很多種機器學習演算法被提出，是研究巨量資料的一把利器。正因為各種各樣的機器學習演算法的提出和應用，才使得我們的生活變得如此便利。

1.1.1 機器學習是什麼

機器學習（Machine Learning，ML）是一門多領域交換學科，涉及數學、統計學、電腦科學等多門學科。它是人工智慧的核心，是使計算機具有智慧的途徑之一，其應用遍及人工智慧的各個領域，它主要使用歸納、綜合而非演繹。

簡單地說，機器學習是電腦程式如何隨著經驗的累積而自動提高性能，使系統自我完整的過程，即可以認為機器學習是一個從大量的已知資料中，學習如何對未知的新資料進行預測，並且可以隨著學習內容的增加（如已知訓練資料的增加），提高對未來資料預測的準確性的過程。

不難發現，資料是決定機器學習能力的重要因素，資料量的爆炸式增長是機器學習演算法快速發展的原因之一。資料根據其表現形式可以簡單地分為結構化資料和非結構化資料。常見的結構化資料有傳統的資料庫儲存的資料表格，非結構化資料有圖片、視訊、音訊、文字等，這些資料都可以作為機器學習演算法的學習物件。影響機器學習能力的另一個重要因素就是演算法，針對各種形式的資料與不同的分析目標，研究者提出了各種各樣的演算法對資料進行探勘。如當使用電子郵件時，機器學習演算法會自動過濾掉垃圾郵件，防止正常郵件淹沒在垃圾郵件的海洋中；在購物時，機器學習演算法自動根據瀏覽歷史，推薦使用者感興趣的商品；未來公路上的汽車將迎來無人駕駛的時代。這些都是機器學習和巨量資料相互碰撞的結果。

面對不同的問題，可以有多種不同的解決方法，如何使用合適的機器學習演算法完美地解決問題，是一個需要經驗與技術的過程，而這些都是建立在對機器學習的各種方法有了充分了解的基礎上。雖然針對某些問題，可能無法找到最好的演算法，但總可以找到合適的演算法。

1.1.2 機器學習演算法分類

機器學習演算法中，根據其學習方式的不同，可以簡單歸為 3 類：無監督學習（Unsupervised Learning）、有監督學習（Supervised Learning）和半監督學習（Semi-supervised Learning），機器學習分類如圖 1-1 所示。

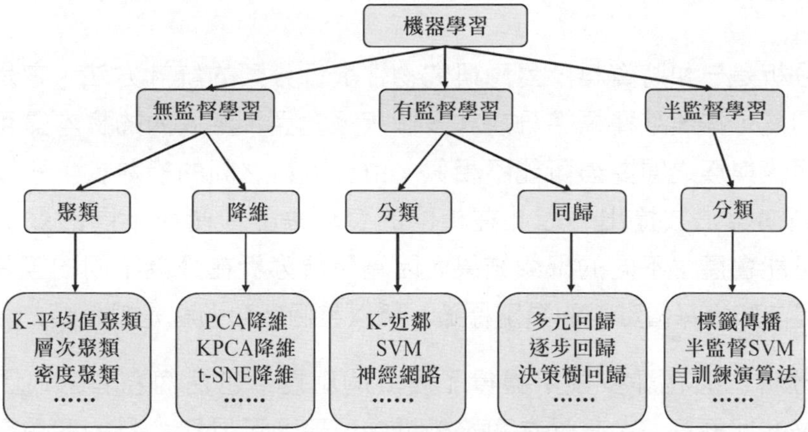

▲ 圖 1-1　3 種機器學習類型

接下來會詳細介紹這 3 種方法之間的區別和相關應用。

1. 無監督學習

無監督學習和其他兩種學習方法的主要區別是：無監督學習不需要提前知道資料集的類別標籤。通常無監督學習演算法主要應用於資料聚類和資料降維，例如 K- 平均值聚類、層次聚類（也叫系統聚類）、密度聚類等聚類演算法；以及主成分分析、流形學習等降維演算法。

（1）利用資料聚類演算法發現資料的簇。

「物以類聚，人以群分」，當人們面對很多事物的時候，會不自覺地將其分門別類地看待，對事物的分類也是人們認識世界的一種重要手段。舉例來說，在生物學中，為了研究所學生物的演變過程和關係，需要將生物根據各種特徵歸為不同的界、門、綱、目、科、屬、種之中；地質學家也會將岩石根據它們的特徵進行分類等。早期很多分類方法，多半是憑藉經驗和專業知識進行定性分類，很少利用數學的方法進行定量分析，致使許多分類都帶有主觀性和任意性。然而，由於事物的複雜性和資訊量的成倍增加，透過特徵進行定量分析成為科學發展的必然趨勢，其中聚類分析（Cluster Analysis）就是一種針對特徵進行定量無監督學習分類的方法。

聚類分析是一類將資料所對應研究物件進行分類的統計方法，它是將許多個個體，按照某種標準分成許多個簇，並且希望簇內的樣本盡可能相似，而簇與簇之間要盡可能不相似。由於資料之間的複雜性，所以許多的聚類演算法被提出，因此在相同的資料集上，使用不同的聚類演算法，可能會產生不同的聚類結果。因為聚類分析在分為不同的簇時，不需要提前知道每個資料的類別標籤，所以整個聚類過程是無監督的。

聚類分析已經在許多領域獲得了廣泛的應用，包括商務智慧、圖形識別、Web 搜索等。尤其是在商務領域中，聚類可以把大量的客戶劃分為不同的組，其各組內的客戶具有相似的特性，這對商務策略的調整、產品的推薦、廣告的投放等都是很有利的。

現有的聚類演算法有很多種，如以劃分方法為基礎的 K- 平均值聚類、K- 中值聚類；以層次方法為基礎的層次聚類、機率層次聚類；以密度劃分方法為基礎的高密連通區域演算法（DBSCAN 演算法）、以密度分佈為基礎的聚類等。

圖 1-2 展示了在二維空間中，聚類演算法下每個樣本的簇歸屬情況。圖中的資料點被分成了 3 個簇，分別使用紅色、綠色、藍色進行表示，線表示每個樣本與簇中心位置的連接情況。

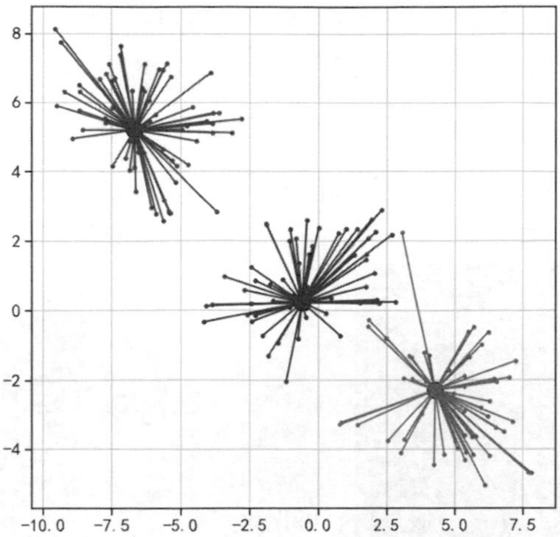

▲ 圖 1-2　資料聚類示意圖

（2）利用資料降維演算法減少資料的維度。

隨著資料的累積，資料的維度越來越高，高維的資料在帶來更多資訊的同時，也帶來了資訊容錯、計算困難等問題，尤其是維數災難，所以對資料進行合理的降維，並保留主要資訊非常重要。

在機器學習中，資料降維是無監督學習中的另一個領域。資料降維是指在某些限定條件下，降低資料集特徵的個數，得到一組新特徵的過程。在巨量資料時代，通常資料都是高維的（每一個範例都會有很多特徵），高維資料往往會帶有容錯資訊，而資料降維的重要作用就是去除容錯資訊，只保留必要的資訊；如果資料維度過高，會大大拖慢演算法的執行速度，此時就表現出了資料降維的重要性。資料降維的演算法有很多，如主成分分析（PCA）是透過正交變換，將原來的特徵進行線性組合生成新的特徵，並且只保留前幾個主要特徵的方法；核心主成分分析（KPCA）則是以核心技巧為基礎的非線性降維的方法；而流形學習則是借鏡拓撲結構的資料降維方式。

資料降維對資料的視覺化有很大的幫助，高維資料很難發現資料之間的依賴和變化，透過資料降維可以將資料投影到二維或三維空間中，從而更加方便地觀察資料之間的變化趨勢。如圖 1-3 所示，手寫字型圖型經過降維到二維空間後，透過圖型在空間中的位置分佈，可以發現不同類型的圖片在空間中的分佈是有規律的。透過降維視覺化，發現這種規律，會讓後續對資料的建模與研究更加方便。

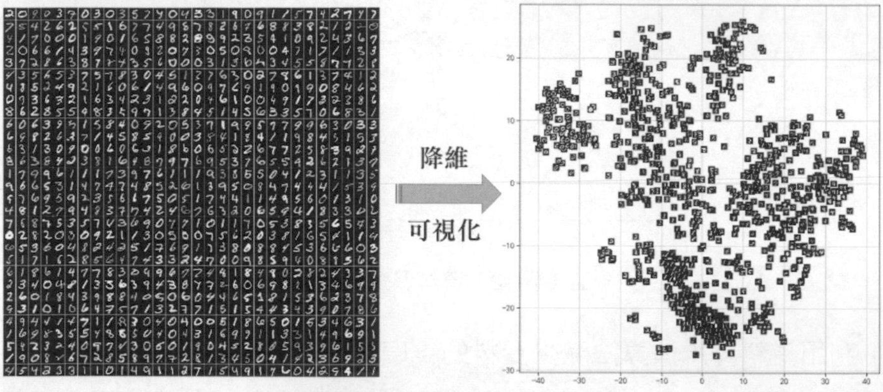

▲ 圖 1-3　圖像資料降維視覺化

2. 有監督學習

有監督學習的主要特性是：使用有標籤的訓練資料建立模型，用來預測新的未知標籤的資料。用來指導模型建立的標籤可以是類別資料或連續資料。對應地，當標籤是可以分類的，如 0 ～ 9 手寫數字的辨識、判斷是否為垃圾郵件等，這樣的有監督學習稱為分類；當標籤是連續的資料，如身高、年齡、商品的價格等，這樣的有監督學習稱為回歸。

（1）**分類**。分類是常見的監督學習方式之一。如果資料的類別只有兩類：是或否（0 或 1），則這類問題稱為二分類問題。常見的情況有是否存在詐騙、是否為垃圾郵件、是否患病等問題。二分類常用的演算法有單純貝氏演算法（常用於辨識是否為垃圾郵件）、邏輯斯蒂回歸演算法等。如果資料的標籤多於兩類，這類情況常常稱為多分類問題，如人臉辨識、手寫字型辨識等問題。在多分類中常用的方法有神經網路、K- 近鄰、隨機森林、深度學習等演算法。圖 1-4 展示的是二維空間中，6 類資料被多個空間曲線分為對應類的範例。如果有新的資料被觀測到，可以根據它所在平面中的位置，確定它應屬的類別。

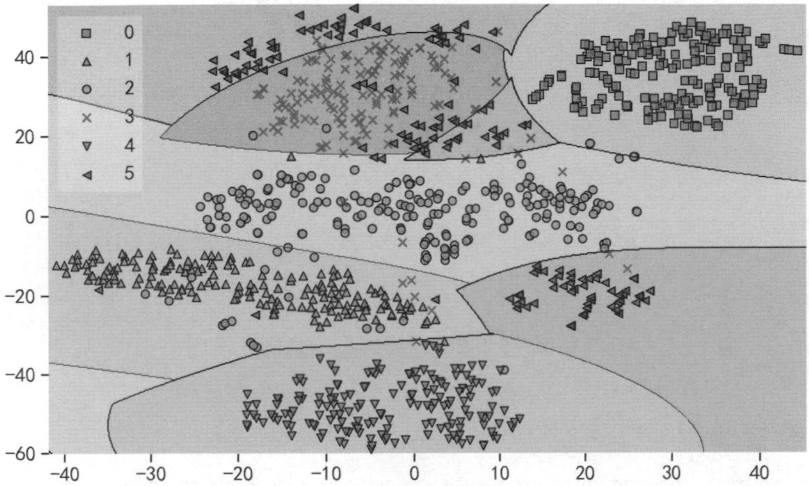

▲ 圖 1-4　多分類問題的分類區域

（2）**回歸**。回歸主要針對連續性標籤值的預測，是一種統計學上分析資料的方法，目的在於了解兩個或多個變數間是否相關、相關方向與強度，並建立數學模型以便觀察特定變數來預測或控制研究者感興趣的變數，它是一種典型的有監督學習方法。在回歸分析中，通常會有多個引數和一個因變數，回歸分析就是透過建立引數和因變數之間的某種關係，來達到對因變數進行預測的目的。

在巨量資料分析中，回歸分析是一種預測性的建模技術，也是統計理論中非常重要的方法之一，它主要解決目標特徵為連續性的預測問題。舉例來說，根據房屋的相關資訊，預測房屋的價格；根據銷售情況預測銷售額；根據運動員的各項指標預測運動員的水準等。在回歸分析中，通常將需要預測的變數稱為因變數（或被解釋變數），如房屋的價格，而用來預測因變數的變數稱為引數（或解釋變數），如房子的大小、佔地面積等資訊。圖 1-5 是因變數 y 和引數 x 建立的回歸模型。

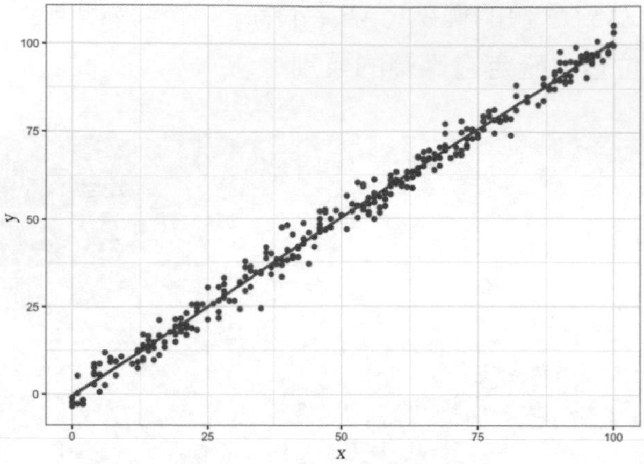

▲ 圖 1-5　回歸模型示意圖

3. 半監督學習

半監督學習和前面兩種學習方式的主要區別是：學習器能夠不依賴外界互動，自動地利用未標記樣本來提升學習的性能。也就是說，使用的資料集有些是有標籤的，有些是沒有標籤的，但是演算法不會浪費大量無標籤資料集的資訊，所以利用沒標籤的資料集和有標籤的資料集來共同訓練，以得到可用的模型，用於預測新的無標籤資料。半監督學習在現實中的需求是很明顯的，因為現在可以容易地收集到大量無標籤資料，然而對所有資料打標籤是一項很耗時、費力的工作，所以可以透過部分帶標籤的資料及大量無標籤的資料來建立可用的模型。本書主要關注 Python 在無監督學習和有監督學習中的應用。

1.2 安裝 Anaconda（Python）

在機器學習和人工智慧領域，Python 無疑是非常受歡迎的程式語言之一。Python 的設計哲學是「優雅」、「明確」、「簡單」，屬於通用型程式語言。它之所以能夠深受電腦科學家的喜愛，是因為它有開放原始碼的社區和優秀的科學家貢獻的開放原始碼函數庫，可以滿足使用者各種各樣的業務需求。本節將介紹 Python 的安裝與使用（本書以 Anaconda 為例）。

（1）使用者從 Anaconda 官網選擇適合自己電腦裝置的版本（可選擇 Windows 作業系統、MacOS 作業系統及 Linux 作業系統）進行下載，下載頁面如圖 1-6 所示。

▲ 圖 1-6　Anaconda 下載頁面

（2）根據下載完成的 Anaconda 檔案提示安裝即可，安裝後打開軟體如圖 1-7 所示。

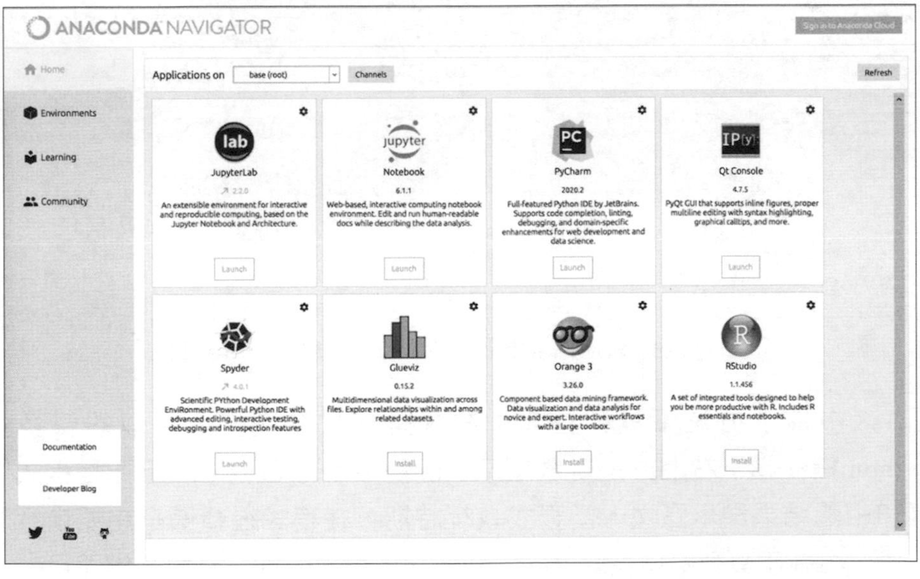

▲ 圖 1-7　Anaconda 安裝後的開始介面

該介面的內容會根據電腦的應用安裝情況有一些差異，其中經常被用來編寫 Python 程式的應用有 Spyder、Jupyter Notebook 和 JupyterLab。下面將一一介紹這些應用的基本情況。

1.2.1 Spyder

Spyder 是在 Anaconda 中附帶的免費整合式開發環境（IDE)。它包括編輯、互動式測試、偵錯等功能。Spyder 的操作介面類似於 MATLAB，如圖 1-8 所示。

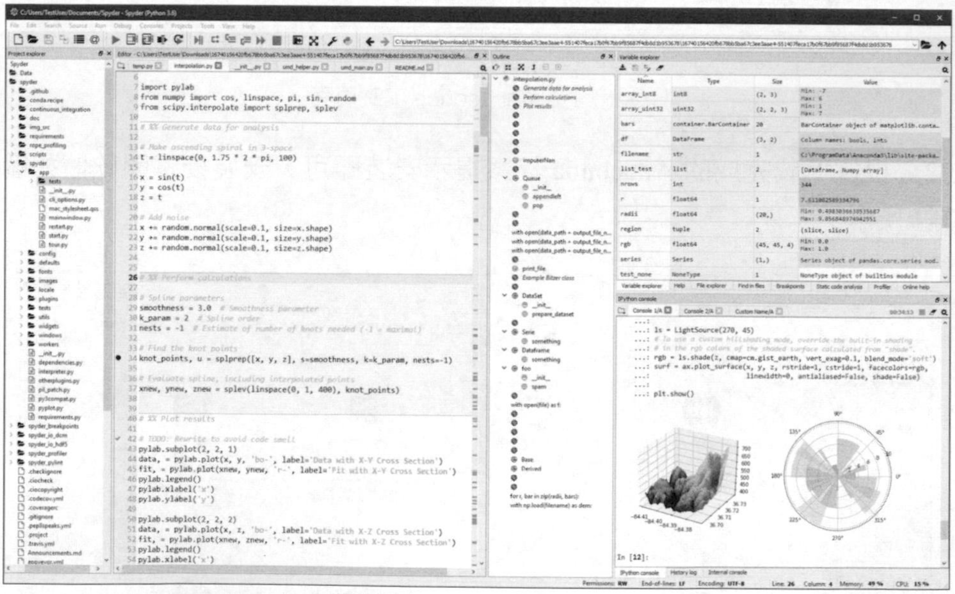

▲ 圖 1-8　Spyder 的操作介面（圖片來源：維基百科）

圖 1-8 中最上方是工具列區域；左側是程式編輯區，可以編輯多個 Python 指令檔；右上方是變數顯示、圖型顯示等區域；右下方是程式執行和相關結果顯示區域。當程式執行時期，在程式編輯區選中要執行的程式，再在工具列區域點擊 Run cell 按鈕或按 Ctrl+Enter 組合鍵即可。

1.2.2 Jupyter Notebook

Jupyter Notebook 不同於 Spyder，Jupyter Notebook 是一個互動式筆記型電腦，支援執行 40 多種程式語言，可以使用瀏覽器打開程式。它的出現使科學研究人員隨時可以把自己的程式和文字生成 PDF 或網頁格式與大家交流。啟動 Jupyter Notebook 後，選擇新建 Python 3 檔案，可獲得一個新的檔案，每個 Notebook 都由許多 cell 組成，可以在 cell 中編寫程式。Jupyter Notebook 的使用介面如圖 1-9 所示。

▲ 圖 1-9 Jupyter Notebook 使用介面

1.2.3 JupyterLab

JupyterLab 是 Jupyter Notebook 的升級版，在檔案管理、程式查看、程式比較等方面，都比 Jupyter Notebook 的功能更加強大，而且 JupyterLab 和

Jupyter Notebook 的程式檔案是通用的。打開 JupyterLab 後，其介面如圖 1-10 所示。

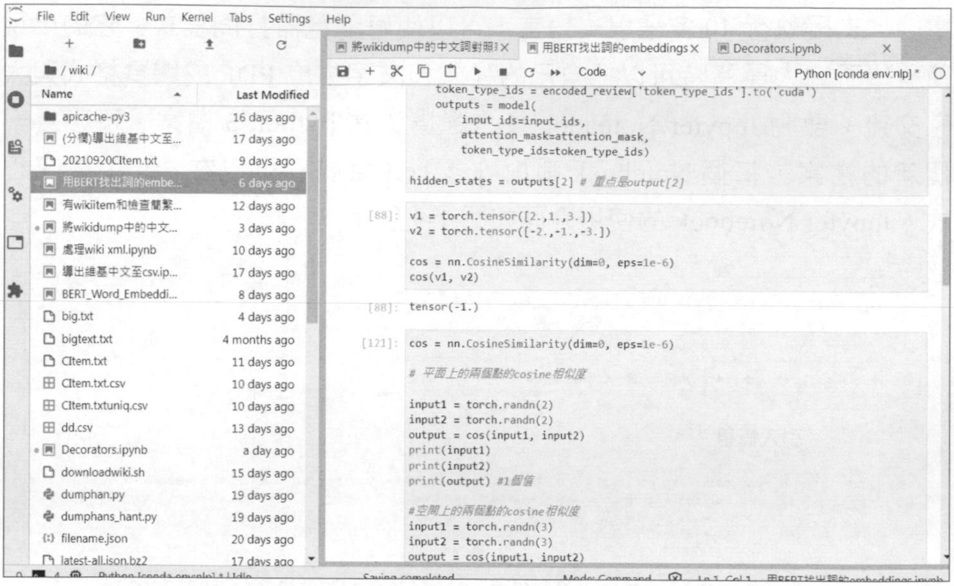

▲ 圖 1-10　JupyterLab 使用介面

1.3 Python 快速入門

Python 身為被廣泛使用的直譯型、進階程式設計、通用型程式語言，其設計哲學強調程式的可讀性和簡潔性，使用空格縮排劃分程式區塊，而非使用大括號或關鍵字。相比於 C++ 或 Java，Python 讓開發者能夠用更少的程式表達想法。不管是小型程式還是大型程式，Python 都試圖讓程式的結構清晰明白。

本節簡介 Python 的相關基礎知識，幫助讀者快速了解 Python，如使用 Python 中的串列、元組和字典等資料結構，以及條件判斷、迴圈及函數等內容。

1.3.1 串列、元組和字典

首先介紹 Python 的串列、元組和字典等資料類型，這些是 Python 的基礎資料類型，它們可以幫助使用者快速進行資料分析、機器學習等任務。

1. 串列

串列是 Python 的基礎資料類型之一，串列中的每個元素都會有一個數字作為它的索引，第一個索引是 0，第二個索引是 1，依此類推。串列可以透過索引獲取串列中的元素。

Python 生成一個串列可以透過 list() 函數或中括號 "[ ]" 來完成，舉例來說，生成包含 5 個元素的串列 A 的程式如下：

```
In[1]: ## 生成一個串列
       A=[1,2,3,4,5]
       A
Out[1]: [1, 2, 3, 4, 5]
```

串列的長度可以使用 len() 函數進行計算，以下面的程式計算出串列 A 的長度為 5。

```
In[2]: ## 計算串列中元素的數量
       len(A)
Out[2] 5
```

生成一個串列後，使用者可以透過索引獲取串列中的元素，其中從前往後的索引從 0 開始，而從後往前的索引從 -1 開始。例如下面的程式：

```
In[3]: ## 從前往後時，索引從0開始
       A[3]
Out[3]: 4
In[4]: ## 從後往前時，索引從-1開始
       A[-2]
Out[4]: 4
```

如想獲取串列中的範圍內的元素，可以透過切片索引來完成，舉例來說，使用切片 "0:3"，表示要獲取索引從 0 開始，到達索引位置為 3 的元

素結束，並且不包含索引位置為 3 的元素。舉例來說，使用下面的程式可以獲取串列中多個元素：

```
In[5]: ## 獲取串列中的一段
       print(A[0:3])
       print(A[1:-1])         # 輸出的結果中不包含第3索引和第-1索引的元素
Out[5]: [1, 2, 3]
        [2, 3, 4]
```

針對一個已經生成的串列，可以透過 append() 方法在其後面增加新的元素，並且元素的資料形式可以多種多樣，數字、字串甚至新的串列都是可以的。例如下面的程式在串列 A 的尾端增加了新的數字和字串。

```
In[6]: ## 在串列的尾端增加新的元素
       A.append(7)            ## 增加一個元素
       A.append("eight")      ## 再增加一個元素
       A
Out[6]: [1, 2, 3, 4, 5, 7, 'eight']
```

在串列的指定位置插入新的內容可以使用 insert() 方法，該方法的第一個參數為要插入內容的位置，第二個參數為要插入的內容。舉例來說，在串列 A 的索引為 5 的位置插入一個字串的程式如下：

```
In[7]: ## 在串列的指定位置增加新的元素
       A.insert(5,"Name")
       A
Out[7]: [1, 2, 3, 4, 5, 'Name', 7, 'eight']
```

剔除串列中的尾端元素可以透過串列的 pop() 方法，該方法會每次剔除串列中的最後一個元素，舉例來說，剔除串列 A 的尾端元素可以使用下面的程式：

```
In[8]: ## 剔除串列尾端的元素
       A.pop()      ## 剔除一個元素
       A.pop()      ## 再次剔除一個元素
       A
Out[8]: [1, 2, 3, 4, 5, 'Name']
```

針對串列，還可以透過 del 命令剔除串列中指定位置的元素，例如剔除 A 中索引位置為 2 的元素：

```
In[9]: ## 透過del命令剔除指定的元素
       del A[2]
       A
Out[9]: [1, 2, 4, 5, 'Name']
```

針對串列，其中的元素可以使用 Python 中的任何資料類型，例如下面生成的串列 B 中，包含字串和串列。

```
In[10]: ## 串列中的元素還可以是串列
        B=["A","B",A,[7,8]]
        B
Out[10]: ['A', 'B', [1, 2, 4, 5, 'Name'], [7, 8]]
In[11]: ## 獲取串列中的第三個元素
        B[2]
Out[11]: [1, 2, 4, 5, 'Name']
```

針對串列，可以透過加號 "+" 將多個串列進行組合，透過乘號 "*" 將串列的內容進行重複，生成新的串列，程式如下：

```
In[12]: ## 串列組合
        [1,2,3] + [4,5,6]
Out[12]: [1, 2, 3, 4, 5, 6]
In[13]: ## 串列重複
        [1,2,"three"] * 2
Out[13]: [1, 2, 'three', 1, 2, 'three']
```

串列的反向可以透過串列的 reverse() 方法獲取；串列的 count() 方法可以計算對應元素出現的次數；對串列中的元素進行排序，可以使用串列的 sort() 方法；同時可以透過 min() 函數和 max() 函數，計算出串列中的最小值和最大值。相關程式如下：

```
In[14]: ## 輸出串列A的內容
        A=[15,2,31,10,12,9,2]
        ## 串列的反向
```

```
         A.reverse()
         A
Out[14]: [2, 9, 12, 10, 31, 2, 15]
In[15]: ## 計算串列中元素出現的次數
         A.count(2)
Out[15]: 2
In[16]: ## 對串列進行排序
         A.sort()
         A
Out[16]: [2, 2, 9, 10, 12, 15, 31]
In[17]:## 獲取串列中的最大值和最小值
         print("A最小值:",min(A))
         print("A最大值:",max(A))
Out[17]: A最小值: 2
          A最大值: 31
```

2. 元組

元組（tuple）和串列非常相似，但是元組一旦初始化就不能修改。其中建立元組可以使用小括號 "( )" 或 tuple() 函數。並且在使用小括號時，只有 1 個元素的元組在定義時必須在第一個元素後面加一個逗點。

```
## 初始化一個元組
In[18]:C=(1,2,3,4,5)
       C
Out[18]: (1, 2, 3, 4, 5)
In[19]:## 只有1個元素的元組定義時必須加一個逗點
       C1=(1,)
       C1
Out[19]: (1,)
```

和串列一樣，針對元組中的元素，同樣可以使用索引對元素進行獲取，透過 len() 函數可計算元組的長度，程式如下：

```
In[20]:## 透過索引獲取元組中的元素
       print(C[1])
       print(C[-1])
```

```
        print(C[1:5])
Out[20]: 2
        5
        (2, 3, 4, 5)
In[21]:## 輸出元組中元素的個數
        len(C)
Out[21]:5
```

元組也可以透過加號 "+" 將多個元組進行拼接，列入拼接元組 C 和 ("A","B","C")，可獲得新元組 D。

```
In[22]:## 將元組進行組合獲得新的元組
        D=C + ("A","B","C")
        D
Out[22]: (1, 2, 3, 4, 5, 'A', 'B', 'C')
```

Del 命令可以剔除指定的元組，舉例來說，在剔除元組 C1 後，變數環境中將不再存在 C1，自然也無法輸出 C1 的內容。

```
In[23]:## 可以透過del命令剔除整個元組
        del C1
        # C1    這時C1已經被剔除，無法輸出C1
```

獲取重複的元組，可以使用乘號 "*" 來完成，例如將元組 (1,2,"A","B") 重複兩次，可使用 (1,2,"A","B")*2，同時 min() 函數和 max() 函數可以分別獲取元組中的最小值和最大值。相關程式如下：

```
In[24]:## 重複元組
        (1,2,"A","B") * 2
Out[24]: (1, 2, 'A', 'B', 1, 2, 'A', 'B')
In[25]:## 獲取元組中的最大值和最小值
        print("C最小值:",min(C))
        print("C最大值:",max(C))
Out[25]:C最小值: 1
         C最大值: 5
```

3. 字典

字典是 Python 最重要的資料類型之一，其中字典的每個元素的鍵值（key=>value）對都使用冒號 ":" 分隔，鍵值對之間用逗點 "," 分隔，整個字典包括在大括號 "{}" 中。舉例來說，初始化字典 D 可使用下面的方式。

```
In[26]:## 初始化一個字典
       D={"A":1, "B":2,"C":3,"D":4,"E":5}
       D
Out[26]:{'A': 1, 'B': 2, 'C': 3, 'D': 4, 'E': 5}
```

在字典 D 中，可以透過字典的 keys() 方法查看字典中的鍵，透過 values() 方法查看字典中的值，並且可以透過字典中的鍵獲取對應的值。

```
In[27]:## 查看字典中的鍵key
       D.keys()
Out[27]:dict_keys(['A', 'B', 'C', 'D', 'E'])
In[28]:## 查看字典中的值value
       D.values()
Out[28]:dict_values([1, 2, 3, 4, 5])
In[29]:## 透過字典中的鍵獲取對應的值
       print('D["B"]:',D["B"])
       print('D["D"]:',D["D"])
Out[29]:D["B"]: 2
        D["D"]: 4
```

獲取字典中的內容，還可以使用字典的 get() 方法，該方法透過字典中的鍵獲取對應的元素，如果沒有對應的鍵值對則輸出 None。

```
In[30]:## 透過get()方法獲取字典中的內容，如果沒有對應元素則輸出None
       print('D.get("C"):',D.get("C"))
       print('D.get("F"):',D.get("F"))
Out[30]:D.get("C"): 3
        D.get("F"): None
```

字典的 pop() 方法可以利用字典中的鍵，剔除對應的鍵值對。並且針對字典中的鍵值對，可以將對應鍵指定新的值。計算字典中鍵值對的數量可以使用 len() 函數。

```
In[31]:## 使用pop(key)方法剔除對應的鍵值對
       D.pop("A")
       D
Out[31]:{'B': 2, 'C': 3, 'D': 4, 'E': 5}
In[32]:## 更新字典中的設定值
       D["B"]=10
       D
Out[32]:{'B': 10, 'C': 3, 'D': 4, 'E': 5}
In[33]:## 在字典中增加新的內容
       D["F"]=11
       D
Out[33]:{'B': 10, 'C': 3, 'D': 4, 'E': 5, 'F': 11}
In[34]:## 計算字典中元素的數量
       len(D)
Out[34]:5
```

1.3.2 條件判斷、迴圈和函數

Python 中重要且常用的語法結構，主要有條件判斷、迴圈和函數。本小節將對相關的常用內容介紹，幫助讀者快速了解 Python 的語法結構。

1. 條件判斷

條件判斷敘述是透過一行或多行敘述的執行結果是否為真（True 或 False），來決定執行的程式區塊，是 Python 的基礎內容之一。常用的判斷敘述是 if 敘述，例如判斷一個數字 A 是不是偶數，可以使用下面的程式：

```
In[35]:## if 敘述
       A=10
       if A % 2 == 0:
           print("A是偶數")
Out[35]:A是偶數
```

針對 if else 敘述，其常用的結構為：

```
if 判斷條件：
    執行敘述1
```

```
else：
    執行敘述2
```

即如果滿足判斷條件，則執行敘述 1，否則執行敘述 2。如判斷 A 是偶數，就輸出「A 是偶數」，否則輸出「A 是奇數」，程式如下：

```
In[36]:## if  else 敘述
       A=9
       if A % 2 == 0:
           print("A是偶數")
       else:
           print("A是奇數")
Out[36]:A是奇數
```

在 Python 的條件判斷中，可以透過 elif 敘述，進行多次條件判斷，並輸出對應的內容，舉例來說，判斷一個數能否同時被 2 和 3 整除，可以使用 if 判斷能否被 2 整除，使用 elif 判斷不能被 2 整除後能否被 3 整除，程式如下：

```
In[37]:## elif 敘述
       A=1
       if A % 2 == 0:
         print("A能被2整除")
elif A % 3 == 0 :
    print("A能被3整除")
else:
    print("A不能被2、3整除")
Out[37]:A不能被2、3整除
```

2. 迴圈

迴圈敘述也是 Python 中常用的語法之一，下面分別介紹利用 for 迴圈和 while 迴圈的範例。其中 for 迴圈是要重複執行敘述，while 迴圈則是在指定的判斷條件為真時執行迴圈，否則退出迴圈。例如使用 for 迴圈計算 1 ～ 100 的累加和，可以使用下面的程式，在程式中則會依次從 1 ～ 100 中取出一個數進行相加。

```
In[38]:## 透過迴圈計算1～100的累加和
       A=range(1,101)  ## 生成1～100的向量
       Asum=0
       for ii in A:
           Asum=Asum+ii
       Asum
Out[38]:5050
```

針對計算 1 ～ 100 的累加和的問題，還可以使用 while 迴圈來完成，例如在下面的程式中，從 100 開始相加，當 A 的大小不大於 0 時，則會跳出相加的程式敘述。

```
In[39]:## 使用while迴圈計算1～100的累加和
       A=100
       Asum=0
       while A > 0:
           Asum=Asum + A
           A=A - 1
       Asum
Out[39]:5050
```

在迴圈敘述中，還可以透過 break 敘述跳出當前的迴圈，例如在下面的累加 while 迴圈敘述中，使用了條件判斷，如果累加和大於 2000 則會使用 break 敘述，跳出當前的 while 迴圈。

```
In[40]:## 透過break跳出迴圈
       A=100
       Asum=0
       while A > 0:
           Asum=Asum + A
           ## 如果和大於2000跳出迴圈
           if Asum > 2000:
               break
           A=A - 1
       print("Asum:",Asum)
       print("A:",A)
Out[40]:Asum: 2047
         A: 78
```

Python 中還可以在串列中使用迴圈和判斷等敘述，稱為串列運算式。例如下面的程式中，生成串列 B 時，第一個串列運算式是透過 for 迴圈只保留了 A 中的偶數；第二個串列運算式則是獲取對應偶數的冪次方。

```
In[41]:## 在串列中使用串列運算式
       A=list(range(10))
       ## 只保留偶數
       B=[ii for ii in A if ii % 2 == 0]
       B
Out[41]: [0, 2, 4, 6, 8]
In[42]:## 計數的次方運算
       B=[ii**ii for ii in A if ii % 2 == 1]
       B
Out[42]: [1, 27, 3125, 823543, 387420489]
```

3. 函數

函數也是在程式設計過程中經常用到的內容，其是已經組織好的、可重複使用的、實現單一功能的程式碼部分。函數能提高應用程式的模組性，增強程式的重複使用率。Python 提供了許多內建函數，比如 print()、len() 等。在 Python 中可以自己定義新的函數，其中定義函數的結構如下：

```
def functionname(parameters):
    "函數_文件字串，對函數進行功能說明"
    function_suite          # 函數的內容
    return expression       # 函數的輸出
```

下面定義一個計算 1 ～ x 的累加和的函數，程式如下：

```
In[43]:## 定義一個計算1～x的累加和的函數
       def sumx(x):
       x=range(1,x+1)  ## 生成1～x的向量
       xsum=0
       for ii in x:
           xsum=xsum+ii
       return xsum
    ## 呼叫上面的函數
```

```
    x=200
    sumx(x)
Out[43]:20100
```

上面定義的函數中，sumx 是函數名稱，x 是使用函數時需要輸入的參數，呼叫函數可使用 sumx(x) 來完成。

Python 中的 lambda 函數也叫匿名函數，即沒有具體名稱的函數，它可以快速定義單行函數，完成一些簡單的計算功能。可以使用下面的方式定義 lambda 函數：

```
In[44]:## lambda函數，一個參數
       f=lambda x: x**2
       f(5)
Out[44]:25
In[45]:## lambda函數，多個參數
       f=lambda x,y,z: (x+y)*z
       f(5,6,7)
Out[45]:77
```

在 lambda 函數中，冒號前面是參數，可以有多個，用逗點分隔，冒號右邊是函數的計算主體，並會返回其計算結果。

1.4 Python 基礎函數庫入門實戰

對 Python 的基礎內容有了一定的認識後，本節將主要介紹 Python 中的常用第三方函數庫。這些函數庫都是實現了各種計算功能的開放原始碼函數庫，它們極大地豐富了 Python 的應用場景和運算能力，這裡主要介紹 NumPy、pandas 和 Matplotlib 三個函數庫的基礎使用。其中 NumPy 是 Python 用來進行矩陣運算、高維度矩陣運算的數學計算函數庫；pandas 是 Python 用來進行資料前置處理、資料操作和資料分析的函數庫；Matplotlib 是簡單好用的資料視覺化函數庫，包含了豐富的資料視覺化功能。接下來將一個一個介紹這些函數庫的簡單應用。

1.4.1 NumPy 函數庫應用入門

NumPy 函數庫提供了很多高效的數值運算工具，在矩陣運算等方面提供了很多高效的函數，尤其是 N 維陣列，在資料科學等計算方面應用廣泛。接下來將簡單介紹 NumPy 函數庫的相關使用。

為了使用方便，匯入 NumPy 函數庫時可使用別名 np 代替，本書中的 NumPy 函數庫均使用 np 作為別名。

```
In[1]:import numpy as np
```

匯入 NumPy 函數庫之後，針對該函數庫的入門使用，將分為陣列生成、陣列中的索引與陣列中的一些運算函數三個部分介紹。

1. 陣列生成

利用 NumPy 函數庫生成陣列有多種方式，舉例來説，可使用 array() 函數生成一個陣列。

```
In[2]:## 一個一維陣列
      A=np.array([1,2,3,4,5,6,7,8])
      A
Out[2]:array([1, 2, 3, 4, 5, 6, 7, 8])
In[3]:## 透過串列生成二維陣列
      A=np.array([[1,2,3,4],[5,6,7,8]])
      A
Out[3]:array([[1, 2, 3, 4],
              [5, 6, 7, 8]])
In[4]:## 查看陣列的形狀
      A.shape
Out[4]: (2, 4)
In[5]:## 查看陣列的維度
      A.ndim
Out[5]:2
```

上面的程式中，使用 np.array() 函數將串列生成陣列，並且可以利用陣列 A 的 shape 屬性查看其形狀，使用 ndim 屬性查看陣列的維度。

在 NumPy 函數庫中可以使用 np.zeros() 函數生成指定形狀的全 0 陣列，使用 np.ones() 函數生成指定形狀的全 1 陣列，np.eye() 函數生成指定形狀的單位矩陣（對角線的元素為 1）。

```
In[6]:## 使用其他函數生成陣列
      ## 全零陣列
      np.zeros((2,4))
Out[6]:array([[0., 0., 0., 0.],
              [0., 0., 0., 0.]])
In[7]:## 全1陣列
      np.ones((2,3))
Out[7]:array([[1., 1., 1.],
              [1., 1., 1.]])
In[8]:## 單位矩陣
      np.eye(3,3)
Out[8]:array([[1., 0., 0.],
             [0., 1., 0.],
             [0., 0., 1.]])
```

使用 np.array() 函數生成陣列的時候，可以使用 dtype 參數指定其資料類型，例如使用 np.float64 指定資料為 64 位元浮點數，使用 np.float32 指定資料為 32 位元浮點數，使用 np.int32 指定資料為 32 位元整數。同時也可以使用陣列的 astype() 方法，修改資料類型。相關範例如下：

```
In[9]:## 指定陣列的資料類型
      A1=np.array([[1,2,3,4],[5,6,7,8]],dtype=np.float64)
      A2=np.array([[1,2,3,4],[5,6,7,8]],dtype=np.float32)
      A3=np.array([[1,2,3,4],[5,6,7,8]],dtype=np.int32)
      print("A1.dtype:",A1.dtype)
      print("A2.dtype:",A2.dtype)
      print("A3.dtype:",A3.dtype)
Out[9]:A1.dtype: float64
       A2.dtype: float32
       A3.dtype: int32
In[10]:## 變換資料之間的資料類型
       B1=A1.astype(np.int32)
       B2=A2.astype(np.int8)
```

```
         B3=A3.astype(np.float32)
         print("B1.dtype:",B1.dtype)
         print("B2.dtype:",B2.dtype)
         print("B3.dtype:",B3.dtype)
Out[10]:B1.dtype: int32
          B2.dtype: int8
          B3.dtype: float32
```

2. 陣列中的索引

陣列中的元素，可以利用切片索引來獲取，其中索引可以是獲取一個元素的基本索引，也可以是獲取多個元素的切片索引，以及根據布林值獲取元素的布林索引。使用切片獲取元素的相關程式如下：

```
In[11]:## 透過索引獲取陣列中的元素
         A=np.arange(12).reshape(3,4)
         A
Out[11]:array([[ 0,  1,  2,  3],
               [ 4,  5,  6,  7],
               [ 8,  9, 10, 11]])
In[12]:## 獲取陣列中的某個元素
         A[1,1]
Out[12]:5
In[13]:## 對陣列中的某個元素重新設定值
         A[1,1]=100
         A
Out[13]:array([[  0,   1,   2,   3],
               [  4, 100,   6,   7],
               [  8,   9,  10,  11]])
In[14]:## 獲取陣列中的某行
         A[1,:]
Out[14]:array([  4, 100,   6,   7])
In[15]:## 獲取陣列中的某列
         A[:,1]
Out[15]:array([  1, 100,   9])
In[16]:## 獲取陣列中的某部分
         A[0:2,1:4:]
```

```
Out[16]:array([[  1,   2,   3],
               [100,   6,   7]])
In[17]:## 根據布林值進行索引
       index=A % 2 == 1
       index
Out[17]:array([[False,  True, False,  True],
               [False, False, False,  True],
               [False,  True, False,  True]])
In[18]:## 根據index獲取陣列中的奇數
       A[index]
Out[18]:array([ 1,  3,  7,  9, 11])
In[19]:## 不使用中間結果的方式
       A[A % 2 == 1]
Out[19]:array([ 1,  3,  7,  9, 11])
```

在 NumPy 函數庫中還可以使用 np.where 找到符合條件的值函數，找到符合條件值的位置，如輸出滿足條件的行索引和列索引，並且也可以指定滿足條件時輸出的內容，與不滿足條件時輸出的內容。相關程式範例如下：

```
In[20]:## 透過np.where找到符合條件的值
       a,b=np.where(A % 2 == 1)
       print("行索引:",a)
       print("列索引:",b)
       print("陣列中的奇數:",A[a,b])
Out[20]:行索引: [00122]
        列索引: [13313]
        陣列中的奇數: [ 1  3  7  9  11]
In[21]:## A中如果是奇數就正常輸出，否則就輸出對應數值的10倍
       np.where(A % 2 == 1, A, 10*A)
       Out[21]:array([[   0,    1,   20,    3],
                      [  40, 1000,   60,    7],
                      [  80,    9,  100,   11]])
```

針對獲得的陣列可以使用 *.T 方法獲取其轉置，同時針對陣列的軸可使用 transpose() 函數對陣列的軸進行變換，如將 3×4×2 的陣列轉化為

2×4×3 的陣列，相關程式如下：

```
In[22]:## 陣列的轉置
       A.T
Out[22]:array([[  0,   4,   8],
               [  1, 100,   9],
               [  2,   6,  10],
               [  3,   7,  11]])
In[23]:## 陣列的軸轉換
       B=np.arange(24).reshape(3,4,2)
       print("B.shape:",B.shape)
       C=B.transpose((2,1,0))
       print("C.shape",C.shape)
Out[23]:B.shape: (3, 4, 2)
        C.shape (2, 4, 3)
```

3. 陣列中的一些運算函數

在 NumPy 函數庫中已經準備了很多進行陣列運算的函數，如計算陣列的平均值可以使用 mean() 函數，計算陣列的和可以使用 sum() 函數，計算累加和可以使用 cumsum() 函數，相關程式如下：

```
In[24]:A=np.arange(12).reshape(3,4)
       A
Out[24]:array([[ 0,  1,  2,  3],
               [ 4,  5,  6,  7],
               [ 8,  9, 10, 11]])
In[25]:## 計算平均值
       print("陣列的平均值:",A.mean())
       print("陣列每列的平均值:",A.mean(axis=0))
       print("陣列每行的平均值:",A.mean(axis=1))
Out[25]:陣列的平均值: 5.5
        陣列每列的平均值: [4. 5. 6. 7.]
        陣列每行的平均值: [1.5 5.5 9.5]
In[26]:## 計算和
       print("陣列的和:",A.sum())
       print("陣列每列的和:",A.sum(axis=0))
```

```
        print("陣列每行的和:",A.sum(axis=1))
Out[26]:陣列的和: 66
         陣列每列的和: [12 15 18 21]
         陣列每行的和: [ 6 22 38]
In[27]:## 計算累加和
        print("陣列的累加和:\n",A.cumsum())
        print("陣列每列的累加和:\n",A.cumsum(axis=0))
        print("陣列每行的累加和:\n",A.cumsum(axis=1))
Out[27]:陣列的累加和:
          [ 0  1  3  6 10 15 21 28 36 45 55 66]
         陣列每列的累加和:
          [[ 0  1  2  3]
          [ 4  6  8 10]
          [12 15 18 21]]
         陣列每行的累加和:
          [[ 0  1  3  6]
          [ 4  9 15 22]
          [ 8 17 27 38]]
```

陣列的標準差和方差在一定程度上反映了資料的離散程度，可以透過 std() 函數計算標準差，使用 var() 函數計算方差。同時最大值可以使用 max() 函數，最小值可以使用 min() 函數進行計算。

```
In[28]:## 計算標準差和方差
        print("陣列的標準差:",A.std())
        print("陣列每列的標準差:",A.std(axis=0))
        print("陣列每行的標準差:",A.std(axis=1))
        print("陣列的方差:",A.var())
        print("陣列每列的方差:",A.var(axis=0))
        print("陣列每行的方差:",A.var(axis=1))
Out[28]:陣列的標準差: 3.452052529534663
         陣列每列的標準差: [3.26598632 3.26598632 3.26598632 3.26598632]
         陣列每行的標準差: [1.11803399 1.11803399 1.11803399]
         陣列的方差: 11.916666666666666
         陣列每列的方差: [10.66666667 10.66666667 10.66666667 10.66666667]
         陣列每行的方差: [1.25 1.25 1.25]
```

```
In[29]:## 計算最大值和最小值
       print("陣列的最大值:",A.max())
       print("陣列每列的最大值:",A.max(axis=0))
       print("陣列每行的最大值:",A.max(axis=1))
       print("陣列的最小值:",A.min())
       print("陣列每列的最小值:",A.min(axis=0))
       print("陣列每行的最小值:",A.min(axis=1))
Out[29]:陣列的最大值: 11
        陣列每列的最大值: [ 8 9 10 11]
        陣列每行的最大值: [ 3 7 11]
        陣列的最小值: 0
        陣列每列的最小值: [0 1 2 3]
        陣列每行的最小值: [0 4 8]
```

隨機數是機器學習中經常使用的內容，所以 NumPy 函數庫提供了很多生成各類隨機數的方法，其中設定隨機數種子，可以使用 np.random.seed() 函數，它可以保證在使用隨機數函數生成隨機數時，隨機數是可重複出現的。

生成服從正態分佈的隨機數可以使用 np.random.randn() 函數，生成 0～*n* 整數的隨機排序可以使用 np.random.permutation(n) 函數，生成服從均勻分佈的隨機數可以使用 np.random.rand() 函數。在指定的範圍生成隨機整數可以使用 np.random.randint() 函數。這些函數的使用範例如下：

```
In[30]:## 生成隨機數
       ## 設定隨機數種子
       np.random.seed(11)
       ## 生成正態分佈的隨機數矩陣
       np.random.randn(3,3)
Out[30]:array([[ 1.74945474, -0.286073  , -0.48456513],
              [-2.65331856, -0.00828463, -0.31963136],
              [-0.53662936,  0.31540267,  0.42105072]])
In[31]:## 將0～10(不包括10)之間的數進行隨機排序
       np.random.seed(11)
       np.random.permutation(10)
```

```
Out[31]:array([7, 8, 2, 6, 4, 5, 1, 3, 0, 9])
In[32]:## 生成均勻分佈的隨機數矩陣
       np.random.seed(11)
       np.random.rand(2,3)
Out[32]:array([[0.18026969, 0.01947524, 0.46321853],
               [0.72493393, 0.4202036 , 0.4854271 ]])
In[33]:## 在範圍內生成隨機數整數
       np.random.seed(12)
       np.random.randint(low=2, high=10, size=15)
Out[33]:array([5, 5, 8, 7, 3, 4, 5, 5, 6, 2, 8, 3, 6, 7, 7])
```

NumPy 中還提供了保存和匯入資料的函數 np.save() 和 np.load()，其中 np.save() 通常是將一個陣列保存為 .npy 檔案，若要保存多個陣列，可以使用 np.savez() 函數，並且可以為每個陣列指定名稱，方便匯入陣列後對資料的獲取，相關程式如下：

```
In[34]:## 資料的儲存和匯入
       ## 將陣列保存為.npy檔案
       np.save("data/chap1/Aarray.npy",A)
       ## 匯入資料檔案A
       B=np.load("data/chap1/Aarray.npy")
       B
Out[34]:array([[ 0,  1,  2,  3],
               [ 4,  5,  6,  7],
               [ 8,  9, 10, 11]])
In[35]:## 將多個陣列保存為一個壓縮檔
       np.savez("data/chap1/ABarray.npz",x=A, y=B)
       ## 匯入保存的資料
       data=np.load("data/chap1/ABarray.npz")
       print('data["y"]:\n',data["y"])
Out[35]:data["y"]:
        [[ 0  1  2  3]
        [ 4  5  6  7]
        [ 8  9 10 11]]
```

1.4.2 pandas 函數庫應用入門

pandas 函數庫在資料分析中是非常重要和常用的函數庫，它利用資料框讓資料的處理和操作變得簡單和快捷，在資料前置處理、遺漏值填補、時間序列、視覺化等方面都有應用。接下來簡單介紹 pandas 的使用方法，包括如何生成序列和資料表格、資料聚合與分組運算及資料視覺化功能等。pandas 函數庫在匯入後經常使用 pd 來代替。

```
In[36]:import pandas as pd
```

1. 序列和資料表

pandas 函數庫中的序列（Series）是一維標籤陣列，能夠容納任何類型的資料。可以使用 pd.Series(data, index,…) 生成序列，其中 data 指定序列中的資料，通常使用陣列或串列，index 通常指定序列中的索引，例如使用下面的程式可以生成序列 s1，並且可以透過 s1.values 和 s1.index 獲取序列的數值和索引。

```
In[37]:## 生成一個序列
       s1=pd.Series(data=[1,2,3,4,5],index=["a","b","c","d","e"],
                    name="var1")
       s1
Out[37]:a    1
        b    2
        c    3
        d    4
        e    5
        Name: var1, dtype: int64
In[38]:## 獲取序列的數值和索引
       print("數值:",s1.values)
       print("索引:",s1.index)
Out[38]:數值: [1 2 3 4 5]
        索引: Index(['a', 'b', 'c', 'd', 'e'], dtype='object')
```

針對生成的序列可以透過切片和索引獲取序列中的對應值，也可以對獲得的數值重新設定值。相關範例如下：

```
In[39]:## 透過索引獲取序列中的內容
       s1[["a","c"]]
Out[39]:a    1
        c    3
        Name: var1, dtype: int64
In[40]:## 透過索引改變資料的設定值
       s1[["a","c"]]=[10,12]
       s1
Out[40]:a    10
        b     2
        c    12
        d     4
        e     5
        Name: var1, dtype: int64
```

透過字典也可以生成序列，其中字典的鍵將作為序列的索引，字典的值將作為序列的值，下面的 s2 就是利用字典生成的序列。針對序列可以使用 value_counts() 方法，計算序列中每個設定值出現的次數。

```
In[41]:## 透過字典生成序列
       s2=pd.Series({"A":100,"B":200,"C":300,"D":200})
       s2
Out[41]:A    100
        B    200
        C    300
        D    200
        dtype: int64
In[42]:## 計算序列中每個設定值出現的次數
       s2.value_counts()
Out[42]:200    2
        300    1
        100    1
        dtype: int64
```

資料表是 pandas 函數庫提供的一種二維資料結構，資料按行和列的表格方式排列，是資料分析經常使用的資料展示方式。資料表的生成通常使用 pd.DataFrame(data,index,columns,…) 方式。其中 data 可以使用字典、陣列等內容，index 用於指定資料表的索引，columns 用於指定資料表的列名稱。

使用字典生成資料表時，字典的鍵將作為資料表格的列名稱，值將作為對應列的內容。同時可以使用 df1[" 列名稱 "] 的形式為資料表格 df1 增加新的列，或獲取對應列的內容。df1.columns 屬性則可以輸出資料表格的列名稱。

```
In[43]:##將字典生成資料表
       data={"name":["Anan","Adam","Tom","Jara","AqL"],
             "age":[20,15,10,18,25],
             "sex":["F","M","F","F","M"]}
       df1=pd.DataFrame(data=data)
       print(df1)
Out[43]:   name  age sex
        0  Anan   20   F
        1  Adam   15   M
        2   Tom   10   F
        3  Jara   18   F
        4   AqL   25   M
In[44]:## 為資料表增加新的變數
       df1["high"]=[175,170,165,180,178]
       print(df1)
Out[44]:   name  age sex  high
        0  Anan   20   F   175
        1  Adam   15   M   170
        2   Tom   10   F   165
        3  Jara   18   F   180
        4   AqL   25   M   178
In[45]:## 獲取資料表的列名稱
       df1.columns
Out[45]:Index(['name', 'age', 'sex', 'high'], dtype='object')
In[46]:## 透過列名稱獲取資料表中的資料
       print(df1[["age","high"]])
Out[46]:  age  high
        0  20   175
        1  15   170
        2  10   165
        3  18   180
        4  25   178
```

針對資料表格 df 可以使用 df.loc 獲取指定的資料，使用方式為 df.loc[index_name, col_name]，選擇指定位置的資料。相關使用方法如下：

```
In[47]:## 輸出某一行
       print(df1.loc[2])
Out[47]:name     Tom
        age       10
        sex        F
        high     165
        Name: 2, dtype: object
In[48]:## 輸出多行
       print(df1.loc[1:3])  # 會包括第一行和第三行
Out[48]:    name  age sex  high
        1  Adam   15   M   170
        2   Tom   10   F   165
        3  Jara   18   F   180
In[49]:## 輸出指定的行和列
       print(df1.loc[1:3,["name","sex"]])  # 會包括第一行和第三行
Out[49]:    name sex
        1  Adam   M
        2   Tom   F
        3  Jara   F
In[50]:## 輸出性別為F的行和列
       print(df1.loc[df1.sex == "F",["name","sex"]])
Out[50]:    name sex
        0  Anan   F
        2   Tom   F
        3  Jara   F
```

資料表格的 df.iloc 方法是以位置為基礎的索引來獲取對應的內容，相關使用方法如下：

```
In[51]:## 獲取指定的行
       print("指定的行:\n",df1.iloc[0:2])
       ## 獲取指定的列
```

```
        print("指定的列:\n",df1.iloc[:,0:2])
Out[51]:指定的行:
           name  age sex  high
        0  Anan   20   F   175
        1  Adam   15   M   170
        指定的列:
           name  age
        0  Anan   20
        1  Adam   15
        2   Tom   10
        3  Jara   18
        4   AqL   25
In[52]:##  獲取指定位置的資料
        print("指定位置的資料:\n",df1.iloc[0:2,1:4])
Out[52]:指定位置的資料:
           age sex  high
        0   20   F   175
        1   15   M   170
In[53]:## 根據條件索引獲取資料需要將索引轉化為串列或陣列
        print(df1.iloc[list(df1.sex == "F"),0:3])
        print(df1.iloc[np.array(df1.sex == "F"),0:3])
Out[53]:   name  age sex
        0  Anan   20   F
        2   Tom   10   F
        3  Jara   18   F
           name  age sex
        0  Anan   20   F
        2   Tom   10   F
        3  Jara   18   F
In[54]:list(df1.sex == "F")
Out[54]: [True, False, True, True, False]
In[55]:## 為資料表中的內容重新設定值
        df1.high=[170,175,177,178,180]
        print(df1)
Out[55]:   name  age sex  high
        0  Anan   20   F   170
        1  Adam   15   M   175
        2   Tom   10   F   177
```

```
      3  Jara   18   F   178
      4   AqL   25   M   180
In[56]:## 選擇指定的區域並重新設定值
       df1.iloc[0:1,0:2]=["Apple",25]
       print(df1)
Out[56]:    name  age sex  high
        0  Apple   25   F   170
        1   Adam   15   M   175
        2    Tom   10   F   177
        3   Jara   18   F   178
        4    AqL   25   M   180
```

2. 資料聚合與分組運算

pandas 函數庫提供了強大的資料聚合和分組運算能力，如可以透過 apply 方法，將指定的函數作用於資料的行或列，而 groupby 方法可以對資料進行分組統計，這些功能對資料表的變換、分析和計算都非常有用。下面使用鳶尾花資料集介紹如何使用 apply 方法將函數應用於資料計算。

```
In[57]:## 讀取用於演示的資料
       Iris=pd.read_csv("data/chap1/Iris.csv")
       print(Iris.head())
Out[57]:  Id  SepalLengthCm  SepalWidthCm  PetalLengthCm  PetalWidthCm Species
       0  1            5.1           3.5            1.4           0.2  setosa
       1  2            4.9           3.0            1.4           0.2  setosa
       2  3            4.7           3.2            1.3           0.2  setosa
       3  4            4.6           3.1            1.5           0.2  setosa
       4  5            5.0           3.6            1.4           0.2  setosa
In[58]:## 使用apply方法將函數應用於資料
       ## 計算每列的平均值
       Iris.iloc[:,1:5].apply(func=np.mean,axis=0)
Out[58]:SepalLengthCm    5.843333
        SepalWidthCm     3.054000
        PetalLengthCm    3.758667
        PetalWidthCm     1.198667
        dtype: float64
In[59]:## 計算每列的最小值和最大值
```

```
      min_max=Iris.iloc[:,1:5].apply(func=(np.min,np.max),axis=0)
      print(min_max)
Out[59]:      SepalLengthCm  SepalWidthCm  PetalLengthCm  PetalWidthCm
       amin             4.3           2.0            1.0           0.1
       amax             7.9           4.4            6.9           2.5
In[60]:## 計算每列的樣本數量
      Iris.iloc[:,1:5].apply(func=np.size,axis=0)
Out[60]:SepalLengthCm    150
       SepalWidthCm     150
       PetalLengthCm    150
       PetalWidthCm     150
       dtype: int64
In[61]:## 根據行進行計算，只演示前5個樣本
      des=Iris.iloc[0:5,1:5].apply(func=(np.min, np.max, np.mean, np.std,
np.var), axis=1)
      print(des)
Out[61]:   amin  amax   mean       std       var
       0   0.2   5.1  2.550  2.179449  4.750000
       1   0.2   4.9  2.375  2.036950  4.149167
       2   0.2   4.7  2.350  1.997498  3.990000
       3   0.2   4.6  2.350  1.912241  3.656667
       4   0.2   5.0  2.550  2.156386  4.650000
```

透過上面的程式可以發現利用 apply 方法可以使函數的應用變得簡單，從而方便對資料進行更多的認識和分析。資料表的 groupby 方法則可進行分組統計，其在應用上比 apply 方法更加廣泛，如根據資料的不同類型，計算資料的一些統計性質，獲得樞紐分析表。相關使用範例如下：

```
In[62]:## 利用groupby進行分組統計
      ## 分組計算平均值
      res=Iris.drop("Id",axis=1).groupby(by="Species").mean()
      print(res)
Out[62]:           SepalLengthCm  SepalWidthCm  PetalLengthCm  PetalWidthCm
       Species
       setosa            5.006         3.418          1.464         0.244
       versicolor        5.936         2.770          4.260         1.326
       virginica         6.588         2.974          5.552         2.026
```

```
In[63]:## 分組計算偏度
       res=Iris.drop("Id",axis=1).groupby(by="Species").skew()
       print(res)
Out[63]:        SepalLengthCm  SepalWidthCm  PetalLengthCm  PetalWidthCm
        Species
        setosa        0.120087      0.107053       0.071846      1.197243
        versicolor    0.105378     -0.362845      -0.606508     -0.031180
        virginica     0.118015      0.365949       0.549445     -0.129477
```

資料表的聚合運算可以透過 agg 方法，並且該方法可以和 groupby 方法結合使用，從而完成更複雜的資料描述和分析工作，如可以計算不同資料特徵的不同統計性質等。相關使用範例如下：

```
In[64]:## 資料聚合進行相關計算
       res=Iris.drop("Id",axis=1).agg({"SepalLengthCm":["m
in","max"," median"],"SepalWidthCm":["min","std","mean",],
"Species":["unique","count"]})
       print(res)
Out[64]: SepalLengthCm  SepalWidthCm                          Species
       count           NaN          NaN                        150
       max             7.9          NaN                        NaN
       mean            NaN          3.054000                   NaN
       5.8                  NaN                 NaN
       min             4.3          2.000000                   NaN
       std             NaN          0.433594                   NaN
       unique            NaN      NaN  [setosa, versicolor, virginica]
In[65]:## 分組後對資料的相關列進行聚合運算
       res=Iris.drop("Id",axis=1).groupby(    by="Species").agg
({"SepalLengthCm":["min","max"],
             "SepalWidthCm":["std"],
             "PetalLengthCm":["skew"],
             "PetalWidthCm":[np.size]})
       print(res)
Out[65]:     SepalLengthCm       SepalWidthCm PetalLengthCm PetalWidthCm
                      min   max     std           skew          size
       Species
       setosa         4.3   5.8   0.381024      0.071846        50.0
       versicolor     4.9   7.0   0.313798     -0.606508        50.0
       virginica      4.9   7.9   0.322497      0.549445        50.0
```

3. 資料視覺化函數

pandas 函數庫提供了針對資料表和序列的簡單視覺化方式，其視覺化是以 Matplotlib 函數庫為基礎進行的。對 pandas 的資料表進行資料視覺化時，只需要使用資料表的 plot() 方法，該方法包含散點圖、聚合線圖、箱線圖、橫條圖等。下面使用資料演示一些 pandas 函數庫的資料視覺化方法，獲得資料視覺化圖型。

```
In[66]:## 輸出高畫質圖型
       %config InlineBackend.figure_format='retina'
       %matplotlib inline
       ## 視覺化分組箱線圖
Iris.iloc[:,1:6].boxplot(column=["SepalLengthCm","SepalWidthCm"],
                          by="Species",figsize=(12,6))
```

上面的程式是使用資料表的 boxplot() 方法獲得箱線圖，同時在視覺化時，視覺化兩列資料 SepalLengthCm 和 SepalWidthCm 變數的箱線圖，再針對每個變數使用類別特徵 Species 進行分組，最終視覺化結果如圖 1-11 所示。

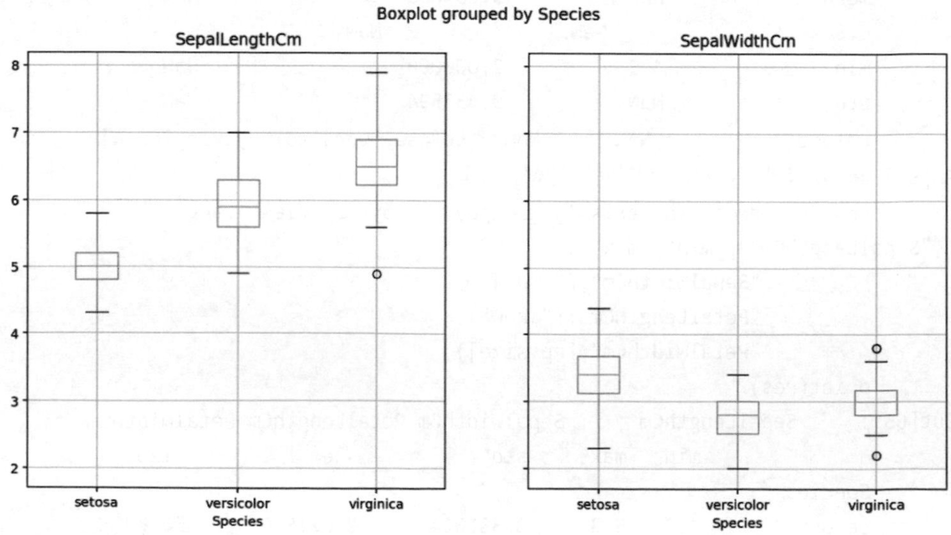

▲ 圖 1-11　資料箱線圖型視覺化

使用 df.plot() 方法對資料表進行視覺化時，通常會使用 kind 參數指定資料視覺化圖型的類型，參數 x 指定水平座標軸使用的變數，參數 y 指定垂直座標軸使用的變數，其他參數調整資料的視覺化結果。例如針對散點圖，可以使用參數 s 指定點的大小，使用參數 c 指定點的顏色等。利用資料表獲得散點圖的程式如下，程式執行後的結果如圖 1-12 所示。

```
In[67]:## 視覺化散點圖，設定顏色映射
       col=Iris.Species.map({"setosa":"blue","versicolor":"red",
                              "virginica":"green"})
Iris.plot(kind="scatter",x="SepalLengthCm",y="SepalWidthCm",
    s=30,c=col,figsize=(10,6))
```

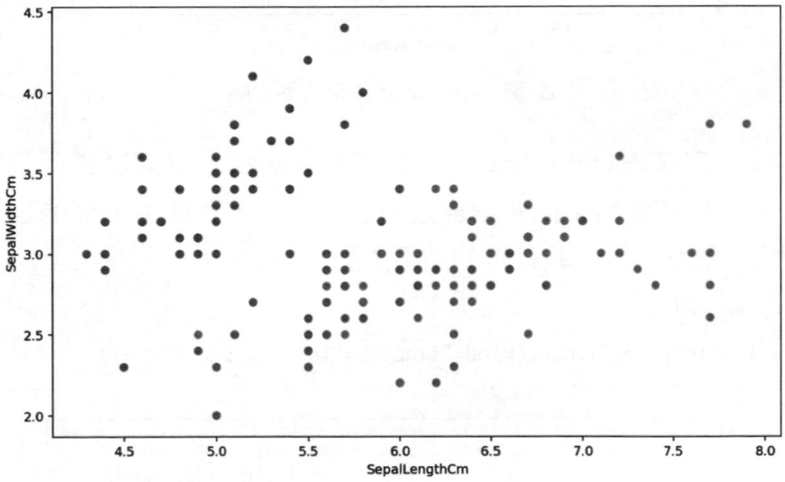

▲ 圖 1-12　資料散點圖型視覺化

使用 df.plot() 方法時，指定參數 kind="hexbin" 可以使用六邊形熱力圖，對資料進行視覺化，例如針對鳶尾花資料中的 SepalLengthCm 變數和 SepalWidthCm 變數的六邊形熱力圖，可使用下面的程式進行視覺化，獲得如圖 1-13 所示的結果。

```
In[68]:## 視覺化六邊形熱力圖
       Iris.plot(kind="hexbin",x="SepalLengthCm",y="SepalWidthCm",
                 gridsize=15,figsize=(10,7),sharex=False)
```

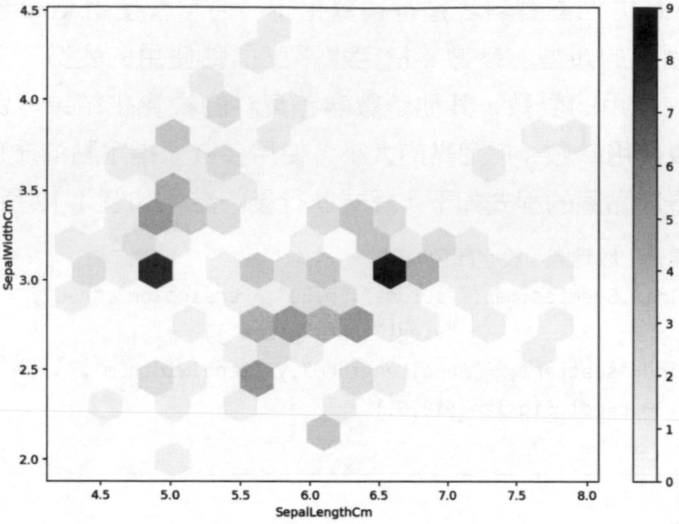

▲ 圖 1-13　資料六邊形熱力圖

視覺化時指定參數 kind="line"，可以使用聚合線圖對資料進行視覺化，例如針對鳶尾花資料中的 4 個變數的變化情況，可使用下面的程式進行拆線圖型視覺化，程式執行後的結果如圖 1-14 所示。

```
In[69]:## 聚合線圖
       Iris.iloc[:,0:5].plot(kind="line",x="Id",figsize=(10,6))
```

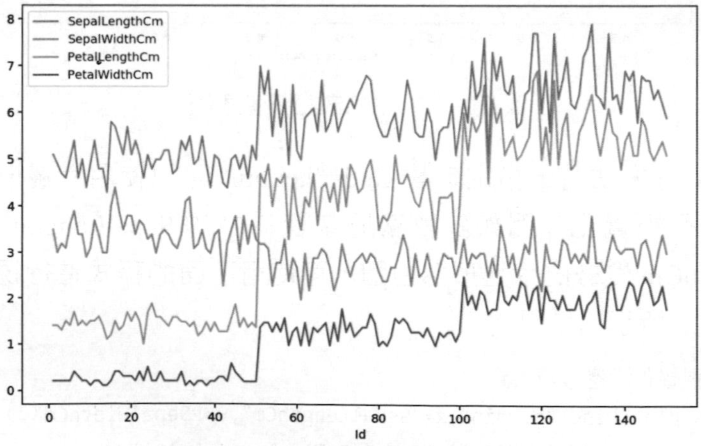

▲ 圖 1-14　資料聚合線圖型視覺化

pandas 的入門內容先介紹到這裡，更多內容可以參考官方文件進行探索和學習。下面介紹如何使用 Matplotlib。

1.4.3 Matplotlib 函數庫應用入門

Matplotlib 是 Python 的繪圖函數庫，其具有豐富的繪圖功能，pyplot 是其中的模組，它提供了類似 MATLAB 的繪圖介面，能夠繪製 2D、3D 等豐富圖型，是資料視覺化的好幫手，接下來簡單介紹其使用方法。

首先利用 Matplotlib 函數庫進行繪圖的一些準備工作。

```
In[70]:## 匯入相關視覺化模組
       import matplotlib.pyplot as plt
       from mpl_toolkits.mplot3d import Axes3D
       ## 圖型顯示中文的問題
       import matplotlib
       matplotlib.rcParams['axes.unicode_minus']=False
       ## 設定圖型在視覺化時使用的主題
       import seaborn as sns
       sns.set(font="Kaiti",style="ticks",font_scale=1.4)
```

上面的程式中首先匯入 Matplotlib 中的 pyplot 模組，並命名為 plt，為了在 Jupyter Notebook 中顯示圖型，需要使用 %matplotlib inline 命令；為了繪製 3D 圖型，需要引入三維座標系 Axes3D。由於 Matplotlib 函數庫預設不支持中文文字在圖型中的顯示，為解決這個問題，可以使用 matplotlib.rcParams['axes.unicode_minus']=False 敘述，同時匯入 seaborn 資料視覺化函數庫，使用其 set() 方法可以設定視覺化圖型時的基礎部分，例如 font="Kaiti" 參數指定圖中文字使用的字型，參數 style="ticks" 設定座標系的樣式，參數 font_scale 設定字型的顯示比例等。

1. 二維視覺化圖型

在介紹 Matplotlib 函數庫的二維資料視覺化之前，先展示一個簡單的曲線視覺化範例，程式如下：

```
In[71]:## 繪製一條曲線
       X=np.linspace(1,15)
       Y=np.sin(X)
       plt.figure(figsize=(10,6))           # 圖型的大小(寬：10，高：6)
       plt.plot(X,Y,"r-*")                  # 繪製X，Y,紅色、直線、星形
       plt.xlabel("X軸")                    # X座標軸的label
       plt.ylabel("Y軸")                   # Y座標軸的label
       plt.title("y=sin(x)")                # 圖型的名字title
       plt.grid()                           # 圖型中增加格線
       plt.show()                           # 顯示圖型
```

上面的程式中，首先生成 X、Y 座標資料，然後使用 plt.figure() 定義一個圖型視窗，並使用 figsize=(10,6) 參數指定圖型的寬和高；plt.plot() 繪製圖型對應的座標為 X 和 Y，其中第三個參數 "r-*" 代表繪製紅色曲線星形圖，plt.xlabel() 定義 X 座標軸的標籤名稱，plt.ylabel() 定義 Y 座標軸的標籤名稱，plt.title() 指定圖型的名稱，plt.grid() 代表在圖型中顯示格線，最後使用 plt.show() 查看圖型。得到的圖型如圖 1-15 所示。

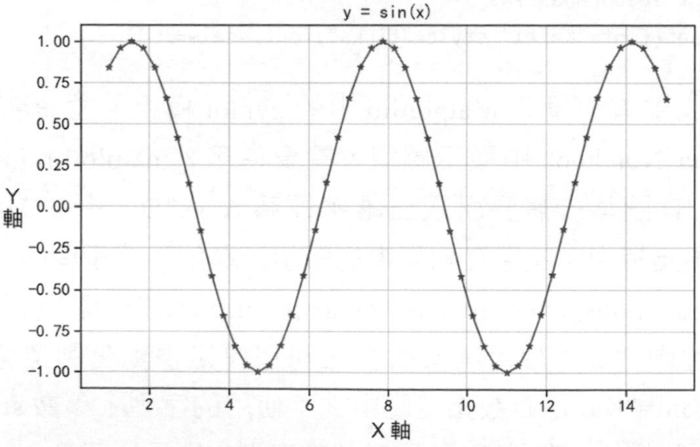

▲ 圖 1-15　簡單的曲線圖型視覺化

Matplotlib 函數庫還可以在一個圖型上繪製多個子圖，從多方面、多角度對資料進行觀察。下面展示如何視覺化出一個圖型中包含 3 個子圖的範例，程式如下：

```
In[72]:## 在視覺化時將視窗切分為多個子視窗，分別繪製不同的圖型
        plt.figure(figsize=(15,12))        # 圖型的大小(寬：15，高：12)
        plt.subplot(2,2,1)                 # 4個子視窗中的第1個子視窗
        plt.plot(X,Y,"b-.s")               # 繪製X，Y，藍色、虛線、矩形點
        plt.xlabel(r"$\alpha$")            # X座標軸的label，使用LaTeX公式
        plt.ylabel(r"$\beta$")             # Y座標軸的label，使用LaTeX公式
        plt.title("$y=\sum sin(x)$")       # 圖型的名字title，使用LaTeX公式

        plt.subplot(2,2,2)                 # 4個子視窗中的第2個子視窗
        histdata=np.random.randn(200,1)    # 生成資料
        plt.hist(histdata, 10)             # 視覺化長條圖
        plt.xlabel("設定值")                # X座標軸的label，使用中文
        plt.ylabel("頻數")                # Y座標軸的label，使用中文
        plt.title("長條圖")               # 圖型的名字title，使用中文

        plt.subplot(2,1,2)        # 4個子視窗中的第3、第4個子視窗合為一個視窗
        plt.step(X,Y,c="r",label="sin(x)",linewidth=3) #階梯圖，紅色，線寬3，增
加標籤
        plt.plot(X,Y,"o--",color="grey",alpha=0.5)      # 增加灰色曲線
        plt.xlabel("X",)                          # X座標軸的label
        plt.ylabel("Y",)                          # Y座標軸的label
        plt.title("Bar",)                         # 圖型的名字title
        plt.legend(loc="lower right",fontsize=16)#圖例在右下角，字型大小為16
        xtick=[0,5,10,15]                         # 單獨設定X軸座標系設定值
        xticklabel=[str(x)+"輛" for x in xtick]
        plt.xticks(xtick,xticklabel,rotation=45)# X軸的座標設定值，傾斜45°
        plt.subplots_adjust(hspace=0.35)## 調整子圖型之間的水平空間距離
        plt.show()
```

在這個例子中，分別繪製了曲線圖、長條圖、階梯圖 3 個子圖。plt.subplot(2,2,1) 表示將當前圖形視窗分成 2×2 = 4 個區域，並在第 1 個區域上進行繪圖。在第一幅子圖中指定 X 軸名稱時，使用 plt.xlabel(r"α") 來顯示，其中 "α" 表示 LaTeX 公式。plt.subplot(2,2,2)

表示開始在第 2 個區域上繪製圖型，plt.hist(histdata, 10) 表示將資料 histdata 分成 10 份來繪製長條圖。而在視覺化第三個子圖時，使用 plt.subplot(2,1,2) 表示將繪圖區域重新劃分為 2×1=2 個視窗，並且指定在第 2 個視窗上作圖，這樣原始的 2×2 的 4 個子圖的第 3 個和第 4 個子圖，組合為一個新的子圖視窗。plt.step(X,Y,c="r",label="sin(x)",linewidth=3) 為繪製階梯圖，並且指定線的顏色為紅色，線寬為 3；plt.legend(loc="lower right",fontsize=16) 可以為圖型在指定的位置增加圖例，字型大小為 16；plt.xticks(xtick,xticklabel,rotation=45) 是透過 plt.xticks() 來指定座標軸 X 軸的刻度所顯示的內容，並且可透過 rotation=45 將其逆時鐘旋轉 45°；plt.subplots_adjust(hspace=0.35) 為調整子圖之間的水平間距，讓子圖之間沒有遮擋，最終的資料視覺化結果如圖 1-16 所示。

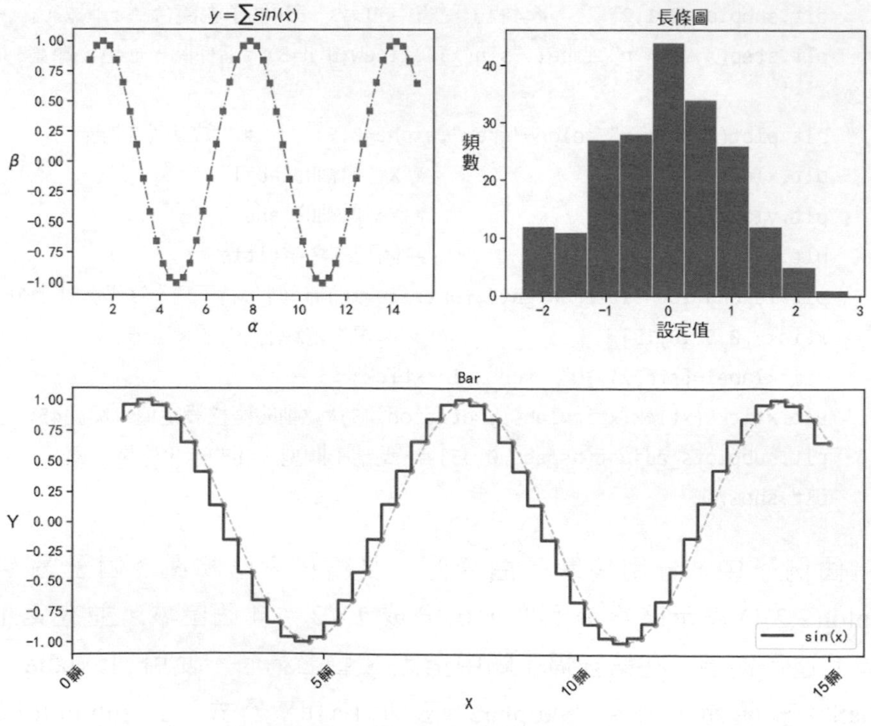

▲ 圖 1-16　多個子圖視窗視覺化

2. 三維視覺化圖型

Matplotlib 函數庫還可以繪製三維圖型，下面列出繪製三維圖型曲面圖和空間散點圖的例子，程式如下：

```
In[73]:## 準備要使用的網格資料
       x=np.linspace(-4,4,num=50)
       y=np.linspace(-4,4,num=50)
       X,Y=np.meshgrid(x,y)
       Z=np.sin(np.sqrt(X**2+Y**2))
       ## 視覺化立體曲面圖
       fig=plt.figure(figsize=(10,6))
       ## 將座標系設定為3D座標系
       ax1=fig.add_subplot(111, projection= "3d")
       ## 繪製曲面圖，rstride：行的跨度，cstride：列的跨度，cmap：顏色，alpha：
透明度
ax1.plot_surface(X,Y,Z,rstride=1,cstride=1,alpha=0.5,cmap=plt.cm.coolwarm)
       ## 繪製z軸方向的等高線，投影位置在Z＝1的平面
       cset=ax1.contour(X, Y, Z, zdir="z", offset=1,cmap=plt.cm.CMRmap)
       ax1.set_xlabel("X")
       ax1.set_xlim(-4,4)              ## 設定X軸的繪圖範圍
       ax1.set_ylabel("Y")
       ax1.set_ylim(-4,4)              ## 設定Y軸的繪圖範圍
       ax1.set_zlabel("Z")
       ax1.set_zlim(-1,1)              ## 設定Z軸的繪圖範圍
       ax1.set_title("曲面圖和等高線")
       plt.show()
```

上面的視覺化程式中，先使用 np.meshgrid() 函數準備資料視覺化需要的網格資料，然後針對圖型視窗使用 fig.add_subplot(111, projection= "3d") 初始化一個 3D 座標系 ax1，接著使用 ax1.plot_surface() 函數繪製曲面圖，使用 ax1.contour() 函數為圖型增加等高線，最後設定了各個座標軸的標籤和視覺化範圍，視覺化結果如圖 1-17 所示。

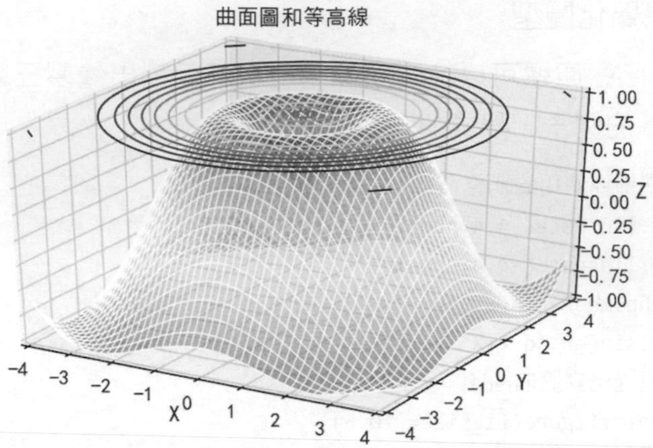

▲ 圖 1-17　3D 曲面和等高線圖型視覺化

同樣在一副圖型中可以繪製多個 3D 圖型，視覺化 3D 曲線圖和 3D 散點圖的程式如下：

```
In[74]:## 準備資料
       theta=np.linspace(-4 * np.pi, 4 * np.pi, 100)   # 角度
       z=np.linspace(-2, 2, 100)                        # z座標
       r=z**2+1                                         # 半徑
       x=r * np.sin(theta)                              # x座標
       y=r * np.cos(theta)                              # y座標
       ## 在子圖中繪製三維的圖型
       fig=plt.figure(figsize=(15,6))
       ## 將座標系設定為3D座標系
       ax1=fig.add_subplot(121,projection="3d")  #子圖1
       ax1.plot(x, y, z,"b-")                    # 繪製藍色三維曲線圖
       ax1.view_init(elev=20,azim=25)            # 設定軸的方位角和高程
       ax1.set_title("3D曲線圖")

       ax2=plt.subplot(122,projection="3d")      # 子圖2
       ax2.scatter3D(x,y,z,c="r",s=20)           # 繪製紅色三維散點
       ax2.view_init(elev=20,azim=25)            # 設定軸的方位角和高程
       ax2.set_title("3D散點圖")
       plt.subplots_adjust(wspace=0.1)           ## 調整子圖型之間的空間距離
       plt.show()
```

上面的程式在視覺化 3D 圖型時使用的是 3 個一維向量資料，分別指定 x、y 和 z 軸的座標位置，然後視覺化 3D 曲線圖和 3D 散點圖，程式執行後的結果如圖 1-18 所示。

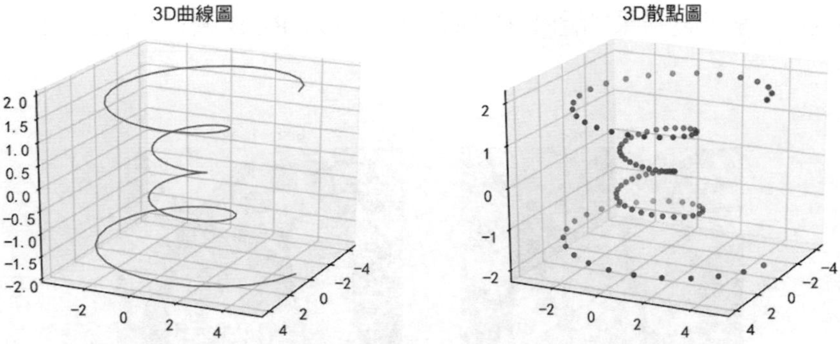

▲ 圖 1-18　3D 曲面圖與 3D 散點圖

3. 視覺化圖片

針對圖像資料，可以使用 plt.imshow() 函數進行視覺化，同時針對灰階圖型，可以使用參數 cmap=plt.cm.gray 定義圖型的顏色映射，針對一張圖片視覺化 RGB 圖型和灰階圖型的程式如下：

```
In[75]:## 資料準備
       from skimage.io import imread  ## 從skimage函數庫中引入讀取圖片的函數
       ## 從skimage函數庫中引入將RGB圖片轉化為灰階圖型的函數
       from skimage.color import rgb2gray
       im=imread("data/chap1/firstfig.png")
       imgray=rgb2gray(im)
       ## 視覺化圖片
       plt.figure(figsize=(10,5))
       plt.subplot(1,2,1)  ## RGB圖型
       plt.imshow(im)
       plt.axis("off")     ## 不顯示座標軸
       plt.title("RGB Image")

       plt.subplot(1,2,2)  ## 灰階圖型
```

```
plt.imshow(imgray,cmap=plt.cm.gray)
plt.axis("off")         ## 不顯示座標軸
plt.title("Gray Image")
plt.show()
```

執行上面的程式後結果如圖 1-19 所示，分別是 RGB 圖型和繪圖圖型的視覺化。

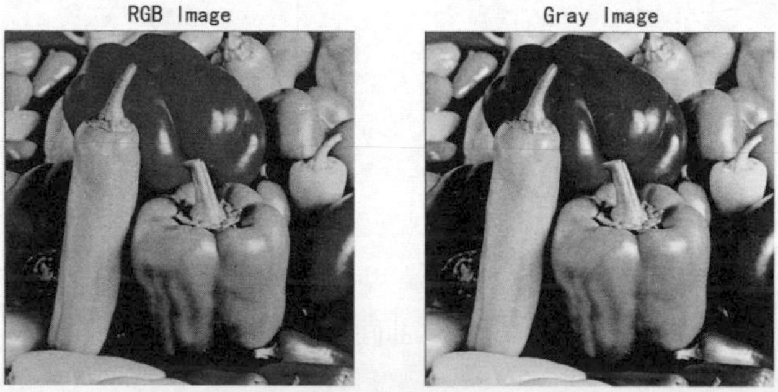

▲ 圖 1-19　視覺化圖片資料

Matplotlib 函數庫中，包含很多的資料視覺化內容，上面的內容只是其中的一小部分，更多的視覺化方法會在後面的章節中介紹，也可以參看官方的說明文件進行學習。

1.5 機器學習模型初探

針對待分析的資料集，利用機器學習演算法進行建模和分析的步驟其實也很固定，下面先來看一個實際的機器學習應用案例。

假設房子的價格只跟面積有關，表 1-1 列出了一些房子的面積和價格之間的資料，請計算出 40 ㎡的房屋價格。

表 1-1　面積與價格資料

面積（㎡）	56	32	78	160	240	89	91	69	43
價格（萬元）	90	65	125	272	312	147	159	109	78

可以先將資料的分佈情況利用散點圖進行視覺化，分析面積和價格之間的變化關係，如圖 1-20 所示，兩者之間可以使用一個線性關係進行表示，即 $y=ax+b$。

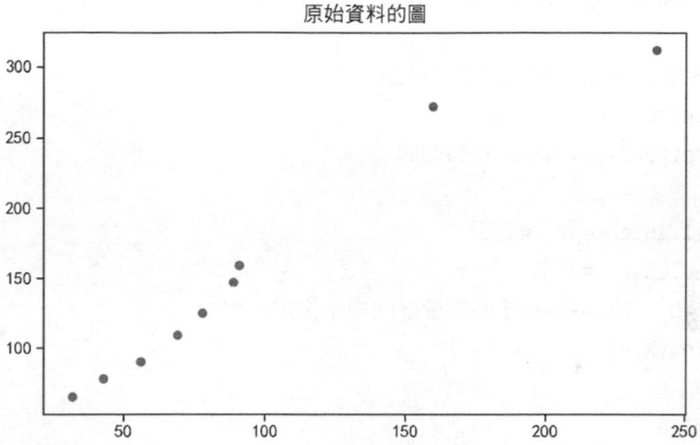

▲ 圖 1-20 房屋面積和價格關係圖

針對該資料分佈情況和所提出的問題，可以使用下面的程式進行建模和預測。

```
In[1]:#匯入庫
      from sklearn.linear_model import LinearRegression
      import matplotlib.pyplot as plt
      import numpy as np

      x=np.array([56,32,78,160,240,89,91,69,43])
      y=np.array([90,65,125,272,312,147,159,109,78])

      #資料匯入與處理，並進行資料探索
      X=x.reshape(-1,1)
      Y=y.reshape(-1,1)
      plt.figure(figsize=(10,6)) # 初始化圖型視窗
      plt.scatter(X,Y,s=50)  #原始資料的圖
      plt.title("原始資料的圖")
      plt.show()
```

```
#訓練模型和預測
model=LinearRegression()
model.fit(X,Y)
x1=np.array([40,]).reshape(-1,1)    #帶預測資料
x1_pre=model.predict(np.array(x1)) #預測面積為40m時的房價

#資料視覺化,將預測的點也列印在圖上
plt.figure(figsize=(10,8))
plt.scatter(X,Y) #原始資料的圖

b=model.intercept_ #截距
a=model.coef_ #斜率
y=a*X +b    #原始資料按照訓練好的模型畫出直線
plt.plot(X,y)

y1=a*x1+b
plt.scatter(x1,y1,color='r')
plt.show()
```

執行程式後，可獲得當房子面積為 40m 時，模型的預測值為 79.59645966，即價格約為 79.59 萬元。預測值在資料中的位置分佈如圖 1-21 所示。

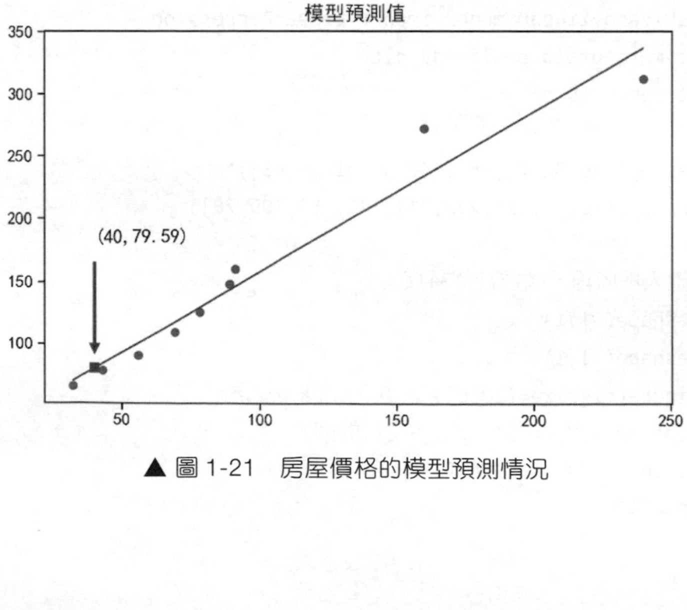

▲ 圖 1-21　房屋價格的模型預測情況

以上是對一元線性回歸的實現方法。但在現實中，房價的影響因素太多，不僅跟面積有關，還跟地理位置有關，跟社區容積率等也有關，這就要用到多元線性回歸進行擬合。更複雜的機器學習案例，將在後面的章節中一一介紹。

在機器學習中，常用的學習方法除了一元線性回歸、多元線性回歸模型，還有邏輯回歸、聚類、決策樹、隨機向量、支持向量機、單純貝氏等模型，這些模型的使用步驟基本類似，步驟如下：①資料前置處理和探索；②資料特徵工程；③建立模型；④訓練模型；⑤模型預測；⑥評價模型。

如上面針對房屋價格預測的一元線性回歸模型，就是經過了 5 個步驟。

（1）資料前置處理和探索：即整理資料，將資料處理為適合模型使用的資料格式。
（2）建立模型：利用 model=LinearRegression() 建立線性回歸模型。
（3）訓練模型：model.fit(x,y)。
（4）模型預測：model.predict([[a]])。
（5）評價模型：利用視覺化方式直觀地評價模型的預測效果。

在實際的機器學習模型應用過程中，資料前置處理和探索、資料特徵工程這兩部分是工作量最大的，所以在機器學習的模型使用過程中，將對資料進行充分了解、將資料整理為合適的資料格式，以及從資料中提取有用的特徵，往往消耗大量的時間，最後就是對建立的模型進行有效評估。後面的章節都是圍繞這些問題進行多作說明的。

1.6 本章小結

本章主要介紹了機器學習基礎知識，以及 Python 語言的入門內容。其中機器學習演算法可以簡單地分為無監督學習、有監督學習和半監督學習，不同類型的機器學習演算法均有其所使用的資料場景。針對這些機器學習演算法的具體使用，後面會使用更詳細的實戰案例介紹。

針對 Python 語言的入門，主要介紹了相關環境的安裝和使用，以及 Python 中的串列、元組和字典等基礎資料結構，同時還介紹了 Python 中的條件判斷、迴圈與函數等基礎語法的使用方法，最後介紹了對機器學習較重要、偏向底層的 3 個 Python 函數庫，分別是高維陣列計算函數庫 NumPy、資料表處理和分析函數庫 pandas，以及資料視覺化函數庫 Matplotlib。

Chapter

02

資料探索與視覺化

資料的探索性分析，在機器學習任務中非常重要。在資料分析流程中，資料科學家和資料工程師通常會消耗 80% 的精力，用於資料準備、資料前置處理與探索，而剩下的精力才是應用具體的機器學習演算法，嘗試解決對應的問題。由此可見，資料的探索性分析非常重要。資料視覺化技術是資料探索的利器，在進行分析資料時，使用合理的資料視覺化技術往往能得到事半功倍的效果，尤其是在巨量的資料面前。俗話說「一圖勝千言」，人類非常善於從圖型中獲取資訊，資料視覺化圖型借助人眼快速的視覺感知能力與人腦的智慧了解能力，可以造成清晰有效地傳達、溝通並輔助資料分析的作用。

在資料探索過程中，面對一組已經讀取的資料，首要的問題就是檢查資料是否完整，資料中是否含有遺漏值。如果資料是不完整的，就需要針對不同的缺失情況，使用合適的遺漏值處理方法來填補遺漏值。在得到完整的資料後，又需要對資料進行描述統計等操作，進一步全面認識資料的形式和內容。針對資料表上密密麻麻的數值，借助資料視覺化技術觀察資料，通常能夠更方便、更直接地得到更多有用資訊，從而能夠更加直觀、全面地了解和把握資料。在探索資料的時候，也會使用到一些資料的相似性度量方法，用於分析資料樣本或變數之間的關係。

綜上所述，本章將包含資料遺漏值處理、資料描述統計、資料異常值發現、資料視覺化，以及經常用於分析資料樣本距離的相關方法。下面對視覺化圖型的顯示情況進行設定，並匯入資料探索性分析與資料視覺化中會使用到的相關函數庫和模組。

```
## 輸出高畫質圖型
%config InlineBackend.figure_format='retina'
%matplotlib inline
## 圖型顯示中文的問題
import matplotlib
matplotlib.rcParams['axes.unicode_minus']=False
import seaborn as sns
sns.set(font= "Kaiti",style="ticks",font_scale=1.4)
## 匯入要使用的套件
import numpy as np
import pandas as pd
import matplotlib.pyplot as plt
import seaborn as sns
import missingno as msno
import altair as alt
from statsmodels.graphics.mosaicplot import mosaic
from scipy.stats import chi2_contingency
import plotly.express as px
from pandas.plotting import parallel_coordinates
from WordCloud import WordCloud
import networkx as nx
from networkx.drawing.nx_agraph import graphviz_layout
from scipy.spatial import distance
from sklearn.experimental import enable_iterative_imputer
from sklearn.impute import IterativeImputer
from sklearn.impute import KNNImputer
from missingpy import MissForest
## 忽略提醒
import warnings
warnings.filterwarnings("ignore")
```

針對匯入的相關函數庫，這裡對它們的功能進行簡單介紹。使用到的資料視覺化函數庫或模組有 pyplot、seaborn、Altair、mosaicplot、Plotly、missingno、SciPy、NetworkX、sklearn、missingpy、pandas.plotting、WordCloud、NetworkX.drawing 等。在匯入的函數庫中，missingno 函數庫常用於資料異常值的視覺化與處理，SciPy 函數庫是資料科學計算函數庫，WordCloud 函數庫常用於視覺化詞雲，NetworkX 函數庫用於圖的分析與視覺化，sklearn 則是機器學習常用函數庫，其提供了常用的機器學習演算法，missingpy 函數庫則提供了處理遺漏值的相關演算法。

本章將使用匯入的這些函數庫和模組完成以下內容：遺漏值處理、資料描述與異常值發現、視覺化分析資料關係、資料樣本間的距離。

2.1 遺漏值處理

資料缺失是指在資料獲取、傳輸和處理等過程中，由於某些原因導致資料不完整的情況。由於待分析資料的獲取過程可能存在各種干擾因素，因此，在進行資料分析時資料存在遺漏值是很常見的一種現象。針對帶有遺漏值的資料集，如何使用合適的方法處理遺漏值是資料前置處理的關鍵問題之一。

遺漏值的處理方法有很多，如剔除遺漏值、平均值填充、K- 近鄰遺漏值填補等方法。接下來利用具體的資料集，結合 Python 函數庫中的相關函數，介紹如何處理資料中的遺漏值。

2.1.1 簡單的遺漏值處理方法

本節將介紹如何使用 Python 發現資料中的遺漏值，以及使用一些簡單的方法對遺漏值進行處理，如剔除遺漏值、平均值填充等。

1. 發現資料中的遺漏值

對資料進行遺漏值處理時，第一步要做的就是分析資料中是否存在遺漏值，以及遺漏值存在的形式。下面匯入一個資料集，介紹從資料中發現遺漏值的方法。針對匯入的資料表，可以使用 pd.isna() 方法判斷每個位置是否為遺漏值，例如 pd.isna(oceandf).sum() 在判斷資料 oceandf 中的每個元素是否為遺漏值後，使用 sum() 方法對每列求和，計算出每個變數遺漏值的數量，相關輸出如下：

```
In[1]:## 讀取用於演示的資料集
      oceandf=pd.read_csv("data/chap2/熱帶大氣海洋資料.csv")
      ## 判斷每個變數中是否存在遺漏值
      pd.isna(oceandf).sum()
Out[1]:
Year              0
Latitude          0
Longitude         0
SeaSurfaceTemp    3
AirTemp          81
Humidity         93
UWind             0
VWind             0
dtype: int64
```

從上面的輸出結果中可以發現，一共有 3 個變數帶有遺漏值，分別是 SeaSurfaceTemp 變數有 3 個遺漏值、AirTemp 變數有 81 個遺漏值、Humidity 變數有 93 個遺漏值。雖然知道了資料中遺漏值的情況，但是還不知道遺漏值在資料表中的分佈情況，針對這種情況，可以使用 msno.matrix() 函數視覺化出遺漏值在資料中的分佈情況，程式如下，執行結果如圖 2-1 所示。

```
In[2]:## 使用視覺化方法查看遺漏值在資料中的分佈
      msno.matrix(oceandf,figsize=(14,7),width_ratios=(13,2),color=(0.25,
0.25,0.5))
      plt.show()
```

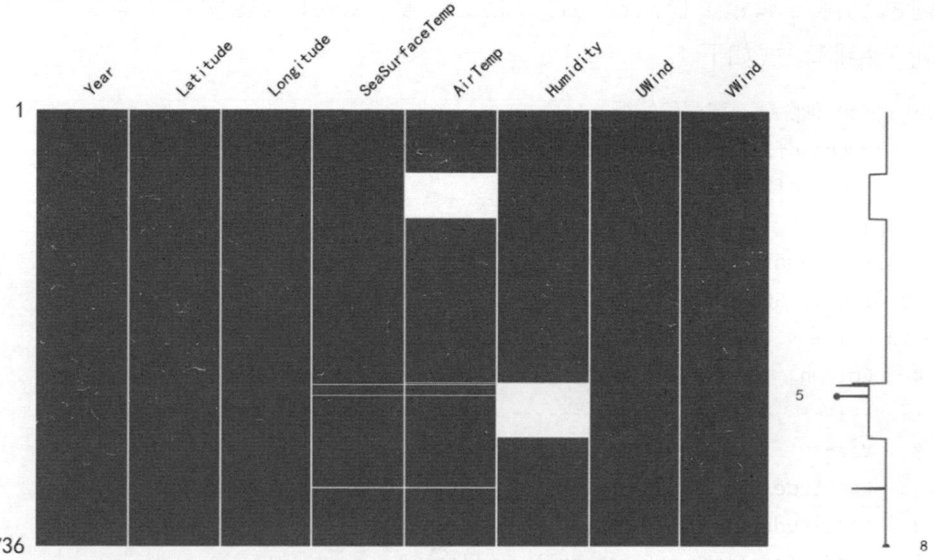

▲ 圖 2-1　遺漏值分佈視覺化

圖 2-1 可以分為兩個部分，左邊部分表示遺漏值在資料中的分佈，736 表示資料表中第 736 行資料，在每個變數圖型中，空白的部位表示該處存在遺漏值，右側的聚合線表示每個樣本遺漏值的情況，8 表示資料中一共有 8 個變數，5 表示對應的樣本只有 5 個變數是完整的，存在 3 個遺漏值。透過圖 2-1 可以對資料表中遺漏值的分佈情況一目了然。

在發現資料中帶有遺漏值後，就需要根據遺漏值的情況進行前置處理，下面介紹幾種簡單的資料遺漏值前置處理方法。

2. 剔除帶有遺漏值的行或列

剔除帶有遺漏值的行或列是最簡單的遺漏值處理方法。大部分的情況下，如果資料中只有較少的樣本帶有遺漏值，則可以剔除帶有遺漏值的行。如果某列的資料帶有大量的遺漏值，進行遺漏值填充可能會帶來更多的負面影響，則可以直接剔除遺漏值所在的列。剔除資料中帶有遺漏值的行或列，可以使用資料的 dropna() 方法，指定該方法的參數 axis=0

則會剔除帶有遺漏值所在的行，指定參數 axis=1 則會剔除帶有遺漏值的列，相關程式如下：

```
In[3]:## 剔除帶有遺漏值的行
      oceandf2=oceandf.dropna(axis=0)
      oceandf2.info()
Out[3]:
<class 'pandas.core.frame.DataFrame'>
Int64Index: 565 entries, 0 to 735
Data columns (total 8 columns):
 #   Column          Non-Null Count  Dtype
---  ------          --------------  -----
 0   Year            565 non-null    int64
 1   Latitude        565 non-null    int64
 2   Longitude       565 non-null    int64
 3   SeaSurfaceTemp  565 non-null    float64
 4   AirTemp         565 non-null    float64
 5   Humidity        565 non-null    float64
 6   UWind           565 non-null    float64
 7   VWind           565 non-null    float64
```

```
In[4]:## 剔除帶有遺漏值的列
      oceandf3=oceandf.dropna(axis=1)
      oceandf3.info()
Out[4]:
<class 'pandas.core.frame.DataFrame'>
RangeIndex: 736 entries, 0 to 735
Data columns (total 5 columns):
 #   Column     Non-Null Count  Dtype
---  ------     --------------  -----
 0   Year       736 non-null    int64
 1   Latitude   736 non-null    int64
 2   Longitude  736 non-null    int64
 3   UWind      736 non-null    float64
 4   VWind      736 non-null    float64
```

3. 對遺漏值進行插補

處理帶有遺漏值的相關資料的另一種方式，就是使用新的資料進行遺漏值插補。下面介紹如何使用遺漏值的平均值、前面的值等進行遺漏值插補。在這之前首先使用散點圖，視覺化出剔除帶有遺漏值行後，AirTemp 和 Humidity 變數的資料分佈。程式如下，執行後的結果如圖 2-2 所示。

```
In[5]:## 視覺化出剔除遺漏值所在行後AirTemp和Humidity變數的資料分佈散點圖
      plt.figure(figsize=(10,6))
      plt.scatter(oceandf.AirTemp,oceandf.Humidity,c="blue")
      plt.grid()
      plt.xlabel("AirTemp")
      plt.ylabel("Humidity")
      plt.title("剔除帶有遺漏值的行")
      plt.show()
```

注意：程式視覺化出的是資料在剔除遺漏值所在的行後的結果，而這裡仍然使用原始資料表 oceandf 進行視覺化，這是因為在視覺化時，使用的 plt.scatter() 函數會自動地不顯示帶有遺漏值的點。

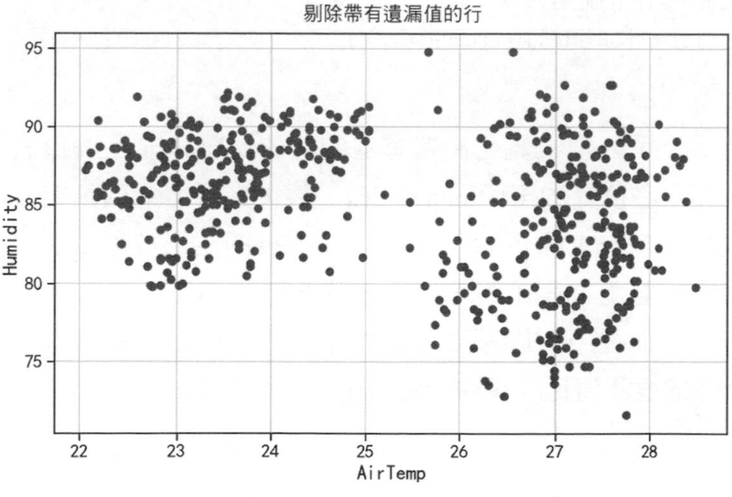

▲ 圖 2-2　剔除帶有遺漏值行的散點圖

針對資料表資料，pandas 函數庫提供了資料表的 fillna() 方法，該方法可以透過參數 method 設定遺漏值的填充方式，常用的方式有 method="ffill"，使用遺漏值前面的值進行填充；method="bfill"，使用遺漏值後面的值進行填充。下面針對 oceandf 資料集分別使用這兩種方式填充遺漏值，並視覺化出填充後遺漏值所在的位置。首先使用 method="ffill" 的方法，程式如下：

```
In[6]:## 找到遺漏值所在的位置
      nanaindex=pd.isna(oceandf.AirTemp) | pd.isna(oceandf.Humidity)
      ## 使用遺漏值前面的值進行填充
      oceandf4=oceandf.fillna(axis=0,method="ffill")
      ## 視覺化填充後的結果
      plt.figure(figsize=(10,6))
      plt.scatter(oceandf4.AirTemp[~nanaindex],oceandf4.Humidity [~nanaindex],
                  c="blue",marker="o",label="非遺漏值")
      plt.scatter(oceandf4.AirTemp[nanaindex],oceandf4.Humidity [nanaindex],
                  c="red",marker="s",label="遺漏值")
      plt.grid()
      plt.legend(loc="upper right",fontsize=12)
      plt.xlabel("AirTemp")
      plt.ylabel("Humidity")
      plt.title("使用遺漏值前面的值填充")
      plt.show()
```

上面的程式為了分別視覺化出帶有遺漏值的資料和非遺漏值的資料，先找到遺漏值所在位置的索引 nanaindex，然後進行遺漏值填充後，使用散點圖型視覺化填充使用的資料。程式執行後的結果如圖 2-3 所示。在圖中，小數點（藍色）表示不帶遺漏值的資料，矩形（紅色）表示帶有遺漏值的資料。從圖中可以發現填充的遺漏值分佈在兩條直線上，這是因為每個變數的遺漏值比較集中，資料填充值較為單一。

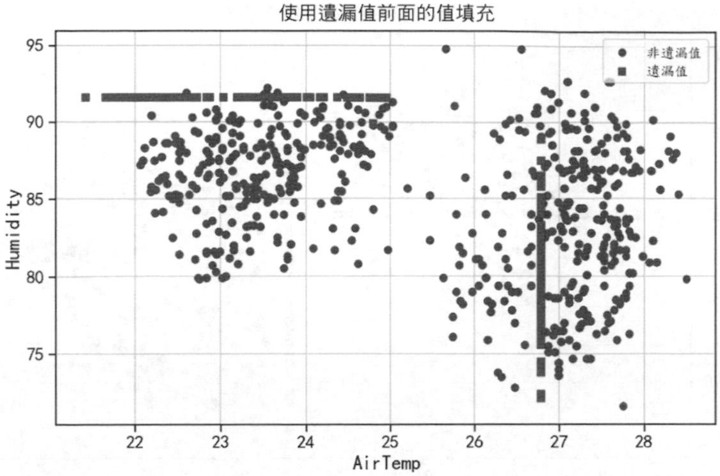

▲ 圖 2-3　使用遺漏值前面的值進行填充

下面針對 oceandf 資料集，使用 method="bfill" 方法，利用遺漏值後面的值進行填充，並視覺化填充後遺漏值所在的位置，程式如下：

```
In[7]:## 使用遺漏值後面的值進行填充
      oceandf4=oceandf.fillna(axis=0,method="bfill")
      ## 視覺化填充後的結果
      plt.figure(figsize=(10,6))
      plt.scatter(oceandf4.AirTemp[~nanaindex],oceandf4.Humidity [~nanaindex],
                  c="blue",marker="o",label="非遺漏值")
      plt.scatter(oceandf4.AirTemp[nanaindex],oceandf4.Humidity [nanaindex],
                  c="red",marker="s",label="遺漏值")
      plt.grid()
      plt.legend(loc="upper right",fontsize=12)
      plt.xlabel("AirTemp")
      plt.ylabel("Humidity")
      plt.title("使用遺漏值後面的值填充")
      plt.show()
```

程式執行後的結果如圖 2-4 所示，可以發現填充的遺漏值位置已經發生了改變，但是分佈趨勢變化不大。

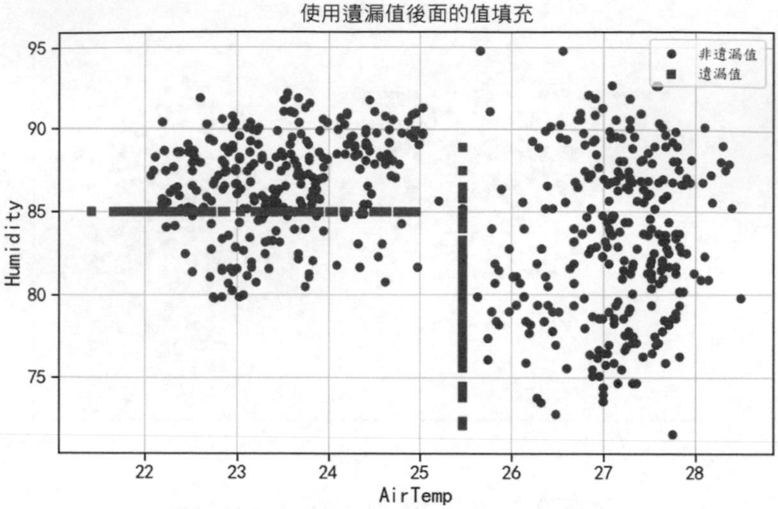

▲ 圖 2-4 使用遺漏值後面的值進行填充

注意：針對該資料集，因為兩個變數的遺漏值分佈的位置較為集中，所以不太適合使用前面或後面的值進行遺漏值填充，當遺漏值的分佈在每個變數中較為離散時，使用這種方法較為合適。

使用平均值對有遺漏值的變數進行填充，也是常用的遺漏值處理方法之一，下面先使用每個變數的平均值對變數進行遺漏值填充，然後使用同樣的方式視覺化遺漏值處理結果，程式如下，程式執行後的結果如圖 2-5 所示。

```
In[8]:## 找到遺漏值所在的位置
      nanaindex=pd.isna(oceandf.AirTemp) | pd.isna(oceandf.Humidity)
      ## 使用變數平均值進行填充
      AirTempmean=oceandf.AirTemp.mean()
      Humiditymean=oceandf4.Humidity.mean()
      ## 填充
      AirTemp=oceandf.AirTemp.fillna(value=AirTempmean)
      Humidity=oceandf.Humidity.fillna(value=Humiditymean)
      ## 視覺化填充後的結果
```

```
plt.figure(figsize=(10,6))
plt.scatter(AirTemp[~nanaindex],Humidity[~nanaindex],
            c="blue",marker="o",label="非遺漏值")
plt.scatter(AirTemp[nanaindex],Humidity[nanaindex],
            c="red",marker="s",label="遺漏值")
plt.grid()
plt.legend(loc="upper right",fontsize=12)
plt.xlabel("AirTemp")
plt.ylabel("Humidity")
plt.title("使用變數平均值填充")
plt.show()
```

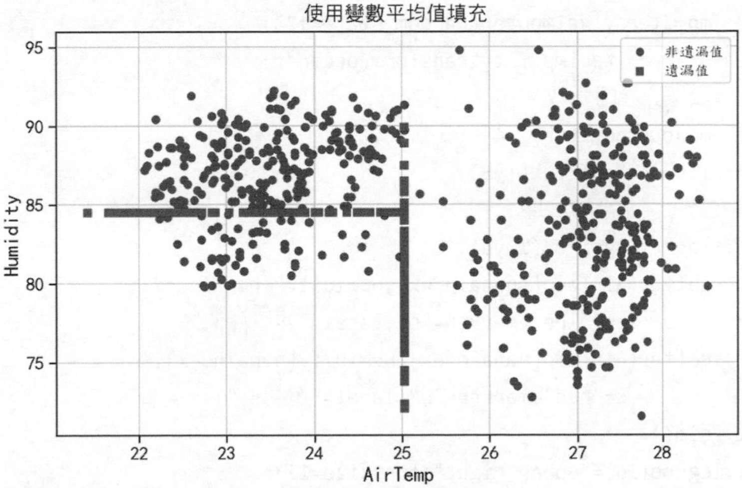

▲ 圖 2-5　使用變數平均值進行遺漏值填充

從上面的 3 種遺漏值填充結果可以發現，針對該資料使用簡單的遺漏值填充方法，並不能獲得很好的遺漏值填充效果，造成這個結果的重要原因就是，在遺漏值填充時，只單一地分析一個變數，並不能從整體資料出發，不能借助樣本的其他資訊進行填充。因此下一節將介紹幾種複雜的遺漏值填充方法。

2.1.2 複雜的遺漏值填充方法

複雜的遺漏值填充方法會考慮到資料的整體情況，然後再對有遺漏值的資料進行填充，本節將介紹 3 種複雜的遺漏值填充方法。

1. IterativeImputer 多變數遺漏值填充

IterativeImputer 是 sklearn 函數庫中提供的一種遺漏值填充方式，該方法會考慮資料在高維空間中的整體分佈情況，然後對有遺漏值的樣本進行填充。對應的程式如下，將填充的結果視覺化後如圖 2-6 所示。

```
In[9]:## IterativeImputer多變數遺漏值填充方法
      iterimp=IterativeImputer(random_state=123)
      oceandfiter=iterimp.fit_transform(oceandf)
      ## 獲取填充後的變數
      AirTemp=oceandfiter[:,4]
      Humidity=oceandfiter[:,5]
      ## 視覺化填充後的結果
      plt.figure(figsize=(10,6))
      plt.scatter(AirTemp[~nanaindex],Humidity[~nanaindex],
                  c="blue",marker="o",label="非遺漏值")
      plt.scatter(AirTemp[nanaindex],Humidity[nanaindex],
                  c="red",marker="s",label="遺漏值")
      plt.grid()
      plt.legend(loc="upper right",fontsize=12)
      plt.xlabel("AirTemp")
      plt.ylabel("Humidity")
      plt.title("使用IterativeImputer方法填充")
      plt.show()
```

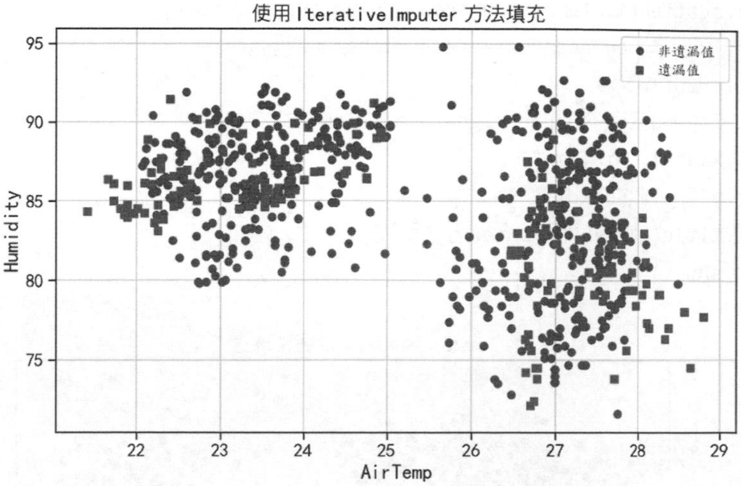

▲ 圖 2-6　使用 IterativeImputer 方法填充遺漏值

從圖 2-6 所示的視覺化結果中可以發現，相對於簡單的遺漏值填充方法，該方法填充的結果更符合資料的分佈規律。

2. K- 近鄰遺漏值填充

K- 近鄰遺漏值填充方法是複雜的遺漏值填充方式之一，該方法會利用帶有遺漏值樣本的多個近鄰的綜合情況，對遺漏值樣本進行填充，該方法可以使用 sklearn 函數庫中的 KNNImputer 來完成。程式如下，視覺化後的結果如圖 2-7 所示。

```
In[10]:## KNNImputer遺漏值填充方法
       knnimp=KNNImputer(n_neighbors=5)
       oceandfknn=knnimp.fit_transform(oceandf)
       ## 獲取填充後的變數
       AirTemp=oceandfknn[:,4]
       Humidity=oceandfknn[:,5]
       ## 視覺化填充後的結果
       plt.figure(figsize=(10,6))
       plt.scatter(AirTemp[~nanaindex],Humidity[~nanaindex],
                   c="blue",marker="o",label="非遺漏值值")
```

```
plt.scatter(AirTemp[nanaindex],Humidity[nanaindex],
            c="red",marker="s",label="遺漏值")
plt.grid()
plt.legend(loc="upper right",fontsize=12)
plt.xlabel("AirTemp")
plt.ylabel("Humidity")
plt.title("使用KNNImputer方法填充")
plt.show()
```

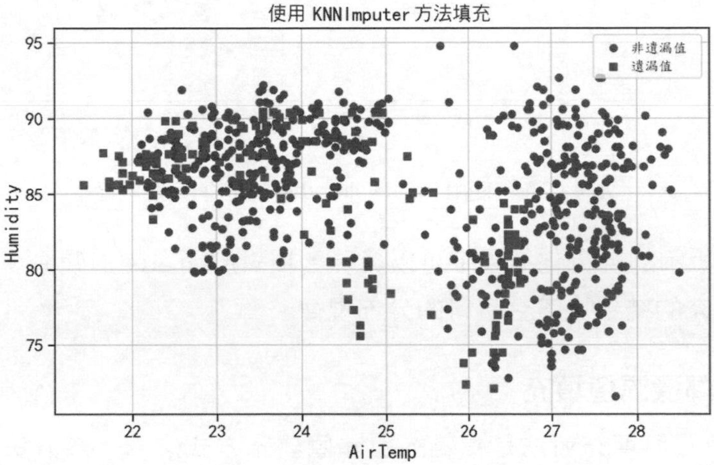

▲ 圖 2-7 使用 K- 近鄰遺漏值填充（使用 KNNImputer 完成）

從圖 2-7 中可以發現，K- 近鄰遺漏值填充結果在資料分佈上也較符合原始資料的分佈，比簡單的遺漏值填充效果好。

3. 隨機森林遺漏值填充

針對帶有遺漏值的資料，也可以使用隨機森林遺漏值填充方法。該方法利用隨機森林的思想進行遺漏值填充，也是一種考慮資料整體情況的遺漏值填充方法。該方法可以使用 missingpy 函數庫中的 MissForest 完成。程式如下，程式執行後的結果如圖 2-8 所示。

```
In[11]:## MissForest遺漏值填充方法
       forestimp=MissForest(n_estimators=100,random_state=123)
```

```
oceandfforest=forestimp.fit_transform(oceandf)
## 獲取填充後的變數
AirTemp=oceandfforest[:,4]
Humidity=oceandfforest[:,5]
## 視覺化填充後的結果
plt.figure(figsize=(10,6))
plt.scatter(AirTemp[~nanaindex],Humidity[~nanaindex],
            c="blue",marker="o",label="非遺漏值")
plt.scatter(AirTemp[nanaindex],Humidity[nanaindex],
            c="red",marker="s",label="遺漏值")
plt.grid()
plt.legend(loc="upper right",fontsize=12)
plt.xlabel("AirTemp")
plt.ylabel("Humidity")
plt.title("使用MissForest方法填充")
plt.show()
```

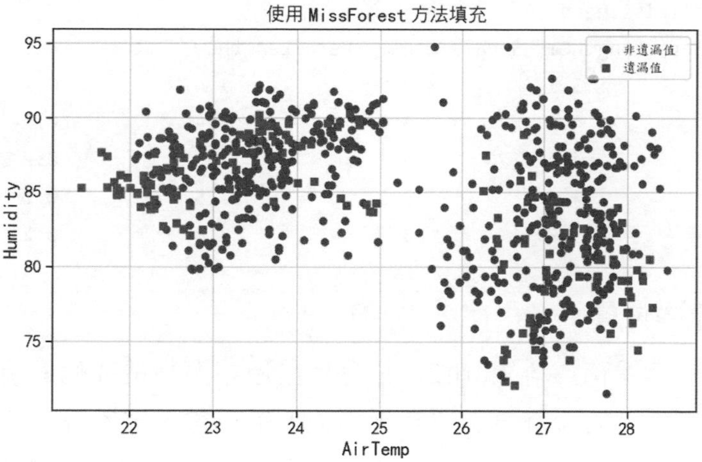

▲ 圖 2-8　使用 MissForest 填充遺漏值

上面介紹的 3 種複雜的資料填充方法，在填充遺漏值時，都會考慮資料的整體分佈情況，所以會有更好的填充效果。

2.2 資料描述與異常值發現

資料描述是透過分析資料的統計特徵，增強對資料的了解，從而利用合適的機器學習方法，對資料進行探勘、分析。本節在介紹資料描述統計的同時，還會介紹一些簡單的發現資料中異常值的方法。

2.2.1 資料描述統計

資料描述統計主要有資料的集中位置、離散程度、偏度和峰度等。該部分用鳶尾花資料集進行演示，並計算相關描述統計量。資料準備程式如下：

```
In[1]:## 讀取鳶尾花資料集
      Iris=pd.read_csv("data/chap2/Iris.csv")
      Iris2=Iris.drop(["Id","Species"],axis=1)
      print(Iris2.head())
Out[1]:   SepalLengthCm  SepalWidthCm  PetalLengthCm  PetalWidthCm
        0           5.1           3.5            1.4           0.2
        1           4.9           3.0            1.4           0.2
        2           4.7           3.2            1.3           0.2
        3           4.6           3.1            1.5           0.2
        4           5.0           3.6            1.4           0.2
```

1. 資料集中位置

針對匯入的鳶尾花資料集 Iris2，只保留了原始資料的 4 個數值變數。描述資料集中位置的統計量主要有平均值、中位數、眾數等。在計算資料中 4 個變數的相關統計量時，平均值可使用 mean() 方法，中位數可使用 median() 方法，眾數可使用 mode() 方法。相關計算程式和結果如下：

```
In[2]:## 平均值
      print("平均值:\n",Iris2.mean())
      ## 中位數
      print("中位數:\n",Iris2.median())
      ## 眾數
```

```
      print("眾數:\n",Iris2.mode())
Out[2]:平均值:
       SepalLengthCm    5.843333
       SepalWidthCm     3.054000
       PetalLengthCm    3.758667
       PetalWidthCm     1.198667
       dtype: float64
       中位數:
       SepalLengthCm    5.80
       SepalWidthCm     3.00
       PetalLengthCm    4.35
       PetalWidthCm     1.30
       dtype: float64
眾數:
    SepalLengthCm  SepalWidthCm  PetalLengthCm  PetalWidthCm
0             5.0           3.0            1.5           0.2
```

2. 離散程度

描述資料離散程度的統計量主要有方差、標準差、變異係數、分位數和極差等。其中，方差和標準差設定值越大，表明資料離散程度就越大，並且方差是標準差的平方，可以使用 var() 方法計算方差，使用 std() 方法計算標準差；變異係數是度量觀測資料的標準差相對於平均值的離中趨勢，計算公式為平均值除以標準差，變異係數沒有量綱，所以針對不同度量方式的變數可以相互比較，變異係數設定值越大說明資料越分散；分位數可以使用 quantile() 方法進行計算；極差是指資料最大值和最小值之間的差值，極差越小說明資料越集中，可以使用 max() 方法減去 min() 方法獲得。計算鳶尾花資料中相關統計量可以使用下面的程式。

```
In[3]:## 極差
      print("極差:\n",Iris2.max() - Iris2.min())
      ## 分位數
      print("分位數:\n",Iris2.quantile(q=[0,0.25,0.5,0.75,1]))
      ## 方差
      print("方差:\n",Iris2.var())
```

```
    ## 標準差
    print("標準差:\n",Iris2.std())
    ## 變異係數
    print("變異係數:\n",Iris2.mean() / Iris2.std())
Out[3]:
極差:
SepalLengthCm    3.6
SepalWidthCm     2.4
PetalLengthCm    5.9
PetalWidthCm     2.4
dtype: float64
分位數:
       SepalLengthCm  SepalWidthCm  PetalLengthCm  PetalWidthCm
0.00             4.3           2.0           1.00           0.1
0.25             5.1           2.8           1.60           0.3
0.50             5.8           3.0           4.35           1.3
0.75             6.4           3.3           5.10           1.8
1.00             7.9           4.4           6.90           2.5
方差:
SepalLengthCm    0.685694
SepalWidthCm     0.188004
PetalLengthCm    3.113179
PetalWidthCm     0.582414
dtype: float64
標準差:
SepalLengthCm    0.828066
SepalWidthCm     0.433594
PetalLengthCm    1.764420
PetalWidthCm     0.763161
dtype: float64
變異係數:
SepalLengthCm    7.056602
SepalWidthCm     7.043450
PetalLengthCm    2.130256
PetalWidthCm     1.570661
dtype: float64
```

3. 偏度和峰度

偏度和峰度是用來描述資料分佈特徵統計量的指標。偏度也稱偏態係數，是用於衡量分佈的不對稱程度或偏斜程度的指標，可以透過資料表的 skew() 方法進行計算。峰度又稱峰態係數，是用來衡量資料尾部分散度的指標，直觀看來峰度反映了峰部的尖度，可以透過資料表的 kurtosis() 方法計算。計算鳶尾花 4 個變數的偏度和峰度的程式如下：

```
In[4]:## 偏度
      print("偏度:\n",Iris2.skew())
      ## 峰度
      print("峰度:\n",Iris2.kurtosis())
Out[4]:
偏度:
SepalLengthCm    0.314911
SepalWidthCm     0.334053
PetalLengthCm   -0.274464
PetalWidthCm    -0.104997
dtype: float64
峰度:
SepalLengthCm   -0.552064
SepalWidthCm     0.290781
PetalLengthCm   -1.401921
PetalWidthCm    -1.339754
dtype: float64
```

針對多個資料特徵（變數），相關係數是度量資料變數之間線性相關性的指標。在二元變數的相關分析中，比較常用的有 Pearson 相關係數，常用於分析連續數值變數之間的關係；Spearman 秩相關係數和判定係數，常用於分析離散數值變數之間的關係。對於資料表的相關係數，可以使用 corr() 方法進行計算，透過參數 method 可以指定計算的相關係數類型。對於多變數之間的相關係數，可在計算出其相關係數矩陣後，使用熱力圖進行視覺化。獲得鳶尾花 4 個變數的相關係數熱力圖的程式如下，程式執行後的結果如圖 2-9 所示。

```
In[5]:## 相關係數
      iriscorr=Iris2.corr(method="pearson")
      ## 使用熱力圖型視覺化
      plt.figure(figsize=(8,6))
      ax=sns.heatmap(iriscorr,fmt=".3f",annot=True,cmap="YlGnBu")
      ## y軸標籤置中
      ax.set_yticklabels(iriscorr.index.values,va="center")
      plt.title("Iris相關係數熱力圖")
      plt.show()
```

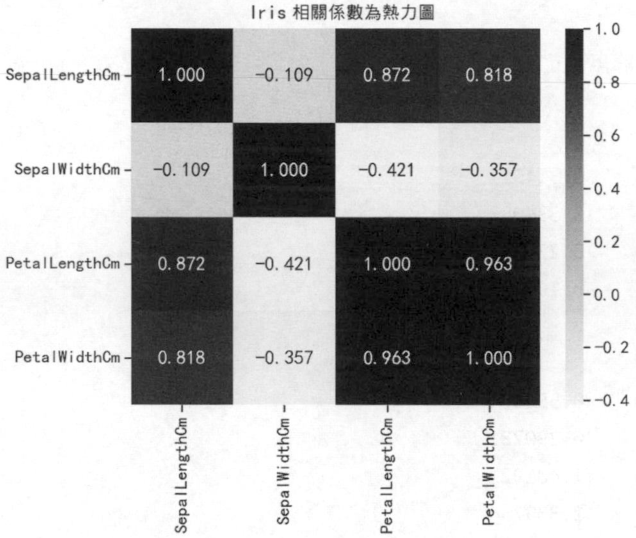

▲ 圖 2-9　相關係數熱力圖

相關係數的設定值範圍在 [-1,1] 之間，如果小於 0 說明變數間為負相關，越接近 -1，負相關性越強；大於 0 說明變數間為正相關，越接近 1，正相關性越強。

4. 單一資料變數的分佈情況

對於資料的描述統計，還可以使用視覺化的方法進行分析，其中單一連續變數可以使用長條圖進行視覺化，輔助計算得到的相關統計量對資料進行更詳細的了解。針對鳶尾花資料的 PetalLengthCm 變數，透過下面的長條圖視覺化程式，可獲得如圖 2-10 所示的長條圖。可以發現該資料的分佈呈現兩個峰的情況，並且每個峰的分佈情況也不一樣。

```
In[6]:## 數值變數長條圖視覺化
      plt.figure(figsize=(10,6))
      plt.hist(Iris2.PetalLengthCm,bins=30,color="blue")
      plt.xlabel("PetalLengthCm")
      plt.ylabel("頻數")
      plt.title("長條圖")
      plt.show()
```

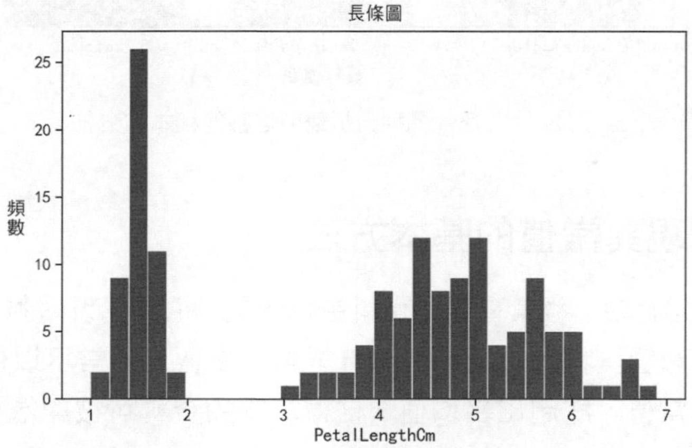

▲ 2-10　連續變數的長條圖

對於單一變數的離散變數，可以使用橫條圖進行視覺化，比較每種離散值的出現情況。針對鳶尾花資料每類花的樣本資料，使用條形圖型視覺化的程式如下，程式執行後的結果如圖 2-11 所示。

```
In[7]:## 分類變數條形圖型視覺化
      plotdata=Iris.Species.value_counts()
      plt.figure(figsize=(10,6))
      plt.bar(x=plotdata.index.values,height=plotdata.values ,color ="blue")
      plt.xlabel("資料種類")
      plt.ylabel("頻數")
      plt.title("橫條圖")
      plt.show()
```

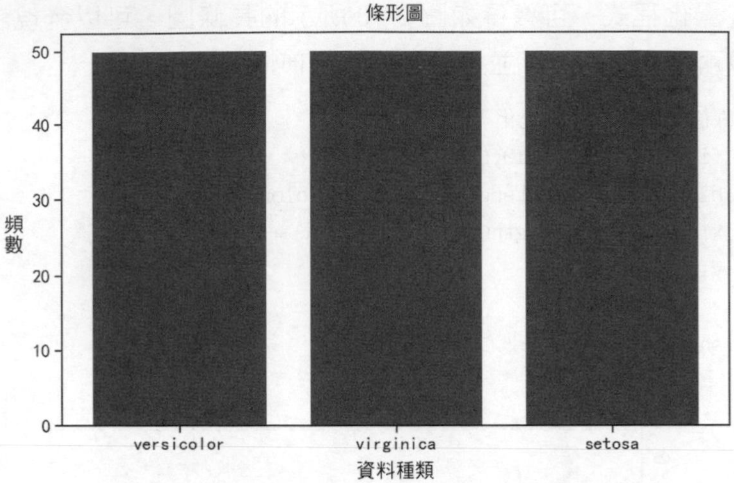

▲ 圖 2-11　橫條圖型分析離散變數的樣本數分佈

2.2.2 發現異常值的基本方法

在資料分析過程中，經常會遇到資料中包含異常值的情況，並且異常值的存在經常會影響資料的建模結果。針對單一變數，通常可以使用 3sigma 法則辨識異常值，即超出平均值 3 倍標準差的資料可被認為是異常值，也可以使用箱線圖來發現異常值。這裡首先介紹如何使用 Python 發現資料的異常值。

使用前文由 KNN 填充遺漏值後的 oceandfknn 資料中的 5 個變數，分析每個變數是否存在異常值，資料準備程式如下：

```
In[8]:## 使用KNN填充遺漏值後的oceandfknn資料中的5個變數演示
      oceandfknn5=pd.DataFrame(data=oceandfknn[:,3:8],
                               columns=["SeaSurfaceTemp", "AirTemp",
                                        "Humidity", "UWind", "VWind"])
      print(oceandfknn5.head(2))
Out[8]:   SeaSurfaceTemp  AirTemp  Humidity  UWind  VWind
       0           27.59    27.15      79.6   -6.4    5.4
       1           27.55    27.02      75.8   -5.3    5.3
```

對於 oceandfknn5 中的每個變數使用 3sigma 法則，計算每個變數中是否存在異常值，以及異常值的數量，程式如下：

```
In[9]:## 根據3sigma法則，超出平均值3倍標準差的資料可被認為是異常值
      oceandfknn5mean=oceandfknn5.mean()
      oceandfknn5std=oceandfknn5.std()
      ## 計算對應的樣本是否為異常值
      outliers=abs(oceandfknn5 - oceandfknn5mean) > 3 * oceandfknn5std
      ## 計算每個變數有多少異常值
      outliers.sum()
Out[9]:SeaSurfaceTemp    0
       AirTemp           0
       Humidity          0
       UWind             6
       VWind             10
       dtype: int64
```

從輸出結果中可以發現，UWind 變數有 6 個異常值，VWind 變數有 10 個異常值。針對該資料也可以使用箱線圖進行視覺化分析，箱線圖在視覺化時會使用點輸出異常值的位置，因此可以判斷資料中是否存在異常值。使用箱線圖型分析資料中是否存在異常值的程式如下：

```
In[10]:## 使用箱線圖型分析資料中是否存在異常值
       oceandfknn5.plot(kind="box",figsize=(10,6))
       plt.title("資料集箱線圖")
       plt.grid()
       plt.show()
```

執行程式後的結果如圖 2-12 所示。從圖中可以發現，Humidity 變數有一個異常值，UWind 和 VWind 變數有多個異常值。

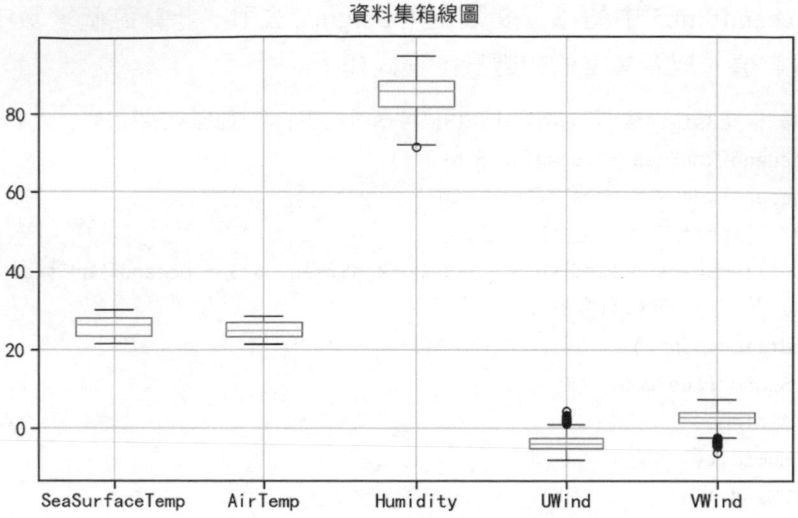

▲ 圖 2-12　用箱線圖型分析異常值

前面兩種方式是分析單一變數是否有異常值，對於兩個變數，也可以使用散點圖，直觀地分析資料中是否有異常值，程式如下，執行結果如圖 2-13 所示。

```
In[11]:## 針對兩個變數可以使用散點圖型分析資料中是否有異常值
       x=[10,8,13,9,11,14,6,4,12,7,5]
       y=[7.46,6.77,12.74,7.11,7.81,8.84,6.08,5.39,8.15,6.42,5.73]
       ## 使用散點圖進行視覺化
       plt.figure(figsize=(10,6))
       plt.plot(x,y,"ro")
       plt.grid()
       plt.xlabel("X")
       plt.ylabel("Y")
       plt.text(12.5,12,"異常值")
       plt.show()
```

從圖 2-13 所示的視覺化結果中可以發現，資料中有一個點明顯和其他資料點有不同的趨勢，因此可以認為該資料點屬於異常值。

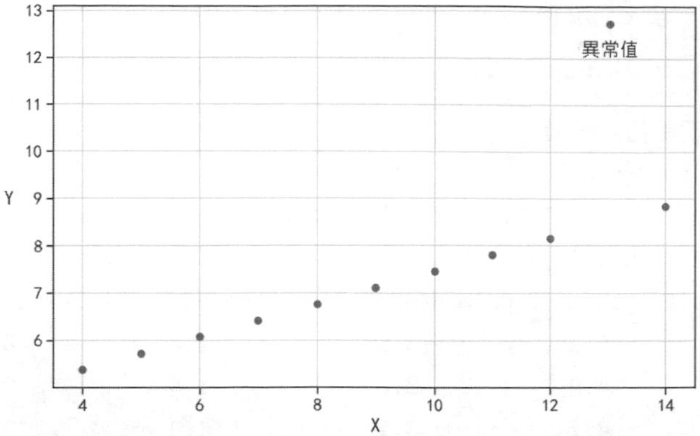

▲ 圖 2-13　用散點圖型分析兩個變數是否有異常值

2.3 視覺化分析資料關係

資料視覺化技術是資料探索的利器，在觀察資料的時候，有效地利用資料視覺化技術往往能夠得到事半功倍的效果，尤其是在巨量的資料面前。面對密密麻麻的資料集，觀察圖型通常能得到更多的有用資訊，而且能夠更加直觀全面地把握資料。俗話說「一圖勝千言」，相對於文字、數字等內容，人類非常善於從圖型中獲取資訊。

本節將根據不同的資料類型，使用合適的資料視覺化方法，對資料進行分析。針對不同的視覺化圖型，會盡可能地使用相對簡單的視覺化方式進行資料視覺化。在進行資料視覺化時，將用到 Matplotlib、seaborn、Altair、Plotly、pandas、WordCloud、NetworkX 等 Python 視覺化函數庫。在視覺化資料時，分為連續變數間關係視覺化分析、分類變數間關係視覺化、連續變數和分類變數間關係視覺化分析，以及其他類類型資料視覺化分析。

2.3.1 連續變數間關係視覺化分析

當待分析的資料均為連續變數時，由於資料變數的數目不同和想要從資料中獲取資訊的目的不同，可以使用不同的視覺化方法。下面以鳶尾花資料集為例，對不同情況下的資料視覺化介紹，先準備好待使用的資料，程式如下：

```
In[1]:## 讀取鳶尾花資料集
      Iris=pd.read_csv("data/chap2/Iris.csv")
      Iris2=Iris.drop(["Id","Species"],axis=1)
      print(Iris2.head(3))
Out[1]:   SepalLengthCm  SepalWidthCm  PetalLengthCm  PetalWidthCm
       0            5.1           3.5            1.4           0.2
       1            4.9           3.0            1.4           0.2
       2            4.7           3.2            1.3           0.2
```

1. 兩個連續變數之間的視覺化

對於兩個連續數值變數之間的視覺化方式，最直觀的就是使用散點圖進行視覺化分析。對於變數 SepalLengthCm 和變數 SepalWidthCm，可以使用下面的程式得到散點圖，程式執行後的結果如圖 2-14 所示。

```
In[2]:## 散點圖
      plt.figure(figsize=(10,6))
      sns.scatterplot(x="SepalLengthCm",y="SepalWidthCm",data=Iris2, s=50)
      plt.title("散點圖")
      plt.grid()
      plt.show()
```

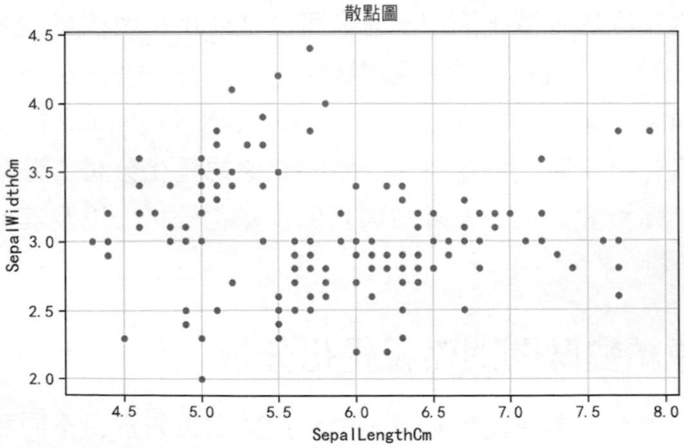

▲ 圖 2-14　兩個連續變數的散點圖型視覺化

從圖 2-14 中的 2D 散點圖中很容易分析兩個變數之間的變化趨勢，如果想要分析兩個變數在空間中的分佈情況，可以使用 2D 密度曲線圖進行視覺化分析。2D 密度曲線圖會在分佈較密集的區域使用較深的顏色表示，視覺化變數 SepalLengthCm 和變數 SepalWidthCm 的 2D 密度曲線圖，可以使用下面的程式，程式執行後的結果如圖 2-15 所示。

```
In[3]:## 2D密度曲線
      sns.jointplot(x="SepalLengthCm",y="SepalWidthCm",data=Iris2,
                    kind="kde",color="blue")
      plt.grid()
plt.show()
```

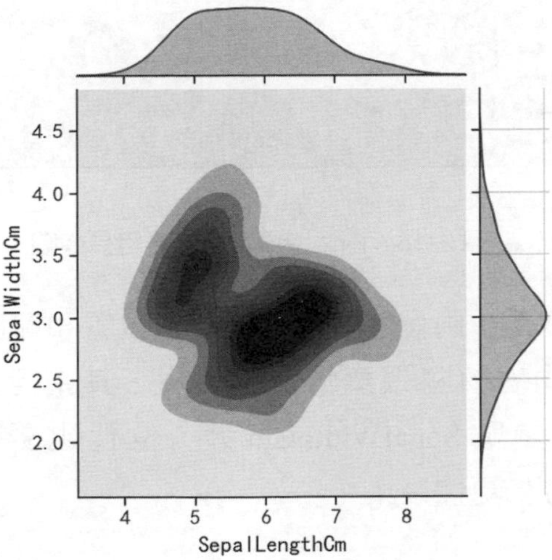

▲ 圖 2-15　2D 密度曲線圖

在圖 2-15 的 2D 密度曲線圖中不同位置，資料分佈的密度是不一樣的，該資料有兩個樣本較多的密集區域，同時在圖的上方和右側，分別視覺化出了兩個變數的一維密度曲線，用於幫助分析資料的分佈情況。

針對兩個數值變數，如果想要分析兩者在各自的一維空間上分佈情況的差異，可以使用分組長條圖視覺化出兩組資料在同一座標系下的分佈情況，例如使用下面的程式，視覺化出變數 SepalLengthCm 和變數 SepalWidthCm 的長條圖，程式執行後的結果如圖 2-16 所示。

```
In[4]:## 長條圖
      Iris2.iloc[:,0:2].plot(kind="hist",bins=30,figsize=(10,6))
      plt.title("分組長條圖")
      plt.show()
```

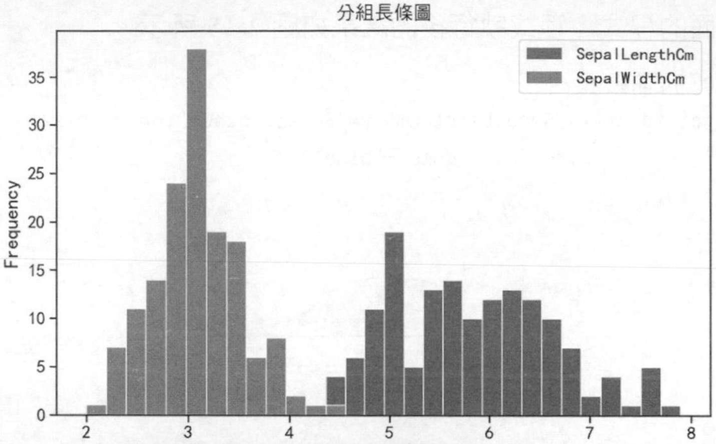

▲ 圖 2-16　兩個連續變數的分組長條圖

從圖 2-16 中可以發現，兩個變數的資料分佈位置和範圍都很容易比較，而且還可以發現兩者資料聚集情況的差異，其中變數 SepalLengthCm 的設定值範圍比變數 SepalWidthCm 大，位置也更集中，但是變數 SepalWidthCm 的分佈更加聚集。

2. 多個連續變數之間的視覺化

針對多個連續變數之間的資料視覺化，通常會使用氣泡圖、小提琴圖、蒸汽圖等對資料進行視覺化分析，並且從不同的視覺化圖型中可以分析出資料傳達的不同資訊。

氣泡圖通常用於 3 個變數的視覺化，其中兩個變數表示點所在的位置，另一個變數使用點的大小反映資料設定值的大小，從而可以在二維空間中分析 3 個變數之間的關係，使用下面的程式可以獲得如圖 2-17 所示的氣泡圖。

```
In[5]:## 氣泡圖
      plt.figure(figsize=(10,6))
      sns.scatterplot(x="PetalWidthCm",y="SepalWidthCm",data=Iris2,
                      size="SepalLengthCm",sizes=(20,200),palette ="muted")
      plt.title("氣泡圖")
      plt.legend(loc="center right",bbox_to_anchor=(1.3, 0.5))
      plt.grid()
      plt.show()
```

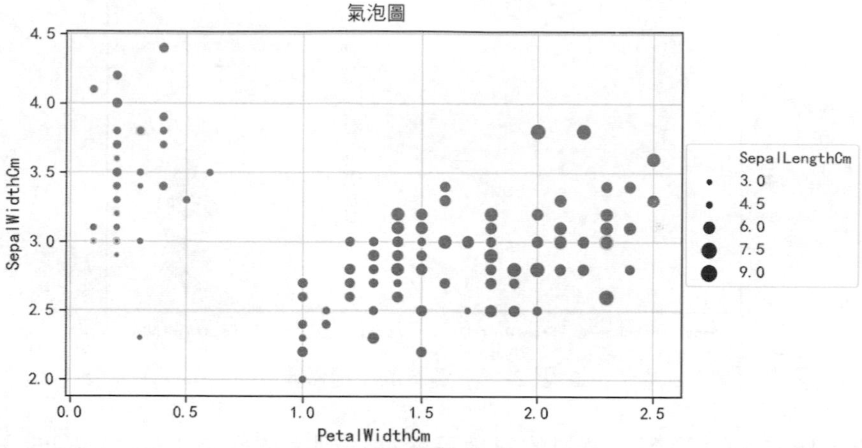

▲ 圖 2-17　資料的氣泡圖

在圖 2-17 中，變數 PetalWidthCm 和變數 SepalWidthCm 用於指定點在空間中的位置，而氣泡的大小使用變數 SepalLengthCm 表示。從圖中可以發現，PetalWidthCm 和 SepalWidthCm 的設定值越大，所對應的氣泡也越大。

如果想要分析多個變數之間資料分佈趨勢的差異，則可以使用小提琴圖進行分析，在小提琴圖中可以獲取資料的設定值範圍、集中位置、離散情況等，並且還可以同時將多個變數的小提琴圖型視覺化在一幅圖中，用於分析多個變數的分佈差異等內容。對於鳶尾花的 4 個連續變數，可以使用下面的程式獲得如圖 2-18 所示的小提琴圖。

```
In[6]:## 使用小提琴圖型分析資料設定值上的差異
      plt.figure(figsize=(10,6))
      sns.violinplot(data=Iris2.iloc[:,0:4], palette="Set3", bw=0.5,)
      plt.title("小提琴圖")
      plt.grid()
      plt.show()
```

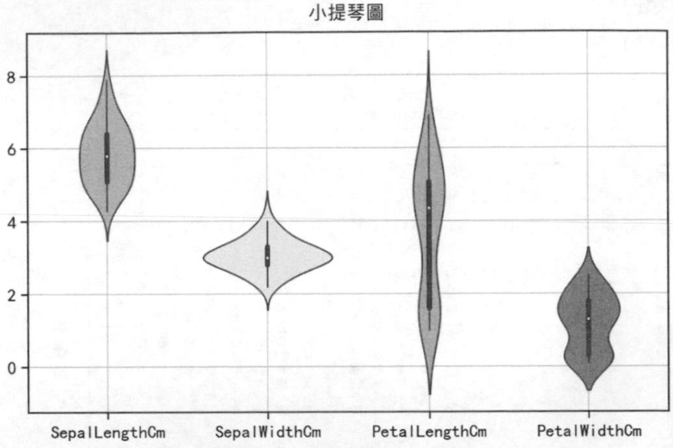

▲ 圖 2-18　資料的小提琴圖

從圖 2-18 中可以發現，資料的離散程度從小到大依次是：SpealWidthCm、PetalWidthCm、SpealLengthCm、PetalLengthCm；而且資料中 PetalLengthCm 變數和 PetalWidthCm 變數的分佈為雙峰分佈。

對於多個連續變數，也可以使用蒸汽圖型分析隨著樣本數的增加（或時間的增長），資料設定值的變化情況。蒸汽圖的視覺化可以使用 Python 中的 Altair 函數庫來完成，Altair 函數庫是用來統計視覺化的常用函數庫，功能強大。針對鳶尾花資料，可以使用下面的程式獲得蒸汽圖。

```
In[7]:## 將鳶尾花寬資料轉化為長資料
      Irislong=Iris.melt(["Id","Species"],var_name="Measurement_type",
                         value_name="value")
      print(Irislong.head())
      ## 使用蒸汽圖型視覺化
      alt.Chart(Irislong).mark_area().encode(
```

```
        alt.X("Id:Q"),                                     ## X軸
        alt.Y("value:Q",stack="center",axis=None),  ## Y軸
        alt.Color('Measurement_type:N'),                ## 設定顏色
    ).properties(width=500,height=300)               # 設定圖形大小
Out[7]:    Id Species Measurement_type  value
       0    1  setosa     SepalLengthCm    5.1
       1    2  setosa     SepalLengthCm    4.9
       2    3  setosa     SepalLengthCm    4.7
       3    4  setosa     SepalLengthCm    4.6
       4    5  setosa     SepalLengthCm    5.0
```

在上面的程式中，在使用鳶尾花資料 Iris 之前，先對其使用 melt() 方法，將寬資料轉化為長資料，因此在獲得長資料 Irislong 中，變數 Measurement_type 表明了使用的特徵名，value 對應著原始特徵的對應設定值，因此在視覺化蒸汽圖時，利用 mark_area() 方法可快速獲取蒸汽圖，程式執行後的結果如圖 2-19 所示。

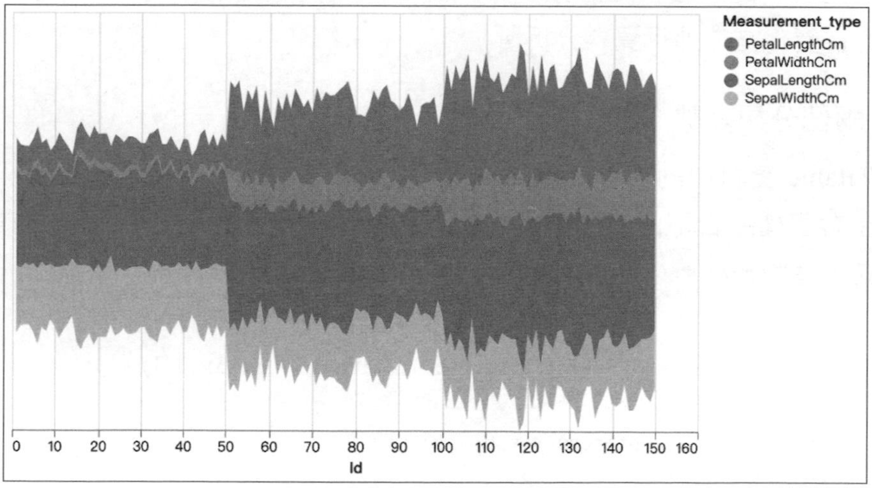

▲ 圖 2-19　資料的蒸汽圖

在蒸汽圖中，4 個變數使用了 4 種不同的顏色來表示，其中資料的波動表明了隨著 Id 的變化，對應特徵的設定值變化情況。

2.3.2 分類變數間關係視覺化分析

分類變數也是資料分析與探勘過程中經常用到的資料類型，因此本節將介紹一些該類資料的視覺化分析方法。首先匯入待分析的鐵達尼號資料，程式如下：

```
In[8]:## 讀取使用的資料
      Titanic=pd.read_csv("data/chap2/Titanic資料.csv")
      print(Titanic.head())
Out[8]:
   Pclass   Name     Sex   Age  SibSp  Parch     Fare Embarked  Survived
0       3    Mr.    male  22.0      1      0   7.2500        S         0
1       1   Mrs.  female  38.0      1      0  71.2833        C         1
2       3  Miss.  female  26.0      0      0   7.9250        S         1
3       1   Mrs.  female  35.0      1      0  53.1000        S         1
4       3    Mr.    male  35.0      0      0   8.0500        S         0
```

匯入的資料封包含多個分類變數，針對分類變數量的不同，可以使用不同的視覺化方法進行資料分析。

1. 兩個分類變數

以 Titanic 資料中的變數 Embarked 和 Survived 為例，可以使用資料列聯表查看每種組合下的樣本數量，也可以使用卡方檢定分析兩個變數是否獨立，這些分析可以使用下面的 Python 程式進行。

```
In[9]:## 卡方檢定
      tab=pd.crosstab(Titanic["Embarked"], Titanic["Survived"])
      print(tab)
      c,p,_,_= chi2_contingency(tab.values)
      print("卡方值: ", c, ";  P value : ",p)
Out[9]:Survived    0    1
       Embarked
       C          75   93
       Q          47   30
       S         427  219
```

```
卡方值:  25.964452881874784 ;  P value :  2.3008626481449577e-06
```

從上面的輸出結果中可以發現，卡方檢定的 P 值遠小於 0.05，説明兩個變數不是獨立的，即有些相關性。針對兩個變數之間的相關性情況，可以使用馬賽克圖進行視覺化分析，程式如下，視覺化結果如圖 2-20 所示。

```
In[10]:## 馬賽克圖
       mosaic(Titanic,["Embarked","Survived"],gap=0.01,
              title="馬賽克圖")
       plt.show()
```

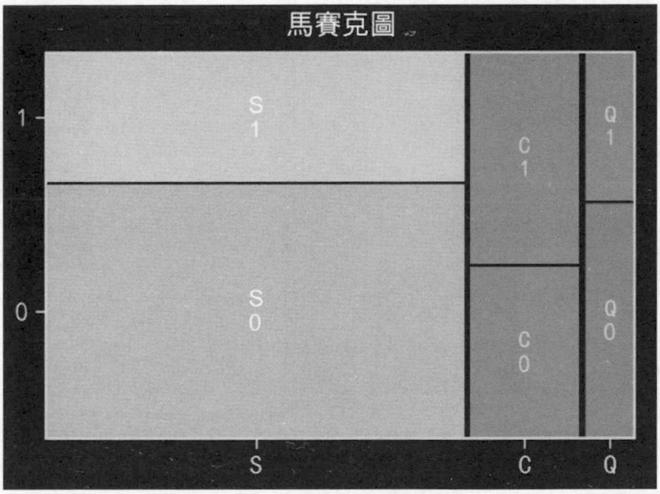

▲ 圖 2-20　兩個分類變數的馬賽克圖

從圖 2-20 中可以發現，當變數 Embarked 的設定值為 S 或 Q 時，Survived 設定值為 1 所佔的比例就更低。

2. 多個分類變數

針對多個分類變數的關係，可以使用樹圖進行視覺化分析，樹圖使用矩形來表示數量的多少，使用者可以對資料進行逐層分組視覺化，使用下面的程式後結果如圖 2-21 所示。

```
In[11]:## 樹圖
       Titanic["Titanic"]="Titanic"     ## 增加一個統一的根
       Titanic["value"]=1               ## 增加一個用於計數的變數
       fig=px.treemap(Titanic, path=["Titanic","Survived", "Sex", "Embarked"],
                      values="value", color="Fare",
                      color_continuous_scale='RdBu',
                      width=800,height=500,)
       fig.show()
```

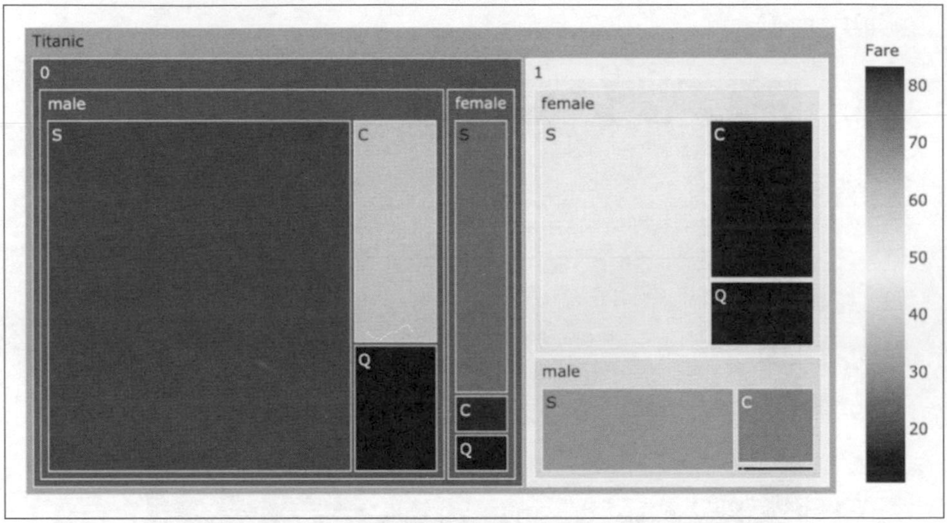

▲ 圖 2-21　鐵達尼號資料的樹圖型視覺化

從圖 2-21 所示的視覺化結果中可以發現，遇難者明顯多於倖存者；票價（Fare）低的乘客更容易遇難；在遇難的人員中，男性遠遠多於女性；在倖存的人員中，女性遠遠多於男性。使用 Plotly 套件獲得的圖型是可互動的圖型，使用者可以透過點擊對圖型進行更多查看和比較分析。點擊圖 2-21 所示的某部分放大局部，如圖 2-22 所示。

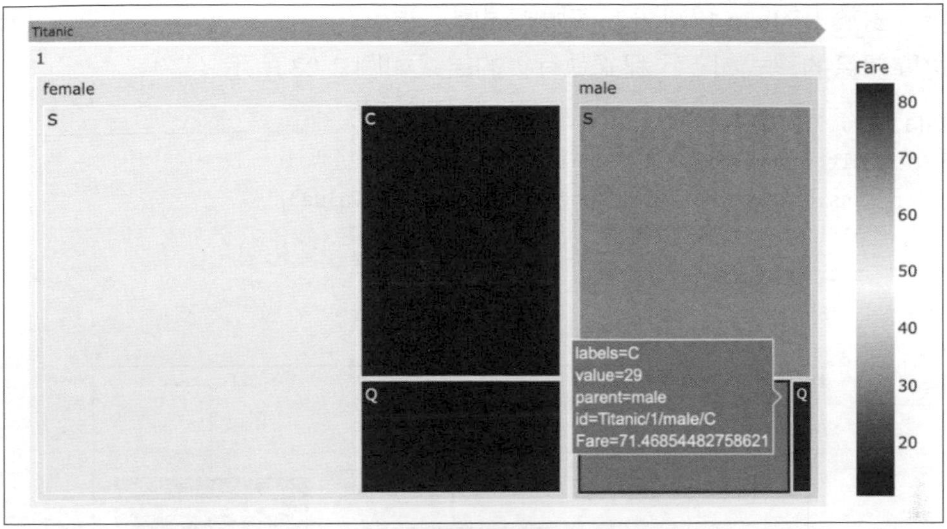

▲ 圖 2-22　互動後放大局部顯示結果

2.3.3 連續變數和分類變數間關係視覺化分析

在資料分析過程中，很少會有只包含連續變數或分類變數的情況，通常待分析的資料會同時包含連續變數和分類變數。前面變換得到的鳶尾花長類型資料 Irislong，就包含多個分類變數和連續變數。下面使用該資料集展示如何對資料進行視覺化。

```
In[12]:print(Irislong.head())
Out[12]:    Id Species Measurement_type  value
        0    1  setosa     SepalLengthCm    5.1
        1    2  setosa     SepalLengthCm    4.9
        2    3  setosa     SepalLengthCm    4.7
        3    4  setosa     SepalLengthCm    4.6
        4    5  setosa     SepalLengthCm    5.0
```

1. 一個分類變數和一個連續變數

如果要分析長型鳶尾花資料中的分類變數和一個連續變數之間的關係，可以使用箱線圖。它可以分析在不同分類變數下，連續變數的分佈情況。對於 Irislong 資料表，使用箱線圖型視覺化變數 Species 和變數 value 之間關係的程式如下，程式執行後的結果如圖 2-23 所示。

```
In[13]:## 分組箱線圖
       plt.figure(figsize=(10,6))
       sns.boxplot(data=Irislong,x="Species",y="value")
       plt.title("箱線圖")
       plt.show()
```

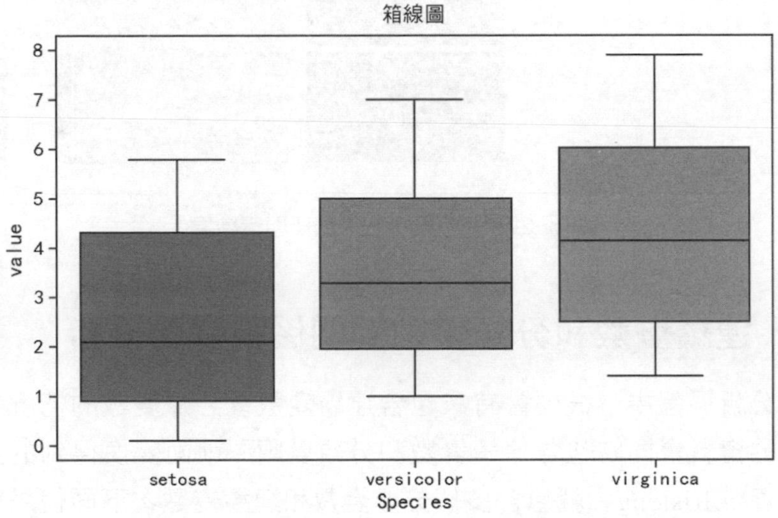

▲ 圖 2-23　一個分類變數和一個連續變數的箱線圖

從圖 2-23 中可以發現，三者的設定值極差相近，但是資料的集中位置在逐次升高。

一個分類變數和一個連續變數，還可以使用分面密度曲線圖查看資料的分佈。以長型鳶尾花資料為例，可以使用 Measurement_type 變數進行分面，分析 value 變數的資料分佈情況。可以使用下面的程式進行視覺化，程式執行後的結果如圖 2-24 所示。透過圖 2-24 可以發現，針對該資料集，在不同的 Measurement_type 分組下，資料的分佈情況有很大的差異，而且設定值範圍也不盡相同。

```
In[14]:## 分面密度曲線查看資料的分佈
       alt.Chart(Irislong).transform_density(
           density="value",bandwidth=0.3,
           groupby=["Measurement_type"],extent= [0, 8]
       ).mark_area().encode(
           alt.X("value:Q"),alt.Y("density:Q"),
           alt.Row("Measurement_type:N")
       ).properties(width=500,height=80)    # 設定圖形大小
```

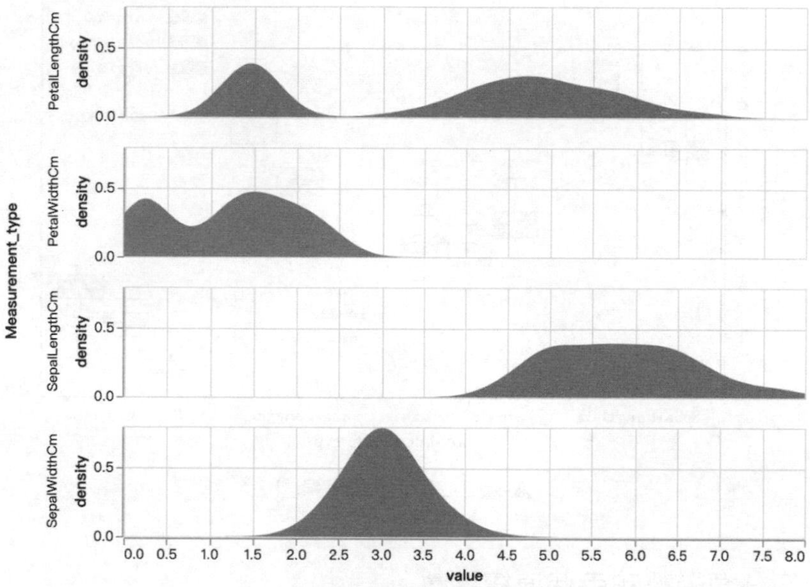

▲ 圖 2-24　分面密度曲線圖

2. 兩個分類變數的連續變數

對於資料中包含兩個分類變數和一個連續變數的情況，可以使用分組箱線圖對資料進行視覺化，即一個分組變數作為箱線圖的水平座標變數，另一個變數作為對應 x 軸座標的再次分割變數。針對長型鳶尾花資料，可以使用下面的程式獲得分組箱線圖（見圖 2-25）。從圖 2-25 中可以發現，value 的分佈不僅受 Measurement_type 設定值的影響，而且變數 Species 的設定值也對資料 value 的分佈有較大的影響。

```
In[15]:## 分組箱線圖
       plt.figure(figsize=(10,6))
       sns.boxplot(data=Irislong,x="Measurement_type",y="value",hue=
"Species")
       plt.legend(loc=1)
       plt.title("分組箱線圖")
       plt.show()
```

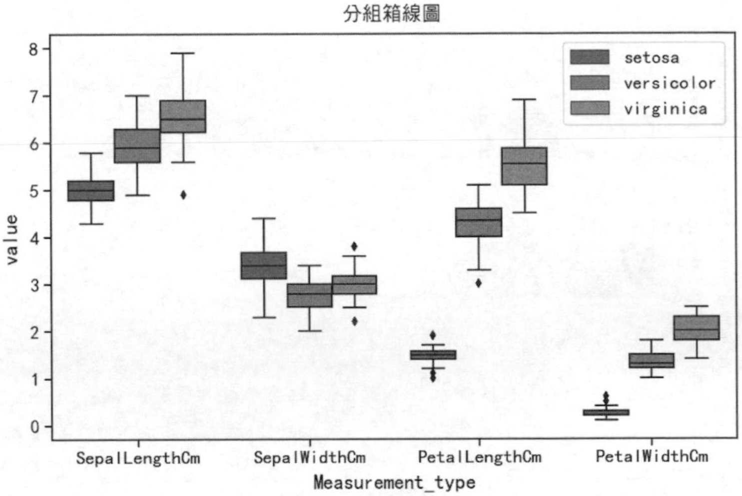

▲ 圖 2-25　分組箱線圖

3. 兩個分類變數和兩個連續變數

如果想要視覺化兩個分類變數和兩個連續變數之間的關係，可以使用分面散點圖，其中兩個分類變數將視覺化介面切分為網格，然後在對應的網格下面視覺化出兩個連續變數的散點圖，從而對資料進行比較分析。舉例來說，可以使用下面的程式對鐵達尼號資料中的兩個分類變數和兩個連續變數進行視覺化，程式執行後的結果如圖 2-26 所示。

```
In[16]:## 分面散點圖，設定網格分面
       g=sns.FacetGrid(data=Titanic,row="Survived",col="Sex",
                       margin_titles=True,height=3,aspect=1.4)
       ## 增加散點圖
```

```
g.map(sns.scatterplot,"Age" ,"Fare",)
plt.show()
```

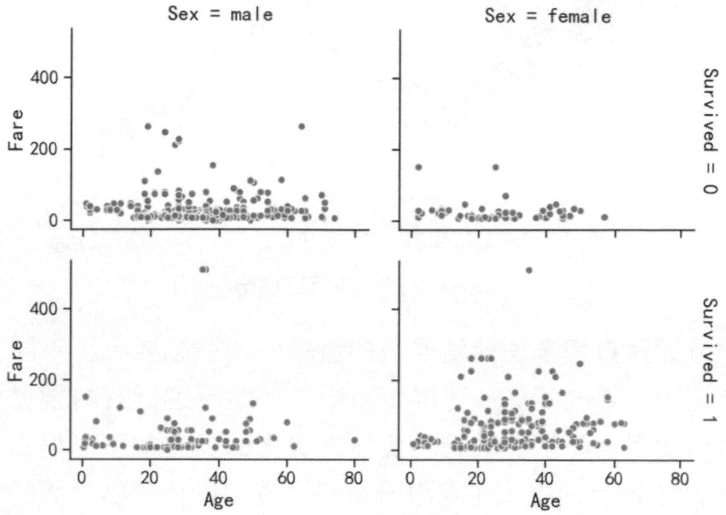

▲ 圖 2-26 分面散點圖

4. 一個分類變數和多個連續變數

對於一個分類變數和多個連續變數的資料視覺化方法，最常用的就是使用平行座標圖，其中每個連續變數是橫軸中的座標點，其設定值大小則標記在對應的豎直線上，可以使用顏色為分組變數中的每條平行線進行分組編碼。對於鳶尾花資料集的 4 個連續變數和一個分類變數，使用下面的程式可獲得平行座標圖，如圖 2-27 所示。從圖中可以發現，3 種不同的花在 PetalLengthCm 變數上的差異性最大，而在 SepalWidthCm 變數上的差異性最小。

```
In[17]:## 平行座標圖
       plt.figure(figsize=(10,6))
       parallel_coordinates(Iris.iloc[:,1:6],"Species",alpha=0.8)
       plt.title("平行座標圖")
       plt.show()
```

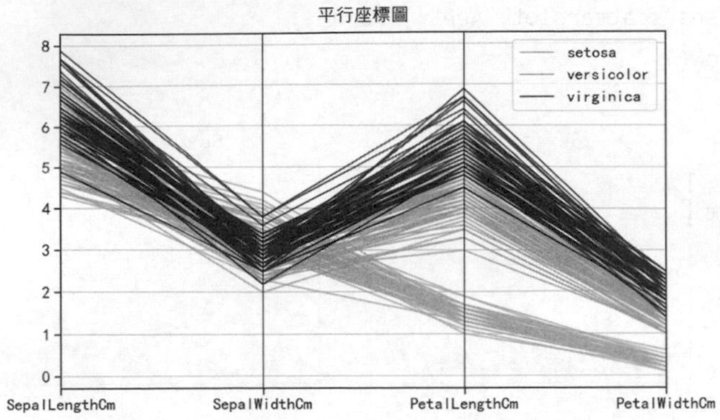

▲ 圖 2-27　平行座標圖

對於一個分類變數和多個連續變數的資料，如果想要分析不同分類變數下，連續變數之間的關係，可以使用矩陣散點圖進行資料視覺化。針對鳶尾花資料使用矩陣散點圖進行資料視覺化的程式如下，程式執行後的結果如圖 2-28 所示。在圖中可以分析任意兩個數值變數之間的關係，以及分類變數對資料之間關係的影響。

```
In[18]:## 矩陣散點圖
       sns.pairplot(Iris.iloc[:,1:6],hue="Species",height=2,aspect=1.2,
                    diag_kind="kde",markers=["o", "s", "D"])
       plt.show()
```

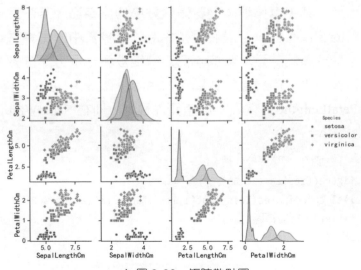

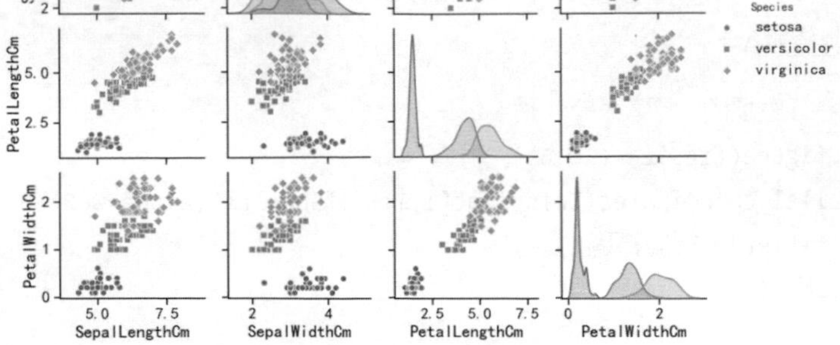

▲ 圖 2-28　矩陣散點圖

氣泡圖可以視覺化 3 個數值變數之間的關係，如果增加一個分類變數，對資料進行視覺化，可以獲得分組氣泡圖，也可以用於分析分組資料對其他數值之間關係的影響。使用下面的程式可獲得一個分組氣泡圖，如圖 2-29 所示。在該圖中，使用了不同的顏色對氣泡進行分組，用於發現不同組內的資料關係和組間的資料差異。

```
In[19]:## 分組氣泡圖
       sns.relplot(data=Iris, x="SepalWidthCm", y="PetalWidthCm",
                   hue="Species", size="SepalLengthCm",sizes=(20,200),
                   palette="muted",height=6,aspect=1.4)
       plt.title("分組氣泡圖")
       plt.show()
```

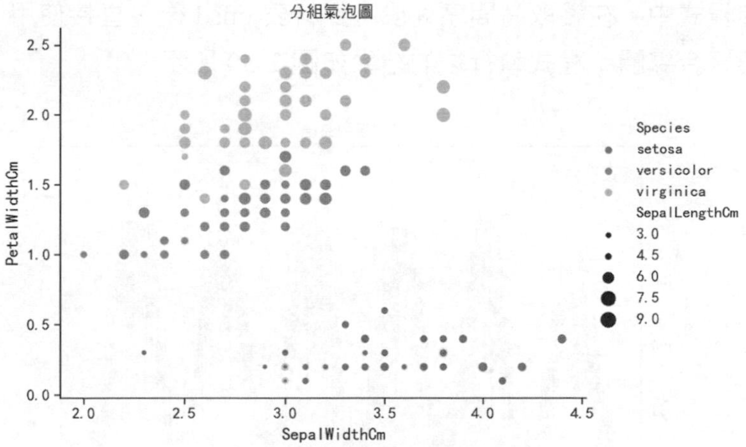

▲ 圖 2-29　分組氣泡圖

前面介紹了針對不同的資料情況，常用的資料視覺化方法，但是這些視覺化方法描述的資料通常是表格資料，對於其他類型的資料也有一些特有的資料視覺化方法，下一節將進行相關介紹。

2.3.4 其他類類型資料視覺化分析

本節將介紹對時間序列資料、文字資料、社群網站資料等的視覺化方法。

1. 時間序列資料

對於時間序列資料，可以使用散點圖和聚合線圖等進行視覺化，但是需要注意的是，時間序列資料的視覺化圖型中，x 軸通常表示時間的變化，而且有順序，所以位置不能隨意變化，否則將不具有其原有的資料含義。

```
In[20]:## 時間序列資料
       opsd=pd.read_csv("data/chap2/OpenPowerSystemData.csv")
       ## 聚合線圖
       opsd.plot(kind="line",x="Date",y="Solar",figsize=(10,6))
       plt.ylabel("Value")
       plt.title("時間序列曲線")
       plt.show()
```

在上面的程式中，在讀取時間序列成為資料表 opsd 後，直接使用其 plot() 方法繪製聚合線圖，程式執行後的結果如圖 2-30 所示。

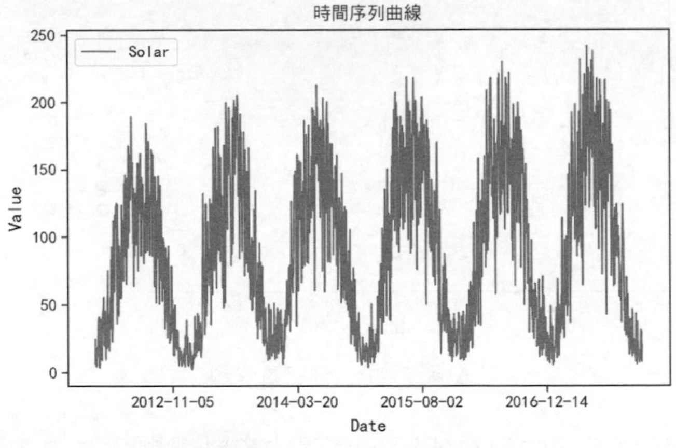

▲ 圖 2-30　時間序列曲線

2. 文字資料

文字資料是常見的非結構化資料，其常用的資料視覺化方法是詞雲，利用詞雲來描述詞語出現的頻繁程度。下面以《三國演義》的文字內容為例，統計出每個詞語出現的頻次，然後使用詞雲進行視覺化，執行下面的程式即可獲得對應的詞雲圖，如圖 2-31 所示。

```
In[21]:## 準備資料
       TKing=pd.read_csv("data/chap2/三國演義分詞後.csv")
       ## 計算每個詞語出現的頻次
       TK_fre=TKing.x.value_counts()
       TK_fre=pd.DataFrame({"word":TK_fre.index,
                           "Freq":TK_fre.values})
       ## 去除出現次數較少的詞語
       TK_fre=TK_fre[TK_fre.Freq > 100]
       ## 將詞和詞頻組成字典資料準備
       worddict={}
       for key,value in zip(TK_fre.word,TK_fre.Freq):
           worddict[key]=value
       ## 生成詞雲
       redcold=WordCloud(font_path= "/Library/Fonts/Microsoft/SimHei.ttf",
                         margin=5,width=1800, height=1000,
                         max_words=400, min_font_size=5,
                         background_color='white',
                         max_font_size=250,)
       redcold.generate_from_frequencies(frequencies=worddict)
       plt.figure(figsize=(10,7))
       plt.imshow(redcold)
       plt.axis("off")
       plt.show()
```

▲ 圖 2-31 《三國演義》詞雲圖（編按：本圖為簡體中文介面）

圖 2-31 即為使用 WordCloud 得到的《三國演義》詞雲圖，因圖中顯示中文，所以需要使用 font_path 參數指定合適的字型，使用 generate_from_ frequencies 方法傳入準備好的字典。其他參數 width、height 用來指定圖型的大小，max_words 指定最多顯示多少個詞語，max_font_size 指定詞語最大的尺寸。透過詞雲圖能夠更準確、一目了然地把握文字的主要內容。

3. 社群網站資料

可以使用圖型視覺化社群網站資料。圖由邊和節點組成，每條邊表示其所連接的兩個節點之間的聯繫，針對圖資料可以使用 NetworkX 函數庫視覺化，下面先匯入空手道俱樂部的社群網站資料，程式如下：

```
In[22]:## 讀取網路資料
       karate=pd.read_csv("data/chap2/karate.csv")
       print(karate.head())
Out[22]:     From      to  weight
      0  Mr Hi  Actor 2     4
      1  Mr Hi  Actor 3     5
      2  Mr Hi  Actor 4     3
      3  Mr Hi  Actor 5     3
      4  Mr Hi  Actor 6     3
```

在 karate 資料中，From 和 to 兩個變數表示兩個節點的一條邊，weight 變數表示兩個節點之間的權重，可以使用下面的程式將資料視覺化為圖。

```
In[23]:## 網路資料視覺化
       plt.figure(figsize=(12,8))
       ## 生成社群網站圖
       G=nx.Graph()
       ## 為圖型增加邊
       for ii in karate.index:
G.add_edge(karate.From[ii],karate.to[ii],weight=karate.weight[ii])
       ## 根據權重大小定義兩種邊
       elarge=[(u,v) for (u,v,d) in G.edges(data=True) if d['weight'] > 3.5]
       esmall=[(u,v) for (u,v,d) in G.edges(data=True) if d['weight'] < 3.5]
       ## 圖的佈局方式
       pos=graphviz_layout(G,prog="fdp")
       # 視覺化圖的節點
       nx.draw_networkx_nodes(G,pos,alpha=0.4,node_size=20)
       # 視覺化圖的邊
```

```
    nx.draw_networkx_edges(G,pos,edgelist=elarge,
                           width=2,alpha=0.5,edge_color="red")
    nx.draw_networkx_edges(G,pos,edgelist=esmall,
                           width=2,alpha=0.5,edge_color="blue",style=
'dashed')
    # 為節點增加標籤
    nx.draw_networkx_labels(G,pos,font_size=14)
    plt.axis('off')
    plt.title("空手道俱樂部人物關係")
    plt.show()
```

在上面的程式中，先使用 G=nx.Graph() 定義一個圖，並使用 G.add_edge() 增加有連結的成員之間的邊，分別指定邊的起點、終點和權重；根據權重將成員之間的邊分為兩種類型（elarge 和 esmall），較大的權重（大於 3.5）用實線顯示，較小的權重（小於 3.5）用虛線表示；用 nx.draw_networkx_nodes() 函數繪製圖的節點，並且指定節點圖型的大小等性質；用 nx.draw_networkx_edges() 函數繪製圖的邊，可以指定邊的線寬、顏色、線形等屬性；用 nx.draw_networkx_labels() 函數為節點增加標籤。視覺化結果如圖 2-32 所示。

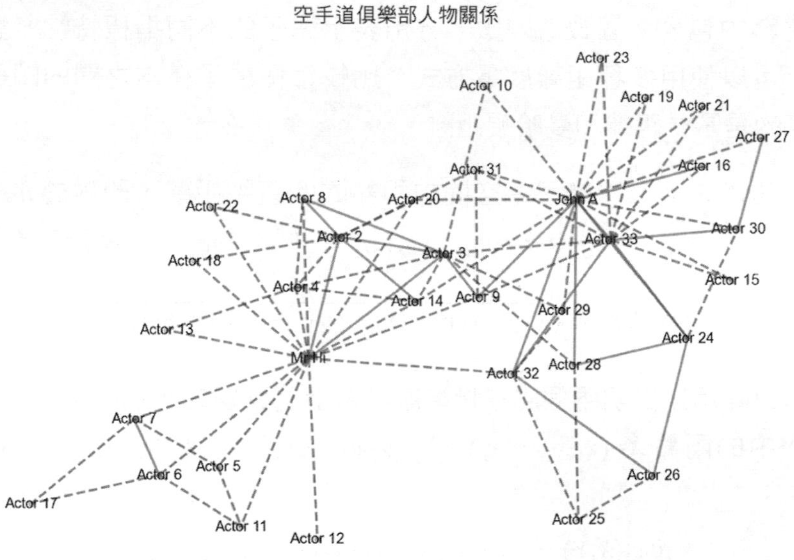

▲ 圖 2-32　使用圖型視覺化人物之間的聯繫

2.4 資料樣本間的距離

對於指定的資料樣本，每個樣本都具有多個特徵，因此每個樣本均是高維空間的點，那麼在高維空間中如何比較樣本之間的距離遠近或相似程度呢？距離在聚類分析、分類等多種應用中都有重要的地位，不同的距離度量方式可能會得到不盡相同的分析結果，接下來簡單介紹幾種常用的距離度量方式。在計算樣本間距離時會使用種子資料集，資料的讀取程式如下：

```
In[1]:## 使用計算距離的資料
      datadf=pd.read_csv("data/chap2/種子資料.csv")
      datadf2=datadf.iloc[:,0:7]
      print(datadf2.head())
Out[2]:     x1     x2      x3     x4     x5     x6     x7
      0  15.26  14.84  0.8710  5.763  3.312  2.221  5.220
      1  14.88  14.57  0.8811  5.554  3.333  1.018  4.956
      2  14.29  14.09  0.9050  5.291  3.337  2.699  4.825
      3  13.84  13.94  0.8955  5.324  3.379  2.259  4.805
      4  16.14  14.99  0.9034  5.658  3.562  1.355  5.175
```

種子資料中包含 7 個數值變數，分別表示種子的不同指標特性。對於該資料，可以使用多種距離度量方式，比較每個種子樣本之間的關係。首先計算的是歐式距離和曼哈頓距離。

歐式距離用來度量歐幾里德空間中兩點間的直線距離，即對於 n 維空間中的兩點 $X=(x_1,x_2,\cdots,x_n)$，$Y=(y_1,y_2,\cdots,y_n)$，它們之間的歐式距離定義為：

$$\text{dist}(X,Y)=\sqrt{(x_1-y_1)^2+(x_2-y_2)^2+\cdots+(x_n-y_n)^2}$$

曼哈頓距離用以表明兩個點在標準座標系上的絕對軸距的總和，即對於 n 維空間中的兩點 $X=(x_1,x_2,\cdots,x_n)$，$Y=(y_1,y_2,\cdots,y_n)$，它們之間的曼哈頓距離定義為：

$$\text{dist}(X,Y)=|x_1-y_1|+|x_2-y_2|+\cdots+|x_n-y_n|$$

對於種子資料的這兩種距離，可以使用 distance.cdist() 函數進行計算，在下面的程式中，不僅計算出資料中樣本的距離，還使用熱力圖將距離矩陣進行視覺化，程式執行後的結果如圖 2-33 所示。

```
In[2]:## 計算樣本的距離
      from scipy.spatial import distance
      ## 歐式距離
      dist=distance.cdist(datadf2,datadf2,"euclidean")
      ## 使用熱力圖型視覺化樣本之間的距離
      plt.figure(figsize=(8,6))
      sns.heatmap(dist,cmap="YlGnBu")
      plt.title("樣本間歐式距離")
      plt.show()
      ## 曼哈頓距離
      dist=distance.cdist(datadf2,datadf2,"cityblock")
      ## 使用熱力圖型視覺化樣本之間的距離
      plt.figure(figsize=(8,6))
      sns.heatmap(dist,cmap="YlGnBu")
      plt.title("樣本間曼哈頓距離")
      plt.show()
```

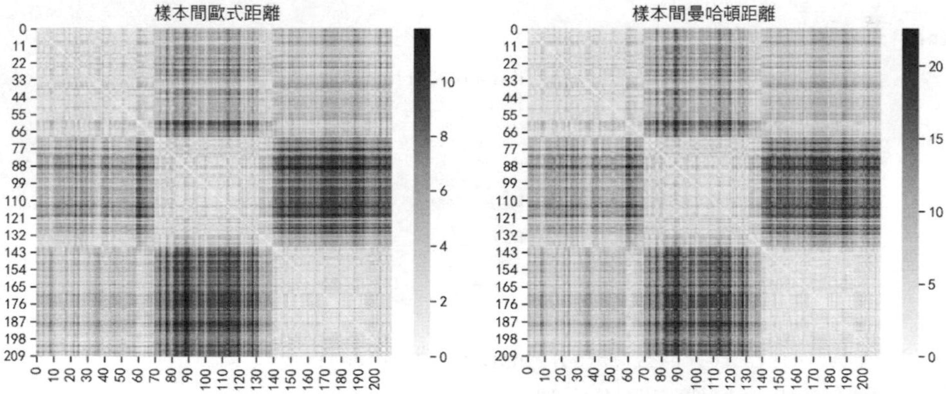

▲ 圖 2-33　樣本間歐式距離（左）和樣本間曼哈頓距離（右）

從圖 2-33 中可以發現，這兩種距離在整體分佈上是一致的，但是距離大小的設定值不盡相同。而且在對角線周圍形成了 3 個距離較近的對角區塊，而每個區塊和其他區塊的距離較遠，説明針對該資料使用聚類演算法，將其分為 3 類較合適。

下面同樣針對種子資料，計算樣本之間謝比雪夫距離和餘弦距離。

謝比雪夫距離即為兩個點之間各個座標數值差的最大值，對於 n 維空間中的兩點 $X=(x_1,x_2,\cdots,x_n)$，$Y=(y_1,y_2,\cdots,y_n)$，它們之間的謝比雪夫距離定義為：

$$\mathrm{dist}(X,Y)=\max_i|x_i-y_i|$$

餘弦相似性是透過測量兩個向量夾角的餘弦值來度量它們之間的相似性，對於 n 維空間中的兩點 $X=(x_1,x_2,\cdots,x_n)$，$Y=(y_1,y_2,\cdots,y_n)$，它們之間的餘弦距離可以定義為：

$$\mathrm{dist}(X,Y)=1-\frac{X\cdot Y}{\sqrt{\sum x_i^2}\sqrt{\sum y_i^2}}$$

在下面的程式中，不僅計算出了對應的樣本距離，還使用熱力圖將距離矩陣進行視覺化，程式執行後的結果如圖 2-34 所示。

```
In[3]:## 謝比雪夫距離
      dist=distance.cdist(datadf2,datadf2,"chebyshev")
      ## 使用熱力圖型視覺化樣本之間的距離
      plt.figure(figsize=(8,6))
      sns.heatmap(dist,cmap="YlGnBu")
      plt.title("樣本間謝比雪夫距離")
      plt.show()
      ## 餘弦距離
      dist=distance.cdist(datadf2,datadf2,"cosine")
      ## 使用熱力圖型視覺化樣本之間的距離
      plt.figure(figsize=(8,6))
      sns.heatmap(dist,cmap="YlGnBu")
      plt.title("樣本間餘弦距離")
      plt.show()
```

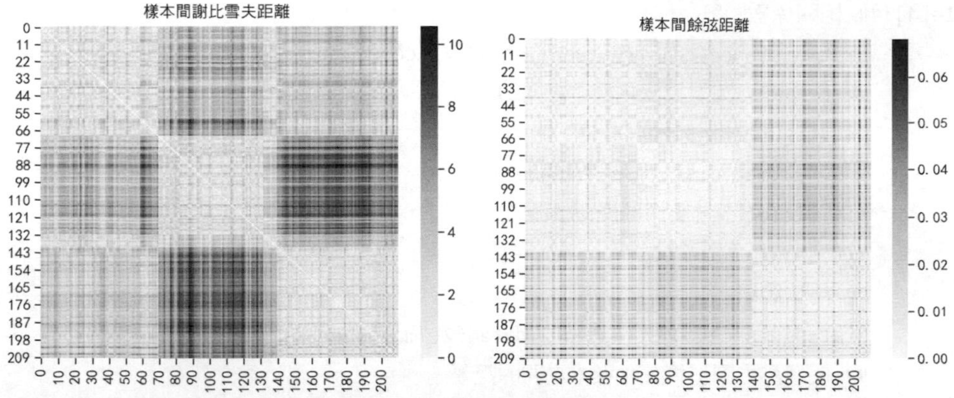

▲ 圖 2-34　謝比雪夫距離和餘弦距離

從圖 2-34 中可以發現，資料的謝比雪夫距離的分佈趨勢和前面的兩種資料分佈較為一致，而樣本間的餘弦距離則有了較大的差異，形成了一大一小的對角矩陣區塊。

下面同樣針對種子資料，計算樣本之間相關係數距離和馬氏距離。

相關係數距離是根據相關性定義的，數值越大距離越遠，對於 n 維空間中的兩點 $X=(x_1,x_2,\cdots,x_n)$，$Y=(y_1,y_2,\cdots,y_n)$，它們之間的相關係數距離可以定義為：

$$\text{dist}(X,Y) = 1 - \frac{(X-\bar{X})\cdot(Y-\bar{Y})}{\sqrt{\sum(x_i-\bar{X})}\sqrt{\sum(y_i-\bar{Y})}}$$

馬氏距離表示資料的協方差距離。它是一種有效地計算兩個未知樣本集相似度的方法。對於 n 維空間中的兩點 $X=(x_1,x_2,\cdots,x_n)$，$Y=(y_1,y_2,\cdots,y_n)$，它們之間的馬氏距離可以定義為：

$$\text{dist}(X,Y) = \sqrt{(X-Y)^T\Sigma^{-1}(X-Y)}$$

使用下面的程式，不僅可以計算出對應的樣本距離小，還利用熱力圖將距離矩陣進行視覺化，程式執行後的結果如圖 2-35 所示。

```
In[4]:## 相關係數距離
      dist=distance.cdist(datadf2,datadf2,"correlation")
      ## 使用熱力圖型視覺化樣本之間的距離
      plt.figure(figsize=(8,6))
      sns.heatmap(dist,cmap="YlGnBu")
      plt.title("樣本間相關係數距離")
      plt.show()
      ## 馬氏距離
      dist=distance.cdist(datadf2,datadf2,"mahalanobis")
      ## 使用熱力圖型視覺化樣本之間的距離
      plt.figure(figsize=(8,6))
      sns.heatmap(dist,cmap="YlGnBu")
      plt.title("樣本間馬氏距離")
      plt.show()
```

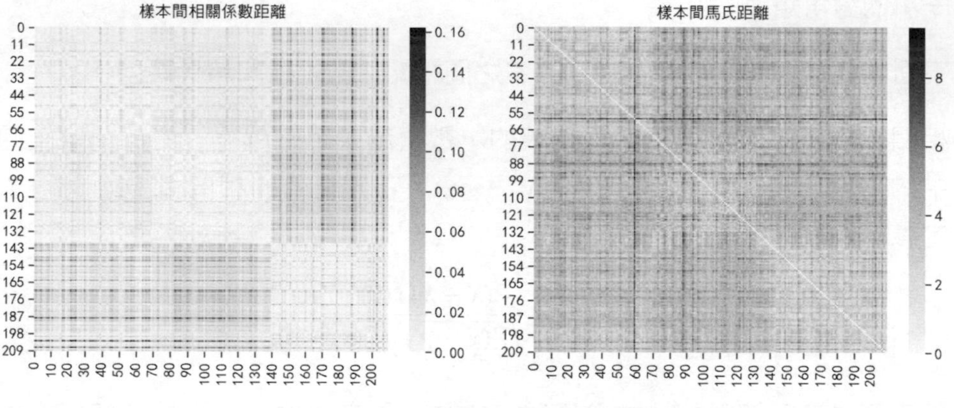

▲ 圖 2-35　相關係數距離和馬氏距離

從圖 2-35 中可以發現，資料的相關係數距離的分佈趨勢和前面的餘弦距離的分佈較一致，樣本間的馬氏距離則又呈現出一種新的距離大小分佈情況。

2.5 本章小結

本章主要介紹了使用 Python 進行資料探索和視覺化的相關應用實例。在資料分析和機器學習中，資料探索分析很重要，而在資料探索分析過程中，使用合適的資料視覺化技術，能夠更快速、充分地對資料進行了解。本章介紹了在資料探索過程中，可能遇到的一些問題的解決方法，如分析資料中是否存在遺漏值或異常值，針對存在遺漏值或異常值的資料怎麼進行相關處理，如何使用相關指標對資料進行描述統計分析，以及如何使用合適的視覺化方法，分析資料間的關係，最後還介紹了幾種在機器學習中常用到的距離度量方式。本章使用到的函數如表 2-1 所示。

表 2-1　函數說明

函數庫	模組	函數	功能
missingno		matrix()	視覺化資料中的遺漏值情況
sklearn	impute	IterativeImputer()	多變數遺漏值填充
		KNNImputer()	K- 近鄰遺漏值填充
missingpy		MissForest	隨機森林遺漏值填充
seaborn		heatmap()	熱力圖型視覺化
		scatterplot()	散點圖型視覺化
		violinplot	小提琴圖型視覺化
		FacetGrid()	設定網格
		pairplot()	矩陣散點圖
SciPy	statsy	chi2_contingenc()	卡方檢定
statsmodels	mosaicplot	mosaic()	馬賽克圖型視覺化
Plotly	express	treemap()	樹圖型視覺化
pandas	plotting	parallel_coordinates()	平行座標圖型視覺化
WordCloud		WordCloud()	詞雲視覺化
SciPy	spatial	distance()	計算資料之間的距離

Chapter 03

特徵工程

特徵工程是機器學習資料準備過程中的核心任務，主要透過變換資料集的特徵空間，從而提高資料集的預測建模性能。特徵工程通常由資料科學家根據自己的領域專業知識，反覆實驗結果以及評估模型效果來進行。針對資料集的不同情況，有多種資料特徵工程的方式可以選擇，如對資料進行特徵變換、特徵建構、特徵選擇、特徵提取等，其中資料平衡方式也可以認為是一種針對不同質資料樣本數平衡的特徵工程方法。本章將介紹的特徵工程相關內容如圖 3-1 所示。

本章將針對圖 3-1 所展示的內容，介紹如何使用 Python 完成特徵工程的相關任務。首先匯入相關函數庫和模組，程式如下：

```
## 輸出高畫質圖型
%config InlineBackend.figure_format='retina'
%matplotlib inline
## 圖型顯示中文的問題
import matplotlib
matplotlib.rcParams['axes.unicode_minus']=False
import seaborn as sns
sns.set(font= "Kaiti",style="ticks",font_scale=1.4)
## 匯入會使用到的函數庫
```

```
import numpy as np
import pandas as pd
import matplotlib.pyplot as plt
from mpl_toolkits.mplot3d import Axes3D
from sklearn import preprocessing
from scipy.stats import boxcox
import re
from sklearn.metrics.pairwise import cosine_similarity
from sklearn.feature_extraction.text import CountVectorizer,TfidfVectorizer
```

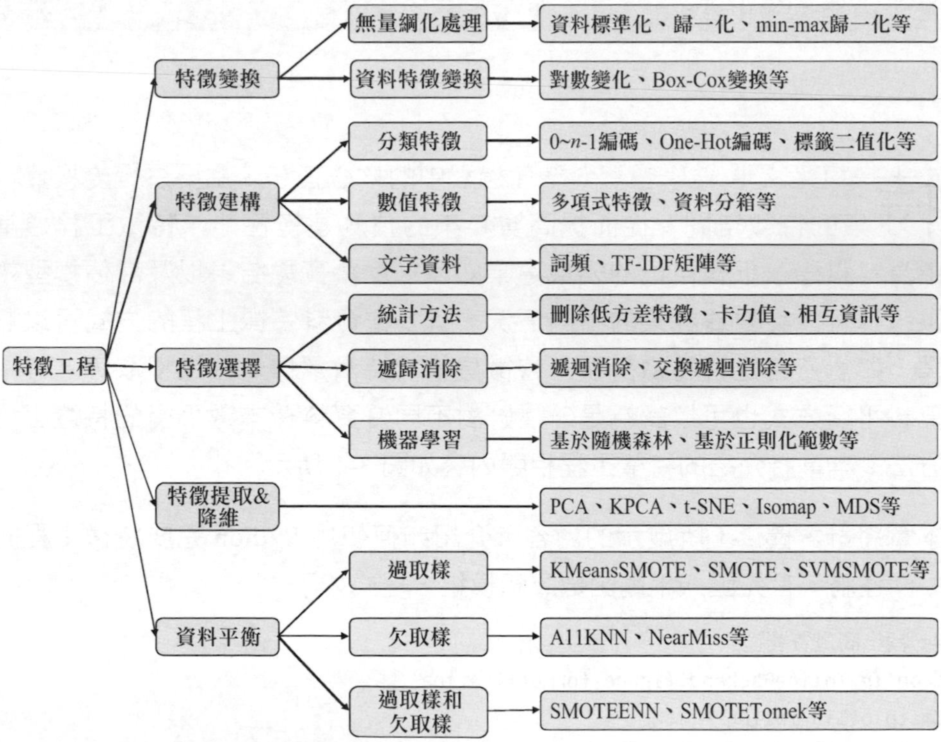

▲ 圖 3-1　特徵工程的相關內容

3.1 特徵變換

特徵變換的主要內容是針對一個特徵，使用合適的方法，對資料的分佈、尺度等進行變換，以滿足建模時對資料的需求。特徵變換可以分為資料的無量綱化處理和資料特徵變換等。

3.1.1 資料的無量綱化處理

資料的無量綱化處理常用方法有資料標準化、資料縮放、資料歸一化等方式。

下面使用鳶尾花資料集的 4 個數值特徵為例，介紹如何使用 Python 資料的無量綱化處理，並將資料處理前後的結果視覺化之後進行比較分析，匯入資料的程式如下：

```
In[1]:## 使用鳶尾花資料集中的數值特徵來演示
      Iris=pd.read_csv("data/chap3/Iris.csv")
      Iris2=Iris.drop(["Id","Species"],axis=1)
      print(Iris2.head(2))
Out[1]:   SepalLengthCm  SepalWidthCm  PetalLengthCm  PetalWidthCm
       0            5.1           3.5            1.4           0.2
       1            4.9           3.0            1.4           0.2
```

資料變數 x 標準化的公式為 $x' = \frac{x-\text{mean}(x)}{\text{std}(x)}$，即每個數值減去變數的平均值後除以標準差。可以透過 sklearn 函數庫中 preprocessing 模組的 scale() 和 StandardScaler() 函數來完成，其中會透過 with_mean 和 with_std 兩個參數來控制是否減去平均值和是否除以標準差。下面的程式中，將資料變換後，會使用箱線圖將獲得的結果進行視覺化分析，程式如下：

```
In[2]:## 將4個數值變數進行標準化，並視覺化標準化前後的資料變化情況
      ## 只減去平均值
      data_scale1=preprocessing.scale(Iris2,with_mean=True,with_std =False)
      ## 減去平均值後除以標準差
```

```
data_scale2=preprocessing.scale(Iris2,with_mean=True,with_std =True)
## 另一種減去平均值後除以標準差的方式
data_scale3=preprocessing.StandardScaler(with_mean=True, with_std=True).
fit_transform(Iris2)
## 視覺化原始資料和變換後的資料分佈
labs=Iris2.columns.values
plt.figure(figsize=(16,10))
plt.subplot(2,2,1)
plt.boxplot(Iris2.values,notch=True,labels=labs)
plt.grid()
plt.title("原始資料")
plt.subplot(2,2,2)
plt.boxplot(data_scale1,notch=True,labels=labs)
plt.grid()
plt.title("with_mean=True,with_std=False")
plt.subplot(2,2,3)
plt.boxplot(data_scale2,notch=True,labels=labs)
plt.grid()
plt.title("with_mean=True,with_std=True")
plt.subplot(2,2,4)
plt.boxplot(data_scale3,notch=True,labels=labs)
plt.grid()
plt.title("with_mean=True,with_std=True")
plt.subplots_adjust(wspace=0.1)
plt.show()
```

執行上面的程式後結果如圖 3-2 所示，圖中的 4 幅子圖型分別為原始資料、原始資料減去平均值、原始資料減去平均值後除以標準差和原始資料減去平均值後除以標準差。比較分析圖 3-2 可以發現，只減去平均值的資料分佈和原始資料一致，只是設定值範圍發生了變化；減去平均值後除以標準差的資料和原始資料相比，不僅在設定值範圍上發生了變化，每個資料的分佈也發生了變化。因此在實際應用中，可以根據情況選擇對應的資料變換操作。

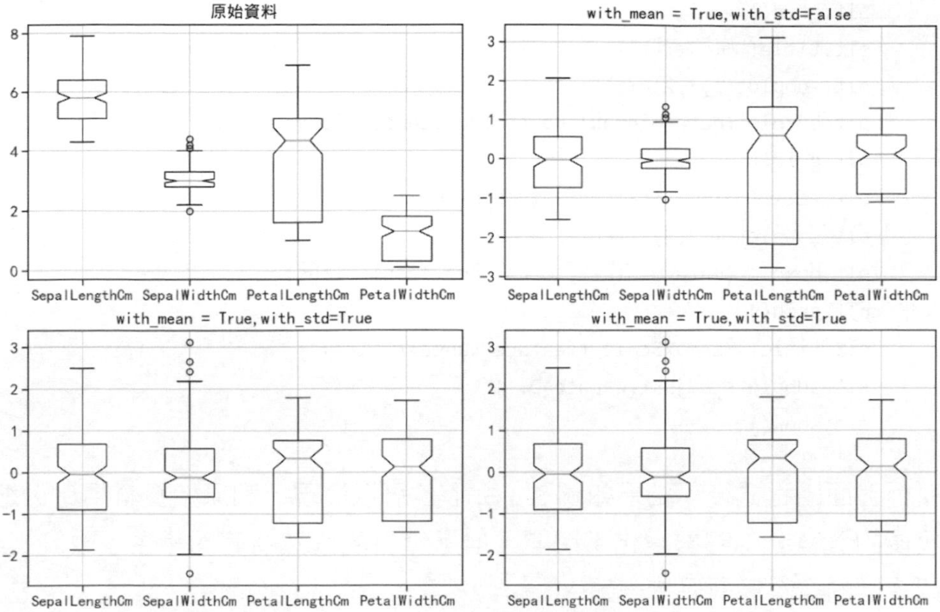

▲ 圖 3-2 資料標準化變換

常用的資料縮放方式為 min-max 標準化，可以將資料縮放到指定的空間，舉例來說，0～1 標準化時將資料縮放到 0～1，計算公式為：$x' = \frac{x-\min(x)}{\max(x)-\min(x)}$ 。針對相關變換可以使用 preprocessing 模組下的 MinMaxScale() 來完成，並且可以使用 feature_range 參數指定縮放範圍。下面的程式以鳶尾花資料的 4 個特徵為例，分別將資料縮放到 0～1 和 1～10，並視覺化出資料的分佈情況。

```
In[3]:## 將資料縮放到指定區間
      data_minmax1=preprocessing.MinMaxScaler(feature_range=(0, 1)).fit_
transform(Iris2)
      data_minmax2=preprocessing.MinMaxScaler(feature_range=(1, 10)).fit_
transform(Iris2)
      ## 視覺化資料縮放後的結果
      labs=Iris2.columns.values
      plt.figure(figsize=(25,6))
      plt.subplot(1,3,1)
      plt.boxplot(Iris2.values,notch=True,labels=labs)
```

```
    plt.grid()
    plt.title("原始資料")
    plt.subplot(1,3,2)
    plt.boxplot(data_minmax1,notch=True,labels=labs)
    plt.grid()
    plt.title("MinMaxScaler(feature_range=(0,1))")
    plt.subplot(1,3,3)
    plt.boxplot(data_minmax2,notch=True,labels=labs)
    plt.grid()
    plt.title("MinMaxScaler(feature_range=(1,10))")
    plt.subplots_adjust(wspace=0.1)
    plt.show()
```

執行上面的程式後，結果如圖 3-3 所示，可以發現，和原始資料相比，縮放後的資料分佈趨勢變化不明顯，但是資料的設定值範圍發生了改變，4 個特徵的資料範圍保持一致。

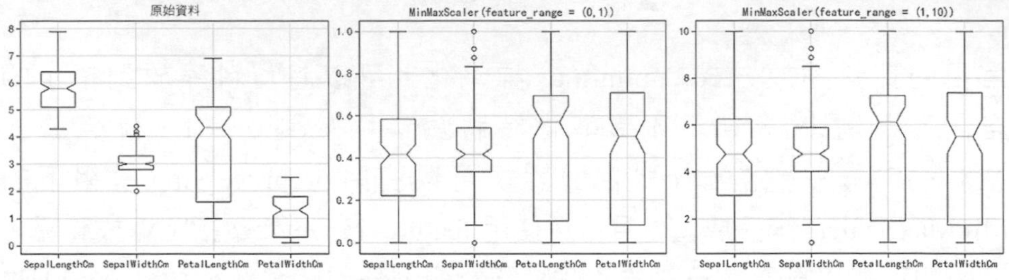

▲ 圖 3-3　資料 min-max 標準化

preprocessing 模組還提供了 MaxAbsScaler() 函數，其透過最大絕對值縮放每個特徵，針對該變換可以使用下面的程式來完成。

```
In[4]:## 透過最大絕對值縮放每個特徵
    data_maxabs=preprocessing.MaxAbsScaler().fit_transform(Iris2)
    ## 使訓練集中每個特徵的最大絕對值為1.0,視覺化資料縮放後的結果
    labs=Iris2.columns.values
    plt.figure(figsize=(16,6))
    plt.subplot(1,2,1)
    plt.boxplot(Iris2.values,notch=True,labels=labs)
```

```
    plt.grid()
    plt.title("原始資料")
    plt.subplot(1,2,2)
    plt.boxplot(data_maxabs,notch=True,labels=labs)
    plt.grid()
    plt.title("MaxAbsScaler()")
    plt.show()
```

程式執行後的結果如圖 3-4 所示，比較變換前後的圖型可以發現，變換後資料的設定值範圍為 0 ～ 1，但是 4 個特徵的整體設定值大小的分佈和原始特徵的空間分佈變化較大。

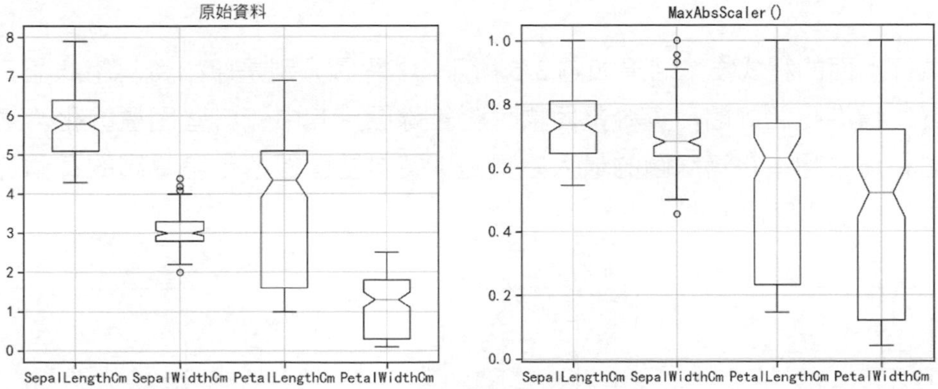

▲ 圖 3-4　MaxAbsScaler 變換

如果資料中可能存在異常值，標準化變換時，可以使用 preprocessing 模組的 RobustScaler() 方法，使用下面的程式可對鳶尾花的 4 個資料特徵進行對應的資料變換。

```
In[5]:## 對帶有異常值的資料進行標準化
    data_robs=preprocessing.RobustScaler(with_centering=True, with_
scaling=True).fit_transform(Iris2)
    ## 視覺化資料縮放後的結果
    labs=Iris2.columns.values
    plt.figure(figsize=(25,6))
    plt.subplot(1,3,1)
```

```
    plt.boxplot(Iris2.values,notch=True,labels=labs)
    plt.grid()
    plt.title("原始資料")
    plt.subplot(1,3,2)
    plt.boxplot(data_scale2,notch=True,labels=labs)
    plt.grid()
    plt.title("StandardScaler()")
    plt.subplot(1,3,3)
    plt.boxplot(data_robs,notch=True,labels=labs)
    plt.grid()
    plt.title("RobustScaler()")
    plt.subplots_adjust(wspace=0.07)
    plt.show()
```

執行上面的程式後，結果如圖 3-5 所示，3 幅圖分別是原始資料箱線圖、資料標準化箱線圖、資料堅固標準化箱線圖。其中資料堅固標準化箱線圖和資料標準化箱線圖的最大差異是：資料堅固標準化箱線圖的每個特徵的設定值範圍更小一些。

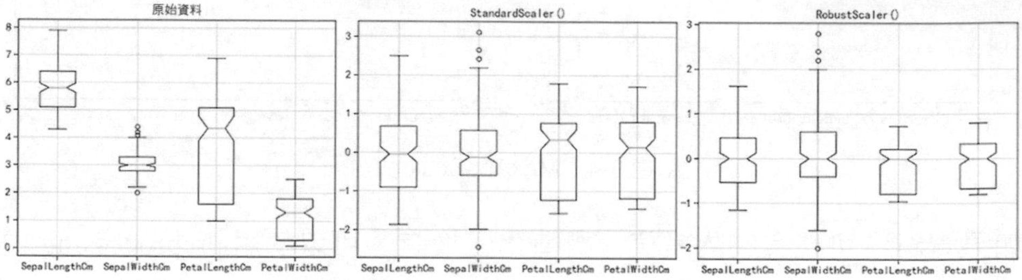

▲ 圖 3-5　資料變換後的資料分佈

preprocessing 模組的 normalize() 函數，可以利用正規化參數懲罰，對資料特徵進行正規化歸一化。下面的程式利用該方法，對鳶尾花資料的特徵分別進行 L_1 範數和 L_2 範數約束的正規化歸一化。

```
In[6]:## 正規化歸一化，axis=0表示針對特徵操作
    data_normL1=preprocessing.normalize(Iris2,norm="l1",axis=0)
    data_normL2=preprocessing.normalize(Iris2,norm="l2",axis=0)
```

```
## 視覺化資料縮放後的結果
labs=Iris2.columns.values
plt.figure(figsize=(15,6))
plt.subplot(1,2,1)
plt.boxplot(data_normL1,notch=True,labels=labs)
plt.grid()
plt.title("L1約束歸一化(針對特徵)")
plt.subplot(1,2,2)
plt.boxplot(data_normL2,notch=True,labels=labs)
plt.grid()
plt.title("L2約束歸一化(針對特徵)")
plt.subplots_adjust(wspace=0.15)
plt.show()
```

程式執行後的結果如圖 3-6 所示，從圖中可以發現，兩種資料變換後整體的設定值範圍相似，但是在某些特徵的設定值範圍上有較明顯的差異，例如在第一幅圖中，前兩個箱線圖的設定值範圍較小。

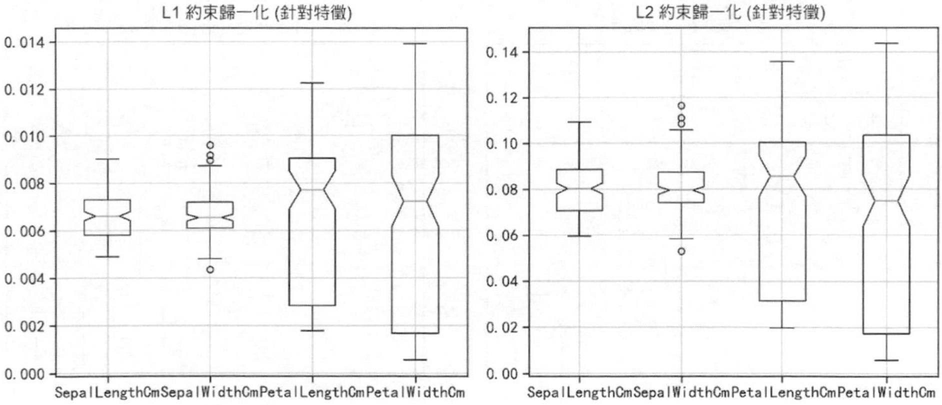

▲ 圖 3-6　正規化約束的特徵變換

針對 normalize() 函數進行的資料變換，參數 axis=1 表示針對每個樣本操作，下面的程式對資料的樣本進行了相關範數的約束操作，並視覺化出資料變換後的情況。

```
In[7]:## 正規化歸一化，axis=1表示針對每個樣本操作
      data_normL1=preprocessing.normalize(Iris2,norm="l1",axis=1)
      data_normL2=preprocessing.normalize(Iris2,norm="l2",axis=1)
      ## 視覺化資料縮放後的結果
      labs=Iris2.columns.values
      plt.figure(figsize=(15,6))
      plt.subplot(1,2,1)
      plt.boxplot(data_normL1,notch=True,labels=labs)
      plt.grid()
      plt.title("L1約束歸一化(針對樣本)")
      plt.subplot(1,2,2)
      plt.boxplot(data_normL2,notch=True,labels=labs)
      plt.grid()
      plt.title("L2約束歸一化(針對樣本)")
      plt.subplots_adjust(wspace=0.15)
      plt.show()
```

執行上面程式後，結果如圖 3-7 所示。

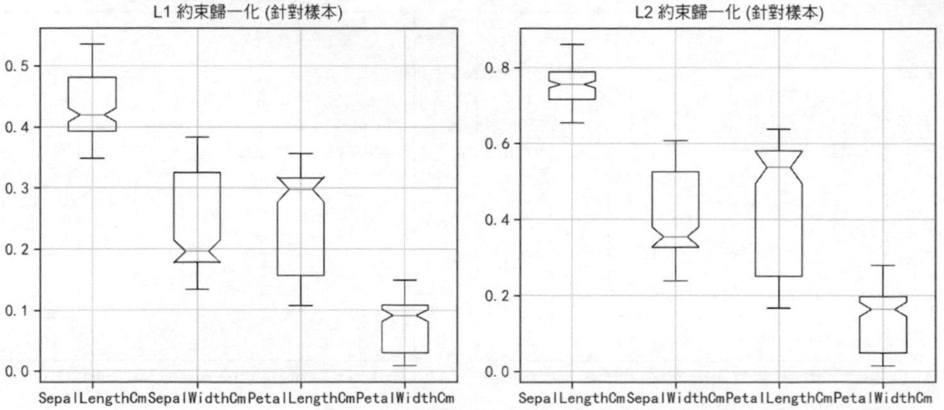

▲ 圖 3-7　針對樣本進行範數約束的資料變換

上面介紹的相關方法，整體上是對資料的設定值範圍進行縮放，但是對資料的分佈情況影響並不大。如果想要改變原始資料的分佈情況，可以使用 3.1.2 節介紹的相關方式。

3.1.2 資料特徵變換

很多時候單一變數的分佈情況，可能並不是人們所期望的那樣，舉例來說，很多時候人們希望資料的分佈為正態分佈，或接近正態分佈。因此，一些資料分佈的變換技術也被引入，本節介紹幾種改變資料分佈的方式，並使用 Python 來完成相關操作。

對數變換是常用的一種變換方式，很多時候資料的分佈是拖尾的偏態分佈，例如商品的價格，有少量的高價商品會造成其分佈是左偏的，此時使用對數變換是一個不錯的選擇。下面的程式就展示了針對卜松分佈的資料，使用對數變換，將其轉化為接近正態分佈的範例。

```
In[8]:## 對數變換
      np.random.seed(12)
      x=1+np.random.poisson(lam=1.5,size=5000)+np.random.rand(5000)
      ## 對x進行對數變換
      lnx=np.log(x)
      ## 視覺化變換前後的資料分佈
      plt.figure(figsize=(12,5))
      plt.subplot(1,2,1)
      plt.hist(x,bins=50)
      plt.title("原始資料分佈")
      plt.subplot(1,2,2)
      plt.hist(lnx,bins=50)
      plt.title("對數變換後資料分佈")
      plt.show()
```

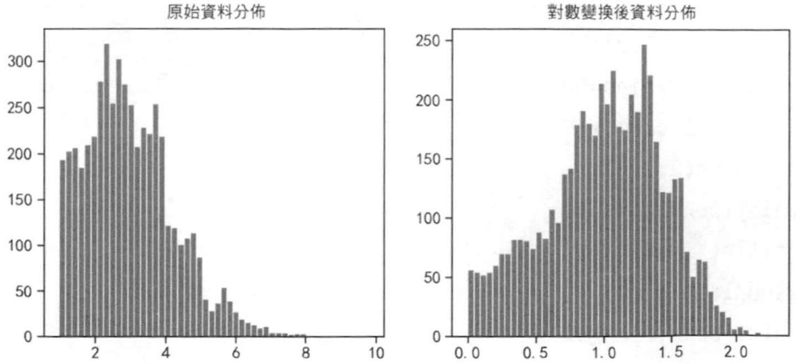

▲ 圖 3-8　資料的對數變換

執行上面的程式後結果如圖 3-8 所示，可以發現資料經過對數變換後，其分佈情況更加接近正態分佈。

Box-Cox 變換是一種自動尋找最佳正態分佈變換函數的方法，其資料的計算公式為：

$$y(\lambda)=\begin{cases}\dfrac{y^{\lambda}-1}{\lambda}, & \lambda\neq 0\\ \ln y, & \lambda=0\end{cases}$$

其中在參數 lambda 取不同的值時，有不同的資料變換效果。該方法可以透過 scipy.stats 模組中的 boxcox() 函數完成。下面的程式計算在參數 lambda 取不同的數值時，獲取對 x 的變換結果，並進行視覺化。

```
In[9]:## Box-Cox 變換：自動尋找最佳正態分佈變換函數的方法
      from scipy.stats import boxcox
      np.random.seed(12)
      x=1+np.random.poisson(lam=1.5,size=5000)+np.random.rand(5000)
      ## 對x進行對數變換
      bcx1=boxcox(x,lmbda=0)
      bcx2=boxcox(x,lmbda=0.5)
      bcx3=boxcox(x,lmbda=2)
      bcx4=boxcox(x,lmbda=-1)
      ## 視覺化變換後的資料分佈
      plt.figure(figsize=(14,10))
      plt.subplot(2,2,1)
      plt.hist(bcx1,bins=50)
      plt.title("$ln(x)$")
      plt.subplot(2,2,2)
      plt.hist(bcx2,bins=50)
      plt.title("$\sqrt{x}$")
      plt.subplot(2,2,3)
      plt.hist(bcx3,bins=50)
      plt.title("$x^2$")
      plt.subplot(2,2,4)
      plt.hist(bcx4,bins=50)
```

```
plt.title("$ 1/x $")
plt.subplots_adjust(hspace=0.4)
plt.show()
```

執行上面的程式後結果如圖 3-9 所示，圖中分別展示了對原始資料取對數變換、取平方根變換、取平方變換和取倒數變換的視覺化效果。

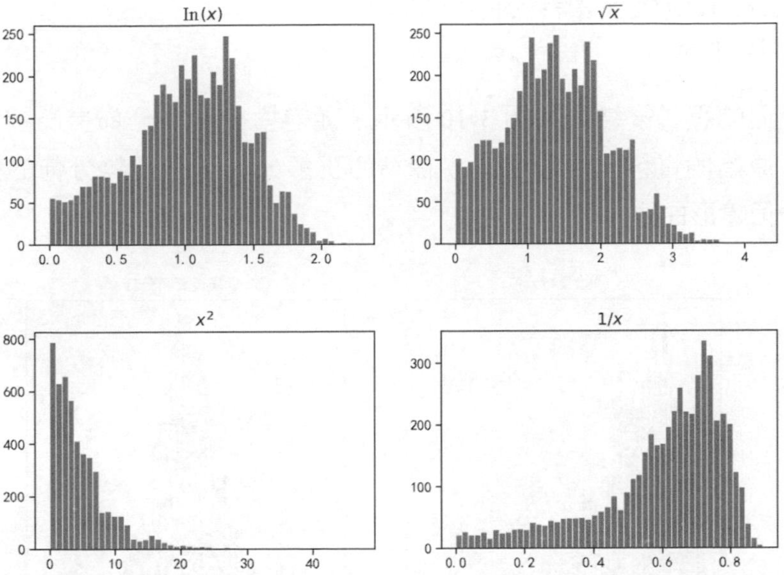

▲ 圖 3-9　Box-Cox 變換

sklearn 函數庫中的 preprocessing 模組提供了幾種將資料變換為指定資料分佈的方法，例如 QuantileTransformer 是一種利用資料的分位數資訊進行資料特徵變換的方法，可以把資料變換為指定的分佈。下面的程式是利用該方法，將資料 x 轉化為標準正態分佈的範例，並視覺化出了資料變換前後的長條圖，用於比較分析。

```
In[10]:## 定義將資料變換為正態分佈的方法
       QTn=preprocessing.QuantileTransformer(output_distribution= "normal",
random_state=0)
       ## 對x進行對數變換，x要轉化為二維陣列
       QTnx=QTn.fit_transform(x.reshape(5000,1))
```

```
## 視覺化變換前後的資料分佈
plt.figure(figsize=(12,5))
plt.subplot(1,2,1)
plt.hist(x,bins=50)
plt.title("原始資料分佈")
plt.subplot(1,2,2)
plt.hist(QTnx,bins=50)
plt.title("變換後資料分佈")
plt.show()
```

執行上面的程式後結果如圖 3-10 所示，從變換後資料分佈長條圖中可以知道，原始的資料已經轉化為了標準的正態分佈，其資料分佈的長條圖類似一個鐘形曲線。

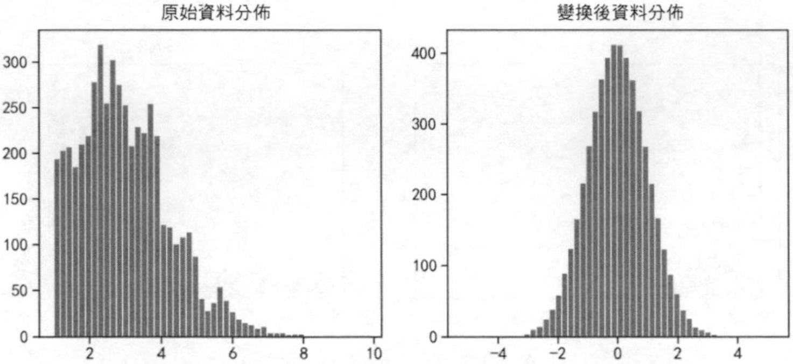

▲ 圖 3-10　資料常態變換

在進行特徵工程時，應該針對實際情況，合理的變換資料，獲得有用的特徵。

3.2 特徵

特徵建構的主要目的是生成新的特徵，而針對不同類型的特徵，有多種方式可以生成新特徵。舉例來說，針對分類特徵可以利用一些重新編碼的方式生成新特徵，針對數值特徵也有多種方式生成新特徵，針對文字資料通常會使用生成的詞頻等內容作為新的特徵。本節將針對不同類型的資料分別介紹相關的特徵建構方法。

3.2.1 分類特徵重新編碼

針對類別資料的特徵編碼有多種方式，下面對 sklearn 函數庫中的相關方式介紹。針對類別標籤資料，常用的方法是將其編碼為常數，可以使用 preprocessing 模組中的 OrdinalEncoder()，程式如下：

```
In[11]:## 準備類別標籤資料
       np.random.seed(12)
       label=np.random.choice(Iris.Species.values,size=4,replace=False)
       label=label.reshape(-1,1)
       print("label:",label)
       ## 分類特徵編碼為常數
       OrdE=preprocessing.OrdinalEncoder()
       label_OrdE=OrdE.fit_transform(label)
       print("分類特徵編碼為常數:\n",label_OrdE)
Out[11]:label: [['Iris-setosa']
        ['Iris-virginica']
        ['Iris-setosa']
        ['Iris-versicolor']]
       分類特徵編碼為常數:
        [[0.]
        [2.]
        [0.]
        [1.]]
```

從上面程式的輸出結果可知，類別 Iris-setosa 被編碼為 0，類別 Iris-versicolor 被編碼為 1，類別 Iris-setosa 被編碼為 2。

離散特徵可以透過 preprocessing 模組中的 LabelEncoder()，將其編碼為 0 ～ n-1 的整數，或使用 OneHotEncoder() 對特徵進行 One-Hot 編碼，使用這些方法的程式如下：

```
In[12]:## 分類特徵編碼為0~n-1的整數
       le=preprocessing.LabelEncoder()
       label_le=le.fit_transform([1,2,3,10,10])
       print("編碼為0~n-1的整數:",label_le)
Out[12]:編碼為0~n-1的整數: [01233]
In[13]:## One-Hot編碼
       OneHotE=preprocessing.OneHotEncoder()
       label_OneHotE=OneHotE.fit_transform(label)
       print("One-Hot編碼:\n",label_OneHotE.toarray())
Out[13]:One-Hot編碼:
        [[1. 0. 0.]
        [0. 0. 1.]
        [1. 0. 0.]
        [0. 1. 0.]]
```

上面的程式對變數 [1,2,3,10,10] 進行了 LabelEncoder() 操作，從輸出結果可以發現，資料在重新編碼後成了向量 [0 1 2 3 3]。對 label 變數進行 One-Hot 編碼的輸出中，輸出為一個 $n \times 3$ 的矩陣，其中 [1. 0. 0.]、[0. 0. 1.] 與 [0. 1. 0.] 分別表示 3 種類別標籤。

preprocessing 模組還提供了 LabelBinarizer()，可以對類別標籤進行二值化變化，使用方式如下。針對該範例，從輸出結果可以發現，其功能和 One-Hot 編碼類似。

```
In[14]:## 以one vs all 方式對標籤進行二值化
       LB=preprocessing.LabelBinarizer()
       label_LB=OneHotE.fit_transform(label)
       print("one vs all的方式對標籤二值化:\n",label_LB.toarray())
Out[14]:one vs all的方式對標籤二值化:
        [[1. 0. 0.]
        [0. 0. 1.]
        [1. 0. 0.]
        [0. 1. 0.]]
```

針對分類問題中的多標籤預測，可以使用 preprocessing 模組中的 MultiLabelBinarizer()。其輸出結果可以視為，先將每一個單獨的標籤進行 One-Hot 編碼，如果一個樣本由多個標籤表示，那麼就把它們對應的 One-Hot 編碼相加。程式如下：

```
In[15]:## 對多標籤類別進行編碼
       mlb=preprocessing.MultiLabelBinarizer()
       label_mlb=mlb.fit_transform([("A", "B"), ("B","C"), ("D")])
       print("多標籤類別編碼:\n",label_mlb)
Out[15]:多標籤類別編碼:
        [[1 1 0 0]
        [0 1 1 0]
        [0 0 0 1]]
```

3.2.2 數值特徵重新編碼

多項式特徵經常用來生成數值特徵，針對一個變數 x 的多項式特徵，通常對其進行冪運算，獲取 $[x,x^2,x^3,\cdots]$。多項式特徵可以使用 sklearn 函數庫中 preprocessing 模組的 PolynomialFeatures 函數來完成，下面列出一個最多獲取 3 次冪多項式特徵的計算方式，程式如下：

```
In[16]:## 生成新的特徵，針對單一變數多項式特徵
       X=np.arange(1,5).reshape(-1,1)
       polyF=preprocessing.PolynomialFeatures(degree=3,include_bias =False)
       polyFX=polyF.fit_transform(X)
       polyFX
Out[16]:array([[ 1.,  1.,  1.],
              [ 2.,  4.,  8.],
              [ 3.,  9., 27.],
              [ 4., 16., 64.]])
```

多個變數的多項式特徵，可以使用現有的資料特徵相互組合生成新的資料特徵，如特徵之間的相乘組成新特徵，特徵的平方組成新特徵等，同樣可以使用 PolynomialFeatures 函數來完成。下面的程式針對兩個變數生成 $[a,b]$ 多項式特徵，並且指定冪為 2，所以生成的 polyFXm 將包括 $[a,b,a^2,a*b,b^2]$ 等變數。

```
In[17]:## 生成新的特徵，針對多個變數多項式特徵
       X2=np.arange(1,11).reshape(-1,2)
       polyFm=preprocessing.PolynomialFeatures(degree=2, interaction_
only=False, include_bias=False)
       polyFXm=polyFm.fit_transform(X2)
       polyFXm
Out[17]:array([[  1.,   2.,   1.,   2.,   4.],
              [  3.,   4.,   9.,  12.,  16.],
              [  5.,   6.,  25.,  30.,  36.],
              [  7.,   8.,  49.,  56.,  64.],
              [  9.,  10.,  81.,  90., 100.]])
```

針對數值特徵，在使用以樹為基礎的模型時（例如決策樹等），常常需要將數值特徵進行分箱操作，將其切分為一個個小的模組，每個模組使用一個離散值來表示。在對連續的數值編碼進行分箱操作時，最常用的方式就是每隔一定的距離對資料進行切分。分箱操作可以使用 preprocessing 模組中的 KBinsDiscretizer() 函數，其可以透過控制參數 strategy 的設定值，使用不同的分箱方式，例如參數 strategy="quantile" 表示利用分位數進行分箱；參數 strategy="kmeans" 表示每個變數執行 k- 平均值聚類過程的分箱策略。下面以鳶尾花的數值變數為例，利用每種分箱策略進行資料分箱，並視覺化出分箱結果。

首先使用 strategy="quantile" 分箱策略，程式如下。在資料分箱時，使用 Kbins.bin_edges_ 獲取分箱所需的分界線，在視覺化時，第一行圖型分別使用長條圖視覺化出 4 個特徵的分佈情況，並在長條圖增加垂直線作為分界線；第二行圖型則使用條形圖型視覺化出每個箱所包含的樣本數量，程式執行後的結果如圖 3-11 所示。

```
In[18]:## 連續變數分箱，使用鳶尾花資料展示
       X=Iris.iloc[:,1:5].values
       n_bin=[2,3,4,5]
Kbins=preprocessing.KBinsDiscretizer(n_bins=n_bin,#變數分別分為2,3,4,5份
                                    encode="ordinal",#分箱後的特徵編碼為整數
                                  strategy="quantile") ##利用分位數的分箱策略
```

```
    X_Kbins=Kbins.fit_transform(X)
    ## 獲取劃分區間時的分界線
    X_Kbins_edges=Kbins.bin_edges_
    ## 對分箱前後的資料進行視覺化
    plt.figure(figsize=(16,8))
    ## 視覺化分箱前的特徵
    for ii in range(4):
        plt.subplot(2,4,ii+1)
        plt.hist(Iris.iloc[:,ii+1],bins=30)
        plt.title(Iris.columns[ii+1])
        ## 視覺化分箱的分界線
        edges=X_Kbins_edges[ii]
        for edge in edges:
            plt.vlines(edge,0,25,colors="r",linewidth=3,
                       linestyle='dashed')
## 視覺化分箱後的特徵
for ii,binsii in enumerate(n_bin):
        plt.subplot(2,4,ii+5)
        ## 計算每個元素出現的次數
        barx, height=np.unique(X_Kbins[:,ii],return_counts=True)
        plt.bar(barx,height)
plt.show()
```

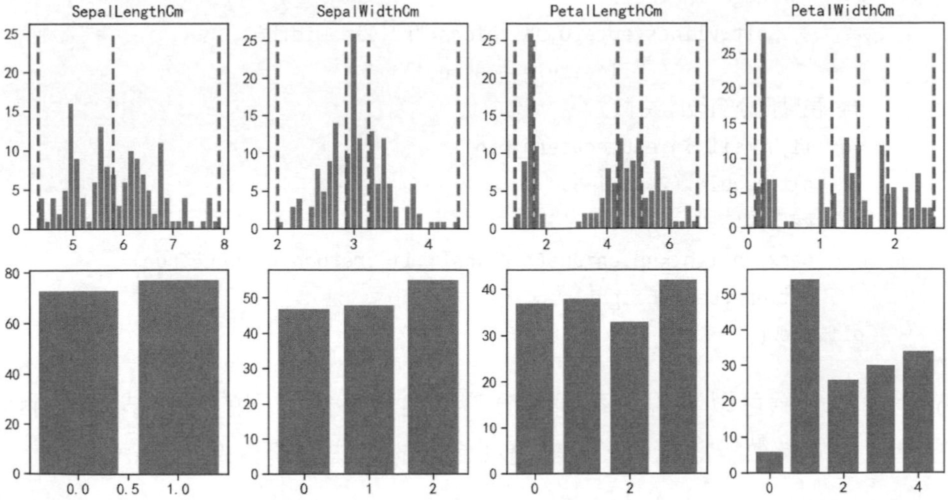

▲ 圖 3-11　strategy="quantile" 分箱策略

使用下面的程式可以獲得分箱策略為 strategy="kmeans" 的結果。同樣為了方便比較分析，將結果視覺化展示，程式執行後的結果如圖 3-12 所示。

```
In[19]:## 連續變數分箱，使用鳶尾花資料展示
       X=Iris.iloc[:,1:5].values
       n_bin=[2,3,4,5]
       Kbins=preprocessing.KBinsDiscretizer(n_bins=n_bin,  #每個變數分別分為
2，3，4，5份
                         encode="ordinal",#分箱後的特徵編碼為整數
                         strategy="kmeans")##每個變數執行K-平均值聚類過程的分箱策略
       X_Kbins=Kbins.fit_transform(X)
       ## 獲取劃分區間時的分界線
       X_Kbins_edges=Kbins.bin_edges_
       ## 對分箱前後的資料進行視覺化
       plt.figure(figsize=(16,8))
       ## 視覺化分箱前的特徵
       for ii in range(4):
           plt.subplot(2,4,ii+1)
           plt.hist(Iris.iloc[:,ii+1],bins=30)
           plt.title(Iris.columns[ii+1])
           ## 視覺化分箱的分界線
           edges=X_Kbins_edges[ii]
           for edge in edges:
               plt.vlines(edge,0,25,colors="r",linewidth=3,
                          linestyle='dashed')
       ## 視覺化分箱後的特徵
       for ii,binsii in enumerate(n_bin):
           plt.subplot(2,4,ii+5)
           ## 計算每個元素出現的次數
           barx, height=np.unique(X_Kbins[:,ii],return_counts=True)
           plt.bar(barx,height)
       plt.show()
```

從上面的介紹可以發現，不同的分箱策略可獲得不同的分箱結果，所以在進行連續特徵離散化時，應該選擇合適的方法對資料進行分箱。

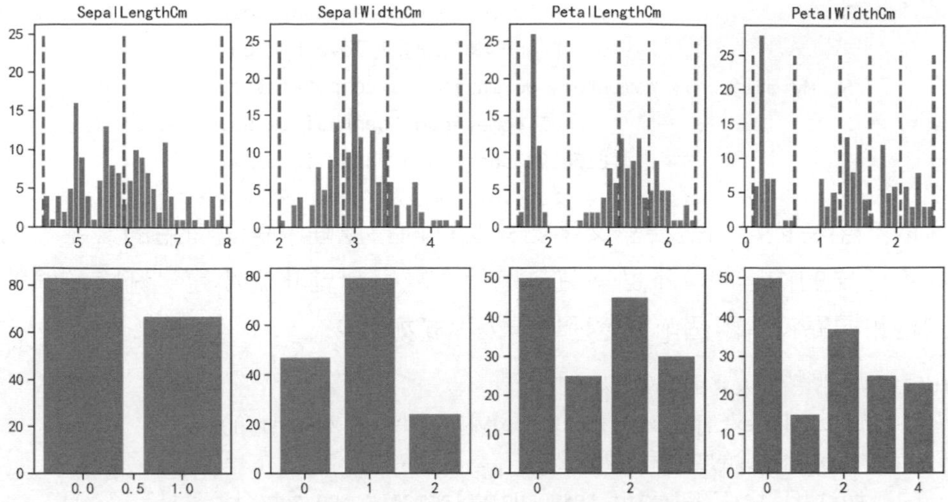

▲ 圖 3-12 strategy="kmeans" 分箱策略

3.2.3 文字資料的特徵建構

文字資料身為非結構化資料也會經常出現在機器學習應用中，舉例來說，對新聞的類型進行分類、判斷郵件是否為垃圾郵件，這些都是對文字進行學習的方法。但是演算法並不能了解文字的意思，因此需要使用對應的資料特徵對文字資料進行表示。文字資料常用的特徵是詞頻特徵、TF-ID 矩陣等。

下面使用一個很小的文字資料，介紹如何使用 Python 獲取文字特徵的方法。

首先讀取文字資料，查看所包含的文字內容，程式如下：

```
In[20]:## 讀取一個文字檔
       textdf=pd.read_table("data/chap3/文字資料.txt",header=0)
       print(textdf)
Out[20]:                                          text
         0                             I come from China.
         1                             My maijor is math.
         2                 Life is short, I use Python.
```

```
3                     Python is a programming language.
4                  Python, R and MATLAB, I love Python.
5  My maijor is computer. He maijor is computer t...
6                           I come from Shanghai China.
7                      Life is short and happy in time.
```

獲取文字特徵之前需要對文字資料進行前置處理，保留有用的文字，剔除不必要的內容等，下面對資料進行大寫字母轉化為小寫、剔除多餘的空格和標點符號兩個前置處理操作，程式如下：

```
In[21]:## 將所有大寫字母轉化為小寫
       textdf["text"]=textdf.text.apply(lambda x: x.lower())
       ## 剔除多餘的空格和標點符號
       textdf["text"]=textdf.text.apply(lambda x: re.sub('[^\w\s]','',x))
       print(textdf)
Out[21]:                                                    text
       0                                        i come from china
       1                                         my maijor is math
       2                                 life is short i use python
       3                          python is a programming language
       4                         python r and matlab i love python
       5  my maijor is computer he maijor is computer te...
       6                                i come from shanghai china
       7                           life is short and happy in time
```

計算文字資料中的詞頻特徵，即計算每個詞語出現的次數，可以使用下面的程式進行計算，在程式中同時還視覺化出了詞頻橫條圖，程式執行後的結果如圖 3-13 所示。

```
In[22]:## 統計詞頻
       text=" ".join(textdf.text) # 拼接字串
       text=text.split(" ")       # 分割字串
       ## 計算每個詞出現的次數
       textfre=pd.Series(text).value_counts()
       ## 使用條形圖型視覺化詞頻
       textfre.plot(kind="bar",figsize=(10,6),rot=90)
```

```
plt.ylabel("頻數")
plt.xlabel("單字")
plt.title("文字資料的詞頻橫條圖")
plt.show()
```

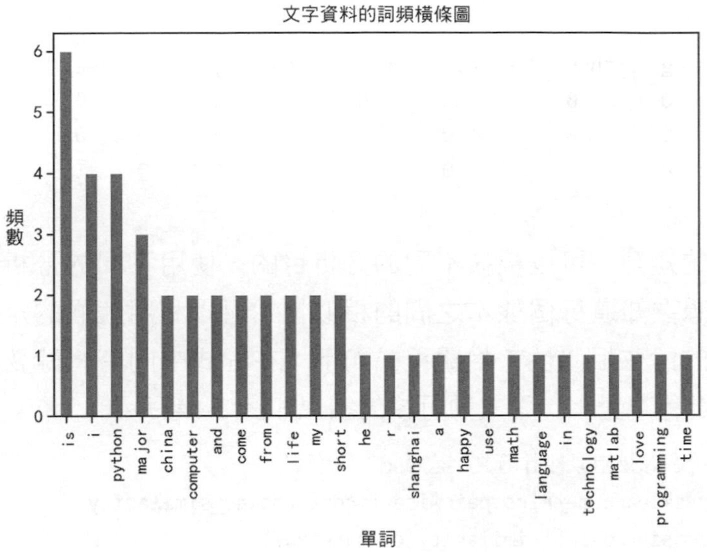

▲ 圖 3-13　文字詞頻橫條圖

針對一筆文字資料，使用詞袋模型生成一個向量，該向量可以表示文字的特徵，因此多個文字內容可以使用一個矩陣來表示。詞袋模型是文字表示的常用方法，該模型只關注文件中是否出現指定的單字和單字出現的頻率，捨棄了文字的結構、單字出現的順序和位置等資訊。

下面利用詞袋模型獲取文字資料的文件－詞項的詞頻矩陣，程式如下：

```
In[23]:## 詞袋模型（BoW）
       From sklearn.feature_extraction.text import CountVectorizer,
TfidfVectorizer
       cv=CountVectorizer(stop_words="english")  # 處理時會去除停用詞
       cv_matrix=cv.fit_transform(textdf.text)
       ## 為了便於分析，將得到的結果處理為資料表
       cv_matrixdf=pd.DataFrame(data=cv_matrix.toarray(),
                                columns=cv.get_feature_names())
```

```
       print(cv_matrixdf)
Out[23]:
   china  come  computer  happy  language  life  love  major  math  matlab  \
0      1     1         0      0         0     0     0      0     0       0
1      0     0         0      0         0     0     0      1     1       0
…
   programming  python  shanghai  short  technology  time  use
0            0       0         0      0           0     0    0
1            0       0         0      0           0     0    0
2            0       1         0      1           0     0    1
…
```

針對獲得的矩陣，可以根據不同的分析目的，使用不同的分析方法，舉例來說，想要知道每個樣本之間的相似性，可以利用上面的矩陣，計算文字之間的餘弦相似性。相關程式如下，在程式中同時將餘弦相似性使用熱力圖進行視覺化，程式執行後的結果如圖 3-14 所示。

```
In[24]:## 透過餘弦相似性計算文字之間的相關係數
       from sklearn.metrics.pairwise import cosine_similarity
       textcosin=cosine_similarity(cv_matrixdf)
       ## 使用熱力圖型視覺化相關性
       plt.figure(figsize=(8,6))
       ax=sns.heatmap(textcosin,fmt=".2f",annot=True,cmap="YlGnBu")
       plt.title("文字TF特徵餘弦相似性熱力圖")
       plt.show()
```

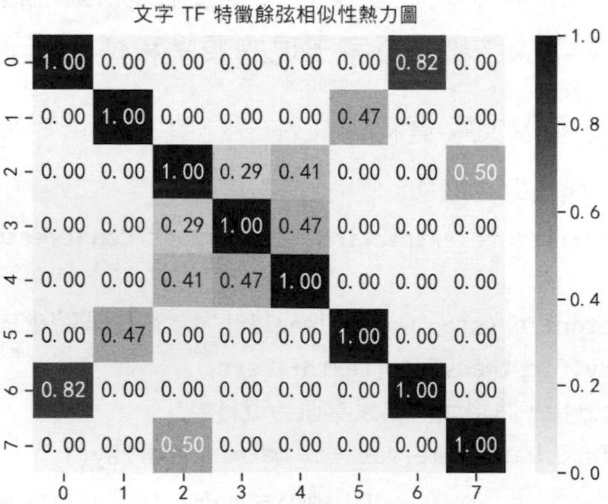

▲ 圖 3-14　文字詞頻特徵餘弦相似性熱力圖

從圖 3-14 中可以發現，文字 0 和文字 6 的相似性最大。

針對該資料還可以計算文字資料的文件一詞項 TF-IDF 矩陣，TF-IDF 是一種用於資訊檢索與資料探勘的加權技術，經常用於評估一個詞項對於一個檔案集或一個語料庫中的一份檔案的重要程度。詞的重要性隨著它在檔案中出現的次數成正比增加，但會隨著它在語料庫中出現的頻率成反比下降。計算文字資料 TF-IDF 矩陣的程式如下，同時還利用該特徵計算了每個文字之間的餘弦相似性，並使用熱力圖進行表示，程式執行後的結果如圖 3-15 所示。

```
In[25]:## 獲取文字的TF-IDF特徵
       TFIDF=TfidfVectorizer(stop_words="english")
       TFIDF_mat=TFIDF.fit_transform(textdf.text).toarray()
       ## 計算餘弦相似性並視覺化
       textcosin=cosine_similarity(TFIDF_mat)
       ## 使用熱力圖型視覺化相關性
       plt.figure(figsize=(8,6))
       ax=sns.heatmap(textcosin,fmt=".2f",annot=True,cmap="YlGnBu")
       plt.title("文字TF-IDF特徵餘弦相似性熱力圖")
       plt.show()
```

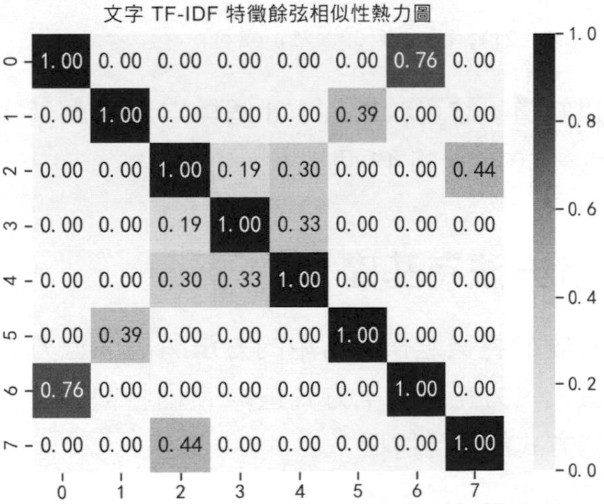

▲ 圖 3-15　文字 TF-IDF 特徵餘弦相似性熱力圖

從圖 3-15 中可以發現，文字 0 和文字 6 的相似性依然最大。

文字特徵的表示還有很多種方式，舉例來說，對一個句子學習到一個句向量等。這些內容將在後面的章節中應用時介紹。

3.3 特徵選擇

特徵選擇是使用某些統計方法，從資料中選擇出有用的特徵，把資料中無用的特徵拋棄，該方法不會產生新的特徵，常用的方式有以統計方法為基礎的特徵選擇、利用遞迴消除法選擇有用的特徵、利用機器學習演算法選擇重要的特徵等。本節將以一個關於酒的多分類資料集為例，介紹相關特徵選擇的使用。資料準備的程式如下：

```
In[1]:from sklearn.feature_selection import VarianceThreshold,f_classif
      ## 匯入酒的多分類資料集，用於演示
      from sklearn.datasets import load_wine
      wine_x,wine_y=load_wine(return_X_y=True)
      print(wine_x.shape)
      print(np.unique(wine_y,return_counts=True))
Out[1]: (178, 13)
        (array([0, 1, 2]), array([59, 71, 48]))
```

從輸出結果可以知道，該資料集有 178 個樣本，13 個特徵，包含 3 類資料，每類分別包含 59、71 和 48 個樣本。

3.3.1 以統計方法為基礎

以統計方法為基礎的特徵選擇，常用的方法有剔除低方差的特徵；使用卡方值、相互資訊、方差分析等方式選擇 *K* 個特徵。下面介紹如何使用 Python 完成這些方式的特徵選擇。

剔除低方差的特徵可以透過 sklearn.feature_selection 模組的 VarianceThreshold 來完成，相關程式如下：

```
In[2]:## 剔除低方差的特徵
       from sklearn.feature_selection import VarianceThreshold
       VTH=VarianceThreshold(threshold=0.5)
       VTH_wine_x=VTH.fit_transform(wine_x)
       print(VTH_wine_x.shape)
Out[2]: (178, 8)
```

執行程式後，從輸出結果可以發現只保留了 8 個方差大於 0.5 的特徵，可以透過下面的方式確定哪些特徵被保留。在輸出結果中 True 表示對應的特徵被保留。

```
In[3]:## 保留的變數
VTH.variances_ > 0.5
Out[3]:array([ True,  True, False,  True,  True, False,  True, False, False,
        True, False,  True,  True])
```

sklearn.feature_selection 模組提供了 SelectKBest 方式，其可以透過相關統計資訊，從資料集中選擇指定數目的特徵數量，其中利用方差分析的 F 統計量選擇 5 個特徵的程式如下：

```
In[4]:## 選擇K個最高得分的變數，分類可使用chi2，f_classif，mutual_info_classif
      from sklearn.feature_selection import SelectKBest, chi2, f_classif,
mutual_info_classif
      ## 透過方差分析的F統計量選擇K個變數
      KbestF=SelectKBest(f_classif, k=5)
      KbestF_wine_x=KbestF.fit_transform(wine_x,wine_y)
      print(KbestF_wine_x.shape)
Out[4]: (178, 5)
```

使用 SelectKBest，利用卡方值選擇 5 個特徵的程式如下：

```
In[5]:## 透過卡方值選擇K個變數
      KbestChi2=SelectKBest(chi2,k=5)
      KbestChi2_wine_x=KbestF.fit_transform(wine_x,wine_y)
      print(KbestChi2_wine_x.shape)
Out[5]: (178, 5)
```

使用 SelectKBest，利用相互資訊選擇 5 個特徵的程式如下：

```
In[6]:## 透過相互資訊選擇K個變數
      KbestMI=SelectKBest(mutual_info_classif, k=5)
      KbestMI_wine_x=KbestMI.fit_transform(wine_x,wine_y)
      print(KbestMI_wine_x.shape)
Out[5]: (178, 5)
```

針對回歸問題的 K 個最高得分特徵的選擇問題，可以使用 f_regression（回歸分析的 F 統計量）、mutual_info_regression（回歸分析的相互資訊）等統計量進行特徵選擇。

3.3.2 以遞迴消除特徵法為基礎

遞迴消除特徵法是使用一個基模型進行多輪訓練，每輪訓練後，消除許多不重要的特徵，再基於新的特徵集進行下一輪訓練。它使用模型精度來辨識哪些屬性（或屬性組合）對預測目標屬性的貢獻最大，然後消除無用的特徵。sklearn 中提供了兩種遞迴消除特徵法，分別是遞迴消除特徵法（RFE）和交換遞迴消除特徵法（RFECV）。

使用隨機森林分類器作為基模型，利用遞迴消除特徵法從資料中選擇 9 個最佳特徵，程式如下：

```
In[7]:from sklearn.feature_selection import RFE,RFECV
      from sklearn.ensemble import RandomForestClassifier
      model=RandomForestClassifier(random_state=0) #設定基模型為隨機森林
      rfe=RFE(estimator=model,n_features_to_select=9)#選擇9個最佳特徵
      rfe_wine_x=rfe.fit_transform(wine_x, wine_y) #進行RFE遞迴
      print("特徵是否被選中:\n",rfe.support_)
      print("獲取的資料特徵尺寸:",rfe_wine_x.shape)
Out[7]:特徵是否被選中:
 [ True False False  True  True  True  True False False  True  True  True
  True]
獲取的資料特徵尺寸: (178, 9)
```

執行上面的程式後獲得的資料集 rfe_wine_x 有 9 個特徵，並且可以使用 rfe.support_ 輸出被選中的特徵，在輸出中 True 表示對應的特徵被選中。

遞迴消除特徵法還可以使用交換驗證的方式進行特徵選擇。下面的程式中，仍然使用隨機森林作為基模型，然後使用 5 折交換驗證進行遞迴消除特徵法的應用，同時利用參數 min_features_to_select=5 指定要選擇的最少特徵數量。

```
In[8]:model=RandomForestClassifier(random_state=0) #設定基模型為隨機森林
      # 借助5折交換驗證最少選擇5個最佳特徵變數
      rfecv=RFECV(estimator=model,min_features_to_select=5, cv=5)
      rfecv_wine_x=rfecv.fit_transform(wine_x, wine_y) #進行RFE遞迴
      print("特徵是否被選中:\n",rfecv.support_)
      print("獲取的資料特徵尺寸:",rfecv_wine_x.shape)
Out[8]:特徵是否被選中:
 [ True  True False  True  True  True  True  True  True  True  True  True
  True]
獲取的資料特徵尺寸: (178, 12)
```

執行程式後，從輸出結果可以發現選擇了 12 個特徵，只剔除了一個特徵。

3.3.3 以機器學習為基礎的方法

sklearn.feature_selection 模組的 SelectFromModel 方式，提供了一種透過模型進行特徵選擇的方法，因此可以使用該方法進行以機器學習為基礎的特徵選擇。首先使用該方法，利用隨機森林分類器進行特徵選擇，程式如下：

```
In[9]:## 根據特徵的重要性權重選擇特徵
      from sklearn.feature_selection import SelectFromModel
      from sklearn.ensemble import RandomForestClassifier
      ## 利用隨機森林模型進行特徵選擇
      rfc=RandomForestClassifier(n_estimators=100,random_state=0)
      rfc=rfc.fit(wine_x,wine_y) # 使用模型擬合資料
```

```
    ## 定義從模型中進行特徵選擇的選擇器
    sfm=SelectFromModel(estimator=rfc, ## 進行特徵選擇的模型
                        prefit=True, ## 對模型進行預訓練
                        max_features=10 ##選擇的最大特徵數量
                       )
    ## 將模型選擇器作用於資料特徵
    sfm_wine_x=sfm.transform(wine_x)
print(sfm_wine_x.shape)
Out[9]: (178, 6)
```

執行上面的程式後可以發現，資料中的 6 個特徵被選擇出來。

SelectFromModel 利用基礎模型進行特徵選擇時，如果基礎模型可以使用 l_1 範數，則可以利用 l_1 範數進行選擇。利用支持向量機分類器，借助 l_1 範數進行特徵選擇的程式如下：

```
In[10]:## 在選擇特徵時還可以利用l1範數進行選擇
    from sklearn.feature_selection import SelectFromModel
    from sklearn.svm import LinearSVC
    ## 在建構支援向量機分類時使用l1範數約束
    svc=LinearSVC(penalty="l1",dual=False,C=0.05)
    svc=svc.fit(wine_x,wine_y)
    ## 定義從模型中進行特徵選擇的選擇器
    sfm=SelectFromModel(estimator=svc, ## 進行特徵選擇的模型
                        prefit=True, ## 對模型進行預訓練
                        max_features=10,## 選擇的最大特徵數量
                       )
    ## 將模型選擇器作用於資料特徵
    sfm_wine_x=sfm.transform(wine_x)
    print(sfm_wine_x.shape)
Out[10]: (178, 8)
```

執行程式後，從輸出結果可以發現資料集中的 8 個特徵被選擇出來。

3.4 特徵提取和降維

前面介紹的特徵選擇方法獲得的特徵，是從原始的資料中取出出來的，並沒有對資料進行變換。而特徵提取和降維，則是對原始的資料特徵進行對應的資料變換，並且通常會選擇比原始特徵數量少的特徵，同時達到資料降維的目的。常用的特徵提取和降維方法有主成分分析、核心主成分分析、流形學習、t-SNE、多維尺度分析等方法。下面將對這幾種方法一一介紹，首先將前面使用的酒資料集中每個特徵進行資料標準化，程式如下：

```
In[1]:from sklearn.decomposition import PCA,KernelPCA
      from sklearn.manifold import Isomap,MDS,TSNE
      from sklearn.preprocessing import StandardScaler
      ## 對酒的特徵資料進行標準化
      wine_x,wine_y=load_wine(return_X_y=True)
      wine_x=StandardScaler().fit_transform(wine_x)
```

3.4.1 主成分分析

主成分分析（Principal Component Analysis，PCA）是採用一種數學降維的方法，在損失很少資訊的前提下，找出幾個綜合變數作為主成分，來代替原來許多的變數，使這些主成分能夠盡可能地代表原始資料的資訊，其中每個主成分都是原始變數的線性組合，而且各個主成分之間不相關（即線性無關）。透過主成分分析，可以從事物錯綜複雜的關係中找到一些主要成分（通常選擇累積貢獻率≥ 85% 的前 m 個主成分），從而能夠有效利用大量統計資訊進行定性分析，揭示變數之間的內在關係，得到一些對事物特徵及其發展規律的深層次資訊和啟發，推動研究進一步地深入。大部分的情況下使用的主成分個數遠小於原始特徵個數，所以可以造成特徵提取和降維的目的。

針對準備好的酒資料集 wine_x，可以使用下面的程式主成分分析，從原始資料中提取特徵，在程式中獲取了資料的 13 個主成分資料，並且視覺化出每個主成分對資料的解釋方差大小。程式執行後的結果如圖 3-16 所示。

```
In[2]:## 使用主成分分析對酒資料集進行降維
      pca=PCA(n_components=13,random_state=123)
      pca.fit(wine_x)
      ## 視覺化主成分分析的解釋方差得分
      exvar=pca.explained_variance_
      plt.figure(figsize=(10,6))
      plt.plot(exvar,"r-o")
      plt.hlines(y=1, xmin=0, xmax=12)
      plt.xlabel("特徵數量")
      plt.ylabel("解釋方差大小")
      plt.title("主成分分析")
      plt.show()
```

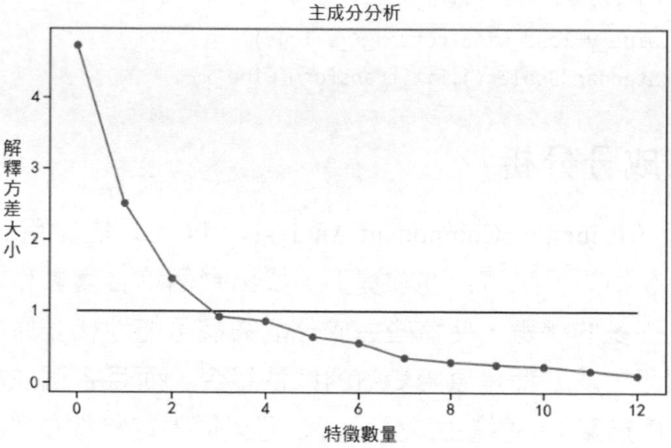

▲ 圖 3-16　每個主成分的解釋方差大小

從圖 3-16 中可以發現，主成分分析結果使用資料的前 3 個主成分即可良好的資料建模。針對獲取的資料前 3 個主成分特徵，可以在三維（3D）空間中將資料的分佈進行視覺化，視覺化程式如下：

```
In[3]:## 可以發現使用資料的前3個主成分較合適
      pca_wine_x=pca.transform(wine_x)[:,0:3]
      print(pca_wine_x.shape)
```

```
## 在3D空間中視覺化主成分分析後的資料空間分佈
colors=["red","blue","green"]
shapes=["o","s","*"]
fig=plt.figure(figsize=(10,6))
## 將座標系設定為3D座標系
ax1=fig.add_subplot(111, projection="3d")
for ii,y in enumerate(wine_y):
    ax1.scatter(pca_wine_x[ii,0],pca_wine_x[ii,1],pca_wine_x [ii,2],
                s=40,c=colors[y],marker=shapes[y])
ax1.set_xlabel("主成分1",rotation=20)
ax1.set_ylabel("主成分2",rotation=-20)
ax1.set_zlabel("主成分3",rotation=90)
ax1.azim=225
ax1.set_title("主成分特徵空間視覺化")
plt.show()
```

執行上面的程式後結果如圖 3-17 所示，圖中展示了不同類別的資料分佈情況。

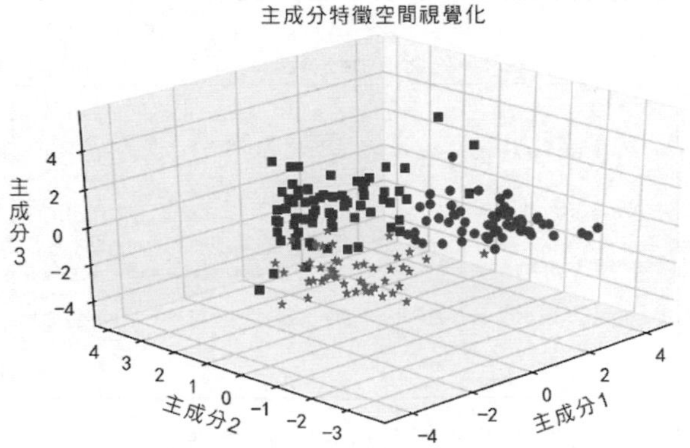

▲ 圖 3-17　主成分特徵空間散點圖

3.4.2 核心主成分分析

PCA 是線性的資料降維技術，而核心主成分分析（KPCA）可以得到資料的非線性串列示，進行資料特徵提取的同時可以對資料進行降維。下面使用 KernelPCA() 函數對資料進行特徵提取和降維，指定核心函數時使用 "rbf" 核心，程式如下：

```
In[4]:## 使用核心主成分分析獲取資料的主成分
      kpca=KernelPCA(n_components=13,kernel="rbf", ## 核心函數為rbf核心
                     gamma=0.2,random_state=123)
      kpca.fit(wine_x)
      ## 視覺化核心主成分分析的中心矩陣特徵值
      lambdas=kpca.lambdas_
      plt.figure(figsize=(10,6))
      plt.plot(lambdas,"r-o")
      plt.hlines(y=4, xmin=0, xmax=12)
      plt.xlabel("特徵數量")
      plt.ylabel("中心核心矩陣的特徵值大小")
      plt.title("核心主成分分析")
      plt.show()
```

執行上面的程式後結果如圖 3-18 所示，展示了特徵值的大小情況。針對該資料同樣可以使用資料的前 3 個核心主成分作為提取到的特徵。

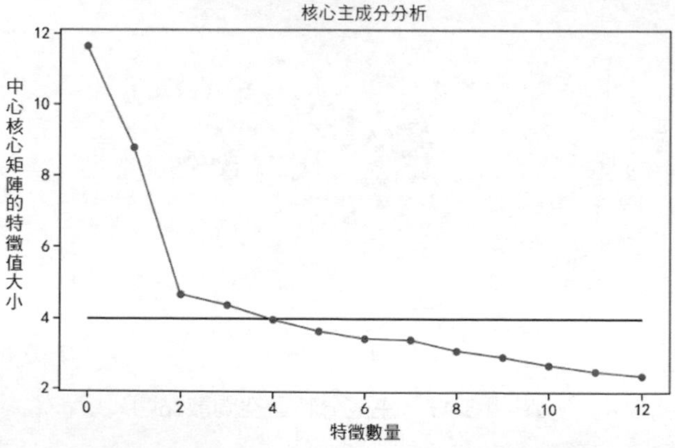

▲ 圖 3-18　核心主成分分析的特徵值情況

針對獲取的資料前 3 個核心主成分特徵，可以在三維（3D）空間中將資料的分佈進行視覺化，視覺化程式如下，程式執行後的結果如圖 3-19 所示。

```
In[5]:## 獲取前3個核心主成分
      kpca_wine_x=kpca.transform(wine_x)[:,0:3]
      print(kpca_wine_x.shape)
      ## 在3D空間中視覺化主成分分析後的資料空間分佈
      colors=["red","blue","green"]
      shapes=["o","s","*"]
      fig=plt.figure(figsize=(10,6))
      ## 將座標系設定為3D座標系
      ax1=fig.add_subplot(111, projection="3d")
      for ii,y in enumerate(wine_y):
          ax1.scatter(kpca_wine_x[ii,0],kpca_wine_x[ii,1],kpca_wine_x [ii,2],
                      s=40,c=colors[y],marker=shapes[y])
      ax1.set_xlabel("核心主成分1",rotation=20)
      ax1.set_ylabel("核心主成分2",rotation=-20)
      ax1.set_zlabel("核心主成分3",rotation=90)
      ax1.azim=225
      ax1.set_title("核心主成分特徵空間視覺化")
      plt.show()
```

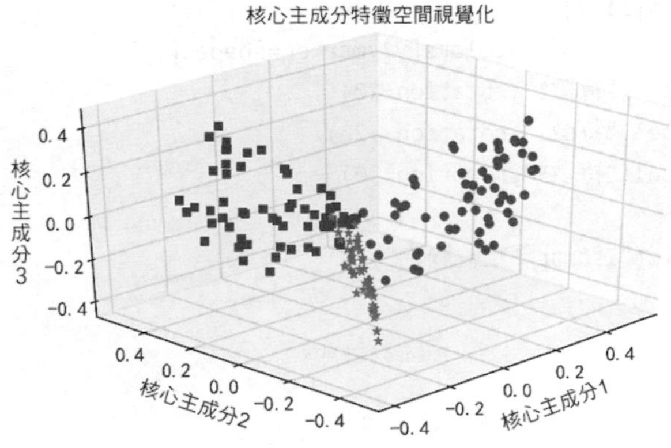

▲ 圖 3-19　核心主成分特徵空間散點圖

3.4.3 流形學習

流形學習是借鏡了拓撲流形概念的一種降維方法。流形學習可以用於資料降維，當維度降低到二維或三維時可以對資料進行視覺化。因為流形學習使用近鄰的距離來計算高維空間中樣本點的距離，所以近鄰的個數對流形降維得到的結果影響也很大。下面以前面的酒資料 wine_x 為例，使用流形學習特徵提取並降維，獲取資料的 3 個主要特徵，並透過視覺化觀察樣本在三維（3D）空間的位置。程式如下，程式中使用 7 個近鄰計算距離。

```
In[6]:## 流行學習進行資料的非線性降維
      isomap=Isomap(n_neighbors=7,## 每個點考慮的近鄰數量
                    n_components=3) ## 降維到三維空間
      ## 獲取降維後的資料
      isomap_wine_x=isomap.fit_transform(wine_x)
      ## 在3D空間中視覺化流行學習降維後的資料空間分佈
      colors=["red","blue","green"]
      shapes=["o","s","*"]
      fig=plt.figure(figsize=(10,6))
      ## 將座標系設定為3D座標系
      ax1=fig.add_subplot(111,projection="3d")
      for ii,y in enumerate(wine_y):
          ax1.scatter(isomap_wine_x[ii,0],isomap_wine_x[ii,1],
      isomap_wine_x[ii,2],
                      s=40,c=colors[y],marker=shapes[y])
      ax1.set_xlabel("特徵1",rotation=20)
      ax1.set_ylabel("特徵2",rotation=-20)
      ax1.set_zlabel("特徵3",rotation=90)
      ax1.azim=225
      ax1.set_title("Isomap降維視覺化")
      plt.show()
```

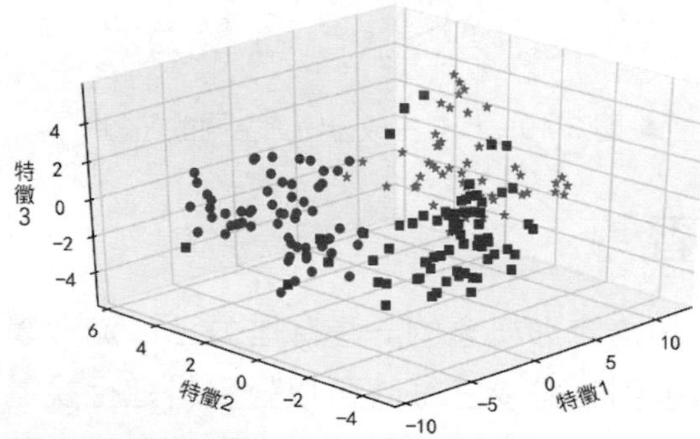

▲ 圖 3-20　流形學習特徵提取和降維

程式執行後的結果如圖 3-20 所示，從圖中可以發現利用 Isomap 方法獲得的 3 個特徵，3 種資料在三維（3D）空間分佈上並不是很容易區分。

3.4.4 t-SNE

t-SNE 是一種常用的資料降維方法，同時也可以身為特徵提取方法，針對酒資料集 wine_x，使用 t-SNE 演算法將其降維到三維（3D）空間，同時提取資料上的 3 個特徵。程式如下，程式執行後的結果如圖 3-21 所示。

```
In[7]:## TSNE進行資料降維,降維到三維（3D）空間
      tsne=TSNE(n_components=3,perplexity =25,
                early_exaggeration =3,random_state=123)
      ## 獲取降維後的資料
      tsne_wine_x=tsne.fit_transform(wine_x)
      ## 在3D空間視覺化流行降維後的資料空間分佈
      colors=["red","blue","green"]
      shapes=["o","s","*"]
      fig=plt.figure(figsize=(10,6))
      ## 將座標系設定為3D座標系
      ax1=fig.add_subplot(111, projection="3d")
      for ii,y in enumerate(wine_y):
          ax1.scatter(tsne_wine_x[ii,0],tsne_wine_x[ii,1],tsne_wine_x [ii,2],
                      s=40,c=colors[y],marker=shapes[y])
      ax1.set_xlabel("特徵1",rotation=20)
      ax1.set_ylabel("特徵2",rotation=-20)
      ax1.set_zlabel("特徵3",rotation=90)
      ax1.azim=225
      ax1.set_title("TSNE降維視覺化")
      plt.show()
```

觀察圖 3-21 可以發現，在 t-SNE 演算法下三種資料的分佈較容易區分，同時也表明利用提取到的特徵對資料進行判別分類時會更加容易。

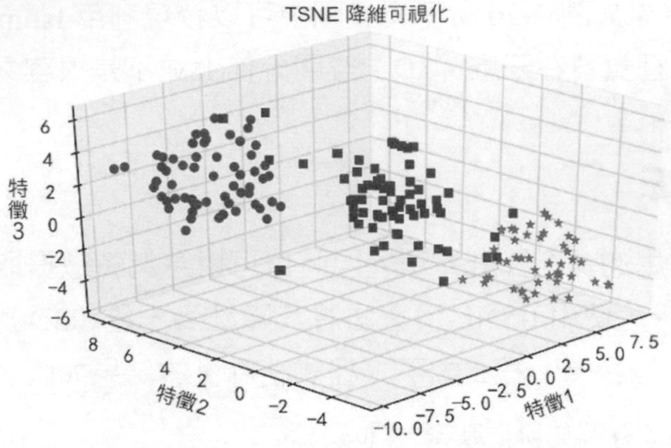

▲ 圖 3-21　t-SNE 特徵提取和降維

3.4.5 多維尺度分析

多維尺度分析是一種透過資料在低維空間的視覺化，從而對高維資料進行視覺化展示的方法。多維尺度分析的目標是：在將原始資料降維到一個低維座標系中，同時保證透過降維所引起的任何形變達到最小。為了方便視覺化多維尺度分析後的資料分佈情況，通常會將資料降維到二維或三維。Python 中可以使用 sklearn 函數庫中的 MDS() 函數進行資料的多維尺度分析，下面的程式將酒資料集 wine_x 降維到三維（3D）空間，並且將降維的結果視覺化，程式執行後的結果如圖 3-22 所示。

```
In[8]:## MDS進行資料的降維,降維到三維（3D）空間
      mds=MDS(n_components=3,dissimilarity="euclidean",random_state=123)
      ## 獲取降維後的資料
      mds_wine_x=mds.fit_transform(wine_x)
      print(mds_wine_x.shape)
      ## 在3D空間視覺化流行降維後的資料空間分佈
      colors=["red","blue","green"]
      shapes=["o","s","*"]
      fig=plt.figure(figsize=(10,6))
      ## 將座標系設定為3D
      ax1=fig.add_subplot(111, projection="3d")
```

```
for ii,y in enumerate(wine_y):
    ax1.scatter(mds_wine_x[ii,0],mds_wine_x[ii,1],mds_wine_x [ii,2],
                s=40,c=colors[y],marker=shapes[y])
ax1.set_xlabel("特徵1",rotation=20)
ax1.set_ylabel("特徵2",rotation=-20)
ax1.set_zlabel("特徵3",rotation=90)
ax1.azim=225
ax1.set_title("MDS降維視覺化")
plt.show()
```

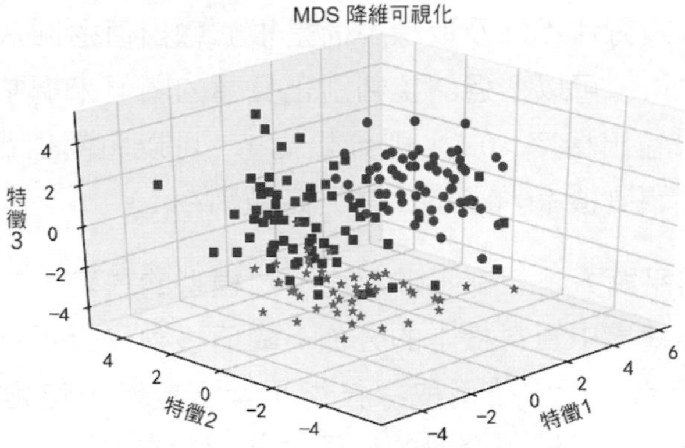

▲ 圖 3-22　多維尺度分析視覺化

3.5 資料平衡方法

大多數情況下，使用的資料集是不完美的，會出現各種各樣的問題，尤其針對分類問題時，可能會出現類別不平衡的問題。舉例來說，在垃圾郵件分類時，垃圾郵件資料會有較少的樣本數，從而導致兩種類型的郵件資料量差別很大；在詐騙監測資料集中，往往包含的詐騙樣本並沒有那麼多。在處理這類資料集的分類時，需要對資料集的類不平衡問題進行處理。解決資料不平衡問題常用的方法如下。

（1）過取樣：針對稀有類樣本資料進行複製，如原始訓練集中包含 100 個正樣本，1000 個負樣本，可採用某種方式對正樣本進行複製，以達到 1000 個正樣本。

（2）欠取樣：隨機剔除數量多的樣本，如原始訓練集中包含 100 個正樣本，1000 個負樣本，可採用某種方式對負樣本進行隨機剔除，只保留 100 個負樣本。

（3）欠取樣和過取樣的綜合方法：針對稀有類樣本資料進行複製，剔除數量多的樣本，最終保持兩類資料的樣本數基本一致。

（4）閾值移動：該方法不涉及取樣，而是根據輸出值返回決策分類，如單純貝氏方法，可以透過調整判別正負類的閾值來調整分類結果。如原始結果輸出機率 >0.5，則分類為 1，可以將閾值從 0.5 提高到 0.6，只有當預測機率 >0.6 時，才判定類別為 1。

前面的 4 種資料平衡方法，都不涉及對分類模型的改變，其中過取樣和欠取樣只改變訓練集中資料樣本的分佈；閾值移動只對新資料分類時模型如何做出決策有影響。使用取樣技術平衡資料時，也會存在多種變形，可能會因為增加或減少資料的不同方式而存在差異。如 SMOTE 演算法使用過取樣的方式平衡資料，當原始訓練集中包含 100 個正樣本和 1000 個負樣本，演算法會把接近指定的正元組的部分生成新的資料增加到訓練集中。

Python 的 imblearn 函數庫是專門用來處理資料不平衡問題的函數庫。下面透過 imblearn 函數庫使用上述前 3 種方式，處理資料中的不平衡問題。首先準備不平衡的資料，這些資料是前面使用的酒資料的主成分特徵，使用 make_imbalance() 函數，分別從資料中每類取出 30、70 和 20 個樣本，從而獲得一個各類資料較不平衡的新資料。

```
In[1]:from imblearn.datasets import make_imbalance
      from imblearn.over_sampling import KMeansSMOTE,SMOTE,SVMSMOTE
      from imblearn.under_sampling import AllKNN,
CondensedNearestNeighbour, NearMiss
```

```
    from imblearn.combine import SMOTEENN,SMOTETomek
    ## 將主成分分析提取的特徵處理為類別不平衡資料
    im_x,im_y=make_imbalance(pca_wine_x,wine_y,
                             sampling_strategy={0: 30, 1: 70, 2: 20},
                             random_state=12)
    print(np.unique(im_y,return_counts=True))
Out[1]: (array([0, 1, 2]), array([30, 70, 20]))
```

3.5.1 以過取樣演算法為基礎

針對資料平衡方法──過取樣，主要介紹 KMeansSMOTE、SMOTE 和 SVMSMOTE 這 3 種方式的使用，這些方法都是使用特定的方式增加樣本數量較少類別的資料量，從而使 3 種資料的樣本比例接近 1:1:1。3 種方法的使用程式如下：

```
In[2]:## 使用過取樣演算法KMeansSMOTE進行資料平衡
    kmeans=KMeansSMOTE(random_state=123, k_neighbors=3)
    kmeans_x,kmeans_y=kmeans.fit_resample(im_x,im_y)
    print("KMeansSMOTE : ",np.unique(kmeans_y,return_counts=True))
    ## 使用過取樣演算法SMOTE進行資料平衡
    smote=SMOTE(random_state=123, k_neighbors=3)
    smote_x,smote_y=smote.fit_resample(im_x,im_y)
    print("SMOTE : ",np.unique(smote_y,return_counts=True))
    ## 使用過取樣演算法SVMSMOTE進行資料平衡
    svms=SVMSMOTE(random_state=123,k_neighbors=3)
    svms_x,svms_y=svms.fit_resample(im_x,im_y)
    print("SVMSMOTE : ",np.unique(svms_y,return_counts=True))
Out[2]:KMeansSMOTE :  (array([0, 1, 2]), array([71, 70, 70]))
    SMOTE :  (array([0, 1, 2]), array([70, 70, 70]))
    SVMSMOTE :  (array([0, 1, 2]), array([70, 70, 53]))
```

從上面的輸出結果可以發現，3 種資料的類別比例接近 1:1:1，但是只有 SMOTE 方式的比例是 1:1:1。下面將 3 種方式獲得的資料在二維空間中進行視覺化，分析 3 種方式的資料分佈和原始資料分佈之間的差異，程式如下，程式執行後的結果如圖 3-23 所示。

```
In[3]:## 使用二維散點圖，視覺化不同演算法下的資料
      colors=["red","blue","green"]
      shapes=["o","s","*"]
      fig=plt.figure(figsize=(14,10))
      ## 原始資料分佈
      plt.subplot(2,2,1)
      for ii,y in enumerate(im_y):
          plt.scatter(im_x[ii,0],im_x[ii,1],s=40,
                      c=colors[y],marker=shapes[y])
          plt.title("不平衡資料")
      ## 過取樣演算法KMeansSMOTE
      plt.subplot(2,2,2)
      for ii,y in enumerate(kmeans_y):
          plt.scatter(kmeans_x[ii,0],kmeans_x[ii,1],s=40,
                      c=colors[y],marker=shapes[y])
          plt.title("KMeansSMOTE")
      ## 過取樣演算法SMOTE
      plt.subplot(2,2,3)
      for ii,y in enumerate(smote_y):
          plt.scatter(smote_x[ii,0],smote_x[ii,1],s=40,
                      c=colors[y],marker=shapes[y])
          plt.title("SMOTE")
      ## 過取樣演算法SVMSMOTE
      plt.subplot(2,2,4)
      for ii,y in enumerate(svms_y):
          plt.scatter(svms_x[ii,0],svms_x[ii,1],s=40,
                      c=colors[y],marker=shapes[y])
          plt.title("SVMSMOTE")
      plt.show()
```

從圖 3-23 中可以發現，3 種過取樣演算法都是在少樣本的資料類周圍生成新的樣本數量，但是不同的演算法生成的樣本位置有些差異。

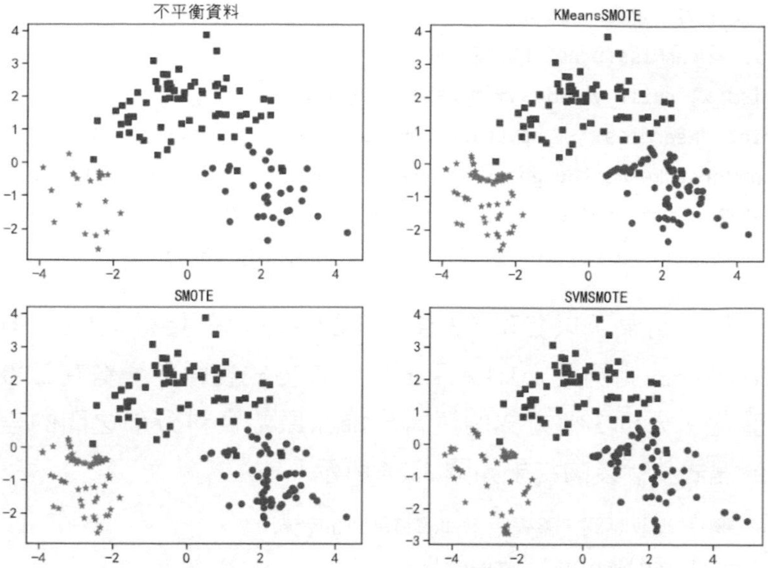

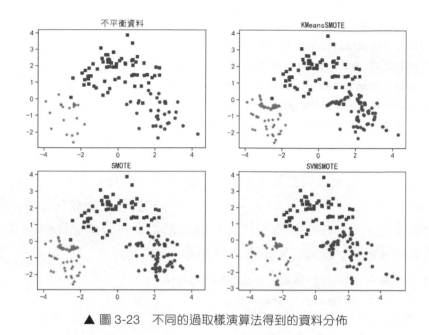

▲ 圖 3-23　不同的過取樣演算法得到的資料分佈

3.5.2 以欠取樣演算法為基礎

針對資料平衡方法──欠取樣，主要介紹 CondensedNearestNeighbour、AllKNN 和 NearMiss 共 3 種方式的使用，這些方式都是使用特定的方法減少樣本數量較多類別的樣本數，從而使 3 種資料的樣本比例接近 1:1:1。3 種方式的使用程式如下：

```
In[4]:## 使用欠取樣演算法CondensedNearestNeighbour進行資料平衡
      cnn=CondensedNearestNeighbour(random_state=123, n_neighbors=7,n_seeds_
S=20)
      cnn_x,cnn_y=cnn.fit_resample(im_x,im_y)
      print("CondensedNearestNeighbour : ",np.unique(cnn_y,return_
counts=True))
      ## 使用欠取樣演算法AllKNN進行資料平衡
      allknn=AllKNN(n_neighbors=10)
      allknn_x, allknn_y=allknn.fit_resample(im_x,im_y)
      print("AllKNN : ",np.unique(allknn_y,return_counts=True))
```

```
## 使用欠取樣演算法NearMiss進行資料平衡
nmiss=NearMiss(n_neighbors=3)
nmiss_x, nmiss_y=nmiss.fit_resample(im_x,im_y)
print("NearMiss : ",np.unique(nmiss_y,return_counts=True))
Out[4]:CondensedNearestNeighbour :  (array([0, 1, 2]), array([20, 23, 20]))
AllKNN :  (array([0, 1, 2]), array([21, 54, 20]))
NearMiss :  (array([0, 1, 2]), array([20, 20, 20]))
```

從上面的輸出結果可以發現，3 種資料的樣本比例接近 1:1:1，但是只有 NearMiss 方法的比例是 1:1:1。下面將 3 種方式獲得的資料在二維空間中進行視覺化，分析 3 種方式的資料分佈和原始資料分佈之間的差異，程式如下，程式執行後的結果如圖 3-24 所示。

```
In[5]:## 使用二維散點圖，視覺化不同演算法下的資料
colors=["red","blue","green"]
shapes=["o","s","*"]
fig=plt.figure(figsize=(14,10))
## 原始資料分佈
plt.subplot(2,2,1)
for ii,y in enumerate(im_y):
    plt.scatter(im_x[ii,0],im_x[ii,1],s=40,
                c=colors[y],marker=shapes[y])
    plt.title("不平衡資料")
## 欠取樣演算法CondensedNearestNeighbour
plt.subplot(2,2,2)
for ii,y in enumerate(cnn_y):
    plt.scatter(cnn_x[ii,0],cnn_x[ii,1],s=40,
                c=colors[y],marker=shapes[y])
    plt.title("CondensedNearestNeighbour")
## 欠取樣演算法AllKNN
plt.subplot(2,2,3)
for ii,y in enumerate(allknn_y):
    plt.scatter(allknn_x[ii,0],allknn_x[ii,1],s=40,
                c=colors[y],marker=shapes[y])
    plt.title("AllKNN")
## 欠取樣演算法NearMiss
```

```
plt.subplot(2,2,4)
for ii,y in enumerate(nmiss_y):
    plt.scatter(nmiss_x[ii,0],nmiss_x[ii,1],s=40,
                c=colors[y],marker=shapes[y])
    plt.title("NearMiss")
plt.show()
```

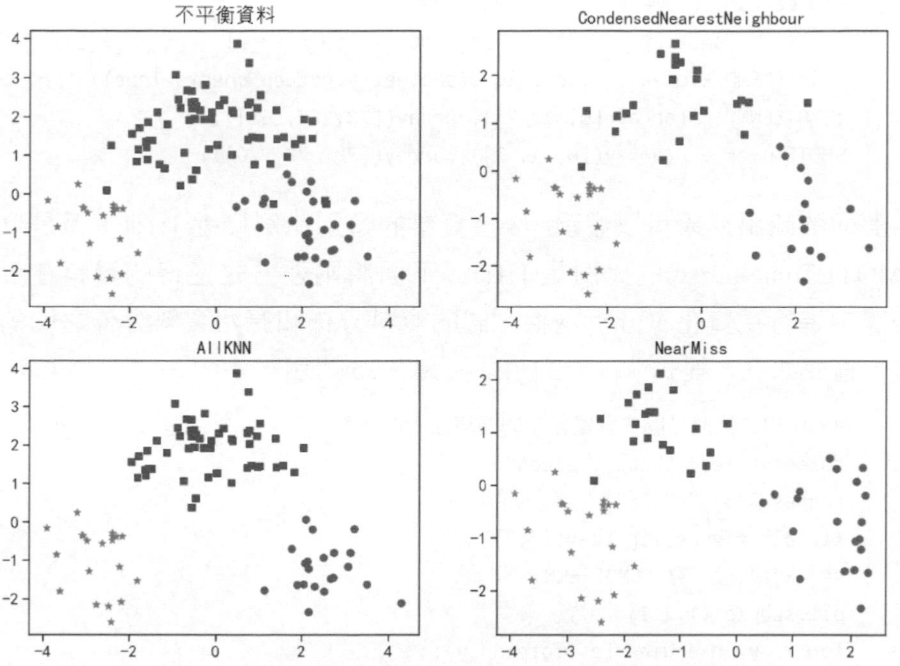

▲ 圖 3-24　不同欠取樣演算法得到的資料分佈

從圖 3-24 中可以發現，3 種欠取樣演算法都是減少樣本數較多的資料樣本，但是不同的演算法減去的樣本位置和數量有差異。

3.5.3 以過取樣和欠取樣為基礎的綜合演算法

針對資料平衡方法──過取樣和欠取樣的綜合，這裡主要介紹 SMOTEENN 和 SMOTETomek 兩種方式的使用，這兩種方式都是使用特定的方法減少樣本數量較多類別的資料量，增加樣本數量較少類別的資料量，從而使 3

種資料的類別比例接近 1:1:1。兩種方式的使用程式如下：

```
In[6]:## 使用過取樣和欠取樣的綜合演算法SMOTEENN進行資料平衡
      smoteenn=SMOTEENN(random_state=123)
      smoteenn_x,smoteenn_y=smoteenn.fit_resample(im_x,im_y)
      print("SMOTEENN : ",np.unique(smoteenn_y,return_counts=True))
      ## 使用過取樣和欠取樣的綜合演算法SMOTETomek進行資料平衡
      smoteet=SMOTETomek(random_state=123)
      smoteet_x,smoteet_y=smoteet.fit_resample(im_x,im_y)
      print("SMOTETomek : ",np.unique(smoteet_y,return_counts=True))
Out[6]:SMOTEENN :  (array([0, 1, 2]), array([70, 62, 68]))
      SMOTETomek :  (array([0, 1, 2]), array([70, 70, 70]))
```

從上面的輸出結果可以發現，3 種資料的類別比例接近 1:1:1，但是只有 SMOTETomek 方式的比例是 1:1:1。下面將兩種方式獲得的資料在二維空間中進行視覺化，分析兩種方式的資料分佈和原始資料分佈之間的差異，程式如下，程式執行後的結果如圖 3-25 所示。

```
In[7]:## 使用二維散點圖，視覺化不同演算法下的資料
      colors=["red","blue","green"]
      shapes=["o","s","*"]
      fig=plt.figure(figsize=(12,5))
      ## 綜合取樣演算法SMOTEENN
      plt.subplot(1,2,1)
      for ii,y in enumerate(smoteenn_y):
          plt.scatter(smoteenn_x[ii,0],smoteenn_x[ii,1],s=40,
                      c=colors[y],marker=shapes[y])
          plt.title("SMOTEENN")
      ## 綜合取樣演算法SMOTETomek
      plt.subplot(1,2,2)
      for ii,y in enumerate(smoteet_y):
          plt.scatter(smoteet_x[ii,0],smoteet_x[ii,1],s=40,
                      c=colors[y],marker=shapes[y])
          plt.title("SMOTETomek")
plt.show()
```

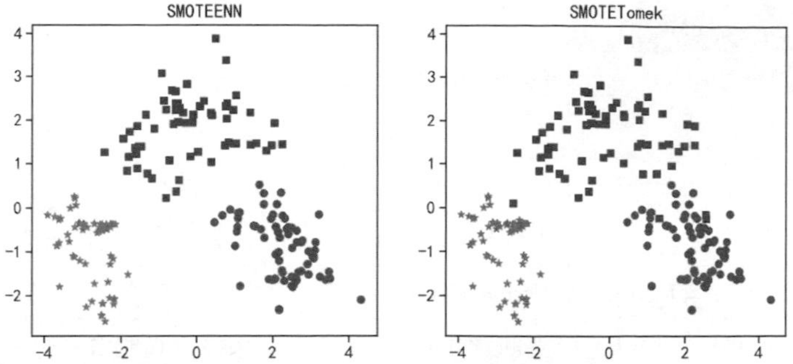

▲ 圖 3-25　不同綜合取樣演算法得到的資料分佈

3.6 本章小結

本章主要介紹了如何使用 Python 對資料進行特徵工程，方式有特徵變換、特徵建構、特徵選擇、特徵提取和降維，以及資料平衡方法等多種方式。針對對應的特徵工程方法，均使用了真實的資料案例進行 Python 實戰演示。本章用到的相關函數如表 3-1 所示。

表 3-1　相關函數

函數庫	模組	函數	功能
SciPy	stats	boxcox()	資料 Box-Cox 變換
sklearn	preprocessing	scale()	資料標準化
		StandardScaler()	資料標準化
		MinMaxScaler()	資料 min-max 標準化
		MaxAbsScaler()	資料最大絕對值縮放
		RobustScaler()	堅固資料標準化
		normalize()	資料歸一化
		QuantileTransformer()	資料變換為正態分佈
		OrdinalEncoder()	分類特徵編碼為常數
		LabelEncoder()	對分類特徵重新編碼
		OneHotEncoder()	分類特徵 One-Hot 編碼
		MultiLabelBinarizer()	對多標籤類別進行編碼

函數庫	模組	函數	功能
		PolynomialFeatures()	生成多項式特徵
		KBinsDiscretizer()	對連續變數進行分箱
	feature_extraction	CountVectorizer()	建構語料庫
		TfidfVectorizer()	計算文字 TF-IDF 特徵
	feature_selection	VarianceThreshold()	根據方差進行特徵選擇
		SelectKBest()	選擇 *K* 個最高得分的特徵
		RFE()	遞迴消除特徵法
		RFECV()	交換驗證遞迴消除特徵法
		SelectFromModel()	以模型為基礎的特徵選擇
	decomposition	PCA()	主成分分析
		KernelPCA()	核主成分分析
	manifold	Isomap	Isomap 資料降維
		MDS	多維尺度分析資料降維
		TSNE	t-SNE 資料降維
imblearn	over_sampling	KMeansSMOTE()	過取樣資料平衡演算法 KMeansSMOTE
		SMOTE()	過取樣資料平衡演算法 SMOTE
		SVMSMOTE()	過取樣資料平衡演算法 SVMSMOTE
	under_sampling	AllKNN()	欠取樣資料平衡演算法 AllKNN
		CondensedNearest Neighbour()	欠取樣資料平衡演算法 CondensedNearestNeighbour
		NearMiss()	欠取樣資料平衡演算法 NearMiss
	combine	SMOTEENN()	欠取樣和過取樣綜合資料平衡演算法 SMOTEENN
		SMOTETomek()	欠取樣和過取樣綜合資料平衡演算法 SMOTETomek

Chapter 04

模型選擇和評估

在機器學習系統中，如何訓練出更好的模型、如何判斷模型的效果，以及模型是否過擬合，對模型的最終使用有重要的意義。本章將介紹模型在選擇過程、訓練過程與效果評估等方面的技巧，幫助讀者更高效方便地使用機器學習模型。

4.1 模型擬合效果

在機器學習模型的訓練過程中，可能會出現 3 種情況：模型欠擬合、模型正常擬合與模型過擬合。其中模型欠擬合與模型過擬合都是不好的情況。下面將從不同的角度介紹如何判斷模型屬於哪種擬合情況。

4.1.1 欠擬合與過擬合表現方式

資料的 3 種擬合情況說明如下。

- **欠擬合**：欠擬合是指不能極佳地從訓練資料中學到有用的資料模式，從而針對訓練資料和待預測的資料，均不能獲得很好的預測效果。如果使用的訓練樣本過少，較容易獲得欠擬合的訓練模型。

- **正常擬合**：正常擬合是指訓練得到的模型可以從訓練集上學習，得到泛化能力強、預測誤差小的模型，同時該模型還可以針對待測試的資料進行良好的預測，獲得令人滿意的預測效果。
- **過擬合**：過擬合是指過於精確地匹配了特定資料集，導致獲得的模型不能極佳地擬合其他資料或預測未來的觀察結果。模型如果過擬合，會導致模型的偏差很小，但是方差會很大。

下面分別介紹針對分類問題和回歸問題，不同任務下的擬合效果獲得的模型對資料訓練後的表示形式。

針對二分類問題，可以使用分介面表示所獲得的模型與訓練資料的表現形式，圖 4-1 表示 3 種情況下的資料分介面。

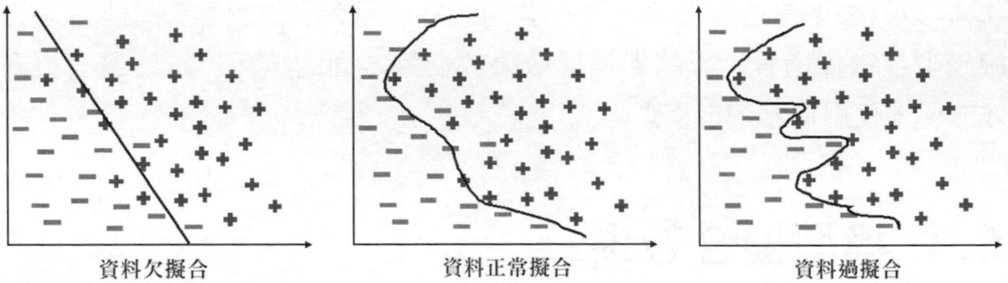

▲ 圖 4-1　二分類問題的 3 種資料擬合情況

從圖 4-1 可以發現，欠擬合的資料模型較為簡單，因此獲得的預測誤差也會較大，而過擬合的模型則正好相反，其分介面完美地將訓練資料全部正確分類，獲得的模型過於複雜，雖然訓練資料能夠百分百預測正確，但是當預測新的測試資料時會有較高的錯誤率。而資料正常擬合的模型，對資料的擬合效果則是介於欠擬合和過擬合之間，訓練獲得不那麼複雜的模型，保證在測試集上的泛化能力。3 種情況在訓練集上的預測誤差的表現形式為：欠擬合 > 正常擬合 > 過擬合；而在測試集上的預測誤差形式為：欠擬合 > 過擬合 > 正常擬合。

針對回歸問題，在對連續變數進行預測時，3 種資料擬合情況如圖 4-2 所示，顯示了對一組連續變數進行資料擬合時，可能出現的欠擬合、正常擬合與過擬合的三種情形。

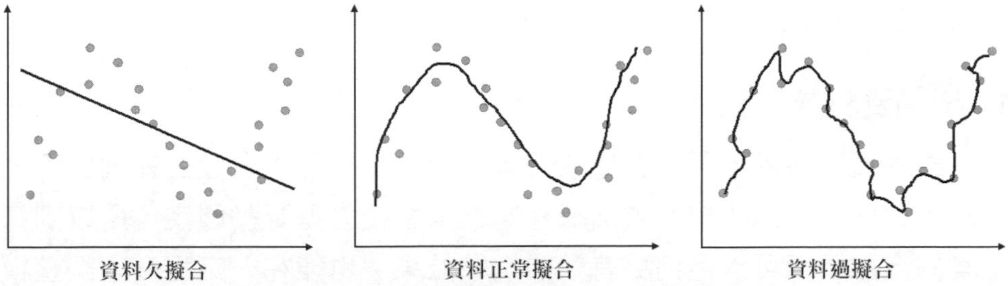

▲ 圖 4-2　回歸問題的 3 種資料擬合情況

很多時候面對高維的資料，很難視覺化出分類模型的分介面與回歸模型的預測效果，那麼如何判斷模型的擬合情況呢？針對這種情況，通常可以使用兩種判斷方案：一是判斷在訓練集和測試集上的預測誤差的差異大小，正常擬合的模型通常在訓練集和測試集上的預測誤差相差不大，而且預測效果均較好；欠擬合模型在訓練集和測試集上的預測效果均較差；過擬合模型則會在訓練集上獲得很小的預測誤差，但是在測試集上會獲得較大的預測誤差。二是視覺化出模型在訓練過程中，3 種不同的資料擬合在訓練資料和測試資料（或驗證資料）上的損失函數變化情況，如圖 4-3 所示。

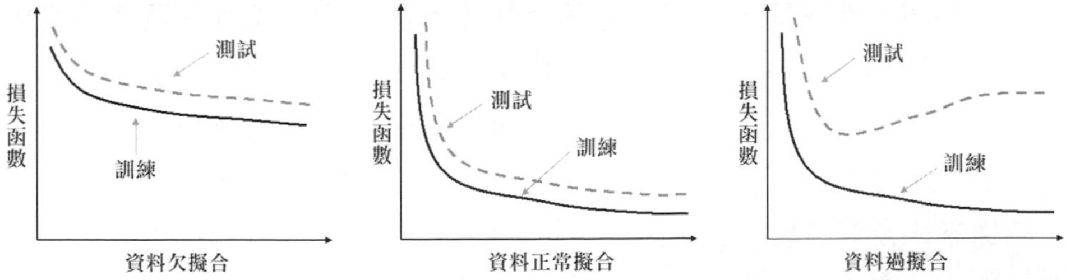

▲ 圖 4-3　3 種資料擬合的損失函數變化情況

4.1.2 避免欠擬合與過擬合的方法

在實踐中，如果發現訓練的模型對資料進行了欠擬合或過擬合，通常要對模型進行調整，解決這些問題是一個複雜的過程，而且經常需要進行多項調整，下面介紹一些可以採用的解決方法。

1. 增加資料量

如果訓練資料較少，可能會導致資料欠擬合，偶爾也會發生在訓練集上過擬合的問題。因此較多的訓練樣本通常會使模型更加穩定，所以訓練樣本的增加不僅可以得到更有效的訓練結果，也能在一定程度上調整模型的擬合效果，增強其泛化能力。但是如果訓練樣本有限，也可以利用資料增強技術對現有的資料集進行擴充。

2. 合理的資料切分

針對現有的資料集，在訓練模型時，可以將資料集切分為訓練集、驗證集和測試集（或使用交換驗證的方法）。在對資料進行切分後，可以使用訓練集來訓練模型，透過驗證集監督模型的學習過程，也可以在網路過擬合之前提前終止模型的訓練。在模型訓練結束後，可以利用測試集來測試訓練結果的泛化能力。

當然在保證資料盡可能地來自同一分佈的情況下，如何有效地對資料集進行切分也很重要，傳統的資料切分方法通常按照 60:20:20 的比例拆分，但是資料量不同，資料切分的比例也不盡相同，尤其在巨量資料時代，如果資料集有幾百萬甚至上億級項目時，這種 60:20:20 比例的傳統劃分已經不再適合，更好的方式是將 98% 的資料集用於訓練，保證盡可能多的樣本接受訓練，1% 的樣本用於驗證集，這 1% 的資料已經有足夠多的樣本來監督模型是否過擬合，最後使用 1% 的樣本測試網路的泛化能力。所以，針對資料量的大小、網路參數的數量，資料的切分比例可以根據實際需要來確定。

3. 正規化方法

正規化方法是解決模型過擬合問題的一種手段，其通常會在損失函數上增加對訓練參數的範數懲罰，透過增加的範數懲罰對需要訓練的參數進行約束，防止模型過擬合。常用的正規化參數有 l_1 和 l_2 範數，l_1 範數懲罰的目的是將參數的絕對值最小化，l_2 範數懲罰的目的是將參數的平方和最小化。使用正規化防止過擬合非常有效，在經典的線性回歸模型中，使用 l_1 範數正規化的模型叫作 LASSO 回歸，使用 l_2 範數正規化的模型叫作 Ridge 回歸，這兩種方法會在後面的章節介紹。

4.2 模型訓練技巧

本節將使用真實的 Python 程式範例，介紹如何使用 Python 進行交換驗證和網路搜索等方法。首先匯入本章使用到的相關函數庫和模組。

```
In[1]:## 輸出高畫質圖型
      %config InlineBackend.figure_format='retina'
      %matplotlib inline
      ## 圖型顯示中文的問題
      import matplotlib
      matplotlib.rcParams['axes.unicode_minus']=False
      import seaborn as sns  ## 設定繪圖的主題
      sns.set(font="Kaiti",style="ticks",font_scale=1.4)
      import pandas as pd  # 設定資料表每個單元顯示內容的最大寬度
      pd.set_option("max_colwidth",100)
      import numpy as np
      import matplotlib.pyplot as plt
      from sklearn import metrics
      from sklearn.model_selection import train_test_split,cross_val_score
      from sklearn.decomposition import PCA
      from sklearn.datasets import load_iris
      from sklearn.model_selection import KFold,StratifiedKFold
      from sklearn.discriminant_analysis import LinearDiscriminantAnalysis
      from mlxtend.plotting import plot_decision_regions
```

```
from sklearn.pipeline import Pipeline
from sklearn.preprocessing import StandardScaler
from sklearn.model_selection import GridSearchCV
from sklearn.neighbors import KNeighborsClassifier
```

在模型訓練技巧中，針對模型效果的驗證、尋找合適的參數可以使用 K 折交換驗證、參數網格搜索等方法。下面使用鳶尾花資料集結合相關模型，使用 Python 來實現這些方法的應用，為了便於結果的視覺化，先使用主成分分析方法將資料降維到二維空間。匯入鳶尾花資料集的程式如下，程式執行後的結果如圖 4-4 所示。

```
In[2]:## 資料準備，讀取鳶尾花資料集
      X,y=load_iris(return_X_y=True)
      ## 為了方便資料的視覺化分析，將資料降維到二維空間
      pca=PCA(n_components=2,random_state=3)
      X=pca.fit_transform(X)
      ## 視覺化資料降維後在空間中的分佈情況
      plt.figure(figsize=(10,6))
      sns.scatterplot(x=X[:,0],y= X[:,1],style=y)
      plt.title("Iris降維後")
      plt.legend(loc="lower right")
      plt.grid()
      plt.show()
```

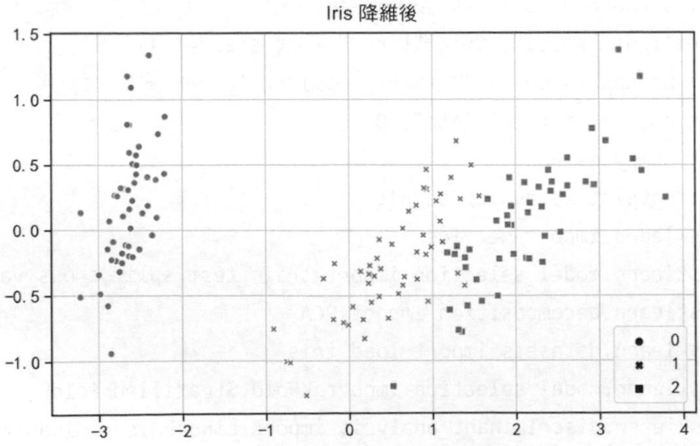

▲ 圖 4-4　降維後的資料散點圖

鳶尾花資料集共有 150 個樣本，3 個類資料，每類資料有 50 個樣本。

4.2.1 交換驗證

對於交換驗證的方法，本小節主要介紹 K 折交換驗證和分層 K 折交換驗證兩種方法的差異和使用方式。

K 折交換驗證是採用某種方式將資料集切分為 *K* 個子集，每次採用其中的子集作為模型的測試集，剩餘的 *K*-1 個子集用於模型訓練，這個過程重複 *K* 次，每次選取作為測試集的子集均不相同，直到每個子集都測試過，最終使用 *K* 次測試集的測試結果的平均值作為模型的效果評價。顯然交換驗證結果的穩定性和保真性很大程度上取決於 *K* 的設定值，*K* 常用的設定值是 10，此時方法稱為 10 折交換驗證。圖 4-5 為 10 折交換驗證的示意圖。

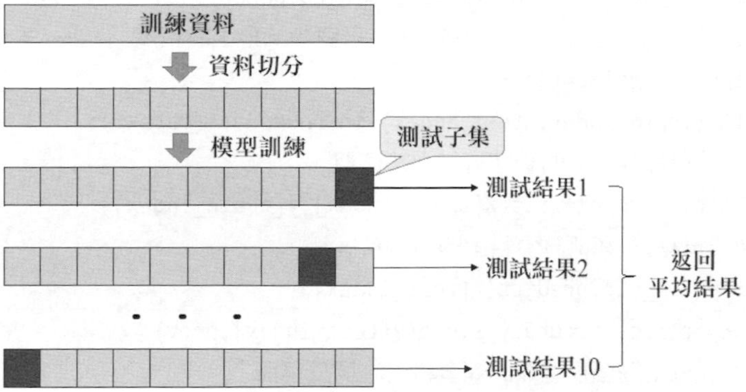

▲ 圖 4-5　10 折交換驗證

K 折交換驗證在切分資料集時使用隨機不放回抽樣，即隨機地將資料集平均切分為 *K* 份，每份都沒有重複的範例。而分層 K 折交換驗證的切分方式是分層抽樣，即按照分類資料百分比劃分資料集，使每個類別百分比在訓練集和測試集中都一樣。這兩種方式在 Python 中都有對應的應用，接下來結合資料使用這兩種交換驗證方法。

1. K 折交換驗證（KFold）

Python 中 sklearn 函數庫的 model_selection 模組中的 KFold 方法用來進行隨機 K 折交換驗證，參數 n_splits 可以指定資料集的切分子集個數。下面使用鳶尾花資料集，利用線性判別分析分類器進行了 6 折交換驗證，首先使用 KFold() 將資料集切分為 6 個子集，然後使用 for 迴圈計算每次訓練的結果，使用 KFold() 的 split 方法對資料切分時，將輸出模型每次使用的訓練集和測試集的索引。

可以使用下面的程式完成上述任務，並輸出 6 次訓練後在測試集上的預測精度，最後對精度進行平均值計算。

```
In[3]:## 使用KFold對Iris資料集分類
      kf=KFold(n_splits=6,random_state=1,shuffle=True)
      datakf=kf.split(X,y)       ## 獲取6折資料
      ## 使用線性判別分類演算法進行資料分類
      LDA_clf=LinearDiscriminantAnalysis(n_components=2)
      scores=[]                  ## 用於保存每個測試集上的精度
      plt.figure(figsize=(14,8))
      for ii, (train_index, test_index) in enumerate(datakf):
          ## 使用每個部分的訓練資料訓練模型
          LDA_clf=LDA_clf.fit(X[train_index],y[train_index])
          ## 計算每次在測試資料上的預測精度
          prey=LDA_clf.predict(X[test_index])
          acc=metrics.accuracy_score(y[test_index],prey)
          ## 視覺化每個模型在訓練資料上的切分平面
          plt.subplot(2,3,ii+1)
          plot_decision_regions(X[train_index],y[train_index],LDA_clf)
          plt.title("Test Acc:"+str(np.round(acc,4)))
          scores.append(acc)
      plt.tight_layout()
      plt.show()
      ## 計算精度的平均值
      print("平均Acc:",np.mean(scores))
Out[3]:平均Acc: 0.9533333333333333
```

從上面的程式可以看出，為了分析在每一次模型擬合時，使用不同資料得到的模型差異，此處視覺化出了在訓練集上的模型分類平面，如圖 4-6 所示。

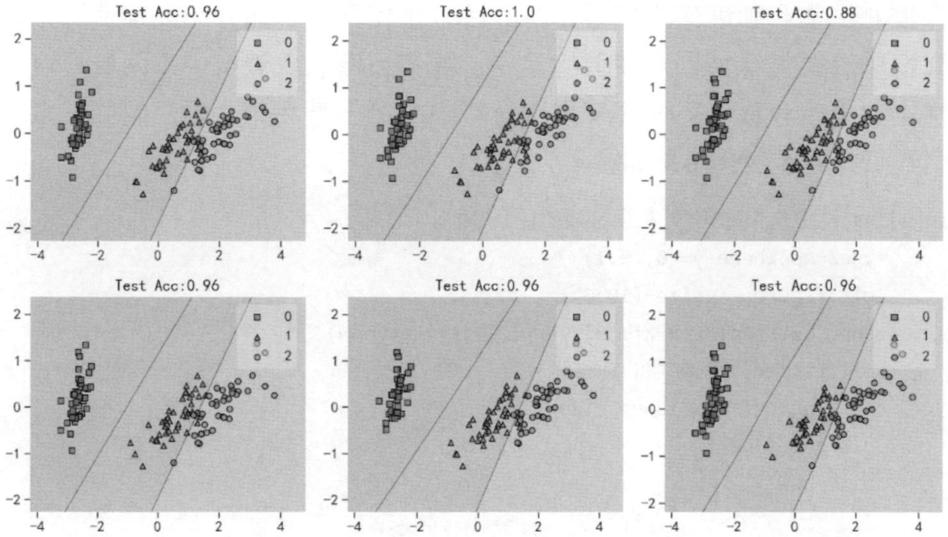

▲ 圖 4-6　6 折交換驗證每個模型的分類面

可以發現每次訓練得到的模型，因為使用的訓練資料有些差異，所以獲得的分類面也有些細微的差異。

如果不想透過 for 迴圈完成 K 折交換驗證，還可以使用 sklearn 提供的 cross_val_score 函數直接計算平均得分，範例程式如下：

```
In[4]:## sklearn還提供了cross_val_score函數直接計算平均得分
      scores=cross_val_score(estimator=LDA_clf,cv=6,X=X,y=y,n_jobs=4)
      print("6折交換驗證的Acc:\n",scores)
      print("平均Acc:",np.mean(scores))
Out[4]:6折交換驗證的Acc:
        [0.96 1.  0.96 0.92 0.96 1.]
       平均Acc: 0.9666666666666667
```

從輸出結果可以發現，每個測試集上獲得的精度和前面的不一樣，這是因為每個 flod 的資料和前面 K 折交換驗證的資料有差異。

2. 分層 K 折交換驗證

Python 中 sklearn 函數庫的 model_selection 模組中，StratifiedKFold() 是分層交換驗證函數，該函數在切分資料集時會根據每類資料的百分比，保證測試集和訓練集中每類資料的百分比相同。下面介紹如何使用分層交換驗證進行線性判別模型的建立。為了凸顯訓練資料中不同質資料的樣本數量有差異，下面將鳶尾花資料中的第 1 類和第 2 類歸為同一類，兩類資料的視覺化結果如圖 4-7 所示。

```
In[5]:## 將資料中的第1類和第2類歸為同一類
      ynew=np.where(y==0, 0,1)
      plt.figure(figsize=(10,6))
      sns.scatterplot(x=X[:,0],y=X[:,1],style=ynew)
      plt.title("只有兩類的Iris資料")
      plt.legend(loc="lower right")
      plt.grid()
      plt.show()
```

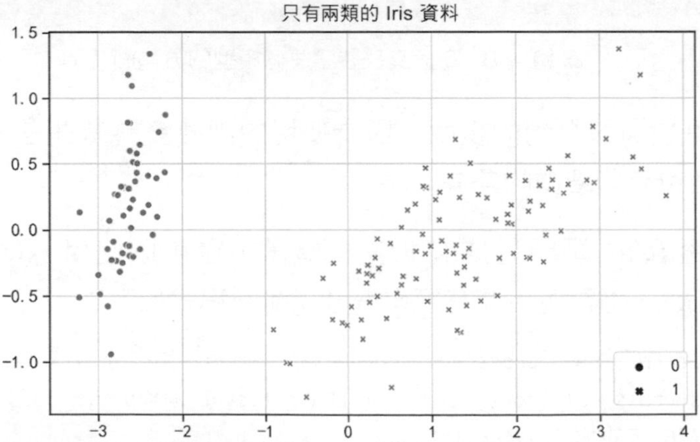

▲ 圖 4-7　只有兩類的鳶尾花資料

針對只有兩類的鳶尾花資料集，先使用 K 折交換驗證進行資料切分，並輸出每個模組中測試集上每類資料的樣本數量，程式如下：

```
In[6]:## KFold交換驗證
      kf=KFold(n_splits=5,random_state=1,shuffle=True)
```

```
       datakf=kf.split(X,ynew)
       for ii,(train_index, test_index) in enumerate(datakf):
           print("每個測試集的類別比例:\n",np.unique(ynew[test_index], return_
counts=True))
Out[6]:每個測試集的類別比例:
        (array([0, 1]), array([11, 19]))
       每個測試集的類別比例:
        (array([0, 1]), array([ 8, 22]))
       每個測試集的類別比例:
        (array([0, 1]), array([11, 19]))
       每個測試集的類別比例:
        (array([0, 1]), array([10, 20]))
       每個測試集的類別比例:
        (array([0, 1]), array([10, 20]))
```

從輸出結果可以發現，並不是每個組的測試集上兩類資料比例都完全是 1:2。下面使用相同的方式，進行分層 K 折交換驗證，輸出每個測試集上每類資料樣本的比例，程式如下：

```
In[7]:Skf=StratifiedKFold(n_splits=5,random_state=2,shuffle=True)
       Skfdata=Skf.split(X,ynew)
       for ii,(train_index, test_index) in enumerate(Skfdata):
           print("每個測試集的類別比例:\n",np.unique(ynew[test_index],
return_counts=True))
Out[7]:每個測試集的類別比例:
        (array([0, 1]), array([10, 20]))
       每個測試集的類別比例:
        (array([0, 1]), array([10, 20]))
       每個測試集的類別比例:
        (array([0, 1]), array([10, 20]))
       每個測試集的類別比例:
        (array([0, 1]), array([10, 20]))
       每個測試集的類別比例:
        (array([0, 1]), array([10, 20]))
```

從輸出結果可以發現，每個組的測試集上兩類資料比例均為 1:2。

4.2.2 參數網路搜索

模型的訓練過程中，除了可以進行交換驗證之外，還可以使用參數網格搜索為模型尋找更優的參數。在參數網格搜索的過程中，主要使用的函數為 GridSearchCV()。下面結合 K- 近鄰分類介紹如何使用參數網格搜索方法，找到更優的參數，程式如下：

```
In[8]:## 切分資料集為訓練集和測試集
      train_x,test_x,train_y,test_y=train_test_split(
          X,y,test_size=0.25,random_state=2)
      ## 定義模型流程
      pipe_KNN=Pipeline([("scale",StandardScaler()), # 資料標準化操作
                         ("pca",PCA()),              # 主成分降維操作
                         ("KNN",KNeighborsClassifier())])# KNN分類操作
      ## 定義需要搜索的參數
      n_neighbors=np.arange(1,10)
      para_grid=[{"scale__with_mean":[True,False], # 資料標準化搜索的參數
                  "pca__n_components":[2,3],       # 主成分降維操作搜索的參數
              "KNN__n_neighbors" : n_neighbors}] # KNN分類操作搜索的參數

      ## 應用到資料上，使用5折交換驗證
      gs_KNN_ir=GridSearchCV(estimator=pipe_KNN,param_grid=para_grid,
                             cv=5,n_jobs=4)
      gs_KNN_ir.fit(train_x,train_y)
      ## 輸出最佳參數
      gs_KNN_ir.best_params_
Out[8]:{'KNN__n_neighbors': 5, 'pca__n_components': 2, 'scale__with_mean':
True}
```

上面的程式在使用參數網格搜索時可以分為 3 個步驟。

（1）使用 Pipeline() 函數定義模型的處理流程，該模型分為 3 個步驟——資料標準化、資料主成分降維與 KNN 分類模型，分別命名為 "scale"、"pca" 和 "KNN"。

(2) 定義需要搜索的參數串列，串列中的元素使用字典來表示，字典的 Key 為「模型流程名 __ 參數名稱」(**注意：連接子號是兩個底線**)，字典的值為對應參數可選擇的數值，舉例來說，在資料標準化步驟中 "scale" 的參數 with_mean 可選 True 或 False。

(3) 使用 GridSearchCV() 函數，其中 estimator 用來指定訓練模型的流程；param_grid 定義參數網格搜索；cv 用來指定進行交換驗證的折數，n_jobs 用來指定平行計算時使用的核心數目；最後使用 fit 方法對訓練集進行訓練。

參數網格搜索訓練結束後，可使用 best_params_ 屬性輸出最佳的參數組合，從 gs_KNN_ir.best_params_ 的輸出結果可以得到最後的模型參數組合為：資料在標準化時 with_mean=True；在進行主成分降維時將資料降為二維；在進行 K- 近鄰分類時，n_neighbors 設定值為 5。

使用搜索結果的 cv_results_ 方法，可以輸出所有參數組和對應的平均精度，下面將其輸出結果整理為資料表，並輸出效果較好的前幾組結果，程式如下：

```
In[9]:## 將輸出的所有搜索結果進行處理
      results=pd.DataFrame(gs_KNN_ir.cv_results_)
      ## 輸出感興趣的結果
      results2=results[["mean_test_score","std_test_score","params"]]
      results2.sort_values("mean_test_score",ascending=False).head()
Out[9]:
```

	mean_test_score	std_test_score	params
17	0.955336	0.028764	{'KNN__n_neighbors': 5, 'pca__n_components': 2, 'scale__with_mean': False}
16	0.955336	0.028764	{'KNN__n_neighbors': 5, 'pca__n_components': 2, 'scale__with_mean': True}
32	0.946640	0.033305	{'KNN__n_neighbors': 9, 'pca__n_components': 2, 'scale__with_mean': True}
33	0.946640	0.033305	{'KNN__n_neighbors': 9, 'pca__n_components': 2, 'scale__with_mean': False}
12	0.937154	0.036770	{'KNN__n_neighbors': 4, 'pca__n_components': 2, 'scale__with_mean': True}

針對參數網格搜索結果，還可以使用 best_estimator_ 獲取最好的模型並且保存，保存後可以直接用於測試集的預測，不需要重新使用訓練集進行模型的訓練。

```
In[10]:## 使用最後的模型對測試集進行預測
     Iris_clf=gs_KNN_ir.best_estimator_
     prey=Iris_clf.predict(test_x)
     print("Acc:",metrics.accuracy_score(test_y,prey))
Out[10]:Acc: 1.0
```

從輸出結果可以發現，最好的模型在測試集上的預測精度為 1，即所有的樣本都預測正確。

4.3 模型的評價指標

分類、回歸與聚類演算法對資料的預測效果，可以使用不同的評價指標進行評價。本節將介紹如何使用不同的評價指標對不同類型模型預測結果進行評價。

4.3.1 分類效果評價

對於資料分類效果，通常可以使用精度率、混淆矩陣、F1 Score、精確率、召回率等多種方式進行評估，下面對這些指標的計算方式一一介紹。

（1）混淆矩陣（Confusion Matrix）。混淆矩陣是一種特定的矩陣，用來呈現有監督學習演算法性能的視覺化效果。其每一行代表預測值，每一列代表的是實際的類別，在 Python 中可以使用 sklearn.metrics.confusion_matrix() 函數來計算。混淆矩陣和其他評價指標之間的關係如圖 4-8 所示。

（2）精度（Accuracy）。精度表示正確分類的樣本比例。可以使用 sklearn.metrics 模組中的 accuracy_score() 函數進行計算。

		CONDITION determined by "Gold Standard"			
	TOTAL POPULATION	CONDITION POS	CONDITION NEG	PREVALENCE CONDITION POS / TOTAL POPULATION	
TEST OUT-COME	TEST POS	True Pos TP	*Type I Error* False Pos FP	*Precision* Pos Predictive Value PPV = TP / TEST P	False Discovery Rate FDR = FP / TEST P
	TEST NEG	*Type II Error* False Neg FN	True Neg TN	False Omission Rate FOR = FN / TEST N	Neg Predictive Value NPV = TN / TEST N
	ACCURACY ACC ACC = TP + TN / TOT POP	*Sensitivity (SN), Recall* Total Pos Rate TPR TPR = TP / CONDITION POS	*Fall-Out* False Pos Rate FPR FPR = FP / CONDITION NEG	Pos Likelihood Ratio LR + LR + = TPR / FPR	Diagnostic Odds Ratio DOR DOR = LR + / LR -
		Miss Rate False Neg Rate FNR FNR = FN / CONDITION POS	*Specificity (SPC)* True Neg Rate TNR TNR = TN / CONDITION NEG	Neg Likelihood Ratio LR - LR - = TNR / FNR	

▲ 圖 4-8　混淆矩陣與相關分類度量指標的關係

（圖片來源：https://www.unite.ai/what-is-a-confusion-matrix/）

（3）精確度（Precision）。精確度也可以稱為查準率，它表示的是預測為正的樣本中有多少是真正的正樣本。可以使用 sklearn.metrics 模組中的 precision_score() 函數進行計算。

（4）召回率（Recall）。表示的是樣本中的正例有多少被預測正確了。可以使用 sklearn.metrics 模組中的 recall_score() 函數進行計算。

（5）F1 Score。F1-Score 是一種綜合評價指標，是精確率和召回率兩個值的調和平均，用來反映模型的整體情況。可以使用 sklearn.metrics 模組中的 f1_score() 函數進行計算。

（6）ROC 和 AUC。很多分類器為了測試樣本會產生一個實值或機率預測值，然後將這個預測值與一個分類閾值進行比較，如果大於閾值則分為正類，否則為反類。例如在單純貝氏分類器中，針對每一個測試樣本預測出一個 [0,1] 之間的機率，然後將這個值與 0.5 比較，如果大於 0.5 則判斷為正類，反之為負類。閾值的好壞直接反映了學習演算法的泛化能力。根據預測值的機率，可以使用受試者工作特徵曲線（ROC）來分析機器學習演算法的泛化能力。在 ROC 曲線中，縱軸是真陽性率

（True Positive Rate），橫軸是偽陽性率（False Positive Rate）。可以使用 metrics.roc_curve() 來計算橫垂直座標，並繪製圖型。ROC 曲線與橫軸圍成的面積大小稱為學習器的 AUC（Area Under roc Curve），該值越接近於 1，說明演算法模型越好，AUC 值可透過 metrics.roc_auc_score() 計算獲得。圖 4-9 所示即為一個邏輯回歸模型的 ROC 曲線，並且計算出 AUC 值為 0.9942。

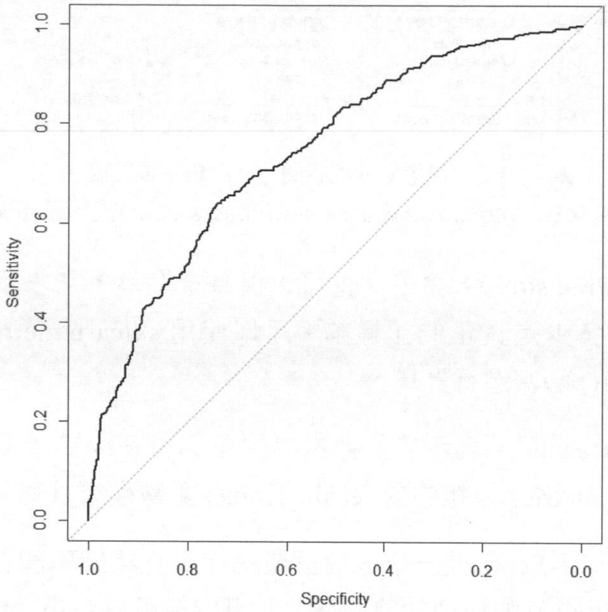

▲ 圖 4-9　ROC 曲線和 AUC 值（圖片來源：https://thestatsgeek.com/2014/05/05/area-under-the-roc-curve-assessing-discrimination-in-logistic-regression/）

4.3.2 回歸效果評價

回歸模型通常是根據最小擬合誤差訓練得到的模型，因此使用預測與真實值的均方根誤差大小，就可以極佳地比較分析回歸模型的預測效果。但想要評價回歸模型的穩定性及資料擬合效果，還需要結合其他指標進行綜合判斷，下面簡單介紹這些指標。

1. 模型的顯著性檢驗

建立回歸模型後，首先關心的是獲得的模型是否成立，這就要進行模型的顯著性檢驗。模型的顯著性檢驗主要是 F 檢驗。在 statsmodels 等函數庫的回歸分析輸出結果中，會輸出 F-statistic 值（F 值）和 Prob(F-statistic)（P 值），前者是 F 檢驗的統計量，後者是 F 檢驗的 P 值。如果 Prob(F-statistic)<0.05，則說明在置信度為 95% 時，可以認為回歸模型是成立的。如果 Prob(F-statistic)>0.1，則說明回歸模型整體上沒有通過顯著性檢驗，模型不顯著，需要進一步調整。

2. R^2（R-squared）

R-squared 在統計學中又叫決定係數（R^2），用於度量因變數的變異中可由引數解釋部分所佔的比例。在多元回歸模型中，決定係數的設定值範圍在〔0,1〕之間，設定值越接近 1，說明回歸模型擬合程度越好，模型的解釋能力越強。其中 Adjust R-squared 表示調整的決定係數，是對決定係數進行一個修正。在 statsmodels 等函數庫的輸出中決定係數為 R-squared，調整的決定係數為 Adj.R-squared。

3. AIC 和 BIC

AIC 又稱赤池資訊準則，BIC 又稱貝氏資訊度量，兩者均是評估統計模型的複雜度，衡量統計模型「擬合」優良性的一種標準，設定值越小相對應的模型越好。在具體應用中可以結合兩者與具體情況進行模型的選擇和模型的評價。

4. 係數顯著性檢驗

前面介紹的幾個評價指標都是對模型進行度量，在模型合適的情況下，需要對回歸係數進行顯著性檢驗，這裡的檢驗是 t 檢驗。針對回歸模型的每個係數的 t 檢驗，如果對應的 P 值 <0.05（0.1），說明該係數在置信度為 95%（90%）的水準下，係數是顯著的。如果係數不顯著，說明對應的變數不能增加到模型中，需要對變數進行篩選，重新建立回歸模型。

5. Durbin-Watson 檢驗（D.W 檢驗）

D.W 統計量是用來檢驗回歸模型的殘差是否具有自相關性的統計量，其設定值在〔0,4〕之間，數值越接近 2 說明沒有自相關性，越接近 4 越說明殘差具有越強的負自相關性，越接近 0 說明殘差具有越強的正自相關性。如果模型的殘差具有很強的自相關性，則需要對模型進行進一步調整。

6. 條件數（Cond. No.）

條件數是用來度量多元回歸模型中，引數之間是否存在多重共線性的指標。條件數設定值是大於 0 的數值，值越小，越能說明引數之間不存在多重共線性問題。一般情況下，Cond. No.<100，說明共線性程度小；如果 100< Cond. No.<1000，則存在較多的多重共線性；如果 Cond. No.>1000，則存在嚴重的多重共線性。如果模型存在嚴重的多重共線性問題，可以使用逐步回歸、主成分回歸、LASSO 回歸等方式調整模型。

這些評價指標的具體使用案例，將在資料回歸分析的相關實戰中具體介紹。

4.3.3 聚類效果評價

聚類效果評價主要是透過估計在資料集上進行聚類的可行性和被聚類方法產生結果的品質。聚類效果評價的工作主要包括下面幾個任務。

（1）估計聚類趨勢。只有在資料中存在非隨機結構，聚類結果才會有意義，所以針對需要聚類分析的資料集，要分析是否具有聚類趨勢。雖然隨機的資料集也會返回一定的簇，但是這些簇是無意義的，可能會對任務造成誤導作用。

（2）確定資料集的簇。有些聚類方法需要指定指定聚類簇的數目，如 K- 平均值聚類，簇是聚類的重要參數，如在 K- 平均值聚類中可以使用肘方法確定簇的數量。

（3）測定聚類品質。在資料集使用聚類方法得到簇的結果後，想要得到聚類結果的品質，可以使用很多方法，最常用的度量方法是使用輪廓係數，度量聚類中簇的擬合性，可以計算所有物件輪廓係數的平均值。輪廓係數越接近 1，聚類的效果越好。在 Python 中可以使用 sklearn 函數庫中 metrics 模組中的 metrics.silhouette_score() 進行計算。

除上面介紹的幾種常用的聚類效果評估方法外，對於使用的資料集是否已經知道真實標籤的情況，還可以將聚類的評估方法分為：有真實標籤的聚類結果評價和無真實標籤的聚類結果評價。下面針對這兩種方式分別介紹一些常用的評估方式。

1. 有真實標籤的聚類結果評價方法

在聚類的資料集已經知道真實標籤的情況下，常用的評價方法有同質性、完整性、V 測度等多種。

- 同質性：用來度量每個簇只包含單一類成員的指標，可以使用 sklearn.metrics 模組中的 homogeneity_score() 函數進行計算。
- 完整性：用來度量指定類的所有成員是否都被分配到同一個簇中的指標，可以使用 sklearn.metrics 模組中的 completeness_score() 函數進行計算。
- V 測度：用來將同質性和完整性綜合考慮的一種綜合評價指標，可以使用 sklearn.metrics 模組中的 v_measure_score() 函數進行計算，這 3 種指標中 V 測度更常用。

2. 無真實標籤的聚類結果評價方法

在無真實標籤的情況下，聚類效果評價指標除輪廓係數外，還可以使用 CH 分數、大衛森堡丁指數等指標進行評價。其中 CH 分數（Calinski Harabasz Score）可以使用 sklearn.metrics 模組的 calinski_harabasz_score() 函數進行計算，設定值越大則聚類效果越好；大衛森堡丁指數（DBI）又稱為分類適確性指標，使用 sklearn.metrics 模組的 davies_bouldin_score() 函數進行計算，設定值越小則表示聚類效果越好。

4.4 本章小結

本章主要對模型的選擇和效果評估進行討論，針對模型在訓練過程中可能出現的情況，介紹了過擬合和欠擬合的表現形式；然後針對模型的訓練技巧，介紹了交換驗證和參數網格搜索的使用方式；最後針對分類、回歸和聚類問題，介紹了如何使用合適的指標對建模結果進行評價。

本章使用到相關函數複習如表 4-1 所示。

表 4-1　相關函數

函數庫	模組	函數	功能
sklearn	model_selection	train_test_split()	資料集切分
		cross_val_score()	模型交換驗證
		KFold()	K 折交換驗證
		StratifiedKFold()	分層 K 折交換驗證
		GridSearchCV()	交換驗證參數網格搜索
	discriminant_analysis	LinearDiscriminantAnalysis()	線性判別分析
	pipeline	Pipeline()	演算法流程管道操作
	neighbors	KNeighborsClassifier()	K- 近鄰分類
	metrics		模型評價模組

Chapter

05

假設檢驗和回歸分析

假設檢驗是統計推斷中的重要內容，它是利用樣本資料對某個事先做出的統計假設，按照某種設計好的方法進行檢驗，判斷此假設是否正確。假設檢驗的基本思想為機率性質的反證法。為了推斷整體，首先對整體的未知參數或分佈做出某種假設 H0（原假設），然後在 H0 成立的條件下，若透過抽樣分析發現「小機率事件」竟然在一次實驗中發生了，則表明 H0 很可能不成立，從而拒絕 H0；相反，若沒有導致上述「不合理」現象的發生，則沒有理由拒絕 H0，從而接受 H0。

要求「小機率事件」發生的機率小於等於某一指定的臨界機率 α，稱 α 為檢驗的顯示水準，通常 α 的設定值為較小的數 0.05、0.01、0.001 等。值得注意的是，即使接受了原假設，也不能確定這個原假設 100% 正確。在判斷檢驗結果是否顯著上，通常採用計算 P 值的方法來判斷。所謂 P 值，就是在假設原假設 H0 為真時，拒絕原假設 H0 所犯錯誤的可能性。當 P 值 < α（通常取 0.05）時，表示拒絕原假設 H0 犯錯誤的可能性很小，即可以認為原假設 H0 是錯誤的，從而拒絕 H0；不然應接受原假設 H0。

回歸分析是一種針對連續類型資料進行預測的方法，目的在於分析兩個或多個變數之間是否相關，以及相關方向和強度的關係。可以透過建立數學模型觀察特定的變數，或預測研究者感興趣的變數。更具體一點來說，回歸分析可以幫助人們了解，在只有一個引數變化時引起的因變數的變化情況。「回歸」一詞最早是由法蘭西斯．高爾頓提出的。他曾對親子間的身高做研究，發現父母的身高雖然會遺傳給子女，子女的身高卻有逐漸「回歸到身高的平均值」的現象。

巨量資料分析任務中，回歸分析是一種預測性的建模技術，也是統計理論中重要的方法之一，它主要解決目標特徵為連續性的預測問題。舉例來說，根據房屋的相關資訊預測房屋的價格；根據銷售情況預測銷售額；根據運動員的各項指標預測運動員的水準等。在回歸分析中，通常將需要預測的變數稱為因變數（或被解釋變數），如房屋價格，而用來預測因變數的變數稱為引數（或解釋變數），如房子的大小、佔地面積等資訊。

回歸分析按照涉及變數的多少，分為一元回歸分析和多元回歸分析；按照因變數的多少，可分為簡單回歸分析和多重回歸分析；按照引數和因變數之間的關係類型，可分為線性回歸分析和非線性回歸分析。針對分類變數，可以使用 Logistic 回歸，在解決多元回歸的多重共線性問題時，提出了逐步回歸、LASSO 回歸、Ridge 回歸、彈性網回歸等廣義線性回歸。

本章會結合實際的資料集，使用 Python 來完成資料進行假設檢驗和回歸分析等任務。首先匯入該章節用到的函數庫和相關模組，程式如下：

```
## 輸出高畫質圖型
%config InlineBackend.figure_format='retina'
%matplotlib inline
## 圖型顯示中文的問題
import matplotlib
matplotlib.rcParams['axes.unicode_minus']=False
import seaborn as sns
```

```
sns.set(font= "Kaiti",style="ticks",font_scale=1.4)
## 匯入會使用到的相關套件
import numpy as np
import pandas as pd
import matplotlib.pyplot as plt
from mpl_toolkits.mplot3d import Axes3D
import statsmodels.api as sm
import statsmodels.formula.api as smf
from statsmodels.stats.multicomp import pairwise_tukeyhsd
from scipy import stats
from scipy.optimize import curve_fit
from sklearn.preprocessing import QuantileTransformer,StandardScaler
from sklearn.metrics import mean_squared_error, r2_score, mean_absolute_error,
classification_report
from sklearn import metrics
from sklearn.model_selection import train_test_split
from sklearn.linear_model import  Ridge, LASSO, LassoLars, ElasticNetCV,
LogisticRegression, LogisticRegressionCV
from itertools import combinations
from pyearth import Earth
## 忽略提醒
import warnings
warnings.filterwarnings("ignore")
```

假設檢驗任務主要由 SciPy 和 statsmodels 函數庫完成，回歸分析任務主要由 statsmodels 和 sklearn 函數庫完成。

5.1 假設檢驗

假設檢驗貫穿於絕大多數的統計分析方法中，其主要內容包括單一或多個整體參數的假設檢驗，以及非參數的假設檢驗（比如整體分佈的假設檢驗）等。針對資料的假設檢驗，本節主要介紹如何使用 Python 完成資料分佈檢驗、樣本 t 檢驗和資料方差分析。

5.1.1 資料分佈檢驗

資料分佈的假設檢驗是重要的非參數檢驗，它不是針對具體的參數，而是根據樣本值來判斷整體是否服從某種指定的分佈。即在指定的顯示水準 α 下，對假設 H0：整體服從某特定分佈 $F(x)$；H1：整體不服從某特定分佈 $F(x)$ 作顯著性檢驗，其中 $F(x)$ 為推測出的具有明確運算式的分佈函數。

資料分佈檢驗中最常見的情況是檢驗資料是否服從正態分佈。可以使用多種方法進行資料的常態性檢驗。本小節主要介紹使用 Python，完成使用 Q-Q 圖檢驗資料是否符合正態分佈，以及利用 K-S（Kolmogorov-Smirnov）擬合優度檢驗來檢驗資料是否符合正態分佈。

首先生成 3 個隨機數變數，X1 為標準正態分佈資料，X2 為正態分佈資料，X3 為非正態分佈資料，生成隨機數變數並使用長條圖視覺化的程式如下，程式執行後的結果如圖 5-1 所示。

```
In[1]:## 資料準備
      np.random.seed(123)
      ## 生成標準正態分佈隨機數X1
      X1=stats.norm.rvs(loc=0,scale=1,size=500)
      ## 生成正態分佈隨機數X2
      X2=stats.norm.rvs(loc=0,scale=5,size=500)
      ## 生成F分佈隨機數X3
      X3=stats.f.rvs(15,30,size=500)
      ## 利用長條圖視覺化兩組資料的分佈情況
      plt.figure(figsize=(15,6))
      plt.subplot(1,3,1)
      plt.hist(X1,bins=50,density=True)
      plt.grid()
      plt.ylabel("頻率")
      plt.title("標準正態分佈")
      plt.subplot(1,3,2)
      plt.hist(X2,bins=50,density=True)
      plt.grid()
```

```
plt.ylabel("頻率")
plt.title("正態分佈")
plt.subplot(1,3,3)
plt.hist(X3,bins=50,density=True)
plt.grid()
plt.ylabel("頻率")
plt.title("F分佈")
plt.tight_layout()
plt.show()
```

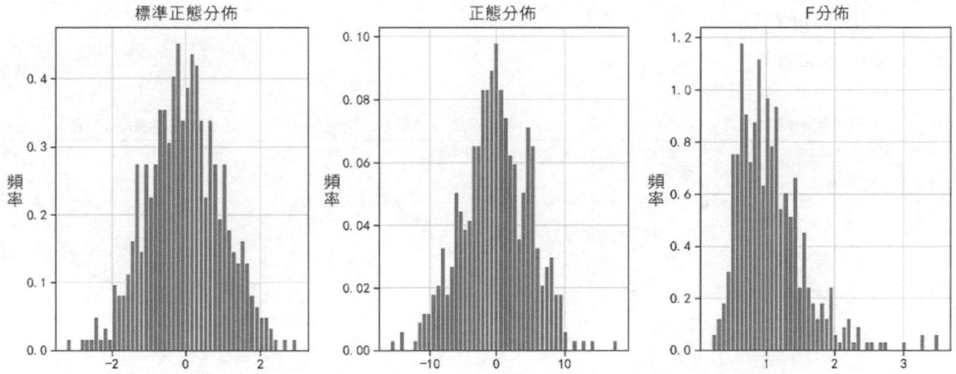

▲ 圖 5-1　資料分佈長條圖

利用 Q-Q 圖檢驗資料是否符合正態分佈，可以使用 sm.qqplot() 函數視覺化出結果，並且使用參數 line="45" 或 line="q" 視覺化出傾斜 45° 的輔助線，用於判斷資料是否符合正態分佈。在 Q-Q 圖中，若散點圖落在該輔助線上，或均勻分佈線上的附近，則接受資料來自常態整體的假設，否則拒絕原假設。進行檢驗的程式如下，執行程式後的結果如圖 5-2 所示。

```
In[2]:## 利用Q-Q圖對兩組資料進行常態性檢驗
      fig=plt.figure(figsize=(15,5))
      ax=fig.add_subplot(1,3,1)
      ## 預設檢驗標準正態分佈，loc=0,scale=1
      sm.qqplot(X1,line="45",ax=ax)
      plt.grid()
      plt.title("X2常態檢驗Q-Q圖")
```

```
ax=fig.add_subplot(1,3,2)
## 指定正態分佈的平均值和標準差
sm.qqplot(X2,loc=0,scale=5,line="45",ax=ax)
plt.grid()
plt.title("X2常態檢驗Q-Q圖")
ax=fig.add_subplot(1,3,3)
## 對F分佈進行常態性檢驗
sm.qqplot(X3,line="q",ax=ax)
plt.grid()
plt.title("X3常態檢驗Q-Q圖")
fig.tight_layout()
plt.show()
```

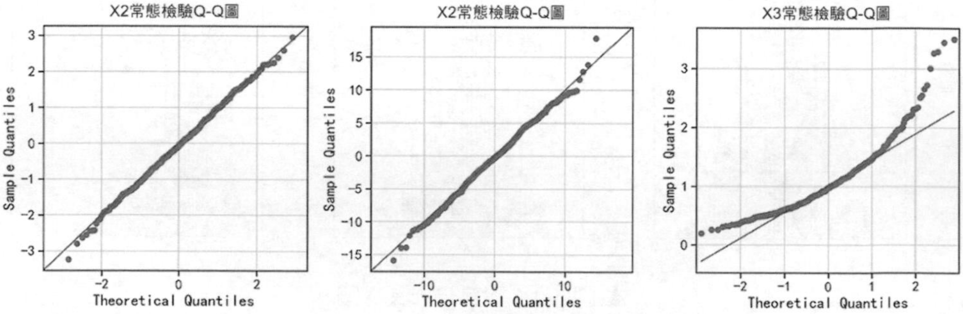

▲ 圖 5-2　常態性檢驗 Q-Q 圖

從圖 5-2 中可以發現，前兩個圖的散點圖在圖型的輔助線上，表示資料 X1 和 X2 是正態分佈，第三個圖的散點圖不在圖型的輔助線上，表示資料 X3 不是正態分佈。

K-S 檢驗可以使用 stats.kstest() 函數完成，預設情況下會驗證資料是否符合標準正態分佈，同時還可以指定參數 cdf 所要驗證的分佈情況，並且還可以利用參數 args 指定符合參數的特定分佈。

下面針對前面生成的 3 個隨機變數，使用 K-S 檢驗進行相關的檢驗操作，程式如下：

```
In[3]:## K-S檢驗，可以指定所檢驗的資料分佈類型
      print("X1標準正態分佈檢驗:\n",stats.kstest(X1,cdf="norm"))
      print("X2標準正態分佈檢驗:\n",stats.kstest(X2,cdf="norm"))
      print("X2正態分佈檢驗:\n",stats.kstest(X2,cdf="norm",args=(0,5)))
      print("X3標準正態分佈檢驗:\n",stats.kstest(X3,cdf="norm"))
      print("X3 F(15,30)分佈檢驗:\n",stats.kstest(X3,cdf="f",args =(15,30)))
Out[3]:X1標準正態分佈檢驗:
 KstestResult(statistic=0.030903709790884082, pvalue=0.714038602403839)
X2標準正態分佈檢驗:
 KstestResult(statistic=0.3266532275656769, pvalue=5.2306133517677304e-48)
X2正態分佈檢驗:
 KstestResult(statistic=0.03500755169583336, pvalue=0.5603023447098723)
X3標準正態分佈檢驗:
 KstestResult(statistic=0.6369433974371657, pvalue=1.609080928303521e-197)
X3 F(15,30)分佈檢驗:
 KstestResult(statistic=0.028179536785067155, pvalue=0.8112803981442576)
```

從上面程式的輸出結果可以知道：（1）在對隨機變數 X1 是否為標準正態分佈的檢驗中，P 值大於 0.05，可以接受其是標準正態分佈的原假設。（2）在對隨機變數 X2 是否為標準正態分佈的檢驗中，P 值小於 0.05，需要拒絕接受其是標準正態分佈的原假設。（3）在對隨機變數 X2 是否為 $N(0,5)$ 正態分佈的檢驗中，P 值大於 0.05，可以接受其是 $N(0,5)$ 的正態分佈原假設。（4）在對隨機變數 X3 是否為標準正態分佈的檢驗中，P 值小於 0.05，需要拒絕接受其是標準正態分佈的原假設。（5）在對隨機變數 X3 是否為 $F(15,30)$ 的 F 分佈的檢驗中，P 值大於 0.05，可以接受其是 $F(15,30)$ 的 F 分佈原假設。

K-S 檢驗還可以檢驗兩個隨機變數的分佈是否相同，因此可以使用下面的程式檢驗 3 個隨機變數中，兩兩之間是否有相同的資料分佈。

```
In[4]:## K-S檢驗，檢驗兩個資料之間的分佈是否相同
      print("X1和X2分佈是否相同的檢驗:\n",stats.ks_2samp(X1,X2))
      print("X1和X3分佈是否相同的檢驗:\n",stats.ks_2samp(X1,X3))
      print("X2和X3分佈是否相同的檢驗:\n",stats.ks_2samp(X2,X3))
Out[4]:X1和X2分佈是否相同的檢驗:
```

```
 KstestResult(statistic=0.328, pvalue=3.3583913478618886e-24)
X1和X3分佈是否相同的檢驗:
 KstestResult(statistic=0.658, pvalue=1.175107982448385e-102)
X2和X3分佈是否相同的檢驗:
 KstestResult(statistic=0.546, pvalue=9.273032713380692e-69)
```

從輸出結果可知，3 組檢驗結果的 P 值均小於 0.05，所以可以認為，在 3 個隨機變數中，兩兩之間具有不同的資料分佈。

5.1.2 t 檢驗

t 檢驗分為單樣本 t 檢驗和兩獨立樣本 t 檢驗，前者常用來檢驗來自正態分佈的樣本的期望值（平均值）是否為某一實數，後者常作為判斷兩個來自正態分佈（方差相同）的獨立樣本的期望值（平均值）之差是否為某一實數。

單樣本 t 檢驗中，H0：樣本的平均值等於指定值；H1：樣本的平均值不等於指定值。

兩獨立樣本 t 檢驗中，H0：兩樣本的平均值差等於指定值；H1：兩樣本的平均值差不等於指定值。

Python 中可以使用 stats.ttest_1samp() 完成單樣本 t 檢驗，下面生成 3 組隨機變數，然後使用 stats.ttest_1samp() 函數完成對應的單樣本 t 檢驗，程式如下：

```
In[5]:## 資料準備
      np.random.seed(123)
      ## 生成標準正態分佈隨機數X1
      X1=stats.norm.rvs(loc=0,scale=1,size=500)
      ## 生成正態分佈隨機數X2
      X2=stats.norm.rvs(loc=0,scale=5,size=500)
      ## 生成正態分佈隨機數X3
      X3=stats.norm.rvs(loc=5,scale=5,size=500)
      ## 檢驗一個樣本的平均值是否為指定值
```

```
    print("X1的平均值是否等於0:\n",stats.ttest_1samp(X1,0))
    print("X2的平均值是否等於5:\n",stats.ttest_1samp(X2,5))
    print("X3的平均值是否等於5:\n",stats.ttest_1samp(X3,5))
Out[5]:X1的平均值是否等於0:
 Ttest_1sampResult(statistic=-0.8604849693780614, pvalue=0.3899350058490936)
X2的平均值是否等於5:
 Ttest_1sampResult(statistic=-23.28071031299755,
pvalue=1.0390149821456911e-81)
X3的平均值是否等於5:
 Ttest_1sampResult(statistic=1.455222924913760７, pvalue=0.14623633901254982)
```

從 3 組 t 檢驗的結果中可以發現，X1 的平均值是否等於 0 的檢驗中，P 值大於 0.05，因此不可以拒絕平均值等於 0 的原假設，即隨機變數 X1 的平均值為 0；X2 的平均值是否等於 5 的檢驗中，P 值小於 0.05，因此可以拒絕平均值等於 5 的原假設，即隨機變數 X2 的平均值不等於 5；X3 的平均值是否等於 5 的檢驗中，P 值小於 0.05，不可以拒絕平均值等於 5 的原假設，即隨機變數 X3 的平均值為 5。

針對兩獨立樣本的 t 檢驗，可以使用 Python 中的 stats.ttest_ind() 來完成，下面使用其檢驗 X1、X2 和 X3 中，兩兩之間的差值是否等於 0，可以使用下面的程式：

```
In[6]:## 檢驗2個樣本的平均值是否為相等
    print("X1和X2的平均值是否相等:\n",stats.ttest_ind(X1,X2))
    print("X1和X3的平均值是否相等:\n",stats.ttest_ind(X1,X3))
    print("X2和X3的平均值是否相等:\n",stats.ttest_ind(X2,X3))
Out[6]:X1和X2的平均值是否相等:
 Ttest_indResult(statistic=0.7185337922699782, pvalue=0.4725964034128529)
X1和X3的平均值是否相等:
 Ttest_indResult(statistic=-25.450068546371313, pvalue=1.623506730435016e-110)
X2和X3的平均值是否相等:
 Ttest_indResult(statistic=-18.145330653700995, pvalue=8.23954776165081e-64)
```

從檢驗結果可以知道，X1 和 X2 的平均值相等，X1 和 X3 的平均值不相等，X2 和 X3 的平均值不相等。

5.1.3 方差分析

方差分析是分析實驗資料的一種方法，它是由英國統計學家費希爾在進行實驗設計時，為解釋實驗資料而提出的。對於抽樣測得的實驗資料，一方面，由於觀測條件不同會引起實驗結果有所不同，該差異是系統的；另一方面，由於各種隨機因素的干擾，實驗結果也會有所不同，該差異是偶然的。方差分析的目的在於從實驗資料中分析出各個因素的影響，以及各個因素間的互動影響，以確定各個因素作用的大小，從而把由於觀測條件不同引起實驗結果的不同與由於隨機因素引起實驗結果的差異用數量形式區別開來，以確定在實驗中有沒有系統的因素在起作用。方差分析根據所感興趣的因素數量，可分為單因素方差分析、雙因素方差分析等內容。

比較因素 A 的 r 個水平的差異，歸結為比較這 r 個整體 X_i 的平均值是否相等，即檢驗假設 H0：$\mu_1 = \mu_2 = \cdots = \mu_r$；H1：$\mu_1, \mu_2, \cdots, \mu_r$ 至少有兩個不等，若 H0 被拒絕，則說明因素 A 的各水平的效應之間有顯著差異。

Python 中可以使用 sm.stats.anova_lm() 函數完成方差分析，並利用 pairwise_tukeyhsd() 函數，對資料方差分析結果進行多重檢驗。下面在介紹方差分析時，以鳶尾花資料為例，用來演示單因素方差分析，查看資料的程式如下：

```
In[7]:## 單因素方差分析，使用鳶尾花資料來演示
      Iris=pd.read_csv("data/chap3/Iris.csv")
      print(Iris.head(2))
Out[7]:
     Id  SepalLengthCm  SepalWidthCm  PetalLengthCm  PetalWidthCm      Species
0    1            5.1           3.5            1.4           0.2  Iris-setosa
1    2            4.9           3.0            1.4           0.2  Iris-setosa
```

針對鳶尾花資料，若比較不同種類的花下 SepalLengthCm 特徵的平均值是否相等，可使用以下程式：

```
In[8]:## 比較不同種類的花下SepalLengthCm特徵的平均值是否相等
      model=smf.ols("SepalLengthCm ~ Species", data=Iris).fit()
      aov_table=sm.stats.anova_lm(model, typ=2)
      print(aov_table)
Out[8]:            sum_sq     df           F         PR(>F)
       Species   63.212133    2.0  119.264502  1.669669e-31
       Residual  38.956200  147.0         NaN           NaN
```

從程式的輸出結果可以發現，P 值遠小於 0.05，說明不同種類花的 SepalLengthCm 特徵平均值不完全相等，可以使用多重比較比較哪些花之間的平均值不同，程式如下：

```
In[9]:iris_hsd=pairwise_tukeyhsd(endog=Iris.SepalLengthCm,    #資料
                             groups=Iris.Species,            #分組
                             alpha=0.05)                     #顯示水準
     print(iris_hsd)
Out[9]:
        Multiple Comparison of Means - Tukey HSD, FWER=0.05
===================================================================
     group1          group2      meandiff p-adj lower  upper  reject
-------------------------------------------------------------------
   Iris-setosa Iris-versicolor     0.93 0.001 0.6862 1.1738   True
   Iris-setosa  Iris-virginica    1.582 0.001 1.3382 1.8258   True
Iris-versicolor  Iris-virginica   0.652 0.001 0.4082 0.8958   True
-------------------------------------------------------------------
```

從輸出結果可以發現，3 種花對應特徵的平均值，兩兩之間均是不相等的，針對 pairwise_tukeyhsd() 函數獲得的多重比較結果，可以使用其 plot_simultaneous() 方法，視覺化出多重比較的圖型，執行下面的程式後，結果如圖 5-3 所示。

```
In[10]:## 視覺化出比較圖型
       iris_hsd.plot_simultaneous()
       plt.grid()
       plt.show()
```

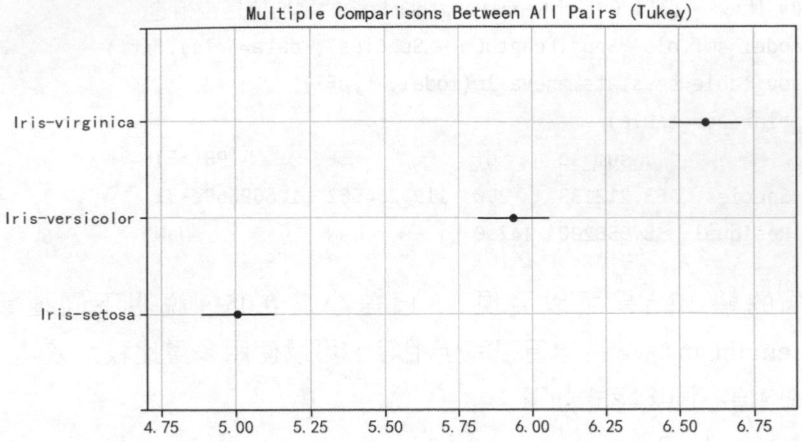

▲ 圖 5-3 單因素多重比較結果視覺化

從圖 5-3 中可以發現，3 種花之間的平均值不僅不相同，而且 setosa 的平均值最小，virginica 的平均值最大。

雙因素方差分析就是考慮兩個因素對結果的影響，其基本思想是透過分析不同來源的變異對總變異的貢獻大小，確定可控因素對研究結果影響的大小。雙因素方差分析分兩種情況：一種是不考慮互動作用，即假設因素 A 和因素 B 的效應之間是相互獨立的；另一種是考慮互動作用，即假設因素 A 和因素 B 的結合會產生一種新的效應。

針對雙因素方差分析結果可以使用下面的程式來完成。在程式中，首先利用隨機數對鳶尾花資料生成新的分類因素 Group，在進行雙因素方差分析的檢驗運算式中，使用 "SepalLengthCm ~ Species * Group"，表示不僅要考慮兩個因素的單獨作用，還要考慮兩個因素的互動作用。

```
In[11]:## 多因素方差分析（雙因素方差分析）
       ## 為鳶尾花生成一個新的隨機分組變數
       np.random.seed(123)
       Iris["Group"]=np.random.choice(["A","B"],size=150)
       ## 比較不同種類的花下SepalLengthCm特徵的平均值是否相等
       model=smf.ols("SepalLengthCm ~ Species * Group", data=Iris).fit()
       aov_table=sm.stats.anova_lm(model, typ=2)
```

```
        print(aov_table)
Out[11]:
                    sum_sq     df           F        PR(>F)
Species          60.182055    2.0  113.784895  2.286604e-30
Group             0.687846    1.0    2.600992  1.089863e-01
Species:Group     0.186779    2.0    0.353139  7.030862e-01
Residual         38.081575  144.0         NaN           NaN
```

執行程式後，從結果中可以發現，Species 因素下差異是顯著的；Group 因素和 Species:Group（Species 和 Group 的互動作用）因素下差異是不顯著的。

針對雙因素影響的資料，可以使用 sns.catplot() 函數，比較不同分組之間的平均值差異，程式如下，程式執行後的結果如圖 5-4 所示。

```
In[12]:## 使用catplot視覺化不同分組資料之間平均值的差異
      sns.catplot(x="Species", y="SepalLengthCm",hue="Group",
                  markers=["s", "o"], linestyles=["-", "--"],
                  kind="point", data=Iris,
                  height=5,aspect=1.4)  # 調整圖型大小
      plt.grid()
      plt.title("多因素方差分析")
      plt.show()
```

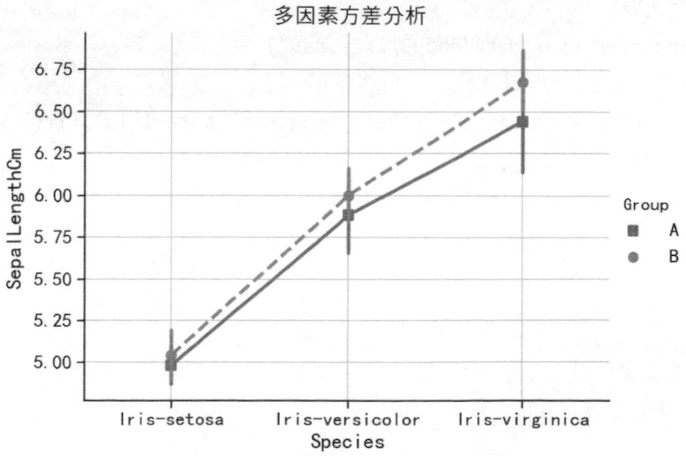

▲ 圖 5-4　多因素方差分析結果視覺化

可以發現花的類別變數對資料的平均值有明顯的影響，但是 Group 變數對平均值的影響沒有表現出明顯的差異。

5.2 一元回歸

一元回歸主要研究一個引數和一個因變數之間的關係，其中一元線性回歸分析兩個變數之間的線性關係，一元非線性回歸分析因變數和引數的非線性關係，如指數關係、對數關係等。本節將使用實際的資料介紹如何使用 Python，完成資料的一元線性回歸分析和一元非線性回歸分析。

5.2.1 一元線性回歸

針對一元線性回歸，可以使用 smf.ols() 來完成，下面使用鳶尾花資料中的 PetalWidthCm 和 PetalLengthCm 兩個變數，建立一元線性回歸模型，程式如下，在程式中使用 "PetalWidthCm ~ PetalLengthCm" 定義了回歸模型的形式，並使用 smf.ols() 建立了回歸模型，用 fit 方法擬合了資料集 Iris，最後使用 print(lm1.summary()) 輸出模型的結果，只使用很簡單的兩行程式就完成了模型的建立和求解。

```
In[13]:## 讀取資料
       Iris=pd.read_csv("data/chap3/Iris.csv")
       ## 建立一元線性回歸模型
       lm1=smf.ols("PetalWidthCm ~ PetalLengthCm",data=Iris).fit()
       print(lm1.summary())
Out[13]:
```

```
                            OLS Regression Results
==============================================================================
Dep. Variable:           PetalWidthCm   R-squared:                       0.927
Model:                            OLS   Adj. R-squared:                  0.926
Method:                 Least Squares   F-statistic:                     1877.
Date:                Thu, 13 Aug 2020   Prob (F-statistic):           5.78e-86
Time:                        15:21:35   Log-Likelihood:                 24.400
No. Observations:                 150   AIC:                            -44.80
Df Residuals:                     148   BIC:                            -38.78
Df Model:                           1
Covariance Type:            nonrobust
================================================================================
                   coef    std err          t      P>|t|      [0.025      0.975]
--------------------------------------------------------------------------------
Intercept       -0.3665      0.040     -9.188      0.000      -0.445      -0.288
PetalLengthCm    0.4164      0.010     43.320      0.000       0.397       0.435
==============================================================================
Omnibus:                        5.498   Durbin-Watson:                   1.461
Prob(Omnibus):                  0.064   Jarque-Bera (JB):                5.217
Skew:                           0.353   Prob(JB):                       0.0736
Kurtosis:                       3.579   Cond. No.                         10.3
==============================================================================

Warnings:
[1] Standard Errors assume that the covariance matrix of the errors is correctly specified.
```

針對輸出的結果分析如下：

（1）從回歸模型輸出的結果可以發現，回歸模型中 R-squared=0.927，非常接近於 1，說明該模型對原始資料擬合得很好。並且 F 檢驗的 P 值 Prob(F-statistic) 遠小於 0.05，說明該模型是顯著的，可以使用。

（2）分析回歸模型中各個係數的顯著性可以發現，其 P 值小於 0.05，說明變數是顯著的。

綜上所述，獲得的回歸模型為：PetalWidthCm = −0.3665+0.4164× PetalLengthCm。

針對回歸模型的殘差，可以使用 Q-Q 圖檢驗其是否服從正態分佈，執行下面的程式後，結果如圖 5-5 所示。

```
In[14]:## 視覺化獲取擬合模型的殘差分佈
       fig=plt.figure(figsize=(14,6))
       plt.subplot(1,2,1)
       plt.hist(lm1.resid,bins=30)
       plt.grid()
       plt.title("回歸殘差分佈長條圖")
```

```
ax=fig.add_subplot(1,2,2)
sm.qqplot(lm1.resid,line="q",ax=ax)
plt.grid()
plt.title("回歸殘差Q-Q圖")
plt.show()
```

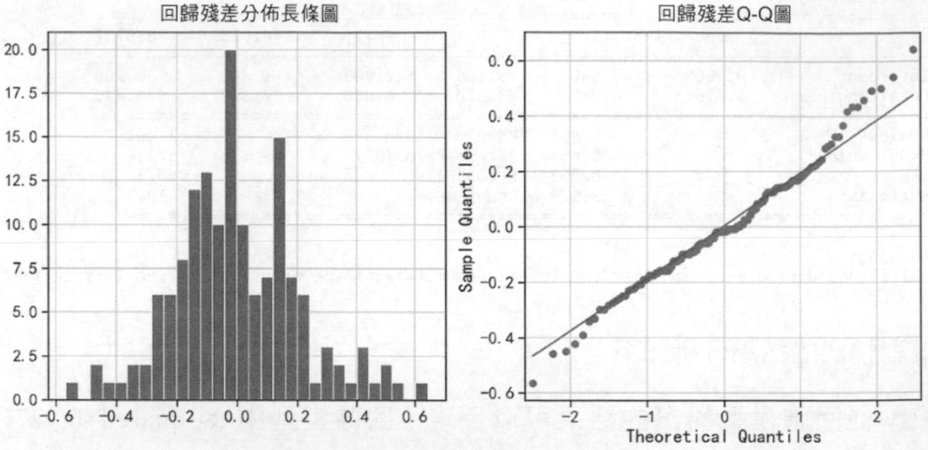

▲ 圖 5-5　回歸殘差常態性檢驗

從圖 5-5 所示的視覺化結果中可知，回歸模型的擬合殘差值符合正態分佈。模型已經充分提取了資料中的有用資訊。

針對獲得的回歸模型，可以使用 predict() 方法對新的資料進行預測。下面將獲得的回歸線與原始資料的散點圖進行視覺化，程式如下，程式執行後的結果如圖 5-6 所示。

```
In[15]:## 對資料設定值進行預測
       X=pd.DataFrame(data=np.arange(0.5,8,step=0.1),
                      columns= ["PetalLengthCm"])
       Y=lm1.predict(X)  # 使用一元回歸模型獲取預測值
       ## 視覺化兩個變數之間的關係和獲得的回歸模型曲線
       Iris.plot(kind="scatter",x="PetalLengthCm",y="PetalWidthCm",
                 c="blue",figsize=(10,6))
       plt.plot(X,Y,"r-",linewidth=3)
```

```
        plt.grid()
        plt.title("一元線性回歸模型擬合曲線")
        plt.show()
```

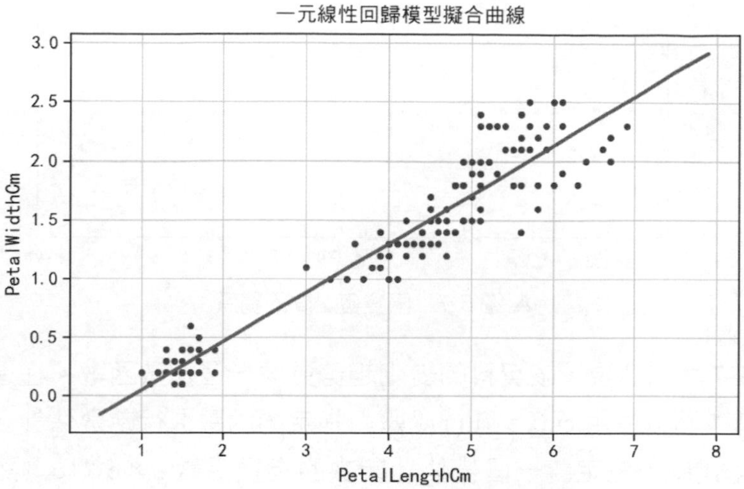

▲ 圖 5-6　一元線性回歸的擬合結果

5.2.2 一元非線性回歸

某些時候，兩個變數之間的關係可能並不是線性的，不能使用線性回歸表示，因此一元非線性回歸方法被提出。下面讀取一組非線性資料，介紹如何使用 Python 進行非線性回歸。首先使用下面的程式讀取資料並視覺化，程式執行後的結果如圖 5-7 所示。

```
In[16]:## 讀取資料
        xydf=pd.read_csv("data/chap5/xydata.csv")
        ## 對資料進行視覺化
        plt.figure(figsize=(10,6))
        plt.plot(xydf.x,xydf.y,"ro")
        plt.grid()
        plt.show()
```

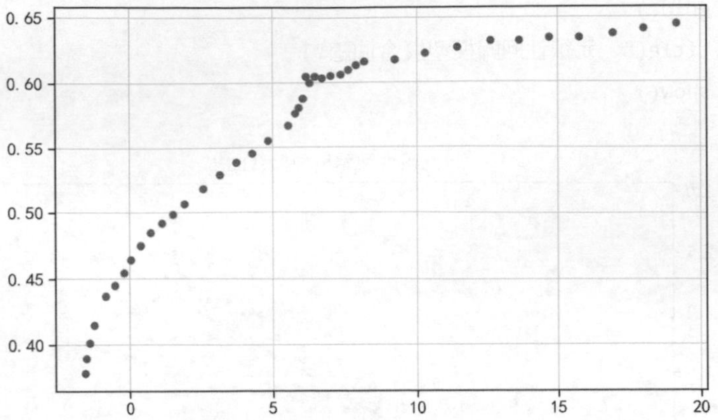

▲ 圖 5-7　兩變數之間的關係

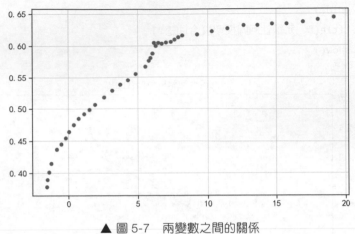

觀察圖 5-7 可以發現，該資料的變化趨勢更像一個指數函數。在進行非線性回歸時，可以使用 curve_fit() 函數對指定的函數進行參數估計。例如在下面的程式中，先定義一個帶估計參數的指數函數 $a \times e^{-bx}+c$，然後透過 curve_fit() 函數利用資料參數估計，執行程式後可輸出 *a*,*b*,*c* 的估計值。

```
In[17]:## 定義一個非線性方程
       def func1(x, a, b, c):
           return a * np.exp(-b * x) + c
       ## 使用curve_fit函數進行方程式的擬合
       popt, pcov=curve_fit(func1,xydf.x,xydf.y)
       print("a,b,c的估計值為:",popt)
Out[17]:a,b,c的估計值為: [-0.19472165  0.17792023  0.65242412]
```

執行程式後可以發現，獲得的曲線回歸方程式為 $y=-0.1947 \times e^{-0.1779x}+0.6524$。針對獲得的非線性回歸方程式，可以使用下面的程式將其視覺化，分析擬合曲線和原始資料之間的關係，程式執行後的結果如圖 5-8 所示。

```
In[18]:## 計算模型對原始資料的擬合結果
       a=popt[0]
       b=popt[1]
       c=popt[2]
```

```
fit_y=func1(xydf.x,a,b,c)
## 計算擬合殘差
res1=fit_y - xydf.y
## 同時視覺化原始資料和方程式的擬合值
plt.figure(figsize=(14,6))
plt.subplot(1,2,1)
plt.plot(xydf.x,xydf.y,"ro",label="原始資料")
plt.plot(xydf.x,fit_y,"b-",linewidth=3,label="指數函數")
plt.grid()
plt.legend()
plt.title("擬合效果")
## 視覺化擬合殘差大小
plt.subplot(1,2,2)
plt.plot(res1,"ro")
plt.hlines(y=0,xmin=-1,xmax=41,linewidth=2)
plt.grid()
plt.title("擬合殘差大小")
plt.show()
```

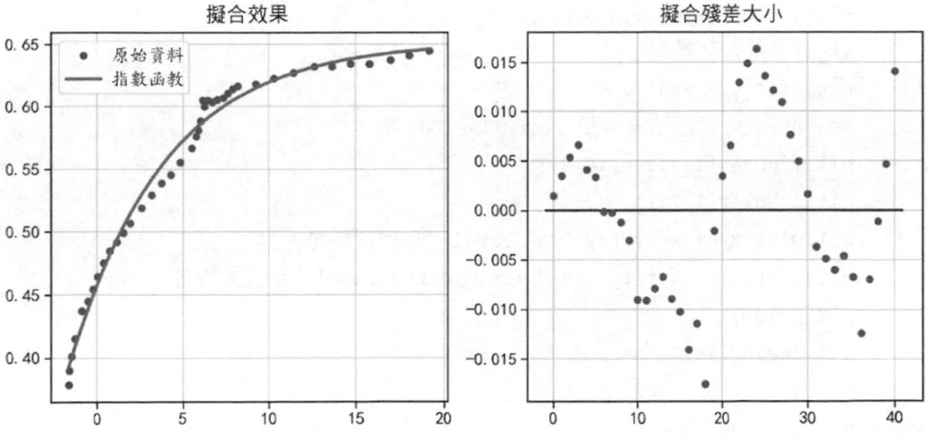

▲ 圖 5-8　指數函數資料擬合效果

在圖 5-8 中，左圖展示的是非線性方程對資料的擬合效果，右圖展示的是擬合殘差的分佈情況。從圖中可以發現，使用指數函數極佳地擬合了原始資料的變化情況。

針對該資料，下面使用一個二次指數函數擬合，程式如下：

```
In[19]:## 使用二次函數進行擬合
       def func2(x, a, b, c):
           return a * x**2 + b * x + c
       ## 使用curve_fit函數進行方程式的擬合
       popt, pcov=curve_fit(func2,xydf.x,xydf.y)
       print("a,b,c的估計值為:",popt)
Out[18]:a,b,c的估計值為: [-0.00097756  0.02748129  0.45395542]
```

執行程式後可以發現，獲得的曲線回歸方程式為 $y = -0.000978 \times x^2 + 0.02748 \times x + 0.45396$。針對獲得的非線性回歸方程式，同樣使用下面的程式對結果進行視覺化，分析擬合曲線和原始資料之間的關係，程式執行後的結果如圖 5-9 所示。

```
In[20]:## 計算模型對原始資料的擬合結果
       a=popt[0]
       b=popt[1]
       c=popt[2]
       fit_y=func2(xydf.x,a,b,c)
       ## 計算擬合殘差
       res1=fit_y - xydf.y
       ## 同時視覺化原始資料和方程式的擬合值
       plt.figure(figsize=(14,6))
       plt.subplot(1,2,1)
       plt.plot(xydf.x,xydf.y,"ro",label="原始資料")
       plt.plot(xydf.x,fit_y,"b-",linewidth=3,label="二次函數")
       plt.grid()
       plt.legend()
       plt.title("擬合效果")
       ## 視覺化擬合殘差大小
       plt.subplot(1,2,2)
       plt.plot(res1,"ro")
       plt.hlines(y=0,xmin=-1,xmax=41,linewidth=2)
       plt.grid()
       plt.title("擬合殘差大小")
       plt.show()
```

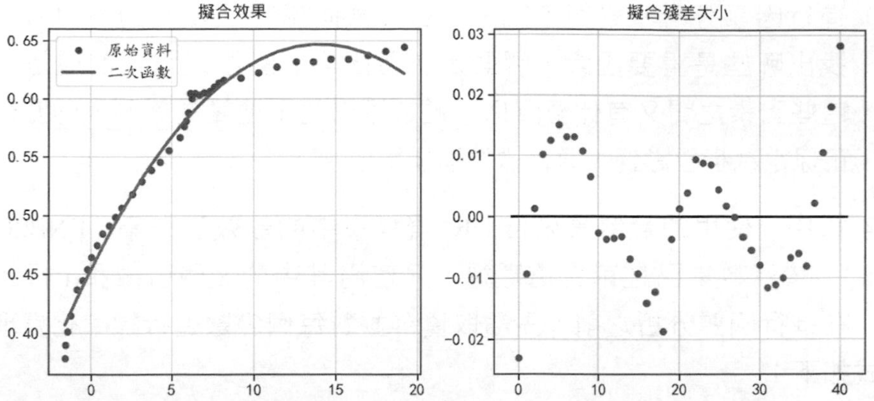

▲ 圖 5-9　二次函數資料擬合效果

在圖 5-9 中，左圖展示的是非線性方程對資料的擬合效果，右圖展示的是擬合殘差的分佈情況。從圖中可以發現，使用二次函數的擬合效果沒有使用指數函數的擬合效果好。

5.3 多元回歸

常用的多元回歸模型包括多元線性回歸、逐步回歸和多變數自我調整回歸樣條 3 種，下面分別說明這 3 種回歸方法的 Python 實戰。

5.3.1 多元線性回歸

多元線性回歸使用回歸方程式來刻畫一個因變數和多個引數之間的關係，然後建立線性模型，得到一個回歸方程式。多元線性回歸分析主要解決以下 3 個方面的問題。

（1）確定幾個引數和因變數之間是否存在相關關係，若存在，則找到它們之間合適的數學運算式，得到線性回歸方程式。

（2）根據一個或幾個變數的值，預測或控制另一個變數的設定值，並且可以知道這種預測或控制能達到什麼樣的精確度。

（3）進行因素分析。舉例來說，在對於共同影響因變數的多個引數之間，找出哪些是重要因素，哪些是次要因素，影響是積極的還是消極的，這些因素之間又有什麼關係，通常可以簡單地認為係數大的影響較大，正係數為積極影響，負係數為消極影響。

在本節中，使用的資料集來自 UIC 資料集中的能效資料集（ENB2012.xlsx），該資料集已經前置處理過，只使用其中的 8 個引數和 1 個因變數。在進行回歸分析之前，先讀取資料並對每個變數進行標準化處理，程式如下：

```
In[1]:## 讀取用於多元回歸的資料
      enbdf=pd.read_excel("data/chap5/ENB2012.xlsx")
      ## 對每個變數的設定值進行標準化
      enbdf_n=(enbdf-enbdf.mean())/enbdf.std()
      enbdf_n.head()
Out[1]
```

	X1	X2	X3	X4	X5	X6	X7	X8	Y1
0	2.040447	-1.784712	-0.561586	-1.469119	0.999349	-1.340767	-1.7593	-1.813393	-0.669679
1	2.040447	-1.784712	-0.561586	-1.469119	0.999349	-0.446922	-1.7593	-1.813393	-0.669679
2	2.040447	-1.784712	-0.561586	-1.469119	0.999349	0.446922	-1.7593	-1.813393	-0.669679
3	2.040447	-1.784712	-0.561586	-1.469119	0.999349	1.340767	-1.7593	-1.813393	-0.669679
4	1.284142	-1.228438	0.000000	-1.197897	0.999349	-1.340767	-1.7593	-1.813393	-0.145408

進行回歸分析之前，可以分析資料變數之間的相關性，使用下面的程式可以獲得資料的相關係數熱力圖，如圖 5-10 所示。

```
In[2]:## 使用相關係數熱力圖型視覺化特徵之間的相關性
      datacor=enbdf_n.corr()  ## 計算相關係數
      ## 熱力圖型視覺化相關係數
      plt.figure(figsize=(8,8))
      ax=sns.heatmap(datacor,square=True,annot=True,fmt=".2f",
                     linewidths=.5,cmap="YlGnBu",
                     cbar_kws={"fraction":0.046,"pad":0.03})
      ax.set_title("資料變數相關性")
      plt.show()
```

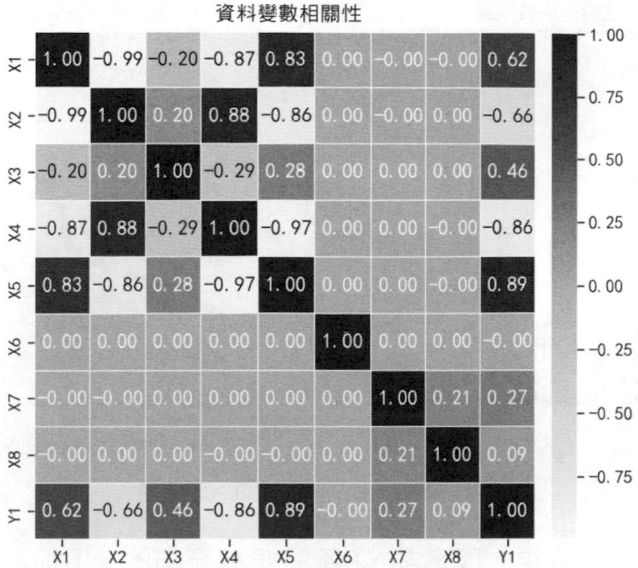

▲ 圖 5-10　資料相關係數熱力圖

從圖 5-10 中可以發現，X1 ～ X5 和 Y1 之間有很大的相關性，且 X1 ～ X5 還有很強的線性相關性。但由於 X6 ～ X8 的設定值較為離散，所以與 Y1 的相關性很小，且 X6 ～ X8 沒有線性相關性。

進行回歸分析之前，先分析因變數 Y1 的資料分佈情況，查看其是否為常態分析，可以使用下面的程式，程式執行後的結果如圖 5-11 所示。

```
In[3]:## 視覺化因變數Y1的資料分佈
      fig=plt.figure(figsize=(14,6))
      plt.subplot(1,2,1)
      plt.hist(enbdf_n.Y1,bins=50)
      plt.grid()
      plt.title("資料分佈長條圖")
      ax=fig.add_subplot(1,2,2)
      sm.qqplot(enbdf_n.Y1,line="45",ax=ax)
      plt.grid()
      plt.title("資料常態檢驗Q-Q圖")
      plt.show()
```

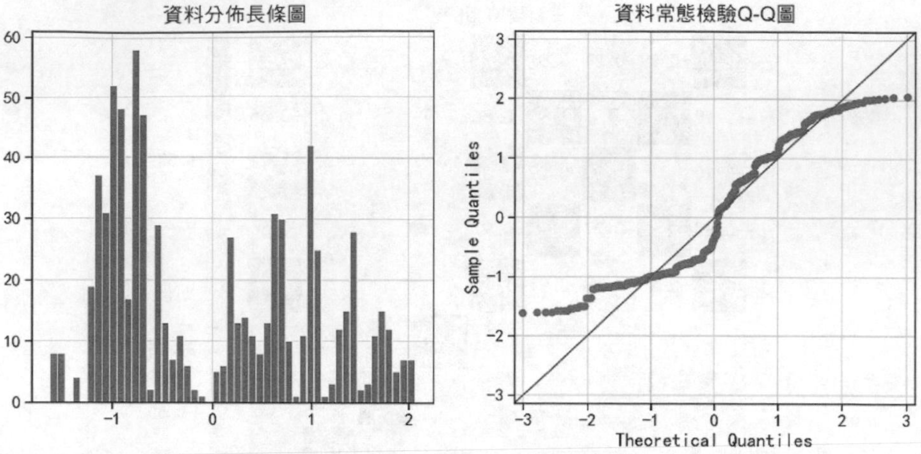

▲ 圖 5-11　因變數 Y1 的資料分佈情況

從圖 5-11 中可以發現，因變數 Y1 不是正態分佈的。下面利用特徵變換方法，將其轉化為正態分佈，可以使用 QuantileTransformer 方法進行常態性變換，執行下面的程式可獲得資料變換後的視覺化結果，如圖 5-12 所示。

```
In[4]:## 資料變換方法為QuantileTransformer
      QT=QuantileTransformer(n_quantiles=500,output_distribution=
"normal",random_state=12)
      enbdf_n["Y"]=QT.fit_transform(enbdf_n.Y1.values.reshape(-1,1))
      ## 視覺化變換後的因變數
      fig=plt.figure(figsize=(14,6))
      plt.subplot(1,2,1)
      plt.hist(enbdf_n.Y,bins=50)
      plt.grid()
      plt.title("資料分佈長條圖")
      ax=fig.add_subplot(1,2,2)
      sm.qqplot(enbdf_n.Y,line="45",ax=ax)
      plt.grid()
      plt.title("資料常態檢驗Q-Q圖")
      plt.show()
```

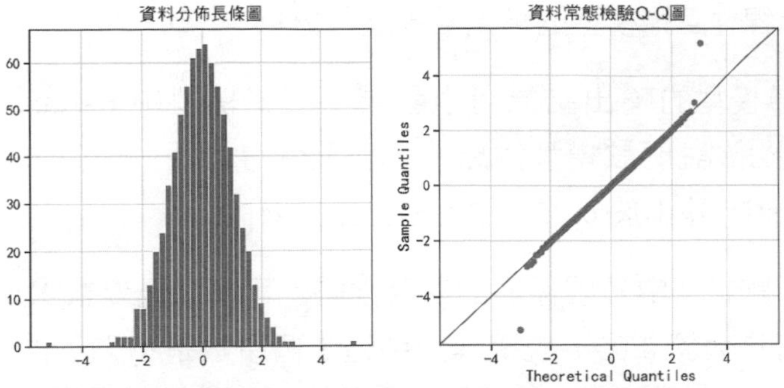

▲ 圖 5-12　因變數 Y1 的資料分佈情況

從圖 5-12 中可以發現，變換後資料因變數 Y 屬於標準正態分佈（同時也可以注意到有兩個樣本的設定值離輔助線較遠）。下面利用資料變換後的 Y 作為因變數，使用 smf.ols() 函數進行多元線性回歸，程式如下：

```
In[5]:## 多元回歸
    formula="Y ~ X1 + X2 + X3 + X4 + X5+ X6 + X7 + X8"
    lm=smf.ols(formula, enbdf_n).fit()
    print(lm.summary())
Out[5]:
```

```
                            OLS Regression Results
==============================================================================
Dep. Variable:                      Y   R-squared:                       0.855
Model:                            OLS   Adj. R-squared:                  0.854
Method:                 Least Squares   F-statistic:                     642.8
Date:                Sat, 18 Jul 2020   Prob (F-statistic):         3.27e-314
Time:                        10:42:46   Log-Likelihood:                -366.65
No. Observations:                 768   AIC:                             749.3
Df Residuals:                     760   BIC:                             786.5
Df Model:                           7
Covariance Type:            nonrobust
==============================================================================
                 coef    std err          t      P>|t|      [0.025      0.975]
------------------------------------------------------------------------------
Intercept   -4.25e-05      0.014     -0.003      0.998      -0.028       0.028
X1             0.1294      0.145      0.890      0.374      -0.156       0.415
X2             0.2867      0.107      2.673      0.008       0.076       0.497
X3             0.2497      0.028      8.856      0.000       0.194       0.305
X4             0.1590      0.096      1.649      0.100      -0.030       0.348
X5             1.0262      0.079     12.976      0.000       0.871       1.181
X6            -0.0068      0.014     -0.480      0.631      -0.035       0.021
X7             0.3899      0.014     26.909      0.000       0.361       0.418
X8             0.0301      0.014      2.079      0.038       0.002       0.059
==============================================================================
Omnibus:                      231.041   Durbin-Watson:                   0.749
Prob(Omnibus):                  0.000   Jarque-Bera (JB):             8790.532
Skew:                           0.618   Prob(JB):                         0.00
Kurtosis:                      19.528   Cond. No.                     3.89e+16
==============================================================================

Warnings:
[1] Standard Errors assume that the covariance matrix of the errors is correctly specified.
[2] The smallest eigenvalue is 1.87e-30. This might indicate that there are
strong multicollinearity problems or that the design matrix is singular.
```

下面對多元線性回歸模型的輸出結果進行分析。

（1）從回歸模型的輸出結果可以發現，回歸模型中 R-squared=0.855，非常接近於 1，說明該模型對原始資料擬合得很好。並且 F 檢驗的 P 值 prob(F-statistic) 遠小於 0.05，說明模型是顯著的。

（2）分析回歸模型中各個係數的顯著性時，可以發現變數 X1、X4 和 X6 係數的 P 值均大於 0.05，說明模型中這 3 個引數是不顯著的，模型需要進一步最佳化。

（3）模型的條件數 Cond. No. 輸出的結果為 3.89e ＋ 16，數值非常大，說明模型可能存在引數之間的多重共線性問題，可以使用逐步回歸等方法進行解決。

綜上所述，雖然該模型的擬合程度較好，但還有一些不完整的地方，需要對該多元回歸模型進行改進，可以使用逐步回歸方法，篩選特徵建立更合適的模型。利用逐步回歸模型對資料建模會在下一節介紹。

在進行逐步回歸之前，先視覺化出因變數的原始資料與使用多元回歸模型獲得的預測效果之間的差異，程式如下。在繪製圖型時，先根據原有的因變數 Y 進行排序，預測值則需要根據 np.argsort() 函數輸出的排序順序來處理，程式執行後的結果如圖 5-13 所示。

```
In[6]:## 繪製回歸的預測結果和原始資料的差異
      Y_pre=lm.predict(enbdf_n)
      rmse=round(mean_squared_error(enbdf_n.Y,Y_pre),4)
      index=np.argsort(enbdf_n.Y)
      plt.figure(figsize=(12,6))
      plt.plot(np.arange(enbdf_n.shape[0]),enbdf_n.Y[index],"r",
               linewidth=2, label="原始資料")
      plt.plot(np.arange(enbdf_n.shape[0]),Y_pre[index],"bo",
               markersize=3,label="預測值")
      plt.text(200,4,s="均方根誤差:"+str(rmse))
      plt.legend()
      plt.grid()
```

```
plt.xlabel("Index")
plt.ylabel("Y")
plt.title("多元回歸後預測結果")
plt.show()
```

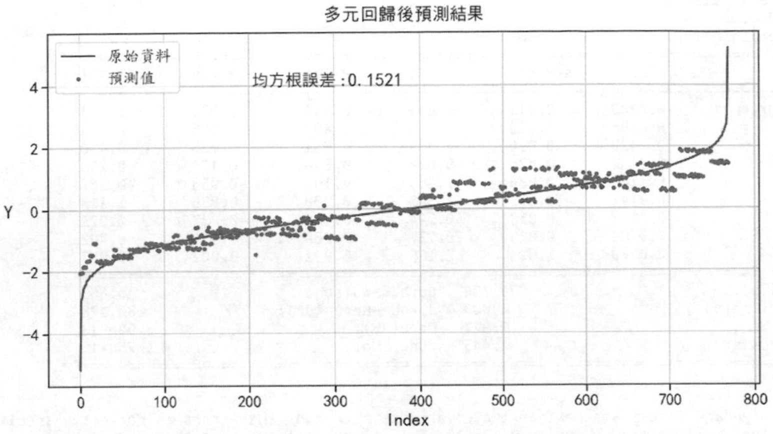

▲ 圖 5-13　多元回歸對因變數 Y 的預測效果

圖 5-13 中，紅色實線為排序後的原始值，點為多元回歸模型的預測值，可以發現使用多元回歸模型極佳地預測了原始資料的趨勢，並且擬合效果非常接近原始資料。

前面資料變換後的 Q-Q 圖中，可以發現有兩個點明顯脫離了輔助線，因此這裡將資料中的這兩個樣本視為異常值，將其剔除後再建立多元回歸模型，執行下面的程式後可獲得新的多元回歸模型的預測效果。

```
In[7]:## 剔除abs(Y) > 4的異常值樣本，進行回歸分析
      ## 多元回歸
      formula="Y ~ X1 + X2 + X3 + X4 + X5+ X6 + X7 + X8"
      enbdf_new=enbdf_n[enbdf_n.Y.abs() < 4]
      enbdf_new=enbdf_new.reset_index(drop=True)

      lm2=smf.ols(formula, enbdf_new).fit()
      print(lm2.summary())
Out[7]:
```

```
                            OLS Regression Results
==============================================================================
Dep. Variable:                      Y   R-squared:                       0.878
Model:                            OLS   Adj. R-squared:                  0.876
Method:                 Least Squares   F-statistic:                     776.3
Date:                Sat, 18 Jul 2020   Prob (F-statistic):               0.00
Time:                        10:42:46   Log-Likelihood:                -276.67
No. Observations:                 766   AIC:                             569.3
Df Residuals:                     758   BIC:                             606.5
Df Model:                           7
Covariance Type:            nonrobust
==============================================================================
                 coef    std err          t      P>|t|      [0.025      0.975]
------------------------------------------------------------------------------
Intercept     -0.0008      0.013     -0.060      0.952      -0.026       0.024
X1             0.0895      0.130      0.691      0.490      -0.165       0.344
X2             0.2422      0.096      2.534      0.011       0.055       0.430
X3             0.2432      0.025      9.670      0.000       0.194       0.293
X4             0.1188      0.086      1.383      0.167      -0.050       0.287
X5             0.9747      0.071     13.825      0.000       0.836       1.113
X6            -0.0027      0.013     -0.214      0.830      -0.027       0.022
X7             0.3768      0.013     29.137      0.000       0.351       0.402
X8             0.0279      0.013      2.155      0.031       0.002       0.053
==============================================================================
Omnibus:                       39.796   Durbin-Watson:                   0.662
Prob(Omnibus):                  0.000   Jarque-Bera (JB):               80.128
Skew:                           0.327   Prob(JB):                     3.99e-18
Kurtosis:                       4.443   Cond. No.                     1.76e+16
==============================================================================

Warnings:
[1] Standard Errors assume that the covariance matrix of the errors is correctly specified.
[2] The smallest eigenvalue is 9.13e-30. This might indicate that there are
strong multicollinearity problems or that the design matrix is singular.
```

針對該回歸模型，視覺化出預測結果和原始的因變數之間的關係，執行下面的程式後預測結果如圖 5-14 所示。

```
In[8]:## 繪製回歸的預測結果和原始資料的差異
      Y_pre=lm2.predict(enbdf_new)
      rmse=round(mean_squared_error(enbdf_new.Y,Y_pre),4)
      index=np.argsort(enbdf_new.Y)
      plt.figure(figsize=(12,6))
      plt.plot(np.arange(enbdf_new.shape[0]),enbdf_new.Y[index],"r",
               linewidth=2, label="原始資料")
      plt.plot(np.arange(enbdf_new.shape[0]),Y_pre[index],"bo",
               markersize=3,label="預測值")
      plt.text(200,2.5,s="均方根誤差:"+str(rmse))
      plt.legend()
      plt.grid()
      plt.xlabel("Index")
      plt.ylabel("Y")
      plt.title("多元回歸後預測結果(剔除異常值)")
      plt.show()
```

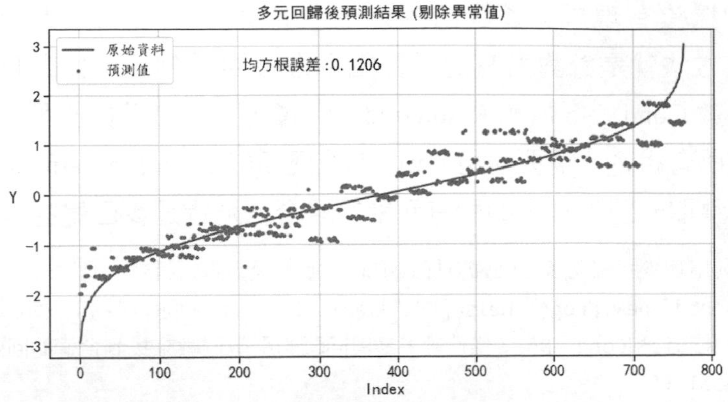

▲ 圖 5-14　剔除異常值後的預測結果視覺化

可以發現，剔除兩個異常值後，資料的擬合效果變得更好，均方根誤差減小。

5.3.2 逐步回歸

如果在一個回歸方程式中，忽略了對因變數有顯著影響的引數，那麼所建立的方程式必然與實際有較大的偏離，但所使用的引數越多，可能因為誤差平方和的自由度的減小而使方差的估計增大，從而影響回歸方程式預測的精度。因此，適當地選擇變數以建立一個「最佳」的回歸方程式是十分重要的。「最佳」的回歸模型一般滿足兩個條件：①模型能夠反映引數和因變數之間的真實關係；②模型所使用引數量要盡可能少。

建立多元回歸模型時，可以從可能影響因變數的許多影響因素中，挑選部分作為引數建立「最佳」的回歸模型，這時可以透過逐步回歸的方法，挑選出合適的引數。逐步回歸是一種線性回歸模型引數選擇方法，其基本思想是將變數一個一個引入，引入的條件是其回歸平方和經檢驗是顯著的。同時，每引入一個新變數後，對已入選回歸模型的舊變數一個一個進行檢驗，將經檢驗認為不顯著的變數剔除，以保證所得引數子集中每一個變數都是顯著的。此過程經過許多步直到不能再引入新變數為止，這時回歸模型中所有變數對因變數都是顯著的。

Python 中還沒有現成的逐步回歸方法，下面使用一種近似逐步回歸的方法，該方法就是針對所有的引數組合進行回歸分析，輸出 bic 值、aic 值、條件數 Cond. No 值和 R-squared，然後再選擇合適的模型。要得到 8 個引數的所有組合，需要使用 itertools 函數庫中的 combinations 函數，該函數能夠獲取一個陣列中的所有元素的組合。進行逐步回歸的程式如下：

```
In[9]:## 利用逐步回歸對多元回歸方程式中的不顯著變數進行挑選
      Enb=enbdf_new.drop(labels=["Y1"],axis=1)   ## 剔除資料中的Y1變數
      ## 根據bic和Cond. No.（條件數）參與回歸的引數個數來找到合適的回歸模型
      variable=[]
      aic=[]
      bic=[]
      Cond=[]
      R_squared=[]
      ## 第一次迴圈獲取所有的變數組合
      for ii in range(1,len(Enb.columns.values[0:-1])):
          var=list(combinations(Enb.columns.values[0:-2],ii))
          ## 第二次迴圈為每個變數組合進行回歸分析
          for v in var:
              formulav="Y"+"~"+"+".join(v)
              lm=smf.ols(formulav, Enb).fit()
              bic.append(lm.bic)
              aic.append(lm.aic)
              variable.append(v)
              Cond.append(lm.condition_number)
              R_squared.append(lm.rsquared)
      ## 將輸出的結果整理為資料表格
      df=pd.DataFrame()
      df["variable"]=variable
      df["bic"]=bic
      df["aic"]=aic
      df["Cond"]=Cond
      df["R_squared"]=R_squared
      ## 將輸出的參數根據bic排序,並且將條件數較小的變數組合
      df.sort_values("bic",ascending=True)[df.Cond<300].head(8)
out[9]:
```

	variable	bic	aic	Cond	R_squared
87	(X2, X3, X5, X7)	591.736520	568.530609	8.609240	0.876750
90	(X2, X4, X5, X7)	591.736520	568.530609	10.359686	0.876750
94	(X3, X4, X5, X7)	591.736520	568.530609	8.791213	0.876750
77	(X1, X3, X5, X7)	595.252439	572.046529	6.147315	0.876183
105	(X1, X2, X4, X5, X7)	597.905762	570.058669	29.946591	0.876826
109	(X1, X3, X4, X5, X7)	597.905762	570.058669	31.624429	0.876826
102	(X1, X2, X3, X5, X7)	597.905762	570.058669	30.103320	0.876826
118	(X3, X4, X5, X6, X7)	598.332071	570.484978	8.791224	0.876758

上面的程式使用兩重 for 迴圈來完成所有模型的擬合並輸出需要的數值。第一重 for 迴圈為迴圈模型中引數的個數，第二重 for 迴圈為 8 個引數在指定變數個數的所有組合，然後計算出回歸模型的 4 個指定結果。針對輸出的結果，可以發現 bic 最小的回歸方程式只用到了 (X2, X3, X5, X7)4 個引數，並且 R_squared = 0.87675，而且此時的條件數較小，緩解了多重共線性問題，增強了模型的穩定性。接下來使用這 4 個引數進行多元回歸分析，程式如下：

```
In[10]:## 使用4個引數進行回歸分析
       formula="Y ~ X2 + X3 + X5 + X7"
       lmstep=smf.ols(formula, Enb).fit()
       print(lmstep.summary())
Out[10]:
```

```
                            OLS Regression Results
==============================================================================
Dep. Variable:                      Y   R-squared:                       0.877
Model:                            OLS   Adj. R-squared:                  0.876
Method:                 Least Squares   F-statistic:                     1353.
Date:                Sat, 18 Jul 2020   Prob (F-statistic):               0.00
Time:                        10:42:48   Log-Likelihood:                -279.27
No. Observations:                 766   AIC:                             568.5
Df Residuals:                     761   BIC:                             591.7
Df Model:                           4
Covariance Type:            nonrobust
==============================================================================
                 coef    std err          t      P>|t|      [0.025      0.975]
------------------------------------------------------------------------------
Intercept     -0.0007      0.013     -0.053      0.958      -0.025       0.024
X2             0.2400      0.053      4.519      0.000       0.136       0.344
X3             0.1993      0.028      7.014      0.000       0.143       0.255
X5             0.9437      0.054     17.379      0.000       0.837       1.050
X7             0.3827      0.013     30.226      0.000       0.358       0.408
==============================================================================
Omnibus:                       38.659   Durbin-Watson:                   0.662
Prob(Omnibus):                  0.000   Jarque-Bera (JB):               85.129
Skew:                           0.284   Prob(JB):                     3.27e-19
Kurtosis:                       4.531   Cond. No.                         8.61
==============================================================================
```

從輸出的回歸結果中可以發現，每個引數都是顯著的。最後，可以確定該多元回歸模型為 Y=-0.0007+0.24×X2+0.1993×X3+0.9437×X5+0.3827×X7。下面利用該回歸模型視覺化出其真實值和預測值之間的差異，程式如下，視覺化結果如圖 5-15 所示。

```
In[11]:## 繪製回歸的預測結果和原始資料的差異
       Y_pre=lmstep.predict(Enb)
       rmse=round(mean_squared_error(Enb.Y,Y_pre),4)
       index=np.argsort(Enb.Y)
       plt.figure(figsize=(12,6))
       plt.plot(np.arange(Enb.shape[0]),Enb.Y[index],"r",
                linewidth=2, label="原始資料")
       plt.plot(np.arange(Enb.shape[0]),Y_pre[index],"bo",
                markersize=3,label="預測值")
       plt.text(200,2.5,s="均方根誤差:"+str(rmse))
       plt.legend()
       plt.grid()
       plt.xlabel("Index")
       plt.ylabel("Y")
       plt.title("逐步回歸後預測結果")
       plt.show()
```

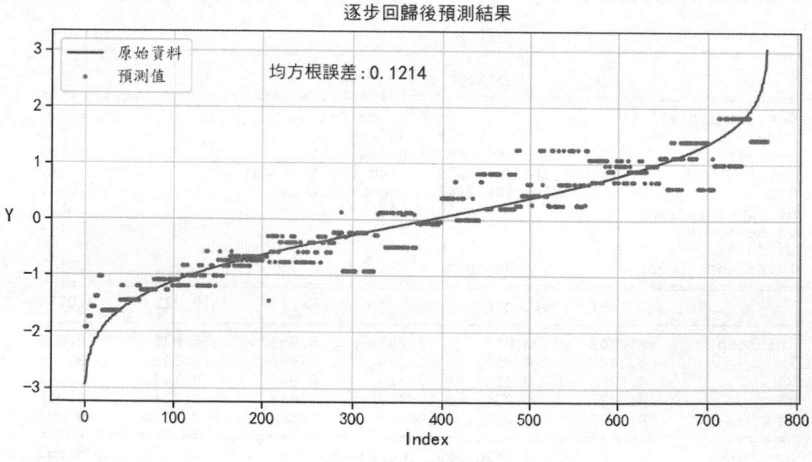

▲ 圖 5-15　逐步回歸的預測效果

5.3.3 多元自我調整回歸樣條

多元自我調整回歸樣條以樣條函數的張量積作為基函數，分為前向過程、後向剪枝過程與模型選取三個步驟。其優勢在於能夠處理資料量大、維度高的資料，而且計算快捷、模型精確。它可以看成逐步線性回歸的推廣，也可以看成為了提高 CARTClassification And Regression Tree，一種決策樹演算法）在回歸中的效果而進行的改進。下面使用 Earth() 函數，對房屋功耗資料集進行多元自我調整回歸樣條模型，程式如下：

```
In[12]:##準備資料
       X=np.array(Enb.iloc[:,0:-1])
       y=np.array(Enb.Y)
       ## 擬合模型
       model=Earth(max_terms=20,max_degree=3,feature_importance_type ="gcv")
       marsfit=model.fit(X,y)
       ## 輸出模型的結果
       print(marsfit.summary())
Out[12]:
Earth Model
-------------------------------------
Basis Function  Pruned  Coefficient
-------------------------------------
(Intercept)     No      -35.5528
x4              No      52.2683
x6              No      0.27777
x2              No      -16.5909
x7*x6           No      -0.0519826
x6*x4           No      -0.0509712
x2*x6*x4        No      0.0852813
x6*x6*x4        No      0.0661183
x1              No      69.3403
x7*x7*x6        No      0.0534038
x2*x2           No      9.4173
x2*x2*x2        No      -2.08044
x4*x2*x2        No      0.974688
x1*x2*x2        No      1.74892
x1*x4           No      -35.0025
x0*x1*x4        No      -14.167
```

```
x0*x2           No       21.5804
x0              No       3.04558
x1*x7*x6        No       -0.0220651
-------------------------------------
MSE: 0.0207, GCV: 0.0234, RSQ: 0.9790, GRSQ: 0.9763
```

可以發現其自動地對資料進行了多項式特徵的使用，對資料中原來的 X1 ～ X8 變數，使用了 X0 ～ X7 重新表示，選擇出了對模型效果最好的組合，而且輸出結果顯示模型的均方根誤差為 0.0207。該模型可以計算出每個變數在模型中的重要性，下面的程式利用橫條圖將每個引數的重要性進行了視覺化，程式執行後的結果如圖 5-16 所示。

```
In[13]:## 使用條形圖型視覺化每個變數的重要性
       plt.figure(figsize=(10,6))
       plt.barh(y=["X"+str(i) for i in range(8)],
                width=marsfit.feature_importances_)
       plt.xlabel("變數重要性")
       plt.title("多變數自我調整回歸樣條")
       plt.show()
```

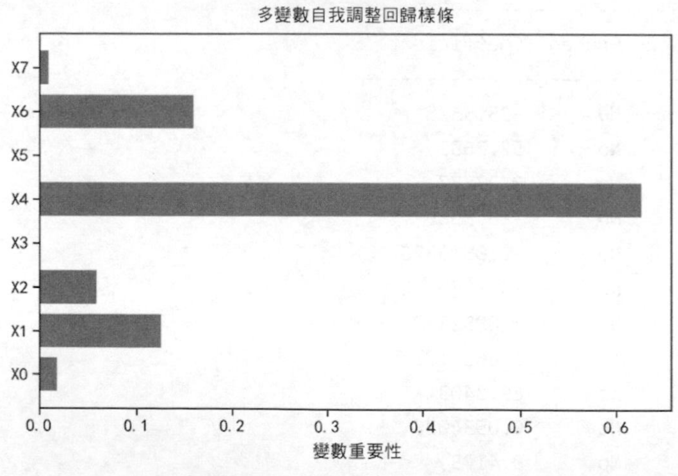

▲ 圖 5-16　每個引數的重要性

從圖 5-16 中可以發現，資料中的引數 X4（對應於原始資料中的引數 X5）的重要性最大。針對該模型同樣可以將其預測結果和模型的原始資料進行視覺化，比較分析模型對資料的擬合效果，程式如下，程式執行後的結果如圖 5-17 所示。

```
In[14]:## 繪製回歸的預測結果和原始資料的差異
       Y_pre=marsfit.predict(X)
       rmse=round(mean_squared_error(y,Y_pre),4)
       index=np.argsort(y)
       plt.figure(figsize=(12,6))
       plt.plot(np.arange(len(y)),y[index],"r",
                linewidth=2, label="原始資料")
       plt.plot(np.arange(len(y)),Y_pre[index],"bo",
                markersize=3,label="預測值")
       plt.text(200,2.5,s="均方根誤差:"+str(rmse))
       plt.legend()
       plt.grid()
       plt.xlabel("Index")
       plt.ylabel("Y")
       plt.title("多變數自我調整回歸樣條")
       plt.show()
```

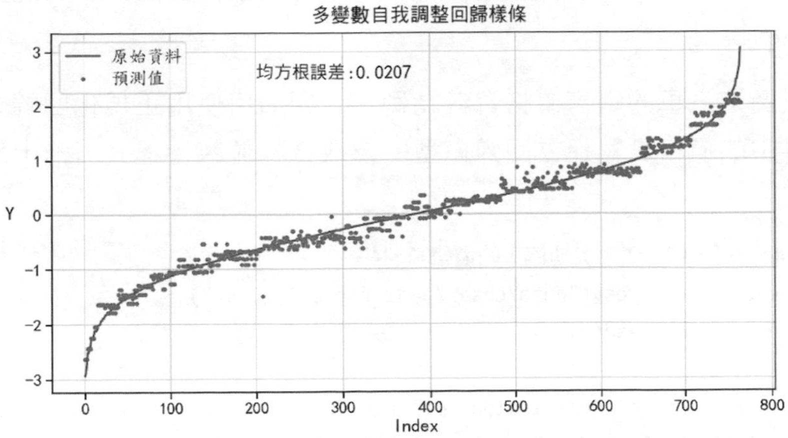

▲ 圖 5-17　預測值和真實值之間的差異

從圖 5-17 中可以發現，使用多元自我調整回歸樣條獲得的資料擬合結果，比多元回歸和多元自我調整回歸的擬合效果都要好。

5.4 正規化回歸分析

正規化回歸分析是在多元線性回歸的基礎上，對其目標函數增加懲罰範數。常用的方法有 Ridge 回歸、LASSO 回歸和彈性網路回歸。其中，Ridge 回歸增加了一個 l_2 範數作為懲罰範數，LASSO 回歸增加了一個 l_1 範數作為懲罰範數，彈性網路回歸同時增加 l_2 範數和 l_1 範數作為懲罰範數。在多元回歸中增加懲罰範數，相對於多元線性回歸具有很多優點，例如 LASSO 回歸相對於多元回歸有以下兩種優點。

（1）可以進行變數篩選，主要是把不必要進入模型的變數剔除。雖然回歸模型中引數越多，得到的回歸效果越好，決定係數 R^2 越接近 1，但這時往往會有過擬合的風險。通常使用 LASSO 回歸篩選出有效的變數，能夠避免模型的過擬合問題。在針對具有很多引數的回歸預測問題時，可以使用 LASSO 回歸，挑選出有用的引數，增強模型的穩固性。

（2）LASSO 回歸可以透過改變懲罰範數的係數大小，來調整懲罰的作用強度，從而調整模型的複雜度，合理地使用懲罰係數的大小，能夠得到更合適的模型。

下面以奧迪汽車的銷售價格資料為例，介紹如何使用正規化回歸方法，對資料中的價格變數建立回歸模型。讀取資料並執行程式，輸出結果如下：

```
In[1]:## 資料準備，使用奧迪汽車的價格資料集
      Audi=pd.read_csv("data/chap5/audi car price.csv")
      print(Audi.head())
Out[1]:
  model  year  price transmission  mileage fuelType  tax   mpg  engineSize
0    A1  2017  12500       Manual    15735   Petrol  150  55.4         1.4
1    A6  2016  16500    Automatic    36203   Diesel   20  64.2         2.0
2    A1  2016  11000       Manual    29946   Petrol   30  55.4         1.4
3    A4  2017  16800    Automatic    25952   Diesel  145  67.3         2.0
4    A3  2019  17300       Manual     1998   Petrol  145  49.6         1.0
```

從輸出結果可以知道，資料中除了價格變數 price 外，還包含幾個數值變數和離散分類變數，針對分類變數可以下面的程式 one-hot 編碼，程式和輸出結果如下：

```
In[2]:## 將幾個類別特徵進行one-hot編碼
      Audi=pd.get_dummies(Audi,["model","transmission","fuelType"])
      Audi.head()
Out[2]:
```

	year	price	mileage	tax	mpg	engineSize	model_ A1	model_ A2	model_ A3	model_ A4	...	model_ S8	model_ SQ5	model_ SQ7	model_ TT	transmi
0	2017	12500	15735	150	55.4	1.4	1	0	0	0	...	0	0	0	0	
1	2016	16500	36203	20	64.2	2.0	0	0	0	0	...	0	0	0	0	
2	2016	11000	29946	30	55.4	1.4	1	0	0	0	...	0	0	0	0	
3	2017	16800	25952	145	67.3	2.0	0	0	0	1	...	0	0	0	0	
4	2019	17300	1998	145	49.6	1.0	0	0	1	0	...	0	0	0	0	

5 rows × 38 columns

資料準備好之後，查看因變數 price 的資料分佈情況，並且可以使用下面的程式檢驗其是否為正態分佈，執行程式後視覺化結果如圖 5-18 所示。

```
In[3]:## 對因變數price的設定值分佈進行視覺化，查看其是否為正態分佈
      fig=plt.figure(figsize=(14,6))
      plt.subplot(1,2,1)
      plt.hist(Audi.price,bins=80)
      plt.grid()
      plt.title("汽車價格分佈長條圖")
      ax=fig.add_subplot(1,2,2)
      sm.qqplot(Audi.price,line="q",ax=ax)
      plt.grid()
      plt.title("汽車價格常態檢驗Q-Q圖")
      plt.tight_layout()
      plt.show()
```

從圖 5-18 中可以發現，因汽車價格的分佈不是正態分佈的，下面透過對數變換將其轉化為正態分佈，程式如下，程式執行後的結果如圖 5-19 所示。

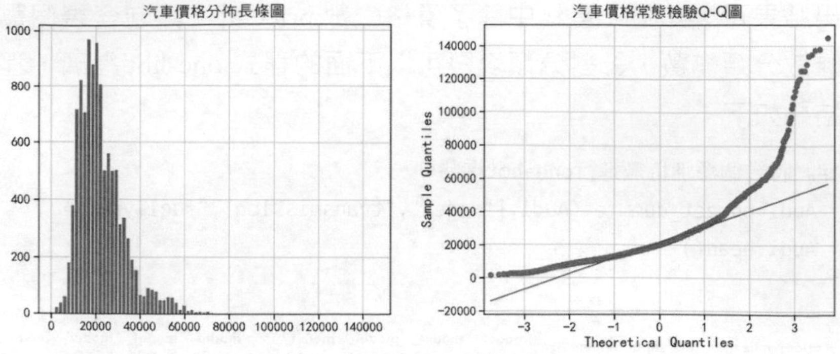

▲ 圖 5-18　價格分佈視覺化分析

```
In[4]:## 計算log(x)
      Price=np.log1p(Audi.price)
      ## 視覺化價格變換後的資料分佈
      fig=plt.figure(figsize=(14,6))
      plt.subplot(1,2,1)
      plt.hist(Price,bins=80)
      plt.grid()
      plt.title("汽車價格長條圖(取對數後)")
      ax=fig.add_subplot(1,2,2)
      sm.qqplot(Price,line="q",ax=ax)
      plt.grid()
      plt.title("汽車價格常態檢驗Q-Q圖(取對數後)")
      plt.tight_layout()
      plt.show()
```

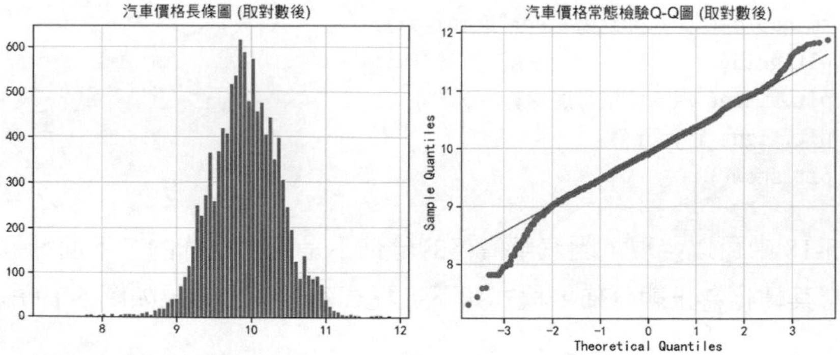

▲ 圖 5-19　價格對數變換後的分佈視覺化分析

從圖 5-19 中可以發現，汽車價格取對數後，相對於原始的價格更接近於正態分佈。

進行正規化回歸分析之前，先準備資料，程式如下，程式中先將資料集切分為訓練集和測試集，然後對引數資料進行標準化處理。最終訓練集有 8001 個樣本，測試集有 2667 個樣本。

```
In[5]:## 獲取資料的引數
      Audi_X=Audi.drop(labels=["price"],axis=1)
      feature_name=Audi_X.columns
      Audi_X=np.array(Audi_X)
      ## 將資料切分為訓練集和測試集
      X_train, X_test, y_train, y_test=train_test_split(Audi_X, Price.values,
          test_size=0.25, random_state=42)
      ## 對資料的特徵進行標準化前置處理
      stdscale=StandardScaler().fit(X_train)
      X_train_s= stdscale.transform(X_train)
      X_test_s= stdscale.transform(X_test)
      print("訓練資料:",X_train_s.shape)
      print("測試資料:",X_test_s.shape)
Out[5]:訓練資料: (8001,37)
       測試資料: (2667,37)
```

5.4.1 Ridge 回歸分析

下面的程式定義了一個利用訓練集和測試集進行 Ridge 回歸的函數，該函數會利用輸入的訓練集進行回歸模型的訓練，然後對測試集進行預測，在輸出中會包含回歸的 R^2 得分、絕對值誤差和對應變數的回歸係數。定義了 ridge_regression() 函數後，可根據不同懲罰範數的係數 alpha，建立回歸模型，並將對應的結果輸出為資料表，程式如下：

```
In[6]:## 定義回歸函數
      def ridge_regression(X_train, y_train, X_test, y_test, alpha):
          ## X_train, X_test, y_train, y_test:輸入的訓練資料和測試資料
          # Ridge回歸模型
          model=Ridge(alpha=alpha, max_iter=1e5)
```

```
        model.fit(X_train,y_train)      # 擬合模型
        y_pred=model.predict(X_test)  # 預測
        ## 輸出模型的測試結果
        ret=[alpha]                      # 懲罰參數alpha
        ret.append(r2_score(y_test,y_pred)) # R^2
        ret.append(mean_absolute_error(y_test,y_pred)) # 絕對值誤差
        ret.extend(model.coef_)       # Ridge回歸模型的係數
        return ret
    ## 使用ridge_regression函數，利用不同的參數alpha進行回歸分析
    # 定義alpha的設定值範圍
    alpha_ridge=[0.00001,0.00005,0.0001,0.0005,0.001,0.005,0.01,0.05,
                 0.1,0.5,1,5,10,50,100,500,1000,5000]
    # 初始化資料表用來保存係數和得分
    col=[["alpha","r2_score","mae"],list(feature_name.values)]
    col=[val for sublist in col for val in sublist]  # 資料表列名稱
    ind=['alpha_%.g'%alp for alp in alpha_ridge]    # 資料表索引
    coef_matrix_ridge=pd.DataFrame(index=ind, columns=col)
    #根據alpha的值進行Ridge回歸
    for ii,alpha in enumerate(alpha_ridge):
        coef_matrix_ridge.iloc[ii,]=ridge_regression(X_train_s, y_train,
                                                     X_test_s, y_test,alpha)
    coef_matrix_ridge.sample(5)
```

Out[6]:

	alpha	r2_score	mae	year	mileage	tax	mpg	engineSize	model_ A1	model_ A2	...	model_ S8
alpha_0.001	0.001	0.93566	0.0926323	0.217421	-0.115223	-0.00767718	-0.0508405	0.106363	-0.074139	-0.0011728	...	0.00287004
alpha_1e+02	100	0.935734	0.0924619	0.212925	-0.116459	-0.00706462	-0.053124	0.103934	-0.0730729	-0.00143024	...	0.00288224
alpha_0.0001	0.0001	0.93566	0.0926323	0.217421	-0.115223	-0.00767718	-0.0508405	0.106363	-0.074139	-0.0011728	...	0.00287004
alpha_1e+01	10	0.935674	0.092612	0.21695	-0.115359	-0.00762182	-0.0510944	0.106104	-0.0740298	-0.00120005	...	0.00287219
alpha_0.05	0.05	0.93566	0.0926322	0.217419	-0.115224	-0.00767691	-0.0508418	0.106362	-0.0741385	-0.00117294	...	0.00287005

5 rows × 40 columns

從輸出結果中可以發現，不同 alpha 下的模型結果會以資料表的形式保存，針對輸出結果可以使用下面的程式，根據模型在絕對值上的誤差進行排序。

```
In[7]:## 將回歸結果根據絕對值誤差的大小進行排序
    ridge_result=coef_matrix_ridge.iloc[:,0:3]
```

```
      print(ridge_result.sort_values("mae",ascending=True).head())
Out[7]:              alpha  r2_score        mae
      alpha_1e+02   100  0.935734  0.0924619
      alpha_5e+01    50  0.935715  0.0925373
      alpha_5e+02   500  0.934902  0.0925817
      alpha_1e+01    10  0.935674   0.092612
      alpha_5         5  0.935667  0.0926221
```

從輸出結果可以發現，當 alpha=100 時，回歸模型的預測效果最好，在測試集上的誤差最小。使用下面的程式可以視覺化不同 alpha 設定值下每個引數係數的變化情況，即引數的軌跡線，程式執行後的結果如圖 5-20 所示。

```
In[8]:## 視覺化不同alpha設定值下每個引數的軌跡線
      feature_number=len(feature_name)  ## 特徵的數量
      x=range(len(alpha_ridge))
      plt.figure(figsize=(15,6))
      plt.subplot(1,2,1)
      for ii in np.arange(feature_number):
          plt.plot(x,coef_matrix_ridge[feature_name[ii]],
                   color=plt.cm.Set1(ii / feature_number),label=ii)
      ## 設定X座標軸的標籤
      plt.xticks(x,alpha_ridge,rotation=45)
      # plt.legend()   ## 因為變數太多就不顯示圖例了
      plt.xlabel("Alpha")
      plt.ylabel("標準化係數")
      plt.title("Ridge回歸軌跡線")
      plt.grid()
      ## 在測試集上絕對值誤差的變化情況
      plt.subplot(1,2,2)
      plt.plot(x,coef_matrix_ridge["mae"],"r-o",linewidth=2)
      ## 設定X座標軸的標籤
      plt.xticks(x,alpha_ridge,rotation=45)
      plt.xlabel("Alpha")
      plt.ylabel("絕對值誤差")
      plt.title("Ridge回歸在測試集上的誤差")
```

```
plt.grid()
plt.show()
```

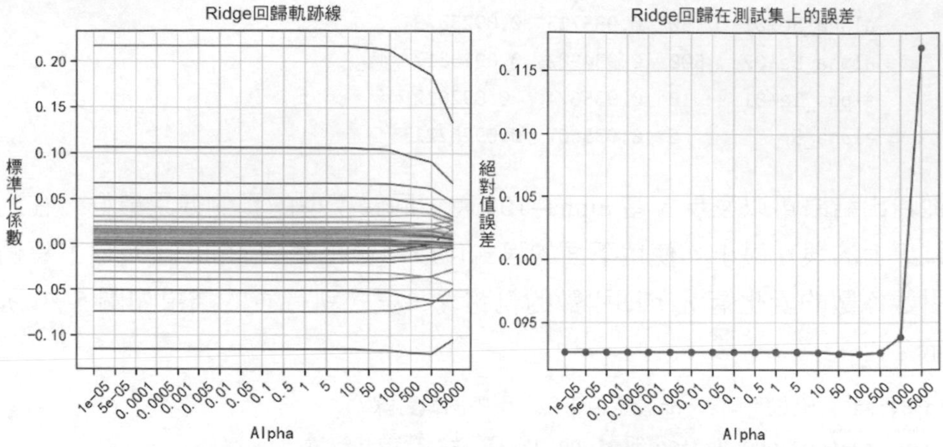

▲ 圖 5-20　Ridge 回歸軌跡線和測試誤差

圖 5-20 中，左圖是 Ridge 回歸的軌跡線，右邊的圖型為隨著 alpha 的變化，Ridge 回歸在測試集上的預測誤差情況。

5.4.2 LASSO 回歸分析

使用 LASSO 回歸時，為了分析隨著懲罰範數係數的變化，模型對資料的擬合情況，可以定義一個利用訓練集和測試集，進行 LASSO 回歸的函數 lasso_regression()，該函數會利用輸入的訓練集進行回歸模型的訓練，然後對測試集進行預測，在輸出中會包含回歸的 R^2 得分、絕對值誤差和對應變數的回歸係數。該函數可使用以下程式進行定義。

```
In[9]:## 定義回歸函數
    def lasso_regression(X_train, y_train, X_test, y_test, alpha):
        ## X_train, X_test, y_train, y_test:輸入的訓練資料和測試資料
        # LASSO回歸模型
        model=Lasso(alpha=alpha, max_iter=1e5)
        model.fit(X_train,y_train)          # 擬合模型
        y_pred=model.predict(X_test)        # 預測
```

```
    ## 輸出模型的測試結果
    ret=[alpha]                            # 懲罰參數alpha
    ret.append(r2_score(y_test,y_pred)) # R^2
    ret.append(mean_absolute_error(y_test,y_pred)) # 絕對值誤差
    ret.extend(model.coef_)                # LASSO回歸模型的係數
    return ret
```

定義了 lasso_regression() 函數後，根據不同的懲罰範數的係數 alpha，建立回歸模型，並將對應的結果輸出為資料表，程式如下：

```
In[10]:## 使用lasso_regression函數，利用不同的參數alpha進行回歸分析
       # 定義alpha的設定值範圍
       alpha_lasso=[0.00001,0.00005,0.0001,0.0005,0.001,0.005,0.01,0.05,
                    0.1,0.5,1,5,10,50,100,500,1000,5000]
       # 初始化資料表用來保存係數和得分
       col=[["alpha","r2_score","mae"],list(feature_name.values)]
       col=[val for sublist in col for val in sublist]    # 資料表列名稱
       ind=['alpha_%.g'%alp for alp in alpha_lasso]       # 資料表索引
       coef_matrix_lasso=pd.DataFrame(index=ind, columns=col)
       #根據alpha值進行LASSO回歸
       for ii,alpha in enumerate(alpha_lasso):
           coef_matrix_lasso.iloc[ii,]=lasso_regression(X_train_s, y_train,
                                                 X_test_s, y_test,alpha)
       coef_matrix_lasso.sample(5)
Out[11]:
```

	alpha	r2_score	mae	year	mileage	tax	mpg	engineSize	model_ A1	model_ A2	...	model_
alpha_5	5	-3.12193e-05	0.372899	0	-0	0	-0	0	-0	-0	...	
alpha_0.05	0.05	0.870596	0.128771	0.206069	-0.0855	0	-0.0573362	0.148632	-0.0122501	-0	...	
alpha_0.0005	0.0005	0.935729	0.0926053	0.217716	-0.114808	-0.00542947	-0.050059	0.108049	-0.0838433	-0.00101234	...	0.001368
alpha_0.005	0.005	0.932931	0.0944798	0.21624	-0.11203	0	-0.0549895	0.120213	-0.0685508	-0	...	
alpha_0.0001	0.0001	0.935727	0.0926101	0.217482	-0.115142	-0.00722162	-0.050667	0.106706	-0.0853477	-0.00145132	...	0.00194

5 rows × 40 columns

針對在不同 alpha 設定值下的輸出結果，可以將其根據絕對值誤差的大小進行排序，程式如下：

```
In[12]:## 將回歸結果根據絕對值誤差的大小進行排序
       lasso_result=coef_matrix_lasso.iloc[:,0:3]
```

```
       ## 計算不同alpha設定值下有多少個引數的係數為0
       lasso_result["var_zreo_num"]=(coef_matrix_lasso.iloc[:,3:40] ==
0).astype(int).sum(axis=1)
       print(lasso_result.sort_values("mae",ascending=True).head(8))
Out[12]:                 alpha  r2_score        mae  var_zreo_num
       alpha_0.0005  0.0005  0.935729  0.0926053            5
       alpha_0.0001  0.0001  0.935727  0.0926101            4
       alpha_5e-05    5e-05  0.935721  0.0926145            4
       alpha_1e-05    1e-05  0.935716  0.0926183            4
       alpha_0.001    0.001  0.935635  0.0926867            5
       alpha_0.005    0.005  0.932931  0.0944798           12
       alpha_0.01      0.01  0.926967  0.0978147           19
       alpha_0.05      0.05  0.870596   0.128771           30
```

從輸出結果可以發現，當 alpha=0.0005 時，回歸模型的預測效果最好，並且有 5 個引數的回歸係數等於 0。利用下面的程式視覺化出每個引數係數變化情況的軌跡線，以及隨著 alpha 變化在測試集上絕對值誤差的變化情況，程式執行後的結果如圖 5-21 所示。

```
In[13]:## 視覺化不同alpha設定值下每個引數的軌跡線
       feature_number=len(feature_name)  ## 特徵的數量
       x=range(len(alpha_lasso))
       plt.figure(figsize=(15,6))
       plt.subplot(1,2,1)
       for ii in np.arange(feature_number):
           plt.plot(x,coef_matrix_lasso[feature_name[ii]],
                    color=plt.cm.Set1(ii / feature_number),label=ii)
       ## 設定X座標軸的標籤
       plt.xticks(x,alpha_ridge,rotation=45)
       plt.xlabel("alpha")
       plt.ylabel("標準化係數")
       plt.title("LASSO回歸軌跡線")
       plt.grid()
       ## 在測試集上絕對值誤差的變化情況
       plt.subplot(1,2,2)
       plt.plot(x,coef_matrix_lasso["mae"],"r-o",linewidth=2)
```

```
## 設定X座標軸的標籤
plt.xticks(x,alpha_ridge,rotation=45)
plt.xlabel("alpha")
plt.ylabel("絕對值誤差")
plt.title("LASSO回歸在測試集上的誤差")
plt.grid()
plt.show()
```

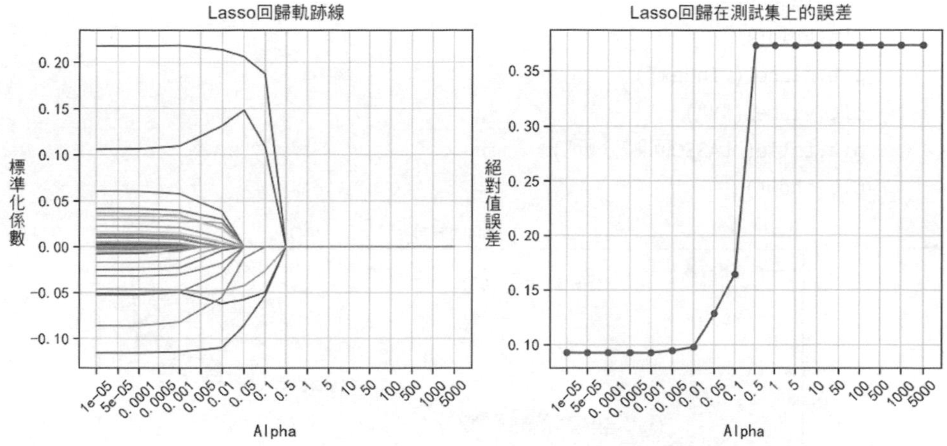

▲ 圖 5-21 LASSO 回歸軌跡線和測試誤差

圖 5-21 中，左圖是 LASSO 回歸的軌跡線，右圖為隨著 alpha 的變化，LASSO 回歸在測試集上的預測誤差情況。可以發現，隨著 alpha 的增大，逐漸有引數的係數變化到 0，說明這些引數對模型的影響並不是很大，因此 LASSO 回歸還有對資料進行特徵選擇的作用。

下面針對最好的 LASSO 回歸模型，將測試集上的預測值和真實值之間的差異視覺化，程式如下，程式執行後的結果如圖 5-22 所示。

```
In[14]:## 視覺化LASSO回歸模型對測試集的預測效果
       lassoreg=Lasso(alpha=0.0005,max_iter=1e5)
       lassoreg.fit(X_train_s,y_train)
       Y_pre=lassoreg.predict(X_test_s)
       ## 計算在測試集上的預測誤差
       mae=round(mean_absolute_error(y_test,Y_pre),4)
```

```
index=np.argsort(y_test)
plt.figure(figsize=(12,6))
plt.plot(np.arange(len(y_test)),y_test[index],"r",
         linewidth=2, label="原始資料")
plt.plot(np.arange(len(y_test)),Y_pre[index],"bo",
         markersize=3,alpha=0.5,label="預測值")
plt.text(700,11.5,s="絕對值誤差:"+str(mae))
plt.legend()
plt.grid()
plt.xlabel("Index")
plt.ylabel("Y")
plt.title("LASSO回歸分析")
plt.show()
```

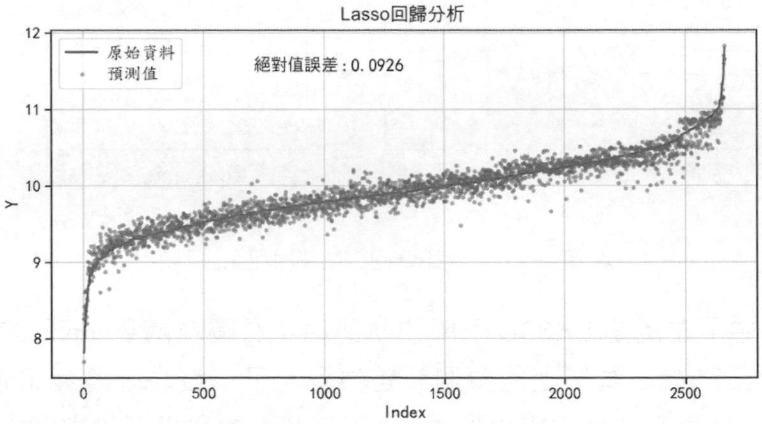

▲ 圖 5-22　LASSO 回歸預測結果

圖 5-22 中，實線是測試集上的真實值，點為 LASSO 模型的預測值。可以發現，模型對資料的變化趨勢等內容進行了很好的擬合。

5.4.3 彈性網路回歸

針對彈性網路回歸（Elastic Net），下面使用 Python 中的 ElasticNetCV() 函數對資料集進行交換驗證，因為該模型同時利用了兩種懲罰範數，所以可以設定兩個懲罰範數的大小。下面的程式可以利用參數網格搜索的方式，分別獲得兩種範數不同組合下的模型。

```
In[15]:## 使用交換驗證的方式進行參數alpha選擇
       l1_ratio=[0.05,0.1,0.2,0.3,0.4,0.5, 0.7, 0.9, 0.95, 0.99, 1]
       alphas=[0.00001,0.00005,0.0001,0.0005,0.001,0.005,0.01,0.05,
               0.1,0.5,1,5,10,50,100,500,1000,5000]
       model=ElasticNetCV(l1_ratio=l1_ratio,  # 調整l1和l2懲罰範數的比例
                          alphas=alphas, cv=5,
                          random_state=12).fit(X_train_s, y_train)
       print("效果最好的參數alpha:",model.alpha_)
       print("效果最好的參數l1_ratio:",model.l1_ratio_)
       print("特徵的係數為:\n",model.coef_)
Out[15]:效果最好的參數 alpha: 1e-05
效果最好的參數l1_ratio: 0.05
特徵的係數為:
 [ 2.17418576e-01 -1.15223941e-01 -7.67438562e-03 -5.08382571e-02
  1.06363416e-01 -1.00382963e-01 -2.05286583e-03 -6.93050964e-02
 -4.63619852e-02 -1.78645309e-02 -5.64932377e-03  3.68748090e-04
  8.33378995e-03 -3.64006255e-02 -1.50314009e-02  2.93969346e-02
  5.23687356e-02  3.11824825e-02  3.42728429e-02  1.14553054e-02
  1.99992480e-02  1.43544414e-02  3.22113371e-02  0.00000000e+00
  2.75161355e-03  1.52020693e-03 -6.36796523e-05  1.10879894e-03
  8.51805786e-03  1.00449342e-02 -1.06672104e-02  9.93704101e-03
 -3.49605448e-02  1.53033206e-02 -1.73606433e-02  2.95963645e-02
 -5.69779094e-04]
```

從上面模型的輸出結果可以發現，當 l_1 範數的係數為 0.05，l_2 範數的係數為 0.00005 時，所獲得的模型在訓練上的預測誤差最小。針對不同參數組合下的模型均方根誤差的變化情況，可以使用 3D 曲面圖進行視覺化，程式如下，程式執行後的結果如圖 5-23 所示。

```
In[16]:## 使用3D曲面圖型視覺化交換驗證的均方根誤差
       mean_mse=model.mse_path_.mean(axis=2)
       alp=model.alphas_
       l1_r=model.l1_ratio
       ## 資料準備
```

```
x, y=np.meshgrid(range(len(alp)),range(len(l1_r)))
## 視覺化
fig=plt.figure(figsize=(15,9))
ax1=fig.add_subplot(111, projection="3d")
surf=ax1.plot_surface(x,y,mean_mse,cmap=plt.cm.coolwarm,
                      linewidth=0.1)
plt.xticks(range(len(alp)),alp,rotation=45)
plt.yticks(range(len(l1_r)),l1_r,rotation=125)
ax1.set_zlabel("均方根誤差",labelpad=10)
ax1.set_xlabel("alpha",labelpad=20)
ax1.set_ylabel("l1_ratio",labelpad=20)
ax1.set_title("ElasticNetCV的交換驗證結果")
plt.tight_layout()
plt.show()
```

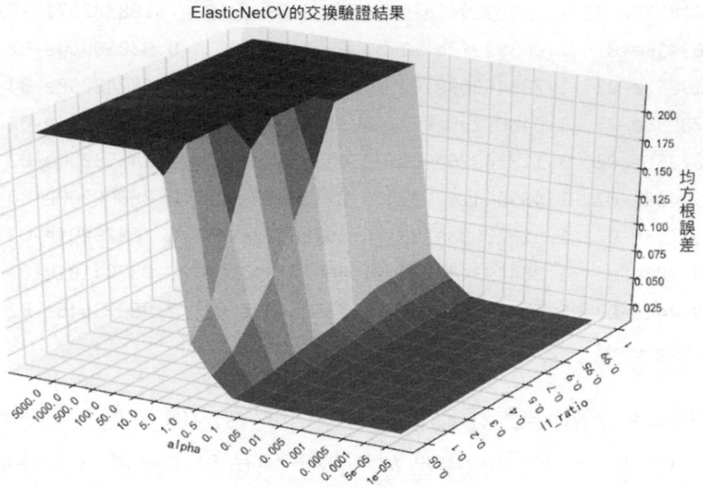

▲ 圖 5-23　彈性網交換驗證結果

針對交換驗證獲得的最好模型，可以使用下面的程式對測試集進行預測，然後視覺化出預測值和原始真實值之間的差距，程式執行後的結果如圖 5-24 所示。

```
In[17]:## 使用交換驗證訓練得到的模型對測試集進行預測
       Y_pre=model.predict(X_test_s)
```

```
## 計算在測試集上的預測誤差
mae=round(mean_absolute_error(y_test,Y_pre),4)
index=np.argsort(y_test)
plt.figure(figsize=(12,6))
plt.plot(np.arange(len(y_test)),y_test[index],"r",
         linewidth=2, label="原始資料")
plt.plot(np.arange(len(y_test)),Y_pre[index],"bo",
         markersize=3,alpha=0.5,label="預測值")
plt.text(700,11.5,s="絕對值誤差:"+str(mae))
plt.legend()
plt.grid()
plt.xlabel("Index")
plt.ylabel("Y")
plt.title("Elastic Net回歸分析")
plt.show()
```

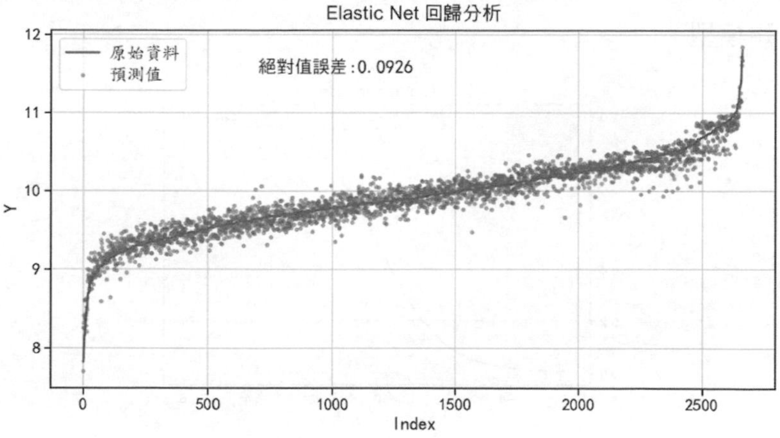

▲ 圖 5-24 彈性網回歸預測結果

圖 5-24 中，實線是測試集上的真實值，點為彈性網回歸模型的預測值。可以發現，模型對資料的變化趨勢等內容進行了很好的擬合，而且絕對值誤差較小。

綜合上面介紹的 3 種利用正規化約束獲得的回歸模型，對資料集的預測效果相差不多。

5.5 Logistic 回歸分析

多元線性回歸模型用來處理因變數是連續值的情況，如果因變數是分類變數，則需要使用廣義線性回歸模型進行建模分析。在廣義線性回歸模型中，Logistic 回歸模型是其中重要的模型之一。

Logistic 回歸（簡稱邏輯回歸）主要研究兩元分類回應變數（「成功」和「失敗」，分別用 1 和 0 表示）與諸多引數間的相互關係，建立對應的模型並進行預測等。簡單地說，Logistic 回歸就是將多元線性回歸分析的結果映射到 logit 函數 $z=1/(1+\exp(y))$ 上，然後根據閾值對資料進行二值化，來預測二分類變數。

舉例來說，在圖 5-25 所示的 logistic 函數上，可以將變換後值小於 0.5 的樣本都預測為 0，大於 0.5 的樣本都預測為 1，因此 Logistic 回歸通常建立二分類模型。

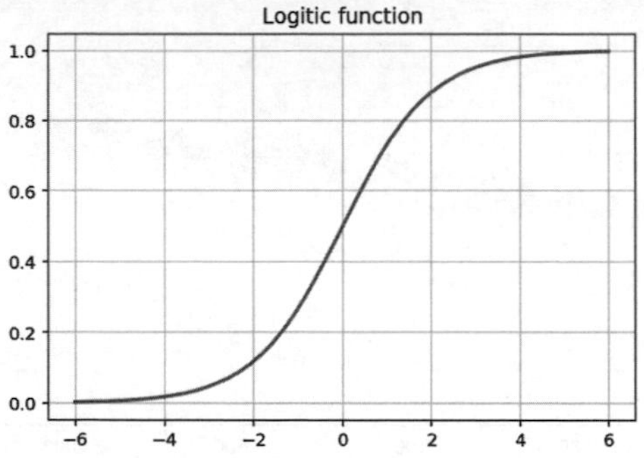

▲ 圖 5-25　logistic 函數

在 Python 中，可以使用 sklearn.linear_model 模組中的 LogisticRegression 函數對資料進行邏輯回歸的建模。本節將介紹如何使用 Logistic 回歸模型，針對 Kaggle 網站上不同性別聲音的資料集（voice.csv）建立分類器，判斷聲音樣本的性別。

5.5.1 資料準備與視覺化

建立 Logistic 回歸模型之前，先讀取資料並對資料進行探索性分析，讀取資料的程式如下：

```
In[1]:## 讀取聲音特徵資料
      voice=pd.read_csv("data/chap5/voice.csv")
      voice.head()
Out[1]:
```

	meanfreq	sd	median	Q25	Q75	IQR	skew	kurt	sp.ent	sfm	...	centroid	meanfun
0	0.059781	0.064241	0.032027	0.015071	0.090193	0.075122	12.863462	274.402906	0.893369	0.491918	...	0.059781	0.084279
1	0.066009	0.067310	0.040229	0.019414	0.092666	0.073252	22.423285	634.613855	0.892193	0.513724	...	0.066009	0.107937
2	0.077316	0.083829	0.036718	0.008701	0.131908	0.123207	30.757155	1024.927705	0.846389	0.478905	...	0.077316	0.098706
3	0.151228	0.072111	0.158011	0.096582	0.207955	0.111374	1.232831	4.177296	0.963322	0.727232	...	0.151228	0.088965
4	0.135120	0.079146	0.124656	0.078720	0.206045	0.127325	1.101174	4.333713	0.971955	0.783568	...	0.135120	0.106398

5 rows × 21 columns

讀取資料後可以計算每種性別下的樣本數量，程式如下，程式執行後可以發現，男女樣本各有 1,584 個。

```
In[2]:## 計算每類資料的樣本數量
       voice.label.value_counts()
Out[2]:male       1584
       female     1584
       Name: label, dtype: int64
```

為了更進一步地使用所分析資料的特點，並建立 Logistic 回歸模型，使用下面的程式對資料進行前置處理，操作有：對引數進行標準化前置處理、將類別標籤使用 0 和 1 進行編碼。

```
In[3]:## 資料探索和視覺化
      varname=voice.columns.values[0:-1]  # 資料的特徵名稱
      voice_X=voice.drop(["label"],axis=1).values
      voice_Y=voice.label.values
      ## 對每個變數進行標準化處理
      stds=StandardScaler().fit(voice_X)
      voice_X_s= stds.transform(voice_X)
      ## 將類別標籤使用0和1進行編碼
      voice_Y01=np.where(voice_Y == "female",0,1)
```

```
        print(voice_X_s.shape)
        print(np.unique(voice_Y01,return_counts=True))
Out[3]: (3168, 20)
           (array([0, 1]), array([1584, 1584]))
```

針對不同種類的資料特徵，可以使用密度曲線視覺化資料的分佈情況。使用下面的程式可以分析在不同性別下，不同特徵的密度曲線，程式執行後的結果如圖 5-26 所示。

```
In[4]:## 視覺化不同類別下每個特徵的資料分佈
        plt.figure(figsize=(20,12))
        for ii,name in enumerate(varname):
            plt.subplot(4,5,ii+1)
            plotdata=voice_X_s[:,ii]  ## 對應的特徵
            sns.distplot(plotdata[voice_Y == "female"],hist=False,
                         kde_kws={"color": "b", "lw": 3,"bw":0.4})
            sns.distplot(plotdata[voice_Y == "male"],hist=False,
                         kde_kws={"color": "r", "lw": 3,"bw":0.4,"ls":"--"})
            plt.title(name)
        plt.tight_layout()
        plt.show()
```

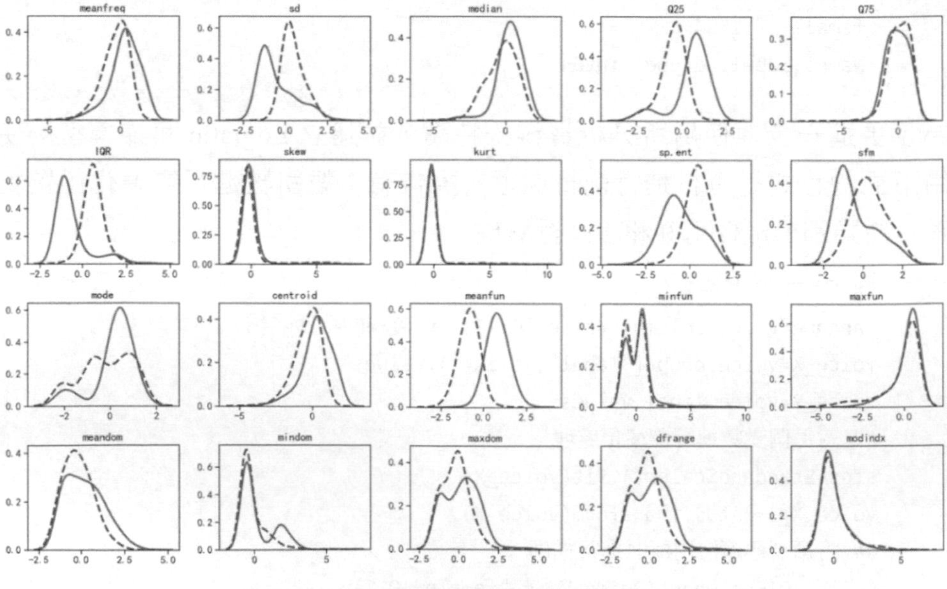

▲ 圖 5-26　不同性別下每個特徵的密度曲線

從圖 5-26 中可以發現，有些特徵對資料類別的區分比較有利，例如 sd、Q25、IQR 等特徵。使用邏輯回歸進行預測和分類之前，先將資料切分為訓練集和測試集，使用 25% 的樣本作為測試集的程式如下：

```
In[5]:## 資料切分為訓練集和測試集
      X_train, X_test, y_train, y_test=train_test_split(voice_X_s, voice_Y01,
          test_size=0.25, random_state=42)
      print("訓練資料:",X_train.shape)
      print("測試資料:",X_test.shape)
Out[5]:訓練資料: (2376, 20)
       測試資料: (792, 20)
```

5.5.2 邏輯回歸分類

下面進行邏輯回歸分類測試，程式如下：

```
In[6]:## 使用交換驗證的邏輯回歸模型進行參數選擇
      cs=[0.00001,0.00005,0.0001,0.0005,0.001,0.005,0.01,0.05,
          0.1,0.5,1,5,10,50,100,500,1000,5000]
      logrcv=LogisticRegressionCV(Cs=cs,          # 正則強度的倒數
                                  penalty="l1",   # 利用l1範數進行約束
                                  cv=3,solver="liblinear",random_state =0)
      logrcv.fit(X_train,y_train)
      print("最好的參數Cs設定值為:",logrcv.C_)
      print("每個特徵的係數為:\n",logrcv.coef_)
Out[6]:最好的參數Cs設定值為: [0.5]
每個特徵的係數為:
       [[ 0.          0.         -0.06625907  0.          0.05690998  2.11073422
         -0.15755316 -0.35569364  1.00686467 -1.19837523  0.18534718  0.
         -5.1142233   0.65209797  0.          0.         -0.01235897 -0.034038
          0.         -0.27899298]]
```

上面的程式是對不同的參數 Cs 的設定值下，利用交換驗證的方式建立邏輯回歸模型的範例。從輸出結果可以發現，當參數 Cs 的設定值為 0.5 時，模型的效果最好，並且可以發現此時有些特徵的係數為 0，說明對應的特徵對資料類別的區分沒有造成對應的作用。

針對交換驗證的結果，可以使用下面的程式進行視覺化，程式執行後的結果如圖 5-27 所示。

```
In[7]:## 分析交換驗證的結果
      mean_scores=logrcv.scores_[1].mean(axis=0) # 平均精度
      logcs=logrcv.Cs_
      ## 視覺化不同的參數CS下預測精度的大小
      plt.figure(figsize=(10,6))
      plt.plot(mean_scores,"r-o")
      plt.xticks(range(len(logcs)),logcs,rotation=45)
      plt.xlabel("正規化強度的倒數")
      plt.ylabel("精度")
      plt.title("邏輯回歸交換驗證")
      plt.grid()
      plt.show()
```

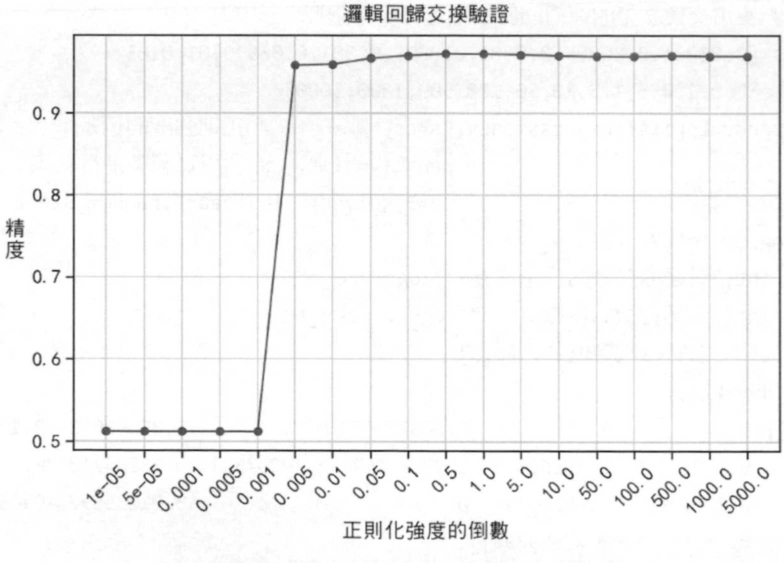

▲ 圖 5-27　正規化強度對模型精度的影響

針對獲得的結果，同樣可以視覺化出每個引數的回歸係數在不同 Cs 設定值下的變化情況，程式執行後的結果如圖 5-28 所示。

```
In[8]:## 計算交換驗證的平均係數大小
      mean_coefs_paths=logrcv.coefs_paths_[1].mean(axis=0)
      ## 視覺化每個特徵的軌跡線
      plt.figure(figsize=(10,6))
      plt.plot(range(len(logcs)),mean_coefs_paths,"-")
      plt.xticks(range(len(logcs)),logcs,rotation=45)
      plt.xlabel("正規化強度的倒數")
      plt.ylabel("係數大小")
      plt.title("邏輯回歸特徵軌跡線")
      plt.grid()
      plt.show()
```

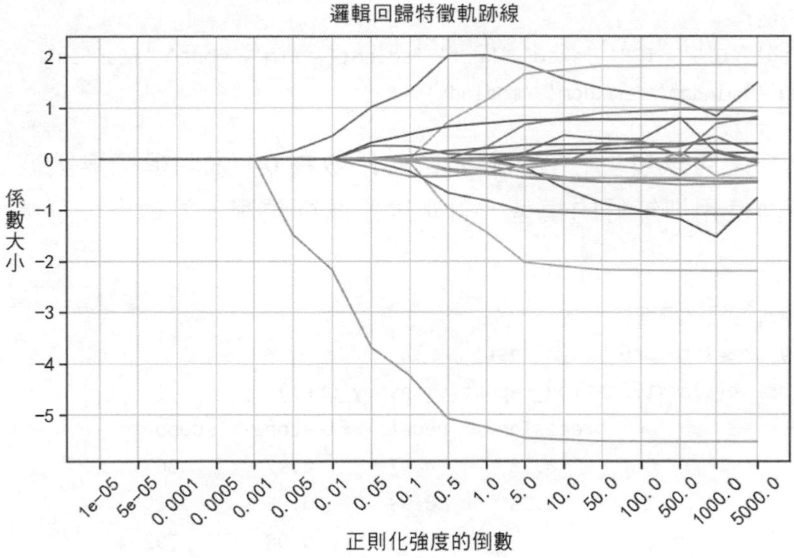

▲ 圖 5-28　正規化強度對引數係數的影響

下面使用最好的正規化強度係數，利用訓練集訓練新的邏輯回歸模型，程式如下：

```
In[9]:## 使用最好的參數C，利用訓練集建立邏輯回歸，並對測試集進行預測
      logr=LogisticRegression(C=0.5,                # 正則強度的倒數
                              penalty="l1",         # 利用l1範數進行約束
                              solver="liblinear",random_state=0)
```

```
     logr.fit(X_train,y_train)
     print("每個特徵的係數為:\n",logr.coef_)
     ## 輸出使用的特徵
     print("剔除的特徵:\n",varname[logr.coef_.flatten() == 0])
     print("保留的特徵:\n",varname[logr.coef_.flatten() != 0])
Out[9]:每個特徵的係數為:
 [[ 0.          0.          -0.06625907 0.          0.05690998 2.11073422
  -0.15755316 -0.35569364 1.00686467  -1.19837523 0.18534718 0.
  -5.1142233   0.65209797 0.           0.          -0.01235897 -0.034038
   0.          -0.27899298]]
剔除的特徵:
 ['meanfreq' 'sd' 'Q25' 'centroid' 'maxfun' 'meandom' 'dfrange']
保留的特徵:
 ['median' 'Q75' 'IQR' 'skew' 'kurt' 'sp.ent' 'sfm' 'mode' 'meanfun'
 'minfun' 'mindom' 'maxdom' 'modindx']
```

從輸出結果可以發現，有 7 個引數的係數為 0，説明這些變數被模型剔除。下面使用訓練好的模型，對測試集進行預測，並輸出預測精度，程式如下：

```
In[10]:## 對測試集進行預測
      y_pre=logr.predict(X_test)
      print(classification_report(y_test,y_pre))
Out[10]:             precision    recall  f1-score   support
                0       0.98      0.97      0.97       367
                1       0.98      0.98      0.98       425
         accuracy                           0.98       792
```

從輸出結果可以發現，邏輯回歸模型的預測精度高達 98%。模型的預測效果還可以使用下面的程式獲得 ROC 曲線，程式執行後的結果如圖 5-29 所示。

```
In[11]:## 視覺化測試集上的ROC曲線
      pre_y=logr.predict_proba(X_test)[:, 1]
      fpr_Nb, tpr_Nb, _=metrics.roc_curve(y_test, pre_y)
      auc=metrics.auc(fpr_Nb, tpr_Nb)
```

```
plt.figure(figsize=(10,8))
plt.plot([0, 1], [0, 1], 'k--')
plt.plot(fpr_Nb, tpr_Nb,"r",linewidth=3)
plt.grid()
plt.xlabel("假正率")
plt.ylabel("真正率")
plt.xlim(0, 1)
plt.ylim(0, 1)
plt.title("邏輯回歸ROC曲線")
plt.text(0.2,0.8,"AUC="+str(round(auc,4)))
plt.show()
```

從圖 5-29 中可以發現，模型的 AUC 值高達 0.9942，說明使用邏輯回歸獲得的模型對聲音資料的預測效果很好。

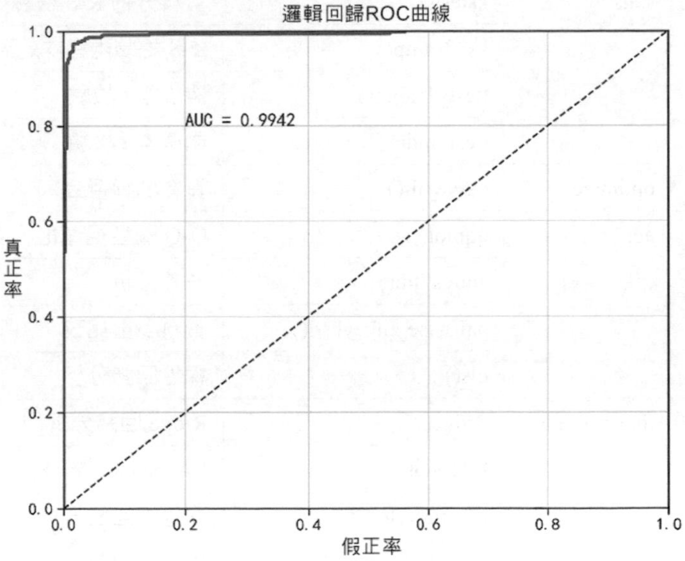

▲ 圖 5-29　邏輯回歸 ROC 曲線

5.6 本章小結

本章主要介紹了使用 Python 對資料進行假設檢驗和回歸分析的相關應用實例。針對假設檢驗的內容，介紹了利用 Python 對資料進行資料分佈的檢驗、資料 t 檢驗、資料的方差分析。針對回歸分析的內容，介紹了利用 Python 對資料進行一元線性和非線性回歸、多元線性回歸、逐步回歸、多元自我調整樣條回歸、Ridge 回歸、LASSO 回歸、彈性網回歸以及邏輯回歸分類等。這些分析方法在實戰中使用到的 Python 函數可以複習如表 5-2 所示。

表 5-2　相關函數

函數庫	模組	函數	功能
SciPy	stats	kstest()	資料分佈 K-S 檢驗
		ks_2samp()	K-S 檢驗兩樣本是否分佈相同
		ttest_1samp()	單樣本 t 檢驗
		ttest_ind()	兩樣本 t 檢驗
	optimize	curve_fit()	資料曲線擬合
statsmodels	api	qqplot()	Q-Q 圖型視覺化
		anova_lm()	方差分析
		pairwise_tukeyhsd()	資料多重比較
		ols()	線性回歸分析
sklearn	linear_model	Ridge()	Ridge 回歸分析
		LASSO()	LASSO 回歸分析
		ElasticNetCV()	彈性網回歸分析
		LogisticRegression()	邏輯回歸分析

Chapter

06

時間序列分析

時間序列資料是常見的資料類型之一，時間序列分析以隨機過程理論和數理統計學方法為基礎，研究時間序列資料所遵從的統計規律，常用於系統描述、系統分析、預測未來等。

時間序列資料主要是根據時間先後，對同樣的物件按照等時間間隔收集的資料，比如每日的平均氣溫、每天的銷售額、每月的降水量等。雖然有些序列所描述的內容設定值是連續的，比如氣溫的變化可能是連續的，但是由於觀察的時間段並不是連續的，所以可以認為是離散的時間序列資料。一般地，對任何變數做定期記錄就能組成一個時間序列。根據所研究序列數量的不同，可以將時間序列資料分為一元時間序列資料和多元時間序列資料。

時間序列的變化可能受一個或多個因素的影響，導致它在不同時間的設定值有差異，這些影響因素分別是長期趨勢、季節變動、循環波動（週期波動）和不規則波動（隨機波動）。時間序列分析主要有確定性變化分析和隨機性變化分析。確定性變化分析包括趨勢變化分析、週期變化分析、循環變化分析。隨機性變化分析主要有 AR、MA、ARMA、ARIMA 模型等。

本章主要介紹與時間序列相關的一些假設檢驗方法，並介紹如何利用 Python 完成移動平均演算法、ARMA、ARIMA、SARIMA、ARIMAX 等幾種傳統的時間序列模型，對需要預測的時間序列資料進行建模和預測，以及使用 Facebook 提出的 prophet 方法對時間序列進行預測和異常值檢測等。

首先匯入本章會使用到的函數庫和模組，程式如下：

```
## 輸出高畫質圖型
%config InlineBackend.figure_format='retina'
%matplotlib inline
## 圖型顯示中文的問題
import matplotlib
matplotlib.rcParams['axes.unicode_minus']=False
import seaborn as sns
sns.set(font= "Kaiti",style="ticks",font_scale=1.4)
## 匯入會使用到的相關套件
import numpy as np
import pandas as pd
import matplotlib.pyplot as plt
from statsmodels.tsa.stattools import *
import statsmodels.api as sm
import statsmodels.formula.api as smf
from statsmodels.tsa.api import SimpleExpSmoothing, Holt,
ExponentialSmoothing, AR, ARIMA, ARMA
from statsmodels.graphics.tsaplots import plot_acf, plot_pacf
import pmdarima as pm
from sklearn.metrics import mean_absolute_error
import pyflux as pf
from fbprophet import Prophet
## 忽略提醒
import warnings
warnings.filterwarnings("ignore")
```

時間序列模型的預測主要可以透過 statsmodels 函數庫的 tsa 模組來完成。

針對時間序列資料，常用的分析流程如下：

（1）根據時間序列的散點圖、自相關函數和偏自相關函數圖等辨識序列是否是非隨機序列，如果是非隨機序列，則觀察其平穩性。
（2）對非平穩的時間序列資料採用差分進行平穩化處理，直到處理後序列是平穩的非隨機序列。
（3）根據所辨識出來的特徵建立對應的時間序列模型。
（4）參數估計，檢驗是否具有統計意義。
（5）假設檢驗，判斷模型的殘差序列是否為白色雜訊序列。
（6）利用已透過檢驗的模型進行預測。

6.1 時間序列資料的相關檢驗

對於時間序列資料，最重要的檢驗就是時間序列資料是否為白色雜訊資料、時間序列資料是否平穩，以及對時間序列資料的自相關係數和偏自相關係數進行分析。如果時間序列資料是白色雜訊資料，説明其沒有任何有用的資訊。針對時間序列資料的很多分析方法，都要求所研究的時間序列資料是平穩的，所以判斷時間序列資料是否平穩，以及如何將非平穩的時間序列資料轉化為平穩序列資料，對時間序列資料的建模研究是非常重要的。

6.1.1 白色雜訊檢驗

本節將利用兩個時間序列資料進行相關的檢驗分析，首先讀取資料並使用聚合線圖將兩組時間序列進行視覺化，執行下面的程式後，結果如圖 6-1 所示。

```
In[1]:## 讀取時間序列資料,該資料封包含的X1為飛機乘客資料，X2為一組隨機資料
      df=pd.read_csv("data/chap6/timeserise.csv")
      ## 查看資料的變化趨勢
      df.plot(kind="line",figsize=(10,6))
```

```
plt.grid()
plt.title("時序資料")
plt.show()
```

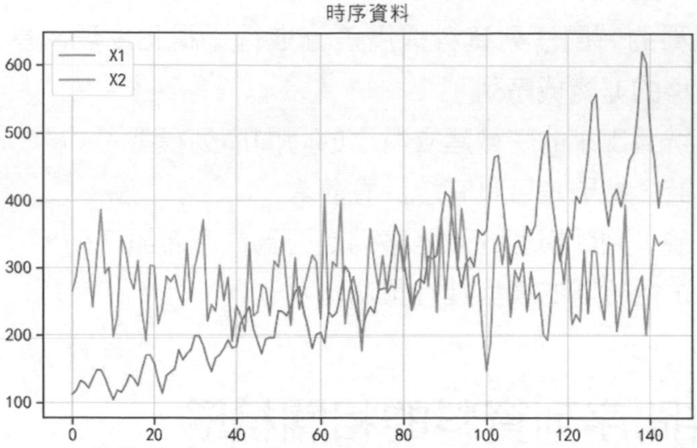

▲ 圖 6-1　序列的波動情況

如果一個序列是白色雜訊（即獨立同分佈的隨機資料），那麼就無須再對其建立時間序列模型來預測，因為預測隨機數是無意義的。因此在建立時間序列分析之前，需要先白色雜訊檢驗。常用的白色雜訊檢驗方法是 Ljung-Box 檢驗（簡稱 LB 檢驗），其原假設和備擇假設分別為 H0：延遲期數小於或等於 *m* 期的序列之間相互獨立（序列是白色雜訊）；H1：延遲期數小於或等於 *m* 期的序列之間有相關性（序列不是白色雜訊）。Ljung-Box 檢驗可以使用 sm.stats.diagnostic.acorr_ljungbox() 函數，對兩個序列進行白色雜訊檢驗，程式如下：

```
In[2]:## Ljung-Box檢驗
      lags=[4,8,16,32]
LB=sm.stats.diagnostic.acorr_ljungbox(df["X1"],lags=lags,return_df=True)
      print("序列X1的檢驗結果:\n",LB)
      LB=sm.stats.diagnostic.acorr_ljungbox(df["X2"],lags=lags,return_df
=True)
      print("序列X2的檢驗結果:\n",LB)
Out[2]:序列X1的檢驗結果:
```

```
        lb_stat      lb_pvalue
4    427.738684   2.817731e-91
8    709.484498  6.496271e-148
16  1289.037076  1.137910e-264
32  1792.523003   0.000000e+00
序列X2的檢驗結果:
      lb_stat  lb_pvalue
4    1.822771   0.768314
8    8.452830   0.390531
16  15.508599   0.487750
32  28.717743   0.633459
```

從上面的結果中可以看出，在延遲階數為 [4,8,16,32] 的情況下，序列 X1 的 LB 檢驗 P 值均小於 0.05，說明可以拒絕序列為白色雜訊的原假設，認為該資料不是隨機資料，即該資料不是隨機的，是有規律可循的，有分析價值。而序列 X2 的 LB 檢驗 P 值均大於 0.05，說明該序列為白色雜訊，沒有分析價值。

6.1.2 平穩性檢驗

時間序列是否是平穩的，對選擇預測的數學模型非常關鍵。如果一組時間序列資料是平穩的，就可以直接使用自回歸移動平均模型（ARMA）進行預測，如果資料是不平穩的，就需要嘗試建立差分移動自回歸平均模型（ARIMA）等進行預測。

判斷序列是否平穩有兩種檢驗方法：一種是根據時序圖和自相關圖顯示的特徵做出判斷，另一種是構造檢驗統計量進行假設檢驗，如單位根檢驗。第一種判斷方法比較主觀，第二種方法則是客觀的判斷方法。

常用的單位根檢驗方法是 ADF 檢驗，它能夠檢驗時間序列中單位根的存在性，其檢驗的原假設和備擇假設分別為 H0：序列是非平穩的（序列有單位根）；H1：序列是平穩的（序列沒有單位根）。

Python 中 sm.tsa 模組的 adfuller() 函數可以進行單位根檢驗，針對序列 X1 和 X2 可以使用下面的程式進行單位根檢驗。

```
In[3]:## 序列的單位根檢驗，即檢驗序列的平穩性
      dftest=adfuller(df["X2"],autolag='BIC')
      dfoutput=pd.Series(dftest[0:4], index=['adf','p-value', 'usedlag',
'Number of Observations Used'])
      print("X2單位根檢驗結果:\n",dfoutput)
      dftest=adfuller(df["X1"],autolag='BIC')
      dfoutput=pd.Series(dftest[0:4], index=['adf','p-value', 'usedlag',
'Number of Observations Used'])
      print("X1單位根檢驗結果:\n",dfoutput)
      ## 對X1一階差分後的序列進行檢驗
      X1diff=df["X1"].diff().dropna()
      dftest=adfuller(X1diff,autolag='BIC')
      dfoutput=pd.Series(dftest[0:4], index=['adf','p-value', 'usedlag',
'Number of Observations Used'])
print("X1一階差分單位根檢驗結果:\n",dfoutput)
Out[3]:X2單位根檢驗結果:
 adf                              -1.124298e+01
p-value                           1.788000e-20
usedlag                           0.000000e+00
Number of Observations Used       1.430000e+02
dtype: float64
X1單位根檢驗結果:
 adf                                 0.815369
p-value                             0.991880
usedlag                            13.000000
Number of Observations Used       130.000000
dtype: float64
X1一階差分單位根檢驗結果:
 adf                               -2.829267
p-value                             0.054213
usedlag                            12.000000
Number of Observations Used       130.000000
dtype: float64
```

從上面的單位根檢驗的輸出結果中可以發現，序列 X2 的檢驗 P 值小於 0.05，說明 X2 是一個平穩時間序列（注意該序列屬於白色雜訊，白色雜訊序列是平穩序列）。針對序列 X1 的單位根檢驗，可發現其 P 值遠大於 0.05，說明其實不平穩，而針對其一階差分後的結果可以發現，一階差分後 P 值大於 0.05，但是小於 0.1, 可以認為其是平穩序列。

針對資料的平穩性檢驗，還可以使用 KPSS 檢驗，其原假設為檢測的序列是平穩的。該檢驗可以使用 kpss() 函數來完成，使用該函數對序列進行檢驗的程式如下：

```
In[4]:## 對序列X2使用KPSS檢驗平穩性
      dfkpss=kpss(df["X2"])
      dfoutput =pd.Series(dfkpss[0:3],index=["kpss_stat"," p-value","
usedlag"])
      print("X2 KPSS檢驗結果:\n",dfoutput)
      ## 對序列X1使用KPSS檢驗平穩性
      dfkpss=kpss(df["X1"])
      dfoutput =pd.Series(dfkpss[0:3],index=["kpss_stat"," p-value","
usedlag"])
      print("X1 KPSS檢驗結果:\n",dfoutput)
      ## 對序列X1使用KPSS檢驗平穩性
      dfkpss=kpss(X1diff)
      dfoutput =pd.Series(dfkpss[0:3],index=["kpss_stat"," p-value","
usedlag"])
      print("X1一階差分KPSS檢驗結果:\n",dfoutput)
Out[4]:X2 KPSS檢驗結果:
 kpss_stat     0.087559
 p-value      0.100000
 usedlag     14.000000
dtype: float64
X1 KPSS檢驗結果:
 kpss_stat     1.052175
 p-value      0.010000
 usedlag     14.000000
dtype: float64
```

```
X1一階差分KPSS檢驗結果:
 kpss_stat      0.05301
 p-value        0.10000
 usedlag       14.00000
dtype: float64
```

從輸出的檢驗結果中可以知道，序列 X2 是平穩序列，序列 X1 是不平穩序列，X1 一階差分後的序列是平穩序列。

針對時間序列 ARIMA(*p*,*d*,*q*) 模型，參數 *d* 可以透過差分次數來確定，也可以利用 pm.arima 模組的 ndiffs() 函數進行對應的檢驗來確定。如果對序列建立 ARIMA 模型可以使用下面的程式確定參數 *d* 的設定值：

```
In[5]:## 檢驗ARIMA模型的參數d
      X1d=pm.arima.ndiffs(df["X1"], alpha=0.05, test="kpss", max_d=3)
      print("使用KPSS檢驗對序列X1的參數d設定值進行預測,d=",X1d)

      X1diffd=pm.arima.ndiffs(X1diff, alpha=0.05, test="kpss", max_d=3)
      print("使用KPSS檢驗對序列X1一階差分後的參數d設定值進行預測,d=",X1diffd)

      X2d=pm.arima.ndiffs(df["X2"], alpha=0.05, test="kpss", max_d=3)
      print("使用KPSS檢驗對序列X2的參數d設定值進行預測,d=",X2d)

Out[5]:使用KPSS檢驗對序列X1的參數d設定值進行預測,d=1
使用KPSS檢驗對序列X1一階差分後的參數d設定值進行預測,d=0
使用KPSS檢驗對序列X2的參數d設定值進行預測,d=0
```

從輸出的結果中可以發現，針對平穩序列獲得的參數 *d* 設定值為 0，而針對不平穩的時間序列 X1，其參數 *d* 的預測結果為 1。

針對時間序列 SARIMA 模型，還有一個季節週期平穩性參數 D 需要確定，同時也可以利用 pm.arima 模組中的 nsdiffs() 函數進行對應的檢驗來確定，使用該函數的程式範例如下：

```
In[6]:## 檢驗SARIMA模型的參數季節階數D
      X1d=pm.arima.nsdiffs(df["X1"], 12, max_D=2)
```

```
    print("對序列X1的季節階數D設定值進行預測,D=",X1d)

    X1diffd=pm.arima.nsdiffs(X1diff, 12, max_D=2)
    print("序列X1一階差分後的季節階數D設定值進行預測,D=",X1diffd)
Out[6]:對序列X1的季節階數D設定值進行預測,D=1
       序列X1一階差分後的季節階數D設定值進行預測,D=1
```

從程式的輸出結果中可以發現，序列 X1 和序列 X1 一階差分後的序列，檢驗結果都為 D=1。

6.1.3 自相關分析和偏自相關分析

自相關分析和偏自相關分析，是用來確定 ARMA(p,q) 模型中兩個參數 p 和 q 的一種方法，在確定序列為平穩的非白色雜訊序列後，可以透過序列的自相關係數和偏自相關係數設定值的大小來分析序列的截尾情況。

對於一個時間序列 $\{x_t\}_{t=1}^{T}$，如果樣本的自相關係數 ACF 不等於 0，直到落後 $s>q$ 期 $s=q$，而落後期時 ACF 幾乎為 0，那麼可以認為真實的資料生成過程是 MA(q)。如果樣本的偏自相關係數 PACF 不等於 0，直到落後期 $s=p$，而落後期 $s>p$ 時 PACF 幾乎為 0，那麼可以認為真實的資料生成過程是 AR(p)。更一般的情況是，根據樣本的 ACF 和 PACF 的表現，可擬合出一個較合適的 ARMA(p,q) 模型。表 6-1 展示了如何確定模型中的參數 p 和 q。

表 6-1　ARMA(p,q) 中 p 和 q 的確定方法

模型	自相關係數	偏自相關係數
AR(p)	拖尾	p 階截尾
MA(q)	q 階截尾	拖尾
ARMA(p,q)	前 q 個無規律，其後拖尾	前 p 個無規律，其後拖尾

針對時間序列的自相關係數和偏自相關係數的情況，可以使用 plot_acf() 函數和 plot_pacf() 函數進行視覺化，執行下面的程式可獲得時間序列 X2

的自相關係數和偏自相關係數的情況，得到的結果如圖 6-2 所示。

```
In[7]:## 對隨機序列X2進行自相關和偏自相關分析視覺化
      fig=plt.figure(figsize=(16,5))
      plt.subplot(1,3,1)
      plt.plot(df["X2"],"r-")
      plt.grid()
      plt.title("X2序列波動")
      ax=fig.add_subplot(1,3,2)
      plot_acf(df["X2"], lags=60,ax=ax)
      plt.grid()
      ax=fig.add_subplot(1,3,3)
      plot_pacf(df["X2"], lags=60,ax=ax)
      plt.grid()
      plt.tight_layout()
      plt.show()
```

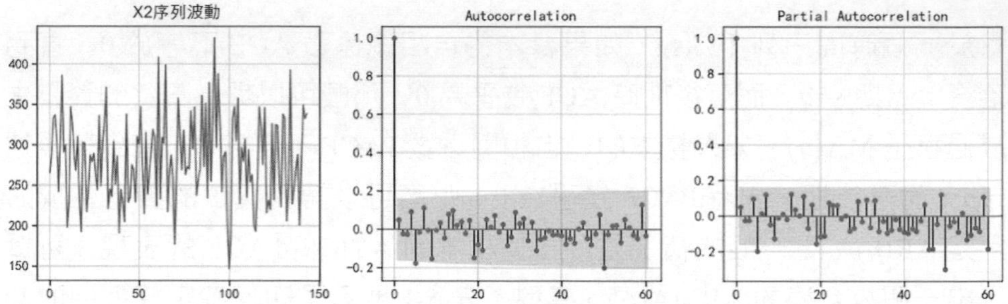

▲ 圖 6-2 X2 的自相關係數和偏自相關係數

從圖 6-2 中可以發現，針對白色雜訊的平穩序列，參數 p 和 q 的設定值均可以為 0。

使用下面的程式可以將序列 X1 進行自相關和偏自相關分析視覺化，結果如圖 6-3 所示。

```
In[8]:## 對非隨機序列X1進行自相關和偏自相關分析視覺化
      fig=plt.figure(figsize=(16,5))
      plt.subplot(1,3,1)
      plt.plot(df["X1"],"r-")
```

```
plt.grid()
plt.title("X1序列波動")
ax=fig.add_subplot(1,3,2)
plot_acf(df["X1"], lags=60,ax=ax)
plt.grid()
ax=fig.add_subplot(1,3,3)
plot_pacf(df["X1"], lags=60,ax=ax)
plt.ylim([-1,1])
plt.grid()
plt.tight_layout()
plt.show()
```

從圖 6-3 中可以發現，序列 X1 具有一定的週期性。

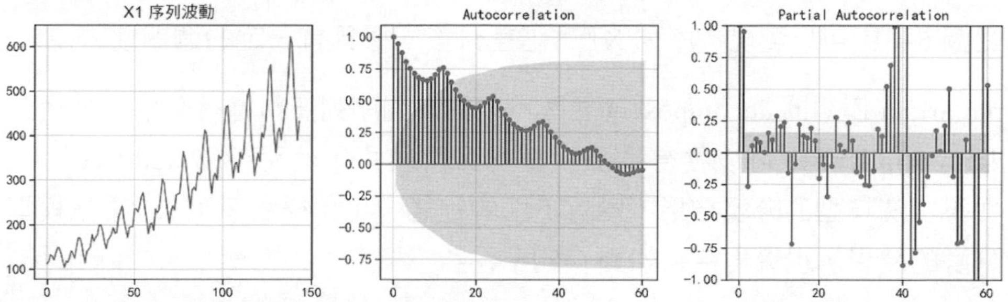

▲ 圖 6-3　X1 的自相關係數和偏自相關係數

針對序列 X1 一階差分後的序列，其自相關和偏自相關分析視覺化可以使用下面的程式，程式執行後的結果如圖 6-4 所示。

```
In[9]:## 對非隨機序列X1一階差分後的序列進行自相關和偏相關分析視覺化
      fig=plt.figure(figsize=(16,5))
      plt.subplot(1,3,1)
      plt.plot(X1diff,"r-")
      plt.grid()
      plt.title("X1序列一階差分後波動")
      ax=fig.add_subplot(1,3,2)
      plot_acf(X1diff, lags=60,ax=ax)
      plt.grid()
      ax=fig.add_subplot(1,3,3)
```

```
plot_pacf(X1diff, lags=60,ax=ax)
plt.grid()
plt.tight_layout()
plt.show()
```

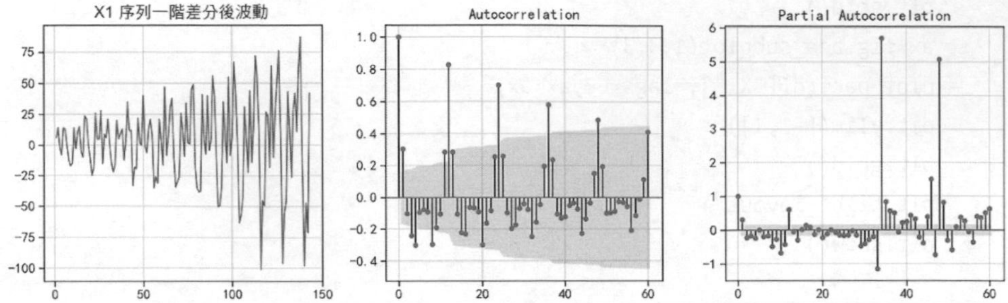

▲ 圖 6-4　X1 一階差分後的自相關係數和偏自相關係數

從圖 6-4 中可以發現，序列 X1 一階差分後同樣具有一定的週期性。

pm.arima 模組的 decompose() 函數可以對時間序列資料進行分解，使用參數 multiplicative 可以獲得乘法模型的分解結果，使用參數 additive 可以獲得加法模型的分解結果。執行下面的程式，可獲得對序列 X1 乘法模型分解的結果，視覺化結果如圖 6-5 所示。

```
In[10]:## 使用乘法模型分解的結果(通常適用於有增長趨勢的序列)
       X1decomp=pm.arima.decompose(df["X1"].values,"multiplicative", m=12)
       ## 視覺化出分解的結果
       ax=pm.utils.decomposed_plot(X1decomp,figure_kwargs={"figsize":(10,
6)},show=False)
       ax[0].set_title("乘法模型分解結果")
       plt.show()
```

透過觀察序列 X1 的分解結果，可以發現其既有上升趨勢，也有週期性的變化趨勢。

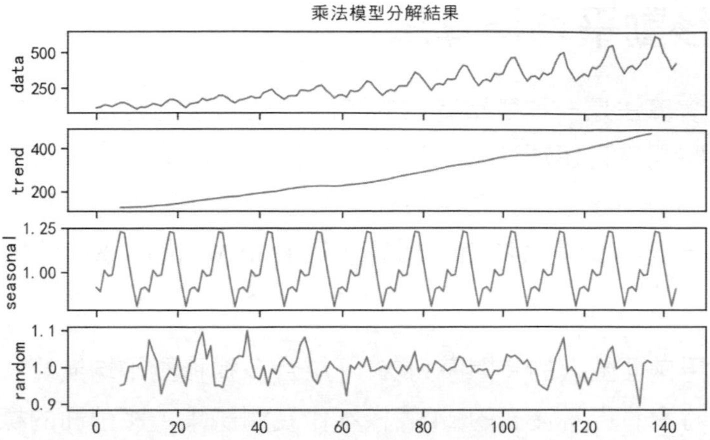

▲ 圖 6-5 序列 X1 的分解結果

使用下面的程式可以對序列 X1 一階差分後的序列使用加法模型進行分解，程式執行後的結果如圖 6-6 所示。

```
In[11]:## 使用加法模型分解結果(通常適用於平穩趨勢的序列)
       X1decomp=pm.arima.decompose(X1diff.values,"additive", m=12)
       ## 視覺化出分解的結果
       ax=pm.utils.decomposed_plot(X1decomp,figure_kwargs={"figsize":(10,
6)},show=False)
       ax[0].set_title("加法模型分解結果")
       plt.show()
```

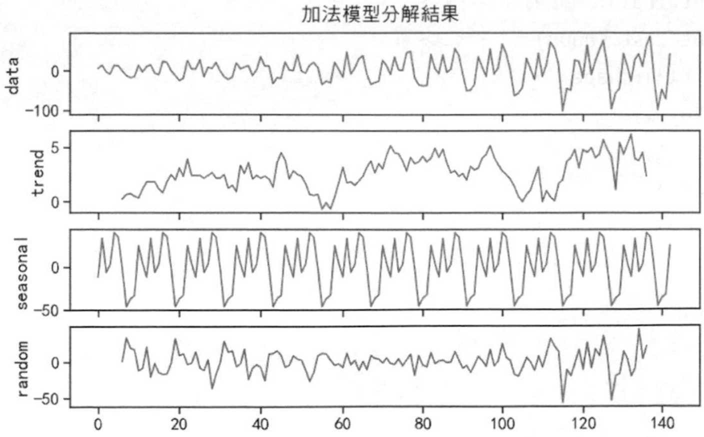

▲ 圖 6-6 序列 X1 一階差分後的分解結果

6.2 移動平均演算法

移動平均演算法是一種簡單有效的時間序列的預測方法，它的基本思想是：根據時間序列逐項演進，依次計算包含一定項數的序時平均值，以反映長期趨勢。該預測方法中最簡單的是簡單移動平均法和簡單指數平滑法，較複雜的有霍爾特線性趨勢法和 Holt-Winters 季節性預測模型方法。

本節將使用前面匯入的時間序列 X1，結合多種移動平均演算法建模與預測，建模時會將資料後面的 24 個樣本作為測試集，將前面的樣本作為訓練集，資料切分程式如下，程式執行後的結果如圖 6-7 所示。訓練集中包含 120 個樣本，測試集中包含 24 個樣本。

```
In[1]:## 資料準備，對序列X1進行切分，後面的24個資料用於測試集
      train=pd.DataFrame(df["X1"][0:120])
      test=pd.DataFrame(df["X1"][120:])
      ## 視覺化切分後的資料
      train["X1"].plot(figsize=(14,7),title="乘客數量資料",label="X1 train")
      test["X1"].plot(label="X1 test")
      plt.legend()
      plt.grid()
      plt.show()
      print(train.shape)
      print(test.shape)
      df["X1"].shape
Out[1]: (120, 1)
        (24, 1)
        (144,)
```

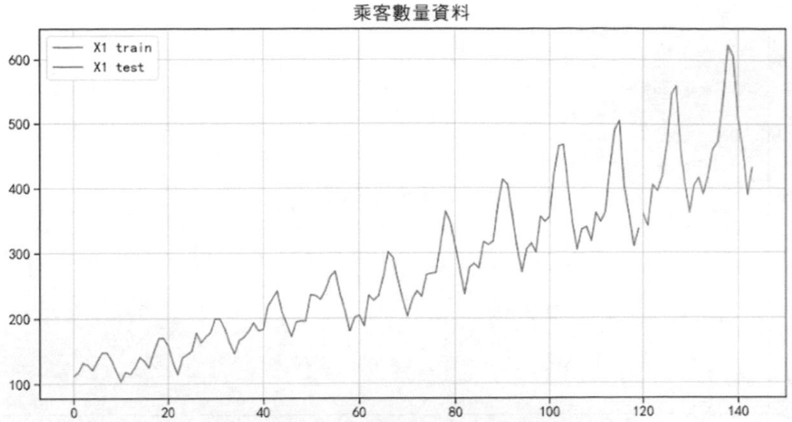

▲ 圖 6-7　訓練集和測試集的劃分

6.2.1 簡單移動平均法

簡單移動平均法中各元素的權重都相等。Python 中可以使用時間序列的 rolling() 和 mean() 方法進行計算和預測，對切分後的序列進行預測的程式如下，程式中同時將訓練集、測試集和預測資料進行了視覺化比較分析，rolling(24).mean() 表示計算最近的 24 個資料的平均值，作為待預測資料的結果，程式執行後的結果如圖 6-8 所示。

```
In[2]:## 用簡單移動平均法進行預測
      y_hat_avg=test.copy(deep=False)
      y_hat_avg["moving_avg_forecast"] =train["X1"].rolling(24).mean().iloc[-1]
      ## 視覺化出預測結果
      plt.figure(figsize=(14,7))
      train["X1"].plot(figsize=(14,7),label="X1 train")
      test["X1"].plot(label="X1 test")
      y_hat_avg["moving_avg_forecast"].plot(style="g--o", lw=2,
                                            label="移動平均預測")
      plt.legend()
      plt.grid()
      plt.title("簡單移動平均預測")
      plt.show()
```

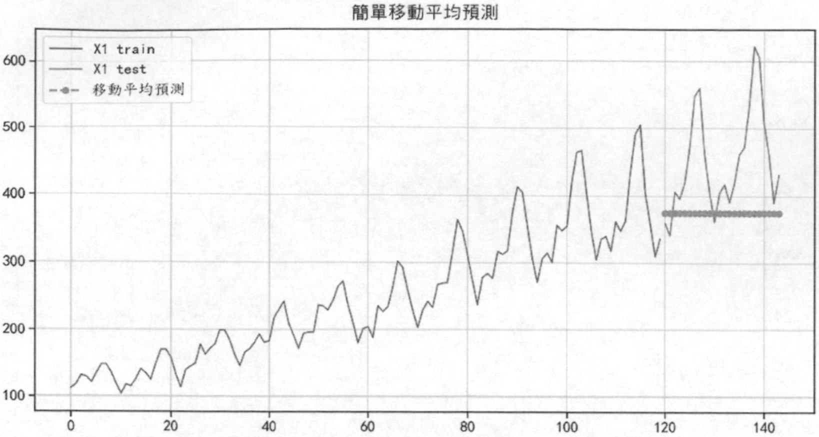

▲ 圖 6-8　簡單移動平均法預測的結果

從圖 6-8 中可以發現，使用簡單移動平均法對資料進行預測的效果並不好，使用下面的程式可以計算在測試集上的平均絕對值誤差，可知平均絕對值誤差為 82.55。

```
In[3]:## 計算預測結果和真實值的誤差
      print("預測絕對值誤差:",mean_absolute_error(test["X1"], y_hat_
avg["moving_avg_forecast"]))
Out[3]:預測絕對值誤差: 82.55208333333336
```

6.2.2 簡單指數平滑法

簡單指數平滑又稱指數移動平均值，是以指數式遞減加權的移動平均。各資料的權重隨時間呈指數式遞減，越近期的資料權重越大，但較舊的資料也給予一定的權重。在 Python 中可以使用 SimpleExpSmoothing() 函數對時間序列資料進行簡單指數平滑法的建模和預測，對切分後的序列進行預測的程式如下。在下面的程式中，透過訓練獲得了兩個指數平滑模型，分別對應著參數 smoothing_level=0.15 和 smoothing_level=0.5。同時將訓練集、測試集和預測資料進行了比較視覺化，程式執行後的結果如圖 6-9 所示。

```
In[4]:## 準備資料
      y_hat_avg=test.copy(deep=False)
      ## 建構模型
      model1=SimpleExpSmoothing(train["X1"].values). fit(smoothing_level=0.15)
      y_hat_avg["exp_smooth_forecast1"]=model1.forecast(len(test))

      model2=SimpleExpSmoothing(train["X1"].values).fit(smoothing_level =0.5)
      y_hat_avg["exp_smooth_forecast2"]=model2.forecast(len(test))

      ## 視覺化出預測結果
      plt.figure(figsize=(14,7))
      train["X1"].plot(figsize=(14,7),label="X1 train")
      test["X1"].plot(label="X1 test")
      y_hat_avg["exp_smooth_forecast1"].plot(style="g--o", lw=2,
                                      label="smoothing_level= 0.15")
      y_hat_avg["exp_smooth_forecast2"].plot(style="g--s", lw=2,
                                     label="smoothing_level=0.5")
      plt.legend()
      plt.grid()
      plt.title("簡單指數平滑預測")
      plt.show()
      ## 計算預測結果和真實值的誤差
      print("smoothing_level=0.15,預測絕對值誤差:",
mean_absolute_error(test["X1"],y_hat_avg["exp_smooth_forecast1"]))
      print("smoothing_level=0.5,預測絕對值誤差:",
mean_absolute_error(test["X1"],y_hat_avg["exp_smooth_forecast2"]))
      smoothing_level=0.15,預測絕對值誤差: 81.10115706423566
Out[4]:smoothing_level=0.5,預測絕對值誤差: 106.813228720506
```

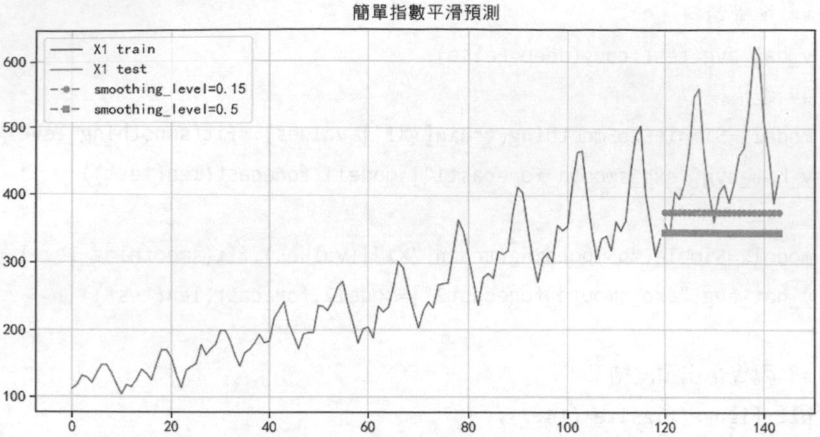

▲ 圖 6-9 簡單指數平滑法預測結果

從輸出結果和圖 6-9 中可以發現，參數 smoothing_level=0.15 獲得的模型預測效果，比參數 smoothing_level=0.5 獲得的模型預測效果更好。但是使用指數平滑法獲得的模型，預測效果仍然較差。

6.2.3 霍爾特線性趨勢法

霍爾特（Holt）線性趨勢法是擴充了的簡單指數平滑法，其允許有趨勢變化的資料預測，所以對於有趨勢變化的序列可能會獲得更好的預測結果。Python 中可以使用 Holt() 函數對時間序列進行霍爾特（Holt）線性趨勢法的建模和預測，並且可以使用 smoothing_level 和 smoothing_slope 兩個參數控制模型的擬合情況。對切分後的序列進行預測的程式如下，程式中分別訓練獲得了兩個霍爾特（Holt）線性趨勢法模型，對應的參數有 smoothing_level=0.15、smoothing_slope=0.05 和 smoothing_level=0.15、smoothing_slope=0.25。程式中還將訓練集、測試集和預測資料進行了視覺化，程式執行後的結果如圖 6-10 所示。

```
In[5]:## 準備資料
      y_hat_avg=test.copy(deep=False)
      ## 建構模型
```

```
model1=Holt(train["X1"].values).fit(smoothing_level=0.1,
                                     smoothing_slope=0.05)
y_hat_avg["holt_forecast1"]=model1.forecast(len(test))

model2=Holt(train["X1"].values).fit(smoothing_level=0.1,
                                     smoothing_slope=0.25)
y_hat_avg["holt_forecast2"]=model2.forecast(len(test))
## 視覺化出預測結果
plt.figure(figsize=(14,7))
train["X1"].plot(figsize=(14,7),label="X1 train")
test["X1"].plot(label="X1 test")
y_hat_avg["holt_forecast1"].plot(style="g--o", lw=2,
                                 label="Holt線性趨勢法(1)")
y_hat_avg["holt_forecast2"].plot(style="g--s", lw=2,
                                 label="Holt線性趨勢法(2)")
plt.legend()
plt.grid()
plt.title("Holt線性趨勢法預測")
plt.show()
## 計算預測結果和真實值的誤差
print("smoothing_slope=0.05,預測絕對值誤差:",
mean_absolute_error(test["X1"],y_hat_avg["holt_forecast1"]))
print("smoothing_slope=0.25,預測絕對值誤差:",
      mean_absolute_error(test["X1"],y_hat_avg["holt_forecast2"]))
Out[5]:smoothing_slope=0.05,預測絕對值誤差: 54.727467142360275
       smoothing_slope=0.25,預測絕對值誤差: 69.79052992788556
```

從輸出結果和圖 6-10 中可以發現，使用參數 smoothing_level=0.15、smoothing_ slope=0.05 獲得的模型預測效果更好，而且兩個霍爾特線性趨勢法模型的預測效果均比移動平均法的效果更好。

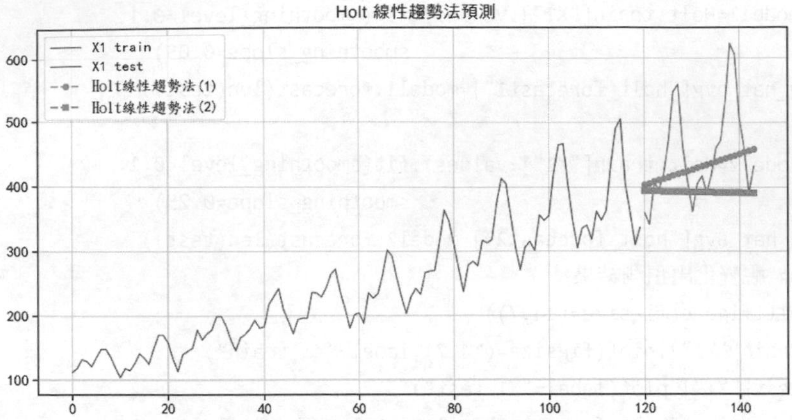

▲ 圖 6-10　霍爾特線性趨勢法預測結果

6.2.4 Holt-Winters 季節性預測模型

Holt-Winters 季節性預測模型又稱為三次指數平滑法，其可以對帶有季節週期性和線性趨勢的資料進行更好的預測和建模，是對霍爾特（Holt）線性趨勢法的進一步擴充。Python 中可以使用 ExponentialSmoothing() 函數對時間序列進行建模和預測，並且可以使用 seasonal_periods 參數指定資料的季節週期性，從而控制模型的擬合情況。對切分後的序列進行預測的程式如下，程式中訓練獲得了 Holt-Winters 季節性預測模型，同時在程式中將訓練集、測試集和預測資料進行了比較視覺化，程式執行後的結果如圖 6-11 所示。

```
In[6]:## 準備資料
      y_hat_avg=test.copy(deep=False)
      ## 建構模型
      model1=ExponentialSmoothing(train["X1"].values,
                                  seasonal_periods=12, # 週期性為12
                                  trend="add", seasonal="add").fit()
      y_hat_avg["holt_winter_forecast1"]=model1.forecast(len(test))

      ## 視覺化出預測結果
```

```
plt.figure(figsize=(14,7))
train["X1"].plot(figsize=(14,7),label="X1 train")
test["X1"].plot(label="X1 test")
y_hat_avg["holt_winter_forecast1"].plot(style="g--o", lw=2,
                                        label="Holt-Winters")
plt.legend()
plt.grid()
plt.title("Holt-Winters季節性預測模型")
plt.show()
## 計算預測結果和真實值的誤差
print("Holt-Winters季節性預測模型,預測絕對值誤差:",
mean_absolute_error(test["X1"],y_hat_avg["holt_winter_forecast1"]))
Out[6]:Holt-Winters季節性預測模型,預測絕對值誤差: 30.06821059070873
```

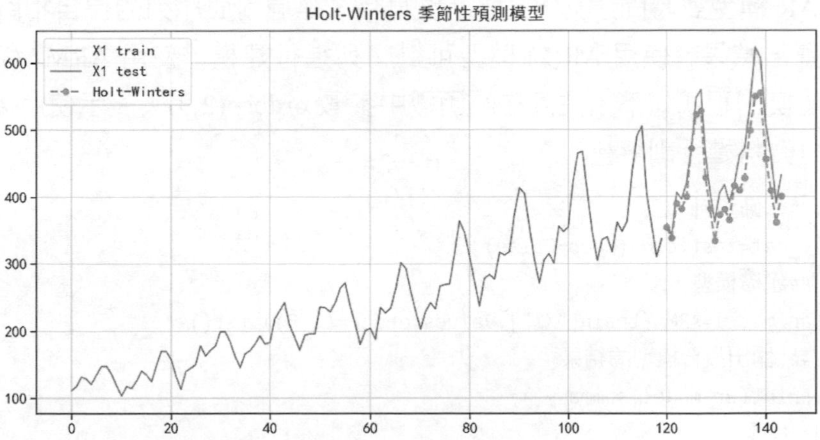

▲ 圖 6-11　Holt-Winters 季節性預測模型預測結果

從輸出結果和圖 6-11 中可以發現，Holt-Winters 季節性預測模型的預測效果極佳地預測了序列的週期性趨勢和線性增長趨勢，在測試集上的平均絕對值誤差為 30.068，是介紹的幾個模型中預測效果最好的模型。

6.3 ARIMA 模型

差分自回歸移動平均模型（Auto-Regressive Integrated Moving Average，ARIMA）是差分運算與 ARMA 模型的組合，即任何非平穩序列如果能夠透過適當階數的差分實現平穩，就可以對差分後的序列擬合 ARMA 模型。ARMA 模型主要針對的是平穩的一元時間序列。本節將分別介紹使用 AR 模型、ARMA 模型和 ARIMA 模型對前面的時間序列 X1 進行擬合時的情況，比較分析不同模型所獲得的擬合效果。

6.3.1 AR 模型

使用 AR 模型對時間序列 X1 進行預測時，經過前面序列的偏自相關係數的視覺化結果，使用 AR(2) 模型可對序列進行建模，使用 ARMA() 函數進行建模的程式如下。注意在該函數中參數 order=(2,0)，表示使用 AR(2) 模型對資料進行訓練。

```
In[1]:##準備資料
      y_hat=test.copy(deep=False)
      ##建構模型
      ar_model=ARMA(train["X1"].values,order=(2,0)).fit()
      ## 輸出擬合模型的結果
      print(ar_model.summary())
Out[1]:
```

```
                              ARMA Model Results
==============================================================================
Dep. Variable:                      y   No. Observations:                  120
Model:                     ARMA(2, 0)   Log Likelihood                -566.994
Method:                       css-mle   S.D. of innovations             26.976
Date:                Thu, 23 Jul 2020   AIC                           1141.989
Time:                        16:05:02   BIC                           1153.138
Sample:                             0   HQIC                          1146.517

==============================================================================
                 coef    std err          z      P>|z|      [0.025      0.975]
------------------------------------------------------------------------------
const        243.4434     39.119      6.223      0.000     166.771     320.116
ar.L1.y        1.2573      0.086     14.568      0.000       1.088       1.426
ar.L2.y       -0.3152      0.087     -3.623      0.000      -0.486      -0.145
                                    Roots
=============================================================================
                  Real          Imaginary           Modulus         Frequency
-----------------------------------------------------------------------------
AR.1            1.0973           +0.0000j            1.0973            0.0000
AR.2            2.8911           +0.0000j            2.8911            0.0000
-----------------------------------------------------------------------------
```

從模型的輸出結果中可以發現，AR(2) 模型的 AIC=1141.989、BIC=1153.138，並且兩個係數均是顯著的。針對 AR(2) 模型使用訓練集的訓練結果，可以對其擬合殘差的情況進行視覺化分析。下面的程式視覺化出了擬合殘差的變化情況和殘差常態性檢驗 Q-Q 圖，程式執行後的結果如圖 6-12 所示。

```
In[2]:## 查看模型的擬合殘差分佈
    fig=plt.figure(figsize=(12,5))
    ax=fig.add_subplot(1,2,1)
    plt.plot(ar_model.resid)
    plt.title("AR(2)殘差曲線")
    ## 檢查殘差是否符合正態分佈
    ax=fig.add_subplot(1,2,2)
    sm.qqplot(ar_model.resid, line='q', ax=ax)
    plt.title("AR(2)殘差Q-Q圖")
    plt.tight_layout()
    plt.show()
```

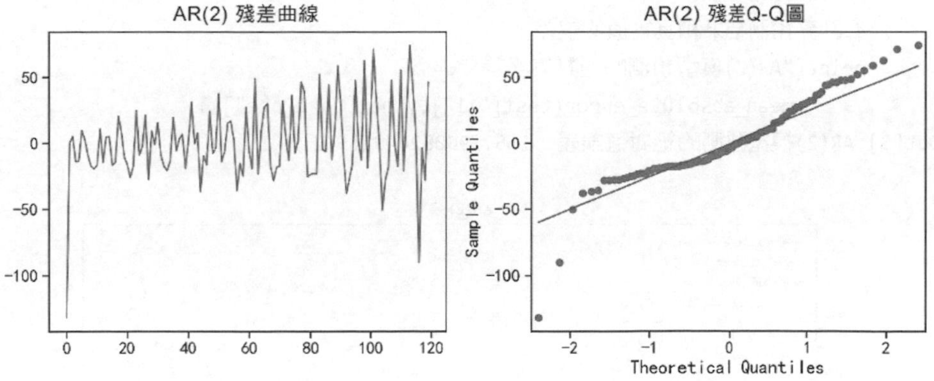

▲ 圖 6-12　殘差的分佈情況

從圖 6-12 中可以發現，擬合殘差的分佈不是正態分佈，說明並沒有將資料中的有效資訊充分發掘。針對該 AR(2) 模型對測試集的預測情況，可以使用下面的程式進行視覺化，程式執行後的結果如圖 6-13 所示。

```
In[3]:## 預測未來24個資料，並輸出95%置信區間
      pre, se, conf=ar_model.forecast(24, alpha=0.05)
      ## 整理資料
      y_hat["ar2_pre"]=pre
      y_hat["ar2_pre_lower"]=conf[:,0]
      y_hat["ar2_pre_upper"]=conf[:,1]
      ## 視覺化出預測結果
      plt.figure(figsize=(14,7))
      train["X1"].plot(figsize=(14,7),label="X1 train")
      test["X1"].plot(label="X1 test")
      y_hat["ar2_pre"].plot(style="g--o", lw=2,label="AR(2)")
      ## 視覺化出置信區間
      plt.fill_between(y_hat.index, y_hat["ar2_pre_lower"],
                       y_hat["ar2_pre_upper"],color='k',alpha=.15,
                       label="95%置信區間")
      plt.legend()
      plt.grid()
      plt.title("AR(2)模型")
      plt.show()
      # 計算預測結果和真實值的誤差
      print("AR(2)模型預測的絕對值誤差:",
            mean_absolute_error(test["X1"],y_hat["ar2_pre"]))
Out[3]:AR(2)模型預測的絕對值誤差: 165.79608244918572
```

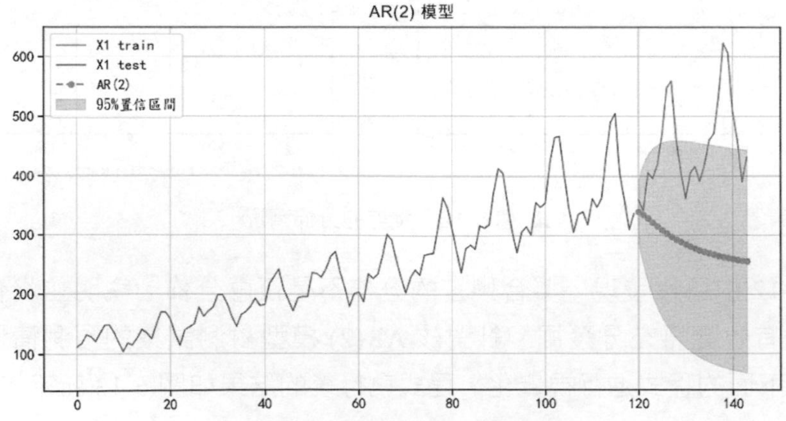

▲ 圖 6-13　AR(2) 預測結果視覺化

從圖 6-13 中可以發現，AR(2) 模型對測試集的預測，完全沒有獲取資料的趨勢，受到了資料中部分資料值下降的影響，同時從預測誤差中，也可以發現模型對資料的預測效果不好。

6.3.2 ARMA 模型

前面使用的 AR(2) 模型並沒有極佳地擬合資料的變化趨勢，因此這裡嘗試使用 ARMA 模型建模預測，根據前面的自相關係數和偏自相關係數分析，為了降低模型的複雜度，可以建立 ARMA(2,1) 模型。使用訓練集擬合模型的程式如下：

```
In[4]: ##準備資料
       y_hat=test.copy(deep=False)
       ## 建構模型
       arma_model=ARMA(train["X1"].values,order=(2,1)).fit()
       ## 輸出擬合模型的結果
       print(arma_model.summary())
Out[4]:
```

```
                              ARMA Model Results
==============================================================================
Dep. Variable:                      y   No. Observations:                  120
Model:                     ARMA(2, 1)   Log Likelihood                -564.185
Method:                       css-mle   S.D. of innovations             26.294
Date:                Thu, 23 Jul 2020   AIC                           1138.371
Time:                        16:05:03   BIC                           1152.308
Sample:                             0   HQIC                          1144.031

==============================================================================
                 coef    std err          z      P>|z|      [0.025      0.975]
------------------------------------------------------------------------------
const        243.7449     46.844      5.203      0.000     151.933     335.557
ar.L1.y        0.4617      0.156      2.966      0.003       0.157       0.767
ar.L2.y        0.4539      0.155      2.933      0.003       0.151       0.757
ma.L1.y        0.8607      0.112      7.714      0.000       0.642       1.079
                                    Roots
=============================================================================
                  Real          Imaginary           Modulus         Frequency
-----------------------------------------------------------------------------
AR.1            1.0604           +0.0000j            1.0604            0.0000
AR.2           -2.0777           +0.0000j            2.0777            0.5000
MA.1           -1.1618           +0.0000j            1.1618            0.5000
-----------------------------------------------------------------------------
```

從模型的輸出結果中可以發現，ARMA(2,1) 模型的 AIC=1138.371、BIC=1152.308，和 AR(2) 相比擬合效果有所提升，並且 3 個係數均是顯著的。

針對 ARMA(2,1) 模型使用訓練集訓練出的結果，可以對其擬合殘差的情況進行視覺化分析。在下面的程式中，視覺化出了擬合殘差的變化情況，以及殘差常態性檢驗 Q-Q 圖，程式執行後的結果如圖 6-14 所示。

```
In[5]:## 查看模型的擬合殘差分佈
      fig=plt.figure(figsize=(12,5))
      ax=fig.add_subplot(1,2,1)
      plt.plot(arma_model.resid)
      plt.title("ARMA(2,1)殘差曲線")
      ## 檢查殘差是否符合正態分佈
      ax=fig.add_subplot(1,2,2)
      sm.qqplot(arma_model.resid, line='q', ax=ax)
      plt.title("ARMA(2,1)殘差Q-Q圖")
      plt.tight_layout()
      plt.show()
```

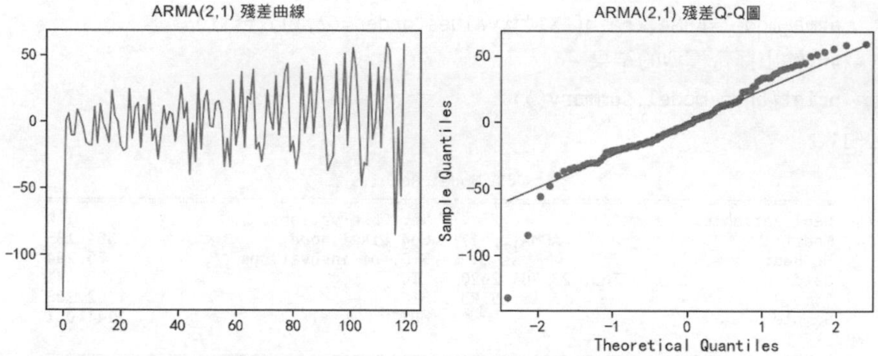

▲ 圖 6-14　ARM 模型的殘差分佈情況

從圖 6-14 中可以發現，擬合殘差的分佈不是正態分佈，説明使用 ARMA(2,1) 並沒有極佳地進行資料擬合。針對該 ARMA(2,1) 模型對測試集的預測情況，可以使用下面的程式進行視覺化，程式執行後的結果如圖 6-15 所示。

```
In[6]:## 預測未來24個資料，並輸出95%置信區間
      pre, se, conf=arma_model.forecast(24, alpha=0.05)
      ## 整理資料
      y_hat["arma_pre"]=pre
```

```
y_hat["arma_pre_lower"]=conf[:,0]
y_hat["arma_pre_upper"]=conf[:,1]
## 視覺化出預測結果
plt.figure(figsize=(14,7))
train["X1"].plot(figsize=(14,7),label="X1 train")
test["X1"].plot(label="X1 test")
y_hat["arma_pre"].plot(style="g--o",lw=2,label="ARMA(2,1)")
## 視覺化出置信區間
plt.fill_between(y_hat.index,y_hat["arma_pre_lower"],
                 y_hat["arma_pre_upper"],color='k',alpha=.15,
                 label="95%置信區間")
plt.legend()
plt.grid()
plt.title("ARMA(2,1)模型")
plt.show()
# 計算預測結果和真實值的誤差
print("ARMA模型預測的絕對值誤差:",
      mean_absolute_error(test["X1"],y_hat["arma_pre"]))
Out[6]:ARMA模型預測的絕對值誤差: 147.26531763335154
```

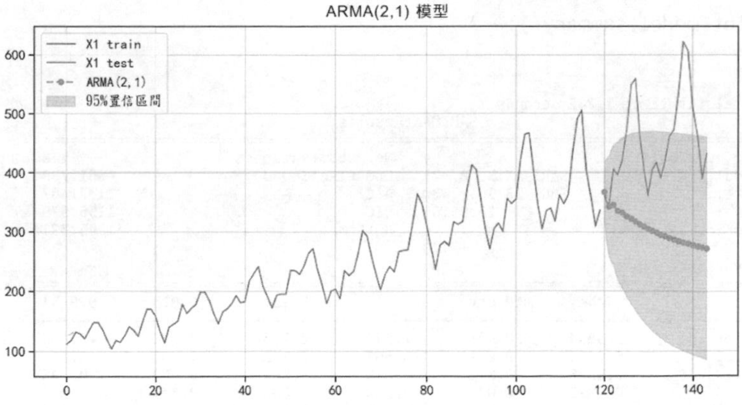

▲ 圖 6-15 ARMA(2,1) 預測結果視覺化

從圖 6-15 中可以發現，ARMA(2,1) 對測試集的預測結果同樣完全沒有獲取資料的變化趨勢，受到了資料中部分資料值下降的影響，同時從預測誤差中也可以發現模型對資料的預測效果不好。

不能獲得較好預測效果的原因有多個，比如：①原始資料為有週期性變化的不平穩資料，不適合 ARMA 模型（**注意**：這裡使用 ARIMA 系列模型對資料進行建模和預測，主要是為了和後面使用較合適模型的預測結果做比較，在實際處理問題時可以沒有這樣的過程）；②模型可能沒有選擇合適的參數進行擬合。

這裡介紹如何使用 Python 中的 pm.auto_arima() 函數自動搜索合適的模型參數，針對 ARMA 模型進行參數自動搜索的程式如下，程式執行後可以發現獲得的最佳模型為 ARMA(3,2)。

```
In[7]:## 自動搜索合適的參數
      model=pm.auto_arima(train["X1"].values,
                          start_p=1, start_q=1, # p、q的開始值
                          max_p=12, max_q=12, # 最大的p和q
                          d=0,                # 尋找ARMA模型參數
                          m=1,                # 序列的週期
                          seasonal=False,     # 沒有季節性趨勢
                          trace=True,error_action='ignore',
                          suppress_warnings=True, stepwise=True)
      print(model.summary())
Out[7]:
```

```
Total fit time: 1.282 seconds
                               SARIMAX Results
==============================================================================
Dep. Variable:                      y   No. Observations:                  120
Model:               SARIMAX(3, 0, 2)   Log Likelihood                -561.733
Date:                Thu, 23 Jul 2020   AIC                           1137.467
Time:                        16:05:05   BIC                           1156.979
Sample:                             0   HQIC                          1145.391
                                - 120
Covariance Type:                  opg
==============================================================================
                 coef    std err          z      P>|z|      [0.025      0.975]
------------------------------------------------------------------------------
intercept     32.9054     20.908      1.574      0.116      -8.073      73.884
ar.L1         -0.0413      0.074     -0.561      0.575      -0.186       0.103
ar.L2          0.2036      0.072      2.819      0.005       0.062       0.345
ar.L3          0.7013      0.079      8.889      0.000       0.547       0.856
ma.L1          1.3215    227.530      0.006      0.995    -444.629     447.272
ma.L2          1.0000    344.340      0.003      0.998    -673.893     675.893
sigma2       637.8502    2.2e+05      0.003      0.998    -4.3e+05    4.31e+05
===================================================================================
Ljung-Box (Q):                      241.15   Jarque-Bera (JB):                 3.53
Prob(Q):                              0.00   Prob(JB):                         0.17
Heteroskedasticity (H):               6.36   Skew:                            -0.14
Prob(H) (two-sided):                  0.00   Kurtosis:                         3.79
===================================================================================

Warnings:
[1] Covariance matrix calculated using the outer product of gradients (complex-step).
```

針對獲取的 ARMA(3,2) 模型，可以使用下面的程式對測試集進行預測，並對結果進行視覺化分析，程式執行後的結果如圖 6-16 所示。

```
In[8]:## 使用ARMA(3,2)對測試集進行預測
      pre, conf=model.predict(n_periods=24, alpha=0.05,
                              return_conf_int=True)
      ## 視覺化ARMA(3,2)的預測結果，整理資料
      y_hat["arma_pre"]=pre
      y_hat["arma_pre_lower"]=conf[:,0]
      y_hat["arma_pre_upper"]=conf[:,1]
      ## 視覺化出預測結果
      plt.figure(figsize=(14,7))
      train["X1"].plot(figsize=(14,7),label="X1 train")
      test["X1"].plot(label="X1 test")
      y_hat["arma_pre"].plot(style="g--o", lw=2,label="ARMA(3,2)")
      ## 視覺化出置信區間
      plt.fill_between(y_hat.index, y_hat["arma_pre_lower"],
                       y_hat["arma_pre_upper"],color='k',alpha=.15,
                       label="95%置信區間")
      plt.legend()
      plt.grid()
      plt.title("ARMA(3,2)模型")
      plt.show()
      # 計算預測結果和真實值的誤差
      print("ARMA模型預測的絕對值誤差:",
            mean_absolute_error(test["X1"],y_hat["arma_pre"]))
Out[8]:ARMA模型預測的絕對值誤差: 158.11464180972925
```

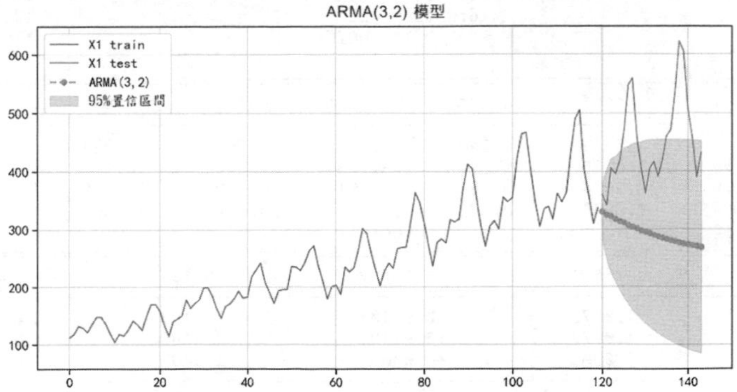

▲ 圖 6-16　ARMA(3,2) 預測結果視覺化

從圖 6-16 中可以發現，ARMA(3,2) 模型對測試集的預測結果同樣完全沒有獲取資料的變化趨勢，預測效果相對於 ARMA(2,1) 模型並沒有改善。最終發現真實原因為資料本身就不適合使用 ARMA 模型進行建模和預測。

6.3.3 ARIMA 模型

從前面的分析中已經知道帶預測的序列是不平穩的，前面使用的 AR 模型、ARMA 模型都沒有極佳地擬合資料的變化趨勢，因此這裡嘗試使用 ARIMA 模型建模預測，來應對模型的不平穩變化趨勢，根據前面的自相關係數、偏自相關係數及單位根檢驗結果，為了降低模型的複雜度，可以建立 ARIMA(2,1,1) 模型。使用訓練集擬合模型的程式如下：

```
In[9]:## 建立ARIMA(2,1,1)模型
      ##準備資料
      y_hat=test.copy(deep=False)
      ##建構模型
      arima_model=ARIMA(train["X1"].values,order=(2,1,1)).fit()
      ## 輸出擬合模型的結果
      print(arima_model.summary())
Out[9]:
```

```
                             ARIMA Model Results
==============================================================================
Dep. Variable:                    D.y   No. Observations:                  119
Model:                 ARIMA(2, 1, 1)   Log Likelihood                -544.502
Method:                       css-mle   S.D. of innovations             23.067
Date:                Thu, 23 Jul 2020   AIC                           1099.005
Time:                        16:05:06   BIC                           1112.900
Sample:                             1   HQIC                          1104.647

==============================================================================
                 coef    std err          z      P>|z|      [0.025      0.975]
------------------------------------------------------------------------------
const          2.5039      0.144     17.339      0.000       2.221       2.787
ar.L1.D.y      1.0825      0.079     13.758      0.000       0.928       1.237
ar.L2.D.y     -0.5024      0.080     -6.281      0.000      -0.659      -0.346
ma.L1.D.y     -0.9999      0.031    -32.736      0.000      -1.060      -0.940
                                    Roots
=============================================================================
                  Real          Imaginary           Modulus         Frequency
-----------------------------------------------------------------------------
AR.1            1.0772           -0.9110j            1.4108           -0.1117
AR.2            1.0772           +0.9110j            1.4108            0.1117
MA.1            1.0001           +0.0000j            1.0001            0.0000
-----------------------------------------------------------------------------
```

從 ARIMA 模型的輸出結果中可以發現，AIC=1099.005、BIC=1112.900，相對於前面的 ARMA 模型下降了很多，而且模型中的係數是顯著的。

1. 訓練 ARIMA 模型

使用訓練集訓練出的 ARIMA 模型，可以對其擬合殘差的情況進行視覺化分析。在下面的程式中，視覺化出了擬合殘差的變化情況，和殘差常態性檢驗 Q-Q 圖，程式執行後的結果如圖 6-17 所示。

```
In[10]:## 查看模型的擬合殘差分佈
       fig=plt.figure(figsize=(12,5))
       ax=fig.add_subplot(1,2,1)
       plt.plot(arima_model.resid)
       plt.title("ARIMA(2,1,1)殘差曲線")
       ## 檢查殘差是否符合正態分佈
       ax=fig.add_subplot(1,2,2)
       sm.qqplot(arima_model.resid, line='q', ax=ax)
       plt.title("ARIMA(2,1,1)殘差Q-Q圖")
       plt.tight_layout()
       plt.show()
```

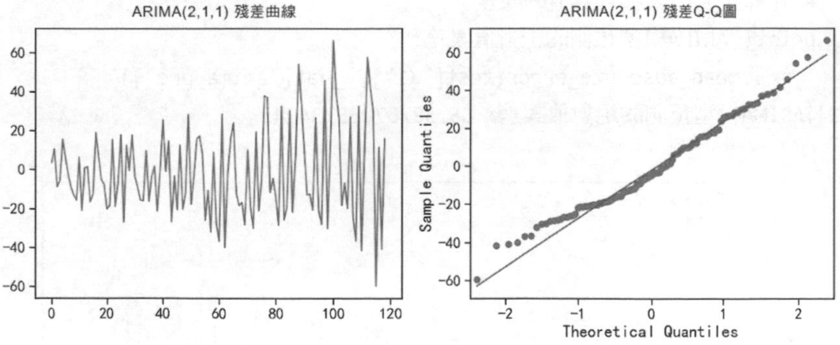

▲ 圖 6-17　ARIMA 模型的擬合殘差分佈情況

從圖 6-17 的視覺化結果中可以發現，此時的殘差更符合正態分佈，説明模型從訓練資料中獲取了更多的有用資訊。

ARIMA(2,1,1) 模型對測試集的預測情況，可以使用下面的程式視覺化，程式執行後的結果如圖 6-18 所示。

```
In[11]:## 視覺化模型對測試集的預測結果
       ## 預測未來24個資料，並輸出95%置信區間
       pre, se, conf=arima_model.forecast(24, alpha=0.05)
       ## 整理資料
       y_hat["arima_pre"]=pre
       y_hat["arima_pre_lower"]=conf[:,0]
       y_hat["arima_pre_upper"]=conf[:,1]
       ## 視覺化出預測結果
       plt.figure(figsize=(14,7))
       train["X1"].plot(figsize=(14,7),label="X1 train")
       test["X1"].plot(label="X1 test")
       y_hat["arima_pre"].plot(style="g--o", lw=2,label="ARIMA(2,1,1)")
       ## 視覺化出置信區間
       plt.fill_between(y_hat.index, y_hat["arima_pre_lower"],
                        y_hat["arima_pre_upper"],color='k',alpha=.15,
                        label="95%置信區間")
       plt.legend()
       plt.grid()
       plt.title("ARIMA(2,1,1)模型")
       plt.show()
       # 計算預測結果和真實值的誤差
       print("ARIMA模型預測的絕對值誤差:",
             mean_absolute_error(test["X1"],y_hat["arima_pre"]))
Out[11]:ARIMA模型預測的絕對值誤差: 55.38767065734245
```

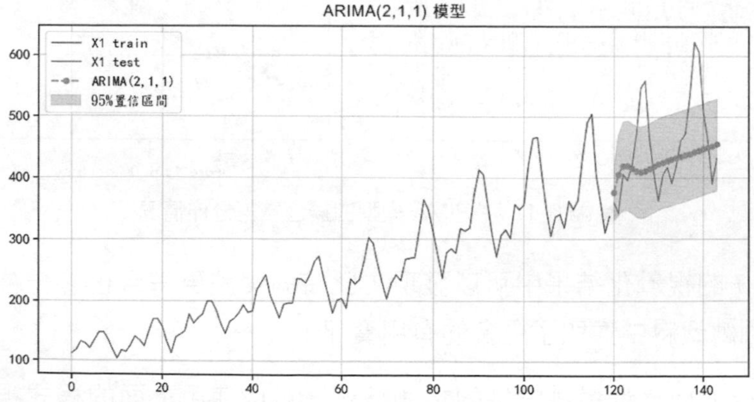

▲ 圖 6-18　ARIMA(2,1,1) 預測結果視覺化

從圖 6-18 中可以發現，ARIMA(2,1,1) 對測試集的預測結果，極佳地擬合了資料的增長趨勢，但是並沒有獲取到資料中的週期性變化趨勢。同時從預測誤差中，也可以發現該模型對資料的預測效果相對於 AR 模型、ARMA 模型已經有了很大的提升。

2. 自動搜索 ARIMA 模型的參數

為了獲得更好的資料預測效果，同樣可以使用自動參數搜索方法，使用訓練資料尋找合適的模型參數，程式如下：

```
In[12]:## 自動搜索合適參數的ARIMA模型
       model=pm.auto_arima(train["X1"].values,
                           start_p=1, start_q=1, # p、q的開始值
                           max_p=12, max_q=12,   # 最大的p和q
                           test="kpss",          # 使用KPSS檢驗確定d
                           m=1,                  # 序列的週期
                           seasonal=False,       # 沒有季節性趨勢
                           trace=True,error_action='ignore',
                           suppress_warnings=True, stepwise=True)
       print(model.summary())
Out[12]:
```

```
Total fit time: 2.340 seconds
                               SARIMAX Results
==============================================================================
Dep. Variable:                      y   No. Observations:                  120
Model:               SARIMAX(3, 1, 3)   Log Likelihood                -534.164
Date:                Thu, 23 Jul 2020   AIC                           1084.327
Time:                        16:05:09   BIC                           1106.560
Sample:                             0   HQIC                          1093.355
                                - 120
Covariance Type:                  opg
==============================================================================
                 coef    std err          z      P>|z|      [0.025      0.975]
------------------------------------------------------------------------------
intercept      1.0449      0.389      2.687      0.007       0.283       1.807
ar.L1          0.8257      0.097      8.512      0.000       0.636       1.016
ar.L2          0.4215      0.141      2.999      0.003       0.146       0.697
ar.L3         -0.7177      0.085     -8.452      0.000      -0.884      -0.551
ma.L1         -0.8924     50.140     -0.018      0.986     -99.166      97.381
ma.L2         -0.9055     94.875     -0.010      0.992    -186.858     185.047
ma.L3          0.9869     49.471      0.020      0.984     -95.974      97.948
sigma2       428.8015   2.15e+04      0.020      0.984   -4.17e+04    4.25e+04
===================================================================================
Ljung-Box (Q):                      225.53   Jarque-Bera (JB):                 0.07
Prob(Q):                              0.00   Prob(JB):                         0.97
Heteroskedasticity (H):               6.00   Skew:                             0.06
Prob(H) (two-sided):                  0.00   Kurtosis:                         2.96
===================================================================================

Warnings:
[1] Covariance matrix calculated using the outer product of gradients (complex-step).
```

執行程式後可以發現，找到的最好的 ARIMA 模型為 ARIMA(3,1,3)，該模型對測試集的預測情況可以使用下面的程式進行視覺化，程式執行後的結果如圖 6-19 所示。

```
In[13]:## 視覺化自動搜索參數獲得的ARIMA(3,1,3)對測試集進行預測
       pre, conf=model.predict(n_periods=24, alpha=0.05,
                               return_conf_int=True)
       ## 視覺化ARIMA(3,1,3)的預測結果，整理資料
       y_hat=test.copy(deep=False)
       y_hat["arma_pre"]=pre
       y_hat["arma_pre_lower"]=conf[:,0]
       y_hat["arma_pre_upper"]=conf[:,1]
       ## 視覺化出預測結果
       plt.figure(figsize=(14,7))
       train["X1"].plot(figsize=(14,7),label="X1 train")
       test["X1"].plot(label="X1 test")
       y_hat["arma_pre"].plot(style="g--o", lw=2,label="ARIMA(3,1,3)")
       ## 視覺化出置信區間
       plt.fill_between(y_hat.index, y_hat["arma_pre_lower"],
                        y_hat["arma_pre_upper"],color='k',alpha=.15,
                        label="95%置信區間")
       plt.legend()
       plt.grid()
       plt.title("ARIMA(3,1,3)模型")
       plt.show()
       # 計算預測結果和真實值的誤差
       print("ARMA模型預測的絕對值誤差:",
             mean_absolute_error(test["X1"],y_hat["arma_pre"]))
Out[13]:ARMA模型預測的絕對值誤差: 45.31232180929982
```

從圖 6-19 中可以發現，與 ARIMA(2,1,1) 的測試結果相比，ARIMA (3,1,3) 更進一步地對測試集進行了預測，不僅獲取了資料中的增長趨勢，還獲取了一些資料中的週期性變化資訊，同時從預測誤差中也可以發現，該模型對資料的預測效果相對於 AR 模型、ARMA 模型有了更大的提升。

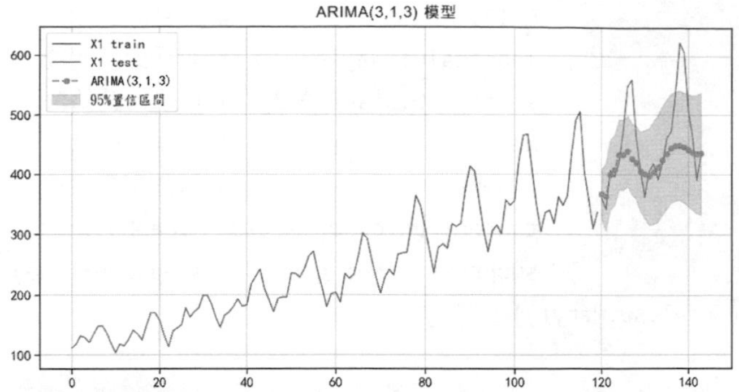

▲ 圖 6-19 ARIMA(3,1,3) 預測結果視覺化

但是從上面的分析中還可以發現，ARIMA 模型還是不能極佳地對序列 X1 進行建模和預測，需要使用 SARIMA 模型預測分析。

6.4 SARIMA 模型

SARIMA 模型也稱為季節 ARIMA 模型，本質是把一個時間序列模型透過 ARIMA(p,d,q) 中的 3 個參數來決定，其中 p 代表自相關（AR）的階數，d 代表差分的階數，q 代表滑動平均（MA）的階數，然後加上季節性的調整。根據季節效應的相關特性，SARIMA 模型可以分為簡單 SARIMA 模型和乘積 SARIMA 模型。本節將借助 SARIMA 模型對時間序列 X1 進行建模和預測。

下面的程式可以自動搜索合適的參數，使用訓練集擬合 SARIMA 模型。執行程式後可以發現，獲得的最佳擬合模型為 SARIMA(2,0,0)×(0,1,0,12)，其中 12 表示模型的週期性。

```
In[1]:## 針對模型自動尋找合適的參數
      model=pm.auto_arima(train["X1"].values,
                          start_p=1, start_q=1, # p、q的開始值
                          max_p=12, max_q=12,   # 最大的p和q
                          test="kpss",          # 使用KPSS檢驗確定d
                          d=None,               # 自動選擇合適的d
```

```
                   m=12,                  # 序列的週期
                   seasonal=True,         # 有季節性趨勢
                   start_P=0,start_Q=0,   # P、Q的開始值
                   max_P=5, max_Q=5,      # 最大的P和Q
                   D=None,                # 自動選擇合適的D
                   trace=True,error_action='ignore',
                   suppress_warnings=True, stepwise=True)
    print(model.summary())
Out[1]:
```

```
Total fit time: 4.639 seconds
                                    SARIMAX Results
==========================================================================================
Dep. Variable:                                  y   No. Observations:                  120
Model:             SARIMAX(2, 0, 0)x(0, 1, 0, 12)   Log Likelihood                -400.431
Date:                            Thu, 23 Jul 2020   AIC                            808.863
Time:                                    16:05:14   BIC                            819.592
Sample:                                         0   HQIC                           813.213
                                            - 120
Covariance Type:                              opg
==============================================================================
                 coef    std err          z      P>|z|      [0.025      0.975]
------------------------------------------------------------------------------
intercept      4.2859      2.035      2.106      0.035       0.297       8.275
ar.L1          0.6783      0.100      6.816      0.000       0.483       0.873
ar.L2          0.1550      0.096      1.609      0.108      -0.034       0.344
sigma2        96.2826     11.855      8.121      0.000      73.046     119.519
===================================================================================
Ljung-Box (Q):                       41.99   Jarque-Bera (JB):                 1.64
Prob(Q):                              0.38   Prob(JB):                         0.44
Heteroskedasticity (H):               1.41   Skew:                             0.02
Prob(H) (two-sided):                  0.31   Kurtosis:                         3.60
===================================================================================

Warnings:
[1] Covariance matrix calculated using the outer product of gradients (complex-step).
```

使用訓練資料獲得的最佳模型 SARIMA(3,0,1)×(0,1,0,12)，對測試集進行預測，預測情況可以使用下面的程式進行視覺化，程式執行後的結果如圖 6-20 所示。

```
In[2]:## 視覺化自動搜索參數獲得的SARIMA(2,0,0)x(0,1,0,12)對測試集進行預測
    pre, conf=model.predict(n_periods=24, alpha=0.05,
                            return_conf_int=True)
    ## 視覺化SARIMAX(2, 0, 0)×(0, 1, 0, 12)的預測結果，整理資料
    y_hat=test.copy(deep=False)
    y_hat["sarima_pre"]=pre
    y_hat["sarima_pre_lower"]=conf[:,0]
    y_hat["sarima_pre_upper"]=conf[:,1]
    ## 視覺化出預測結果
```

```
plt.figure(figsize=(14,7))
train["X1"].plot(figsize=(14,7),label="X1 train")
test["X1"].plot(label="X1 test")
y_hat["sarima_pre"].plot(style="g--o",lw=2,label="SARIMA")
## 視覺化出置信區間
plt.fill_between(y_hat.index, y_hat["sarima_pre_lower"],
                 y_hat["sarima_pre_upper"],color='k',alpha=.15,
                 label="95%置信區間")
plt.legend()
plt.grid()
plt.title("SARIMA(2,0,0)x(0,1,0,12)模型")
plt.show()
# 計算預測結果和真實值的誤差
print("SARIMA模型預測的絕對值誤差:",
      mean_absolute_error(test["X1"],y_hat["sarima_pre"]))
Out[2]:SARIMA模型預測的絕對值誤差: 43.464894357672186
```

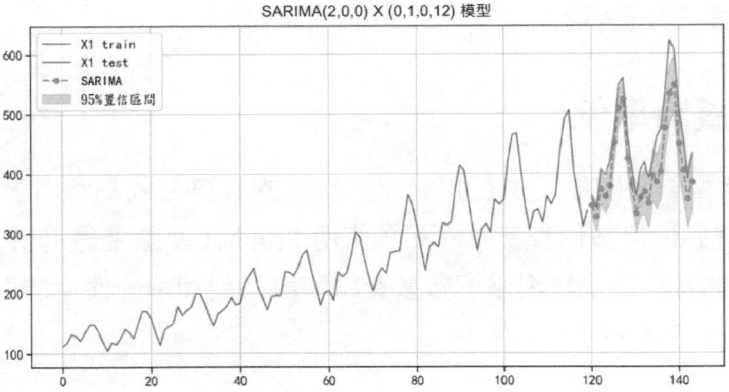

▲ 圖 6-20　SARIMA(3,0,1)×(0,1,0,12) 預測結果視覺化

從圖 6-20 中可以發現，SARIMA(3,0,1)×(0,1,0,12) 的預測結果與 ARIMA 模型的預測結果相比，預測精度有了很大的提升。SARIMA 模型不僅獲取了資料中的增長趨勢，還準確地獲取了資料中的週期性變化資訊，同時從預測的平均絕對值誤差中也可以發現，該模型對資料的預測效果相對於 AR 模型、ARMA 模型、ARIMA 模型有了更大的提升。其預測平均絕對值誤差為 43.46，預測效果很好。

6.5 Prophet 模型預測時間序列

Prophet 模型是 Facebook 發佈的一款開放原始碼時序預測工具，它提供了以 Python 呼叫為基礎的 prophet 函數庫，該套件提供的基本模型為：

$$y = g(t) + s(t) + h(t) + \varepsilon$$

該公式將時間序列分為 4 個部分：$g(t)$ 為增長函數，用來表示線性或非線性的增長趨勢；$s(t)$ 表示週期性變化，變化的週期可以是年、季、月、每天等；$h(t)$ 表示時間序列中那些潛在的具有非固定週期的節假日對預測值造成的影響；最後的 ε 為雜訊項，表示隨機的無法預測的波動。在 Prophet 模型中，預測流程分為 4 個部分：模型建立、模型評估、呈現問題、視覺化分析預測效果。

下面將使用一個時間序列資料介紹如何使用 Prophet 模型對時間序列進行建模和預測。

6.5.1 資料準備

Prophet 模型對時間序列進行預測時，需要的資料格式為資料表，並且包含時間變數 ds 和數值變數 y。下面使用 Prophet 模型進行時間序列的預測，使用的資料為飛機場乘客數量資料，該序列和前面使用的序列 X1 相同。資料準備程式如下：

```
In[1]:## 讀取資料
      df=pd.read_csv("data/chap6/AirPassengers.csv")
      df.columns=["ds","y"]
      ## 定義時間資料的資料類型
      df["ds"]=pd.to_datetime(df["ds"])
      print(df.head())
Out[1]:           ds    y
      0 1949-01-01  112
      1 1949-02-01  118
      2 1949-03-01  132
```

```
3 1949-04-01  129
4 1949-05-01  121
```

6.5.2 模型建立與資料預測

在資料準備好後，使用前面的 120 個樣本作為訓練集，使用後面的 24 個樣本作為測試集。可以使用下面的程式，利用 Prophet() 函數建立時序資料的擬合模型 model。在建模時，參數 growth="linear" 指定序列的增長趨勢為線性趨勢；參數 yearly.seasonality=TRUE 表示序列包含以年為週期的季節趨勢；參數 weekly.seasonality=FALSE 和 daily.seasonality=FALSE 表示序列不包含以周和天為週期的季節趨勢；參數 seasonality.mode="multiplicative" 表示時序季節趨勢的模式為乘法模式，如果該參數設定值為 additive，則表示為加法模式。

```
In[2]:## 資料切分為訓練集和測試集
      train=df[0:120]
      test=df[120:]
      ## 建構模型
      model=Prophet(growth="linear",                 # 線性增長趨勢
                    yearly_seasonality=True,         # 年週期的趨勢
                    weekly_seasonality=False,        # 以周為週期的趨勢
                    daily_seasonality=False,         # 以天為週期的趨勢
                    seasonality_mode="multiplicative", # 季節週期性模式
                    seasonality_prior_scale=12,      # 季節週期性長度
                   )
      model.fit(train)
      ## 使用模型對測試集進行預測
      forecast=model.predict(test)
      ## 輸出部分預測結果
      print(forecast[['ds', 'yhat', 'yhat_lower', 'yhat_upper']].head())
      print("在測試集上絕對值預測誤差為:",mean_absolute_error(test.y,
forecast.yhat))
Out[2]:          ds        yhat  yhat_lower  yhat_upper
       0 1959-01-01  368.531583  357.244831  380.397638
       1 1959-02-01  358.244592  346.363849  370.114073
```

```
2 1959-03-01  406.422694  394.751948  418.189310
3 1959-04-01  395.278682  383.076704  407.277614
4 1959-05-01  404.085661  392.825646  416.846292
在測試集上絕對值預測誤差為: 25.35557262760577
```

從上面程式的輸出結果中可以發現，模型在測試集上的絕對值預測誤差為 25.3556，是所有介紹過的模型中針對該資料預測效果最好的模型。

針對該模型的預測結果，可以使用下面的程式將其視覺化，比較分析預測資料和原始資料之間的差異。程式執行後的結果如圖 6-21 所示。

```
In[3]:## 視覺化原始資料和預測資料進行比較
    fig, ax=plt.subplots()
    train.plot(x="ds",y="y",figsize=(14,7),label="訓練資料",ax=ax)
    test.plot(x="ds",y="y",figsize=(14,7),label="測試資料",ax=ax)
    forecast.plot(x="ds",y="yhat",style="g--o",label="預測資料",ax=ax)
    ## 視覺化出置信區間
    ax.fill_between(test["ds"].values, forecast["yhat_lower"],
                    forecast["yhat_upper"],color='k',alpha=.2,
                    label="95%置信區間")
    plt.grid()
    plt.xlabel("時間")
    plt.ylabel("數值")
    plt.title("Prophet模型")
    plt.legend(loc=2)
    plt.show()
```

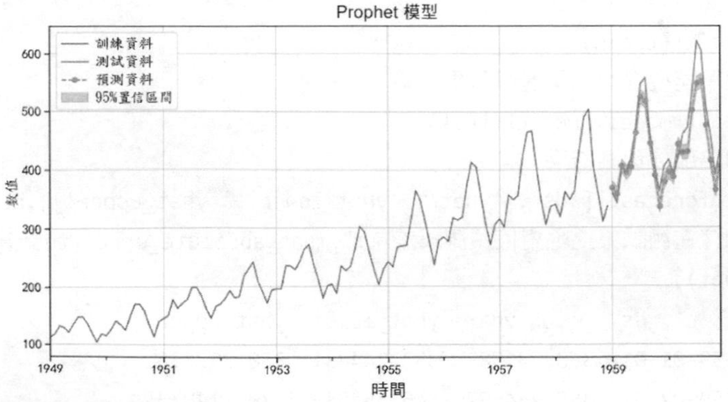

▲ 圖 6-21　Prophet 模型預測效果

從視覺化結果中可以發現，模型的預測效果很好，把序列的增長趨勢、週期趨勢和小的波動都預測出來了。

Prophet() 函數獲得的模型也可以使用 model.plot() 方式視覺化預測結果與真實值之間的差異，執行下面的程式，結果如圖 6-22 所示。

```
In[4]:## 透過model.make_future_dataframe獲取對訓練資料和未來資料進行預測的時間
      future=model.make_future_dataframe(periods=36,freq="MS")
      forecast=model.predict(future)
      ## 視覺化預測結果
      model.plot(forecast,figsize=(12,6),xlabel="時間",
                 ylabel="數值")
      plt.title("預測未來的36個資料")
      plt.show()
```

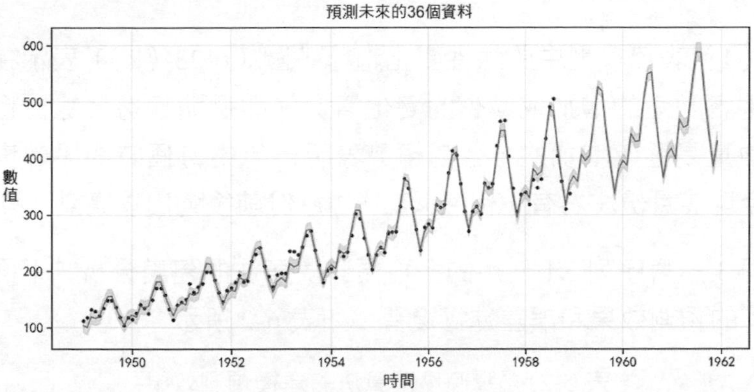

▲ 圖 6-22　預測結果視覺化

圖 6-22 中的散點是訓練資料中的真實資料，曲線是模型的擬合資料和預測資料，陰影則表示預測值的置信區間。

prophet 函數庫中，還包含一個 prophet_plot_components() 函數，該函數可以視覺化模型的組成部分，執行下面的程式，結果如圖 6-23 所示。

```
In[5]:## 使用model.plot_components視覺化出模型中的主要成分
      model.plot_components(forecast)
      plt.show()
```

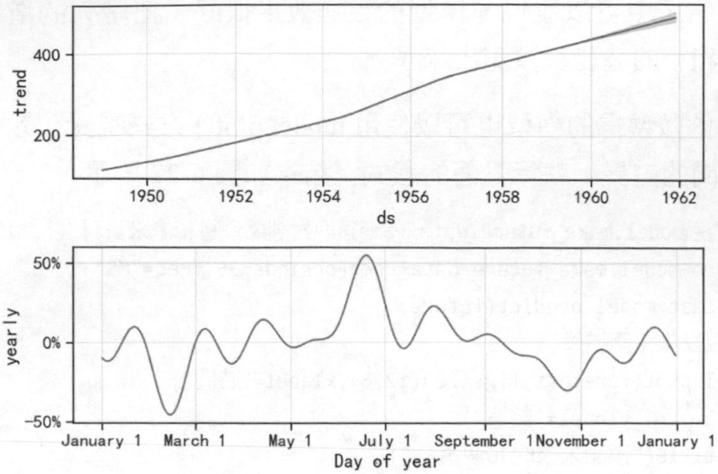

▲ 圖 6-23　模型的主要部分視覺化

圖 6-23（1）表示模型中的線性變化趨勢，圖（6-23（2））表示在一年的時間內乘客數量的增加或減少的變化情況，即週期趨勢。線性趨勢表明乘客的數量是逐年增加的，週期趨勢表明一年中每個時間段數量的波動情況，發現 3 月份左右有一個最低點，7 月份前後會出現高點。

經過前面 3 節對序列 X1 使用的多種預測演算法的建模分析，下面將多種時序模型的預測效果和誤差進行複習，如表 6-2 所示。

表 6-2　多種時序演算法的建模預測效果

模型	在測試集上的平均絕對值誤差
簡單移動平均	82.55
簡單指數平滑 1	81.10
簡單指數平滑 2	106.81
Holt 線性趨勢法 1	54.727
Holt 線性趨勢法 2	69.79
Holt-Winters 季節性預測	30.068
AR(2)	165.796
ARMA(2,1)	147.265

模型	在測試集上的平均絕對值誤差
ARMA(3,2)	158.114
ARIMA(2,1,1)	55.387
ARIMA(3,1,3)	45.312
SARIMA(3,0,1)×(0,1,0,12)	43.63
Prophet 模型	25.355

6.6 多元時間序列 ARIMAX 模型

前面討論的是一元時間序列，但在實際情況中，很多序列的變化規律會受到其他序列的影響，往往需要建立多元時間序列 ARIMAX 模型。ARIMAX 模型是指帶回歸項的 ARIMA 模型，又稱擴充的 ARIMA 模型，回歸項的引入有利於提高模型的預測效果。引入的回歸項一般是與預測物件（即被解釋變數）相關程度較高的變數。比如，分析居民的消費支出序列時，消費會受到收入的影響，如果將收入也納入研究範圍，就能得到更精確的消費預測。

本節將以一個簡單的二維時間序列為例，介紹如何使用 Python 完成 ARIMAX 模型的建立和使用。

6.6.1 資料準備與視覺化

在建立 ARIMAX 模型時，本節會使用瓦斯爐資料集（gas furnace data.xlsx），該資料中包含天然氣的輸入速率和 CO_2 的輸出濃度隨時間變化的情況，讀取資料的程式如下：

```
In[1]:## 讀取資料
      datadf=pd.read_csv("data/chap6/gas furnace data.txt",sep="\s+")
      datadf.columns=["GasRate","C02"]
      ## GasRate:輸入天然氣速率，C02：輸出二氧化碳濃度
      print(datadf.head())
```

```
Out[1]:   GasRate  CO₂
     0    -0.109  53.8
     1     0.000  53.6
     2     0.178  53.5
     3     0.339  53.5
     4     0.373  53.4
```

讀取的資料中 GasRate 表示輸入的天然氣速率，CO_2 表示輸出的二氧化碳濃度。針對資料中兩個變數的波動情況，可使用下面的程式進行視覺化，程式執行後的結果如圖 6-24 所示。

```
In[2]:## 視覺化出兩個序列的波動情況
      plt.figure(figsize=(14,6))
      plt.subplot(1,2,1)
      datadf.GasRate.plot(c="r")
      plt.grid()
      plt.xlabel("Observation")
      plt.ylabel("Gas Rate")
      plt.subplot(1,2,2)
      datadf.CO2.plot(c="r")
      plt.grid()
      plt.xlabel("Observation")
      plt.ylabel("CO2")
      plt.show()
```

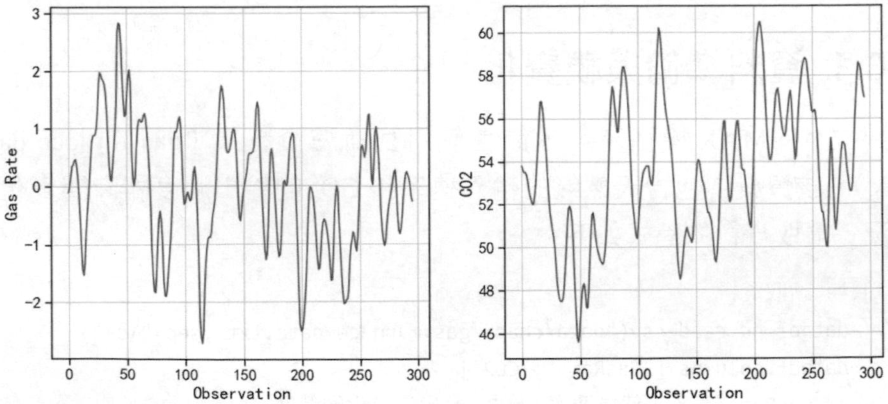

▲ 圖 6-24　兩個序列的波動情況

對資料建立 ARIMAX 模型之前，先將資料切分為訓練集和測試集，將前面 75% 的樣本作為訓練集，將剩下的作為測試集，程式如下，從輸出結果中可見，訓練集包含 222 個樣本組，測試集包含 74 個樣本組。

```
In[3]:## 前面的75%做訓練集，後面的25%做測試集
      trainnum=np.int(datadf.shape[0]*0.75)
      traidata=datadf.iloc[0:trainnum,:]
      testdata=datadf.iloc[trainnum:datadf.shape[0],:]
      print(traidata.shape)
      print(testdata.shape)
Out[3]: (222, 2)
        (74, 2)
```

建模之前可以使用單位根檢驗，分析兩個序列是否為平穩序列，程式如下，從輸出結果中可以發現，兩個序列的 p-value 均小於 0.05，説明在置信度為 95%的水準下，兩序列均為平穩序列，可以利用 ARIMAX 模型進行預測。

```
In[4]:## 單位根檢驗序列的平穩性，ADF檢驗
      dftest=adfuller(datadf.GasRate,autolag='BIC')
      dfoutput=pd.Series(dftest[0:4],
        index=['adf','p-value','usedlag','Number of Observations Used'])
      print("GasRate 檢驗結果:\n",dfoutput)

      dftest=adfuller(datadf.C02,autolag='BIC')
      dfoutput=pd.Series(dftest[0:4],
        index=['adf','p-value','usedlag','Number of Observations Used'])
      print("C02 檢驗結果:\n",dfoutput)
Out[4]:GasRate 檢驗結果:
adf                             -4.878952
p-value                          0.000038
usedlag                          2.000000
Number of Observations Used    293.000000
dtype: float64
C02 檢驗結果:
adf                             -2.947057
```

```
p-value                          0.040143
usedlag                          3.000000
Number of Observations Used    292.000000
dtype: float64
```

針對待預測序列的因變數，可以使用自相關圖和偏自相關圖對序列進行分析，執行下面的程式，結果如圖 6-25 所示。

```
In[5]:### 視覺化序列的自相關和偏自相關圖
      fig=plt.figure(figsize=(10,5))
      ax1=fig.add_subplot(211)
      fig=sm.graphics.tsa.plot_acf(traidata.CO2, lags=30, ax=ax1)
      ax2=fig.add_subplot(212)
      fig=sm.graphics.tsa.plot_pacf(traidata.CO2, lags=30, ax=ax2)
      plt.ylim([-1,1])
      plt.tight_layout()
      plt.show()
```

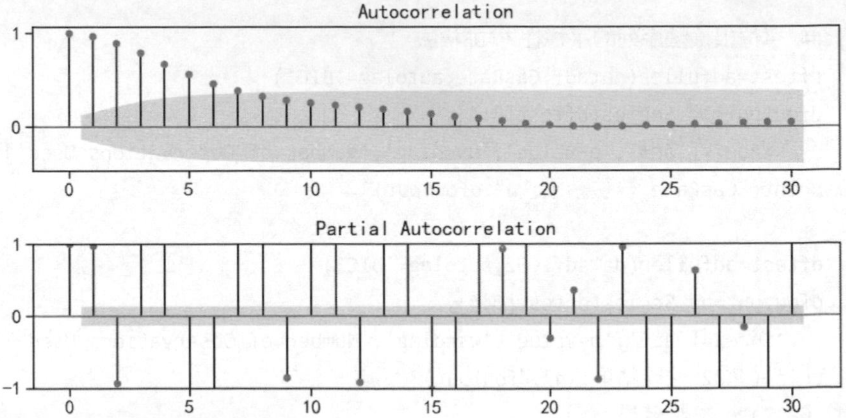

▲ 圖 6-25　CO_2 序列的自相關圖和偏自相關圖

6.6.2 ARIMAX 模型建立與預測

透過前面的分析，首先使用 pf.ARIMAX() 函數對資料建立 ARIMAX(1,0,2) 模型，程式如下：

```
In[6]:### 建立ARIMAX（1,0,2）模型
      model=pf.ARIMAX(data=traidata,formula="C02~GasRate",ar=1,ma=2, integ=0)
      model_1=model.fit("MLE")
      model_1.summary()
Out[6]:
```

```
Normal ARIMAX(1,0,2)
======================================================= ==================================================
Dependent Variable: C02                                 Method: MLE
Start Date: 2                                           Log Likelihood: -71.9362
End Date: 221                                           AIC: 155.8725
Number of observations: 220                             BIC: 176.2343
==========================================================================================================
Latent Variable                          Estimate   Std Error  z        P>|z|    95% C.I.
======================================== ========== ========== ======== ======== =========================
AR(1)                                    0.9086     0.0191     47.5425  0.0      (0.8712 | 0.9461)
MA(1)                                    1.0231     0.0552     18.5272  0.0      (0.9149 | 1.1314)
MA(2)                                    0.6231     0.0442     14.1127  0.0      (0.5365 | 0.7096)
Beta 1                                   4.8793     1.0166     4.7996   0.0      (2.8868 | 6.8719)
Beta GasRate                             -0.4057    0.0533     -7.613   0.0      (-0.5102 | -0.3013)
Normal Scale                             0.3356
==========================================================================================================
```

從上面的輸出結果中可以發現模型的 AIC=155.8725，並且每個係數的顯著性檢驗結果表明自己是顯著的。針對擬合的模型可以使用 plot_fit() 方法視覺化資料在訓練集上的擬合情況，執行下面的程式後，擬合結果如圖 6-26 所示。

```
In[7]:## 視覺化資料在訓練集上的擬合情況
      model.plot_fit(figsize=(10,5))
```

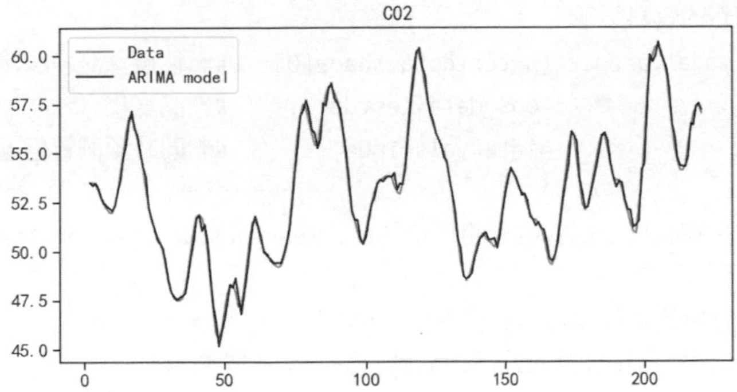

▲ 圖 6-26　在訓練集上的擬合結果

從圖 6-26 中可以發現，在訓練集上的擬合效果很好。透過擬合模型的 plot_predict() 方法，可以視覺化模型在測試集上的預測效果，執行下面的程式後，結果如圖 6-27 所示。

```
In[8]:## 視覺化模型在測試集上的預測結果
      model.plot_predict(h=testdata.shape[0], ## 往後預測的數目
                         oos_data=testdata,  ## 測試集
                         past_values=traidata.shape[0],#圖型顯示訓練集資料
                         figsize=(14,7))
      plt.show()
```

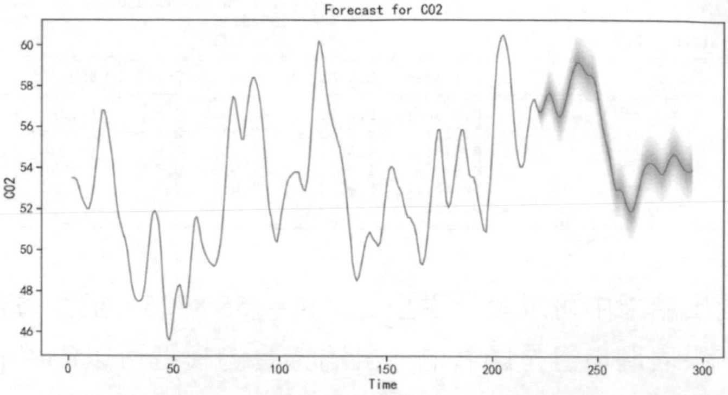

▲ 圖 6-27　對測試集的預測結果

在圖 6-27 中並沒有同時視覺化出測試集與測試集的預測值，因此使用下面的程式對預測結果進行視覺化比較，程式執行後的結果如圖 6-28 所示。

```
In[9]:## 預測新的資料
      C02pre=model.predict(h=testdata.shape[0],  ## 往後預測多少步
                           oos_data=testdata,    ## 測試集
                           intervals=True,       ## 同時預測置信區間
                          )
      print("在測試集上絕對值預測誤差為:", mean_absolute_error(testdata.C02,
C02pre.C02))
      ## 視覺化原始資料和預測資料進行比較
      traidata.C02.plot(figsize=(14,7),label="訓練資料")
      testdata.C02.plot(figsize=(14,7),label="測試資料")
      C02pre.C02.plot(style="g--o",label="預測資料")
      ## 視覺化出置信區間
      plt.fill_between(C02pre.index, C02pre["5% Prediction Interval"],
                       C02pre["95% Prediction Interval"],color='k', alpha=.15,
                       label="95%置信區間")
```

```
    plt.grid()
    plt.xlabel("Time")
    plt.ylabel("C02")
    plt.title("ARIMAX(1,0,2)模型")
    plt.legend(loc=2)
    plt.show()
Out[9]:在測試集上絕對值預測誤差為: 1.5731456243696424
```

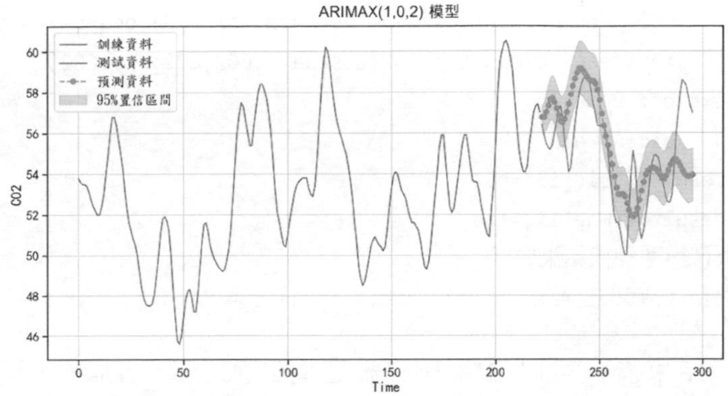

▲ 圖 6-28　ARIMAX 模型對測試集的預測結果

從輸出的結果中可以發現，預測值在開始部分極佳地擬合了真實資料的變化趨勢，但是後面的預測結果就變得不準確了。這說明時間序列預測的相關演算法在短期內還是非常有效的，所以在實際應用中，盡可能在短期預測中應用。

針對 ARIMAX 模型，可以使用循環建模的方式，對參數 p 和 q 進行搜索，獲得擬合效果更好的模型，可以使用下面的程式計算每種 p 和 q 的組合下擬合模型的 BIC 值和在測試集上的預測絕對值誤差。

```
In[10]:## 參數搜索尋找合適的p、q
    p=np.arange(6)
    q=np.arange(6)
    pp,qq=np.meshgrid(p,q)
    resultdf=pd.DataFrame(data={"arp":pp.flatten(),"mrq":qq. flatten()})
    resultdf["bic"]=np.double(pp.flatten())
```

```
        resultdf["mae"]=np.double(qq.flatten())
        ## 疊代迴圈建立多個模型
        for ii in resultdf.index:
            model_i=pf.ARIMAX(data=traidata, formula="C02~GasRate",
ar=resultdf.arp[ii], ma=resultdf.mrq[ii], integ=0)
            try:
                modeli_fit=model_i.fit("MLE")
                bic=modeli_fit.bic
                C02_pre=model.predict(h=testdata.shape[0],oos_data= testdata)
                mae=mean_absolute_error(testdata.C02,C02_pre.C02)
            except:
                bic=np.nan
            resultdf.bic[ii]=bic
            resultdf.mae[ii]=mae
        print("模型疊代結束")
Out[10]:模型疊代結束
```

在模型疊代結束後，可以根據 BIC 設定值的大小進行排序，輸出預測效果較好的模型，執行下面的程式可以發現，在參數 p=3、q=2 時，獲得的模型效果較好，在測試集上的絕對值誤差較小。

```
In[11]:## 按照BIC尋找合適的模型
        print(resultdf.sort_values(by="bic").head())
Out[11]:     arp  mrq        bic       mae
        15    3    2   0.820429  1.573146
        17    5    2  21.192451  1.573146
        11    5    1  29.406913  1.573146
        28    4    4  31.267202  1.573146
        27    3    4  44.280754  1.573146
```

使用獲得的最好參數可以重新利用資料擬合新的 ARIMAX(3,2) 模型，程式如下，程式中還對測試集進行了預測，並將預測的結果進行視覺化，還和原始的測試值進行比較分析，程式執行後的結果如圖 6-29 所示。

```
In[12]:## 重新建立效果較好的模型
        model=pf.ARIMAX(data=traidata,formula="C02~GasRate",ar=3,ma=2, integ=0)
        model_1=model.fit("MLE")
```

```
## 預測新的資料
C02pre=model.predict(h=testdata.shape[0], ## 往後預測多少步
                     oos_data=testdata,  ## 測試集
                     intervals=True)
print("在測試集上絕對值預測誤差為:", mean_absolute_error(testdata.C02,
C02pre.C02))
## 視覺化原始資料和預測資料進行比較
traidata.C02.plot(figsize=(14,7),label="訓練資料")
testdata.C02.plot(figsize=(14,7),label="測試資料")
C02pre.C02.plot(style="g--o",label="預測資料")
## 視覺化出置信區間
plt.fill_between(C02pre.index, C02pre["5% Prediction Interval"],
                 C02pre["95%Prediction Interval"],color='k',alpha=.15,l
abel="95%置信區間")
plt.grid()
plt.xlabel("Time")
plt.ylabel("C02")
plt.title("ARIMAX(3,0,2)模型")
plt.legend(loc=2)
plt.show()
Out[12]:在測試集上絕對值預測誤差為: 1.1115309949695789
```

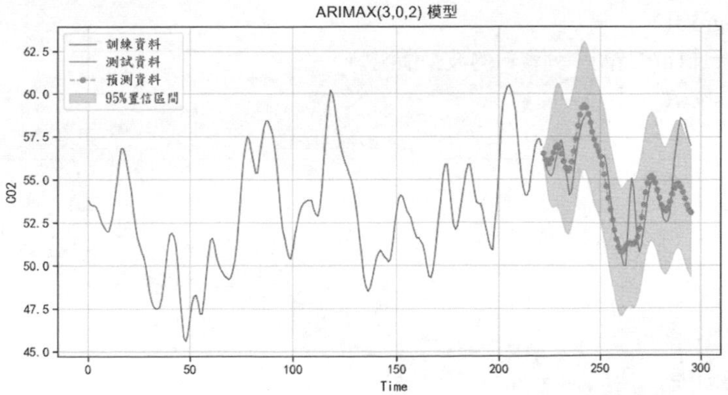

▲ 圖 6-29　ARIMAX(3,2) 模型的預測結果

可以發現，使用 ARIMAX(3,2) 模型對測試集的預測誤差更小，對測試集的預測效果更好。

6.7 時序資料的異常值檢測

分析時間序列的波動情況時，可以將突然增大或突然減小的資料無規律看作異常值。判斷一個資料是否為異常值，可以使用 Facebook 發佈的 Prophet 模型進行檢測。最直接的方式是將資料波動情況擬合值的置信區間，作為判斷是否為異常值的上下界。下面使用一個時間序列資料，檢測其是否存在異常值。

6.7.1 資料準備與視覺化

使用的時間序列資料（簡稱時序資料）為從 1991 年 2 月到 2005 年 5 月，每週提供美國成品汽車汽油產品的時間序列（每天數千桶）。使用下面的程式可以對資料進行讀取並視覺化，結果如圖 6-30 所示。

```
In[1]:## 資料準備
      data=pm.datasets.load_gasoline()
      datadf=pd.DataFrame({"y":data})
      datadf["ds"]=pd.date_range(start="1991-2",periods=len(data),freq ="W")
      ## 視覺化時間序列的變化情況
      datadf.plot(x="ds",y="y",style="b-o",figsize=(14,7))
      plt.grid()
      plt.title("時間序列資料的波動情況")
      plt.show()
```

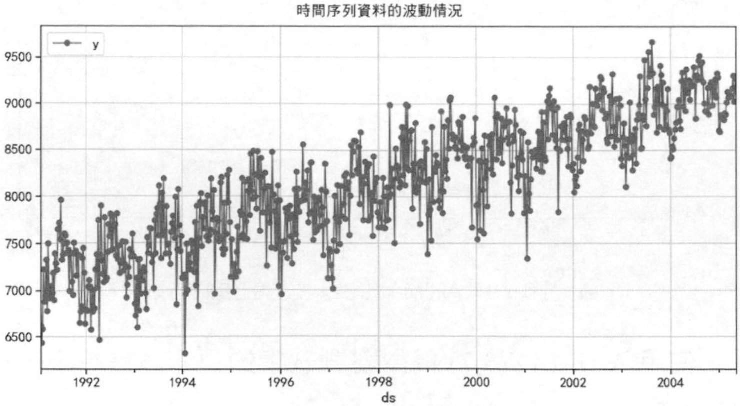

▲ 圖 6-30　時間序列資料的波動情況

6.7.2 時序資料異常值檢測

針對前面的時序資料，可以使用下面的程式建立時序資料擬合模型，對資料變化趨勢和波動情況進行擬合，並且在模型的預測結果中包含預測值的上界和下界（預設為置信度 95% 的上下界）。

```
In[2]:## 對該資料建立一個時間序列模型
      np.random.seed(1234)  ## 設定隨機數種子
      model=Prophet(growth="linear",daily_seasonality=False,
                    weekly_seasonality=False,
                    seasonality_mode='multiplicative',
                    interval_width=0.95,    ## 獲取95%的置信區間
                    )
      model=model.fit(datadf)               # 使用資料擬合模型
      forecast=model.predict(datadf)        # 使用模型對資料進行預測
      forecast["y"]=datadf["y"].reset_index(drop=True)
      forecast[["ds","y","yhat","yhat_lower","yhat_upper"]].head()
Out[2]:
```

	ds	y	yhat	yhat_lower	yhat_upper
0	1991-02-03	6621.0	6767.051491	6294.125979	7303.352309
1	1991-02-10	6433.0	6794.736479	6299.430616	7305.414252
2	1991-02-17	6582.0	6855.096282	6352.579489	7379.717614
3	1991-02-24	7224.0	6936.976642	6415.157617	7445.523000
4	1991-03-03	6875.0	6990.511503	6489.781400	7488.240435

下面定義一個函數 outlier_detection()，該函數會使用模型預測值的置信區間的上下界，來判斷樣本是否為異常值。判斷序列是否為異常值的程式如下，從輸出結果中可以發現，序列中一共發現了 38 個異常值。

```
In[3]:## 根據模型預測值的置信區間"yhat_lower"和"yhat_upper"判斷樣本是否為異常值
      def outlier_detection(forecast):
          index=np.where((forecast["y"] <= forecast["yhat_lower"])|
                         (forecast["y"] >= forecast["yhat_upper"]),True,False)
          return index
      outlier_index=outlier_detection(forecast)
```

```
    outlier_df=datadf[outlier_index]
    print("異常值的數量為:",np.sum(outlier_index))
Out[3]:異常值的數量為: 38
```

使用下面的程式可以將異常值的位置等資料資訊視覺化，程式執行後的結果如圖 6-31 所示。

```
In[4]:## 視覺化異常值的結果
    fig, ax=plt.subplots()
    ## 視覺化預測值
    forecast.plot(x="ds",y="yhat",style="b-",figsize=(14,7),
            label="預測值",ax=ax)
    ## 視覺化出置信區間
    ax.fill_between(forecast["ds"].values, forecast["yhat_lower"],
                    forecast["yhat_upper"],color='b',alpha=.2,
                    label="95%置信區間")
    forecast.plot(kind="scatter",x="ds",y="y",c="k",
                  s=20,label="原始資料",ax=ax)
    ## 視覺化出異常值的點
    outlier_df.plot(x="ds",y="y",style="rs",ax=ax,
                    label="異常值")
    plt.legend(loc=2)
    plt.grid()
    plt.title("時間序列異常值檢測結果")
    plt.show()
```

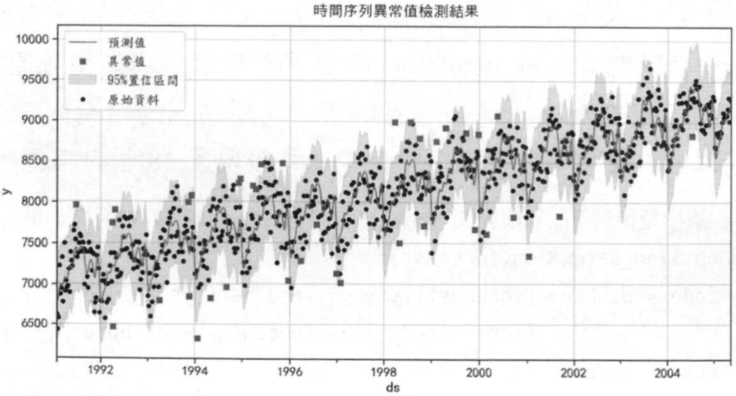

▲ 圖 6-31　時間序列異常值檢驗結果

從圖 6-31 中可以發現，異常值大部分在置信區間之外，有些異常值是因為設定值較大，有部分異常值是因為設定值較小。

6.8 本章小結

本章主要介紹了使用 Python 對時間序列資料建立時序預測模型的方法，以及對時間序列預測和分析的相關應用實例。針對時序資料的檢驗分析，介紹了白色雜訊檢驗、平穩性檢驗及自相關和偏自相關檢驗。針對一元時間序列的預測，介紹了移動平均系列演算法與 ARIMA 模型；針對具有季節趨勢的資料，介紹了如何使用 SARIMA 模型與 Prophet 模型進行建模分析；針對多元時間序列資料介紹了 ARIMAX 模型的應用。

本章出現的一些重要函數如表 6-3 所示。

表 6-3　函數及對應功能

函數庫	模組	函數	功能
statsmodels	graphics.tsaplots	plot_acf()	序列自相關視覺化
		plot_pacf()	序列偏自相關視覺化
	stats.diagnostic	acorr_ljungbox()	白色雜訊檢驗
	tsa.stattools	adfuller()	資料平穩性單位根檢驗
		kpss()	資料平穩性 KPSS 檢驗
	tsa.api	SimpleExpSmoothing()	簡單指數平滑法
		Holt()	霍爾特（Holt）線性趨勢法
		ExponentialSmoothing()	Holt-Winters 季節性預測模型
		AR	AR 模型
		ARIMA()	ARIMA 模型
		ARMA()	ARMA 模型

函數庫	模組	函數	功能
pmdarima	arima	ndiffs()	資料平穩性檢驗
		decompose()	時間序列分解
		auto_arima()	ARIMA 模型參數自動搜索
PyFLux		ARIMAX()	ARIMAX 模型
fbprophet		Prophet()	時序模型 Prophet 演算法

Chapter

07

聚類演算法與異常值檢測

「物以類聚，人以群分」，所謂聚類分析，就是將資料所對應的研究物件進行分類的統計方法，它是將許多個個體集合，按照某種標準分成許多個簇，並且希望簇內的樣本盡可能地相似，而簇和簇之間要盡可能地不相似。

異常值檢測又叫異常值辨識或離群點辨識，是對不匹配預期模式或資料集中其他的項目、事件或觀測值的辨識。如對銀行詐騙的辨識、網路攻擊的辨識等，這些詐騙和攻擊事件都不常出現，所以所呈現的模式往往會和許多正常的資料模式差別很大，從而成為事件集合中的異常值、孤立點。

本章會根據實際的資料集，介紹聚類分析和異常值檢測的相關演算法，以及如何利用 Python 進行對應的分析。

7.1 模型簡介

本節將介紹一些常用聚類演算法和異常值檢測演算法的基本思想，幫助讀者對相關演算法有進一步的了解。

7.1.1 常用的聚類演算法

聚類分析可以認為是一種針對特徵進行定量無監督學習分類的方法，當不知道資料中每個樣本的真實類別，但是又想將資料樣本去分開時，可以考慮使用聚類演算法。常用的聚類演算法有 K-means（K- 平均值）聚類、K-medians（中位數、中值）聚類、系統聚類、譜聚類、模糊聚類和密度聚類等。

（1）**K-means 聚類**是一種快速聚類演算法，它把樣本空間中的 n 個點劃分到 K 個簇，需要的計算量較少，且更容易了解。K-means 聚類演算法思想：假設資料中有 p 個變數參與聚類，並且要聚類為 K 個簇，則需要在 p 個變數組成的 p 維空間中，首先選取 K 個不同的樣本作為聚類種子，然後根據每個樣本到達 K 個點距離的遠近，將所有樣本分為 K 個簇，在每一個簇中，重新計算出簇的中心（每個特徵的平均值）作為新的種子，再把所有的樣本分為 K 類。如此下去，直到種子的位置幾乎不發生改變為止。在 K-means 聚類中，如何尋找合適的 K 值對聚類的結果很重要，一種常用的方法是，透過觀察 K 個簇的組內平方和與組間平方和的變化情況，來確定合適的聚類數目。該方法透過繪製類內部的同質性或類間的差異性隨 K 值變化的曲線（形狀類似於人的手肘），來確定出最佳的 K 值，而該 K 值點恰好處在手肘曲線的肘部點，因此稱這種確定最佳 K 值的方法為肘方法。根據 K-means 聚類應用在不同類類型資料的特點，衍生出很多 K-means 變種演算法，比如二分 K-means 聚類、K-medians（中值）聚類、K-medoids（中心點）聚類等。它們可能在初始 K 個平均值的選擇、相異度的計算和聚類平均值的策略上有所不同。

（2）**系統聚類**又叫層次聚類（hierarchical cluster），是一種常見的聚類方法，它是在不同層級上對樣本進行聚類，逐步形成樹狀的結構。根據層次分解是自底向上（合併）還是自頂向下（分裂）可將其分為兩種方式，即凝聚與分裂。凝聚的層次聚類方法使用自底向上的策略，即開始令每一個物件形成自己的簇，並且疊代會把簇合併成越來越大的簇（每次合併最相似的兩個簇），直到所有物件都在一個簇中，或滿足某個終止條件。在合併的過程中，根據指定的距離度量方式，首先找到兩個最接近的簇，然後合併形成一個簇，這樣的過程重複多次，直到聚類結束。分裂的層次聚類演算法使用自頂向下的策略，即開始將所有的物件看作為一個簇，然後將簇劃分為多個較小的簇（在每次劃分時，將一個簇劃分為差異最大的兩個簇），並且疊代把這些簇劃分為更小的簇，在劃分過程中，直到最底層的簇都足夠凝聚或僅包含一個物件，或簇內物件彼此足夠相似。

（3）**譜聚類**是從圖論中演化出來的，由於其表現出的優秀性能被廣泛應用於聚類中，其過程的第一步是構圖，將取樣點資料構造成一張網圖；第二步則是切圖，即按照一定的切邊準則，將第一步的構圖切分成不同的子圖，這些子圖就是對應的聚類結果。由於譜聚類是對圖進行切割，因此不會存在像 K- 平均值聚類一樣將離散的小簇聚合在一起。

（4）**模糊聚類**不同於 K- 平均值聚類這種非此即彼的硬劃分方法，模糊聚類會計算每個樣本屬於各個類別的隸屬度，常用的模糊聚類演算法是模糊 C 平均值聚類，即 FCM。

（5）**密度聚類**又稱為以密度為基礎的聚類，其基本出發點是假設聚類結果可以透過樣本分佈的稠密程度來確定，主要目標是尋找被低密度區域（雜訊）分離的高密度區域。與以距離為基礎的聚類演算法不同的是，以距離為基礎的聚類演算法的聚類結果是球狀的簇，而以密度為基礎的聚類演算法可以發現任意形狀的簇，所以對於帶有雜訊資料的處理比較好。DBSCAN（Density-Based Spatial Clustering of Applications with Noise）是一種典型的以密度為基礎的聚類演算法，也是科學文章中常常引用的演算法。這類密度聚類演算法一般假設類別可以透過樣本分佈的緊密程度來決定，同一類別的樣本，它們之間是緊密相連的，也就是說，在該類別任意樣本周圍不遠處一定有同類別的樣本存在。透過將緊密相連的樣本劃為一類，就獲得了一個聚類類別。將所有各組緊密相連的樣本劃為各個不同的類別，這就獲得了最終的所有聚類類別結果。那些沒有劃分為某一簇的資料點，則可看作資料中的雜訊資料。

（6）**高斯混合模型聚類**演算法可以看作 K-means 模型的最佳化模型，是一種生成式模型。高斯混合模型試圖找到多維高斯模型機率分佈的混合表示，從而擬合出任意形狀的資料分佈。

（7）**親和力傳播聚類**演算法的基本思想是將全部資料點當作潛在的聚類中心，然後資料點兩兩之間連線組成一個網路（或稱為相似度矩陣），再透過網路中各條邊的資訊傳遞，找到每個樣本的聚類中心。

（8）**BIRCH 聚類**（利用層次方法的平衡疊代歸納和聚類）是一種利用樹結構來幫助快速聚類的演算法，比較適合較巨量資料集的聚類，並且能夠辨識出資料集中資料分佈的不均衡性，將分佈在稠密區域中的點聚類，將分佈在稀疏區域中的點視作異數移除。

7.1.2 常用的異常值檢測演算法

異常值檢測演算法又稱為離群點檢測，一維資料常用箱線圖辨識異常值，但在實際中高維資料往往更常見，所以 Python 中的 PyOD 函數庫提供了多種對高維資料的異常值檢測演算法，下面對本章會使用到的異常值檢測演算法進行簡單介紹。

（1）**LOF 和 COF 異常值檢測演算法**。LOF（Local Outlier Factor，局部離群值因數）演算法，會透過估計每個樣本和它的局部領域的分離程度來獲得樣本的離群值得分。如果樣本的局部密度低，LOF 得分會很大，那麼可能會被看作離群值，但該演算法不能列出是否為異常值的確切判斷（**注意**：PyOD 函數庫中的 LOF 演算法列出了是否為異常值的準確判斷）。COF（Connectivity-based Outilier Factor，以連通性為基礎的離群因數）異常值檢測演算法和 LOF 的思想類似，也會列出異常值可能性的得分，得分越大，對應的樣本是異常值的可能性就越大。

（2）**以 PCA 為基礎的異常值檢測演算法**。該演算法的異常值辨識思想是，先將高維的資料使用主成分分析進行降維（或進行特徵變換），然後從變換後的資料空間中辨識異常值的分佈模式，進而將異常值從資料中檢測出來。

（3）**以子空間為基礎的異常值檢測演算法 SOD**。透過將資料集映射到低維子空間，根據子空間中映射資料的稀疏程度來確定異常資料是否存在，在某個低維子空間中，如果一個點存在於一個密度非常低的局部區域，則稱該點為一個離群點（異常值）。

（4）**孤立森林異常值檢測演算法**。孤立森林和隨機森林在思想上相似，都是透過很多決策樹來組合成森林，不同的是，孤立森林是一種無監督辨識異常值的方法，而隨機森林是一種有監督的學習方法。

（5）**以支援向量機為基礎的異常值檢測演算法**。該演算法可以認為是利用支援向量機將高密度區域的資料和低密度區域的資料分開，其中切分的方式就是使用支援向量機學習得到的超平面。

本章將使用筆者整理的真實資料集，介紹如何使用 Python 對資料進行資料聚類和異常值辨識。這裡先匯入本章會使用到的函數庫和模組。

```
## 輸出高畫質圖型
%config InlineBackend.figure_format='retina'
%matplotlib inline
## 圖型顯示中文的問題
import matplotlib
matplotlib.rcParams['axes.unicode_minus']=False
import seaborn as sns
sns.set(font="Kaiti",style="ticks",font_scale=1.4)
## 忽略提醒
import warnings
warnings.filterwarnings("ignore")
## 匯入會使用到的相關套件
import numpy as np
import pandas as pd
```

```
import matplotlib.pyplot as plt
from mpl_toolkits.mplot3d import Axes3D
import seaborn as sns
from sklearn.manifold import TSNE
from sklearn.preprocessing import StandardScaler
from sklearn.datasets import load_wine
from sklearn.cluster import *
from sklearn.metrics.cluster import v_measure_score
from sklearn.metrics import *
from sklearn.mixture import GaussianMixture,BayesianGaussianMixture
from sklearn.neighbors import LocalOutlierFactor
from sklearn.model_selection import train_test_split,GridSearchCV
from sklearn.svm import OneClassSVM
from pyclustering.cluster.kmedians import kmedians
from pyclustering.cluster.fcm import fcm
from pyclustering.cluster import cluster_visualizer
from scipy.cluster import hierarchy
import networkx as nx
from networkx.drawing.nx_agraph import graphviz_layout
import pyod.models as pym
from pyod.models.cof import COF
from pyod.models.pca import PCA
from pyod.models.sod import SOD
from pyod.models.iforest import IForest
from pyod.models.xgbod import XGBOD
```

本章在介紹這些演算法時，會以實際的資料集為例，不僅介紹如何使用相關的函數獲得演算法結果，還從多個角度對演算法的效果進行分析，幫助讀者加深對演算法的了解和認識。

7.2 資料聚類分析

本節會介紹多種聚類演算法在相同資料上的聚類效果，所以會繼續使用酒資料集，同時為了方便視覺化聚類效果，會使用 t-SNE 演算法將資料降維到三維，然後再對降維後的資料進行聚類分析。對資料進行降維的程式如下：

```
In[1]:## 對酒的特徵資料進行標準化
      wine_x,wine_y=load_wine(return_X_y=True)
      wine_x=StandardScaler().fit_transform(wine_x)
      print("每類樣本數量:",np.unique(wine_y,return_counts=True))
      ## TSNE進行資料的降維,降維到三維空間中
      tsne=TSNE(n_components=3,perplexity =25,
                early_exaggeration =3,random_state=123)
      ## 獲取降維後的資料
      tsne_wine_x=tsne.fit_transform(wine_x)
      print(tsne_wine_x.shape)
Out[1]:每類樣本數量: (array([0, 1, 2]), array([59, 71, 48]))
       (178, 3)
```

在上面的程式中匯入資料後，使用 StandardScaler() 對資料進行標準化分析，利用 TSNE() 對資料進行降維，會發現資料降維後包含 178 個樣本，3 個特徵。

7.2.1 K- 平均值與 K- 中值聚類演算法

K- 平均值聚類演算法的關鍵在於聚類數量 K 的設定值，肘方法是透過計算出不同 K 值下聚類結果類內誤差平方和，然後根據其變化曲線合理分析 K 的設定值，即利用肘方法確定 K 的合適值。下面的程式將以不同為基礎的聚類數目，使用 KMeans() 函數進行聚類分析，獲取對應的類內誤差平方和後，視覺化，程式執行後的結果如圖 7-1 所示。

```
In[2]:## 使用肘方法搜索合適的聚類數目
      kmax=10
      K=np.arange(1,kmax)
      iner=[] ## 類內誤差平方和
      for ii in K:
          kmean=KMeans(n_clusters=ii,random_state=1)
          kmean.fit(tsne_wine_x)
```

```
        ## 計算類內誤差平方和
        iner.append(kmean.inertia_)
    ## 視覺化類內誤差平方和的變化情況
    plt.figure(figsize=(10,6))
    plt.plot(K,iner,"r-o")
    plt.xlabel("聚類數目")
    plt.ylabel("類內誤差平方和")
    plt.title("K-means聚類")
    ## 在圖中增加一個箭頭
    plt.annotate("轉捩點",xy=(3,iner[2]),xytext=(4,iner[2]+2000),
                 arrowprops=dict(facecolor='blue',shrink=0.1))
    plt.grid()
    plt.show()
```

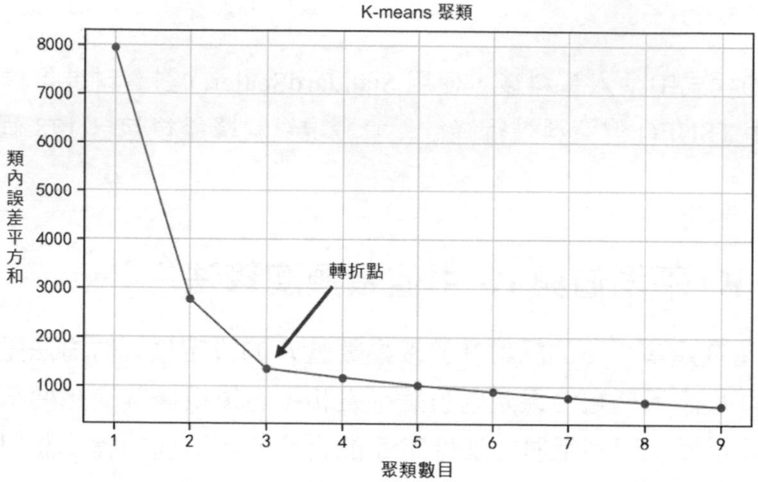

▲ 圖 7-1 肘方法視覺化結果

從圖 7-1 中可以發現，當簇的數量為 3 之後，類內誤差平方和的變化非常平緩，説明 $K = 3$ 為較合理的設定值（該點可以作為類內誤差平方和的轉捩點）。接下來將資料聚類為 3 類，因為該資料已經知道了每個樣本的類別標籤，所以可以使用 V 測度的設定值大小，分析聚類的效果，該得分是聚類同質性和完整性的調和平均數，越接近於 1，説明聚類的效果越好。利用 K- 平均值將資料聚類為 3 類的程式如下：

```
In[3]:## 使用KMeans將資料聚類為3類
      kmean=KMeans(n_clusters=3,random_state=1)
      k_pre=kmean.fit_predict(tsne_wine_x)
      print("每簇包含的樣本數量:",np.unique(k_pre,return_counts=True))
      print("每個簇的聚類中心為:\n",kmean.cluster_centers_)
      print("聚類效果V測度: %.4f"%v_measure_score(wine_y,k_pre))
Out[3]:每簇包含的樣本數量: (array([0, 1, 2],dtype=int32),array([55, 66, 57]))
每個簇的聚類中心為:
 [[ 4.863987   -2.6453774  -2.828165  ]
 [-6.2741613   5.3542557   2.44556    ]
 [-0.36793578  0.8936551   1.3267051 ]]
聚類效果V測度: 0.7728
```

執行上面的程式後可以發現，在聚類結果中，每個簇分別包含 55、56 和 57 個樣本，聚類效果 V 測度為 0.7728，聚類效果相對較好，聚類結果中的 cluster_centers_ 屬性包含每個簇的聚類中心。

K- 中值聚類演算法和 K- 平均值聚類演算法非常相似，sklearn 函數庫中沒有提供 K- 中值聚類演算法的使用方式，可以使用 pyclustering 函數庫中的 kmedians() 函數來完成 K- 中值聚類。下面的程式中，先使用 3 個樣本作為演算法的初始化聚類中心，然後利用 kmedians() 函數建立一個聚類演算法，透過 process() 方法利用資料對演算法進行訓練，利用 get_clusters() 方法獲取每個樣本的聚類結果，並透過一個迴圈處理將聚類結果處理為類別標籤。

```
In[4]:## 使用kmedians將資料聚類為3類
      initial_centers=tsne_wine_x[[1,51,100],:]
      np.random.seed(10)
      kmed=kmedians(data=tsne_wine_x,initial_medians=initial_centers)
      kmed.process()   # 演算法訓練資料
      kmed_pre=kmed.get_clusters() # 聚類結果
      kmed_center=np.array(kmed.get_medians())
      ## 將聚類結果處理為類別標籤
      kmed_pre_label=np.arange(len(tsne_wine_x))
      for ii,li in enumerate(kmed_pre):
```

```
            kmed_pre_label[li]=ii
        print("每簇包含的樣本數量:",np.unique(kmed_pre_label,return_
counts=True))
        print("每個簇的聚類中心為:\n",kmed_center)
        print("聚類效果V測度: %.4f"%v_measure_score(wine_y,kmed_pre_label))
Out[4]:每簇包含的樣本數量: (array([0, 1, 2]), array([64, 63, 51]))
每個簇的聚類中心為:
 [[-0.50812994  0.41691253  3.0729903 ]
 [-6.3453598   4.53739357  5.49312544]
 [ 5.36085081 -3.59926462 -0.22226299]]
聚類效果V測度: 0.8609
```

執行程式後可以發現，每個簇分別包含 64、63、51 個樣本，並且 V 測度得 0.8609，比 K- 平均值聚類演算法的 V 測度高，說明在某種程度上 K- 中值聚類演算法對資料的聚類效果更好。

可以透過下面的程式在三維（3D）空間中視覺化聚類散點圖，用於比較分析兩種聚類演算法的聚類效果，程式執行後的結果如圖 7-2 所示。

```
In[5]:## 在3D空間中視覺化聚類後的資料空間分佈
        colors=["red","blue","green"]
        shapes=["o","s","*"]
        fig=plt.figure(figsize=(15,6))
        ## 將座標系設定為3D座標系，K-平均值聚類結果
        ax1=fig.add_subplot(121, projection="3d")
        for ii,y in enumerate(k_pre):
ax1.scatter(tsne_wine_x[ii,0],tsne_wine_x[ii,1],tsne_wine_x[ii,2],
                        s=40,c=colors[y],marker=shapes[y],alpha=0.5)
        ## 視覺化聚類中心
        for ii in range(len(np.unique(k_pre))):
            x=kmean.cluster_centers_[ii,0]
            y=kmean.cluster_centers_[ii,1]
            z=kmean.cluster_centers_[ii,2]
            ax1.scatter(x,y,z,c="gray",marker="o",s=150,edgecolor='k')
            ax1.text(x,y,z,"簇"+str(ii+1))
        ax1.set_xlabel("特徵1",rotation=20)
```

```
ax1.set_ylabel("特徵2",rotation=-20)
ax1.set_zlabel("特徵3",rotation=90)
ax1.azim=225
ax1.set_title("K-means聚為3個簇")
## K中位數聚類結果
ax2=fig.add_subplot(122, projection="3d")
for ii,y in enumerate(kmed_pre_label):
    ax2.scatter(tsne_wine_x[ii,0],tsne_wine_x[ii,1], tsne_wine_x[ii,2],
                s=40,c=colors[y],marker=shapes[y],alpha=0.5)
for ii in range(len(np.unique(kmed_pre_label))):
    x=kmed_center[ii,0]
    y=kmed_center[ii,1]
    z=kmed_center[ii,2]
    ax2.scatter(x,y,z,c="gray",marker="o",s=150,edgecolor='k')
    ax2.text(x,y,z,"簇"+str(ii+1))
ax2.set_xlabel("特徵1",rotation=20)
ax2.set_ylabel("特徵2",rotation=-20)
ax2.set_zlabel("特徵3",rotation=90)
ax2.azim=225
ax2.set_title("K-medians聚為3個簇")
plt.tight_layout()
plt.show()
```

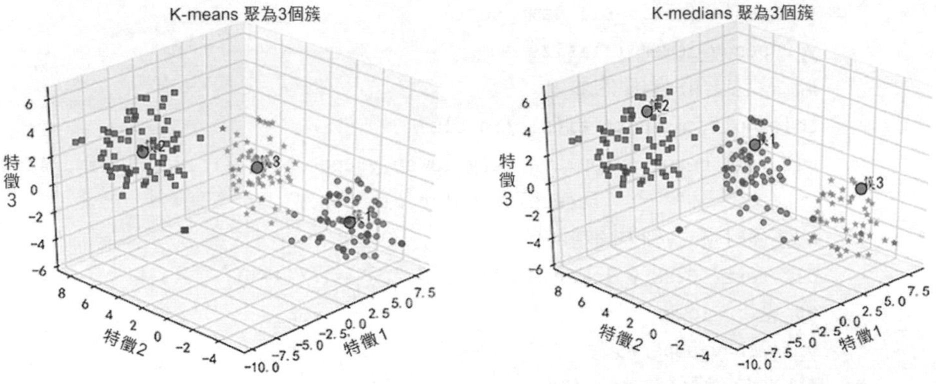

▲ 圖 7-2　聚類結果視覺化

圖 7-2 使用不同的顏色和形狀視覺化出不同簇的樣本，並視覺化出資料的聚類中心，從視覺上可以發現 K- 平均值聚類演算法的聚類中心，在空間上更接近於資料的中心位置。

如果提前不知道每個樣本的所屬類別，可以使用輪廓係數等判斷聚類效果的好壞。透過 sklearn.metrics 模組下的 silhouette_score() 和 silhouette_samples() 函數，計算整個資料集的輪廓得分和每個範例的輪廓得分，並且可以將得分視覺化獲得輪廓圖。使用下面的程式可將 K- 平均值聚類結果輪廓圖型視覺化，程式執行後的結果如圖 7-3 所示。

```
In[6]:## 計算整體的平均輪廓係數，K-平均值
      sil_score=silhouette_score(tsne_wine_x,k_pre)
      ## 計算每個樣本的silhouette值，K-平均值
      sil_samp_val=silhouette_samples(tsne_wine_x,k_pre)
      ## 視覺化聚類分析輪廓圖，K-平均值
      plt.figure(figsize=(10,6))
      y_lower=10
      n_clu=len(np.unique(k_pre))
      for ii in np.arange(n_clu):  ## 聚類為3類
          ## 將第ii類樣本的silhouette值放在一塊排序
          iiclu_sil_samp_sort=np.sort(sil_samp_val[k_pre==ii])
          ## 計算第ii類的數量
          iisize=len(iiclu_sil_samp_sort)
          y_upper=y_lower + iisize
          ## 設定ii類別圖像的顏色
          color=plt.cm.Spectral(ii / n_clu)
          plt.fill_betweenx(np.arange(y_lower,y_upper),0, iiclu_sil_samp_sort,
                            facecolor=color,alpha=0.7)
          # 在簇對應的y軸中間增加標籤
          plt.text(-0.08,y_lower+0.5*iisize,"簇"+str(ii+1))
          ## 更新y_lower
          y_lower=y_upper+5
      ## 增加平均輪廓係數得分直線
      plt.axvline(x=sil_score,color="red",label= "mean:"+str(np.round(sil_
score,3)))
      plt.xlim([-0.1,1])
```

```
plt.yticks([])
plt.legend(loc=1)
plt.xlabel("輪廓係數得分")
plt.ylabel("聚類標籤")
plt.title("K-means聚類輪廓圖")
plt.show()
```

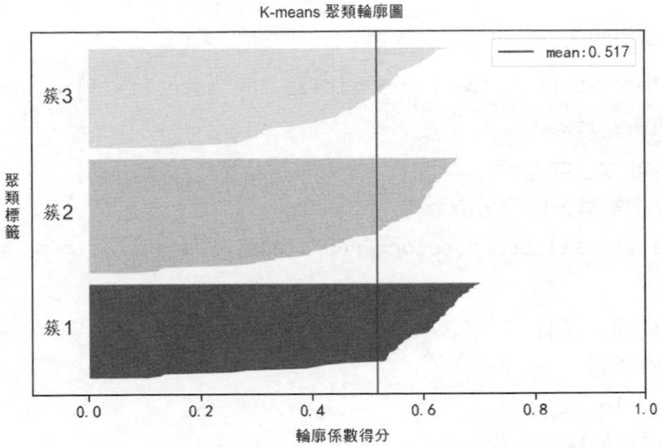

▲ 圖 7-3　K- 平均值輪廓圖

從圖 7-3 中可以發現，平均輪廓值為 0.517，各簇中每個樣本的輪廓值均大於 0，可以說明該資料聚為 3 個簇的效果很好。

針對 K- 中值的聚類結果，可以使用同樣的方式視覺化出聚類輪廓圖，執行下面的程式後，結果如圖 7-4 所示。

```
In[7]:## 計算整體的平均輪廓係數，K-中值
      sil_score=silhouette_score(tsne_wine_x,kmed_pre_label)
      ## 計算每個樣本的silhouette值，K-中值
      sil_samp_val=silhouette_samples(tsne_wine_x,kmed_pre_label)
      ## 視覺化聚類分析輪廓圖，K-中值
      plt.figure(figsize=(10,6))
      y_lower=10
      n_clu=len(np.unique(kmed_pre_label))
      for ii in np.arange(n_clu):  ## 聚類為3類
          ## 將第ii類樣本的silhouette值放在一塊排序
          iiclu_sil_samp_sort=np.sort(sil_samp_val[kmed_pre_label==ii])
```

```
        ## 計算第ii類的數量
        iisize=len(iiclu_sil_samp_sort)
        y_upper=y_lower + iisize
        ## 設定ii類別圖像的顏色
        color=plt.cm.Spectral(ii/n_clu)
        plt.fill_betweenx(np.arange(y_lower,y_upper),0,
                          iiclu_sil_samp_sort,facecolor=color,alpha=0.7)
        # 在簇對應的y軸中間增加標籤
        plt.text(-0.08,y_lower+0.5*iisize,"簇"+str(ii+1))
        ## 更新y_lower
        y_lower=y_upper+5
    ## 增加平均輪廓係數得分直線
    plt.axvline(x=sil_score,color="red",label= "mean:"+str(np.round(sil_
score, 3)))
    plt.xlim([-0.1,1])
    plt.yticks([])
    plt.legend(loc=1)
    plt.xlabel("輪廓係數得分")
    plt.ylabel("聚類標籤")
    plt.title("K-medians聚類輪廓圖")
    plt.show()
```

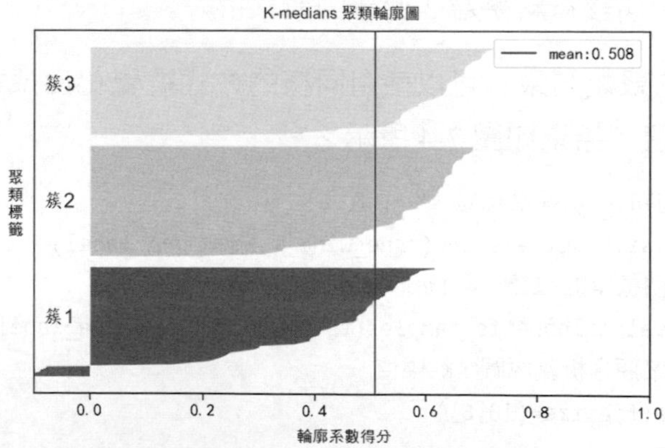

▲ 圖 7-4　K- 中值輪廓圖

從圖 7-4 中可以發現，平均輪廓值為 0.508，但是在第一個簇中有幾個樣本的輪廓值小於 0，說明有些不屬於該簇的樣本被歸到了這個簇。

經過上面的分析可以發現，使用 V 測度的評價方式，K- 中值的聚類效果較好，但使用輪廓值進行分析，則是 K- 平均值的聚類效果較好。

7.2.2 層次聚類

層次聚類可以使用 scipy.cluster 模組下的 hierarchy 進行。下面的程式中，使用 hierarchy.linkage() 函數利用計算聚類結果，以歐幾里德距離（metric='euclidean'）為基礎和類間方差的度量方式（method='ward'）得到聚類結果 Z，使用 hierarchy.dendrogram() 函數獲得層次聚類樹，程式執行後的結果如圖 7-5 所示。

```
In[8]:## 對資料進行系統聚類並繪製樹
      Z=hierarchy.linkage(tsne_wine_x,method="ward",metric="euclidean")
      fig=plt.figure(figsize=(12,6))
      Irisdn=hierarchy.dendrogram(Z,truncate_mode="lastp")
      plt.axhline(y=40,color="k",linestyle="solid",label="three class")
      plt.axhline(y=80,color="g",linestyle="dashdot",label="two class")
      plt.title("層次聚類樹")
      plt.xlabel("Sample number")
      plt.ylabel("距離")
      plt.legend(loc=1)
      plt.show()
```

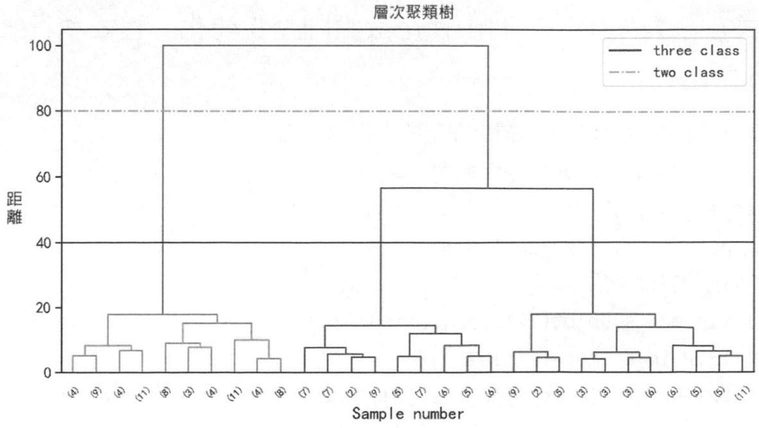

▲ 圖 7-5　層次聚類樹

從圖 7-5 中可以發現，使用不同的閾值，可以獲得不同的聚類結果。舉例來說，分為 3 類，以黑色實線為閾值；分為 2 類，使用綠色虛線為閾值。下面分別計算將資料分為不同數量簇時的 V 測度設定值大小，獲得聚類標籤時使用 hierarchy.fcluster() 函數，程式如下：

```
In[9]:## 計算系統聚類後每個簇的資訊，最多聚類為2類
      hie2=hierarchy.fcluster(Z,t=2,criterion="maxclust")
      print("聚為2個簇,每簇包含的樣本數量:\n",np.unique(hie2, return_
counts=True))
      print("聚為2個簇,聚類效果V測度: %.4f"%v_measure_score(wine_y,hie2))
      ## 最多聚類為3類
      hie3=hierarchy.fcluster(Z,t=3,criterion="maxclust")
      print("聚為3個簇,每簇包含的樣本數量:\n",np.unique(hie3, return_
counts=True))
      print("聚為3個簇,聚類效果V測度: %.4f"%v_measure_score(wine_y,hie3))
Out[9]:聚為2個簇,每簇包含的樣本數量:
 (array([1, 2], dtype=int32), array([ 66, 112]))
聚為2個簇,聚類效果V測度: 0.6084
聚為3個簇,每簇包含的樣本數量:
 (array([1, 2, 3], dtype=int32), array([66, 54, 58]))
聚為3個簇,聚類效果V測度: 0.7838
```

可以發現，資料聚為 2 個簇時，V 測度為 0.6084；資料聚為 3 個簇時，V 測度為 0.7838，效果更好。針對聚類為不同簇的聚類結果，可以使用下面的程式在三維（3D）空間中使用散點圖型視覺化，程式執行後的結果如圖 7-6 所示。

```
In[10]:## 將聚類為2類和3類的結果在空間中視覺化出來
      colors=["red","blue","green"]
      shapes=["o","s","*"]
      fig=plt.figure(figsize=(15,6))
      ## 將座標系設定為3D座標系，層次聚類結果
      ax1=fig.add_subplot(121,projection="3d")
      for ii,y in enumerate(hie2-1):
          ax1.scatter(tsne_wine_x[ii,0],tsne_wine_x[ii,1], tsne_wine_x[ii,2],
                      s=40,c=colors[y],marker=shapes[y],alpha=0.5)
      ax1.set_xlabel("特徵1",rotation=20)
```

```
ax1.set_ylabel("特徵2",rotation=-20)
ax1.set_zlabel("特徵3",rotation=90)
ax1.azim=225
ax1.set_title("層次聚類為2類")
ax2=fig.add_subplot(122,projection="3d")
for ii,y in enumerate(hie3-1):
    ax2.scatter(tsne_wine_x[ii,0],tsne_wine_x[ii,1], tsne_wine_x[ii,2],
                s=40,c=colors[y],marker=shapes[y],alpha=0.5)
ax2.set_xlabel("特徵1",rotation=20)
ax2.set_ylabel("特徵2",rotation=-20)
ax2.set_zlabel("特徵3",rotation=90)
ax2.azim=225
ax2.set_title("層次聚類為3類")
plt.tight_layout()
plt.show()
```

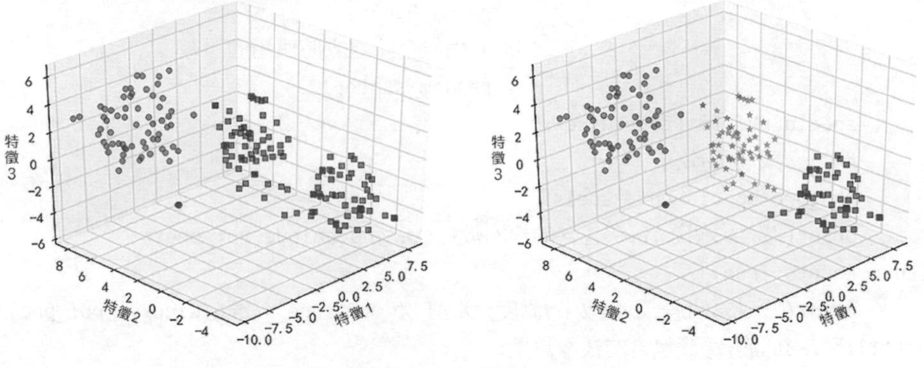

▲ 圖 7-6　層次聚類效果

7.2.3 譜聚類與模糊聚類

1. 譜聚類

譜聚類的第一步是建立一個圖，並且建立圖可以使用不同的方法。下面介紹使用 K- 近鄰演算法和 rbf 演算法建構相似矩陣和網路所獲得的聚類效果的差異，程式如下：

```
In[11]:## 使用K-近鄰演算法相似矩陣的建立方式
       speclu_nei=SpectralClustering(n_clusters=3,  # 投影到子空間的維度
                                     #相似矩陣的建立方式
                                     affinity="nearest_neighbors",
                                     #相似矩陣建立時使用的近鄰數
                                     n_neighbors=5,
                                     random_state=123)
       speclu_nei.fit(tsne_wine_x)
       ## 計算聚類的效果
       nei_pre=speclu_nei.labels_
       print("聚為3個簇,每簇包含的樣本數量:\n",np.unique(nei_pre,
return_counts=True))
       print("聚為3個簇,聚類效果V測度: %.4f"%v_measure_score(wine_y, nei_pre))
       ## 使用rbf演算法相似矩陣的建立方式
       speclu_rbf=SpectralClustering(n_clusters=3,     # 投影到子空間的維度
                                     affinity="rbf",   # 相似矩陣的建立方式
                                     gamma=0.005,
                                     # 相似矩陣建立時使用的參數
                                     random_state=123)
       speclu_rbf.fit(tsne_wine_x)
       ## 計算聚類的效果
       rbf_pre=speclu_rbf.labels_
       print("聚為3個簇,每簇包含的樣本數量:\n",np.unique(rbf_pre,
return_counts=True))
       print("聚為3個簇,聚類效果V測度: %.4f"%v_measure_score(wine_y, rbf_pre))
Out[11]:聚為3個簇,每簇包含的樣本數量:
 (array([0, 1, 2],dtype=int32),array([55, 65, 58]))
聚為3個簇,聚類效果V測度: 0.7844
聚為3個簇,每簇包含的樣本數量:
 (array([0, 1, 2], dtype=int32), array([66, 63, 49]))
聚為3個簇,聚類效果V測度: 0.8958
```

從輸出結果中可以發現，使用 K- 近鄰建構相似矩陣和網路的演算法，獲得的 V 測度分較低，針對獲得的聚類結果，可以透過其 affinity_matrix_ 屬性獲得相似矩陣，針對相似矩陣可以使用熱力圖進行視覺化，執行下面的程式後，結果如圖 7-7 所示。

```
In[12]:## 視覺化不同的聚類結果建構的相似矩陣
       plt.figure(figsize=(14,6))
       plt.subplot(1,2,1)
       sns.heatmap(speclu_nei.affinity_matrix_.toarray(),cmap="YlGnBu")
       plt.title("K-近鄰演算法建構的相似矩陣")
       plt.subplot(1,2,2)
       sns.heatmap(speclu_rbf.affinity_matrix_,cmap="YlGnBu")
       plt.title("RBF建構的相似矩陣")
       plt.tight_layout()
       plt.show()
```

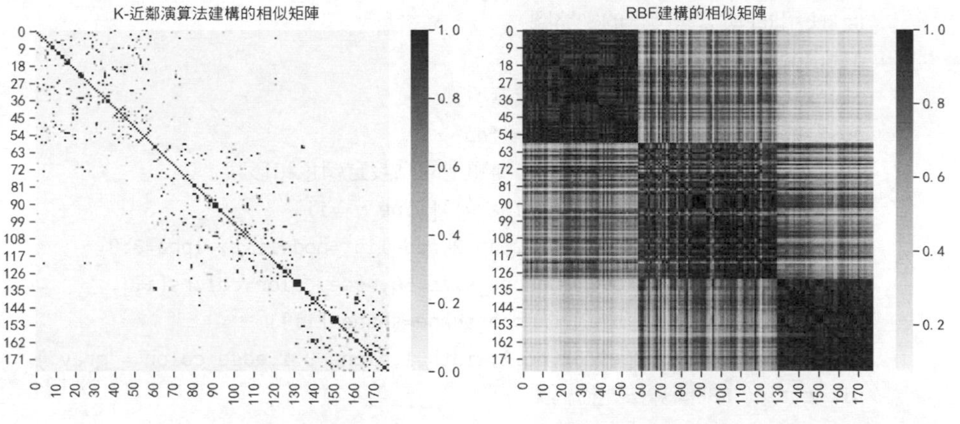

▲ 圖 7-7　譜聚類相似矩陣熱力圖

從圖 7-7 中可以發現，K- 近鄰演算法建構的相似矩陣更加稀疏，說明 K-近鄰演算法建構的用於譜聚類網路有更少的邊，為了證實這一點，可以使用 NetworkX 函數庫將建構的圖型視覺化，執行下面的程式，結果如圖 7-8 所示。

```
In[13]:## 在二維空間中視覺化兩種不同的演算法建構的節點網路
       colors=["red","blue","green"]
       shapes=["o","s","*"]
       nei_mat=speclu_nei.affinity_matrix_.toarray()
       rbf_mat=speclu_rbf.affinity_matrix_
       ## 視覺化網路圖
       plt.figure(figsize=(14,6))
```

```
## 使用K-近鄰演算法獲得的網圖
plt.subplot(1,2,1)
G1=nx.Graph(nei_mat)  ## 生成無項圖
pos1=graphviz_layout(G1,prog="fdp")
for ii in range(3):     # 為每種類型的點設定顏色和形狀
    nodelist=np.arange(len(wine_y))[wine_y==ii]
    nx.draw_networkx_nodes(G1,pos1,nodelist=nodelist,alpha=0.8,
                           node_size=50,node_color=colors[ii],
                           node_shape=shapes[ii])
nx.draw_networkx_edges(G1,pos1,width=1,edge_color="k")
plt.title("K-近鄰演算法建構網路")
## 使用RBF演算法獲得的網路圖
plt.subplot(1,2,2)
G2=nx.Graph(rbf_mat)  ## 生成無項圖
pos2=graphviz_layout(G2,prog="fdp")
for ii in range(3):     # 為每種類型的點設定顏色和形狀
    nodelist=np.arange(len(wine_y))[wine_y==ii]
    nx.draw_networkx_nodes(G2,pos2,nodelist=nodelist,alpha=0.8,
                           node_size=50,node_color=colors[ii],
                           node_shape=shapes[ii])
nx.draw_networkx_edges(G2,pos2,width=1,alpha=0.1,edge_color ="gray")
plt.title("RBF演算法建構網路")
plt.tight_layout()
plt.show()
```

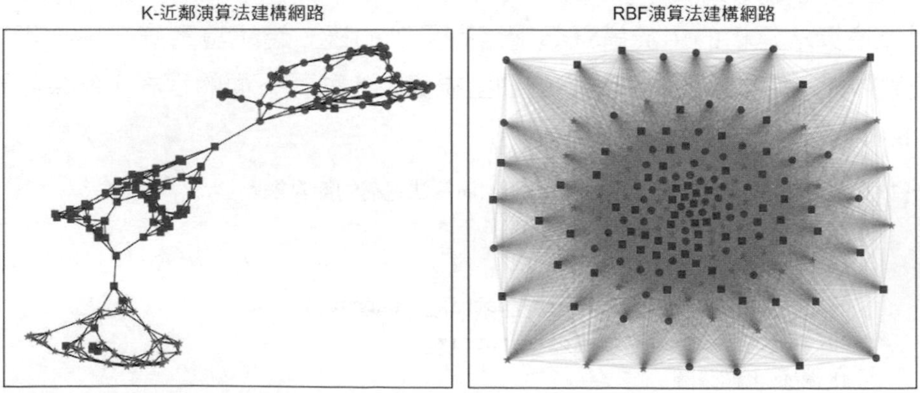

▲ 圖 7-8　譜聚類建構的網路圖

從圖 7-8 中可以發現，在二維空間中 K- 近鄰演算法建構的圖使用了較少的邊，而以 RBF 演算法建構為基礎的圖使用了更多的邊。

2. 模糊聚類

模糊聚類中最常用的演算法是模糊 C 平均值聚類，針對該演算法可以使用 pyclustering 函數庫中的 fcm() 函數完成。下面的程式中，對降維後的酒資料進行模糊聚類，並輸出聚類結果，從輸出的聚類結果中可以發現，獲取的每個樣本的隸屬度 membership 是一個機率值，在每行的輸出中所對應的列值越大，説明屬於對應簇的可能性越大。透過計算獲得的類別標籤得到的 V 測度為 0.7728。

```
In[14]:## 模糊聚類
       initial_centers=tsne_wine_x[[1,51,100],:]
       fcmcluster=fcm(data=tsne_wine_x,initial_centers=initial_centers)
       fcmcluster.process()   # 演算法訓練資料
       fcmcluster_pre=fcmcluster.get_clusters() # 聚類結果
       ## 將聚類結果處理為類別標籤
       fcmcluster_label=np.arange(len(tsne_wine_x))
       for ii,li in enumerate(fcmcluster_pre):
           fcmcluster_label[li]=ii
       ## 獲取每個樣本預測的隸屬度
       membership=fcmcluster.get_membership()
       membership=np.array(membership)
       print("每簇包含的樣本數量:",np.unique(fcmcluster_label, return_
counts=True))
       print("聚類效果V測度: %.4f"%v_measure_score(wine_y, fcmcluster_label))
       print("前幾個樣本屬於每個類的隸屬度:\n",np.round(membership[0:4,:],4))
Out[14]:每簇包含的樣本數量: (array([0, 1, 2]),array([57, 66, 55]))
聚類效果V測度: 0.7728
前幾個樣本屬於每個類的隸屬度:
 [[1.050e-02 9.883e-01 1.200e-03]
 [5.500e-02 9.425e-01 2.600e-03]
 [2.700e-03 9.971e-01 2.000e-04]
 [1.070e-02 9.880e-01 1.300e-03]]
```

為了更進一步地了解模糊聚類對應的隸屬度，在下面的程式中使用堆積橫條圖，視覺化每個樣本的隸屬度設定值情況，程式執行後的結果如圖 7-9 所示。

```
In[15]:## 使用堆積條形圖型視覺化每個樣本的隸屬度
       plt.figure(figsize=(14,6))
       x=np.arange(membership.shape[0])
       plt.bar(x,membership[:,0],color="red",edgecolor='red',width=1,
               label="class 1",alpha=0.5)
       plt.bar(x,membership[:,1],bottom=membership[:,0],color="blue",
               edgecolor='blue',width=1,label="class 2",alpha=0.5)
       plt.bar(x, membership[:,2], bottom=membership[:,0] + membership[:,1],
               color="green",edgecolor='green',width=1,label="class
3",alpha=0.5)
       plt.xlim([-0.5,len(x)])
       plt.title("每個樣本的隸屬度設定值")
       plt.legend()
       plt.show()
```

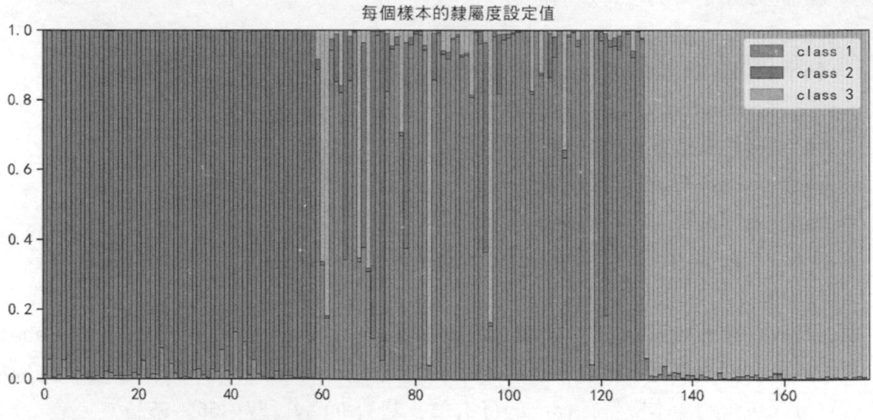

▲ 圖 7-9　模糊聚類所獲得的隸屬度

從圖 7-9 中可以發現，每個樣本的隸屬度之和為 1，並且前面的樣本屬於第二個簇的可能性更大，中間的樣本屬於第一個簇的可能性更大，但是有幾個樣本屬於另外兩個簇的可能性也很大，最後的一些樣本屬於第三個簇的可能性很大。

7.2.4 密度聚類（DBSCAN）

為了更進一步地說明密度聚類演算法的聚類特點，本節將使用雙月資料集進行演示，使用下面的程式讀取資料並對資料進行視覺化，程式執行後的結果如圖 7-10 所示。

```
In[16]:## 密度聚類使用雙月資料集進行演示
       moons=pd.read_csv("data/chap7/moonsdatas.csv")
       print(moons.head())
       ## 視覺化資料的分佈情況
       index0=np.where(moons.Y==0)[0]
       index1=np.where(moons.Y==1)[0]
       plt.figure(figsize=(10,6))
       plt.plot(moons.X1[index0],moons.X2[index0],"ro")
       plt.plot(moons.X1[index1],moons.X2[index1],"bs")
       plt.grid()
       plt.title("資料分佈情況")
       plt.show()
Out[16]:          X1        X2  Y
       0  0.742420  0.585567  0
       1  1.744439  0.039096  1
       2  1.693479 -0.190619  1
       3  0.739570  0.639275  0
       4 -0.378025  0.974814  0
```

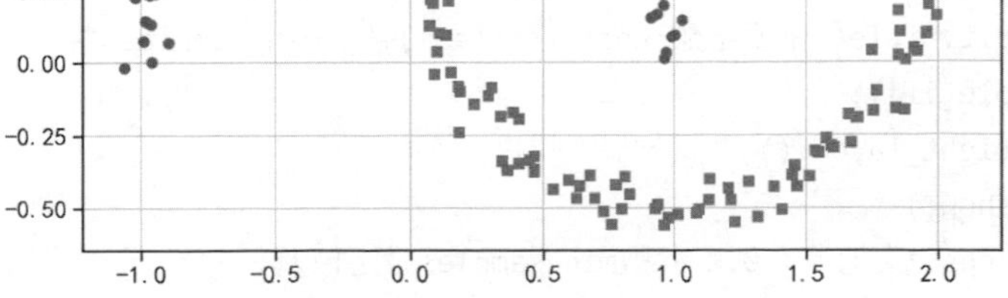

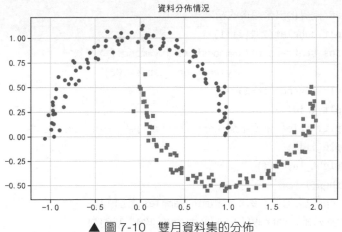

▲ 圖 7-10　雙月資料集的分佈

雙月資料集包含兩個特徵，共有兩類資料，從圖 7-10 中可以發現，每類資料的分佈情況像一個月牙，所以叫作雙月資料，該資料經常用於資料聚類效果的演示。

進行密度聚類時可以使用 sklearn 函數庫中的 DBSCAN() 建立聚類模型，DBSCAN() 中使用不同的參數 eps 和 min_samples 會獲得不同的聚類效果。在下面的程式中分別使用 4 組參數 eps 和 min_samples 的設定值，獲得 4 種不同的聚類效果，並且將聚類結果進行視覺化。

```
In[17]:## 對資料進行密度聚類，並視覺化出聚類後的結果
       epsdata=[0.2,0.2,0.13,1]  ## 定義不同的eps參數的設定值
       min_sample=[5,10,5,10]    ## 定義不同的min_samples參數的設定值
       plt.figure(figsize=(14,10))
       for ii,eps in enumerate(epsdata):
           db=DBSCAN(eps=eps,min_samples=min_sample[ii])
           db.fit(moons[["X1","X2"]].values)
           ## 獲取聚類後的類別標籤
           db_pre_lab=db.labels_
           print("參數eps設定值為:",eps,"參數min_samples設定值為:",
min_sample[ii])
           print("每簇包含的樣本數量:",np.unique(db_pre_lab,
return_counts=True))
           print("聚類效果V測度: %.4f"%v_measure_score(moons["Y"], db_pre_lab))
           print("=============================")
           ## 視覺化出聚類後的結果
           plt.subplot(2,2,ii+1)
           sns.scatterplot(x=moons["X1"],y=moons["X2"],
                           style=db_pre_lab,s=100)
           plt.legend(loc=1)
           plt.grid()
           plt.title("密度聚類:eps="+str(eps)+", min_samples="+
str(min_sample[ii]))
       plt.tight_layout()
       plt.show()
Out[17]:參數eps設定值為: 0.2 參數min_samples設定值為: 5
每簇包含的樣本數量: (array([0, 1]),array([100, 100]))
```

```
聚類效果V測度: 1.0000
==============================
參數eps設定值為: 0.2 參數min_samples設定值為: 10
每簇包含的樣本數量: (array([-1,  0,  1]),array([  1, 100,  99]))
聚類效果V測度: 0.9802
==============================
參數eps設定值為: 0.13 參數min_samples設定值為:5
每簇包含的樣本數量: (array([-1,  0,  1,  2,  3]), array([  2, 100,  52,  26,
20]))
聚類效果V測度: 0.7177
==============================
參數eps設定值為: 1 參數min_samples設定值為: 10
每簇包含的樣本數量: (array([0]),array([200]))
聚類效果V測度: 0.0000
==============================
```

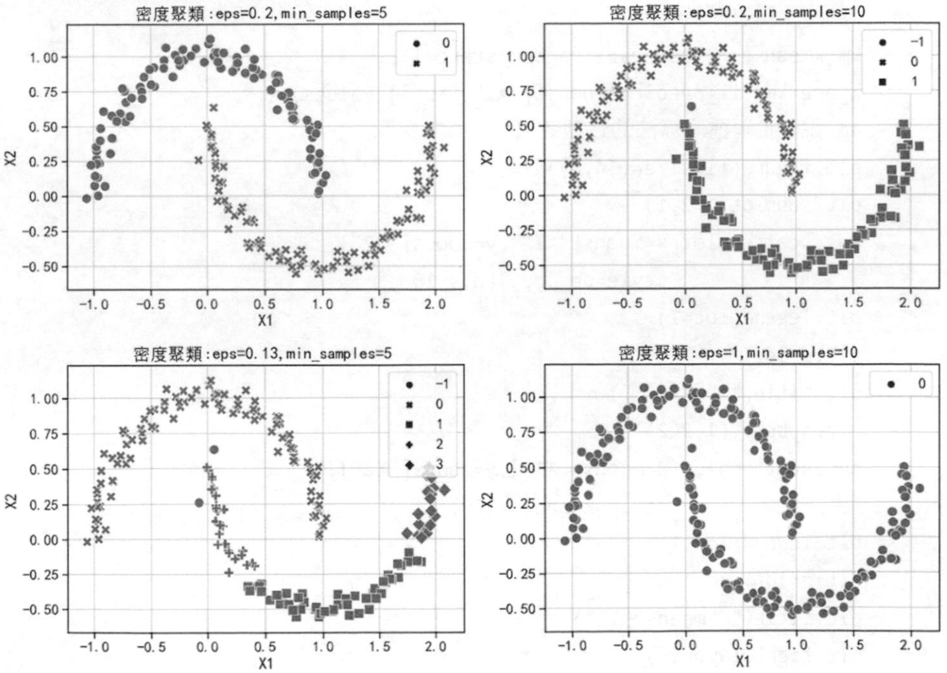

▲ 圖 7-11　密度聚類效果視覺化

從上面的程式輸出中可以發現，當參數 eps=0.2 和 min_samples=5 時獲得的聚類效果最好，將資料切分為兩個簇，每個簇各有 100 個樣本，聚類效果 V 測度為 1。而當參數 eps=0.2 和 min_samples=10 時，獲得的聚類結果中兩個簇分別有 99 和 100 個樣本，其中還有一個樣本被認為是雜訊。剩餘的兩組參數獲得的聚類效果較差，一個將資料聚為 4 個簇，一個將資料聚為 1 個簇。程式輸出的聚類效果如圖 7-11 所示。

下面的程式將對密度聚類和 K- 平均值聚類的效果進行視覺化比較分析，程式執行後的結果如圖 7-12 所示。

```
In[18]:## 將密度聚類和Kmeans聚類的結果進行比較
       ## 密度聚類
       db=DBSCAN(eps=0.2,min_samples=5)
       db.fit(moons[["X1","X2"]].values)
       db_pre_lab=db.labels_
       ## K-平均值聚類
       km=KMeans(n_clusters=2,random_state=1)
       k_pre=km.fit_predict(moons[["X1","X2"]].values)
       ## 視覺化兩種演算法的聚類效果
       plt.figure(figsize=(14,6))
       plt.subplot(1,2,1)
       sns.scatterplot(x=moons["X1"],y=moons["X2"],
                       style=db_pre_lab,s=100)
       plt.legend(loc=1)
       plt.grid()
       plt.title("密度聚類")
       plt.subplot(1,2,2)
       sns.scatterplot(x=moons["X1"],y=moons["X2"],
                       style=k_pre,s=100)
       plt.legend(loc=1)
       plt.grid()
       plt.title("K-means聚類")
       plt.tight_layout()
       plt.show()
```

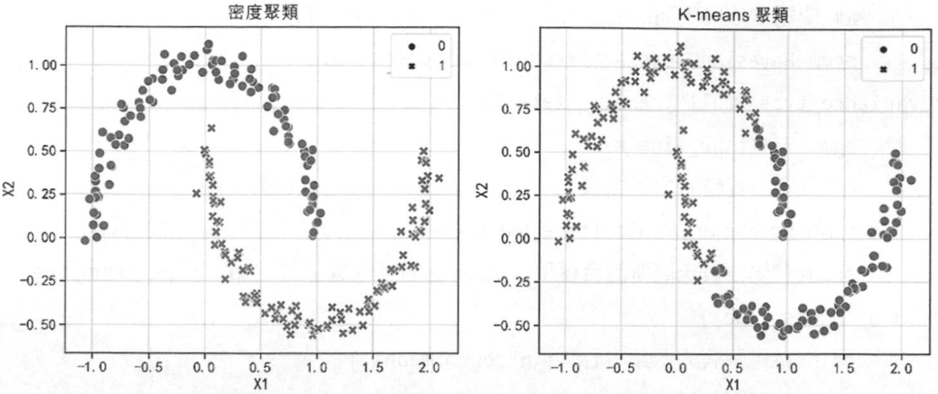

▲ 圖 7-12　密度聚類和 K- 平均值聚類效果比較

從圖 7-12 中可以發現，針對非球形分佈的資料，使用密度聚類能夠獲得比 K- 平均值聚類更符合期望的聚類效果。

7.2.5 高斯混合模型聚類

sklearn 中提供了兩種以高斯混合模型為基礎的聚類演算法，分別可以使用 GaussianMixture() 和 BayesianGaussianMixture() 獲得資料的聚類結果。在下面的程式中，分別使用這兩個函數對酒資料進行聚類分析，從輸出的結果中可以發現，使用 GaussianMixture() 獲得的聚類效果 V 測度為 0.7728，比使用 BayesianGaussianMixture() 獲得的聚類效果更好一些。

```
In[19]:## 使用高斯混合模型對酒資料進行聚類分析
       gmm=GaussianMixture(n_components=3,covariance_type="full",
                           random_state=1)
       gmm.fit(tsne_wine_x)
       ## 獲取對資料的聚類標籤
       gmm_pre=gmm.predict(tsne_wine_x)
       print("高斯混合模型,每簇包含的樣本數量:",np.unique(gmm_pre,
return_counts=True))
       print("每個簇的聚類中心為:\n",gmm.means_)
       print("聚類效果V測度: %.4f"%v_measure_score(wine_y,gmm_pre))
```

```
        ## 使用變分貝氏高斯混合模型對酒資料進行聚類分析
        bgmm=BayesianGaussianMixture(n_components=3,
covariance_type="full",random_state=1)
        bgmm.fit(tsne_wine_x)
        ## 獲取對資料的聚類標籤
        bgmm_pre=bgmm.predict(tsne_wine_x)
        print("變分貝氏高斯混合模型,每簇包含的樣本數量:", np.unique(bgmm_pre,
return_counts=True))
        print("每個簇的聚類中心為:\n",bgmm.means_)
        print("聚類效果V測度: %.4f"%v_measure_score(wine_y,bgmm_pre))
Out[19]:高斯混合模型,每簇包含的樣本數量: (array([0, 1, 2]), array([55, 66, 57]))
每個簇的聚類中心為:
 [[ 4.84977731 -2.63793829 -2.81198864]
 [-6.2588341   5.34343062  2.44775938]
 [-0.36481966  0.89253648  1.31541624]]
聚類效果V測度: 0.7728
變分貝氏高斯混合模型,每簇包含的樣本數量: (array([0, 1, 2]), array([56, 66, 56]))
每個簇的聚類中心為:
 [[ 4.65006538 -2.49005997 -2.69596208]
 [-6.15419162  5.26613082  2.41588723]
 [-0.41473845  0.91926835  1.35032215]]
聚類效果V測度: 0.7624
```

針對兩種模型的聚類效果，可以使用 3D 散點圖進行視覺化比較分析，視覺化程式如下，程式執行後的資料聚類效果如圖 7-13 所示。

```
In[20]:## 視覺化
        colors=["red","blue","green"]
        shapes=["o","s","*"]
        fig=plt.figure(figsize=(14,6))
        ## 將座標系設定為3D座標系，高斯混合模型聚類結果
        ax1=fig.add_subplot(121,projection="3d")
        for ii,y in enumerate(gmm_pre):
```

```
    ax1.scatter(tsne_wine_x[ii,0],tsne_wine_x[ii,1], tsne_wine_x[ii,2],
                s=40,c=colors[y],marker=shapes[y],alpha=0.5)
## 視覺化聚類中心
for ii in range(len(np.unique(gmm_pre))):
    x=gmm.means_[ii,0]
    y=gmm.means_[ii,1]
    z=gmm.means_[ii,2]
    ax1.scatter(x,y,z,c="gray",marker="o",s=150,edgecolor='k')
ax1.set_xlabel("特徵1",rotation=20)
ax1.set_ylabel("特徵2",rotation=-20)
ax1.set_zlabel("特徵3",rotation=90)
ax1.azim=225
ax1.set_title("高斯混合模型聚為3個簇")
## 變分貝氏高斯混合模型聚類結果
ax2=fig.add_subplot(122,projection="3d")
for ii,y in enumerate(bgmm_pre):
    ax2.scatter(tsne_wine_x[ii,0],tsne_wine_x[ii,1], tsne_wine_x[ii,2],
                s=40,c=colors[y],marker=shapes[y],alpha=0.5)
## 視覺化聚類中心
for ii in range(len(np.unique(bgmm_pre))):
    x=bgmm.means_[ii,0]
    y=bgmm.means_[ii,1]
    z=bgmm.means_[ii,2]
    ax2.scatter(x,y,z,c="gray",marker="o",s=150,edgecolor='k')
ax2.set_xlabel("特徵1",rotation=20)
ax2.set_ylabel("特徵2",rotation=-20)
ax2.set_zlabel("特徵3",rotation=90)
ax2.azim=225
ax2.set_title("變分貝氏高斯混合模型聚為3個簇")
plt.tight_layout()
plt.show()
```

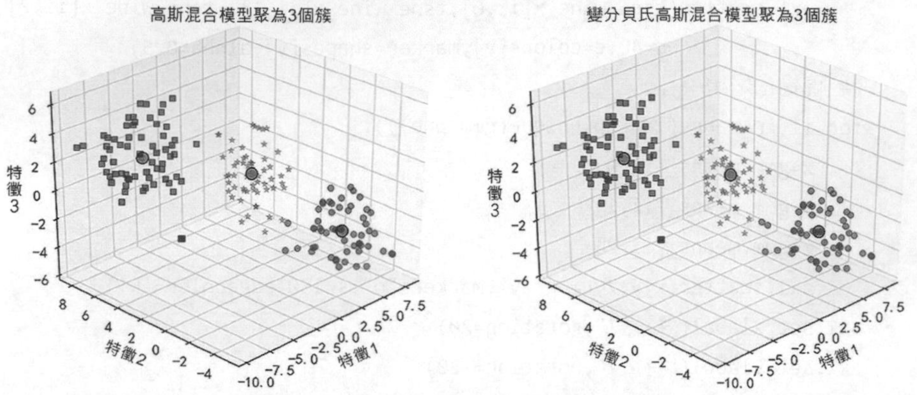

▲ 圖 7-13　高斯混合模型聚類效果視覺化

7.2.6 親和力傳播聚類

親和力傳播聚類演算法可以使用 sklearn 函數庫中的 AffinityPropagation() 函數來完成，該函數可以使用 damping 參數設定演算法的阻尼因數，使用參數 preference 設定使用的範例樣本數量。下面針對酒資料，分別使用相同的 damping 參數和不同的 preference 參數，獲得兩個親和力傳播聚類模型，並比較分析兩個模型的聚類效果，程式如下：

```
In[21]:## 對酒資料進行親和力傳播聚類
       # preference=-200 時
       af1=AffinityPropagation(damping=0.6, ## 阻尼因數
                               preference=-200, ## 使用的範例樣本數量
                               )
       af1.fit(tsne_wine_x)
       ## 輸出聚類分析的結果
       af1.labels_
       print("親和力傳播聚類1:\n每個簇包含的樣本數量:",np.unique(af1.labels_,
return_counts=True))
       print("每個簇的聚類中心為:\n",af1.cluster_centers_)
       print("聚類效果V測度: %.4f"%v_measure_score(wine_y,af1.labels_))
       # preference=-300時
       af2=AffinityPropagation(damping=0.6, ## 阻尼因數
```

```
                    preference=-300, ## 使用的範例樣本數量
                    )
    af2.fit(tsne_wine_x)
    ## 輸出聚類分析的結果
    af2.labels_
    print("親和力傳播聚類2:\n每簇包含的樣本數量:",np.unique(af2.labels_,
return_counts=True))
    print("每個簇的聚類中心為:\n",af2.cluster_centers_)
    print("聚類效果V測度: %.4f"%v_measure_score(wine_y,af2.labels_))
Out[21]:親和力傳播聚類1:
每簇包含的樣本數量: (array([0, 1, 2, 3, 4]),array([20, 45, 27, 37, 49]))
每個簇的聚類中心為:
 [[-6.13429      5.4438906   0.03349963]
 [-6.6762805   5.193717    2.846032  ]
 [ 1.7402011   0.68320787 -0.16615717]
 [-1.64581     0.26387346  2.4150665 ]
 [ 5.983463   -2.8015192  -3.3218582 ]]
聚類效果V測度: 0.7172
親和力傳播聚類2:
每簇包含的樣本數量: (array([0, 1, 2]), array([66, 56, 56]))
每個簇的聚類中心為:
 [[-6.6762805   5.193717    2.846032  ]
 [-0.5640356   0.22405082  1.4364102 ]
 [ 4.275578   -2.2846434  -2.6362162 ]]
聚類效果V測度: 0.7624
```

從上面程式的輸出結果中可以發現，第一個親和力傳播模型將資料聚類為 5 個簇，每個簇各有 20、45、27、37、49 個樣本，第二個親和力傳播模型將資料聚為 3 個簇，每個簇各有 66、56、56 個樣本，而且第二個親和力傳播模型的 V 測度更高。

針對兩個親和力傳播模型，利用簇中心和對應樣本的連線方法將聚類結果進行視覺化分析，在三維空間中視覺化程式如下所示，程式執行後的結果如圖 7-14 所示。

```
In[22]:## 在三維空間中視覺化模型的聚類效果
       colors=["red","blue","green","c","m"]
       X=tsne_wine_x[:,0]
       Y=tsne_wine_x[:,1]
       Z=tsne_wine_x[:,2]
       fig=plt.figure(figsize=(14,7))
       ax=fig.add_subplot(121,projection="3d")
       n_clusters=len(af1.cluster_centers_indices_) # 聚類數目
       af_label=af1.labels_                         # 每個樣本的聚類標籤
       af_centers=af1.cluster_centers_              # 每個簇的聚類中心
       for ii in range(n_clusters):
           index=np.where(af_label==ii)
           ax.scatter(X[index],Y[index],Z[index], marker=".",c=colors[ii])
           ## 增加聚類中心的點
           ax.scatter(af_centers[ii][0],af_centers[ii][1], af_centers[ii][2],
                      marker="o",c=colors[ii],s=100)
           ## 增加樣本到聚類中心的連線
           for xx,yy,zz in zip(X[index],Y[index],Z[index]):
               ax.plot3D([af_centers[ii][0],xx],[af_centers[ii][1],yy],
                         [af_centers[ii][2],zz],"-",c=colors[ii])
       plt.title("親和力傳播聚為5個簇")
       ax.azim=225

       ax=fig.add_subplot(122, projection="3d")
       n_clusters=len(af2.cluster_centers_indices_) # 聚類數目
       af_label=af2.labels_                         # 每個樣本的聚類標籤
       af_centers=af2.cluster_centers_              # 每個簇的聚類中心
       for ii in range(n_clusters):
           index=np.where(af_label == ii)
           ax.scatter(X[index],Y[index],Z[index],marker=".", c=colors[ii])
           ## 增加聚類中心的點
           ax.scatter(af_centers[ii][0],af_centers[ii][1], af_centers[ii][2],
                      marker="o",c=colors[ii],s=100)
           ## 增加樣本到聚類中心的連線
           for xx,yy,zz in zip(X[index],Y[index],Z[index]):
               ax.plot3D([af_centers[ii][0],xx],[af_centers[ii][1],yy],
                         [af_centers[ii][2],zz],"-",c=colors[ii])
```

```
plt.title("親和力傳播聚為3個簇")
ax.azim=225
plt.tight_layout()
plt.show()
```

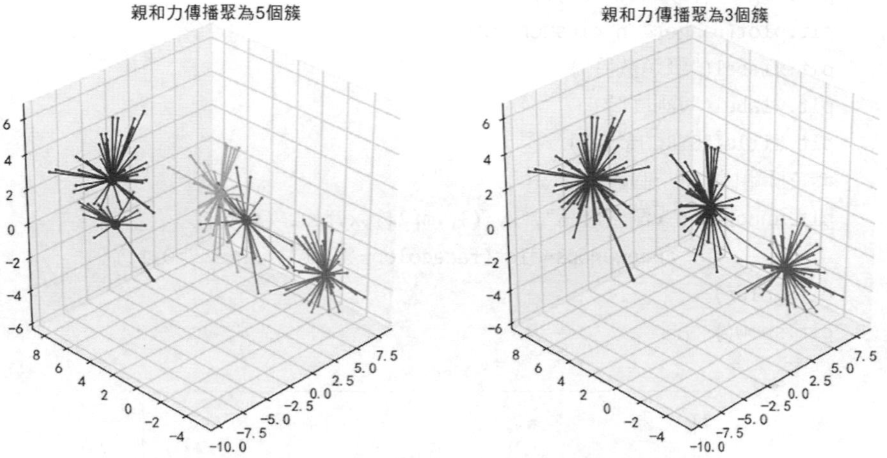

▲ 圖 7-14 二維空間中的親和力傳播聚類效果

對於將資料聚類為 5 個簇或 3 個簇的親和力傳播模型，觀察圖型可以發現，它們的聚類結果都是在同簇之間更加聚集，不同簇之間更加遠離。

7.2.7 BIRCH 聚類

在使用 BIRCH 聚類演算法對酒資料進行聚類時，可以使用 sklearn 函數庫中的 Birch() 函數來完成，為了獲得較好的聚類效果，先將資料聚類為不同數目的簇，然後計算每種聚類演算法的 V 測度分，根據得分高低確定合適的聚類數目，程式如下，程式執行後的結果如圖 7-15 所示。

```
In[23]:## 計算聚為不同簇的V測度高低
       vm=[]
       n_cluster=10
       for cluster in range(1,n_cluster):
           birch=Birch(threshold=0.5,          ## 合併樣本的半徑閾值
                       branching_factor=20,    ##每個節點中CF子叢集的最大數量
```

```
                n_clusters=cluster)
    birch.fit(tsne_wine_x)  # 擬合模型
    vm.append(v_measure_score(wine_y,birch.labels_))
## 視覺化V測度的變化情況
plt.figure(figsize=(10,6))
plt.plot(range(1,n_cluster),vm,"r-o")
plt.xlabel("聚類數目")
plt.ylabel("V測度")
plt.title("BIRCH聚類")
## 在圖中增加一個箭頭
plt.annotate("V測度最高", xy=(3,vm[2]),xytext=(4,0.5),
             arrowprops=dict(facecolor='blue', shrink=0.1))
plt.grid()
plt.show()
```

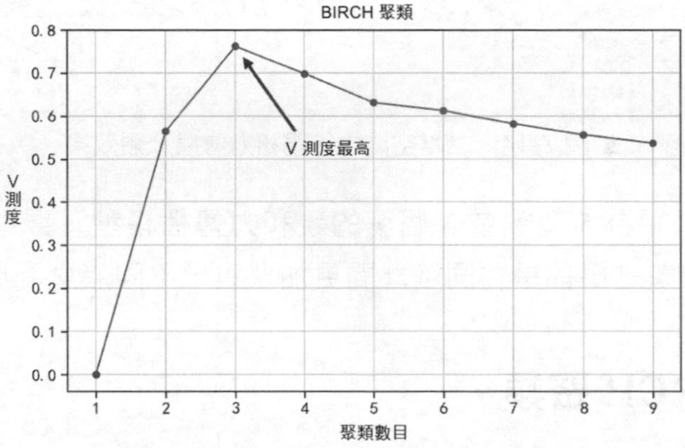

▲ 圖 7-15　BIRCH 聚類的簇數量確定

從圖 7-15 輸出的結果可以發現，將資料聚類為 3 個簇的 V 測度分最高。下面使用參數網格搜索的方式，針對 Birch() 聚類中的 threshold 和 branching_factor 參數，尋找聚類效果較好的參數組合，並且針對每組參數組合下的 V 測度分，使用 3D 曲面圖進行視覺化，程式如下，程式執行後的結果如圖 7-16 所示。

```
In[24]:## 使用參數網格搜索的方法尋找最合適的threshold 和branching_factor參數
       thre=[0.1,0.2,0.3,0.4,0.5, 0.75, 1,1.5,2,3,5]
       ranch=np.arange(5,50,5)
```

```
threx, ranchy=np.meshgrid(thre,ranch)
vm=np.ones_like(threx)
## 計算不同參數組合下的V測度
for i,t in enumerate(thre):
    for j,r in enumerate(ranch):
        birch=Birch(threshold=t,branching_factor=r,
                    n_clusters=3)
        birch.fit(tsne_wine_x)  # 擬合模型
        vm[j,i]=(v_measure_score(wine_y,birch.labels_))
## 使用3D曲面圖進行視覺化
x, y=np.meshgrid(range(len(thre)),range(len(ranch)))
## 視覺化
fig=plt.figure(figsize=(10,6))
ax1=fig.add_subplot(111, projection="3d")
surf=ax1.plot_surface(x,y,vm,cmap=plt.cm.coolwarm,
                      linewidth=0.1)
plt.xticks(range(len(thre)),thre,rotation=45)
plt.yticks(range(len(ranch)),ranch,rotation=125)
ax1.set_xlabel("threshold",labelpad=25)
ax1.set_ylabel("ranching_factor",labelpad=15)
ax1.set_zlabel("V測度",rotation=90,labelpad=10)
plt.title("BIRCH參數搜索")
plt.tight_layout()
plt.show()
```

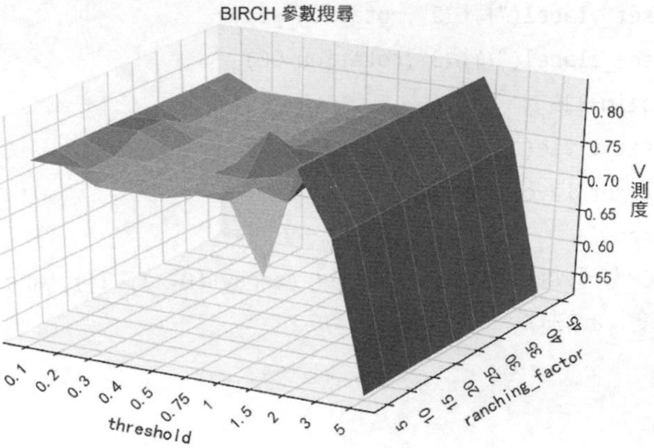

▲ 圖 7-16　不同參數組合下的聚類效果

從圖 7-16 中可以發現，當 threshold=2 時，聚類效果較好。使用參數 threshold=2 將資料聚類為 3 個簇的程式如下，將聚類的結果在三維空間中使用散點圖進行視覺化，可獲得圖 7-17 所示的聚類別圖像。

```
In[25]:## 使用合適的參數聚類為3類
       birch=Birch(threshold=2,            ## 合併樣本的半徑閾值
                   branching_factor=20, ## 每個節點中CF子叢集的最大數量
                   n_clusters=3)
       birch.fit(tsne_wine_x)              # 擬合模型
       print("BIRCH聚類,每簇包含的樣本數量:",np.unique(birch.labels_, return_
counts=True))
       print("聚類效果V測度: %.4f"%v_measure_score(wine_y,birch.labels_))
       ## 在三維空間中視覺化聚類的效果
       colors=["red","blue","green"]
       shapes=["o","s","*"]
       birch_pre=birch.labels_
       fig=plt.figure(figsize=(10,6))
       ## 將座標系設定為3D座標系，BIRCH模型聚類結果
       ax1=fig.add_subplot(111, projection="3d")
       for ii,y in enumerate(birch_pre):
           ax1.scatter(tsne_wine_x[ii,0],tsne_wine_x[ii,1], tsne_wine_x[ii,2],
                       s=40,c=colors[y],marker=shapes[y],alpha=0.5)
       ax1.set_xlabel("特徵1",rotation=20)
       ax1.set_ylabel("特徵2",rotation=-20)
       ax1.set_zlabel("特徵3",rotation=90)
       ax1.azim=225
       ax1.set_title("BIRCH模型聚為3個簇")
       plt.tight_layout()
       plt.show()
Out[25]:BIRCH聚類,每簇包含的樣本數量: (array([0, 1, 2]), array([65, 62, 51]))
聚類效果V測度: 0.8347
```

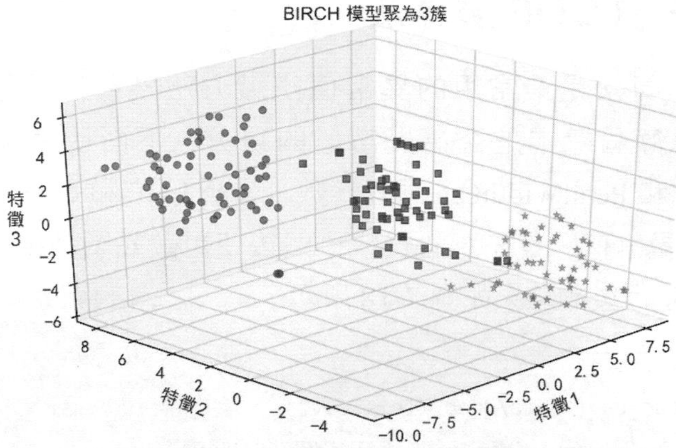

▲ 圖 7-17　BIRCH 聚類效果視覺化

從輸出的結果可以發現，此時的聚類效果較好，每個簇分別包含 65、62、51 個樣本，並且 V 測度為 0.8347。

透過上面的分析可以發現，針對相同的資料，不同的聚類演算法會獲得不一樣的聚類效果，因此在實際應用中要使用正確的方法並選擇合適的演算法，從而獲得更好的聚類效果。

7.3 資料異常值檢測分析

機器學習的預測問題中，模型通常是對整體樣本資料結構的一種表達方式，這種表達方式通常抓住的是整體樣本通用的性質，而那些在這些性質上表現出完全與整體樣本不一致的點，就可以稱其為異常，異常值檢測就是發現資料中這些性質的一類演算法。透過一些檢測方法可以找到異常值，但是所得結果並不是絕對正確的，具體情況還需自己根據業務的了解加以判斷。同樣，對於異常值的處理，一般情況下是將其剔除或修正，要結合具體的情況進行分析，沒有固定的方式。針對一些類別很不平衡的二分類資料，也可以將較少的類別資料使用異常值檢測的方法進行建模分析，本節介紹幾種辨識異常值的無監督方法。

7.3.1 LOF 和 COF 演算法

LOF 和 COF 演算法是最常用的異常值辨識方法，它們都是透過對應的計算，獲得每個樣本是否為異常值的得分。下面使用鳶尾花中的 SepalWidthCm 和 PetalWidthCm 兩個變數，分析 LOF 和 COF 演算法如何發現資料中的異常值，首先查看資料，然後使用散點圖型視覺化出資料的分佈，程式執行後的結果如圖 7-18 所示。

```
In[1]:## 分析鳶尾花資料
      iris=pd.read_csv("data/chap7/Iris.csv")
      ## 只分析其中的SepalWidthCm和PetalWidthCm兩個變數
      iris=iris[["SepalWidthCm","PetalWidthCm"]]
      ## 視覺化SepalWidthCm和PetalWidthCm兩個變數
      iris.plot(kind="scatter",x= "SepalWidthCm",y="PetalWidthCm",
                c="r",figsize=(10,6))
      ## 圈出可能是異常值的點
      plt.plot(2.3,0.3,"ko",markersize=40,markerfacecolor="none")
      plt.annotate("可能是異常值", xy=(2.3,0.48),xytext=(2,0.75),
            arrowprops=dict(facecolor="black"))
      plt.plot(3.8,2.1,"ko",markersize=60,markerfacecolor="none")
      plt.annotate("可能是異常值", xy=(3.9,1.9),xytext=(4,1.5),
                   arrowprops=dict(facecolor="black"))
      plt.plot(4.4,0.4,"ko",markersize=40,markerfacecolor="none")
      plt.annotate("可能是異常值", xy=(4.3,0.5),xytext=(3.5,1),
                   arrowprops=dict(facecolor="black"))
      plt.title("資料分佈中可能是異常值的資料")
      plt.grid()
      plt.show()
```

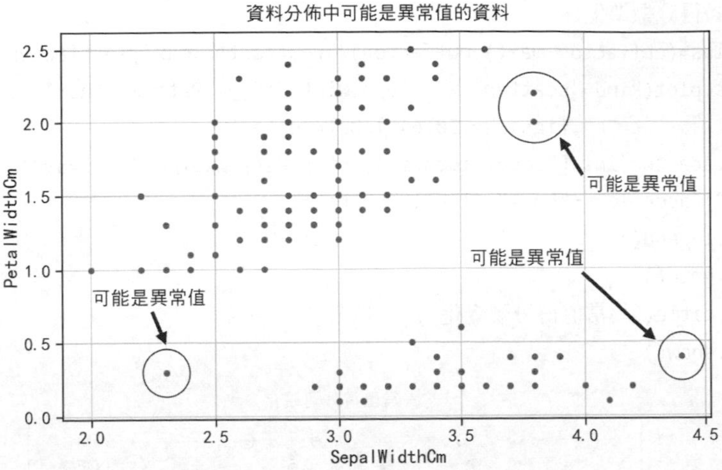

▲ 圖 7-18 資料點的分佈情況

根據資料周圍的點越少就越有可能是異常值的原則，在圖 7-18 中圈出了可能是異常值的一些資料點，下面使用 LOF 演算法對資料進行分析，查看資料中異常值的數量，程式如下：

```
In[2]:## 局部離群值因數
    lof=LocalOutlierFactor(n_neighbors=10, ## 使用的近鄰數量
                           metric="minkowski",## 使用的計算距離方法
                           )
    ## 將lof作用於資料集
    outlier_pre=lof.fit_predict(iris.values)
    print("檢測出的異常值數量為:",np.sum(outlier_pre == -1))
Out[2]:檢測出的異常值數量為: 10
```

上面的程式中使用 LocalOutlierFactor() 進行異常值檢測，從預測結果可以發現該演算法認為資料中有 10 個離群值。為了視覺化分析每個離群值所處的位置，使用下面的程式視覺化每個樣本點的異常值得分，在視覺化得分時使用 min-max 標準化方法，將異常值的得分進行標準化處理，方便視覺化 LOF 的得分高低，程式執行後的結果如圖 7-19 所示。

```
In[3]:## 計算每個樣本相反的異常值得分，越接近-1，LOF得分越高
    outfactor=lof.negative_outlier_factor_
```

```
## 將得分標準化
radius=(outfactor.max()-outfactor)/ (outfactor.max()-outfactor.min())
iris.plot(kind="scatter",x= "SepalWidthCm",y="PetalWidthCm",
        c="r",figsize=(10,6),label="data")
plt.scatter(iris["SepalWidthCm"],iris["PetalWidthCm"], s=800*radius,edge
colors="k",facecolors="none", label="LOF得分")
plt.legend()
plt.grid()
plt.title("異常值得分視覺化")
plt.show()
```

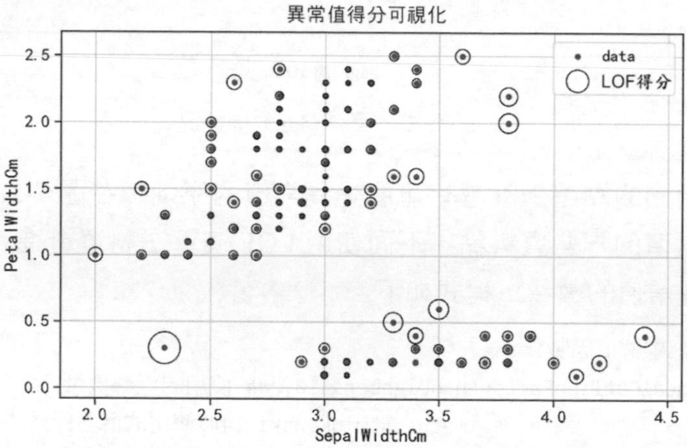

▲ 圖 7-19　異常值得分視覺化

圖 7-19 中使用圓圈表示異常值得分的高低，圓圈越大説明對應樣本的異常值得分越高，越可能為異常值。

因為在計算 LOF 得分時使用的是近鄰方式計算，所以可以使用 Kneighbors_graph() 方法輸出資料之間的近鄰網路，針對近鄰網路可以使用網路圖進行視覺化分析，執行下面的程式後，結果如圖 7-20 所示。

```
In[4]:## 計算近鄰網路
      kgraph=lof.kneighbors_graph(iris.values).toarray()
      ## 在二維空間中視覺化該網路
      ## 視覺化網路圖
      plt.figure(figsize=(10,6))
```

```
ax=plt.subplot(111)
G=nx.Graph(kgraph)  ## 生成無向圖
pos=iris.values       ## 每個節點在空間中的位置
nx.draw_networkx_nodes(G,pos,alpha=1,node_size=60, node_color="r",ax=ax)
nx.draw_networkx_edges(G,pos,width=1,edge_color="k",alpha=0.7)
##  顯示座標系
ax.tick_params(left=True,bottom=True,labelleft=True, labelbottom=True)
## 計算出異常值的點並視覺化在網路上
outlier=iris.values[outlier_pre == -1,:]
plt.scatter(outlier[:,0],outlier[:,1],marker="o",c="k",s=300)
plt.title("計算LOF得分使用的近鄰網路")
plt.grid()
plt.show()
```

在圖 7-20 中使用黑色的圓圈將異常值樣本圈了出來，從網路中可以發現，異常值通常處於資料的邊緣位置，並且近鄰的樣本較少。

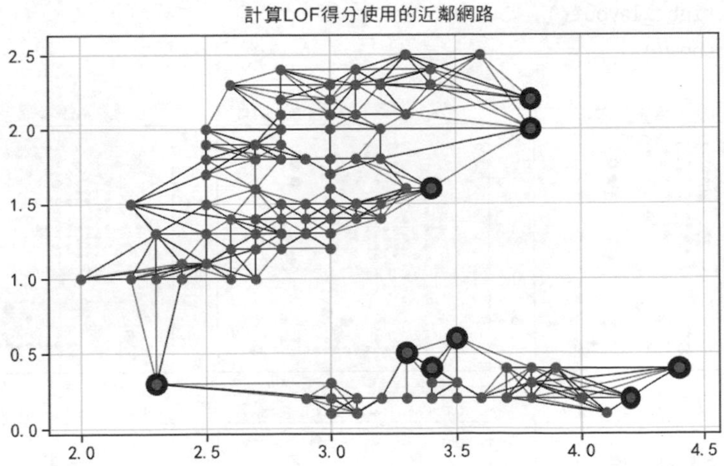

▲ 圖 7-20　LOF 近鄰網路視覺化

使用 LocalOutlierFactor() 函數進行異常值檢測時，可以透過參數 n_neighbors 控制使用的近鄰數量，因此可以獲得不同的檢測結果。在下面的程式中，分別計算當近鄰數為 5、10、15、20、30、50 時異常值的辨識情況，同時還使用散點圖將檢測結果視覺化結果如圖 7-21 所示。

```
In[5]:## 使用不同的近鄰數量，可以獲得不同的異常值數量
     nn=[5,10,15,20,30,50]
     plt.figure(figsize=(16,10))
     for ii,neighbor in enumerate(nn):
         lof=LocalOutlierFactor(n_neighbors=neighbor)
         outlier_pre=lof.fit_predict(iris.values)
         ## 視覺化不同n_neighbors設定值下的異常值位置
         plt.subplot(2,3,ii+1)
         plt.scatter(iris["SepalWidthCm"], iris["PetalWidthCm"],
                     marker="o",c="r",s=50,label="資料")
         outlier=iris.values[outlier_pre == -1,:]
         plt.scatter(outlier[:,0],outlier[:,1],marker="o",c="k",
                    s=200,label="異常值")
         plt.title("LOF:n_neighbors="+str(neighbor)+",異常值數量:"+
str(len(outlier)))
         plt.legend()
         plt.grid()
     plt.tight_layout()
     plt.show()
```

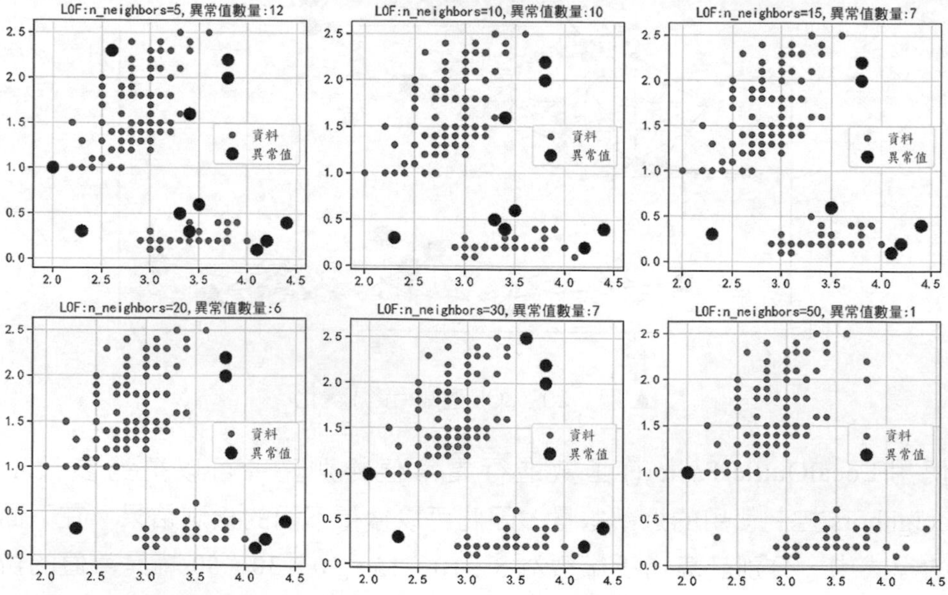

▲ 圖 7-21　LOF 異常值辨識情況

圖 7-21 中，使用不同的近鄰數量，可獲得不同的異常值檢測結果，並且異常值的數量會隨著近鄰數的增加而減少。

COF 演算法的使用和 LOF 相似，可以使用 COF() 函數來完成，使用時可以使用 contamination 參數指定資料中異常值所佔的比例。在下面的程式中同樣使用鳶尾花中的兩個變數來演示，檢測資料中的異常值數量，從輸出結果可以發現，當 contamination=0.06 時辨識出了 9 個異常值樣本。

```
In[6]:## 以連通性為基礎的離群因數（COF）演算法
      cof=COF(contamination=0.06,  ## 異常值所佔的比例
              n_neighbors=20,      ## 近鄰數量
              )
      cof_label=cof.fit_predict(iris.values)
      print("檢測出的異常值數量為:",np.sum(cof_label == 1))
Out[6]:檢測出的異常值數量為: 9
```

下面分析使用 COF 演算法辨識異常值時，在不同的 contamination 參數下，所獲得的檢測結果。下面的程式分別將不同的檢測結果進行了視覺化，程式執行後，檢測結果如圖 7-22 所示。

```
In[7]:## 視覺化資料中隨著異常值比例的變化，被確認為異常值的樣本情況
      cont=[0.01,0.03,0.05,0.07,0.09,0.1]
      plt.figure(figsize=(16,10))
      for ii,c in enumerate(cont):
          ## 以連通性為基礎的離群因數演算法
          cof=COF(contamination=c,n_neighbors=30)
          cof_label=cof.fit_predict(iris.values)
          ## 視覺化不同異常值比例下的異常值位置
          plt.subplot(2,3,ii+1)
          plt.scatter(iris["SepalWidthCm"], iris["PetalWidthCm"],
                      marker="o",c="r",s=50,label="資料")
          outlier=iris.values[cof_label == 1,:]
          plt.scatter(outlier[:,0],outlier[:,1],marker="o",c="k",
                      s=200,label="異常值")
          plt.title("COF:異常值比例"+str(c)+",異常值數量:"+ str(len(outlier)))
          plt.legend()
```

```
    plt.grid()
plt.tight_layout()
plt.show()
```

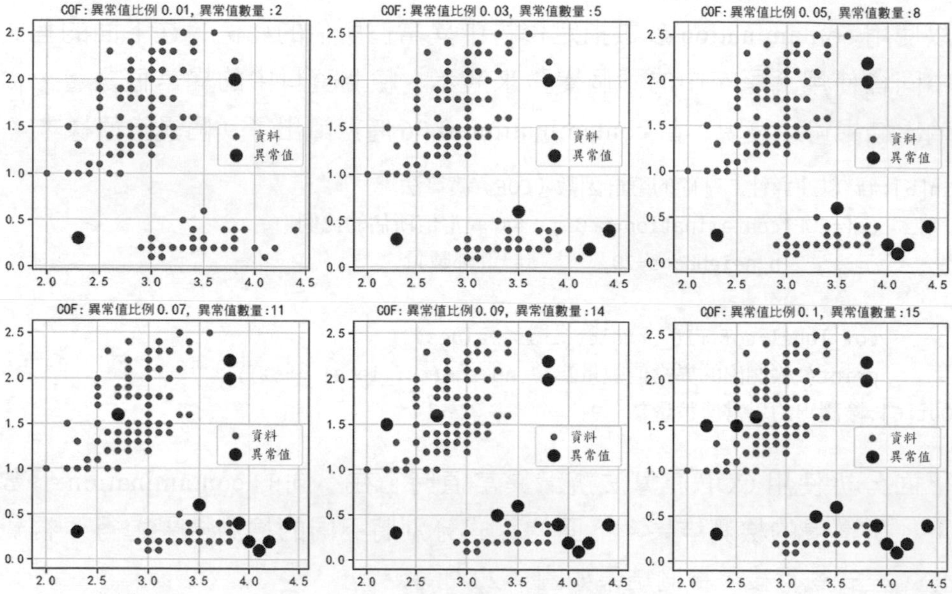

▲ 圖 7-22　COF 異常值辨識情況

從圖 7-22 中可以發現，隨著異常值所佔比例的增加，所辨識出的異常值數量也會增加。

本小節透過一個二維資料介紹了異常值檢測的基本思想，在後面的異常值辨識演算法介紹中，會使用一個高維資料演示不同演算法異常值辨識的情況。

7.3.2 帶有異常值的高維資料探索

在對高維資料中的異常值進行探索性分析時，透過下面的程式讀取資料後，發現資料有 10 個特徵，以及 1 個 outlier 標籤，指定樣本是否為異常值。

```
In[8]:## 讀取定義好是否為異常值的資料
      outlierdf=pd.read_csv("data/chap7/synthetic.csv")
      print(outlierdf.head())
Out[8]:
        X0        X1        X2        X3        X4        X5        X6  \
0 0.435518  0.038492  0.551343  0.140049  0.899545  0.588684  0.299706
1 0.633197  0.034490  0.319406  0.879141  0.163079  0.184356  0.160583
2 0.421558  0.299824  0.602220  0.521654  0.954621  0.547448  0.882898
3 0.817491  0.647528  0.046214  0.487270  0.053872  0.817499  0.390589
4 0.291513  0.474018  0.065267  0.410573  0.903696  0.466520  0.196878
        X7        X8        X9 outlier
0 0.245713  0.367375  0.452970      no
1 0.104973  0.294980  0.429709      no
2 0.586641  0.840204  0.212529      no
3 0.394750  0.736854  0.442689     yes
4 0.165370  0.297764  0.467911      no
```

使用資料表的 value_counts() 方法可計算異常值的數量，從計算結果中可以發現異常值有 100 個樣本，非異常值有 900 個樣本。

```
In[9]:## 查看異常值和非異常值的比例
      outlierdf["outlier"].value_counts()
Out[9]:no     900
       yes    100
       Name: outlier, dtype: int64
```

針對異常值資料和非異常值資料時每個特徵的分佈情況，可使用箱線圖進行視覺化分析，執行下面的程式後，結果如圖 7-23 所示。

```
In[10]:## 使用箱線圖型視覺化是否為異常值時每個特徵的分佈情況
       varname=outlierdf.columns[:-1]
       plt.figure(figsize=(20,12))
       for ii,name in enumerate(varname):
           plt.subplot(3,4,ii+1)
           plotdata=outlierdf.iloc[:,ii]  ## 對應的特徵
           sns.boxplot(x="outlier", y =name,data=outlierdf)
           sns.swarmplot(x="outlier", y =name,data=outlierdf,color="k")
```

```
        plt.title("特徵"+name)
    plt.tight_layout()
    plt.show()
```

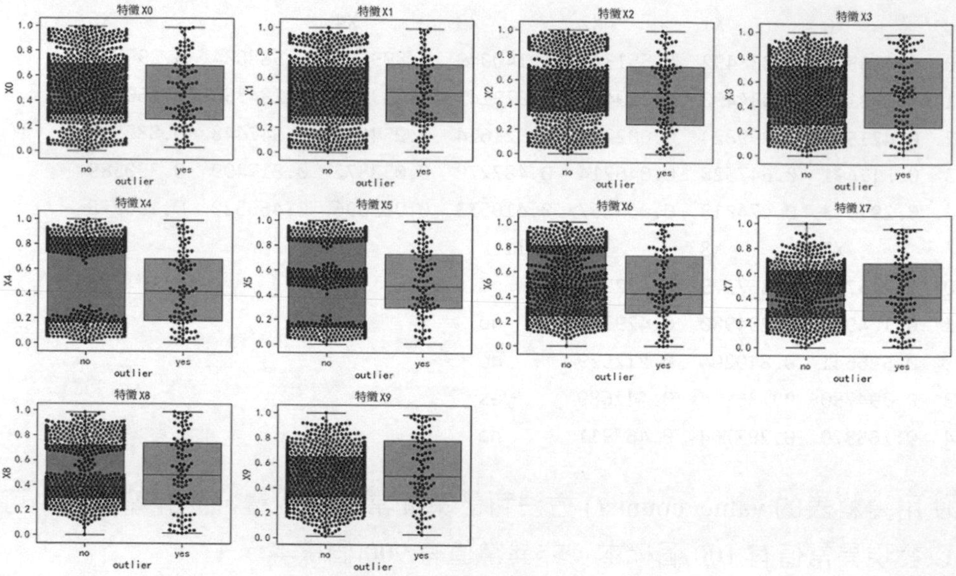

▲ 圖 7-23　資料特徵分佈情況

針對該高維資料在空間中的分佈情況，可以使用 t-SNE 演算法將資料降維到二維空間中，然後使用散點圖進行視覺化，執行下面的程式後，結果如圖 7-24 所示。

```
In[11]:## 使用TSNE降維視覺化資料的分佈
       ## TSNE進行資料的降維，降維到二維空間中
       tsne=TSNE(n_components=2,perplexity =30,
                 early_exaggeration =3,random_state=123)
       ## 獲取降維後的資料
       tsne_outlier=tsne.fit_transform(outlierdf.iloc[:,0:10].values)
       print(tsne_outlier .shape)
       ## 視覺化在二維空間中的分佈
       plt.figure(figsize=(10,6))
       sns.scatterplot(x=tsne_outlier[:,0], y=tsne_outlier[:,1],
                       style=outlierdf.outlier,s=80)
```

```
plt.legend(loc=1)
plt.grid()
plt.title("TSNE降維後資料的分佈")
plt.show()
```

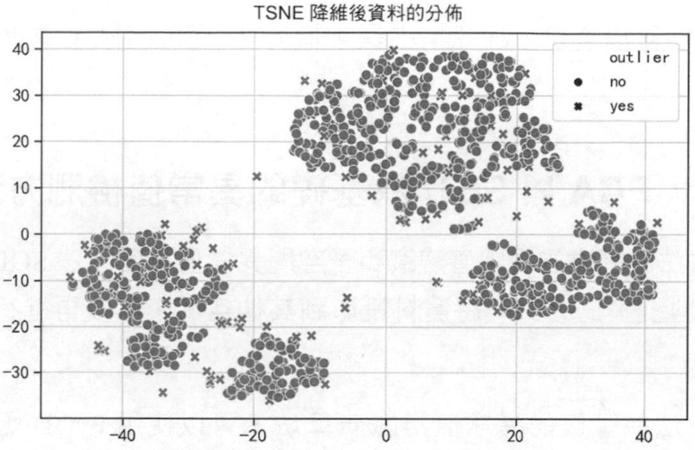

▲ 圖 7-24　資料特徵分佈情況

從圖 7-24 中可以發現，降維後的視覺化結果中，也很難把異常值和正常值進行有效的區分，較多的異常值混在正常資料內部。

使用演算法辨識資料樣本是否為異常值之前，先使用 0 和 1 對類別標籤進行編碼，1 代表異常值，0 代表正常資料，然後將資料切分為訓練集和測試集，其中 70% 作為訓練集，剩下的作為測試集，程式如下：

```
In[12]:## 對是否為異常值進行重新編碼
       X=outlierdf.iloc[:,0:10].values
       Y=np.where(outlierdf.outlier == "yes",1,0)
       ## 將資料切分為訓練集和測試集
       X_train, X_test, y_train, y_test=train_test_split(X, Y, test_size=0.3,
random_state=2)
       print("訓練資料:",X_train.shape)
       print("訓練資料中異常值數量:",np.unique(y_train,return_counts=True))
       print("測試資料:",X_test.shape)
       print("測試資料中異常值數量:",np.unique(y_test,return_counts=True))
```

```
Out[12]:訓練資料: (700, 10)
訓練資料中異常值數量: (array([0, 1]), array([629,  71]))
測試資料: (300, 10)
測試資料中異常值數量: (array([0, 1]), array([271,  29]))
```

從輸出結果可以發現，訓練集中異常值有 71 個，測試集中異常值有 29 個。

7.3.3 以 PCA 與 SOD 為基礎的異常值檢測方法

以 PCA 方法為基礎的異常值辨識和子空間異常值檢測方法 SOD，都是借助一種資料變換的方式，將資料投影到其他空間，然後再進行異常值檢測的方法。

以 PCA 方法為基礎的異常值辨識演算法，可以使用 PyOD 函數庫中的 PCA() 函數來完成，執行下面的程式可以使用訓練集訓練獲得一個異常值辨識模型。

注意：在使用 fit() 方法時沒有提供資料的類別標籤資料，因此以 PCA 方法為基礎的異常值辨識演算法是一種無監督的方法。

因為已經知道樣本是否為異常值，因此可以使用 classification_report() 函數獲取預測結果和真實標籤之間的準確率報告。

```
In[13]:## 使用以PCA方法為基礎的異常值辨識
       pcaod=PCA(n_components="mle",        #自動猜測保留的主成分數量
                 n_selected_components=4,   #計算異常值得分時使用的主成分數量
                 contamination=0.1,         # 異常值所佔比例
                 random_state=123)
       pcaod.fit(X_train)                   ## 對訓練資料進行擬合
       pcaod_lab=pcaod.labels_
       print("在訓練集上是否為異常值判斷正確的精度為:\n",
classification_report(y_train, pcaod_lab))
```

```
Out[13]:在訓練集上是否為異常值判斷正確的精度為:
              precision    recall  f1-score   support
           0       0.92      0.93      0.92       629
           1       0.33      0.32      0.33        71
    accuracy                           0.86       700
   macro avg       0.63      0.62      0.63       700
weighted avg       0.86      0.86      0.86       700
```

從輸出結果中可以發現，預測的精度只有 0.86，而且針對訓練集中的異常值預測精確率只有 33%（即 0.33）。

利用 PCA() 進行主成分異常值辨識時，使用了自動猜測保留主成分數量的方法，並且辨識異常值時利用前 4 個主成分，針對獲得的 pcaod，可以利用 explained_variance_ 屬性獲取主成分的解釋方差，使用 decision_scores_ 獲取每個樣本的異常值得分，針對這些值的大小可以使用視覺化的方式進行展示，執行下面的程式後，結果如圖 7-25 所示。

```
In[14]:## 視覺化解釋方差的設定值情況和樣本的異常值得分
       expvar=pcaod.explained_variance_      ## 主成分的解釋方差
       descore=pcaod.decision_scores_        ## 樣本的異常值得分
       plt.figure(figsize=(14,6))
       plt.subplot(1,2,1)
       plt.plot(expvar,"r-o")
       plt.grid()
       plt.xlabel("特徵數量")
       plt.ylabel("解釋方差大小")
       plt.title("主成分異常值檢測")
       plt.subplot(1,2,2)
       plt.plot(descore,"r--o")
       plt.grid()
       plt.xlabel("樣本索引")
       plt.ylabel("異常值得分")
       plt.title("主成分異常值檢測")
       plt.tight_layout()
       plt.show()
```

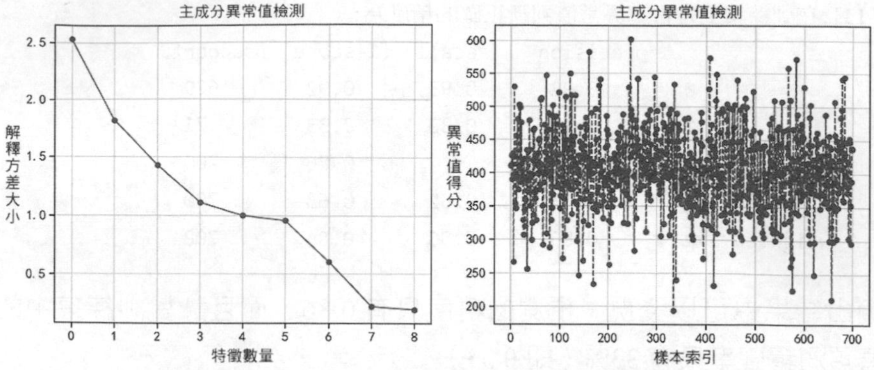

▲ 圖 7-25　以 PCA 為基礎的異常值辨識演算法

從圖 7-25 左中可以發現，演算法自動保留了資料的 9 個主成分，並且從視覺化出的異常值得分（見圖 7-25 右）中可以發現，使用該演算法不能極佳地區分出是否為異常值。

下面將訓練獲得的 pcaod 對測試集進行預測，並計算在測試集上異常值辨識的精度，程式如下：

```
In[15]:## 對測試集進行預測，並計算預測的精度
       pcaod_pre=pcaod.predict(X_test)
       print("在測試集上是否為異常值判斷正確的精度為:\n",
classification_report(y_test, pcaod_pre))
Out[15]:在測試集上是否為異常值判斷正確的精度為:
                precision    recall  f1-score   support
             0       0.93      0.87      0.90       271
             1       0.22      0.34      0.27        29
      accuracy                           0.82       300
     macro avg       0.57      0.61      0.58       300
  weighted avg       0.86      0.82      0.84       300
```

從輸出結果中可以發現，針對測試集每個樣本是否為異常值辨識的精度只有 0.82。

子空間異常值檢測方法 SOD 同樣可以利用 PyOD 函數庫中的 SOD() 函數來實現，該函數中可以使用多個參數控制異常值的辨識效果。下面的程

式可以利用訓練集訓練出一個子空間異常值檢測模型 SOD，該模型在訓練集上的辨識精確率為 97%（即 0.91），並且對異常樣本的辨識精確率達到 84%（即 0.84），這個異常值辨識效果比前面的以 PCA 為基礎的異常值辨識效果更好。

```
In[16]:sod=SOD(n_neighbors=20,     ## 使用K-近鄰查詢近鄰數量
          ref_set=10,              ## 創建參考集的共用最近鄰居的數量
          alpha=0.85,              ## 選擇指定子空間的下限
          contamination =0.1)
sod.fit(X_train)
sod_lab=sod.labels_
print("在訓練集上是否為異常值判斷正確的精度為:\n",
classification_report(y_train, sod_lab))
Out[16]:在訓練集上是否為異常值判斷正確的精度為:
              precision    recall  f1-score   support
           0       0.98      0.98      0.98       629
           1       0.84      0.83      0.84        71
    accuracy                           0.97       700
   macro avg       0.91      0.91      0.91       700
weighted avg       0.97      0.97      0.97       700
```

針對 SOD 演算法獲得的模型，同樣使用 decision_scores_ 屬性獲取每個樣本的異常值得分，該得分可以透過散點圖進行視覺化分析，執行下面的程式後結果如圖 7-26 所示。

```
In[17]:## 輸出模型對每個樣本的異常值得分
       descore=sod.decision_scores_  ## 樣本的異常值得分
       plt.figure(figsize=(14,6))
       plt.subplot(1,2,1)
       sns.scatterplot(x=range(len(descore)), y=descore,
                       style=y_train,s=80)
       plt.grid()
       plt.xlabel("樣本索引")
       plt.ylabel("異常值得分")
       plt.title("是否為異常值的真實標籤")
       plt.hlines(0.15,xmin=-20,xmax=720,colors="k")
```

```
plt.subplot(1,2,2)
sns.scatterplot(x=range(len(descore)), y=descore,
                style=sod_lab,s=80)
plt.hlines(0.15,xmin=-20,xmax=720,colors="k")
plt.grid()
plt.xlabel("樣本索引")
plt.ylabel("異常值得分")
plt.title("子空間異常值檢測")
plt.tight_layout()
plt.show()
```

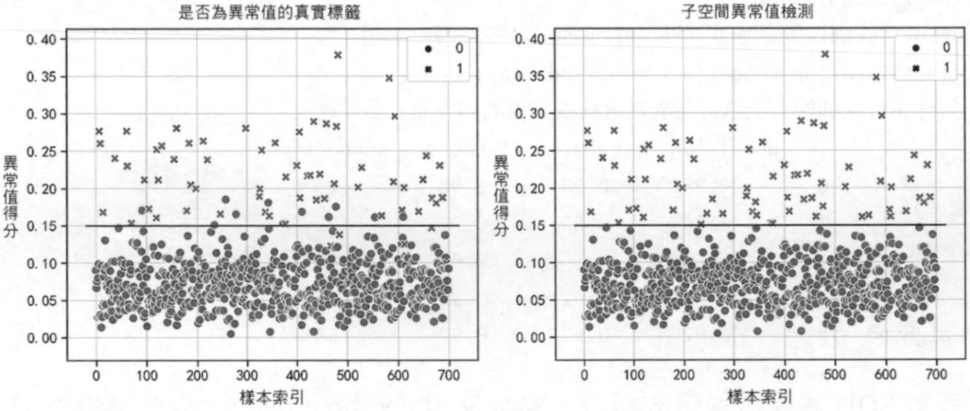

▲ 圖 7-26　SOD 異常值檢測得分

圖 7-26 中，左圖為使用「是否為異常值的真實標籤」時，每個樣本的異常值得分情況；右圖為使用 SOD 演算法獲得的異常值標籤時，每個樣本的異常值得分情況。可以發現，在真實標籤的資料視覺化中，大部分異常值得分大於 0.15，只有少量的非異常值得分大於 0.15。所以在判斷是否為異常值時，可以根據異常值得分是否大於 0.15 做出判斷，此時演算法的異常值辨識準確率較高。

注意：前面使用的 0.15 是根據示意圖目測獲得的近似數值大小，實際的區分是否為異常值的閾值得分，可以使用 sod.threshold_ 屬性獲得。

下面使用獲得的 SOD 對測試集進行預測，並計算在測試集上的異常值辨識精度，程式如下：

```
In[18]:## 對測試集進行預測,並計算預測精度
       sod_pre=sod.predict(X_test)
       print("在測試集上是否為異常值判斷正確的精度為:\n",
classification_report(y_test, sod_pre))
Out[18]:在測試集上是否為異常值判斷正確的精度為:
              precision    recall  f1-score   support
           0       0.98      0.95      0.96       271
           1       0.62      0.79      0.70        29
    accuracy                           0.93       300
   macro avg       0.80      0.87      0.83       300
weighted avg       0.94      0.93      0.94       300
```

從輸出結果可以發現，在測試集上的預測精度為 0.93，並且針對異常值的辨識精確率達到了 62%。

7.3.4 孤立森林異常值檢測

使用 PyOD 函數庫中的 IForest() 函數，可以很方便地利用孤立森林演算法建立異常值檢測模型，在下面的程式中，參數 contamination=0.1 表示在資料中異常值所佔比例為 10%，針對獲得的模型 ifod，使用 labels_ 屬性可以獲得針對每個訓練集的辨識標籤，可以利用該標籤和訓練集的真實標籤，計算演算法的辨識精度等情況。

```
In[19]:## 建立孤立森林異常值檢測模型
       ifod=IForest(n_estimators=100,   #基礎估計器的數量
                    contamination=0.1,
                    max_features=10,    # 每個估計器最多可使用全部的特徵
                    random_state=12 )
       ifod.fit(X_train)
       ifod_lab=ifod.labels_
       print("在訓練集上是否為異常值判斷正確的精度為:\n",
classification_report(y_train, ifod_lab))
```

```
Out[19]:在訓練集上是否為異常值判斷正確的精度為:
              precision    recall  f1-score   support
           0       0.96      0.96      0.96       629
           1       0.61      0.61      0.61        71
    accuracy                           0.92       700
   macro avg       0.78      0.78      0.78       700
weighted avg       0.92      0.92      0.92       700
```

從輸出的結果可以發現，孤立森林異常值辨識演算法的整體精度達到了 0.92，並且在異常值的辨識精確率上有 61%。

下面視覺化出孤立森林的異常值得分情況，程式執行後的結果如圖 7-27 所示。

```
In[20]:## 輸出模型對每個樣本的異常值得分
       descore=ifod.decision_scores_  ## 樣本的異常值得分
       plt.figure(figsize=(12,6))
       sns.scatterplot(x=range(len(descore)), y=descore,
                       style=y_train,s=80)
       plt.grid()
       plt.xlabel("樣本索引")
       plt.ylabel("異常值得分")
       plt.title("是否為異常值的真實標籤")
       plt.show()
```

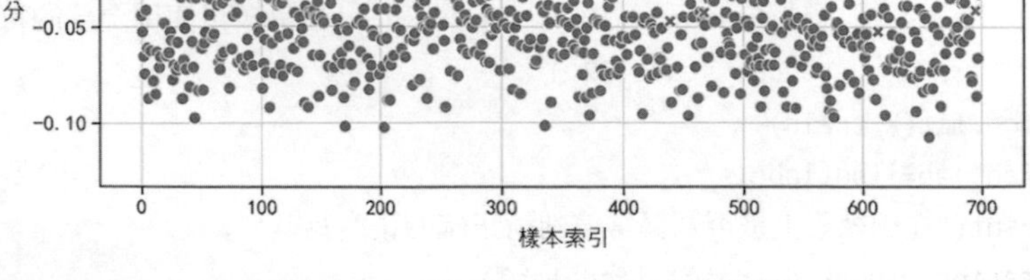

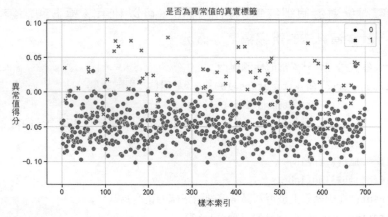

▲ 圖 7-27　孤立森林異常值檢測得分

圖 7-27 中使用的樣本標籤為是否為異常值的真實標籤。從每個樣本的異常值得分情況可以發現，大部分異常值得分大於 0，但是還有很多異常值得分小於 0，還有一些非異常值得分大於 0，說明使用孤立森林演算法，異常值辨識的準確率並不高。

下面使用獲得的 ifod 對測試集進行預測，並計算測試集上的異常值辨識精度，程式如下：

```
In[21]:## 對測試集進行預測，並計算預測精度
       ifod_pre=ifod.predict(X_test)
       print("在測試集上是否為異常值判斷正確的精度為:\n", classification_
report(y_test, ifod_pre))
Out[21]:在測試集上是否為異常值判斷正確的精度為:
              precision    recall  f1-score   support
           0       0.96      0.92      0.94       271
           1       0.46      0.66      0.54        29
    accuracy                           0.89       300
   macro avg       0.71      0.79      0.74       300
weighted avg       0.91      0.89      0.90       300
```

可以發現孤立森林演算法在測試集上的預測精度只用 0.89，並且針對異常值的辨識精確率只有 46%，即只正確辨識出了測試集中不到一半的異常值。

7.3.5 支持向量機異常值檢測

以支援向量機為基礎的異常值辨識演算法可以使用 sklearn 函數庫中的 OneClassSVM() 函數，即單分類支援向量機模型，支援向量機異常值辨識可以看作一類資料辨識情況，將異常值當作不需要的資料，為待分類辨識出資料之外的資料。下面的程式利用一個線性核心的支援向量機，使用訓練集訓練得到一個支持向量機檢測異常值的模型 osvm，再使用其 predict() 方法進行預測時，會將異常值預測為 -1（因為是不需要的資料，

所以異常值辨識出來使用 -1 表示），程式中輸出了對訓練集和測試的異常值辨識精度。

```
In[22]:## sklearn函數庫的支援向量機檢測異常值的使用
       osvm=OneClassSVM(kernel="linear",  #使用線性核心
                        nu=0.005)
       osvm.fit(X_train)
       osvm_lab=osvm.predict(X_train) # 預測結果中-1代表離群值
       osvm_lab=np.where(osvm_lab== -1,1,0)
       print("在訓練集上是否為異常值判斷正確的精度為:\n",
classification_report(y_train, osvm_lab))
       ## 對測試集進行預測，並計算預測精度
       osvm_pre=osvm.predict(X_test)
       osvm_pre=np.where(osvm_pre== -1,1,0)
       print("在測試集上是否為異常值判斷正確的精度為:\n",
classification_report(y_test,osvm_pre))
Out[22]:在訓練集上是否為異常值判斷正確的精度為:
              precision    recall  f1-score   support
           0       0.90      0.99      0.94       629
           1       0.20      0.01      0.03        71
    accuracy                           0.89       700
   macro avg       0.55      0.50      0.49       700
weighted avg       0.83      0.89      0.85       700
在測試集上是否為異常值判斷正確的精度為:
              precision    recall  f1-score   support
           0       0.90      1.00      0.95       271
           1       0.00      0.00      0.00        29
    accuracy                           0.90       300
   macro avg       0.45      0.50      0.47       300
weighted avg       0.82      0.90      0.86       300
```

從輸出的結果中可以發現，使用線性核心在訓練集上的異常值預測精確率為 20%，而在測試集上異常值的預測精確率為 0，説明該模型的異常值辨識效果不好。針對這種情況，下面使用參數搜索方式，獲得一組較合適的異常值辨識參數，程式如下：

```
In[23]:## 使用參數網格搜索找到效果最好的一組參數
       recall=[]
       precision=[]
       f1=[]
       ## 定義網格搜索的參數
       kernel=["linear", "poly", "rbf", "sigmoid"]
       degrees=[2,3]
       gammas=[0.005,0.05,0.5,5]
       coef0=[0.005,0.05,0.5,1]
       nu=[0.005,0.05,0.1,0.5]
       para_grid={"kernel":kernel,"gamma": gammas,"degree":degrees,
                  "coef0":coef0,"nu":nu}
       ## 生成網格資料
       k,d,g,c,n=np.meshgrid(kernel,degrees,gammas,coef0,nu)
       ## 生成資料表
       paradf=pd.DataFrame(data={"kernel":k.flatten(), "degrees":d.flatten(),
                                 "gammas":g.flatten(), "coef0":c.flatten(),
                                 "nu":n.flatten()})
       ## 由for迴圈計算測試集上異常值的預測精度
       for ii in paradf.index:
           ## 定義模型
           osvm=OneClassSVM(kernel=paradf.kernel[ii],
degree=paradf.degrees[ii],
gamma=paradf.gammas[ii],coef0=paradf.coef0[ii],
                            nu=paradf.nu[ii],tol=1e-6)
           osvm.fit(X_train)
           osvm_pre=osvm.predict(X_test)
           osvm_pre=np.where(osvm_pre== -1,1,0)
           ## 計算測試集上的recall和precision
           outlier_recall=recall_score(y_test,osvm_pre)
           outlier_precision=precision_score(y_test,osvm_pre)
           outlier_f1=f1_score(y_test,osvm_pre)
           recall.append(outlier_recall)
           precision.append(outlier_precision)
           f1.append(outlier_f1)
       ## 輸出較好的結果
```

```
        paradf["recall"]=recall
        paradf["precision"]= precision
        paradf["f1"]= f1
        print(paradf.sort_values("f1",ascending=False).head(8))
Out[23]:
    kernel  degrees  gammas  coef0     nu    recall  precision        f1
436    rbf        3     5.0   0.05  0.005  0.965517    0.20438  0.337349
184    rbf        2     5.0   0.50  0.005  0.965517    0.20438  0.337349
440    rbf        3     5.0   0.50  0.005  0.965517    0.20438  0.337349
441    rbf        3     5.0   0.50  0.050  0.965517    0.20438  0.337349
442    rbf        3     5.0   0.50  0.100  0.965517    0.20438  0.337349
444    rbf        3     5.0   1.00  0.005  0.965517    0.20438  0.337349
445    rbf        3     5.0   1.00  0.050  0.965517    0.20438  0.337349
446    rbf        3     5.0   1.00  0.100  0.965517    0.20438  0.337349
```

上面的程式中，分別針對不同的核心函數、參數 degrees、參數 gammas、參數 coef0 和參數 nu 進行了模型的訓練和擬合，並且輸出測試集上的預測精度 precision 和 f1-score。可以發現根據 f1-score 排序，precision 較高的只用 0.20438，可見以支持向量機為基礎的異常值辨識演算法，並不能極佳地將該資料集中的異常值正確辨識。下面使用較好的一組參數獲取異常值辨識模型。

```
In[24]:## 改變SVM異常值辨識時使用的核心函數
        osvm=OneClassSVM(kernel="rbf",  #使用線性核心
                         degree=3,gamma=5,coef0=0.05,
                         nu=0.005,tol=1e-6)
        osvm.fit(X_train)
        osvm_lab=osvm.predict(X_train) # 預測結果中-1代表離群值
        osvm_lab=np.where(osvm_lab== -1,1,0)
        print("在訓練集上是否為異常值判斷正確的精度為:\n", classification_
report(y_train, osvm_lab))
        ## 對測試集進行預測,並計算預測精度
        osvm_pre=osvm.predict(X_test)
        osvm_pre=np.where(osvm_pre== -1,1,0)
```

```
        print("在測試集上是否為異常值判斷正確的精度為:\n",
classification_report(y_test, osvm_pre))
        print("預測結果中非異常值和異常值的數量分別為:",
np.unique(osvm_pre, return_counts=True))
Out[24]:在訓練集上是否為異常值判斷正確的精度為:
              precision    recall  f1-score   support
           0       0.94      0.81      0.87       629
           1       0.25      0.56      0.35        71
    accuracy                           0.79       700
在測試集上是否為異常值判斷正確的精度為:
              precision    recall  f1-score   support
           0       0.99      0.60      0.75       271
           1       0.20      0.97      0.34        29
    accuracy                           0.63       300
預測結果中非異常值和異常值的數量分別為: (array([0, 1]), array([163, 137]))
```

可以發現，使用 rbf 核心在訓練集上的所有異常值預測精度為 0.79，而在測試集上所有異常值的預測精度為 0.63，並且對異常值辨識的精確率只有 20%。

綜上所述，在介紹的幾種異常值辨識演算法中，針對使用的高維資料集，辨識效果最好的演算法為 SOD。

7.4 本章小結

本章主要介紹了使用 Python 進行資料的無監督學習，主要包含聚類演算法和異常值檢測演算法的使用，並且在介紹這些演算法時，均使用了實際的資料集對多個演算法進行比較分析。下面將用到的相關函數進行複習，如表 7-3 所示。

表 7-3　相關函數

函數庫	模組	函數	功能
sklearn	cluster	KMeans	K- 平均值聚類
		hierarchy	層次聚類
		SpectralClustering	譜聚類
		DBSCAN	密度聚類
		AffinityPropagation	親和力傳播聚類
		Birch	BIRCH 聚類
sklearn	mixture	GaussianMixture	高斯混合聚類
		BayesianGaussianMixture	變分貝氏高斯混合聚類
pyclustering	cluster	kmedians	K- 中值聚類
		fcm	模糊聚類
sklearn	neighbors	LocalOutlierFactor	LOF 異常值辨識
PyOD	models.cof	COF	COF 異常值辨識
	models.pca	PCA	COF 異常值辨識
	models.sod	SOD	SOD 異常值辨識
	models.iforest	IForest	孤立森林異常值辨識
sklearn	svm	OneClassSVM	SVM 異常值辨識

Chapter

08

決策樹和整合學習

許多機器學習演算法中，決策樹演算法是一種以規則為基礎的常用分類演算法，並且在決策樹的基礎上發展出了效果更好的整合學習演算法，常用的有隨機森林演算法、AdaBoost 演算法和梯度提升機演算法等。舉例來說，隨機森林演算法可以看作將多個獨立的決策樹組成的分類器集合（森林），透過森林裡的多數表決來做出判斷，大部分的情況下根據多數投票表決做出的決策，往往會比其中任意一個人做出的決定要好。AdaBoost 演算法也是一種整合學習，其在訓練分類器時會加強學習前一個分類器辨識錯誤的樣本，這樣每一輪的訓練獲得一個新的弱分類器，直到達到某個預定的足夠小的錯誤率。梯度提升樹（GBDT）的基礎分類器也是決策樹 CART 演算法，在訓練過程中使用了前向分佈演算法，期望能夠獲得更準確的預測。所以，準確地掌握決策樹演算法，也是研究整合學習的基礎。

本章先簡單介紹決策樹和整合學習模型的相關基礎內容，接著利用鐵達尼號資料集，介紹如何使用不同的分類演算法對其分類，同時使用一些用於回歸的資料集，展示對應演算法在回歸問題中的應用情況。

8.1 模型簡介與資料準備

下面先簡單介紹相關機器學習演算法的學習思想，然後對待使用的資料集進行前置處理操作。

8.1.1 決策樹與整合學習演算法思想

決策樹是應用廣泛的歸納推理演算法之一，是一種逼近離散函數值的方法，對雜訊資料有很好的穩固性，且能夠學習析取運算式，該方法學習得到的函數被表示為一棵決策樹。

決策樹通常把實例從根節點排列到某個葉子節點來分類事例，葉子節點即為實例所屬的分類。樹上的每一個節點指定了實例的某個屬性測試，並且該節點的每一個後繼分支對應於該屬性的可能值。大部分的情況下，決策樹學習適合具有以下特徵的問題。

（1）實例是由「屬性－值」對來表示的，當然拓展的演算法也能夠處理值域為實數的屬性。

（2）目標函數具有離散的輸出值，主要應用於分類問題（一些擴充性的方法也用於實數域的預測，如決策樹回歸）。

（3）訓練資料可以包含錯誤，決策樹演算法具有很好的穩固性，無論範例上是屬性值錯誤還是類別錯誤，都可以處理。

（4）訓練資料可以包含缺少屬性值的實例。

決策樹的形式通常如圖 8-1 所示。

圖 8-1 是決策樹的簡單示意圖，圖中每個特徵下的對應設定值，都可以作為樹的中間節點，最後的類別（「是」和「否」）稱為葉子節點。圖中的決策樹一共有 8 筆規則，如第一筆規則為：特徵 1= 女，特徵 2= 優，特徵 3>10，則可以判定樣本的類別為「是」。資訊增益用來衡量指定的屬性（特徵）在區分訓練範例時的能力，很多決策樹演算法在樹增長時都會使

用資訊增益來選擇屬性，資訊增益越大，說明對應屬性對資料的分類效果越好。

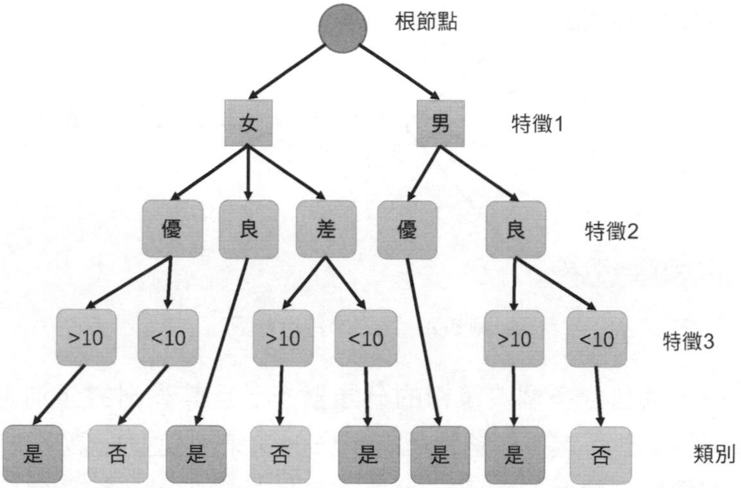

▲ 圖 8-1　決策樹的形式

在學習決策樹時會遇到一些實際問題，其中最大的問題是怎樣確定決策樹的生長深度。過深的決策樹會導致資料過擬合，只有在訓練集上才有好的預測效果，如在測試集上預測則結果會很差，從而使模型沒有泛化能力。但如果決策樹生長不充分，就會沒有判別能力，有一種解決方案是先讓決策樹充分生長，然後給決策樹剪枝來避免過擬合問題。本書在後面的實例中將針對鐵達尼號資料集，先讓決策樹盡可能地生長，然後探索使用剪枝控制樹的深度，來分析深度對模型準確率的影響。

整合學習是透過建構並結合多個分類學習器來完成學習任務，有時也被稱為多分類器學習系統。圖 8-2 展示了整合學習示意圖，可以發現整合學習的一般結構是將多個個體學習器結合起來，讓它們共同發揮作用。個體學習器通常是透過現有的學習演算法從訓練資料中產生的，如 C4.5 決策樹演算法。根據個體學習器的生成方式，整合學習方法大致可分為兩種，一種是個體學習器之間存在強依賴關係，必須串列生成的序列化方法，如 Boosting 方法，其中 AdaBoost 演算法、GBDT 演算法是常用演算法；另一種是個體學習器之間不存在強依賴關係，可以同時生成的平行方法，如隨機森林演算法。

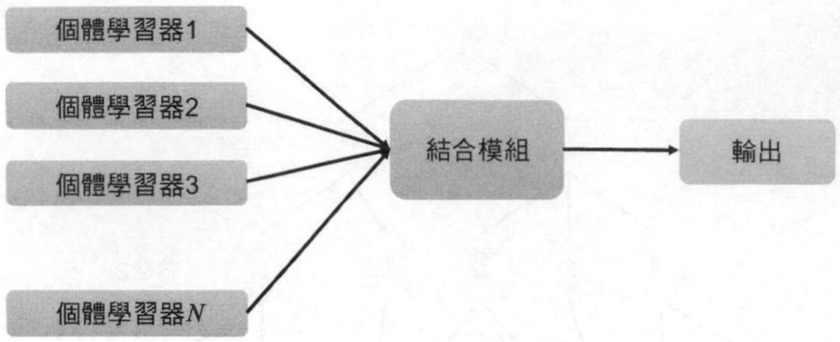

▲ 圖 8-2　整合學習示意圖

隨機森林是一個包含多個決策樹的分類器，並且其輸出的類別由所有樹輸出的類別的眾數而定（即透過所有單一的決策樹模型投票來決定）。隨機森林在選擇劃分屬性時引入了隨機因素，具體來說，就是傳統決策樹演算法在選擇劃分屬性時，從當前節點屬性集合中選擇一個最佳屬性；而在隨機森林中，對決策樹的每個節點，先從該節點的屬性集合中隨機選擇一個包含 k 個屬性的子集，然後再從這個子集中選擇一個最佳屬性用於劃分。隨機森林演算法具有以下優點。

（1）對於很多種資料，它可以產生高準確度的分類器。

（2）它可以處理大量的輸入變數。

（3）它可以在決定類別時，評估變數的重要性。

（4）在建造森林時，它可以在內部對於一般化後的誤差產生不偏差的估計。

（5）它包含一個可以估計含有遺漏值資料的方法，即當有很大一部分資料缺失時，仍可以維持其一定的準確度。

（6）對不平衡的分類資料集來說，它可以平衡誤差。

隨機森林還有很多優點，而且隨機森林演算法簡單、容易實現、計算負擔小。在下面的實戰中將使用隨機森林對資料進行建模預測。

AdaBoost 演算法一般使用決策樹分類器作為基分類器，常常應用於分類問題或回歸問題。AdaBoost 演算法中使用的分類器可能很弱（比如出現很大錯誤率），但只要它的分類效果比隨機好一點（比如兩類問題分類錯誤率略小於 50%），就能夠改善最終得到的模型。錯誤率高於隨機分類器的弱分類器也有用途，因為在最終得到的多個分類器的線性組合中，可以給它們指定負係數，同樣也能提升分類效果。

GBDT 演算法在應用時可以靈活地應用在各種類型的資料上，如連續值、離散值等。並且可以利用相對較少的調參時間，獲得較高的準確率，因其可以利用一些穩固的損失函數，從而對異常資料的穩固性非常強。

決策樹模型可以使用 sklearn 中的 tree 模組，隨機森林、AdaBoost 分類器與 GBDT 可以使用 sklearn 中的 ensemble 模組實現。針對獲得的決策樹模型，可以使用 Graphviz、Pydotplus 等函數庫視覺化。先使用下面的程式載入所需要的模組和函數庫，為後面的分析做準備。

```
In[1]:## 輸出高畫質圖型
      %config InlineBackend.figure_format='retina'
      %matplotlib inline
      ## 圖型顯示中文的問題
      import matplotlib
      matplotlib.rcParams['axes.unicode_minus']=False
      import pandas as pd
      pd.set_option("max_colwidth", 100)
      import seaborn as sns
      sns.set(font= "Kaiti",style="ticks",font_scale=1.4)
      import numpy as np
      import pandas as pd
      import matplotlib.pyplot as plt
      from mpl_toolkits.mplot3d import Axes3D
      import missingno as msno
      from sklearn.impute import KNNImputer
      from sklearn.preprocessing import LabelEncoder
      from sklearn.model_selection import  train_test_split
```

```
from sklearn.ensemble import *
from sklearn.tree import *
from sklearn.metrics import *
from io import StringIO
from sklearn.model_selection import GridSearchCV
import graphviz
import pydotplus
from IPython.display import Image
## 忽略提醒
import warnings
warnings.filterwarnings("ignore")
```

8.1.2 資料準備和探索

在後面的 Python 演算法案例中，會使用鐵達尼號訓練資料介紹如何使用相關模型進行資料分類，因此先將待使用的資料集前置處理好，並同時對資料進行探索性視覺化分析。這裡讀取資料並剔除能精確表達樣本的相關變數，程式如下：

```
In[2]:## 讀取鐵達尼號訓練資料
      train=pd.read_csv("data/chap8/Titanic train.csv")
      ## 剔除具有精確表示能力的資料列
      train=train.drop(["PassengerId","Ticket"],axis=1)
      ## 讀取待預測的資料集
      test=pd.read_csv("data/chap8/Titanic test.csv")
      ## 剔除具有精確表示能力的資料列
      test=test.drop(["PassengerId","Ticket"],axis=1)
      train.head(5)
Out[2]:
```

	Survived	Pclass	Name	Sex	Age	SibSp	Parch	Fare	Cabin	Embarked
0	0	3	Braund, Mr. Owen Harris	male	22.0	1	0	7.2500	NaN	S
1	1	1	Cumings, Mrs. John Bradley (Florence Briggs Th...	female	38.0	1	0	71.2833	C85	C
2	1	3	Heikkinen, Miss. Laina	female	26.0	0	0	7.9250	NaN	S
3	1	1	Futrelle, Mrs. Jacques Heath (Lily May Peel)	female	35.0	1	0	53.1000	C123	S
4	0	3	Allen, Mr. William Henry	male	35.0	0	0	8.0500	NaN	S

資料在剔除 PassengerId 和 Ticket 兩個特徵後，除處理待預測的特徵 Survived 外，還有其他 9 個特徵可以使用，這些特徵分別為乘客分類（Pclass）、姓名（Name）、性別（Sex）、年齡（Age）、有多少兄弟姐妹 / 配偶同船（SibSp）、有多少父母 / 子女同船（Parch）、票價（Fare）、客艙號（Cabin）、出發港口（Embarked）。下面對訓練資料和測試資料中的遺漏值情況進行視覺化分析，程式如下：

```
In[3]:## 視覺化訓練資料和待預測資料的遺漏值情況
    fig=plt.figure(figsize=(16,8))
    ax=fig.add_subplot(1,2,1)
    msno.matrix(train,color=(0.25, 0.25, 0.5),ax=ax,sparkline=False)
    ax=fig.add_subplot(1,2,2)
    msno.matrix(test,color=(0.25, 0.25, 0.5),ax=ax,sparkline=False)
    plt.tight_layout()
    plt.show()
```

程式執行後的結果如圖 8-3 所示。

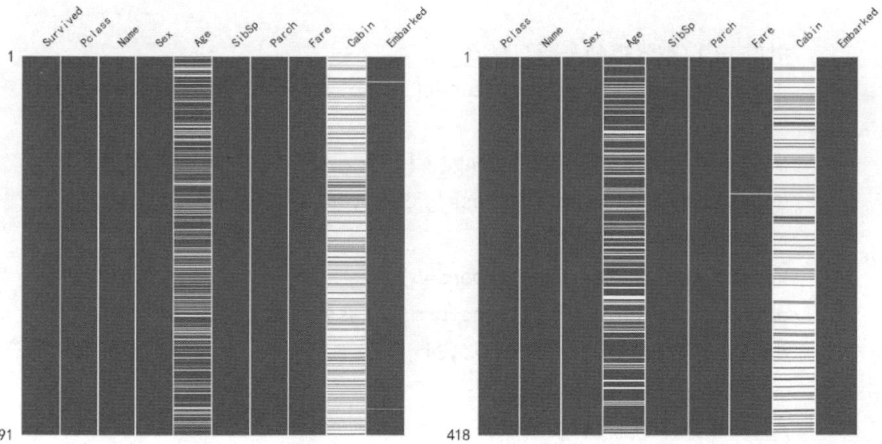

▲ 圖 8-3　訓練資料和測試資料的遺漏值分佈情況

從圖 8-3 中可以發現，Cabin 變數的遺漏值太多，不具有資料填充的意義，可以直接將其剔除，其他特徵的遺漏值則需要使用相關演算法進行填充。

因為要使用訓練集對資料進行訓練，以及使用測試集對資料進行測試，所以在進行對應的資料填充等前置處理操作時，需要將訓練集和測試集進行相同的前置處理，可以將兩個資料集組成一個串列，方便對訓練資料和待預測資料做相同的前置處理操作。資料的前置處理操作可以使用下面的程式。

```
In[4]:## 資料前置處理
      train_pro=train.copy(deep=True)   # 複製資料
      test_pro=test.copy(deep=True)     # 複製資料
      data_pro=[train_pro,test_pro]
      ## 資料中的遺漏值填補前置處理
      for dataset in data_pro:
          # 剔除有大量遺漏值的變數Cabin
          dataset.drop("Cabin", axis=1, inplace=True)

          # 將性別編碼為分類變數
          label=LabelEncoder()
          dataset["Sex"]=label.fit_transform(dataset["Sex"])

          #使用中位數來填補乘客的票價
          dataset["Fare"].fillna(dataset["Fare"].median(),inplace=True)

          # 對帶有遺漏值的數值型變數Age，利用多個特徵進行最近鄰填充
          dataset_imp=dataset[["Pclass","Sex","Age","SibSp","Fare"]]
          # KNNImputer遺漏值填補方法
          knnimp=KNNImputer(n_neighbors=5)
          datasetknn=knnimp.fit_transform(dataset_imp)
          dataset["Age"]=datasetknn[:,2]

          #使用眾數來填補登上船的港口
          dataset["Embarked"].fillna(dataset["Embarked"].mode()[0],
inplace=True)
      print(train_pro.isnull().sum())
      print("-"*20)
      print(test_pro.isnull().sum())
Out[4]:
```

```
Survived    0
Pclass      0
Name        0
Sex         0
Age         0
SibSp       0
Parch       0
Fare        0
Embarked    0
dtype: int64
--------------------
Pclass      0
Name        0
Sex         0
Age         0
SibSp       0
Parch       0
Fare        0
Embarked    0
dtype: int64
```

在上面的程式中，分別對訓練資料和測試資料進行了以下幾個前置處理操作。

（1）剔除有大量遺漏值的變數 Cabin。
（2）將性別編碼為分類變數。
（3）使用中位數來填補乘客的票價。
（4）對帶有遺漏值的數值型變數 Age，利用多個特徵資訊進行 KNN 最近鄰填充。
（5）使用眾數來填補登上船的港口 Embarked 變數。

執行程式後，從輸出的結果中可以發現訓練集和測試集中都已經沒有遺漏值。針對利用 KNN 最近鄰填充的 Age 變數，可以視覺化出其填充前後的資料分佈曲線，用於觀察資料的分佈，執行下面的程式後，結果如圖 8-4 所示。

```
In[5]:## 視覺化年齡變數在進行遺漏值前置處理前後的分佈情況
      plt.figure(figsize=(10,6))
      sns.distplot(train.Age[~train.Age.isna()],hist=False,label="遺漏值填補前
",kde_kws={"color": "r","lw": 3,"bw":3,"ls":"--"})
      sns.distplot(train_pro.Age,hist=False,label="遺漏值填補後",
                   kde_kws={"color": "b", "lw": 3,"bw":3})
      plt.title("使用K-近鄰進行遺漏值填補")
      plt.grid()
      plt.show()
```

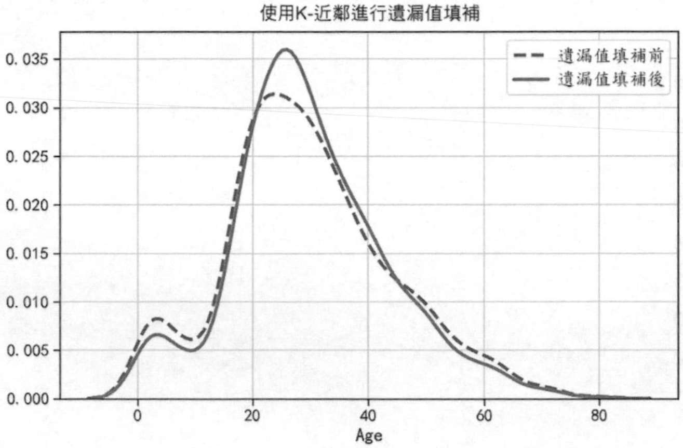

▲ 圖 8-4 使用 K- 近鄰進行遺漏值填補的效果

從圖 8-4 中可以發現，遺漏值填補並沒有明顯地改變資料分佈情況。

針對前置處理好的資料，下面進行相關特徵工程前置處理，主要有以下幾種。

（1）利用計算得到的家庭人口在船上的數量，增加「是否獨自一人」的新變數。

（2）提取每個乘客的稱謂，如先生、女士等。

```
In[6]:## 對資料集進行特徵工程前置處理
      for dataset in data_pro:
          # 計算家庭人口在船上的數量
          FamilySize=dataset["SibSp"] + dataset["Parch"] + 1
```

```
        ## 增加新的變數，是否獨自一人
        dataset["IsAlone"]=1
        dataset["IsAlone"].loc[FamilySize > 1]=0
        # 提取每個乘客的稱謂，如先生、女士等
        Tittle=dataset["Name"].str.split(",",
expand=True)[1].str.split(".",expand=True)[0]
        dataset["Name"]=Tittle
    ## 查看稱呼的數量
    print(train_pro["Name"].value_counts())
    ## 查看稱呼的數量
    print(test_pro["Name"].value_counts())
Out[6]:
Mr              517
Miss            182
Mrs             125
Master           40
Dr                7
Rev               6
Mlle              2
Col               2
Major             2
Ms                1
the Countess      1
Mme               1
Capt              1
Don               1
Lady              1
Sir               1
Jonkheer          1
Name: Name, dtype: int64
Mr        240
Miss       78
Mrs        72
Master     21
Col         2
Rev         2
```

```
Ms          1
Dr          1
Dona        1
Name: Name, dtype: int64
```

從上面程式的輸出結果中可以發現，兩個資料集上的稱呼數量不僅不一致，而且稱呼方式也不統一，針對這種情況，可以使用 Other 代替 Mr、Miss、Mrs、Master 4 種之外的其他稱呼，程式如下：

```
In[7]:# 整理稱呼,除Mr、Miss、Mrs、Master外使用Other 代替
      for dataset in data_pro:
          names=dataset["Name"].isin(["Mr","Miss","Mrs","Master"])
          dataset["Name"][~names]= "Other"
      print(train_pro["Name"].value_counts())
      print("-"*20)
      print(test_pro["Name"].value_counts())
      print("-"*20)
Out[7]:
Mr        517
Miss      182
Mrs       125
Master     40
Other      27
Name: Name, dtype: int64
--------------------
Mr        240
Miss       78
Mrs        72
Master     21
Other       7
Name: Name, dtype: int64
```

接下來對資料中的字串類型的分類變數重新進行編碼，在編碼時可以使用 LabelEncoder()，程式如下：

```
In[8]:# 對字串類型的分類變數重新進行編碼
      label=LabelEncoder()
```

```
    for dataset in data_pro:
        dataset["Name"]=label.fit_transform(dataset["Name"])
        dataset["Embarked"]=label.fit_transform(dataset["Embarked"])
    train_pro.head()
Out[8]:
```

	Survived	Pclass	Name	Sex	Age	SibSp	Parch	Fare	Embarked	IsAlone
0	0	3	2	1	22.0	1	0	7.2500	2	0
1	1	1	3	0	38.0	1	0	71.2833	0	0
2	1	3	1	0	26.0	0	0	7.9250	2	1
3	1	1	3	0	35.0	1	0	53.1000	2	0
4	0	3	2	1	35.0	0	0	8.0500	2	1

從上面的輸出結果中可以發現，資料的前置處理和特徵工程任務已經處理完畢。針對前置處理好的訓練集和測試集，可以將訓練集切分為兩個部分，一個部分用於訓練模型，另一個部分用於驗證模型的泛化能力，程式如下：

```
In[9]: # 定義預測目標變數名稱
       Target=["Survived"]
       ## 定義模型的引數名
       train_x=["Pclass","Name","Sex","Age","SibSp","Parch",
                "Fare","Embarked", "IsAlone"]
       ##將訓練集切分為訓練集和驗證集
       # 定義預測目標變數名稱
       Target=["Survived"]
       ## 定義模型的引數名
       train_x=["Pclass","Name","Sex","Age","SibSp","Parch",
                "Fare","Embarked", "IsAlone"]
       ##將訓練集切分為訓練集和驗證集
       X_train, X_val, y_train, y_val=train_test_split(
           train_pro[train_x], train_pro[Target],
           test_size=0.25,random_state=1)
       print("X_train.shape :",X_train.shape)
       print("X_val.shape :",X_val.shape)
       print(X_train.head())
```

```
Out[9]:
X_train.shape : (668, 9)
X_val.shape : (223, 9)
     Pclass  Name  Sex   Age  SibSp  Parch     Fare  Embarked  IsAlone
35        1     2    1  42.0      1      0  52.0000         2        0
46        3     2    1  31.2      1      0  15.5000         1        0
453       1     2    1  49.0      1      0  89.1042         0        0
291       1     3    0  19.0      1      0  91.0792         0        0
748       1     2    1  19.0      1      0  53.1000         2        0
```

對訓練集切分後可發現，訓練集中有 668 個樣本將進行模型訓練，剩下的樣本將進行模型的泛化能力驗證。

8.2 決策樹模型

常見的決策樹演算法有 ID3（Iterative Dichotomiser 3）、C4.5 和 CART 演算法。ID3 演算法是由澳洲電腦科學家 Quinlan 在 1986 年提出的，它是經典的決策樹演算法之一。ID3 演算法在選擇劃分節點的屬性時，使用資訊增益來選擇。由於 ID3 演算法不能處理非離散型特徵，而且由於沒有考慮每個節點的樣本大小，所以可能導致葉子節點的樣本數量過小，往往會帶來過擬合的問題。C4.5 演算法是對 ID3 演算法的改進，它能夠處理不連續的特徵，在選擇劃分節點的屬性時，使用資訊增益率來選擇。因為資訊增益率考慮了節點分裂資訊，所以不會過分偏向設定值數量較多的離散特徵。ID3 演算法和 C4.5 演算法主要用來解決分類問題，不能用來解決回歸問題，而 CART 演算法則能同時處理分類和回歸問題。CART 演算法在解決分類問題時，使用 Gini 係數（基尼係數）的下降值，選擇劃分節點屬性的度量指標；在解決回歸問題時，根據節點資料目標特徵值的方差下降值，作為節點分類的度量標準。

表 8-1 對上述 3 種決策樹演算法的使用場景和劃分節點選擇情況進行了複習。

表 8-1　常見決策樹演算法的比較

演算法	資料集特徵	預測數值類型	劃分節點指標	適用場景
ID3	離散值	離散值	資訊增益	分類
C4.5	離散值、連續值	離散值	資訊增益率	分類
CART	離散值、連續值	離散值、連續值	Gini 係數、方差	分類、回歸

本節介紹如何使用 Python 中的 sklearn 函數庫，完成決策樹的分類和回歸任務。

8.2.1 決策樹模型資料分類

下面使用在 8.1 節前置處理好的鐵達尼號資料集，建立決策資料分類模型。首先使用 DecisionTreeClassifier() 函數中的預設參數建立一個決策樹模型，然後計算在訓練集和驗證集上的預測精度，程式如下：

```
In[1]:## 先使用預設的參數建立一個決策樹模型
       dtc1=DecisionTreeClassifier(random_state=1)
       ## 使用訓練資料進行訓練
       dtc1=dtc1.fit(X_train, y_train)
       ## 輸出其在訓練集和驗證集上的預測精度
       dtc1_lab=dtc1.predict(X_train)
       dtc1_pre=dtc1.predict(X_val)
       print("訓練集上的精度:",accuracy_score(y_train,dtc1_lab))
       print("驗證集上的精度:",accuracy_score(y_val,dtc1_pre))
Out[1]:訓練集上的精度: 0.9910179640718563
       驗證集上的精度: 0.726457399103139
```

從程式的輸出結果中可以發現，建立的模型在訓練集上的精度為 0.99，而在驗證集上的精度只有 0.73，這是很明顯的模型過擬合訊號。為了更直觀地展示過擬合決策樹的情況，可以對其結果進行視覺化分析，使用下面的程式獲得圖 8-5 所示的過擬合決策樹的結構圖。

```
In[2]:## 將獲得的決策樹結構視覺化
      dot_data=StringIO()
```

```
        export_graphviz(dtc1, out_file=dot_data,
                        feature_names=X_train.columns,
                        filled=True,rounded=True,special_characters=True)
        graph=pydotplus.graph_from_dot_data(dot_data.getvalue())
        Image(graph.create_png())
```

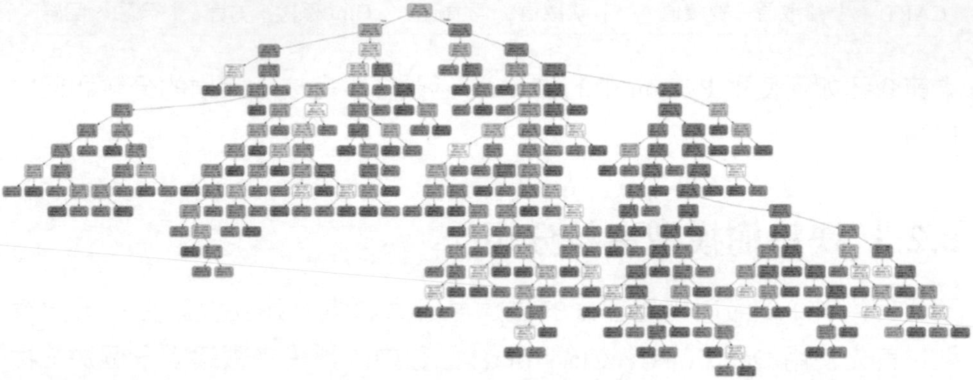

▲ 圖 8-5　過擬合的決策樹模型

觀察圖 8-5 所示的模型結構可以發現，該模型是非常複雜的決策樹模型，而且決策樹的層數遠遠超過了 10 層，因而使用該決策樹獲得的規則會非常複雜。透過模型的視覺化進一步證明了獲得的決策樹模型具有嚴重的過擬合問題，需要對模型進行剪枝，即精簡模型。

現在使用決策樹剪枝緩解過擬合問題。

決策樹模型的剪枝操作主要用到 DecisionTreeClassifier() 函數中的 max_depth 和 max_leaf_nodes 兩個參數，其中 max_depth 指定了決策樹的最大深度，max_leaf_nodes 指定了模型的葉子節點的最大數目，這裡使用參數網格搜索的方式，對該模型中的兩個參數進行搜索，並以驗證集上的預測精度為準則，獲取較合適的模型參數組合，程式如下：

```
In[3]:## 借助參數網格搜索獲取合適的決策樹模型參數
        depths=np.arange(3,20,1)
        leafnodes=np.arange(10,30,2)
        tree_depth=[]
        tree_leafnode=[]
```

```
val_acc=[]
for depth in depths:
    for leaf in leafnodes:
        dtc2=DecisionTreeClassifier(max_depth=depth, ## 最大深度
                                    max_leaf_nodes=leaf,##最大葉節點數
                                    min_samples_leaf=5,
                                    min_samples_split=2,
                                    random_state=1)
        dtc2=dtc2.fit(X_train,y_train)
        ## 計算在測試集上的預測精度
        dtc2_pre=dtc2.predict(X_val)
        val_acc.append(accuracy_score(y_val,dtc2_pre))
        tree_depth.append(depth)
        tree_leafnode.append(leaf)
## 將結果組成資料表並輸出較好的參數組合
DTCdf=pd.DataFrame(data={"tree_depth":tree_depth,
                         "tree_leafnode":tree_leafnode,
                         "val_acc":val_acc})
## 根據在驗證集上的精度進行排序
print(DTCdf.sort_values("val_acc",ascending=False).head(15))
Out[3]:
    tree_depth  tree_leafnode   val_acc
0            3             10  0.811659
1            3             12  0.811659
2            3             14  0.811659
3            3             16  0.811659
4            3             18  0.811659
5            3             20  0.811659
6            3             22  0.811659
7            3             24  0.811659
8            3             26  0.811659
9            3             28  0.811659
99          12             28  0.807175
98          12             26  0.807175
89          11             28  0.807175
88          11             26  0.807175
68           9             26  0.807175
```

從上面程式的輸出結果中可以發現，針對鐵達尼號資料在相同的樹深度下，樹葉節點數量的影響並不是很大。下面使用一組較合適的參數訓練一個決策樹模型，程式如下：

```
In[4]:## 使用較合適的參數訓練一個決策樹模型
      dtc2=DecisionTreeClassifier(max_depth=3, ## 最大深度
                                  max_leaf_nodes=10, ## 最大葉節點數量
                                  min_samples_leaf=5, min_samples_split=2,
                                  random_state=1)
      dtc2=dtc2.fit(X_train,y_train)
      ## 輸出其在訓練資料和驗證資料集上的預測精度
      dtc2_lab=dtc2.predict(X_train)
      dtc2_pre=dtc2.predict(X_val)
      print("訓練集上的精度:",accuracy_score(y_train,dtc2_lab))
      print("驗證集上的精度:",accuracy_score(y_val,dtc2_pre))
Out[4]:訓練集上的精度: 0.842814371257485
       驗證集上的精度: 0.8116591928251121
```

執行上面的程式，從輸出結果可以發現，此時在訓練集上的精度為 0.84，其小於 0.99，在驗證集上的精度為 0.81，其大於 0.72，說明決策樹的過擬合問題已經獲得了一定程度的緩解，並且獲得的模型泛化能力更強。

下面的程式可以獲得剪枝後的決策樹模型結構，程式執行後的結果如圖 8-6 所示。

```
In[5]:## 視覺化決策樹經過剪枝後的樹結構
      dot_data=StringIO()
      export_graphviz(dtc2, out_file=dot_data,
                      feature_names=X_train.columns,
                      filled=True, rounded=True,special_characters=True)
      graph=pydotplus.graph_from_dot_data(dot_data.getvalue())
      Image(graph.create_png())
```

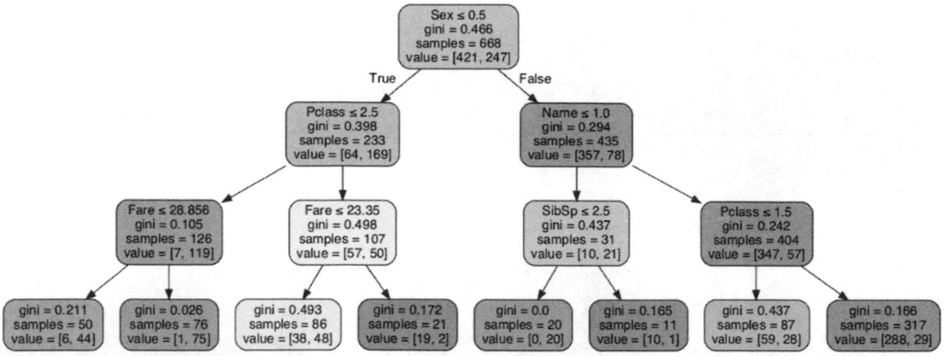

▲ 圖 8-6　剪枝後的決策樹模型

從圖 8-6 所示的剪枝後的決策樹模型中可以發現，該模型和未剪枝的模型相比已經大大地簡化了，根節點為 Sex（性別）特徵，即如果 Sex_Code<=0.5，則到左邊的分支查看 Pclass（船票的等級）特徵，否則查看右邊的分支 Name（稱呼標籤，先生、女士……）特徵。剪枝後的決策樹模型比未剪枝的模型更加直觀，更容易分析和解釋。

針對剪枝前後的決策樹模型，可以使用條形圖型視覺化每個特徵在模型中的重要程度，執行下面的程式後，結果如圖 8-7 所示。

```
In[6]:## 視覺化決策樹在剪枝前後變數重要性的情況
      ## 使用條形圖型視覺化每個變數的重要性
      plt.figure(figsize=(14,6))
      plt.subplot(1,2,1)
      plt.bar(x=train_x,height=dtc1.feature_importances_)
      plt.ylabel("重要性得分")
      plt.xticks(rotation=45)
      plt.title("剪枝前的決策樹分類器")
      plt.grid()
      plt.subplot(1,2,2)
      plt.bar(x=train_x,height=dtc2.feature_importances_)
      plt.ylabel("重要性得分")
      plt.xticks(rotation=45)
      plt.title("剪枝後的決策樹分類器")
      plt.grid()
```

```
plt.tight_layout()
plt.show()
```

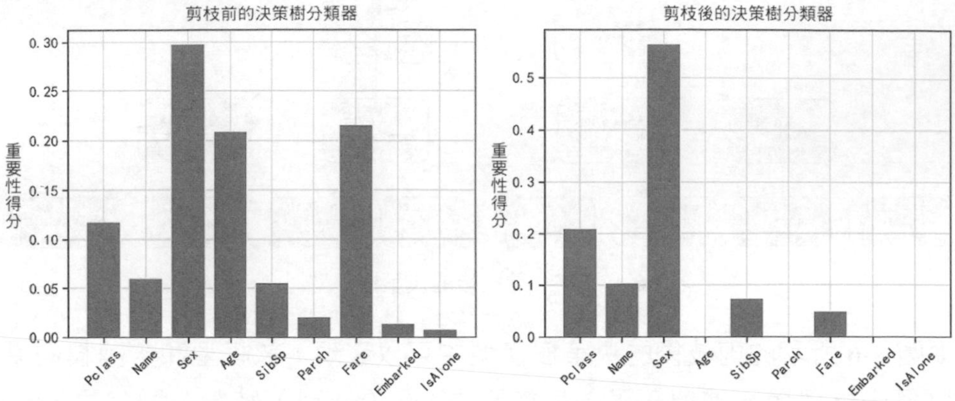

▲ 圖 8-7 決策樹模型中的特徵重要性比較

從圖 8-7 中可以發現，在剪枝前的模型中，重要性較高的特徵為 Sex、Fare、Age 等，而在剪枝後的模型中，具有較高重要性的特徵為 Sex、Pclass 等特徵。

8.2.2 決策樹模型資料回歸

決策樹模型不僅可以用於分類，還可以用於回歸，本節將展示如何使用決策樹模型預測連續資料。使用前面已經提到過的 ENB2012 資料集進行決策樹回歸分析，對因變數 Y1 進行預測，讀取資料的程式如下：

```
In[7]:## 讀取用於多元回歸的資料
      enbdf=pd.read_excel("data/chap8/ENB2012.xlsx")
      print(enbdf.head())
Out[7]:      X1     X2     X3      X4   X5  X6   X7  X8     Y1
        0  0.98  514.5  294.0  110.25  7.0   2  0.0   0  15.55
        1  0.98  514.5  294.0  110.25  7.0   3  0.0   0  15.55
        2  0.98  514.5  294.0  110.25  7.0   4  0.0   0  15.55
        3  0.98  514.5  294.0  110.25  7.0   5  0.0   0  15.55
        4  0.90  563.5  318.5  122.50  7.0   2  0.0   0  20.84
```

針對該資料在進行決策樹回歸模型時，X1 ～ X8 作為引數，Y1 作為因變數，使用矩陣散點圖進行視覺化分析，程式執行後的結果如圖 8-8 所示。

```
## 使用矩陣散點圖對資料進行視覺化分析
sns.pairplot(enbdf,height=2,aspect=1.2,diag_kind="hist")
plt.show()
```

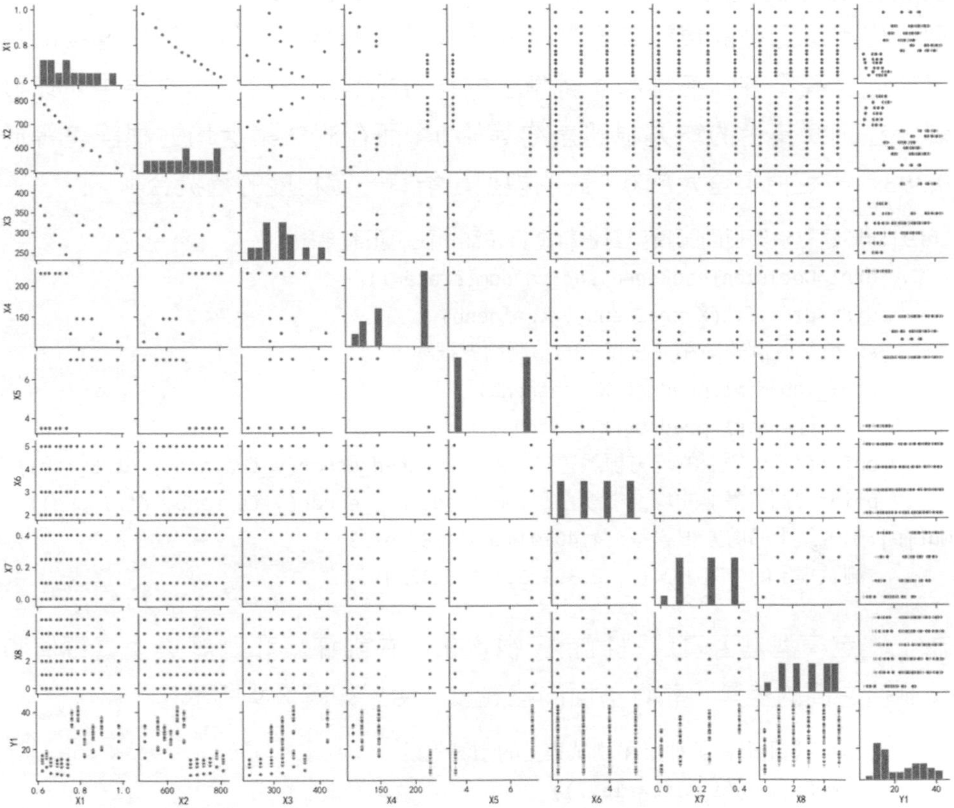

▲ 圖 8-8　資料矩陣散點圖

在使用決策樹回歸模型之前，先使用 train_test_split() 函數將資料集切分為訓練集和測試集，程式如下。切分後訓練集有 537 個樣本，測試集有個 231 個樣本。

```
In[8]:## 將資料切分為訓練集和測試集
      X_trainenb,X_testenb,y_trainenb,y_testenb=train_test_split(
```

```
       enbdf.iloc[:,0:8], enbdf["Y1"],test_size=0.3,random_state=1)
   print("X_trainenb.shape :",X_trainenb.shape)
   print("X_testenb.shape :",X_testenb.shape)
   X_trainenb.shape : (537,8)
Out[8]:X_testenb.shape : (231,8)
```

在資料切分後使用 DecisionTreeRegressor() 函數建立一個決策樹回歸模型，使用該函數的預設參數對訓練資料進行擬合，然後計算出獲得的決策樹回歸模型在訓練集和測試集上的均方根誤差。從輸出結果中可以發現，在訓練集上的均方根誤差約等於 0，而在測試集上均方根誤差等於 0.393，設定值遠遠大於 0，說明模型可能有一定程度的過擬合。

```
In[9]:## 建立決策樹回歸模型對資料進行預測，使用預設參數
   dtr1=DecisionTreeRegressor(random_state=1)
   dtr1=dtr1.fit(X_trainenb,y_trainenb)
   ## 計算在訓練集和測試集上的預測均方根誤差
   dtr1_lab=dtr1.predict(X_trainenb)
   dtr1_pre=dtr1.predict(X_testenb)
   print("訓練集上的均方根誤差:",mean_squared_error(y_trainenb, dtr1_lab))
   print("測試集上的均方根誤差:",mean_squared_error(y_testenb, dtr1_pre))
Out[9]:訓練集上的均方根誤差: 4.407044163245876e-33
    測試集上的均方根誤差: 0.3930614718614718
```

為了確定模型是否真的過擬合，視覺化出在訓練集和測試集上真實值和預測值之間的差異，執行下面的程式後，結果如圖 8-9 所示。

```
In[10]:## 視覺化出在訓練集和測試集上的預測效果
    plt.figure(figsize=(16,7))
    plt.subplot(1,2,1) ## 訓練資料結果視覺化
    rmse=round(mean_squared_error(y_trainenb,dtr1_lab),4)
    index=np.argsort(y_trainenb)
    plt.plot(np.arange(len(index)),y_trainenb.values[index],"r",
             linewidth=2,label="原始資料")
    plt.plot(np.arange(len(index)),dtr1_lab[index],"bo",
             markersize=3,label="預測值")
    plt.text(200,35,s="均方根誤差:"+str(rmse))
```

```
plt.legend()
plt.grid()
plt.xlabel("Index")
plt.ylabel("Y")
plt.title("決策樹回歸(訓練集)")
plt.subplot(1,2,2)   ## 測試資料結果視覺化
rmse=round(mean_squared_error(y_testenb,dtr1_pre),4)
index=np.argsort(y_testenb)
plt.plot(np.arange(len(index)),y_testenb.values[index],"r",
         linewidth=2,label="原始資料")
plt.plot(np.arange(len(index)),dtr1_pre[index],"bo",
         markersize=3,label="預測值")
plt.text(50,35,s="均方根誤差:"+str(rmse))
plt.legend()
plt.grid()
plt.xlabel("Index")
plt.ylabel("Y")
plt.title("決策樹回歸(測試集)")
plt.tight_layout()
plt.show()
```

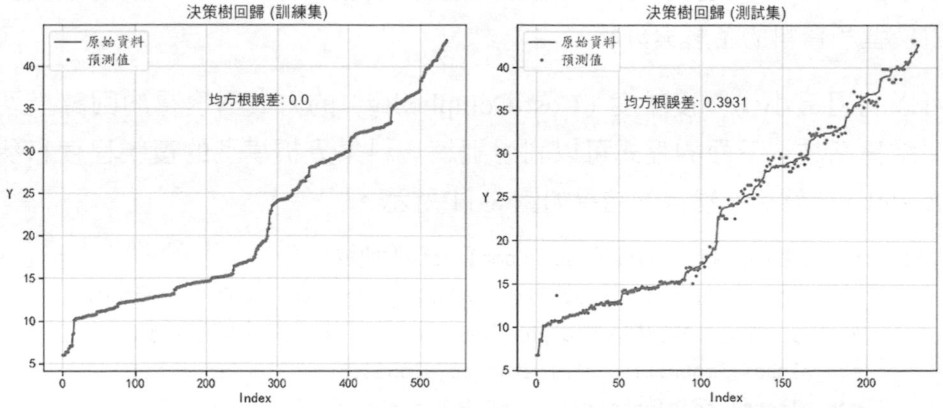

▲ 圖 8-9　決策樹模型在訓練集和測試集上的預測效果

觀察圖 8-9 可以發現，訓練集上能夠完全擬合資料，在測試集上卻有較大的預測誤差，說明模型發生了一定程度的過擬合。

針對決策樹回歸模型，使用下面的程式將其結構進行視覺化，結果如圖 8-10 所示。

```
In[11]:## 視覺化此時的決策樹結構
       dot_data=StringIO()
       export_graphviz(dtr1,out_file=dot_data,
                       feature_names=X_trainenb.columns,
                       filled=True,rounded=True,special_characters=True)
       graph=pydotplus.graph_from_dot_data(dot_data.getvalue())
       Image(graph.create_png())
```

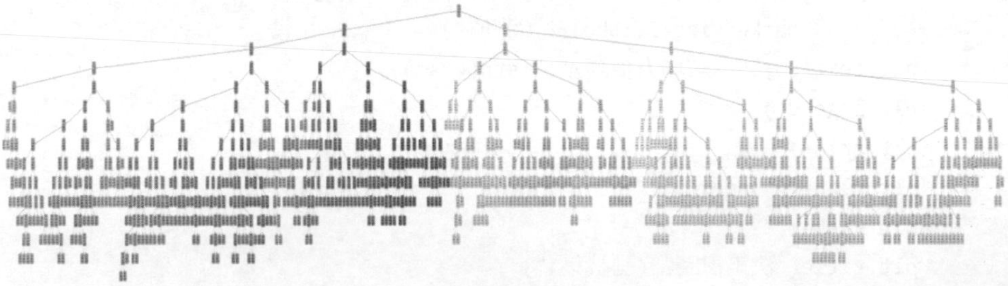

▲ 圖 8-10　決策樹回歸模型的樹結構

觀察圖 8-10 可以發現，決策樹回歸模型的樹結構非常複雜，該樹不利於對模型和資料的了解與分析。

可以利用最小代價複雜度（Cost-Complexity）的方式對獲得的回歸模型樹結構剪枝，下面的程式可以利用訓練資料集分析模型的複雜程度和參數 alpha 的關係，獲得的結果如圖 8-11 所示。

```
In[12]:## 利用最小代價複雜度（Cost-Complexity）剪枝
       dtr1path=dtr1.cost_complexity_pruning_path(X_trainenb,y_trainenb)
       ## ccp_alphas:修剪樹時的alpha,impurities:子樹葉代價複雜度總和
       ccp_alphas,impurities=dtr1path.ccp_alphas,dtr1path.impurities
       ccp_alphas=ccp_alphas[:-1]    ## 最後alpha對應著只用一個根節點的樹
       impurities=impurities[:-1]
       ## 視覺化出對應的圖型
       plt.figure(figsize=(10,6))
       plt.plot(ccp_alphas, impurities, marker="o", drawstyle="steps-post")
```

```
plt.xlabel("alpha")
plt.ylabel("子樹葉代價複雜度總和")
plt.title("訓練集的雜質總和vs alpha")
plt.grid()
plt.show()
```

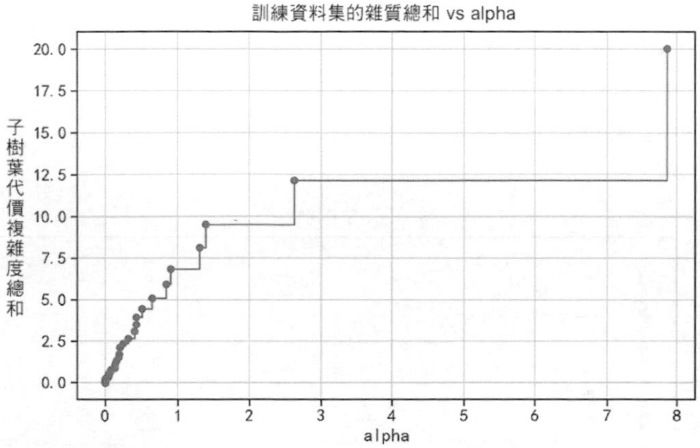

▲ 圖 8-11　參數 alpha 對模型複雜度的影響

下面分析在不同的模型複雜度參數 alpha 約束下的決策樹回歸模型，在訓練集上所獲得的模型節點數量和深度的變化情況，執行下面的程式後，結果如圖 8-12 所示。

```
In[12]:## 使用不同alpha在訓練集上訓練決策樹回歸模型
       dtrs=[]
       for ccp_alpha in ccp_alphas:
           dtr=DecisionTreeRegressor(random_state=1, ccp_alpha=ccp_alpha)
           dtr.fit(X_trainenb, y_trainenb)
           dtrs.append(dtr)
       ## 計算在每個不同alpha下決策樹對應的節點數量和深度
       node_counts=[dtr.tree_.node_count for dtr in dtrs]
       depth=[dtr.tree_.max_depth for dtr in dtrs]
       plt.figure(figsize=(10,8))
       plt.subplot(2,1,1)
       plt.plot(ccp_alphas, node_counts, marker="o", drawstyle="steps-post")
       plt.xlabel("alpha")
```

```
plt.ylabel("節點數量")
plt.grid()
plt.title("決策樹剪枝")
plt.subplot(2,1,2)
plt.plot(ccp_alphas, depth, marker="o", drawstyle="steps-post")
plt.xlabel("alpha")
plt.ylabel("樹的深度")
plt.grid()
plt.tight_layout()
plt.show()
```

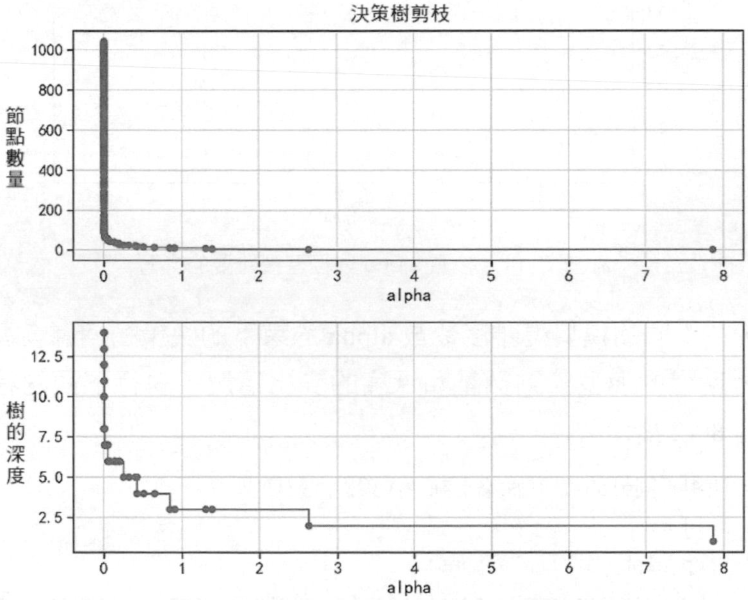

▲ 圖 8-12　參數 alpha 對模型節點數量和深度的影響

從圖 8-12 中可以發現，隨著參數 alpha 的增大，模型中節點的數量在迅速地降低，同時模型的深度也在降低，説明決策樹回歸模型的結構變得越來越簡單。

下面分析在不同的模型複雜度參數 alpha 約束下的決策樹回歸模型，在訓練集和測試集上預測結果的均方根誤差的變化情況，執行下面的程式後，結果如圖 8-13 所示。

```
In[13]:## 計算不同alpha下在訓練集和測試集上的均方根誤差
       train_mse=[mean_squared_error(y_trainenb,dtr.predict(X_trainenb)) for
dtr in dtrs]
       test_mse=[mean_squared_error(y_testenb,dtr.predict(X_testenb)) for dtr
in dtrs]
       plt.figure(figsize=(10,6))
       plt.plot(ccp_alphas, train_mse, marker="o", drawstyle="steps-post",
                label="訓練集")
       plt.plot(ccp_alphas, test_mse, marker="o", drawstyle="steps-post",
                label="測試集")
       plt.xlabel("alpha")
       plt.ylabel("均方根誤差")
       plt.grid()
       plt.legend()
       plt.title("決策樹剪枝")
       plt.xlim([0,0.06]) ## 調整視覺化區域
       plt.ylim([0,0.6])
       plt.show()
```

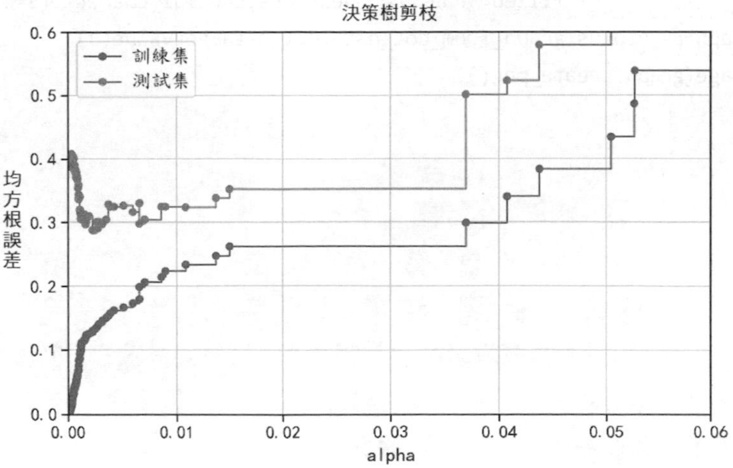

▲ 圖 8-13　參數 alpha 對模型預測誤差的影響

從圖 8-13 中可以發現，在 alpha 增加的初期，訓練集上的均方根誤差一直在增大，測試集上的均方根誤差有一個減小的趨勢，兩者的誤差在持

續增大，說明存在一個在測試集上預測誤差最小的值，此時的決策樹回歸模型是較好的模型。

下面使用最合適的 alpha 設定值來約束決策樹回歸模型，獲得剪枝後的決策樹回歸模型，執行下面的程式可以發現，最好的模型在訓練集上的均方根誤差為 0.128，在測試集上的均方根誤差為 0.289，程式同時視覺化出了此時的決策樹結構，如圖 8-14 所示。

```
In[14]:## 找到最合適的alpha設定值，並擬合決策樹回歸模型
       index=np.argmin(test_mse)
       print("在訓練集上的預測誤差為:",train_mse[index])
       print("在測試集上的預測誤差為:",test_mse[index])
Out[14]: 在訓練集上的預測誤差為: 0.1281863479763169
         在測試集上的預測誤差為: 0.28889418120686344
In[15]:## 視覺化此時的決策樹回歸模型結構
       dot_data=StringIO()
       export_graphviz(dtrs[index], out_file=dot_data,
                       feature_names=X_trainenb.columns,
                       filled=True, rounded=True,special_characters=True)
       graph=pydotplus.graph_from_dot_data(dot_data.getvalue())
       Image(graph.create_png())
```

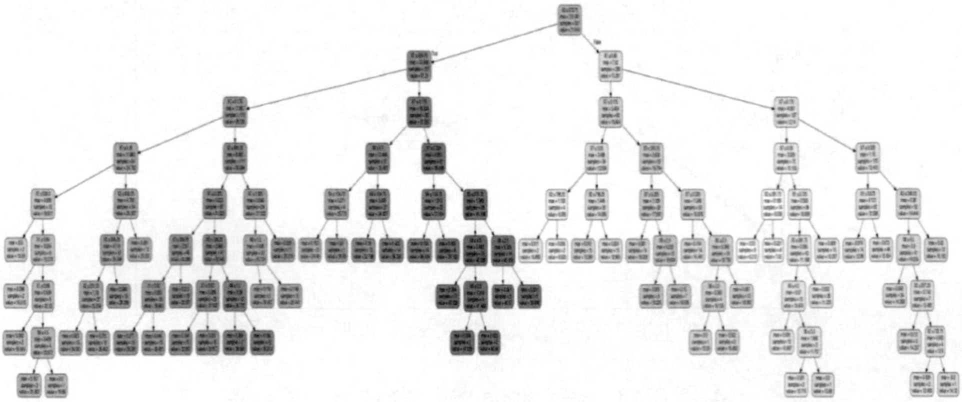

▲ 圖 8-14　決策樹回歸模型結構

此時樹的結構複雜度大大降低，而且獲得的模型泛化能力更強。

8.3 隨機森林模型

隨機森林模型，在針對回歸問題中的預測值，可以使用所有樹的平均值；而在針對分類問題中的預測值，可以使用所有決策樹的投票來決定。在 Python 中，使用 sklearn 函數庫就可以完成隨機森林模型的分類問題和回歸問題，以及相關的視覺化分析。

8.3.1 隨機森林模型資料分類

本節仍然使用鐵達尼號資料，介紹如何使用隨機森林演算法建立分類模型。下面的程式中使用 RandomForestClassifier() 函數建立了包含 100 個決策樹，最大深度為 5 的隨機森林模型，針對訓練好的模型並計算出其他訓練集和驗證集上的預測精度。執行程式後可發現，在訓練集上的預測集精度為 0.8623，在驗證集上的預測精度是 0.8117。相對於前面介紹的剪枝前的決策樹模型，隨機森林演算法更不容易出現過擬合問題。

```
In[1]:## 使用隨機森林演算法對鐵達尼號資料進行分類
      rfc1=RandomForestClassifier(n_estimators=100,     # 樹的數量
                                  max_depth= 5,         # 子樹最大深度
         oob_score=True, class_weight="balanced",random_state=1)
      rfc1.fit(X_train,y_train)
      ## 輸出其在訓練集和驗證集上的預測精度
      rfc1_lab=rfc1.predict(X_train)
      rfc1_pre=rfc1.predict(X_val)
      print("隨機森林的OOB score:",rfc1.oob_score_)
      print("訓練集上的精度:",accuracy_score(y_train,rfc1_lab))
      print("驗證集上的精度:",accuracy_score(y_val,rfc1_pre))
Out[1]:隨機森林的OOB score: 0.8308383233532934
       訓練集上的精度: 0.8622754491017964
       驗證集上的精度: 0.8116591928251121
```

上面的程式中同時還輸出了 OOB 得分，即包外（Out-Of-Bag，OOB）錯誤率，其是對測試集合錯誤的無偏估計，表示對隨機森林模型未來性能

的合理估計。OOB 是在隨機森林模型建構後計算的，因為隨機森林模型中每棵樹並沒有使用全部的樣本，所以任何在某棵樹上的自助抽樣中沒有選擇的樣本，都可以用來預測模型對未來未知資料的性能。隨機森林中建構結束時，每個樣本的每次預測值都會被記錄，透過投票來決定該樣本的最終預測值，這種預測的總錯誤率就組成了 OOB 包外錯誤率。

隨機森林模型還可以透過 feature_importances_ 屬性獲取每個特徵在模型中的重要性，執行下面的程式可獲得每個特徵重要性的橫條圖，如圖 8-15 所示。可以發現性別（Sex）對分類的重要性得分最高，然後是 Name、Fare 等特徵。

```
In[2]:## 使用條形圖型視覺化每個變數的重要性
      importances=pd.DataFrame({"feature":train_x,
                                "importance":rfc1.feature_importances_})
      importances=importances.sort_values("importance",ascending=True)
      importances.plot(kind="barh",figsize=(10,6),x="feature",
y="importance",legend=False)
      plt.xlabel("重要性得分")
      plt.ylabel("")
      plt.title("隨機森林模型分類器")
      plt.grid()
      plt.show()
```

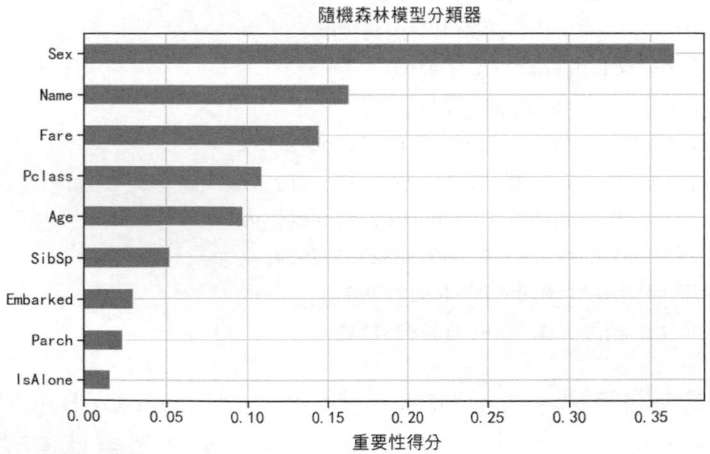

▲ 圖 8-15　每個特徵的重要性得分

為了分析使用多少個決策樹就可以獲得預測精度較高的隨機森林模型，在下面的程式中指定不同數量的樹，分別計算在訓練集上的 OOB 得分和在驗證集上的預測誤差，並使用聚合線圖進行視覺化，程式執行後的結果如圖 8-16 所示。

```
In[2]:## 視覺化不同的決策樹數量所對應的OOB score和在驗證集上的精度變化情況
      oobscore=[]
      test_acc=[]
      numbers=np.arange(50,301,5)
      for n in numbers:
          rfc1.set_params(n_estimators=n)
          rfc1.fit(X_train,y_train)
          oobscore.append(rfc1.oob_score_)
          ##  計算在驗證集上的精度
          rfc1_pre=rfc1.predict(X_val)
          test_acc.append(accuracy_score(y_val,rfc1_pre))
      ## 視覺化
      plt.figure(figsize=(12,6))
      plt.plot(numbers,oobscore,"r-o",label="OOB score")
      plt.plot(numbers,test_acc,"r--s",label="驗證集精度")
      plt.grid()
      plt.xlabel("樹的數量")
      plt.ylabel("OOB score")
      plt.title("隨機森林分類器")
      plt.legend()
      plt.show()
```

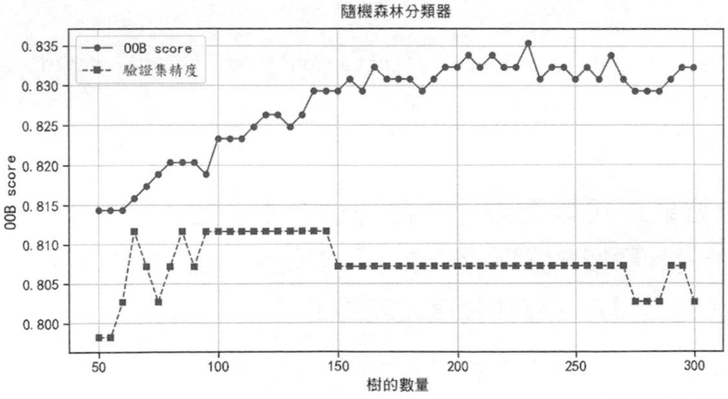

▲ 圖 8-16　樹的數量對預測效果的影響

從圖 8-16 中可以發現，當樹的數量變化時，OOB score 的波動性較強，隨著樹的增加在驗證集上精度的變化較穩定。

為了獲得較好預測效果的隨機森林模型，可以使用參數網格搜索的方式進行模型訓練，下面的程式中利用 5 折交換驗證，對訓練集中樹的數量、樹的最大深度、類別權重等 5 個參數進行參數搜索，並且在訓練時使用了全部訓練集。

```
In[3]:## 使用網格搜索尋找合適的參數
      ## 定義模型
      rfgs=RandomForestClassifier(oob_score=True, random_state=1)
      ## 定義需要搜索的參數
      n_estimators=[100,200,500,800]
      max_depth=[3,5,8,10,15]
      class_weight=["balanced","balanced_subsample"]
      criterion=["gini","entropy"]
      max_features=["sqrt","log2"]
      para_grid=[{"n_estimators":n_estimators,"max_depth" : max_depth,
                  "class_weight":class_weight,"criterion":criterion,
                  "max_features":max_features}]
      ## 使用5折交換驗證進行參數搜索
      gs_rf=GridSearchCV(estimator=rfgs,param_grid=para_grid,cv=5, n_jobs=4)
      gs_rf.fit(train_pro[train_x], train_pro[Target])# 使用訓練集的全部資料
      ## 輸出模型最好的參數組合和得分
      print(gs_rf.best_params_)
      print(gs_rf.best_score_)
Out[3]:{'class_weight': 'balanced','criterion': 'gini','max_depth': 10, 'max_
features': 'sqrt','n_estimators': 800}
0.8327663046889713
```

從輸出的結果中可以發現，在最好的參數組合下，平均預測精度為 0.8316。針對參數搜索獲得的結果，可以使用下面的程式整理為資料表，並根據精度進行排序，獲得精度較高的結果。

```
In[4]:## 將輸出的所有搜索結果進行處理
      results=pd.DataFrame(gs_rf.cv_results_)
```

```
## 輸出感興趣的結果
results2=results[["mean_test_score","std_test_score","params"]]
results2.sort_values("mean_test_score",ascending=False).head()
Out[4]:
```

	mean_test_score	std_test_score	params
31	0.832766	0.022900	{'class_weight': 'balanced', 'criterion': 'gini', 'max_depth': 10, 'max_features': 'log2', 'n_estimators': 800}
27	0.832766	0.022900	{'class_weight': 'balanced', 'criterion': 'gini', 'max_depth': 10, 'max_features': 'sqrt', 'n_estimators': 800}
30	0.832766	0.024499	{'class_weight': 'balanced', 'criterion': 'gini', 'max_depth': 10, 'max_features': 'log2', 'n_estimators': 500}
26	0.832766	0.024499	{'class_weight': 'balanced', 'criterion': 'gini', 'max_depth': 10, 'max_features': 'sqrt', 'n_estimators': 500}
149	0.831636	0.024442	{'class_weight': 'balanced_subsample', 'criterion': 'entropy', 'max_depth': 10, 'max_features': 'log2', 'n_estimators': 200}

可以使用參數搜索的最好模型對測試集進行預測，執行下面的程式就可以獲得對測試集的預測結果。

```
In[5]:## 使用參數搜索的最好模型對測試集進行預測
      bestrf=gs_rf.best_estimator_
      test_pre=bestrf.predict(test_pro[train_x])
      test_pre
Out[5]:array([0, 0, 0, 0, 1, 0, 0, 0, 1, 0, 0, 0, 1, 0, 1, 1, 0, 0, 0, 0, 0, 1,
      …
       0, 1, 0, 0, 1, 0, 1, 0, 0, 0, 0, 0, 1, 1, 1, 1, 0, 0, 1, 0, 0, 1])
```

8.3.2 隨機森林模型資料回歸

隨機森林回歸模型可以使用 RandomForestRegressor() 函數建立，針對第 8.2.2 節使用的資料集，建立包含 600 棵樹的隨機森林模型，執行以下程式後可以發現，其在訓練資料上預測值的均方根誤差為 0.0393，在測試集上的誤差為 0.2732，兩者之間有較大的差異。

```
In[4]:## 使用隨機森林演算法進行回歸模型的建立
      rfr1=RandomForestRegressor(n_estimators=600,random_state=1)
      rfr1=rfr1.fit(X_trainenb,y_trainenb)
      ## 計算在訓練集和測試集上的預測均方根誤差
      rfr1_lab=rfr1.predict(X_trainenb)
      rfr1_pre=rfr1.predict(X_testenb)
      print("訓練集上的均方根誤差:",mean_squared_error(y_trainenb, rfr1_lab))
```

```
    print("測試集上的均方根誤差:",mean_squared_error(y_testenb, rfr1_pre))
Out[6]:訓練集上的均方根誤差: 0.03931814098863973
測試資料集上的均方根誤差: 0.2732304439548806
```

針對訓練集和測試集上的預測效果，可以使用下面的程式進行視覺化，結果如圖 8-17 所示。

```
In[5]:## 視覺化出在訓練集和測試集上的預測效果
    plt.figure(figsize=(16,7))
    plt.subplot(1,2,1) ## 訓練資料結果視覺化
    rmse=round(mean_squared_error(y_trainenb,rfr1_lab),4)
    index=np.argsort(y_trainenb)
    plt.plot(np.arange(len(index)),y_trainenb.values[index],"r",
             linewidth=2,label="原始資料")
    plt.plot(np.arange(len(index)),rfr1_lab[index],"bo",
             markersize=3,label="預測值")
    plt.text(100,35,s="均方根誤差:"+str(rmse))
    plt.legend()
    plt.grid()
    plt.xlabel("Index")
    plt.ylabel("Y")
    plt.title("隨機森林回歸(訓練集)")
    plt.subplot(1,2,2)   ## 測試資料結果視覺化
    rmse=round(mean_squared_error(y_testenb,rfr1_pre),4)
    index=np.argsort(y_testenb)
    plt.plot(np.arange(len(index)),y_testenb.values[index],"r",
             linewidth=2,label="原始資料")
    plt.plot(np.arange(len(index)),rfr1_pre[index],"bo",
             markersize=3,label="預測值")
    plt.text(50,35,s="均方根誤差:"+str(rmse))
    plt.legend()
    plt.grid()
    plt.xlabel("Index")
    plt.ylabel("Y")
    plt.title("隨機森林回歸(測試集)")
    plt.tight_layout()
    plt.show()
```

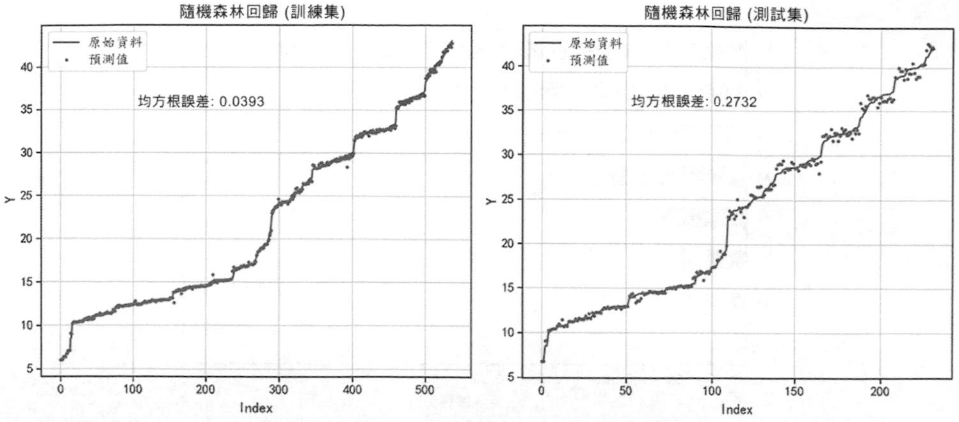

▲ 圖 8-17　隨機森林回歸的預測效果

可以發現隨機森林回歸模型在訓練集和測試集上均有較好的預測效果。針對隨機森林回歸模型計算得到的每個特徵的重要性情況，可以使用下面的程式進行視覺化，結果如圖 8-18 所示。

```
In[6]:## 使用條形圖型視覺化每個變數的重要性
      importances=pd.DataFrame({"feature":X_trainenb.columns,
                                "importance": rfr1.feature_importances_})
      importances=importances.sort_values("importance",ascending=True)
      importances.plot(kind="barh",figsize=(10,6),x="feature",
y="importance",legend=False)
      plt.xlabel("重要性得分")
      plt.ylabel("")
      plt.title("隨機森林回歸")
      plt.grid()
      plt.show()
```

從圖 8-18 中可以發現，重要性最大的特徵為 X1，特徵 X6 的重要性基本為 0，説明該特徵對資料的預測沒有幫助。

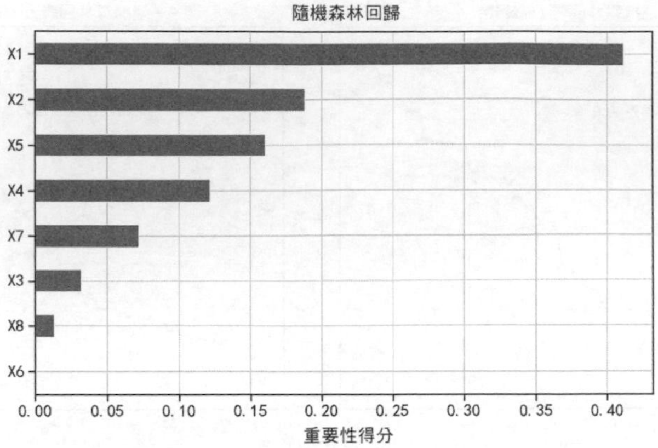

▲ 圖 8-18 隨機森林回歸的特徵重要性

下面分析隨機森林回歸模型中隨著樹的數量的變化，所獲得的模型在訓練集和測試集上預測效果的變化情況，執行下面的程式後，結果如圖 8-19 所示。

```
In[7]:## 分析隨著樹的數量的變化，在測試集和訓練集上的預測效果
      n_estimator=np.arange(50,1000,50)
      train_mse=[]
      test_mse=[]
      for n in n_estimator:
          rfr1.set_params(n_estimators=n)  #設定參數
          rfr1.fit(X_trainenb,y_trainenb)     #訓練模型
          rfr1_lab=rfr1.predict(X_trainenb)
          rfr1_pre=rfr1.predict(X_testenb)
          train_mse.append(mean_squared_error(y_trainenb,rfr1_lab))
          test_mse.append(mean_squared_error(y_testenb,rfr1_pre))
      ## 在視覺化不同數量的樹的情況下，訓練集和測試集上的均方根誤差
      plt.figure(figsize=(12,9))
      plt.subplot(2,1,1)
      plt.plot(n_estimator, train_mse, "r-o",
               label="訓練集MSE")
      plt.xlabel("樹的數量")
      plt.ylabel("均方根誤差")
      plt.title("隨機森林回歸")
```

```
plt.grid()
plt.legend()
plt.subplot(2,1,2)
plt.plot(n_estimator,test_mse,"r-o",label="測試集MSE")
index=np.argmin(test_mse)
plt.annotate("MSE:"+str(round(test_mse[index],4)),
             xy=(n_estimator[index],test_mse[index]),
             xytext=(n_estimator[index]-50,test_mse[index]+0.01),
             arrowprops=dict(facecolor='blue', shrink=0.1))
plt.xlabel("樹的數量")
plt.ylabel("均方根誤差")
plt.grid()
plt.legend()
plt.tight_layout()
plt.show()
```

從圖 8-19 中可以發現，在樹的數量等於 600 的時候預測效果最好，小於 0.275。

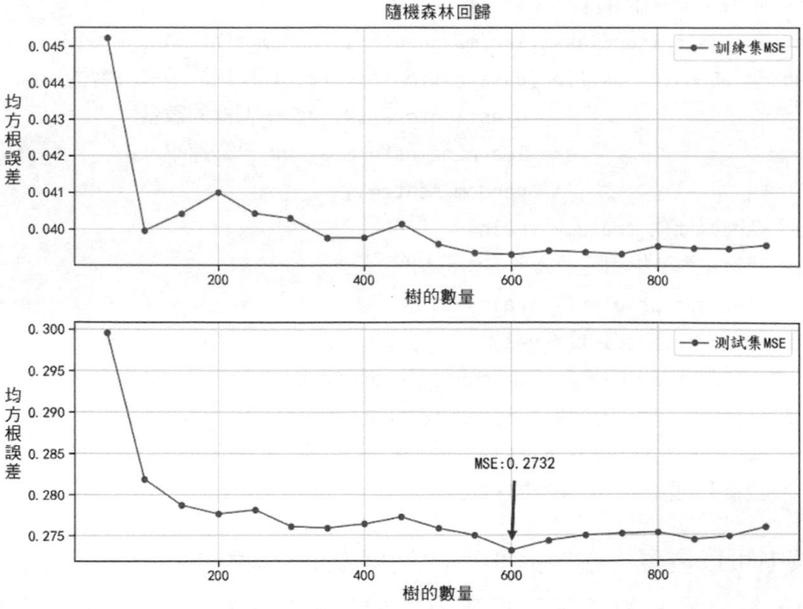

▲ 圖 8-19　樹的數量對預測結果的影響

8.4 AdaBoost 模型

AdaBoost 模型和隨機森林模型有相同之處，即單一學習器可以是決策樹模型；也有不同之處，即它們在結合模型時的使用方法是不一樣的，AdaBoost 模型使用的方法是用個體學習器輸出的線性組合來表示的。本節介紹如何使用 sklearn 函數庫中的相關函數，進行 AdaBoost 分類和回歸模型的應用。

8.4.1 AdaBoost 模型資料分類

建立 AdaBoost 分類模型時，同樣使用在前面小節中已經準備好的鐵達尼號資料，在使用 AdaBoostClassifier() 函數時，基礎學習器使用 DecisionTreeClassifier() 建立的決策樹模型，然後在訓練集上進行訓練，並輸出訓練好的模型計算在訓練集和驗證集上的精度。

```
In[1]:## 使用AdaBoost分類模型
      ## 使用決策樹作為基礎的學習器
      dtc=DecisionTreeClassifier(max_depth=1,random_state=1)
      abc=AdaBoostClassifier(base_estimator=dtc, # 使用的基礎學習器
                             n_estimators=50, ## 學習器的數量
                             learning_rate=0.5, ## 學習速率
                             random_state=1)
      abc=abc.fit(X_train,y_train)
      ## 計算在訓練集和驗證集上的預測精度
      abc_lab=abc.predict(X_train)
      abc_pre=abc.predict(X_val)
      print("訓練集上的精度:",accuracy_score(y_train,abc_lab))
      print("驗證集上的精度:",accuracy_score(y_val,abc_pre))
Out[1]:訓練集上的精度: 0.844311377245509
       驗證集上的精度: 0.8071748878923767
```

從結果中可以發現，在訓練集上的精度為 0.8443，在驗證集上的精度為 0.8072，針對預測的情況和真實值之間的差異，可以使用混淆矩陣來表

示，執行下面的程式後，混淆矩陣熱力圖如圖 8-20 所示。

```
In[2]:## 視覺化在訓練資料和驗證資料上的混淆矩陣
      train_confm=confusion_matrix(y_train,abc_lab)
      val_confm=confusion_matrix(y_val,abc_pre)
      plt.figure(figsize=(12,5))
      plt.subplot(1,2,1)
      sns.heatmap(train_confm, square=True, annot=True, fmt='d',
                  cbar=False,cmap="YlGnBu")
      plt.xlabel("預測的標籤")
      plt.ylabel("真實的標籤")
      plt.title("混淆矩陣(訓練集)")
      plt.subplot(1,2,2)
      sns.heatmap(val_confm, square=True, annot=True, fmt='d',
                  cbar=False,cmap="YlGnBu")
      plt.xlabel("預測的標籤")
      plt.ylabel("真實的標籤")
      plt.title("混淆矩陣(驗證集)")
      plt.tight_layout()
      plt.show()
```

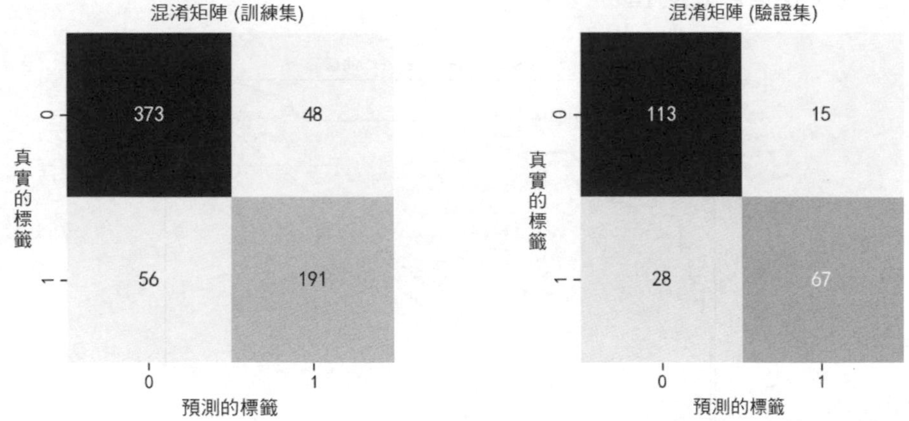

▲ 圖 8-20　混淆矩陣熱力圖

透過圖 8-20 可以清楚地查看兩類資料在訓練集和驗證集上的預測情況，發現真實標籤為 1 的樣本更容易預測錯誤。同時，針對獲得的分類模型，可以使用下面的程式視覺化出其在驗證集上的 ROC 曲線，結果如圖 8-21 所示。

```
In[3]:## 視覺化在驗證集上的Roc曲線
      pre_y=abc.predict_proba(X_val)[:, 1]
      fpr_Nb, tpr_Nb, _=roc_curve(y_val, pre_y)
      aucval=auc(fpr_Nb, tpr_Nb)    # 計算auc的設定值
      plt.figure(figsize=(10,8))
      plt.plot([0, 1], [0, 1], 'k--')
      plt.plot(fpr_Nb, tpr_Nb,"r",linewidth=3)
      plt.grid()
      plt.xlabel("假正率")
      plt.ylabel("真正率")
      plt.xlim(0, 1)
      plt.ylim(0, 1)
      plt.title("AdaBoostClassifier ROC曲線")
      plt.text(0.15,0.9,"AUC="+str(round(aucval,4)))
      plt.show()
```

透過圖 8-21 可以看出 AdaBoost 分類器在驗證集上的預測情況，並且 AUC 的設定值為 0.8514。

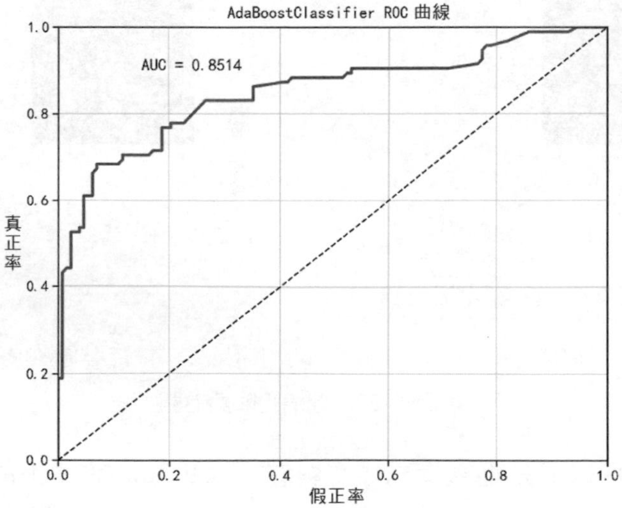

▲ 圖 8-21 ROC 曲線

基礎的決策樹模型有不同的樹深度參數，可以獲取不同精度的分類器。因此使用下面的程式可以分析以下問題：決策樹模型的最大深度從 1 變到 20 時，對 AdaBoost 分類器會有怎樣的影響。同時視覺化出了不同深度下，在訓練集和測試集上的預測精度的變化情況，程式執行後的結果如圖 8-22 所示。

```
In[4]:## 分析基礎學習器的max_depth對訓練集和測試集精度的影響
      maxdepth=np.arange(1,21)
      train_acc=[]
      val_acc=[]
      for depth in maxdepth:
          dtc=DecisionTreeClassifier(max_depth=depth,random_state=1)
          abc=AdaBoostClassifier(base_estimator=dtc, # 使用的基礎學習器
                                 n_estimators= 50,   # 學習器的數量
                                 learning_rate= 0.5, # 學習速率
                                 random_state=1)
          abc=abc.fit(X_train,y_train)
          ## 計算在訓練集和驗證集上的預測精度
          abc_lab=abc.predict(X_train)
          abc_pre=abc.predict(X_val)
          train_acc.append(accuracy_score(y_train,abc_lab))
          val_acc.append(accuracy_score(y_val,abc_pre))
      ## 視覺化max_depth對訓練集和驗證集精度的影響
      plt.figure(figsize=(10,6))
      plt.plot(maxdepth,train_acc,"r-o",label="訓練集")
      plt.plot(maxdepth,val_acc,"b-s",label="驗證集")
      plt.xticks(maxdepth,maxdepth)
      plt.legend()
      plt.grid()
      plt.xlabel("max depth")
      plt.ylabel("精度")
      plt.title("AdaBoostClassifier")
      plt.show()
```

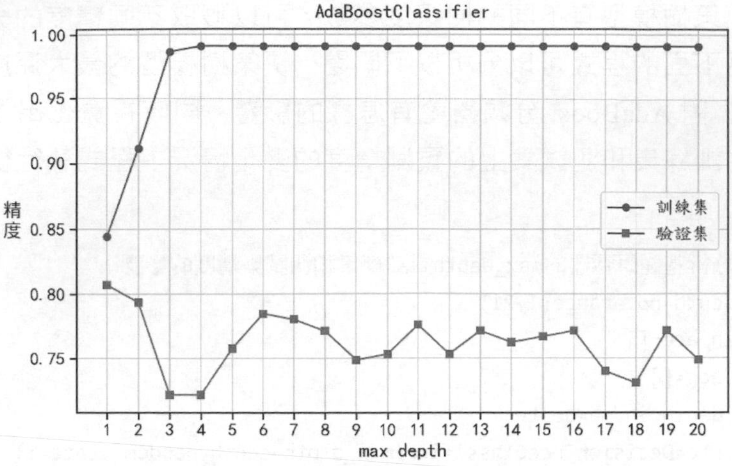

▲ 圖 8-22　決策樹深度對預測效果的影響

透過圖 8-22 可以發現，隨著深度的增加，訓練集上的精度逐漸接近 1，但是在驗證集上的精度是下降的，説明更深的決策樹會造成模型的過擬合。

8.4.2 AdaBoost 模型資料回歸

本小節將使用前面使用過的回歸分析資料，借助 AdaBoostRegressor() 函數建立 AdaBoost 回歸模型，因為是回歸問題，所以基礎學習器使用決策樹回歸函數 DecisionTreeRegressor()。執行下面的程式可獲得在訓練集和測試集上的均方根誤差。

```
In[5]:## 使用AdaBoostRegressor對資料建立回歸模型
      dtr=DecisionTreeRegressor(max_depth=3,random_state=1)
      adr=AdaBoostRegressor(base_estimator=dtr,
                            n_estimators=50,
                            learning_rate=0.8,
                            random_state=1)
      adr=adr.fit(X_trainenb,y_trainenb)
      ## 計算在訓練集和測試集上的預測均方根誤差
      adr_lab=adr.predict(X_trainenb)
```

```
    adr_pre=adr.predict(X_testenb)
    print("訓練集上的均方根誤差:",mean_squared_error(y_trainenb, adr_lab))
    print("測試集上的均方根誤差:",mean_squared_error(y_testenb, adr_pre))
Out[5]:訓練集上的均方根誤差: 2.8879098492240614
       測試集上的均方根誤差: 3.4014054826488924
```

從上面的輸出結果中可以發現，使用隨意指定的參數獲得的模型，在訓練集和測試集上的均方根誤差都很大，因此下面介紹如何獲取合適的參數對模型進行最佳化，從而獲得預測誤差更小的模型。

這裡分析基礎學習器的 max_depth 對訓練集和測試集誤差的影響，使用下面的程式可以獲得在不同的決策樹最大深度情況下，AdaBoost 回歸模型在訓練集和測試集上的預測誤差，程式執行後的結果如圖 8-23 所示。

```
In[6]:## 分析基礎學習器的max_depth對訓練集和測試集誤差的影響
    maxdepth=np.arange(1,21)
    train_mse=[]
    test_mse=[]
    for depth in maxdepth:
        dtr=DecisionTreeRegressor(max_depth=depth,random_state=1)
        abr=AdaBoostRegressor(base_estimator=dtr, # 使用的基礎學習器
                              n_estimators=50,   # 學習器的最大估計量
                              learning_rate=0.8, # 學習速率
                              random_state=1)
        abr=abr.fit(X_trainenb,y_trainenb)
        ## 計算在訓練集和測試集上的預測誤差
        abr_lab=abr.predict(X_trainenb)
        abr_pre=abr.predict(X_testenb)
        train_mse.append(mean_squared_error(y_trainenb,abr_lab))
        test_mse.append(mean_squared_error(y_testenb,abr_pre))
    ## 視覺化max_depth的訓練集和驗證集預測誤差的影響
    fig=plt.figure(figsize=(10,6))
    plt.plot(maxdepth,train_mse,"r-o",label="訓練集")
    plt.plot(maxdepth,test_mse,"b-s",label="測試集")
    plt.xticks(maxdepth,maxdepth)
    plt.legend()
```

```
plt.grid()
plt.xlabel("max depth")
plt.ylabel("均方根誤差")
plt.title("AdaBoostRegressor")
## 增加局部放大圖型
inset_ax=fig.add_axes([0.28, 0.3, .55, .45],
                      facecolor="lightblue")
inset_ax.plot(maxdepth,train_mse,"r-o")
inset_ax.plot(maxdepth,test_mse,"b-s")
inset_ax.set_xlim([4.5,11.5])
inset_ax.set_ylim([-0.05,0.6])
inset_ax.grid()
plt.show()
```

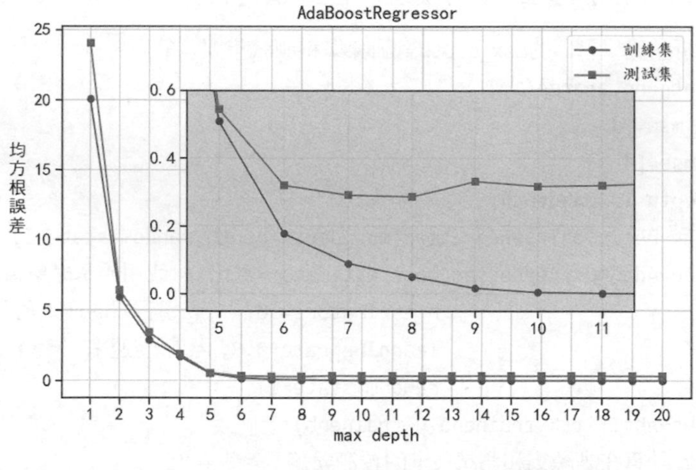

▲ 圖 8-23　最大深度對 AdaBoost 回歸的影響

從圖 8-23 中可以發現，隨著深度的增加，訓練集上的預測誤差逐漸接近於 0，但是測試集上的預測誤差在 maxdepth=8 時設定值最小，之後有所提升，因此可以確定當參數 max_depth=8 時可以獲得預測誤差較小的 AdaBoost 回歸模型。

下面針對前面的分析結果，使用參數 max_depth=8 建立 AdaBoost 回歸模型，並計算其在訓練集和測試集上的均方根誤差情況，程式如下所示，可以發現在訓練集上的預測誤差為 0.0495，在測試集上的預測誤差為 0.2916，此時模型的預測效果非常好。

```
In[7]:## 使用max_depth=8建立AdaBoostRegressor
      dtr=DecisionTreeRegressor(max_depth=8,random_state=1)
      adr=AdaBoostRegressor(base_estimator=dtr,
                            n_estimators =50,
                            learning_rate=0.8,
                            random_state=1)
      adr=adr.fit(X_trainenb,y_trainenb)
      ## 計算在訓練集和測試集上的預測均方根誤差
      adr_lab=adr.predict(X_trainenb)
      adr_pre=adr.predict(X_testenb)
      print("訓練集上的均方根誤差:",mean_squared_error(y_trainenb, adr_lab))
      print("測試集上的均方根誤差:",mean_squared_error(y_testenb, adr_pre))
Out[7]:訓練集上的均方根誤差: 0.049513571889752785
       測試集上的均方根誤差: 0.29162199169815756
```

針對獲得的 AdaBoost 回歸模型，可以使用下面的程式，視覺化出在訓練集和測試集上的預測效果，程式執行後的結果如圖 8-24 所示。

```
In[8]:## 視覺化出在訓練集和測試集上的預測效果
      plt.figure(figsize=(16,7))
      plt.subplot(1,2,1) ## 訓練資料結果視覺化
      rmse=round(mean_squared_error(y_trainenb,adr_lab),4)
      index=np.argsort(y_trainenb)
      plt.plot(np.arange(len(index)),y_trainenb.values[index],"r",
               linewidth=2,label="原始資料")
      plt.plot(np.arange(len(index)),adr_lab[index],"bo",
               markersize=3,label="預測值")
      plt.text(100,35,s="均方根誤差:"+str(rmse))
      plt.legend()
      plt.grid()
      plt.xlabel("Index")
      plt.ylabel("Y")
      plt.title("AdaBoostRegressor(訓練集)")
      plt.subplot(1,2,2)   ## 測試資料結果視覺化
```

```
rmse=round(mean_squared_error(y_testenb,adr_pre),4)
index=np.argsort(y_testenb)
plt.plot(np.arange(len(index)),y_testenb.values[index],"r",
         linewidth=2, label="原始資料")
plt.plot(np.arange(len(index)),adr_pre[index],"bo",
         markersize=3,label="預測值")
plt.text(50,35,s="均方根誤差:"+str(rmse))
plt.legend()
plt.grid()
plt.xlabel("Index")
plt.ylabel("Y")
plt.title("AdaBoostRegressor(測試集)")
plt.tight_layout()
plt.show()
```

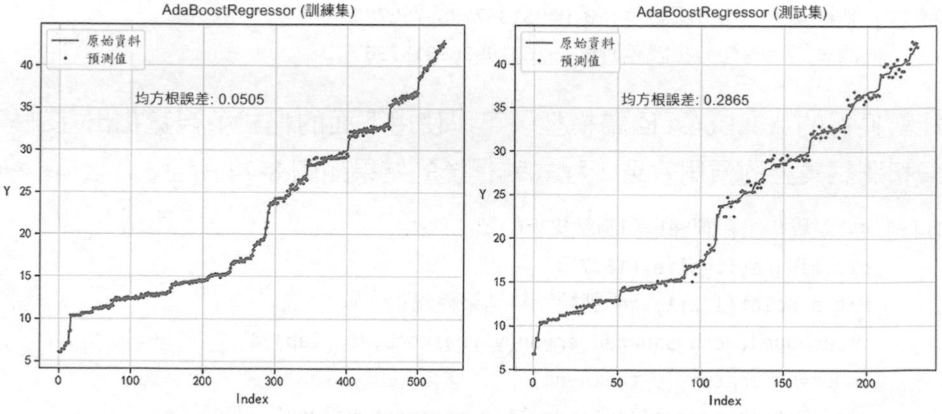

▲ 圖 8-24　AdaBoost 回歸預測效果

8.5 梯度提升樹（GBDT）

梯度提升樹（GBDT）也是一種常用的整合學習演算法，可以應用於分類問題和回歸問題。本節介紹如何使用 sklearn 函數庫中的相關函數，完成梯度提升樹分類和回歸的應用。

8.5.1 GBDT 模型資料分類

GBDT 分類模型仍然使用鐵達尼號資料集，下面的程式在完成 GBDT 分類模型時使用了 GradientBoostingClassifier() 函數，因為該函數中有多個可以調節的參數，所以可以利用參數網格搜索的方式，獲得預測效果較好的模型。

```
In[1]:## 使用參數網格搜索尋找合適的GBDT參數用於模型的建立
      gbdt=GradientBoostingClassifier(random_state=1) ## 定義模型
      ## 定義需要搜索的參數
      learning_rate=[0.01,0.1,0.5,1,10]  # 學習速率
      n_estimators=[100,200,500,800]     # 學習器的數量
      max_depth=[3,5,8,10]               # 最大深度
      max_features=["sqrt","log2"]
      para_grid=[{"learning_rate":learning_rate,"n_estimators": n_estimators,
                  "max_depth" : max_depth,"max_features":max_features}]
      ## 使用3折交換驗證進行參數搜索
      gs_gbdt=GridSearchCV(estimator=gbdt,param_grid=para_grid,cv=3, n_jobs=4)
      gs_gbdt.fit(X_train, y_train) # 使用訓練集進行訓練
      ## 輸出最好的模型參數
      print(gs_gbdt.best_params_)
Out[1]:{'learning_rate': 0.1, 'max_depth': 3, 'max_features': 'sqrt', 'n_
estimators': 200}
```

程式執行後可以發現，當學習器數量為 200、最大深度為 3、學習率為 0.1 的情況下，能獲得預測效果較好的模型。針對交換驗證的輸出結果，可以使用下面的程式獲得最好的模型在訓練集和驗證集上的預測精度。

```
In[2]:## 使用訓練好的最好模型，計算在訓練集和驗證集上的預測精度
      gbdt1_lab=gs_gbdt.best_estimator_.predict(X_train)
      gbdt1_pre=gs_gbdt.best_estimator_.predict(X_val)
      print("訓練集上的精度:",accuracy_score(y_train,gbdt1_lab))
      print("驗證集上的精度:",accuracy_score(y_val,gbdt1_pre))
Out[2]:訓練集上的精度: 0.9146706586826348
       驗證集上的精度: 0.7937219730941704
```

可以發現，在訓練集上的預測精度為 0.9147，在驗證集上的預測精度為 0.7937。針對參數網格搜索的各種情況，可以使用下面的程式整理為資料表，並輸出預測效果較好的前幾組參數的情況。

```
In[3]:## 將輸出的所有搜索結果進行處理
      results=pd.DataFrame(gs_gbdt.cv_results_)
      ## 輸出感興趣的結果
      results2=results[["mean_test_score","std_test_score","params"]]
      results2.sort_values("mean_test_score",ascending=False).head()
Out[3]:
```

	mean_test_score	std_test_score	params
33	0.832330	0.018474	{'learning_rate': 0.1, 'max_depth': 3, 'max_features': 'sqrt', 'n_estimators': 200}
37	0.832330	0.018474	{'learning_rate': 0.1, 'max_depth': 3, 'max_features': 'log2', 'n_estimators': 200}
13	0.830856	0.008910	{'learning_rate': 0.01, 'max_depth': 5, 'max_features': 'log2', 'n_estimators': 200}
9	0.830856	0.008910	{'learning_rate': 0.01, 'max_depth': 5, 'max_features': 'sqrt', 'n_estimators': 200}
2	0.830842	0.033000	{'learning_rate': 0.01, 'max_depth': 3, 'max_features': 'sqrt', 'n_estimators': 500}

8.5.2 GBDT 模型資料回歸

針對 GBDT 回歸模型，同樣使用前面已經前置處理好的回歸資料集，為了獲得較好的預測模型，直接使用網格搜索的方式進行模型的訓練，使用 GradientBoostingRegressor() 函數完成 GBDT 回歸，執行下面的 5 折交換驗證程式，可以發現效果最好的一組參數為 {'learning_rate': 0.5, 'max_depth': 3, 'n_estimators': 500}。

```
In[4]:## 網格搜索找到合適的模型
      gbdt_r=GradientBoostingRegressor(random_state=1) ## 定義模型
      ## 定義需要搜索的參數
      learning_rate=[0.001,0.01,0.1,0.5,1] ## 學習速率
      n_estimators=[100,200,500,800]  ## 基礎學習器的數量
      max_depth=[3,5,8,10]             #  最大深度
      para_grid=[{"learning_rate":learning_rate,"n_estimators": n_estimators,
                  "max_depth":max_depth}]
      ## 使用5折交換驗證進行參數搜索
```

```
    gs_gbdt_r=GridSearchCV(estimator=gbdt_r, param_grid=para_grid, cv=5, n_
jobs=4)
    gs_gbdt_r.fit(X_trainenb, y_trainenb) # 使用訓練集進行訓練
    ## 輸出最好的模型參數
    print(gs_gbdt_r.best_params_)
Out[4]:{'learning_rate': 0.5, 'max_depth': 3, 'n_estimators': 500}
```

利用獲得的參數搜索結果中最好的 GBDT 回歸模型（best_estimator_）對訓練集和測試集進行預測，可以發現，在訓練集上的均方根誤差為 0.0298，在測試集上的均方根誤差為 0.1301，模型的預測效果非常好（比隨機森林和 AdaBoost 演算法的預測誤差都要小）。

```
In[5]:## 計算在訓練集和測試集上的預測均方根誤差
    gbdtr_lab=gs_gbdt_r.best_estimator_.predict(X_trainenb)
    gbdtr_pre=gs_gbdt_r.best_estimator_.predict(X_testenb)
    print("訓練集上的均方根誤差:",mean_squared_error(y_trainenb, gbdtr_lab))
    print("測試集上的均方根誤差:",mean_squared_error(y_testenb, gbdtr_pre))
Out[5]:訓練集上的均方根誤差: 0.029848707941136674
       測試集上的均方根誤差: 0.1300796795178827
```

最後視覺化出 GBDT 回歸模型對訓練集和測試集的預測效果，同時視覺化出原始資料和預測值的情況，分析預測效果，程式執行後的結果如圖 8-25 所示。

```
In[6]:## 視覺化出在訓練集和測試集上的預測效果
    plt.figure(figsize=(16,7))
    plt.subplot(1,2,1) ## 訓練資料結果視覺化
    rmse=round(mean_squared_error(y_trainenb,gbdtr_lab),4)
    index=np.argsort(y_trainenb)
    plt.plot(np.arange(len(index)),y_trainenb.values[index],"r",
             linewidth=2, label="原始資料")
    plt.plot(np.arange(len(index)),gbdtr_lab[index],"bo",
             markersize=3,label="預測值")
    plt.text(100,35,s="均方根誤差:"+str(rmse))
    plt.legend()
    plt.grid()
```

```
plt.xlabel("Index")
plt.ylabel("Y")
plt.title("梯度提升樹(訓練集)")
## 測試資料結果視覺化
plt.subplot(1,2,2)
rmse=round(mean_squared_error(y_testenb,gbdtr_pre),4)
index=np.argsort(y_testenb)
plt.plot(np.arange(len(index)),y_testenb.values[index],"r",
         linewidth=2, label="原始資料")
plt.plot(np.arange(len(index)),gbdtr_pre[index],"bo",
         markersize=3,label="預測值")
plt.text(50,35,s="均方根誤差:"+str(rmse))
plt.legend()
plt.grid()
plt.xlabel("Index")
plt.ylabel("Y")
plt.title("梯度提升樹(測試集)")
plt.tight_layout()
plt.show()
```

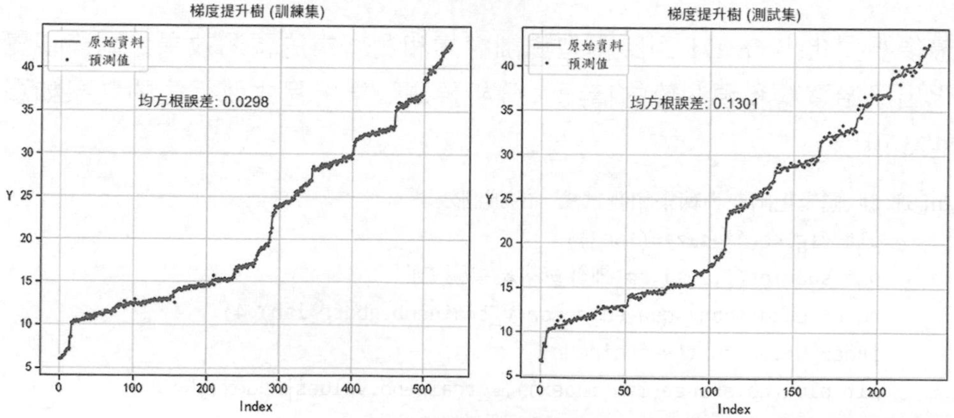

▲ 圖 8-25　在訓練集和測試集上的預測情況

從圖 8-25 中可以發現，GBDT 演算法在訓練集和測試集上的預測效果都很好。

8.6 本章小結

本章主要介紹了利用決策樹、隨機森林、梯度提升樹等演算法進行分類和回歸的相關應用，在介紹時均結合實際的資料集進行分析。本章使用到的相關函數如表 8-1 所示。

表 8-1　相關函數

函數庫	模組	函數	功能
sklearn	tree	DecisionTreeClassifier()	決策樹分類
		DecisionTreeRegressor()	決策樹回歸
	ensemble	RandomForestClassifier()	隨機森林分類
		RandomForestRegressor()	隨機森林回歸
		AdaBoostClassifier()	AdaBoost 分類
		AdaBoostRegressor()	AdaBoost 回歸
		GradientBoostingClassifier()	梯度提升樹分類
		GradientBoostingRegressor()	梯度提升樹回歸

Chapter

09

貝氏演算法和 K-近鄰演算法

單純貝氏演算法（Naive Bayes Method）和 K- 近鄰（K-Nearest Neighbor，KNN）是機器學習演算法中比較簡單，也是比較常用的分類方法，其中 K- 近鄰也可以用於回歸分析。

單純貝氏演算法是一種簡單的分類方法，是貝氏演算法中的一種。之所以稱為「單純」，是因為它具有非常強的前提條件——假設所有特徵都是相互獨立的，是一種典型的生成學習演算法。單純貝氏演算法在文字分類問題上，預測精度表現得非常好。舉例來說，辨識垃圾郵件、根據新聞內容判斷其屬於哪種新聞等。貝氏演算法是將機率圖和貝氏思想相結合的演算法。

K- 近鄰演算法是一種以實例為基礎的學習方式，是局部近似和將所有計算延後到分類之後的惰性學習方法。

本章將重點介紹如何使用單純貝氏分類器對文字資料進行分類、貝氏演算法在分類問題中的應用，以及使用 K- 近鄰演算法進行分類和回歸的應用。

9.1 模型簡介

單純貝氏演算法是最常見的使用貝氏思想進行分類的演算法，它是目前所知文字分類演算法中最有效的一類，常常應用於文字分類。該演算法有以下幾個優點。

（1）容易了解、計算快速、分類精度高。
（2）可以處理帶有雜訊和遺漏值的資料。
（3）對待類別不平衡的資料集也能有效地分類。
（4）能夠得到屬於某個類別的機率。

但是其也有缺點：

（1）依賴於一個常用的錯誤假設，即一樣的重要性和獨立特徵，在現實中不存在。
（2）透過機率來分類，具有較強的主觀性。

貝氏網路又稱信念網路或是有向無環圖模型，是一種機率圖模型。在貝氏網路中，若兩個節點間以一個單箭頭連接在一起，表示其中一個節點是「因」，另一個是「果」，兩個節點就會產生一個條件機率值。舉例來說，可以使用貝氏網路來表示疾病和其相關症狀間的機率關係。那麼在已知的某種症狀下，貝氏網路就可用來計算各種疾病可能發生的機率。

KNN 演算法是所有機器學習演算法中最簡單、高效的一種分類和回歸方法。

（1）在 KNN 分類問題中，輸出的是一個分類的類別標籤，且一個物件的分類結果是由其鄰居的「多數表決」確定的，K（正整數，通常較小）個最近鄰居中，出現次數最多的類別決定了指定該物件的類別，若 K=1，則該物件的類別直接由最近的節點指定。

圖 9-1 列出了 KNN 分類器的示意圖。可以發現，K 的設定值是一個非常重要的參數，針對同一個待測樣本，不同的 K 值可能會得到不同的預測

結果。從圖中可知，對待預測的測試樣本，若 $K = 1$ 或 $K = 5$，則會被預測為 -（負類）；若 $K = 3$，則會被預測為 +（正類）。

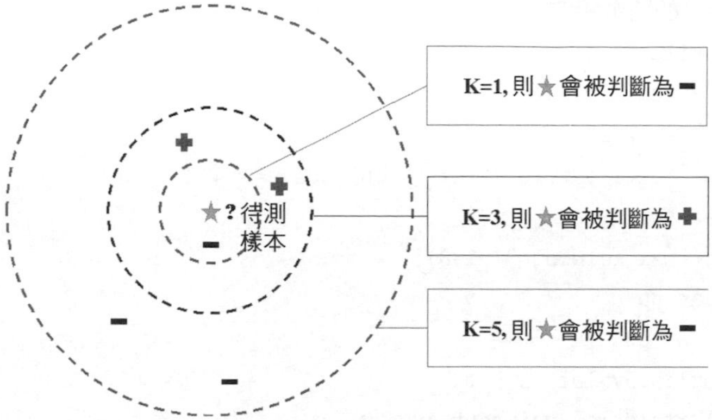

▲ 圖 9-1　KNN 分類示意圖

（2）在 KNN 回歸中，輸出的是該物件的實數值，通常該值是其 K 個最近鄰居對應設定值的平均值。

KNN 演算法的缺點也很明顯，那就是對近鄰數 K 的設定值和資料的局部結構非常敏感。如果 K 選擇的較小，就相當於用較小的鄰域中的訓練實例進行預測，這樣雖然會使「學習」得到的近似誤差減小，但是「學習」的估計誤差會增大，預測結果會對近鄰的實例點非常敏感。也就是說，K 值減小表示模型整體會變得複雜，容易發生過擬合。如果 K 值較大，就相當於使用較大的鄰域中的訓練實例進行預測，優點是可以減少學習的估計誤差，缺點是會增大學習的近似誤差，K 值增大表示模型整體變得簡單。舉例來說，使用全部的訓練集數量作為 K 值，那麼針對分類問題，預測值將是訓練集中類別標籤最大的類別，針對回歸問題，預測值將固定為所有資料的平均值。

本章將重點介紹如何使用單純貝氏分類器對文字資料進行分類，如何使用貝氏網路分析鐵達尼號資料，如何使用 K- 近鄰演算法進行回歸和分類。這些範例都會透過 Python 完成，首先匯入會用到的函數庫和模組，程式如下：

```
## 輸出高畫質圖型
%config InlineBackend.figure_format='retina'
%matplotlib inline
## 圖型顯示中文的問題
import matplotlib
matplotlib.rcParams['axes.unicode_minus']=False
import seaborn as sns
sns.set(font= "Kaiti",style="ticks",font_scale=1.4)
import pandas as pd
pd.set_option("max_colwidth", 100)
import numpy as np
import pandas as pd
import matplotlib.pyplot as plt
from mpl_toolkits.mplot3d import Axes3D
from WordCloud import WordCloud
from sklearn.model_selection import train_test_split,GridSearchCV
from sklearn.feature_extraction.text import CountVectorizer,TfidfTransformer
from sklearn.naive_bayes import MultinomialNB,GaussianNB,BernoulliNB
from sklearn.pipeline import Pipeline
from sklearn.metrics import *
from sklearn.preprocessing import label_binarize,KBinsDiscretizer
from mlxtend.plotting import plot_confusion_matrix,plot_decision_regions
from sklearn.manifold import TSNE
from sklearn.decomposition import SparsePCA
from sklearn.discriminant_analysis import LinearDiscriminantAnalysis
from sklearn.neighbors import KNeighborsClassifier,KNeighborsRegressor
from sklearn.preprocessing import StandardScaler
from pandas.plotting import parallel_coordinates
import sef_dr
## pgmpy函數庫
import networkx as nx
from pgmpy.models import DynamicBayesianNetwork as DBN
from pgmpy.models import BayesianModel
from pgmpy.estimators import BayesianEstimator,HillClimbSearch,
ExhaustiveSearch
from pgmpy.estimators import BicScore
from graphviz import Digraph
```

```
## 忽略提醒
import warnings
warnings.filterwarnings("ignore")
```

上面的程式中匯入的 sklearn.naive_bayes 模組用於單純貝氏分類，sklearn.neighbors 模組用於 KNN 分類和回歸，pgmpy 函數庫用於貝氏網路相關的應用，sef_dr 函數庫用於有監督的資料降維。

9.2 貝氏分類演算法

本節將介紹單純貝氏分類演算法，用於文字分類分析，主要包括兩個部分，一部分是資料準備部分，需要從文字資料中獲取可以使用的特徵；另一部分是單純貝氏分類演算法的使用部分。

9.2.1 文字資料準備與視覺化

首先讀取需要分類的資料，並查看資料的前幾行，程式如下：

```
In[1]:## 讀取資料，資料前置處理，特徵獲取
      bbcdf=pd.read_csv("data/chap9/bbcdata.csv")
      print(bbcdf.head())
Out[1]:
label  labelcode              text_pre
0  entertainment      4  musicians to tackle us red tape musicians grou...
1  entertainment      4  us desire to be number one u who have won thre...
2  entertainment      4  rocker doherty in onstage fight rock singer pe...
3  entertainment      4  snicket tops us box office chart the film adap...
4  entertainment      4  oceans twelve raids box office oceans twelve t...
In[2]:## 查看每類資料有多少個樣本
      pd.value_counts(bbcdf.label)
Out[2]:sport             511
       business          510
       politics          417
       tech              401
       entertainment     386
       Name: label, dtype: int64
```

從上面程式的輸出中可以發現，一共有 5 種類型的文字資料，並且使用的文字資料已經是前置處理好的（針對該文字資料的前置處理過程和方法，將在第 11.3.1 節介紹），使用下面的程式可以將前置處理好的資料視覺化出每種資料的詞雲，用於分析每類資料的詞語出現情況，程式執行後的結果如圖 9-2 所示。

```
In[3]:## 使用詞雲視覺化不同類別資料的情況
      classification=np.unique(bbcdf.label)
      plt.figure(figsize=(18,12))
      for ii,cla in enumerate(classification):
          text=bbcdf.text_pre[bbcdf.label == cla]
          ## 設定詞雲參數
          WordC=WordCloud(margin=1,width=1000, height=1000,
                          max_words=200, min_font_size=10,
                          background_color="white",max_font_size=200)
          WordC.generate_from_text(" ".join(text))
          plt.subplot(2,3,ii+1)
          plt.imshow(WordC)
          plt.title(cla,size=40)
          plt.axis("off")
      plt.tight_layout()
      plt.show()
```

▲ 圖 9-2　每類資料的詞雲

獲取資料的特徵之前，先使用 train_test_split() 函數將資料集切分為訓練集和測試集，其中測試集資料佔比 30%。該文字資料分類的特徵可以使用 TF-IDF 特徵，TF-IDF 特徵是一種用於資訊檢索與資料探勘的常用加權技術，經常用於評估一個詞項對於一個檔案集或一個語料庫中的一份檔案的重要程度。詞的重要性隨著它在檔案中出現的次數成正比增加，但會隨著它在語料庫中出現的頻率成反比下降。文字的 TF-IDF 特徵可以利用 skleran 函數庫中的 TfidfTransformer() 函數來獲取，程式如下：

```
In[4]:## 資料切分，訓練集70%，測試集30%
      X_train,X_test,y_train,y_test=train_test_split(
          bbcdf.text_pre,bbcdf.labelcode,test_size=0.3, random_state=0)
      print("X_train.shape:",X_train.shape)
      print("X_test.shape:",X_test.shape)
      ## 獲取資料的TF-IDF特徵
      vectorizer=CountVectorizer(stop_words="english",ngram_range=(1,2),
                                 max_features=4000)
      transformer=TfidfTransformer()
      ## 獲取訓練集的特徵
      train_tfidf=transformer.fit_transform (vectorizer.fit_transform(X_
train))
      train_tfidf=train_tfidf.toarray()
      print("train_tfidf.shape",train_tfidf.shape)
      ## 獲取測試集的特徵
      test_tfidf=transformer.transform(vectorizer.transform(X_test))
      test_tfidf=test_tfidf.toarray()
      print("test_tfidf.shape",test_tfidf.shape)
Out[4]:X_train.shape: (1557,)
       X_test.shape: (668,)
       train_tfidf.shape (1557, 4000)
       test_tfidf.shape (668, 4000)
```

上面的程式針對切分好的訓練集和測試集，在獲取 TF-IDF 特徵時，先使用 CountVectorizer() 獲得語料庫，並只保留出現次數最多的前 4000 個片語，然後利用 TfidfTransformer() 進行特徵計算，利用訓練集訓練好

vectorizer 和 transformer 之後，直接對測試集使用對應的 transformer() 方法，即可獲得與訓練資料一致的特徵，最後每個文字樣本轉化為維度 4000 的特徵向量。

9.2.2 單純貝氏文字分類

sklearn 函數庫中一共提供了 3 種單純貝氏分類演算法，分別是 GaussianNB（先驗高斯分佈的單純貝氏）、MultinomialNB（先驗多項式分佈的單純貝氏）、BernoulliNB（先驗伯努利分佈的單純貝氏）。這 3 種單純貝氏分類演算法均可以利用前面得到的 TF-IDF 特徵建立模型。下面分別使用這 3 種單純貝氏分類演算法建立模型，並計算其在測試集上的預測效果。

1. GaussianNB

```
In[5]:## 建立先驗高斯分佈的單純貝氏模型
      gnb=GaussianNB().fit(train_tfidf, y_train)
      gnb_pre=gnb.predict(test_tfidf)
      print(classification_report(y_test,gnb_pre))
Out[5]:          precision    recall  f1-score   support
              0       0.99      0.97      0.98       152
              1       0.92      0.93      0.93       152
              2       0.92      0.91      0.92       129
              3       0.83      0.97      0.89       117
              4       0.97      0.82      0.89       118
       accuracy                           0.93       668
```

上面的程式中使用 GaussianNB().fit() 對訓練集進行訓練得到模型類 gnb，然後使用 predict() 方法得到測試資料的預測值，接著使用 classification_report() 評價高斯單純貝氏模型的泛化能力。輸出結果中，測試集辨識的精度只有 0.93，其中 0 類的 precision 為 0.99，表明在 0 類中有 99% 的資料預測正確，但是 3 類的 precision 為 0.83，表明在 3 類中只有 83% 的資料預測正確。

2. MultinomialNB

```
In[6]:## 建立先驗多項式分佈的單純貝氏模型
      mnb=MultinomialNB().fit(train_tfidf, y_train)
      mnb_pre=mnb.predict(test_tfidf)
      print(classification_report(y_test,mnb_pre))
Out[6]:               precision    recall  f1-score   support
                 0       0.99      0.99      0.99       152
                 1       0.97      0.99      0.98       152
                 2       0.95      0.98      0.97       129
                 3       0.94      0.93      0.94       117
                 4       0.99      0.93      0.96       118
          accuracy                           0.97       668
```

上面利用 MultinomialNB() 建模得到的輸出結果中，預測精度為 0.97，大於 0.93，預測準確率最低的一類資料為第 3 類，其精確率為 94%（即 0.94）。綜合來説，MultinomialNB 的預測效果高於 GaussianNB。

3. BernoulliNB

```
In[7]:## 建立先驗伯努利分佈的單純貝氏模型
      bnb=BernoulliNB().fit(train_tfidf, y_train)
      bnb_pre=bnb.predict(test_tfidf)
      print(classification_report(y_test,bnb_pre))
Out[7]:               precision    recall  f1-score   support
                 0       0.99      0.99      0.99       152
                 1       0.90      0.99      0.95       152
                 2       0.99      0.94      0.96       129
                 3       0.96      0.92      0.94       117
                 4       0.98      0.96      0.97       118
          accuracy                           0.96       668
```

利用 BernoulliNB() 建模得到的輸出結果中，預測精度為 0.96，大於 0.93，但是小於 0.97，預測準確率最低的一類資料為第 1 類，其精確率為 90%（即 0.90）。結合在模型測試集上的表現，説明 BernoulliNB 模型的效果和 MultinomialNB 模型的效果相當，其中 BernoulliNB 模型也適合該資料集。

針對 3 個模型得到的結果，可以繪製 ROC 曲線並且計算出 AUC 的值，以觀察分析模型的效果，方便對 3 個模型的效果進行比較。但是 ROC 模型適用於二分類資料集，而我們的資料為多分類資料，因此這裡將標籤矩陣和機率矩陣分別按行展開，轉置後形成兩列，這就獲得了一個二分類結果，進而視覺化 ROC 曲線。為了方便計算每一類樣本的 ROC 曲線的相關設定值，先將類別標籤使用 label_binarize 進行編碼，程式如下：

```
In[8]:## 為方便後面視覺化ROC曲線，對標籤使用label_binarize進行編碼
      y_test_lb=label_binarize(y_test,classes=[0,1,2,3,4])
      y_test_lb[0:5,:]
Out[8]:array([[0, 0, 0, 0, 1],
             [0, 0, 0, 1, 0],
             [1, 0, 0, 0, 0],
             [1, 0, 0, 0, 0],
             [1, 0, 0, 0, 0]])
```

從輸出結果中可以發現，第 0 類資料被編碼為 [1, 0, 0, 0, 0]，第 1 類資料被編碼為 [0, 1, 0, 0, 0]，第 2 類資料被編碼為 [0, 0, 1, 0, 0]，第 3 類資料被編碼為 [0, 0, 0, 1, 0] 等。針對 ROC 曲線的繪製，可以使用以下程式完成。程式執行後的結果如圖 9-3 所示。

```
In[9]:## 視覺化3種演算法的ROC曲線
      model=[gnb,mnb,bnb]
      modelname=["GaussianNB","MultinomialNB","BernoulliNB"]
      plt.figure(figsize=(15,5))
      for ii,mod in enumerate(model):
          ## 對測試集進行預測
          pre_score=mod.predict_proba(test_tfidf)
          ## 計算繪製ROC曲線的設定值
          fpr_micro,tpr_micro,_= roc_curve(y_test_lb.ravel(), pre_score.
ravel())
```

```
    AUC=auc(fpr_micro, tpr_micro)  # AUC大小
    plt.subplot(1,3,ii+1)
    plt.plot([0, 1], [0, 1], 'k--')
    plt.plot(fpr_micro, tpr_micro,"r",linewidth=3)
    plt.xlabel("假正率")
    plt.ylabel("真正率")
    plt.xlim(0, 1)
    plt.ylim(0, 1)
    plt.grid()
    plt.title(modelname[ii])
    plt.text(0.2,0.8,"AUC="+str(round(AUC,4)))
plt.tight_layout()
plt.show()
```

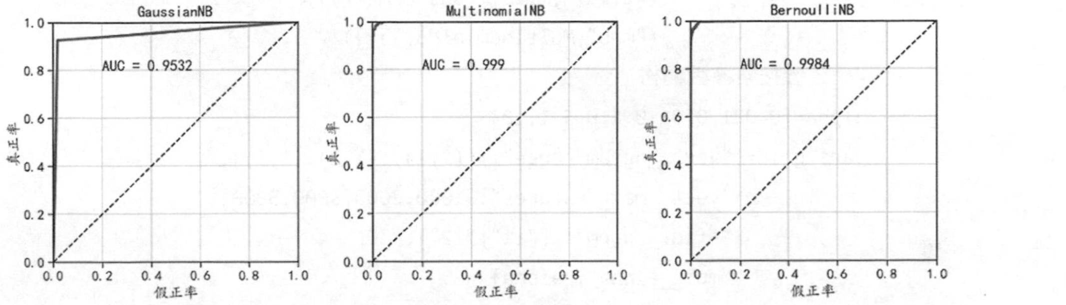

▲ 圖 9-3　單純貝氏的 ROC 曲線

從圖 9-3 的 3 個子圖中可以分析 ROC 曲線的變化情況，對應的 AUC 的設定值分別為 0.9532、0.999、0.9984，說明使用 MultinomialNB 預測效果最好，而使用 GaussianNB 預測效果最差。

4. 參數搜索模型最佳化

建立模型時使用不同的參數與步驟，可得出不同的單純貝氏模型的預測效果。透過改變 3 個不同步驟的參數，分析其不同參數對模型效果的影響，參數如表 9-1 所示。

表 9-1　影響模型效果的參數

步驟	參數	說明
建構語料庫時	ngram_range	建構詞袋時使用詞的數量
建構詞庫時	ngram_range	建構片語的方式
建構詞庫時	max_features	使用的片語數量
計算 TF-IDF 時	norm	正規化約束方式
單純貝氏模型	alpha	模型的正規化約束參數

分析不同參數對模型效果的影響，程式如下：

```
In[10]:## 對建模過程進行封裝
       bbc_nb=Pipeline([("vect",CountVectorizer(stop_words="english")),
                       ("tfidf",TfidfTransformer()),
                       ("mnb",MultinomialNB()),])
       ## 定義搜索參數網格
       alpha=[0.001,0.01,0.1,0.5,1,10]
       para_grid={"vect__ngram_range": [(1,1), (1,2),(2,3)],
                  "vect__max_features":[1000,2000,3000,5000],
                  "tfidf__norm": ["l1","l2"],
                  "mnb__alpha": alpha}
       ## 使用3折交換驗證進行搜索
       gs_bbc_nb=GridSearchCV(bbc_nb,para_grid,cv=3,n_jobs=4)
       gs_bbc_nb.fit(X_train,y_train)
       ## 得到最好的參數組合
       gs_bbc_nb.best_params_
Out[10]:{'mnb__alpha': 0.1,
         'tfidf__norm': 'l2',
         'vect__max_features': 5000,
         'vect__ngram_range': (1,2)}
```

上面的程式可以分為 3 個步驟。

（1）使用 Pipeline() 定義模型從特徵提取到單純貝氏模型的建立過程。("vect", CountVectorizer(stop_words="english")) 為準備語料庫；('tfidf',

TfidfTransformer()) 為計算 TF-IDF 特徵；("mnb", MultinomialNB()) 為建立多項式單純貝氏分類器。

（2）定義搜索參數網格。"vect__ngram_range": [(1, 1), (1, 2),(2,3)] 為建構語料庫時，設定的詞袋參數為 (1, 1)、(1, 2) 或 (2,3)；"vect__max_features":[1000,2000,3000,5000] 為使用的片語數量；"tfidf__norm": ["l1","l2"] 為特徵提取時使用的正規化約束範數；"mnb__alpha": alpha 為建立貝氏模型時正規化參數 alpha 的設定值。

（3）使用 GridSearchCV() 訓練模型，訓練時使用 3 折交換驗證。模型訓練結束後，使用 GridSearchCV() 的 best_params_ 屬性，輸出最佳模型所使用的參數。

從輸出結果中可以看出，最佳模型使用的參數為 {'mnb__alpha': 0.1, 'tfidf__norm': 'l2', 'vect__max_features': 5000, 'vect__ngram_range': (1, 2) }。

使用下面的程式可以獲得所有參數下的結果。

```
In[11]:## 將輸出的所有搜索結果進行處理
       results=pd.DataFrame(gs_bbc_nb.cv_results_)
       ## 輸出感興趣的結果
       results2=results[["mean_test_score","std_test_score","params"]]
       results2=results2.sort_values(["mean_test_score"], ascending=False)
       results2.head()
Out[11]:
```

	mean_test_score	std_test_score	params
70	0.973025	0.008759	{'mnb__alpha': 0.1, 'tfidf__norm': 'l2', 'vect__max_features': 5000, 'vect__ngram_range': (1, 2)}
94	0.971098	0.009825	{'mnb__alpha': 0.5, 'tfidf__norm': 'l2', 'vect__max_features': 5000, 'vect__ngram_range': (1, 2)}
112	0.970456	0.009218	{'mnb__alpha': 1, 'tfidf__norm': 'l2', 'vect__max_features': 2000, 'vect__ngram_range': (1, 2)}
67	0.970456	0.007094	{'mnb__alpha': 0.1, 'tfidf__norm': 'l2', 'vect__max_features': 3000, 'vect__ngram_range': (1, 2)}
64	0.970456	0.004806	{'mnb__alpha': 0.1, 'tfidf__norm': 'l2', 'vect__max_features': 2000, 'vect__ngram_range': (1, 2)}

針對獲得的最好模型，可以對測試集進行預測，然後分析其在測試集上的預測精度，執行下面的程式可獲得在測試集上預測結果的混淆矩陣熱力圖，結果如圖 9-4 所示。

```
In[12]:## 使用最好效果的模型對測試集進行預測
       gs_pre=gs_bbc_nb.best_estimator_.predict(X_test)
       ## 視覺化對測試集的混淆矩陣
       lable_names=["sport","business","politics", "tech","entertainment"]
       plot_confusion_matrix(confusion_matrix(y_test,gs_pre),
                             figsize=(10,8),class_names=lable_names)
       plt.title("單純貝氏分類（參數搜索）")
       plt.show()
```

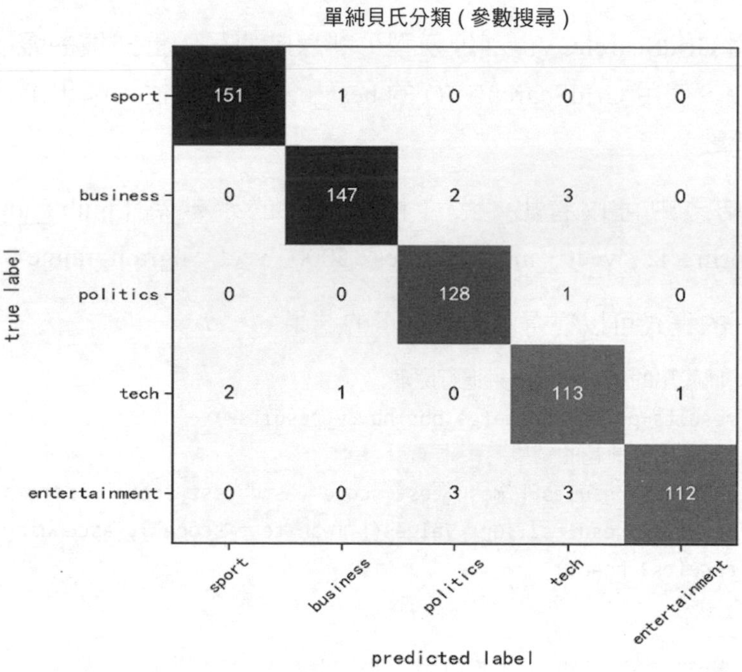

▲ 圖 9-4　混淆矩陣熱力圖

從圖 9-4 中可以發現，參數搜索獲得的模型，在測試集上的預測效果很好，只有少數的幾個樣本預測錯誤。

針對每個類別的預測效果，也可以使用下面的程式視覺化每個類別的 ROC 曲線進行分析，執行下面的程式，可獲得如圖 9-5 所示的 ROC 曲線。

```
In[13]:## 視覺化每個類別的ROC曲線
       lable_names=["sport","business","politics","tech", "entertainment"]
       colors=["r","b","g","m","k",]
       linestyles =["-", "--", "-.", ":", "-"]
       pre_score=gs_bbc_nb.best_estimator_.predict_proba(X_test)
       fig =plt.figure(figsize=(8,7))
       for ii, color in zip(range(pre_score.shape[1]), colors):
           ## 計算繪製ROC曲線的設定值
           fpr_ii, tpr_ii, _=roc_curve(y_test_lb[:,ii], pre_score[:,ii])
           plt.plot(fpr_ii, tpr_ii,color=color,linewidth=2,
                    linestyle=linestyles[ii],
                    label="class:"+lable_names[ii])
       plt.plot([0, 1], [0, 1], 'k--')
       plt.xlabel("假正率")
       plt.ylabel("真正率")
       plt.xlim(0,1)
       plt.ylim(0,1)
       plt.grid()
       plt.legend()
       plt.title("每個類別的ROC曲線")
       ## 增加局部放大圖
       inset_ax=fig.add_axes([0.3, 0.45, 0.4, 0.4],facecolor="white")
       for ii, color in zip(range(pre_score.shape[1]), colors):
           ## 計算繪製ROC曲線的設定值
           fpr_ii, tpr_ii, _=roc_curve(y_test_lb[:,ii], pre_score[:,ii])
           ## 局部放大圖
           inset_ax.plot(fpr_ii, tpr_ii,color=color,linewidth=2,
                         linestyle=linestyles[ii])
           inset_ax.set_xlim([-0.01,0.1])
           inset_ax.set_ylim([0.88,1.01])
           inset_ax.grid()
       plt.show()
```

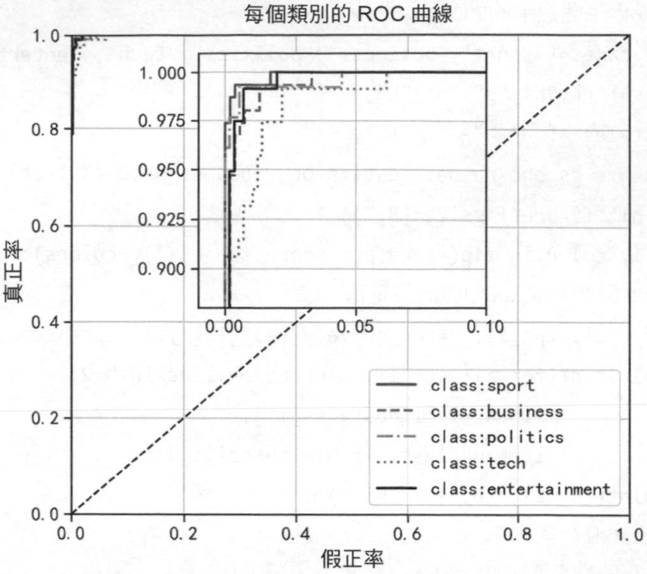

▲ 圖 9-5　每個類別的 ROC 曲線

透過分析圖 9-5 可以發現，sport 類的資料預測效果最好，tech 類的資料預測效果較差，而且整體預測效果很好。

9.3 貝氏網路資料分類

貝氏網路是探索特徵之間因果關係的一種方法，因此本節將使用前置處理好的鐵達尼號資料集，建立貝氏網路預測模型，分析乘客是否能夠生存的因果關係。在 Python 中可以使用 pgmpy 函數庫進行貝氏網路相關的分析，針對貝氏網路應用的範例，將從自訂貝氏網路結構、搜索所有網路結構與啟發式搜索網路結構等幾種方式進行相關介紹。

9.3.1 自訂貝氏網路結構

利用貝氏網路預測乘客是否存活之前，先準備要用到的資料，資料的前置處理程式如下，主要進行了資料讀取、剔除不重要的特徵、連續特徵進行資料分箱等操作，最後輸出了資料的前幾行，方便查看資料的內容。

```
In[1]:## 讀取前置處理後的鐵達尼號資料
      Taidf=pd.read_csv("data/chap9/前置處理後泰坦尼號訓練資料.csv")
      Taidf=Taidf.drop("IsAlone",axis=1) ## 剔除一個不重要的變數
      ## 將年齡變數Age和Fare變數轉化為分類變數
      X=Taidf[["Age","Fare"]].values
      Kbins =KBinsDiscretizer(n_bins=[3,3],        #每個變數分為3份
                              encode="ordinal",    #分箱後的特徵編碼為整數
                              strategy="kmeans") #執行k-平均值聚類過程分箱策略
      X_Kbins=Kbins.fit_transform(X)
      X=Taidf[["Age","Fare"]]=np.int8(X_Kbins)
      print(Taidf.head())
Out[1]:   Survived  Pclass  Name  Sex  Age  SibSp  Parch  Fare  Embarked
       0         0       3     2    1    0      1      0     0         2
       1         1       1     3    0    1      1      0     0         0
       2         1       3     1    0    1      0      0     0         2
       3         1       1     3    0    1      1      0     0         2
       4         0       3     2    1    1      0      0     0         2
```

資料中每一個特徵都是離散分類變數，針對該資料集可以使用其 75% 作為訓練集，剩下的作為測試集，資料的隨機切分可以使用下面的程式，程式執行後訓練集有 668 個樣本，測試集有 223 個樣本。

```
In[2]:## 隨機選擇75%的資料作為訓練集
      trainnum=round(Taidf.shape[0] * 0.75)
      np.random.seed(123)
      index=np.random.permutation(Taidf.shape[0])[0:trainnum]
      traindf=Taidf.iloc[index,:]
      testdf=Taidf.drop(index,axis=0)
      test_Survived=testdf["Survived"]
      print("訓練樣本:",traindf.shape)
      print("測試樣本:",testdf.shape)
Out[2]:訓練樣本: (668,9)
       測試樣本: (223,9)
```

貝氏網路的建立可以使用 pgmpy 函數庫中的 BayesianModel() 函數，其中使用的貝氏網路結構可以透過一個串列來指定。下面的程式中，BayesianModel() 函數中的串列指定了貝氏網路的結構，串列中每個元組中的兩個元素指定了一條邊的起點和終點。該貝氏網路可以使用 graphviz 函數庫將其結構進行視覺化，執行下面的程式後，貝氏網路結構如圖 9-6 所示。

```
In[3]:## 根據前面的決策樹模型，自訂一個簡單的貝氏網路
      model=BayesianModel([("Fare","Survived"), ("Pclass","Survived"),
                           ("SibSp","Survived"),("Pclass","Fare"),
                           ("Name", "Pclass"),("Name","SibSp"),
                           ("Sex", "Pclass"),("Sex","Name")])
      ## 呼叫graphviz繪製貝氏網路的結構圖
      node_attr=dict(shape="ellipse",color="lightblue2", style="filled")
      dot=Digraph(node_attr=node_attr)  # 定義一個圖
      dot.attr(rankdir="LR")  # 指定圖的視覺化方向為左右
      edges=model.edges()   # 獲取網路的邊
      for a,b in edges:
          dot.edge(a,b)
      dot
```

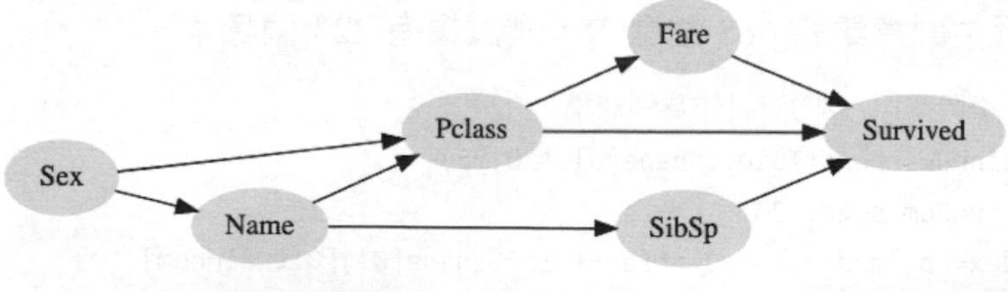

▲ 圖 9-6　自訂的貝氏網路結構

針對定義好的貝氏網路模型 model，使用其 fit() 方法利用訓練資料進行訓練（**注意**：使用的訓練資料表中的特徵，只能包含網路中所包含的節點），在使用 fit() 方法時使用 estimator 參數指定參數最佳化時使用的方法，例如使用貝氏估計器 BayesianEstimator。針對訓練好的模型，可以使用 predict() 方法對測試集進行預測，程式如下：

```
In[4]:## 模型使用的變數
      usevarb=list(model.nodes())
      model_traindf=traindf[usevarb]
      model_testdf=testdf[usevarb]
      model_testdf=model_testdf.drop(["Survived"],axis=1)
      ## 根據資料擬合模型
      model.fit(data=model_traindf,estimator=BayesianEstimator)
      ## 使用模型對測試集進行預測
      model_pre=model.predict(model_testdf)
      model_acc=accuracy_score(test_Survived.values,model_pre)
      print("貝氏網路在測試集上的精度為:",model_acc)
Out[4]:00%|██████████| 41/41 [00:00<00:00, 186.23it/s]
       貝氏網路在測試集上的精度為: 0.6143497757847534
```

從上面程式的輸出結果中可以發現，自訂的網路在測試集上的預測精度為 0.6143，精度並不高。

9.3.2 搜索所有網路結構

pgmpy 函數庫中提供了搜索所有網路結構的網路最佳化方法，其可以利用資料中的所有特徵搜索所有可能的網路結構，從而獲取一個最佳的網路結構，但是因為特徵越多，網路結構也會越大，所以該方法只適用於資料中特徵數量較少的資料，一般要求特徵數量小於 5。

下面的程式中，使用了資料中的 3 個引數和一個因變數，利用 Exhaustive Search 進行網路搜索，希望獲得最佳的網路結構，並且網路的排名根據 BIC 設定值的大小進行排序，執行下面的程式，可獲得網路搜索的最佳網路結構 best_model，其網路結構的視覺化圖型如圖 9-7 所示。

```
In[5]:## 根據資料中的3個有變數利用ExhaustiveSearch進行網路搜索
      model_estraindf=traindf[["Name","Sex","Pclass","Survived"]]
      model_estestdf=testdf[["Name","Sex","Pclass"]]
      bic=BicScore(model_estraindf)
      # bic.score(BayesianModel([("Sex","Survived")]))
```

```
model_es=ExhaustiveSearch(model_estraindf, scoring_method=bic)
best_model=model_es.estimate()
## 呼叫graphviz繪製貝氏網路的結構圖
node_attr=dict(shape="ellipse",color="lightblue2", style="filled")
dot=Digraph(node_attr=node_attr)  # 定義一個圖
dot.attr(rankdir="LR")  # 指定圖的視覺化方向為左右
edges=best_model.edges()    # 獲取網路的邊
for a,b in edges:
    dot.edge(a,b)
dot
```

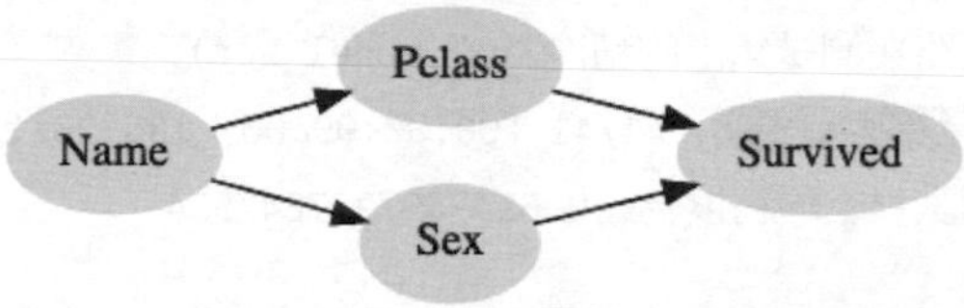

▲ 圖 9-7　搜索到的最佳網路結構

針對參數搜索結果，可以使用下面的程式將所有貝氏網路結構和對應的 BIC 得分整理為資料表。

```
In[6]:## 輸出不同的網路對應的BIC值,評分越高，網路越合理
    bicscore=[]
    nbgraph=[]
    for score,dag in reversed(model_es.all_scores()):
        bicscore.append(score)
        nbgraph.append(dag.edges())
    ## 組成資料表格
    model_esdf=pd.DataFrame(data={"bicscore":bicscore, "nbgraph":nbgraph})
    model_esdf.head()
Out[6]:
```

	bicscore	nbgraph
0	-1789.665184	((Name, Sex), (Pclass, Survived), (Pclass, Name), (Sex, Survived))
1	-1789.665184	((Name, Pclass), (Pclass, Survived), (Sex, Survived), (Sex, Name))
2	-1789.665184	((Name, Pclass), (Name, Sex), (Pclass, Survived), (Sex, Survived))
3	-1801.414656	((Name, Sex), (Pclass, Survived), (Sex, Survived))
4	-1801.414656	((Pclass, Survived), (Sex, Survived), (Sex, Name))

從資料表的輸出結果可以發現，前 3 種貝氏網路的 BIC 得分是一樣的。下面將獲得的 3 種網路結構分別視覺化，程式如下：

```
In[7]:## 呼叫graphviz繪製貝氏網路的結構圖
      node_attr=dict(shape="ellipse",color="lightblue2", style="filled")
      ## 視覺化第一個網路
      dot=Digraph(node_attr=node_attr)
      dot.attr(rankdir="LR")
      edges=nbgraph[0]
      for a,b in edges:
          dot.edge(a,b)
      dot
```

執行上面的程式可獲得第一種貝氏網路結構，如圖 9-8 所示。

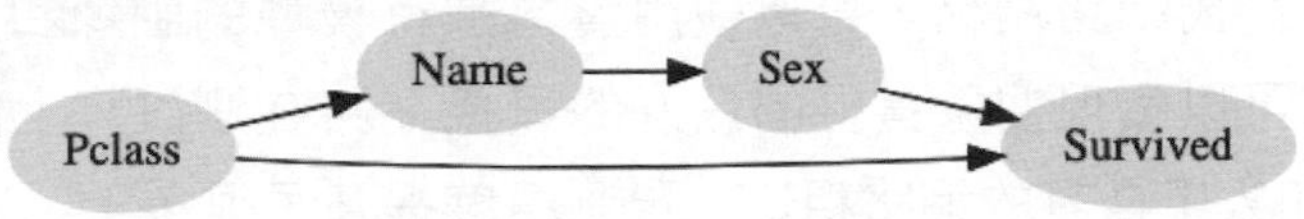

▲ 圖 9-8　第一種貝氏網路結構

```
In[8]:## 視覺化第二個網路
      dot=Digraph(node_attr=node_attr)
      dot.attr(rankdir="LR")
      edges=nbgraph[1]
      for a,b in edges:
          dot.edge(a,b)
      dot
```

執行上面的程式可獲得第二種貝氏網路結構，如圖 9-9 所示。

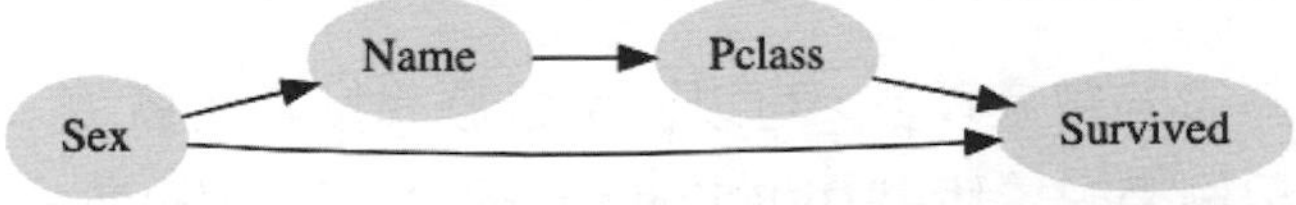

▲ 圖 9-9　第二種貝氏網路結構

```
In[9]:## 視覺化第三個網路
      dot=Digraph(node_attr=node_attr)
```

```
dot.attr(rankdir="LR")
edges=nbgraph[2]
for a,b in edges:
    dot.edge(a,b)
dot
```

執行上面的程式可獲得第三種貝氏網路結構，如圖 9-10 所示。

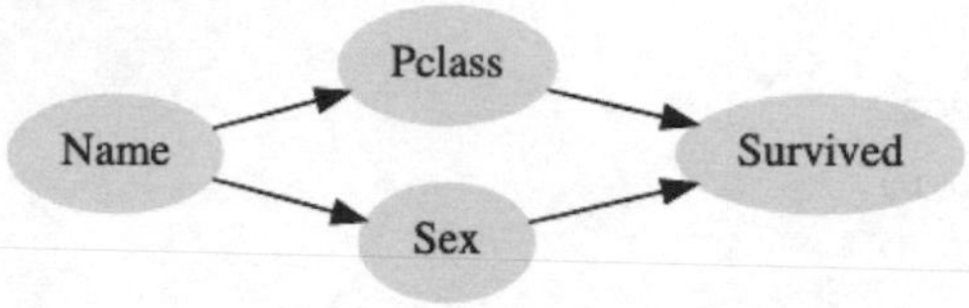

▲ 圖 9-10　第三種貝氏網路結構

針對最好的貝氏網路結構，可以使用資料進行模型的訓練和預測，執行下面的程式可以發現搜索獲得的最好的貝氏網路在測試集上的預測精度為 0.744，和人工自訂的網路相比，預測精度提升了很多。

```
In[10]:## 使用最好的網路建立模型並預測測試集的精度
       best_model=BayesianModel(best_model.edges())
       best_model.fit(data=model_estraindf,estimator=BayesianEstimator)
       model_pre=best_model.predict(model_estestdf)
       model_acc=accuracy_score(test_Survived.values,model_pre)
       print("貝氏網路在測試集上的精度為:",model_acc)
Out[10]:100%|██████████| 13/13 [00:00<00:00, 3929.80it/s]
        貝氏網路在測試集上的精度為: 0.7443946188340808
```

9.3.3 啟發式搜索網路結構

如果資料中特徵的數量較多，可以使用啟發式搜索演算法，獲取較優的網路結構，舉例來說，使用 HillClimbSearch()（爬山搜索方法）。執行下面的程式後，貝氏網路結構如圖 9-11 所示。

```
In[11]:## 啟發式搜索網路結構
       bic=BicScore(traindf)
       hc=HillClimbSearch(traindf, scoring_method=bic)
       best_model=hc.estimate()
       ## 呼叫graphviz繪製貝氏網路的結構圖
       node_attr=dict(shape="ellipse",color="lightblue2", style="filled")
       dot=Digraph(node_attr=node_attr)     # 定義一個圖
       dot.attr(rankdir="LR")               # 指定圖的視覺化方向為左右
       edges=best_model.edges()             # 獲取網路的邊
       for a,b in edges:
           dot.edge(a,b)
       dot
```

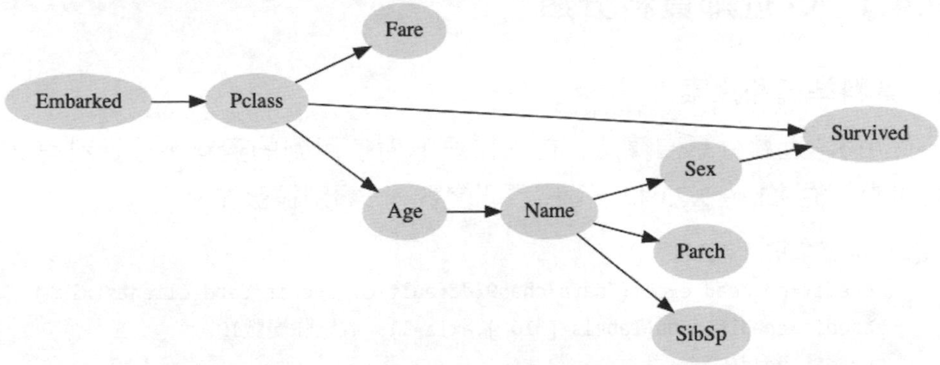

▲ 圖 9-11 啟發式搜索獲得的貝氏網路結構

針對圖 9-11 所示的貝氏網路結構，同樣可以使用 BayesianModel() 函數建立貝氏預測模型，程式如下：

```
In[12]:## 使用最好的網路建立模型並預測測試集的精度
       best_model=BayesianModel(best_model.edges())
       best_model.fit(data=traindf,estimator=BayesianEstimator)
       model_pre=best_model.predict(testdf.drop("Survived",axis=1))
       model_acc=accuracy_score(test_Survived.values,model_pre)
       print("貝氏網路在測試集上的精度為:",model_acc)
100%|██████████| 113/113 [00:00<00:00, 278.80it/s]
貝氏網路在測試集上的精度為: 0.7443946188340808
```

程式執行後，從輸出的測試集預測精度中可以發現，雖然獲得的貝氏網路更加複雜，但是網路的預測精度並沒有顯著提升，只是說明該貝氏網路有利於直觀地分析資料特徵之間的關係。

9.4 K- 近鄰演算法

K- 近鄰演算法可以用於資料的分類和回歸問題，本節將介紹使用 K- 近鄰分類對信用卡是否違約進行分析，以及使用 K- 近鄰回歸來預測房價。

9.4.1 K- 近鄰資料分類

1. 資料準備和探索

要使用 K- 近鄰分類演算法，首先需要準備使用到的資料，該資料有 23 個引數，從 X1 ～ X23 和一個待預測變數——類別標籤 Y。

```
In[1]:## 讀取信用卡資料
      credit=pd.read_excel("data/chap9/default of credit card clients.xls")
      credit=credit.drop(labels=["ID"],axis=1)  # 剔除變數ID
      credit.head(5)
Out[1]
```

	X1	X2	X3	X4	X5	X6	X7	X8	X9	X10	...	X15	X16	X17	X18	X19	X20	X21	X22	X23	Y
0	20000	2	2	1	24	2	2	-1	-1	-2	...	0	0	0	0	689	0	0	0	0	1
1	120000	2	2	2	26	-1	2	0	0	0	...	3272	3455	3261	0	1000	1000	1000	0	2000	1
2	90000	2	2	2	34	0	0	0	0	0	...	14331	14948	15549	1518	1500	1000	1000	1000	5000	0
3	50000	2	2	1	37	0	0	0	0	0	...	28314	28959	29547	2000	2019	1200	1100	1069	1000	0
4	50000	1	2	1	57	-1	0	-1	0	0	...	20940	19146	19131	2000	36681	10000	9000	689	679	0

5 rows × 24 columns

針對類別標籤 Y 的設定值情況，可以發現有 23364 個樣本設定值為 0，另外 6636 個樣本設定值為 1。

```
In[2]:## 查看類別標籤Y的比例
      credit["Y"].value_counts() ## 可以發現設定值為1的資料大約是設定值為0的1/4
```

```
Out[2]:0    23364
       1     6636
       Name: Y, dtype: int64
```

資料讀取後開始進行資料清洗和前置處理操作，先將資料切分為訓練集和測試集，然後對 23 個引數進行標準化前置處理。

```
In[3]:## 將資料切分為訓練集和測試集，其中訓練集70%，測試集30%
      X_train,X_test,y_train,y_test=train_test_split(
          credit.iloc[:,0:23],credit["Y"],test_size=0.3, random_state=0)
      print("X_train.shape:",X_train.shape)
      print("X_test.shape:",X_test.shape)
      ## 對資料進行標準化前置處理
      std= StandardScaler()
      X_train_s=std.fit_transform(X_train)
      X_test_s=std.transform(X_test)
Out[3]:X_train.shape: (21000,23)
       X_test.shape: (9000,23)
```

因為標準化後的資料是一個高維分類資料，因此可以使用平行座標圖，視覺化資料中的樣本設定值在各個特徵上的變化趨勢。由於資料樣本較多，為了視覺化效果，此處隨機取出 200 個樣本進行視覺化，程式如下，視覺化結果如圖 9-12 所示。

```
In[4]:## 挑選出部分樣本使用平行座標圖對資料進行視覺化
      plotnum=200
      plotdata=pd.DataFrame(data=X_train_s[0:plotnum ,:],
       columns= X_train.columns)
      plotdata["Y"]=y_train.values[0:plotnum ]
      plt.figure(figsize=(16,8))
      parallel_coordinates(plotdata, class_column="Y",
                           color=["red","blue"],alpha=0.7)
      plt.title("平行座標圖")
      plt.ylim([-2.5,10])
      plt.legend(loc=2)
      plt.show()
```

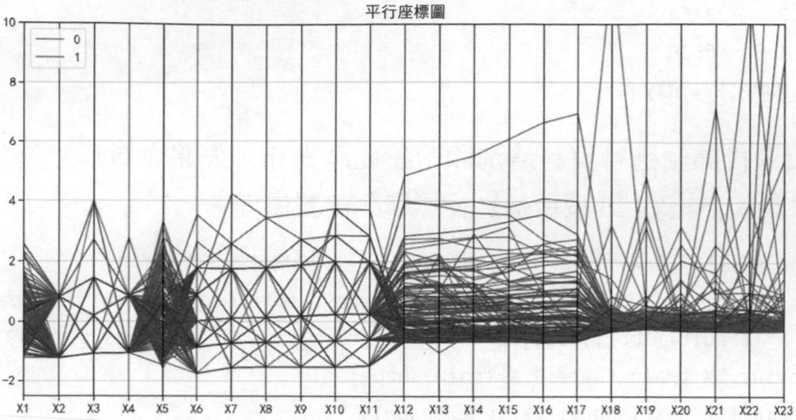

▲ 圖 9-12 平行座標圖型視覺化

下面在對資料不進行特徵提取或降維等操作時，使用不同的近鄰數量，進行 K- 近鄰分類演算法，計算出不同近鄰下在測試集上的預測精度。執行下面的程式可獲得以下結果，即測試集上的預測精度隨著近鄰數量的變化而變化，如圖 9-13 所示。

```
In[5]:## 對標準化後的資料訓練K-近鄰分類
      n_neighbors=np.arange(5,70,5)
      test_acc=[]
      for n_neighbor in n_neighbors:
          knncla=KNeighborsClassifier(n_neighbors=n_neighbor,
                                      weights="distance",n_jobs=4)
          knncla.fit(X_train_s,y_train.values) # 標準化後資料訓練模型
          ## 計算測試集上的預測精度
          test_acc.append(knncla.score(X_test_s,y_test.values))
      ## 視覺化在測試集上的預測精度
      plt.figure(figsize=(10,6))
      plt.plot(n_neighbors,test_acc,"b-s",label="測試集")
      plt.legend()
      plt.grid()
      plt.xlabel("近鄰數量")
      plt.ylabel("精度")
      plt.title("K-近鄰分類器（資料標準化後）")
      plt.show()
```

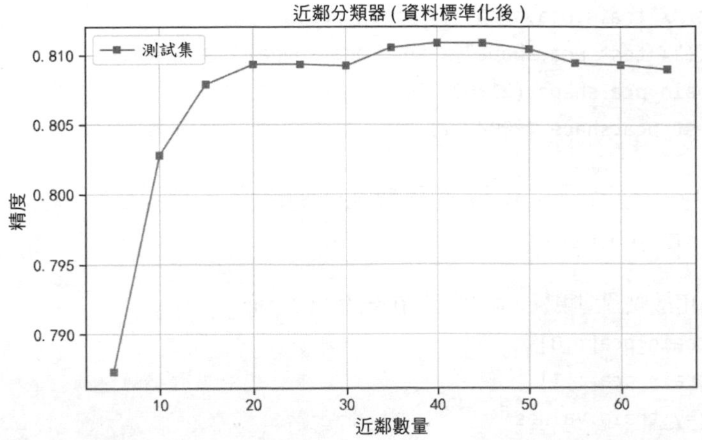

▲ 圖 9-13　預測精度隨著近鄰數量變化的波動情況

從圖 9-13 的分析結果中可以發現，在不進行特徵提取與降維操作下，測試集上的最高預測精度約為 0.81。下面將探索利用不同類型的資料降維進行特徵提取後，再使用 K- 近鄰分類器時，在測試集上的預測效果。資料降維提取特徵有兩種方式，一種是無監督方式，另一種是有監督方式。

2. 無監督的資料降維提取特徵

針對無監督的資料降維方法，在資料降維時不會用到資料的類別標籤資訊，因此使用更多的是如主成分分析、稀疏主成分分析、t-SNE 等優秀的無監督資料降維提取特徵的方法，這裡主要介紹使用稀疏主成分分析和 t-SNE 兩種方法。

首先介紹使用稀疏主成分分析進行降維並提取特徵，然後針對降維後的特徵進行 K- 近鄰分類，先使用 SparsePCA() 將資料降維到二維空間中，程式如下：

```
In[6]:## 使用SparsePCA演算法對資料進行降維，以便獲取主要的特徵變換
      pca=SparsePCA(n_components=2,alpha =0.05,
                    random_state=10,n_jobs=4)
      X_train_pca=pca.fit_transform(X_train_s)
      X_test_pca=pca.fit_transform(X_test_s)
```

```
    print("X_train_pca.shape",X_train_pca.shape)
    print("X_test_pca.shape",X_test_pca.shape)
Out[6]:X_train_pca.shape (21000, 2)
     X_test_pca.shape (9000, 2)
```

針對獲取的二維資料，可以使用散點圖進行資料視覺化。執行下面的程式後結果如圖 9-14 所示。

```
In[7]:## 使用散點圖型視覺化訓練資料在空間中的分佈
    x=X_train_pca[:,0]
    y=X_train_pca[:,1]
    label=y_train.values
    plt.figure(figsize=(10,6))
    plt.plot(x[label==0],y[label==0],"rs",label="class 0",alpha=0.5)
    plt.plot(x[label==1],y[label==1],"b^",label="class 1",alpha=0.5)
    plt.legend()
    plt.grid()
    plt.title("SparsePCA:資料的空間分佈")
    plt.show()
```

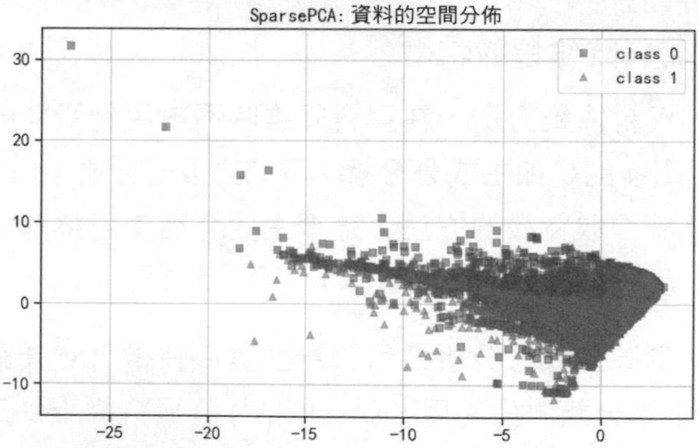

▲ 圖 9-14　SparsePCA 降維後的資料分佈

針對降維後的資料使用 K- 近鄰演算法進行資料分類，同時視覺化出在測試資料集上隨著近鄰數量變化導致分類精度的變化情況，並針對最佳的 K- 近鄰分類模型，視覺化出資料的分類邊界，執行下面的程式後 K- 近鄰分類結果如圖 9-15 所示。

```
In[8]:## 對SPCA的資料訓練K-近鄰分類器
    n_neighbors=np.arange(5,70,5)
    test_acc=[]
    for n_neighbor in n_neighbors:
        knncla=KNeighborsClassifier(n_neighbors=n_neighbor,
                                    weights="distance",n_jobs=4)
        knncla.fit(X_train_pca,y_train.values) # 過取樣資料訓練模型
        ## 計算測試集上的誤差
        test_acc.append(knncla.score(X_test_pca,y_test.values))
    ## 結果視覺化
    plt.figure(figsize=(14,7))
    ## 視覺化在測試集上的預測精度
    plt.subplot(1,2,1)
    plt.plot(n_neighbors,test_acc,"b-s",label="測試集")
    plt.legend()
    plt.grid()
    plt.xlabel("近鄰數量")
    plt.ylabel("精度")
    plt.title("K-近鄰分類器（SparsePCA）")
    ## 視覺化K-近鄰分類器的決策面
    plt.subplot(1,2,2)
    plot_decision_regions(X_test_pca,y_test.values,clf=knncla, legend=2)
    plt.title("K-近鄰分類器,n_neighbors="+str(knncla.n_neighbors))
    plt.tight_layout()
    plt.show()
```

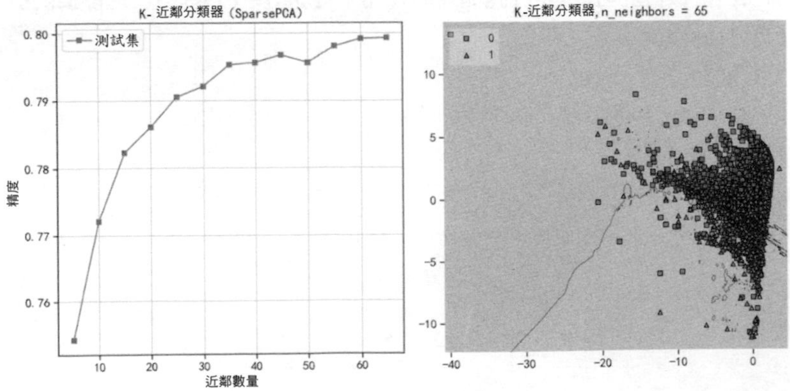

▲ 圖 9-15　K- 近鄰分類效果

從圖 9-15 左邊的圖型中可以看出隨著近鄰數量的增加，K- 近鄰分類在測試集上預測精度的變化情況；右邊圖型為最佳分類精度下，K- 近鄰分類器的資料分割平面，從圖型中可以發現最佳的分類精度接近 0.80。

下面使用 t-SNE 資料降維演算法，同樣將高維資料降維到二維空間中，可以使用 TSNE() 來完成，程式如下：

```
In[9]:## 使用TSNE演算法對資料進行降維，以便獲取主要的特徵變換
      tsne=TSNE(n_components=2,random_state=10,n_jobs=4)
      X_train_tsne=tsne.fit_transform(X_train_s)
      X_test_tsne=tsne.fit_transform(X_test_s)
      print("X_train_tsne.shape",X_train_tsne.shape)
      print("X_test_tsne.shape",X_test_tsne.shape)
Out[9]:X_train_tsne.shape (21000, 2)
       X_test_tsne.shape (9000, 2)
```

將資料降維到二維空間後，可以使用下面的程式視覺化訓練資料集上兩種資料在空間中的分佈情況，程式執行後的結果如圖 9-16 所示。

```
In[10]:## 使用散點圖型視覺化訓練資料在空間中的分佈
       x=X_train_tsne[:,0]
       y=X_train_tsne[:,1]
       label=y_train.values
       plt.figure(figsize=(10,6))
       plt.plot(x[label==0],y[label==0],"rs",label="class 0",alpha=0.5)
       plt.plot(x[label==1],y[label==1],"b^",label="class 1",alpha=0.5)
       plt.legend()
       plt.grid()
       plt.title("TSNE:資料的空間分佈")
       plt.show()
```

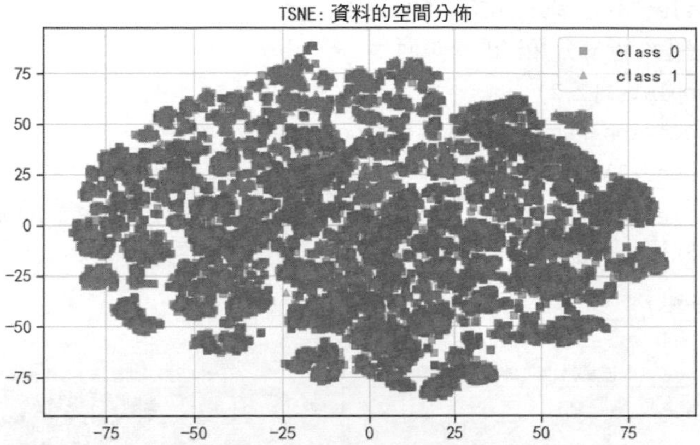

▲ 圖 9-16　t-SNE 降維後的資料分佈

針對 t-SNE 降維後的資料使用下面的程式進行 K- 近鄰演算法分類，同時視覺化出在測試集上隨著近鄰數量的變化，分類精度的變化情況。針對最佳的 K- 近鄰分類模型，視覺化出資料的分類邊界，執行下面的程式後，K- 近鄰分類結果如圖 9-17 所示。

```
In[11]:## 對TSNE的資料訓練K-近鄰分類器
       n_neighbors=np.arange(5,70,5)
       test_acc=[]
       for n_neighbor in n_neighbors:
           knncla=KNeighborsClassifier(n_neighbors=n_neighbor,
                                       weights="distance",n_jobs=4)
           knncla.fit(X_train_tsne,y_train.values) # 過取樣資料訓練模型
           ## 計算測試集上的誤差
           test_acc.append(knncla.score(X_test_tsne,y_test.values))
       ## 結果視覺化
       plt.figure(figsize=(14,7))
       ## 視覺化在測試集上的預測精度
       plt.subplot(1,2,1)
       plt.plot(n_neighbors,test_acc,"b-s",label="測試集")
       plt.legend()
       plt.grid()
       plt.xlabel("近鄰數量")
       plt.ylabel("精度")
```

```
        plt.title("K-近鄰分類器（TSNE）")
        ## 視覺化K-近鄰分類器的決策面
        plt.subplot(1,2,2)
        plot_decision_regions(X_test_tsne,y_test.values,
clf=knncla,legend=2)
        plt.title("K-近鄰分類器,n_neighbors="+str(knncla.n_neighbors))
        plt.tight_layout()
        plt.show()
```

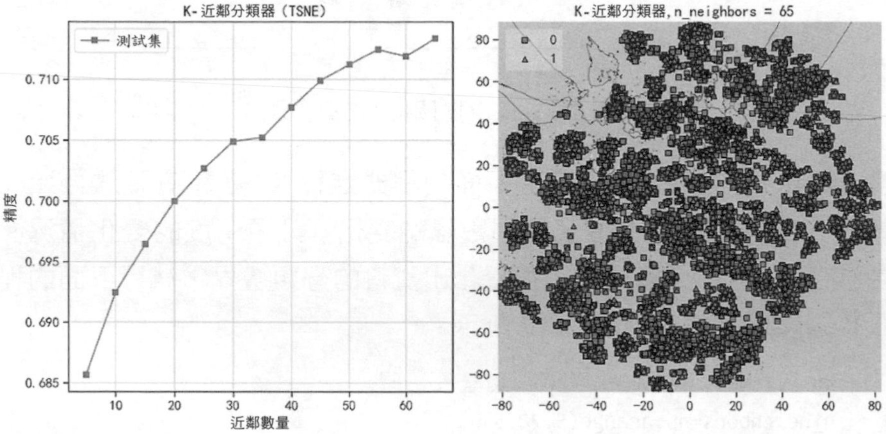

▲ 圖 9-17　K- 近鄰分類效果

圖 9-17 中左邊的圖型是隨著近鄰數量的增加，K- 近鄰分類在測試集上預測精度的變化情況，右邊圖型為最佳分類精度下，K- 近鄰分類器的資料分割平面。從圖型中可以發現，最佳的分類精度低於 0.71，說明在該資料上使用 t-SNE 演算法降維後提取的特徵，再進行 K- 近鄰分類時效果並不好。

3. 有監督的資料降維提取特徵

前面介紹了兩種無監督的資料降維提取特徵，並進行 K- 近鄰分類的方法，下面介紹兩種有監督的資料降維提取特徵，然後進行 K- 近鄰分類的方法，分別是 LinearSEF 資料降維演算法和線性判別分析（LDA）降維演算法。

LinearSEF 資料降維演算法可以使用 sef_dr 函數庫中的 LinearSEF() 函數來完成，其中參數 output_dimensionality 可以指定輸出的特徵數量，LinearSEF 的 fit() 方法可以利用訓練資料訓練模型，使用 target_labels 參數指定資料中樣本的類別標籤，使用下面的程式可訓練模型，程式中同時還視覺化出了模型訓練過程中損失函數的變化情況，如圖 9-18 所示。

```
In[12]:## 使用LinearSEF資料降維演算法，輸出兩個特徵
       linear_sef=sef_dr.LinearSEF(input_dimensionality=X_train_s.shape
[1],output_dimensionality=2)
       ## 有監督降維演算法訓練50個epochs
       loss=linear_sef.fit(data=X_train_s, target_labels=y_train.values,
                           target="supervised",epochs=50,
       regularizer_weight=0.01,
                             learning_rate=0.01, batch_size=256)
       ## 視覺化出損失函數的變化情況
       plt.figure(figsize=(10,6))
       plt.plot(np.arange(loss.shape[0]), loss)
       plt.grid()
       plt.title("LinearSEF訓練過程中損失函數的變化情況")
       plt.xlabel("Epoch")
       plt.ylabel("Loss")
       plt.show()
```

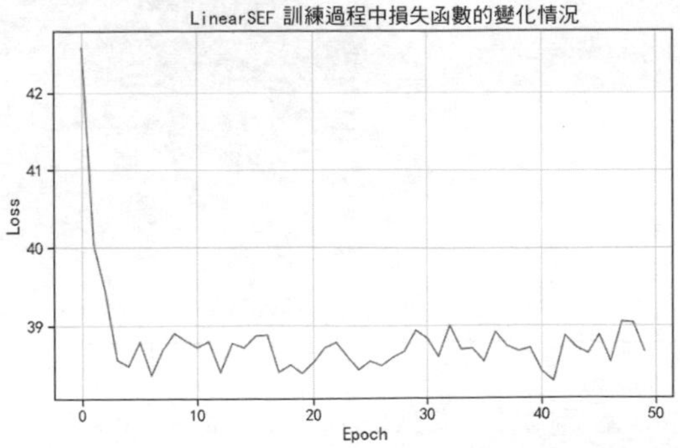

▲ 圖 9-18 損失函數的變化情況

對訓練好的模型使用 transform() 方法，即可對原始資料進行特徵提取和降維，針對在訓練集和測試集上獲得的新特徵，可以利用散點圖進行視

覺化，觀察資料的分佈情況，程式執行後的結果如圖 9-19 所示。

```
In[13]:##  獲取在訓練集和測試集上降維後的特徵
       X_train_sef=linear_sef.transform(X_train_s)
       X_test_sef=linear_sef.transform(X_test_s)
       print("X_train_sef.shape",X_train_sef.shape)
       print("X_test_sef.shape",X_test_sef.shape)
       ## 使用散點圖型視覺化訓練資料在空間中的分佈
       x=X_train_sef[:,0]
       y=X_train_sef[:,1]
       label=y_train.values
       plt.figure(figsize=(10,6))
       plt.plot(x[label==0],y[label==0],"rs",label="class 0",alpha=0.5)
       plt.plot(x[label==1],y[label==1],"b^",label="class 1",alpha=0.5)
       plt.legend()
       plt.grid()
       plt.title("LinearSEF:資料的空間分佈")
       plt.show()
Out[13]:X_train_sef.shape (21000,2)
        X_test_sef.shape (9000,2)
```

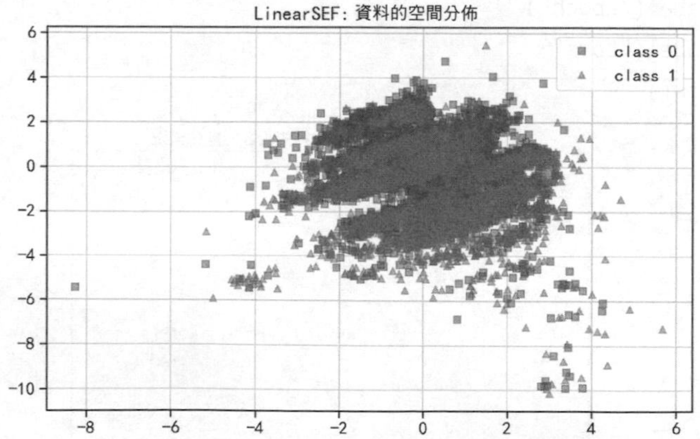

▲ 圖 9-19　資料降維後的空間分佈情況

下面對提取獲得的特徵進行 K- 近鄰分類，並且視覺化出不同的近鄰數量對 K- 近鄰模型預測精度的影響，同時還視覺化出最後的 K- 近鄰模型的分介面在測試集上的分類效果，程式執行後的結果如圖 9-20 所示。

```
In[14]:## 使用K-近鄰演算法，分析不同的K值對測試集精度的影響
       n_neighbors=np.arange(5,70,5)
       test_acc=[]
       for n_neighbor in n_neighbors:
           knncla=KNeighborsClassifier(n_neighbors=n_neighbor,
                                       weights="distance",n_jobs=4)
           knncla.fit(X_train_sef,y_train.values) # 訓練模型
           ## 計算測試集上的誤差
           test_acc.append(knncla.score(X_test_sef,y_test.values))
       ## 結果視覺化
       plt.figure(figsize=(14,7))
       ## 視覺化在測試集上的預測精度
       plt.subplot(1,2,1)
       plt.plot(n_neighbors,test_acc,"b-s",label="測試集")
       plt.legend()
       plt.grid()
       plt.xlabel("近鄰數量")
       plt.ylabel("精度")
       plt.title("K-近鄰分類器（LinearSEF）")
       ## 視覺化K-近鄰在資料集上的分類器決策面
       plt.subplot(1,2,2)
       plot_decision_regions(X_test_sef,y_test.values, clf=knncla,legend=2)
       plt.title("K-近鄰分類器,n_neighbors="+str(knncla.n_neighbors))
       plt.tight_layout()
       plt.show()
```

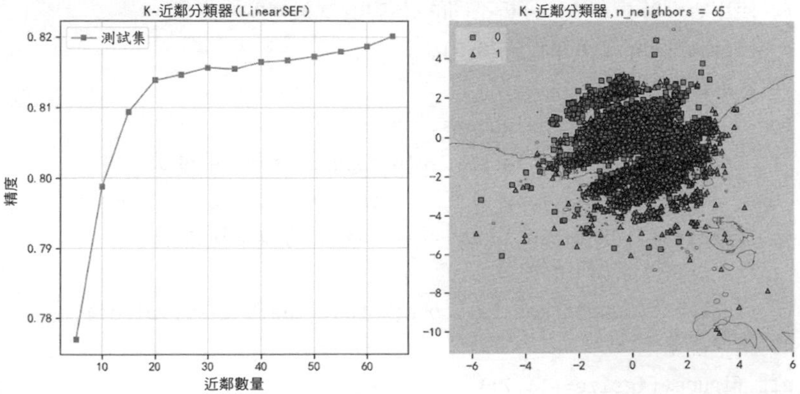

▲ 圖 9-20　LinearSEF 特徵下的 K- 近鄰分類效果

從圖 9-20 中左邊圖型中可以看出是隨著近鄰數量的增加，K- 近鄰分類在測試集上預測精度的變化情況，右邊圖型為最佳分類精度下，K- 近鄰分類器的資料分割平面。從圖 9-20 中可以發現最佳的分類精度達到了 0.82，説明使用 LinearSEF 演算法降維後提取的特徵，相對於資料的原始特徵具有更強的判別能力，在進行 K- 近鄰分類時效果會更好。

下面介紹另一種有監督的資料降維方法──線性判別分析（LDA）降維演算法，因為該模型會將資料的原始特徵投影到 c-1 維的空間中，其中 c 表示資料的類別數量，所以二分類資料在利用 LDA 演算法進行資料降維後，只能獲取一個特徵。在下面的程式中，首先使用了 sklearn 函數庫中的 LinearDiscriminantAnalysis() 函數進行資料降維，提取到一維特徵；然後分析不同的近鄰數量對 K- 近鄰分類效果的影響，同時將分析結果進行視覺化，如圖 9-21 所示。

```
In[15]:## 使用LDA降維，並進行視覺化分析
       lda=LinearDiscriminantAnalysis()
       lda.fit(X_train,y_train.values)
       X_train_lda=lda.transform(X_train)
       X_test_lda=lda.transform(X_test)
       print("X_train_lda.shape",X_train_lda.shape)
       print("X_test_lda.shape",X_test_lda.shape)
Out[15]:X_train_lda.shape (21000, 1)
        X_test_lda.shape (9000, 1)
In[16]:## 使用K-近鄰演算法，分析不同的K值對測試集精度的影響
       n_neighbors=np.arange(5,70,5)
       test_acc=[]
       for n_neighbor in n_neighbors:
           knncla=KNeighborsClassifier(n_neighbors=n_neighbor,
                                       weights="distance",n_jobs=4)
           knncla.fit(X_train_lda,y_train.values) # 訓練模型
           ## 計算測試集上的誤差
           test_acc.append(knncla.score(X_test_lda,y_test.values))
       ## 結果視覺化
       plt.figure(figsize=(14,7))
```

```
## 視覺化在測試集上的預測精度
plt.subplot(1,2,1)
plt.plot(n_neighbors,test_acc,"b-s",label="測試集")
plt.legend()
plt.grid()
plt.xlabel("近鄰數量")
plt.ylabel("精度")
plt.title("K-近鄰分類器(LDA)")
## 視覺化K-近鄰在資料集上的分類器決策面
plt.subplot(1,2,2)
plot_decision_regions(X_test_lda,y_test.values,clf=knncla, legend=2)
plt.title("K-近鄰分類器,n_neighbors="+str(knncla.n_neighbors))
plt.tight_layout()
plt.show()
```

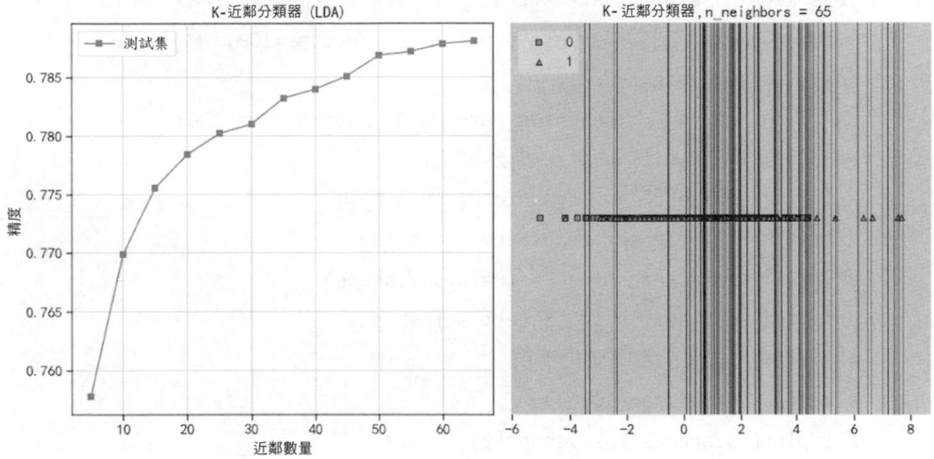

▲ 圖 9-21　LDA 特徵下的 K- 近鄰分類效果

圖 9-21 中左邊的圖型是隨著近鄰數量的增加，K- 近鄰分類在測試集上預測精度的變化情況，右邊圖型為最佳分類精度下，K- 近鄰分類器的資料分割平面。從圖型中可以發現，最佳的分類精度約為 0.79，說明使用 LDA 演算法降維後提取的特徵，相對資料的原始特徵來說雖然判別能力變弱，但相對於 t-SNE 特徵具有更強的 K- 近鄰分類效果，而且只使用了 1 個特徵，因此其 K- 近鄰分類器的空間分割面是一條條分隔號。

4. 使用更高維度的特徵進行 K- 近鄰分類

透過前面的特徵提取和 K- 近鄰分類的分析可以知道，使用有監督的特徵降維方法 LinearSEF，獲得的二維特徵具有更高的 K- 近鄰分類精度。下面分析如果從原始資料中使用 LinearSEF 演算法，獲得更高維度的特徵，以及是否可以增強 K- 近鄰分類精度。下面的程式中是將資料降維到五維，並視覺化出演算法的損失函數收斂情況，程式執行後的結果如圖 9-22 所示。

```
In[17]:## 使用LinearSEF降維，輸出5個特徵
       linear_sef=sef_dr.LinearSEF(input_dimensionality=
X_train_s.shape[1],output_dimensionality=5)
       ## 有監督降維演算法訓練100個epochs
       loss=linear_sef.fit(data=X_train_s, target_labels=y_train.values,
                           target="supervised", epochs=100,
        regularizer_weight=0.01,
                           learning_rate=0.001, batch_size=256)
       ## 獲取在訓練集和測試集上降維後的特徵
       X_train_sef=linear_sef.transform(X_train_s)
       X_test_sef=linear_sef.transform(X_test_s)
       print("X_train_sef.shape",X_train_sef.shape)
       print("X_test_sef.shape",X_test_sef.shape)
       ## 視覺化出損失函數的變化情況
       plt.figure(figsize=(10,6))
       plt.plot(np.arange(loss.shape[0]), loss)
       plt.grid()
       plt.title("LinearSEF訓練過程中損失函數的變化情況")
       plt.xlabel("Epoch")
       plt.ylabel("Loss")
       plt.show()
       X_train_sef.shape (21000, 5)
       X_test_sef.shape (9000, 5)
```

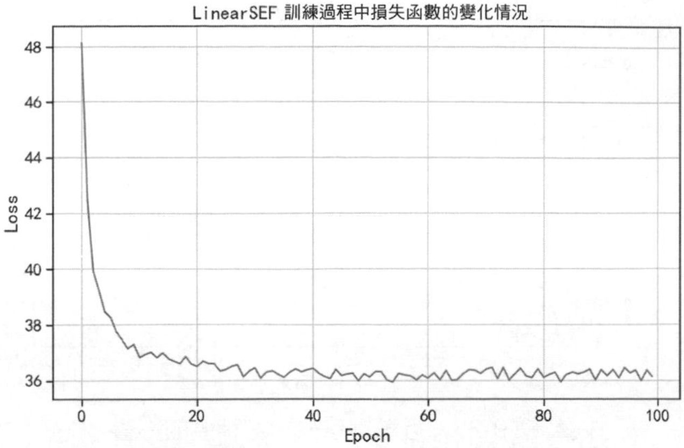

▲ 圖 9-22　演算法的收斂情況

針對獲取的 5 個特徵，使用下面的程式可以對資料進行 K- 近鄰分類，同時將不同近鄰數量下在測試集上的預測精度進行視覺化，程式執行後的結果如圖 9-23 所示。

```
In[18]:## 使用K-近鄰演算法，分析不同的K值對測試集精度的影響
       n_neighbors=np.arange(5,70,5)
       test_acc=[]
       for n_neighbor in n_neighbors:
           knncla=KNeighborsClassifier(n_neighbors=n_neighbor,
                                        weights="distance",n_jobs=4)
           knncla.fit(X_train_sef,y_train.values) # 訓練模型
           ## 計算測試集上的誤差
           test_acc.append(knncla.score(X_test_sef,y_test.values))
       ## 結果視覺化
       plt.figure(figsize=(10,6))
       ## 視覺化在測試集上的預測精度
       plt.plot(n_neighbors,test_acc,"b-s",label="測試集")
       plt.legend()
       plt.grid()
       plt.xlabel("近鄰數量")
       plt.ylabel("精度")
       plt.title("K-近鄰分類器(LinearSEF)")
       plt.show()
```

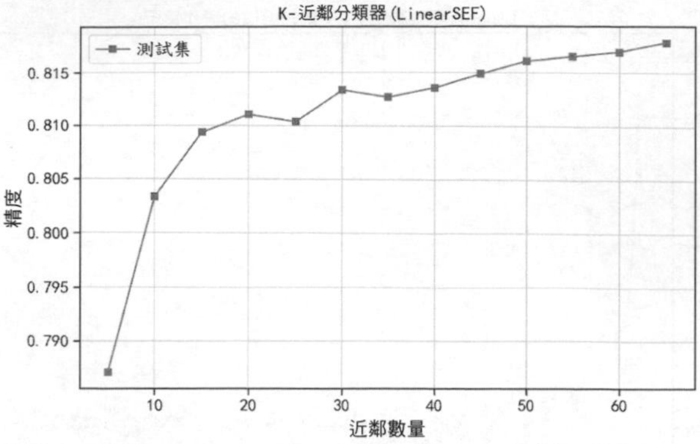

▲ 圖 9-23　近鄰數量對預測精度的影響

從圖 9-23 中可以發現，將資料降維到五維空間中獲得的最大預測精度，並沒有將資料降維到二維空間中的高。

9.4.2 K- 近鄰資料回歸

K- 近鄰演算法不僅可以用於資料的分類，還可以用於資料的回歸來預測資料中的連續變數。下面使用一個房屋價格資料集展示如何使用 Python 進行回歸分析。

首先從檔案中讀取資料並輸出資料的前幾行。從下面程式的輸出結果中可以發現，一共有 6 個資料特徵，其中 AvgPrice 是需要進行預測的房屋價格資料，其餘的特徵則表示房屋的基本資訊。

```
In[1]:## 讀取用於K-近鄰回歸的資料
      housedf=pd.read_csv("data/chap9/USA_Housing.csv")
      housedf.head()
Out[1]:
```

	AvgAreaIncome	AvgAreaHouseAge	AvgAreaNumberRooms	AvgAreaNumberofBedrooms	AreaPopulation	AvgPrice
0	79545.45857	5.682861	7.009188	4.09	23086.80050	1.059034e+06
1	79248.64245	6.002900	6.730821	3.09	40173.07217	1.505891e+06
2	61287.06718	5.865890	8.512727	5.13	36882.15940	1.058988e+06
3	63345.24005	7.188236	5.586729	3.26	34310.24283	1.260617e+06
4	59982.19723	5.040555	7.839388	4.23	26354.10947	6.309435e+05

然後建立 K- 近鄰回歸模型，在這之前先將資料集切分為訓練集和測試集，其中訓練集使用 75% 的資料，測試集使用 25% 的資料。執行下面的程式後可知，訓練集有 3750 個樣本，測試集有 1250 個樣本。

```
In[2]:## 將資料切分為訓練集和測試集，訓練集75%，測試集25%
      X_train,X_test,y_train,y_test=train_test_split(
          housedf.iloc[:,0:5], housedf["AvgPrice"], test_size=0.25,
          random_state =0)
      print("X_train.shape:",X_train.shape)
      print("X_test.shape:",X_test.shape)
Out[2]:X_train.shape: (3750, 5)
       X_test.shape: (1250, 5)
```

將資料切分後，使用下面的程式對每個特徵進行標準化前置處理，同時使用散點圖型視覺化出訓練集上每個特徵和待預測特徵之間的關係，程式執行後的結果如圖 9-24 所示。

```
In[3]:## 對資料進行標準化前置處理
      std= StandardScaler()
      X_train_s=std.fit_transform(X_train)
      X_test_s=std.transform(X_test)
      ## 對標準化後的資料特徵進行視覺化
      ## 對訓練資料，視覺化每個自變化和因變數之間的關係
      plt.figure(figsize=(18,10))
      for ii in np.arange(X_train_s.shape[1]):
          plt.subplot(2,3,ii+1)
          plt.plot(X_train_s[:,ii],y_train.values,"ro",
                   markersize=5,alpha=0.5)
          plt.grid()
          plt.xlabel(housedf.columns[ii])
          plt.ylabel(housedf.columns[-1])
      plt.tight_layout()
      plt.show()
```

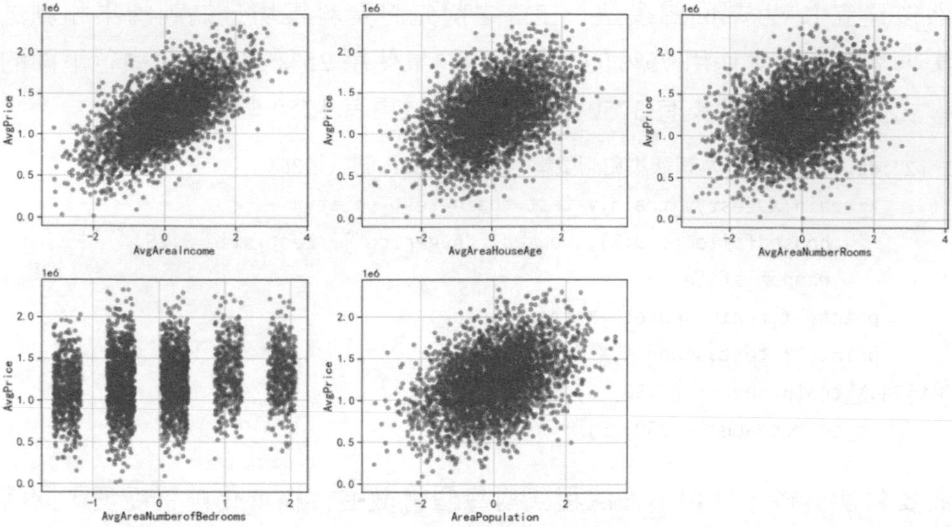

▲ 圖 9-24　引數和因變數之間的關係

下面使用 K- 近鄰回歸分析演算法，利用訓練集訓練模型，使用測試集計算模型的預測效果。同時使用不同的近鄰數量進行 K- 近鄰回歸，分析近鄰數量的變化對回歸效果的影響。程式執行後結果如圖 9-25 所示。

```
In[4]:## 使用K-近鄰回歸分析
      n_neighbors=np.arange(1,30,2)
      test_R2=[]
      for n_neighbor in n_neighbors:
          knnreg=KNeighborsRegressor(n_neighbors=n_neighbor,
                                     weights="distance",n_jobs=4)
          knnreg.fit(X_train_s,y_train.values) # 訓練模型
          ## 計算測試集上的誤差
          test_R2.append(knnreg.score(X_test_s,y_test.values))
      ## 結果視覺化
      plt.figure(figsize=(10,6))
      plt.plot(n_neighbors,test_R2,"b-s",label="測試集")
      plt.legend()
      plt.grid()
      plt.xlabel("近鄰數量")
      plt.ylabel("R^2")
```

```
plt.title("K-近鄰回歸")
plt.show()
```

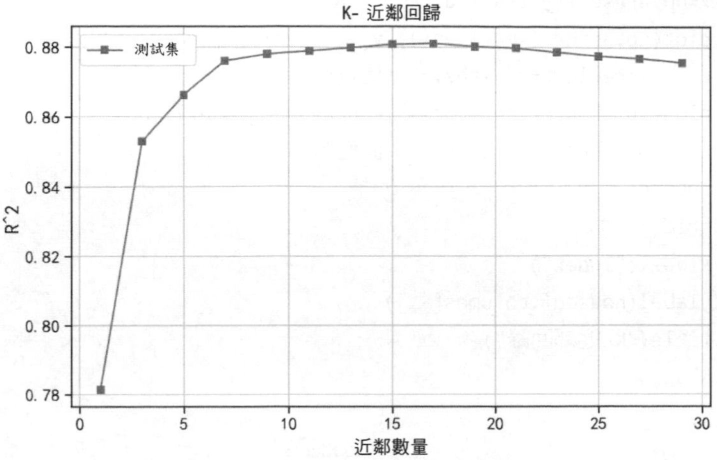

▲ 圖 9-25　不同近鄰下的預測效果

從圖 9-25 中可以發現，使用近鄰數等於 15 或 17 時回歸效果較好，此時的 R^2 較高。

當近鄰數等於 15 時，擬合 K- 近鄰回歸模型，並計算該模型在測試集上預測結果的平均絕對值誤差，執行下面的程式可以發現，在測試集上的平均絕對值誤差為 99 126。

```
In[5]:## 計算K=15時在訓練集和測試集上的預測誤差
      knnreg=KNeighborsRegressor(n_neighbors=15,weights="distance", n_jobs=4)
      knnreg.fit(X_train_s,y_train.values) # 訓練模型
      ## 計算測試集上的誤差
      knnreg_pre=knnreg.predict(X_test_s)
      print("在測試集上的平均絕對值誤差為:",
mean_absolute_error(y_test.values, knnreg_pre))
Out[5]:在測試集上的平均絕對值誤差為: 99126.16386339696
```

使用下面的程式可以視覺化出測試集上預測值和真實值之間的分佈情況，執行程式後，K- 近鄰回歸效果如圖 9-26 所示。

```
In[6]:## 視覺化預測值和真實值之間的差距
      plt.figure(figsize=(10,6))
      index=np.argsort(y_test.values)
      plt.plot(np.arange(len(index)),y_test.values[index],"r",
               linewidth=2, label="原始資料")
      plt.plot(np.arange(len(index)),knnreg_pre[index],"bo",
               markersize=3,label="預測值")
      plt.legend()
      plt.grid()
      plt.xlabel("Index")
      plt.ylabel(housedf.columns[-1])
      plt.title("K-近鄰回歸")
      plt.show()
```

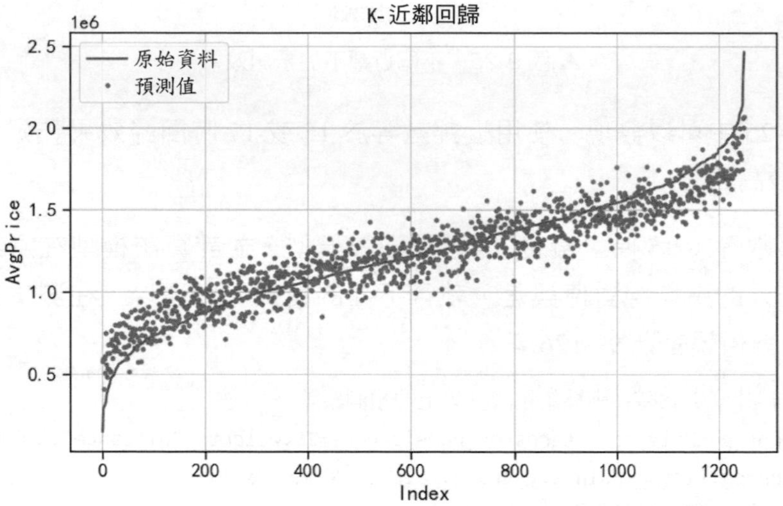

▲ 圖 9-26　K- 近鄰回歸的預測效果

從圖 9-26 的資料分佈情況中可以發現，K- 近鄰極佳地預測了房價的變化趨勢，預測效果很好。

9.5 本章小結

本章主要介紹了貝氏演算法和 K- 近鄰演算法的相關應用。針對貝氏演算法介紹了如何利用單純貝氏演算法進行文字分類，以及如何使用貝氏網路進行資料分類模型的建立。在介紹 K- 近鄰相關的應用時，主要包含 K- 近鄰資料分類和回歸兩種應用，其中在資料分類應用中，為了方便視覺化資料的分類面，分別利用有監督的資料降維和無監督的資料降維方法獲得低維特徵，然後進行 K- 近鄰分類的相關分析。本章使用到的相關函數如表 9-1 所示。

表 9-1　相關函數

函數庫	模組	函數	功能
sklearn	naive_bayes	MultinomialNB()	先驗為多項式分佈的單純貝氏
		GaussianNB()	先驗為高斯分佈的單純貝氏
		BernoulliNB()	先驗為伯努利分佈的單純貝氏
	neighbors	KNeighborsClassifier()	K- 近鄰分類
		KNeighborsRegressor()	K- 近鄰回歸
pgmpy	models	BayesianModel()	貝氏模型
	estimators	BayesianEstimatorh()	貝氏模型估計器
		HillClimbSearch()	啟發式搜索所有的網路結構
		ExhaustiveSearch()	窮竭搜索所有的貝氏網路
mlxtend	plotting	plot_confusion_matrix()	視覺化混淆矩陣
		plot_decision_regions()	視覺化模型的決策面

Chapter 10

支持向量機和類神經網路

支援向量機模型和神經網路在機器學習、模式辨識、電腦視覺等方面具有重要的應用，同時這些也是複雜且較難了解的模型。本章不拘泥於複雜模型的數學公式推導，主要結合 Python 中的 sklearn 函數庫，利用真實的資料集，詳細講解模型的建立、預測、分析、視覺化等內容。

本章首先介紹支持向量機和全連接神經網路的基本思想；然後介紹如何使用支援向量機模型進行資料的分類和回歸，以及資料分析結果的視覺化等；最後介紹利用全連接神經網路進行圖型分類、資料回歸等應用。

10.1 模型簡介

1. 支持向量機

支持向量機（Support Vector Machine，SVM）是一種有監督的學習模型，常用於資料的分類和回歸問題，是在深度學習提出之前的重要演算法之一。針對二分類問題，每個訓練樣本被標記為屬於兩個類別中的某一類，SVM 分類想要在高維空間訓練出一個最好的分隔超平面，將新的樣品分配給兩個類別之一的模型，所以 SVM 可看作是非機率二元線性分類器。

SVM 分類的基本思想：求解能夠正確劃分資料集並且幾何間隔最大的分離超平面，利用該超平面使得任何一類資料劃分得相當均勻。對於線性可分的訓練資料而言，線性可分離超平面有無窮多個，但是幾何間隔最大的分離超平面是唯一的。間隔最大化的直觀解釋是：對訓練資料集找到幾何間隔最大的超平面，表示以充分大的確信度對訓練資料進行分類。而最大間隔是由支持向量來決定的，針對二分類問題，支持向量是指距離劃分超平面最近的正類的點和負類的點。

圖 10-1 列出了在二維空間中，二分類問題的支持向量、最大間隔以及分隔超平面的位置示意圖。

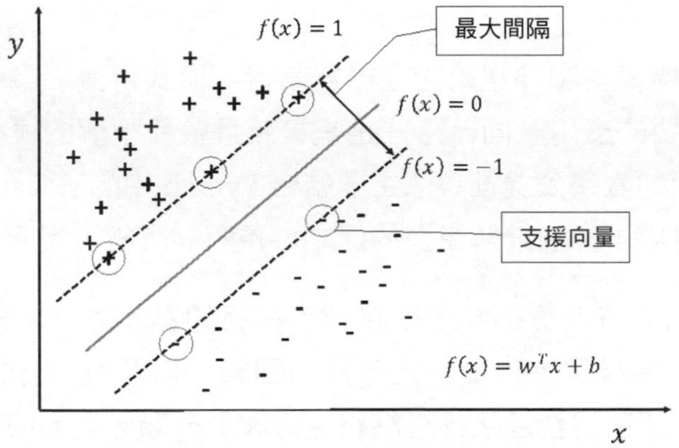

▲ 圖 10-1　最大間隔示意圖

支援向量機中可以使用核心函數將需要處理的問題映射到一個更高維度的空間，從而對在低維空間不好處理的問題轉到高維空間中進行處理，進而得到精度更高的分類器，這種方式又稱為核心技巧的使用。舉例來說，在圖 10-2 中，原始的二維空間中無法線性區分的資料，經過核心函數映射將資料在高維空間中變得線性可分。

支持向量回歸（Support Vector Regression，SVR）則假設能夠容忍 $f(x)$ 和 y 之間最多有 ε 的偏差，即如果 $|f(x)-y| \leq \varepsilon$ 時，認為預測是準確的，只有 $f(x)$ 和 y 之間的差值絕對值大於 ε 時才計算損失。

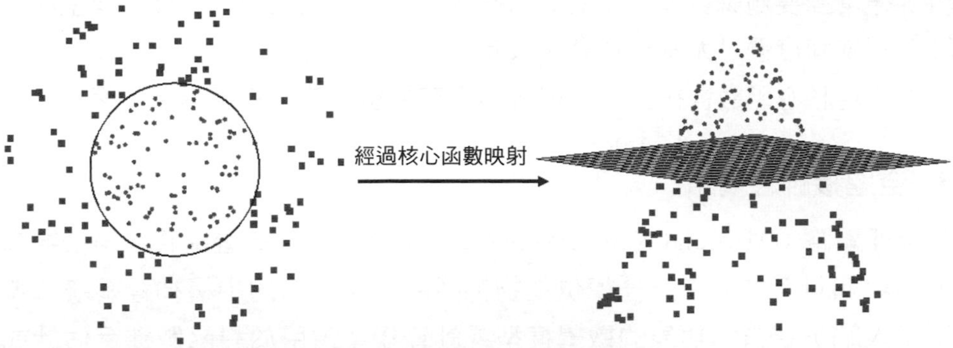

▲ 圖 10-2　核心函數的作用

如圖 10-3 所示，這相當於以 $f(x)$ 為中心，建構了一個寬度為 2ε 的間隔帶，若訓練樣本落入此間隔帶，則認為預測正確。

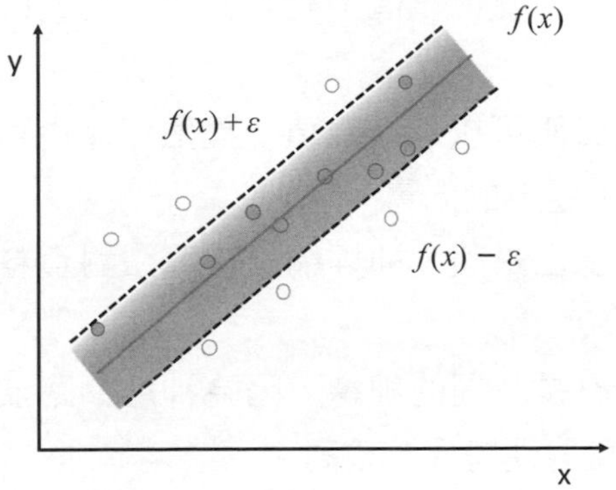

▲ 圖 10-3　支持向量回歸示意圖

在實際應用中，SVM 的分類和回歸的效果都很好，具有以下幾個優點。

（1）可應用於分類和回歸問題。

（2）不會過多地受到雜訊資料的影響，而且不容易過擬合。

（3）在分類和回歸問題中預測的準確率高，容易使用。

（4）可應用於無監督的異常值辨識。

同時，SVM 還會有以下幾個缺點。

（1）通常需要測試多種核心函數和參數組合才能找到效果較優的模型。

（2）訓練速度慢，尤其資料量較大時。

（3）使用核心函數會得到一個複雜的黑箱模型，使用者不容易了解。

2. 全連接神經網路

類神經網路（Artificial Neural Network，ANN）簡稱神經網路，是機器學習和認知科學領域中一種模仿生物神經網路（動物的中樞神經系統，特別是大腦）結構和功能的數學模型或計算模型，用於對函數進行估計或近似。神經網路由大量的類神經元聯結進行計算，大多數情況下類神經網路能在外界資訊的基礎上改變內部結構，是一種自我調整系統。

適合使用類神經網路進行學習的問題主要有以下幾個特徵。

（1）樣本可以用很多「屬性－值」對來表示，輸入的資料也可以是任何實數。

（2）目標函數的輸出值可以是離散值、實數值，也可以是由許多個實數屬性或離散屬性組成的向量。

（3）訓練資料可能包含錯誤，神經網路演算法對資料集中的錯誤有很好的穩固性。

（4）使用者可以容忍長時間的訓練，因為神經網路演算法的訓練時間一般比較長，並且對硬體要求較高。

（5）雖然神經網路演算法的訓練時間較長，但是一旦模型訓練完成後，對後續實例的預測計算是非常快速的，可以快速求解出目標的函數值。

（6）人類能否了解學到的目標函數並不重要，由於神經網路的參數非常多，所以神經網路方法學習得到的權值經常是人類難以解釋的。

全連接神經網路（Multi-Layer Perception，MLP）或叫多層感知機是一種連接方式較為簡單的類神經網路結構，屬於前饋神經網路的一種。在機器學習中 MLP 較為常用，常用於分類和回歸問題。

神經網路的學習能力主要來自網路結構，而且根據層的數量不同、每層神經元的數量多少以及資訊在層之間的傳播方式，可以組合成無數個神經網路模型。全連接神經網路主要由輸入層、隱藏層和輸出層組成。輸入層僅接受外界的輸入，不進行任何函數處理，隱藏層和輸出層神經元對訊號進行加工，最終結果由輸出層神經元輸出。根據隱藏層的數量可以分為單隱藏層 MLP 和多隱藏層 MLP，其網路拓撲結構如圖 10-4 所示。

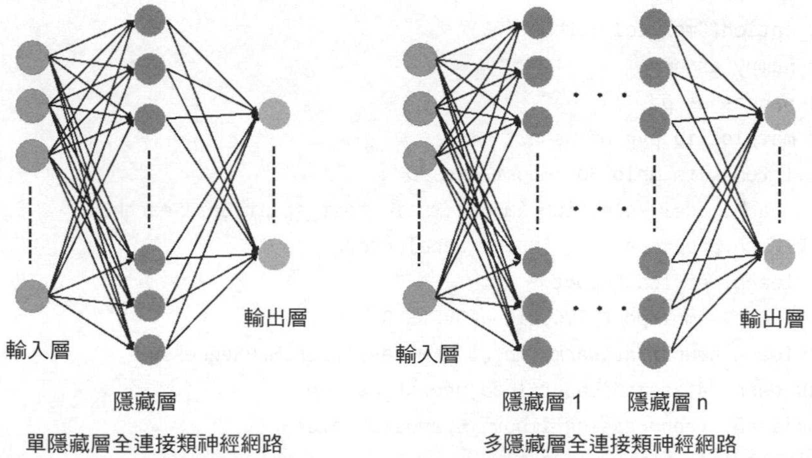

▲ 圖 10-4 MLP 拓撲結構

在單隱藏層 MLP 和多隱藏層 MLP 中，每個隱藏層的神經元數量是可以變化的，而且通常來說，並沒有一個很好的標準來確定每層神經元的數量和隱藏層的個數。從經驗上來說更多的神經元就會有更強的表示能力，同時也更容易造成網路的過擬合，所以在使用全連接神經網路時，對模型泛化能力的測試也很重要。最好的測試方式是在訓練模型時，使用驗證集來驗證模型的泛化能力，而且盡可能地去嘗試多種網路結構，尋找更優的模型，但這往往需要耗費大量的時間。

本章主要介紹針對真實的資料集，如何使用支持向量機與全連接神經網路進行模型的建立和預測。利用下面的程式匯入本章會使用到的相關函數庫和函數。

```
## 輸出高畫質圖型
%config InlineBackend.figure_format='retina'
%matplotlib inline
## 圖型顯示中文的問題
import matplotlib
matplotlib.rcParams['axes.unicode_minus']=False
import seaborn as sns
sns.set(font= "Kaiti",style="ticks",font_scale=1.4)
import pandas as pd
pd.set_option("max_colwidth", 500)
import numpy as np
import pandas as pd
import matplotlib.pyplot as plt
from mpl_toolkits.mplot3d import Axes3D
from sklearn.model_selection import train_test_split,GridSearchCV
from sklearn.preprocessing import LabelEncoder
from sklearn.metrics import *
from sklearn.svm import SVC,LinearSVC,SVR
from sklearn.neural_network import MLPClassifier,MLPRegressor
from sklearn.datasets import load_breast_cancer
from sklearn.preprocessing import StandardScaler
from mlxtend.plotting import *
from sklearn.feature_selection import SelectKBest,mutual_info_classif
## 忽略提醒
import warnings
warnings.filterwarnings("ignore")
```

上述程式中支援向量機主要適用 sklearn.svm 模組來完成，全連接神經網路主要使用 sklearn.neural_network 模組來完成。

10.2 支援向量機模型

本節將使用癌症資料集，介紹如何使用支援向量機分類演算法建立更好的分類模型，同時探索不同核心函數下的支援向量機作用機制，然後利用支持向量機回歸分析功耗資料集，探索其回歸分析效果。

10.2.1 支援向量機資料分類

1. 資料準備和探索

首先介紹支援向量機分類模型的應用，使用癌症資料集來演示。匯入資料，並查看每類有多少個樣本，程式如下：

```
In[1]:## 讀取資料，使用癌症資料
      bcaner=load_breast_cancer()
      ## 查看資料的特徵，一共有569個樣本，30個特徵
      bcanerX=bcaner.data
      print("資料維度:",bcanerX.shape)
      ## 查看資料的類別標籤，一共有兩類資料
      bcanerY=bcaner.target
      print("資料類別標籤情況:",np.unique(bcanerY,return_counts=True))
Out[1]:資料維度: (569, 30)
       資料類別標籤情況: (array([0, 1]), array([212, 357]))
```

從資料的輸出中可以發現兩類資料一共有 569 個樣本，資料有 30 個特徵。針對該資料可以使用下面的程式對資料集的每個特徵進行標準化前置處理，並且利用密度曲線，視覺化出每個特徵下兩類資料的差異。程式執行後視覺化結果如圖 10-5 所示。

```
In[2]:## 對資料進行標準化處理
      scale=StandardScaler(with_mean=True,with_std=True)
      bcanerXS=scale.fit_transform(bcanerX)
      ## 視覺化資料的每個特徵的密度曲線
      feature_names=bcaner.feature_names
      plt.figure(figsize=(18,10))
      for ii,name in enumerate(feature_names):
          plt.subplot(5,6,ii+1)
          plotdata=bcanerXS[:,ii]  ## 對應的特徵
          sns.distplot(plotdata[bcanerY == 0],hist=False,
                       kde_kws={"color": "b", "lw": 3,"bw":0.4})
          sns.distplot(plotdata[bcanerY == 1],hist=False,
                       kde_kws={"color": "r", "lw": 3,"bw":0.4,"ls":"--"})
          plt.title(name,size=14)
```

```
plt.tight_layout()
plt.show()
```

從圖 10-5 中可以發現，有些資料特徵針對不同類別的資料其分佈差異很大，可以認為它們對資料的分類有幫助；有些資料特徵在不同類別的資料下分佈很相似，可以認為它們對資料的分類沒有幫助。

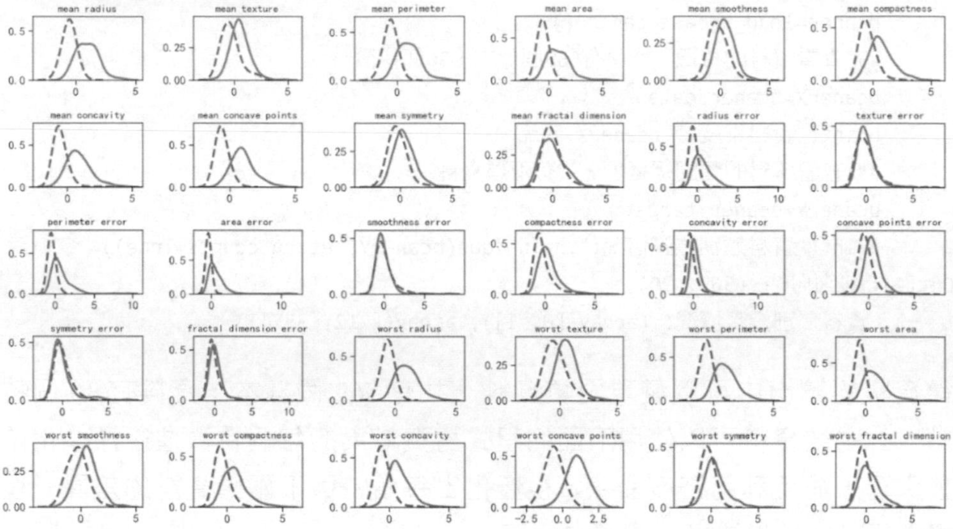

▲ 圖 10-5 不同特徵下兩類資料的密度曲線

2. 資料特徵選擇

針對前面視覺化獲得的資料分佈情況，可以利用資料特徵選擇方法，選擇出對建模更有利的特徵。針對特徵選擇的詳細使用在前面的章節中已經介紹過，這裡不再贅述。直接使用相互資訊選擇 K 個特徵的方式，獲取資料中的有用特徵。為了確定選擇多少合適的特徵，使用下面的程式可以計算得出每個特徵的相互資訊得分高低，將它們視覺化後的結果如圖 10-6 所示。

```
In[3]:## 透過相互資訊選擇K個變數，計算每個特徵的相互資訊得分
      KbestMI=SelectKBest(mutual_info_classif)
      KbestMI.fit(bcanerXS,bcanerY)
```

```
## 視覺化每個特徵的相互資訊高低
KbestMIdf=pd.DataFrame(data={"score":KbestMI.scores_,
                             "feature":feature_names})
KbestMIdf=KbestMIdf.sort_values("score",ascending=True)
KbestMIdf.plot(kind="barh",x="feature",y="score",
               figsize=(10,8),legend=False,width=0.8)
plt.xlabel("得分")
plt.ylabel("")
plt.title("透過相互資訊選擇特徵")
plt.grid()
plt.show()
```

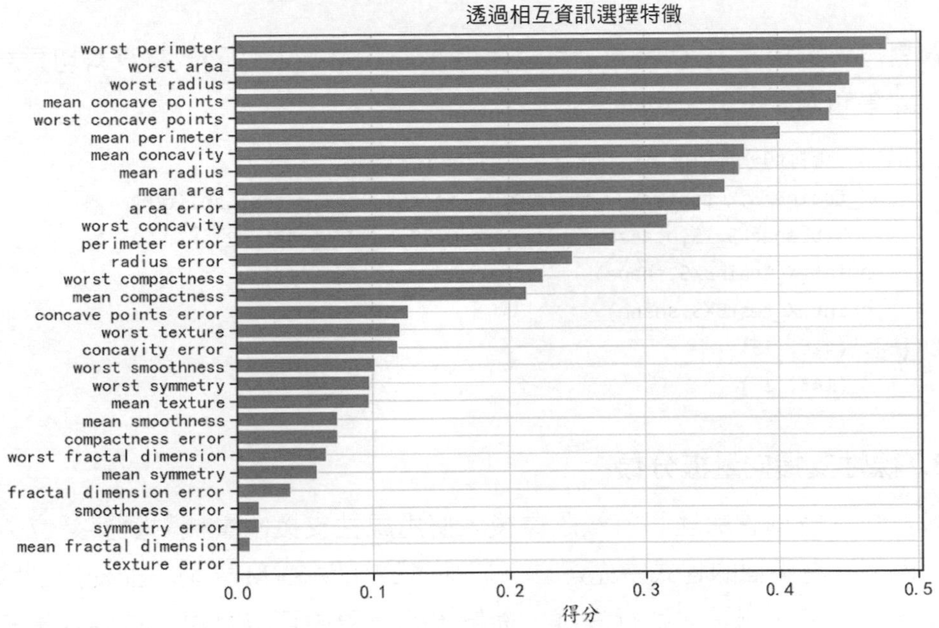

▲ 圖 10-6　每個特徵的相互資訊得分高低橫條圖

分析圖 10-6 可以發現，所有的特徵中前 15 個特徵的相互資訊得分較高，因此可以選擇相互資訊得分較高的前 15 個特徵用於分析。透過相互資訊獲取 15 個特徵的程式如下，並且輸出了所使用的特徵名稱。

```
In[4]:## 可以選擇相互資訊得分較高的前15個特徵用於分析
      KbestMI.set_params(k=15)
```

```
    ## 獲取選擇得到的特徵
    bcanerXS_15=KbestMI.fit_transform(bcanerXS,bcanerY)
print("選擇特徵後的資料維度為:",bcanerXS_15.shape)
    Feature15=KbestMIdf.feature.values[::-1][0:15]
    print("選擇的15個特徵分別為:\n",Feature15)
Out[4]:選擇特徵後的資料維度為: (569, 15)
     選擇的15個特徵分別為:
 ['worst perimeter' 'worst area' 'worst radius' 'mean concave points'
 'worst concave points' 'mean perimeter' 'mean concavity' 'mean radius'
 'mean area' 'area error' 'worst concavity' 'perimeter error'
 'radius error' 'worst compactness' 'mean compactness']
```

針對已經選擇的 15 個特徵，可以使用 train_test_split() 函數將資料切分為訓練集和測試集，程式如下：

```
In[5]:## 資料切分為訓練集和測試集，75%訓練，25%測試
    X_trainBXS,X_testBXS,y_trainBXS,y_testBXS=train_test_split(
        bcanerXS_15,bcanerY,test_size=0.25,random_state=2)
    print(X_trainBXS.shape)
    print(X_testBXS.shape)
Out[5]: (426, 15)
        (143, 15)
```

3. 線性支援向量機分類

對資料進行前置處理和特徵選擇後，使用線性支援向量機對資料建立分類模型。在下面的程式中先建立一個基礎的線性 SVM 模型，並使用訓練集進行訓練，測試集進行測試，從輸出的結果中可以發現，在訓練集和測試集上的預測精度分別為 0.967 和 0.923。

```
In[6]:## 建立線性SVM模型
    Lsvm=LinearSVC(penalty="l2",C=1.0, ## 懲罰範數和參數
                   random_state= 1)
    ## 訓練模型
    Lsvm.fit(X_trainBXS,y_trainBXS)
    ## 計算在訓練集和測試集上的預測精度
```

```
    Lsvm_lab=Lsvm.predict(X_trainBXS)
    Lsvm_pre=Lsvm.predict(X_testBXS)
    print("訓練集預測精度:",accuracy_score(y_trainBXS,Lsvm_lab))
    print("測試集預測精度:",accuracy_score(y_testBXS,Lsvm_pre))
Out[6]:訓練集預測精度: 0.9671361502347418
       測試集預測精度: 0.9230769230769231
```

針對 SVM 的學習曲線，可以使用 plot_learning_curves() 函數進行視覺化，執行下面的程式後，結果如圖 10-7 所示。可以發現，隨著訓練資料的增加，訓練集和測試集上的精度逐漸穩定。

```
In[7]:## 視覺化線性SVM的學習曲線
    plt.figure(figsize=(10,6))
    plot_learning_curves(X_trainBXS,y_trainBXS, X_testBXS,y_testBXS,
                         Lsvm,scoring="accuracy",print_model=True)
    plt.ylim([0.85,1])
    plt.show()
```

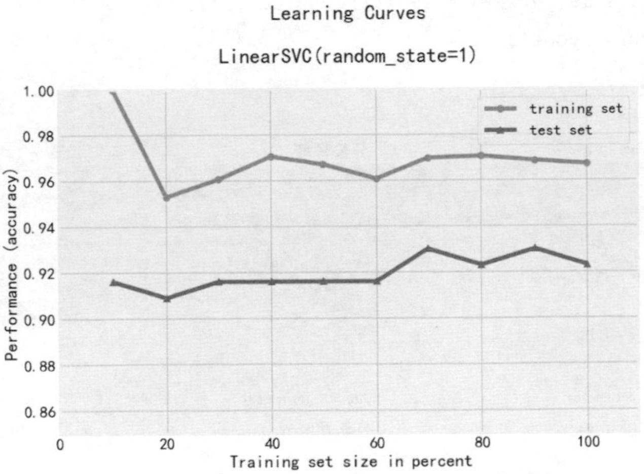

▲ 圖 10-7　LinearSVM 的訓練過程

針對線性 SVM 在高維空間中獲得的分介面會是一個線性平面，但是在高維空間中並不方便視覺化出其資料分介面，因此在下面的程式中，會從 15 個特徵中挑選出幾個特徵組合，然後重新訓練出線性 SVM，並分介面進行視覺化。程式執行後的結果如圖 10-8 所示。

```
In[8]:## 視覺化線性SVM的分介面
    ## 因為特徵有15個，所以挑選出幾個特徵組合重新訓練出線性SVM進行視覺化
    zuhe=[(0,1),(0,5),(0,10),(5,10),(10,13),(6,12)]
    plt.figure(figsize=(14,8))
    for ii,val in enumerate(zuhe):
        plt.subplot(2,3,ii+1)  ## 子視窗
        ## 訓練模型
        x_train=X_trainBXS[:,val]
        x_test=X_testBXS[:,val]
        Lsvm=Lsvm.fit(x_train,y_trainBXS)
        ## 計算在測試集上的預測精度
        Lsvm_pre=Lsvm.predict(x_test)
        acc=accuracy_score(y_testBXS,Lsvm_pre)
        ## 視覺化分介面
        plot_decision_regions(x_test,y_testBXS,clf=Lsvm,legend=2)
        plt.xlabel(Feature15[val[0]])
        plt.ylabel(Feature15[val[1]])
        plt.title("分類精度:"+str(round(acc,3)))
    plt.tight_layout()
    plt.show()
```

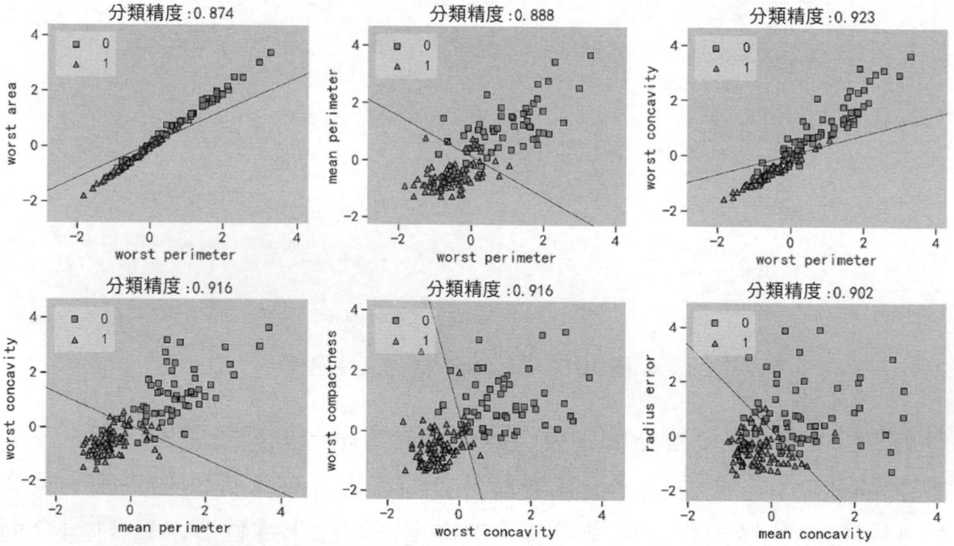

▲ 圖 10-8　線性 SVM 的分介面

從圖 10-8 中可以發現，在任意兩組特徵下，線性 SVM 都會使用一筆直線對資料進行切分。

4. 非線性支援向量機

非線性 SVM 即使用的核心函數為非線性函數的 SVM，例如使用 rbf 核心、多項式核心等。下面的程式使用 rbf 核心建立非線性 SVM 模型，從模型對訓練集和測試的預測精度上可以發現，在測試集上預測的精度比使用線性核心精度更高。

```
In[9]:## 建立非線性SVM模型，使用rbf核心
      rbfsvm=SVC(kernel ="rbf",gamma=0.04, ## rbf核心和對應的參數
                 random_state= 1)
      ## 訓練模型
      rbfsvm.fit(X_trainBXS,y_trainBXS)
      ## 計算在訓練集和測試集上的預測精度
      rbfsvm_lab=rbfsvm.predict(X_trainBXS)
      rbfsvm_pre=rbfsvm.predict(X_testBXS)
      print("訓練集預測精度:",accuracy_score(y_trainBXS,rbfsvm_lab))
      print("測試集預測精度:",accuracy_score(y_testBXS,rbfsvm_pre))
Out[9]:訓練集預測精度: 0.9483568075117371
       測試集預測精度: 0.9370629370629371
```

針對非線性 SVM 可以使用和前面相同的資料視覺化方式，視覺化出在任意兩個特徵下的分介面，執行下面程式後的結果如圖 10-9 所示。

```
In[10]:## 視覺化非線性SVM的分介面
       ## 因為特徵有15個，所以挑選出幾個特徵組合重新訓練出線性SVM進行視覺化
       zuhe=[(0,1),(0,5),(0,10),(5,10),(10,13),(6,12)]
       plt.figure(figsize=(14,8))
       for ii,val in enumerate(zuhe):
           plt.subplot(2,3,ii+1)  ## 子視窗
           ## 訓練模型
           x_train=X_trainBXS[:,val]
           x_test=X_testBXS[:,val]
           rbfsvm=rbfsvm.fit(x_train,y_trainBXS)
```

```
    ## 計算在測試集上的預測精度
    rbfsvm_pre=rbfsvm.predict(x_test)
    acc=accuracy_score(y_testBXS,rbfsvm_pre)
    ## 視覺化分介面
    plot_decision_regions(x_test,y_testBXS,clf=rbfsvm,legend=2)
    plt.xlabel(Feature15[val[0]])
    plt.ylabel(Feature15[val[1]])
    plt.title("分類精度:"+str(round(acc,3)))
plt.tight_layout()
plt.show()
```

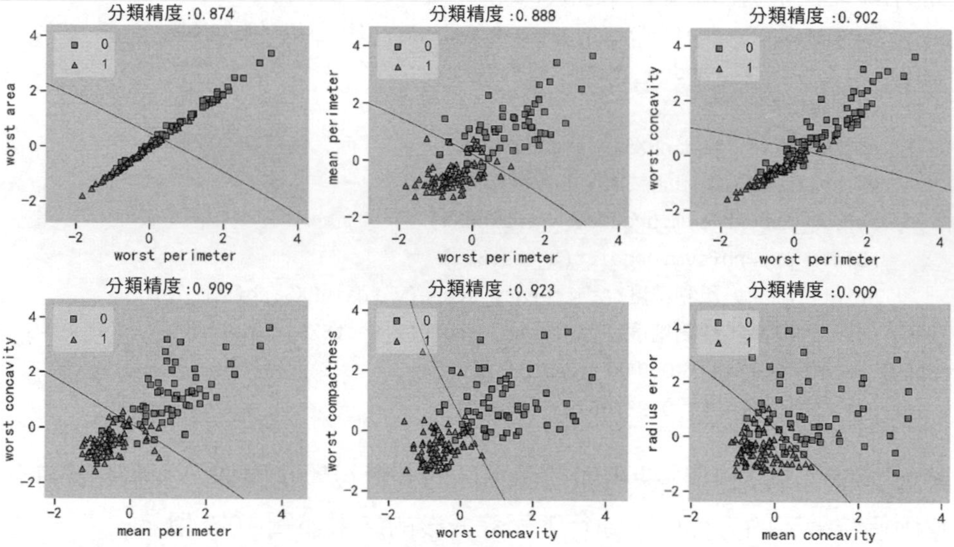

▲ 圖 10-9　非線性 SVM 的分介面

從圖 10-9 中可以發現，在任意兩組特徵下，非線性 SVM 都會使用一筆平滑的曲線對資料進行切分。

10.2.2 支持向量機資料回歸

針對支援向量機回歸模型，使用前面用過的回歸分析資料集 ENB2012 進行實戰演示。首先讀取資料並查看資料的基本情況，程式如下：

```
In[12]:## 使用支持向量機進行回歸分析，使用ENB2012資料集
       enbdf=pd.read_excel("data/chap8/ENB2012.xlsx")
       ## 將資料切分為訓練集和測試集
       X_trainenb,X_testenb,y_trainenb,y_testenb=train_test_split(
           enbdf.iloc[:,0:8], enbdf["Y1"],test_size=0.3,random_state=1)
       print("X_trainenb.shape :",X_trainenb.shape)
       print("X_testenb.shape :",X_testenb.shape)
       print(X_testenb.head())
Out[12]:X_trainenb.shape : (537, 8)
        X_testenb.shape : (231, 8)
              X1     X2     X3     X4   X5  X6    X7  X8
        285  0.62  808.5  367.5  220.5  3.5   3  0.10   5
        101  0.90  563.5  318.5  122.5  7.0   3  0.10   2
        581  0.90  563.5  318.5  122.5  7.0   3  0.40   2
        352  0.79  637.0  343.0  147.0  7.0   2  0.25   2
        726  0.90  563.5  318.5  122.5  7.0   4  0.40   5
```

針對切分好的資料集，使用 rbf 核心建立一個 SVM 回歸模型，並計算在訓練集和測試集上的均方根誤差，執行下面的程式可以發現，其預測的均方根誤差很大。

```
In[13]:## 建立一個rbf核心支援向量機回歸模型，探索回歸模型的效果
       rbfsvr=SVR(kernel="rbf",gamma=0.01)
       rbfsvr.fit(X_trainenb,y_trainenb)
       ## 計算在訓練集和測試集上的預測均方根誤差
       rbfsvr_lab=rbfsvr.predict(X_trainenb)
       rbfsvr_pre=rbfsvr.predict(X_testenb)
       print("訓練集上的均方根誤差:",mean_squared_error(y_trainenb,
rbfsvr_lab))
       print("測試集上的均方根誤差:",mean_squared_error(y_testenb,
rbfsvr_pre))
Out[13]:訓練集上的均方根誤差: 9.550148441575688
        測試集上的均方根誤差: 10.907400372766478
```

針對 rbf 核心 SVR 模型的學習曲線同樣可以使用 plot_learning_curves() 函數進行視覺化，執行下面程式後的結果如圖 10-10 所示。可以發現隨著

訓練資料的增加，訓練集和測試集上的預測誤差在逐漸降低，但是最終的均方根誤差設定值仍然較大。

```
In[14]:## 視覺化rbf核心SVR的學習曲線
       plt.figure(figsize=(10,6))
       plot_learning_curves(X_trainenb,y_trainenb, X_testenb,
y_testenb,rbfsvr,scoring="mean_squared_error",print_model=True)
       plt.show()
```

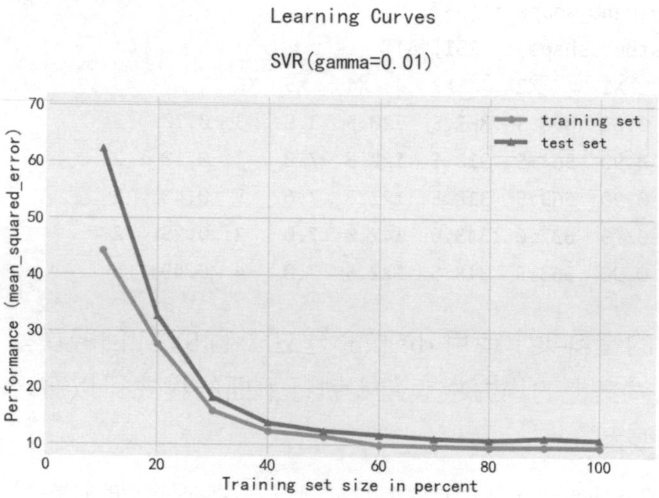

▲ 圖 10-10　SVR 學習過程

因為使用隨機的參數獲得的 SVR 模型的資料擬合效果並不好，所以下面使用網格搜索參數的方式，找到一個較好的支援向量回歸預測模型，程式如下：

```
In[15]:## 定義模型
       svr=SVR()
       ## 定義網格搜索的參數
       kernels=["rbf","sigmoid"]
       gammas=[0.005,0.05,0.5,5,50]
       coef0s=[0.001,0.001,0.1,10]
       Cs=[0.5,5,50,500,2000]
       para_grid={"kernel":kernels,"gamma": gammas,
                  "coef0":coef0s,"C":Cs}
```

```
## 使用5折交換驗證進行搜索，使用均方根誤差的負數作為得分
gs_svr=GridSearchCV(svr,para_grid,cv=5,n_jobs=4,
                    scoring="neg_mean_squared_error")
gs_svr.fit(X_trainenb,y_trainenb)
## 將輸出的所有搜索結果進行處理
results=pd.DataFrame(gs_svr.cv_results_)
## 輸出感興趣的結果
results2=results[["mean_test_score","std_test_score","params"]]
results2=results2.sort_values(["mean_test_score"], ascending=False)
results2=results2.reset_index(drop=True)
results2.head()
Out[15]:
```

	mean_test_score	std_test_score	params
0	-0.537400	0.089882	{'C': 2000, 'coef0': 0.001, 'gamma': 0.05, 'kernel': 'rbf'}
1	-0.537400	0.089882	{'C': 2000, 'coef0': 0.001, 'gamma': 0.05, 'kernel': 'rbf'}
2	-0.537400	0.089882	{'C': 2000, 'coef0': 10, 'gamma': 0.05, 'kernel': 'rbf'}
3	-0.537400	0.089882	{'C': 2000, 'coef0': 0.1, 'gamma': 0.05, 'kernel': 'rbf'}
4	-0.718649	0.074515	{'C': 500, 'coef0': 0.001, 'gamma': 0.05, 'kernel': 'rbf'}

執行上面的程式後，從獲得的輸出結果中可以發現，前四行的結果對應的模型預測效果較好，並且它們除參數 coef0 不同外，其他參數都相同，這是因為 coef0 不是 rbf 核心可使用的參數，下面使用最好的模型對訓練集和測試集進行預測，程式如下：

```
In[16]:print("最好模型使用的參數為:\n",gs_svr.best_params_)
       rbfsvr_lab=gs_svr.best_estimator_.predict(X_trainenb)
       rbfsvr_pre=gs_svr.best_estimator_.predict(X_testenb)
       print("訓練集上的均方根誤差:",mean_squared_error(y_trainenb,
rbfsvr_lab))
       print("測試集上的均方根誤差:",mean_squared_error(y_testenb,
rbfsvr_pre))
Out[16]:最好模型使用的參數為:
        {'C': 2000, 'coef0': 0.001, 'gamma': 0.05, 'kernel': 'rbf'}
        訓練集上的均方根誤差: 0.0886772440242574
        測試集上的均方根誤差: 0.3311301355387121
```

從輸出結果可以發現，訓練集和測試集上的預測精度都很高。針對獲得的模型在訓練集和測試集上的預測效果，可以使用下面的程式進行視覺化，程式執行後的資料擬合圖型如圖 10-11 所示。

```
In[17]:## 視覺化出參數搜索找到的模型在訓練集和測試集上的預測效果
       plt.figure(figsize=(16,7))
       plt.subplot(1,2,1) ## 訓練資料結果視覺化
       rmse=round(mean_squared_error(y_trainenb,rbfsvr_lab),4)
       index=np.argsort(y_trainenb)
       plt.plot(np.arange(len(index)),y_trainenb.values[index],"r",
                linewidth=2,label="原始資料")
       plt.plot(np.arange(len(index)),rbfsvr_lab[index],"bo",
                markersize=3,label="預測值")
       plt.text(200,35,s="均方根誤差:"+str(rmse))
       plt.legend()
       plt.grid()
       plt.xlabel("Index")
       plt.ylabel("Y")
       plt.title("支持向量機回歸(訓練集)")
       plt.subplot(1,2,2)  ## 測試資料結果視覺化
       rmse=round(mean_squared_error(y_testenb,rbfsvr_pre),4)
       index=np.argsort(y_testenb)
       plt.plot(np.arange(len(index)),y_testenb.values[index],"r",
                linewidth=2, label="原始資料")
       plt.plot(np.arange(len(index)),rbfsvr_pre[index],"bo",
                markersize=3,label="預測值")
       plt.text(50,35,s="均方根誤差:"+str(rmse))
       plt.legend()
       plt.grid()
       plt.xlabel("Index")
       plt.ylabel("Y")
       plt.title("支援向量機回歸(測試集)")
       plt.tight_layout()
       plt.show()
```

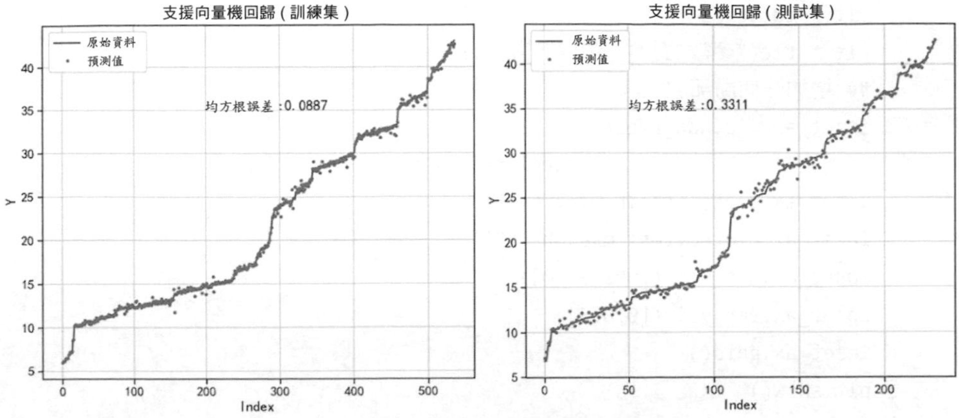

▲ 圖 10-11　SVR 資料預測效果視覺化

透過前面的參數搜索可以發現參數 C 對模型的影響較大，下面單獨分析 C 在不同的設定值下，SVR 模型在訓練集和測試集上的預測效果，執行下面的程式後，分析結果如圖 10-12 所示。

```
In[18]:## 單獨分析參數C對回歸模型結果的影響
       C=[1,10,100,200,500,1000,1500,2000,3000,4000,5000]
       train_mse=[]
       test_mse=[]
       for c in C:
           svr=SVR(kernel="rbf",gamma=0.05,
                   coef0=0.001,C=c)
           svr=svr.fit(X_trainenb,y_trainenb)
           ## 計算在訓練集和測試集上的均方根誤差
           svr_lab=svr.predict(X_trainenb)
           svr_pre=svr.predict(X_testenb)
           train_mse.append(mean_squared_error(y_trainenb,svr_lab))
           test_mse.append(mean_squared_error(y_testenb,svr_pre))
       ## 使用曲線圖進行視覺化
       x=range(len(C))
       fig=plt.figure(figsize=(10,6))
       plt.plot(C,train_mse,"r-o",label="訓練集")
       plt.plot(C,test_mse,"b--^",label="測試集")
       plt.legend()
```

```
plt.grid()
plt.title("參數C對預測精度的影響")
## 增加一個局部放大圖
inset_ax=fig.add_axes([0.3, 0.3, .5, .4],
                       facecolor="lightblue")
inset_ax.plot(C,train_mse,"r-o")
inset_ax.plot(C,test_mse,"b--^")
inset_ax.set_xlim([900,5000])
inset_ax.set_ylim([0,0.5])
inset_ax.grid()
plt.show()
```

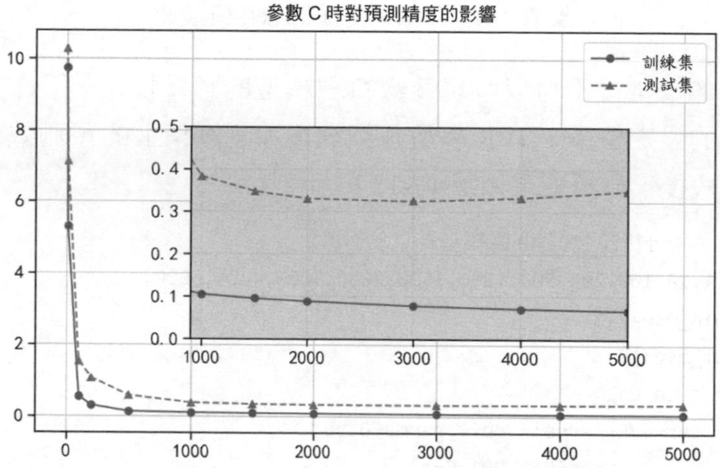

▲ 圖 10-12　參數 C 對預測精度的影響

從圖 10-12 中可以發現，隨著 C 的增大，在訓練集和測試集上預測誤差會迅速降低，但是針對測試集，當 C 大於 2000 後，預測的誤差有些升高。

10.3 全連接神經網路模型

針對全連接神經網路的使用，將分別介紹單隱藏層全連接神經網路資料分類、多隱藏層全連接神經網路資料分類、全連接神經網路資料回歸。

10.3.1 單隱藏層全連接神經網路資料分類

利用單隱藏層全連接神經網路對癌症資料進行分類時，不對資料進行特徵選擇，而是直接使用資料的全部 30 個特徵進行分析，使用下面的程式將資料切分為訓練集和測試集。

```
In[1]:## 繼續使用癌症資料，並且使用資料的30個特徵，切分資料
      X_trainbs,X_testbs,y_trainbs,y_testbs=train_test_split(
          bcanerXS,bcanerY,test_size=0.25,random_state=2)
      print(X_trainbs.shape)
      print(X_testbs.shape)
Out[1]: (426, 30)
        (143, 30)
```

從程式的輸出中可以發現有 426 個樣本作為訓練集，143 個樣本作為測試集。全連接神經網路分類可以使用 MLPClassifier() 函數完成。下面的程式中使用包含 10 個神經元的單隱藏層全連接神經網路進行資料分類，同時只使用資料最佳化訓練 15 步，輸出模型在訓練過程中損失函數的變化情況。

```
In[2]:## 定義模型參數
      ##第i個元素表示第i個隱藏層中神經元的數量
      MLP1=MLPClassifier(hidden_layer_sizes=(10,),
                         activation="relu",    ## 隱藏層啟動函數
                         alpha=0.001,          ## 正規化L2懲罰的參數
                         solver="adam",        ## 求解方法
                         learning_rate="adaptive",## 學習權重更新的速率
                         max_iter=15,          ## 最大疊代次數
                         random_state=10,verbose=True)
      ## 訓練模型
      MLP1.fit(X_trainbs,y_trainbs)
      MLP1.score(X_testbs,y_testbs)
Out[2]:Iteration 1, loss=0.70569366
       Iteration 2, loss=0.65162865
       Iteration 3, loss=0.60450803
       …
```

```
Iteration 14, loss=0.32355927
Iteration 15, loss=0.31207809
0.8531468531468531
```

從程式輸出中可以發現，模型疊代 15 步之後，在測試集上的預測精度只有 0.853。

隱藏層中神經元使用不同的啟動函數時，模型的訓練過程和收斂速度都會有很大的不同，下面針對啟動函數 rule 和 logisic 進行分析，檢查不同疊代次數下模型的收斂情況和預測精度的變化情況。執行下面的程式後，分析結果如圖 10-13 所示。

```
In[3]:## 分析啟動函數為rule和logisic的情況下，不同疊代次數對模型精度的影響
     iters=np.arange(20,410,20)  ## 疊代次數
     activations=["relu","logistic"]  ## 啟動函數
     plt.figure(figsize=(16,6))
     for k,activation in enumerate(activations):
         acc=[]                    # 保存在測試集上的預測精度
         ## 定義模型參數
         for ii in iters:
             MLPi=MLPClassifier(hidden_layer_sizes=(10,),
                                activation=activation,
                                alpha=0.001, solver="adam",
                                learning_rate="adaptive",
                                max_iter=ii,random_state=40,
                                verbose=False)
             ## 訓練模型，並計算在測試集上的預測精度
             acc.append(MLPi.fit(X_trainbs,y_trainbs).score(X_testbs, y_
testbs))
         ## 輸出最大acc
         print("When activation is "+activation+" the max acc:",np.max(acc))
         ## 繪製圖型
         plt.subplot(1,2,k+1)
         plt.plot(iters,acc,"r-o")
         plt.grid()
         plt.xlabel("疊代次數")
```

```
        plt.ylabel("Accuracy score")
        plt.title("啟動函數"+activation)
        plt.ylim(0.85,1)
    plt.tight_layout()
    plt.show()
Out[3]:When activation is relu the max acc: 0.965034965034965
       When activation is logistic the max acc: 0.986013986013986
```

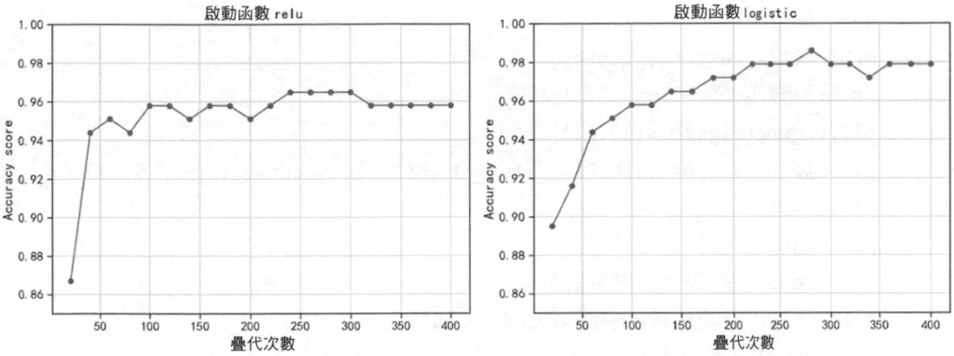

▲ 圖 10-13　啟動函數和疊代次數對預測精度的影響

從圖 10-13 中可以發現，精度最高的疊代次數在 280 次左右，模型的精度在 250 次之後結果趨於穩定；Relu 啟動函數（修正線性單元）收斂的速度很快，在 50 次疊代後模型的精度就達到了 0.94，但是精度最高只有 0.965；logistic（sigmoid）啟動函數收斂的速度較慢，疊代曲線提升很平緩，但是模型精度高，最大精度為 0.986。從某種程度上可以說明，針對這個只有 10 個隱藏神經元的單隱藏層全連接神經網路模型，logistic（sigmoid）啟動函數效果更好。

模型訓練過程中觀察模型損失函數的變化情況，可以分析演算法是否收斂。下面利用 logistic 啟動函數視覺化出為損失函數、隱藏層神經元個數為 10 的 MLP 模型損失函數的變化情況。程式執行後，損失收斂情況如圖 10-14 所示。可以發現在疊代的前 500 次中，損失函數大小迅速下降，然後緩慢收斂，在疊代次數達到 1000 次之後，函數的變化量很小。

```
In[4]:## 定義模型參數
      MLP1=MLPClassifier(hidden_layer_sizes=(10,),
                         activation="logistic",
                         alpha=0.001, solver="adam",
                         learning_rate="adaptive",
                         max_iter=2000,  ## 最大疊代次數
                         tol=1e-8, ## 當兩次loss<tol時，模型終止
                         random_state=40,verbose=False)
      ## 訓練模型
      MLP1.fit(X_testbs,y_testbs)
      ## 繪製疊代次數和loss之間的關係
      plt.figure(figsize=(12,6))
      plt.plot(np.arange(1,MLP1.n_iter_+1),MLP1.loss_curve_,"r--",lw=3)
      plt.grid()
      plt.xlabel("疊代次數")
      plt.ylabel("損失函數設定值")
      plt.title("全連接神經網路損失函數曲線")
      plt.show()
```

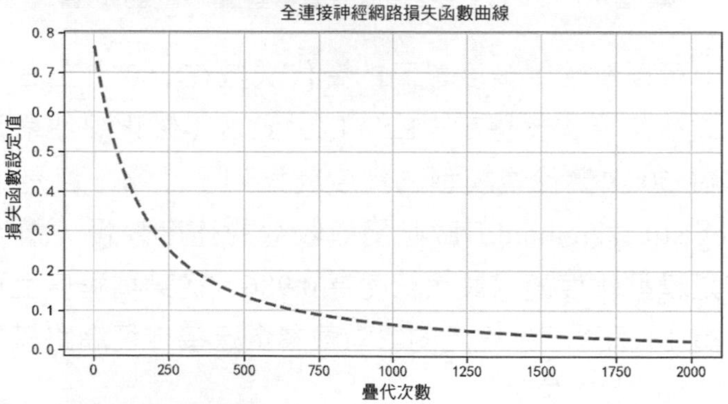

▲ 圖 10-14　MLP 損失函數變化情況

訓練好 MLP1 模型後，可以使用 MLP1.coefs_ 方法輸出每個神經元的權重，其中 MLP1.coefs_[0] 輸出的結果為輸入層到第一隱藏層的權重，MLP1.coefs_[1] 輸出的結果為隱藏層到輸出層的權重，針對前面訓練好的 MLP1，輸入層到第一隱藏層權重矩陣的維度等於 30×10，30 為資料特徵的數量，10 為第一隱藏層神經元的個數；第一隱藏層到輸出層權重

矩陣的維度等於 10×1，10 為第一隱藏層神經元的個數，1 為輸出隱藏層神經元的個數。下面的程式可以利用熱力圖將輸入層到第一隱藏層權重矩陣視覺化，程式執行後的結果如圖 10-15 所示。

```
In[5]:## 輸入層到隱藏層的權重
      mat=MLP1.coefs_[0]
      ## 繪製圖型
      plt.figure(figsize=(10,10))
      sns.heatmap(mat ,annot=True,fmt="0.3f",annot_kws={"size":12},
                  cmap="YlGnBu")
      ## 設定X軸標籤
      xticks=["neuron "+str(i+1) for i in range(mat.shape[1])]
      plt.xticks(np.arange(mat.shape[1])+0.5,xticks,rotation=45)
      ## 設定Y軸標籤
      yticks=["Feature "+str(i+1) for i in range(mat.shape[0])]
      plt.yticks(np.arange(mat.shape[0])+0.5,yticks,rotation=0)
      plt.title("MLP輸入層到隱藏層的權重")
      plt.show()
```

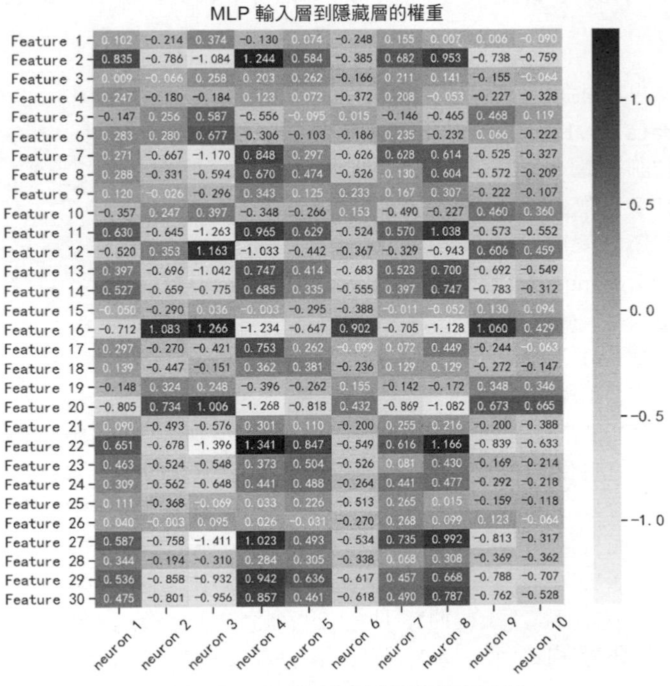

▲ 圖 10-15　神經元權重矩陣熱力圖

透過熱力圖可以方便地查看輸入特徵到每個神經元的權重大小，幫助使用者更充分地了解神經網路。從圖 10-15 中可以發現，權重的設定值在 -1 ～ 1，而且各個特徵和第一個神經元之間的權重大部分是正值；各個特徵和第 2、3 個神經元之間的權重大部分是負值。在一定程度上可以說明，第 1 個神經元獲取輸入特徵正面的影響，第 2、3 個神經元獲取輸入特徵負面的影響。

10.3.2 多隱藏層全連接神經網路資料分類

前一節討論了單隱藏層全連接神經網路的應用，全連接神經網路允許出現多個隱藏層，而且各個隱藏層神經元的數量可以不相等，接下來針對草書資料集建立多隱藏層神經網路模型。首先使用 np.load() 函數讀取準備好的資料（注意：檔案「草書 _gray64x64.npz」資料是已經前置處理好的資料，可以直接使用，對應的前置處理過程將在第 12 章進行詳細的介紹），資料讀取後可以發現，一共有 91 種不同的文字，9083 張 64×64 的灰階圖型。

```
In[6]:## 對草書資料進行分類，讀取資料
      imagedata=np.load("data/chap10/草書_gray64x64.npz")
      print("訓練集尺寸:",imagedata["x"].shape)
      print("字型數量:",len(np.unique(imagedata["y"])))
      print("所包含字型和樣本數量:")
      print(np.unique(imagedata["y"],return_counts=True))
Out[6]:訓練集尺寸: (9083, 64, 64)
       字型數量: 91
       所包含字型和樣本數量:
       (array(['丁','七','萬','三','上','下','不','與','東','中','為','乃','義',
               '之','九','也','書','二','於','雲','五','人','今','從', '令','以',
               '餘','光','入','八','公','六','分','力','十','千','去','又','及',
               '可','葉','歎','同','四','因','坐','士','處','外','大','天','夫',
               '子','小','少','爾','山','已','平','引','張','歸','當','心','我',
               '方','無','日','曲','月','未','此','比','氣','水','愛','猶','王',
               '生','白','示','至','草','見','言','近','長','門','風','飛','龍'],
```

```
dtype='<U1'), array([ 64,76,90,70,108,208,510,89,70,118, 159,102,56,
 286,  58, 214, 167, 157, 111, 188,  77, 294,  95,  68,  70, 143,
  79,  67,  63, 102,  71,  52,  54,  76, 144,  65,  67,  69,76,
 164,  57,  61,  86,  85,  95,  58,  50,  69,  55, 112,  96,69,
 141,  88,  63,  54, 108,  98,  53,  50,  52,  63, 173,77,57,
  75, 198, 139,  60, 101,  99, 250,  60,  71,  58, 108,71,83,
  56,  73,  52, 118,  59,  78, 114,  66,  71,  57,  68,  72,  59]))
```

下面的程式會針對讀取的資料，將每個像素值轉化到 0～1 之間，然後隨機挑選出 100 張圖型進行視覺化，程式執行後的結果如圖 10-16 所示。

```
In[7]:## 資料前置處理和視覺化
      imagex=imagedata["x"] / 225.0
      imagey=imagedata["y"]
      ## 隨機選擇一些樣本進行視覺化
      np.random.seed(123)
      index=np.random.permutation(len(imagey))[0:100]
      plt.figure(figsize=(10,9))
      for ii,ind in enumerate(index):
          plt.subplot(10,10,ii+1)
          img=imagex[ind,...]
          plt.imshow(img,cmap=plt.cm.gray)
          plt.axis("off")
      plt.subplots_adjust(wspace=0.05,hspace=0.05)
      plt.show()
```

▲ 圖 10-16　部分草書圖型視覺化

使用 MLP 神經網路之前，需要將每個樣本的 64×64 的二維特徵，轉化為一維向量，然後對類別標籤使用 LabelEncoder() 進行編碼，並將資料集切分為訓練集和驗證集，可以發現共有 6812 個樣本用於訓練，2271 個樣本用於測試。程式如下：

```
In[8]:## 將每個圖型轉化為向量
      imagexvec=imagex.reshape(imagex.shape[0],-1)
      ## 將標籤轉化為label
      LE=LabelEncoder().fit(imagey)
      imagelab =LE.transform(imagey)
      ## 資料切分為訓練集和測試集，75%用於訓練
      X_train_im,X_test_im,y_train_im,y_test_im=train_test_split(
          imagexvec,imagelab,test_size=0.25,random_state=2)
      print(X_train_im.shape)
      print(X_test_im.shape)
Out[8]: (6812, 4096)
        (2271, 4096)
```

資料準備好之後，使用下面的程式建立 MLP 分類器，其中 4 個隱藏層分別使用 512、512、256、256 個神經元。activation="relu" 表明神經元的啟動函數為 relu 函數。得到模型後，使用 MLPcla.fit() 方法分別對訓練資料進行模型擬合，再使用 MLPcla.predict() 方法對測試集進行預測，可以發現在測試集上的預測精度只有 0.5143。同時針對預測的結果使用混淆矩陣進行視覺化分析，但因為資料的類數較多，只視覺化出前 20 類資料的混淆矩陣熱力圖。程式執行後的結果如圖 10-17 所示。

```
In[9]:## 建立全連接神經網路分類器，定義模型參數
      MLPcla=MLPClassifier(hidden_layer_sizes=(512,512,256,256),
                           activation="relu",alpha=0.001,
                           solver="adam",  learning_rate="adaptive",
                           random_state=4,verbose=False)
      ## 訓練模型
      MLPcla.fit(X_train_im,y_train_im)
      ## 對測試集進行預測
      MLP_pre=MLPcla.predict(X_test_im)
```

```
    print("在測試集上的預測精度為:",accuracy_score(y_test_im,MLP_pre))
    ## 視覺化混淆矩陣,只視覺化前20類資料
    plot_confusion_matrix(confusion_matrix(y_test_im, MLP_pre)[0:20,0:20],
                          figsize=(12,11))
    plt.show()
Out[9]:在測試集上的預測精度為: 0.5143108762659622
```

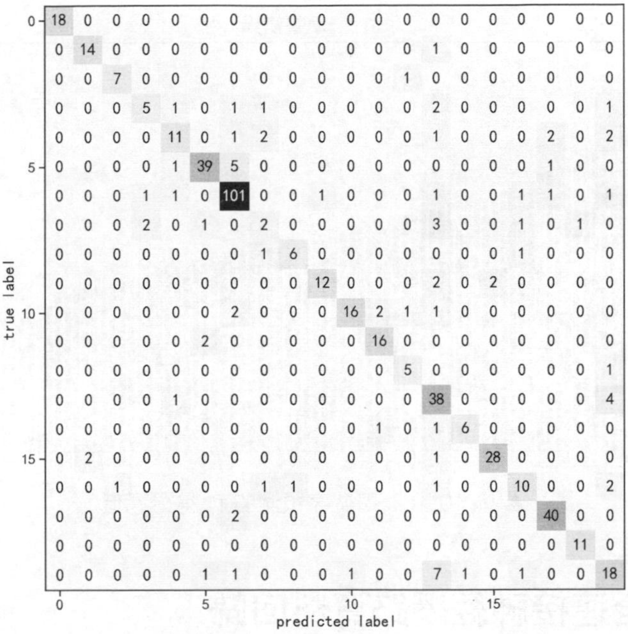

▲ 圖 10-17　混淆矩陣熱力圖

為了觀察每類資料上的預測效果，計算獲得每個類別的 f1 得分，並使用橫條圖進行視覺化，結果如圖 10-18 所示。可以發現比較簡單的字 f1 得分很高，如「二」、「人」、「七」等。

```
In[10]:## 視覺化每個字的f1得分
    _,_,f1,_=precision_recall_fscore_support(y_test_im,MLP_pre, average=None)
    f1df=pd.DataFrame(data= {"label": LE.inverse_transform(range(91)),
"F1": f1})
    f1df=f1df.sort_values("F1",ascending=False)
    f1df.plot(kind="bar",x="label",y="F1",figsize=(14,7),
```

```
                legend=False,width=0.8)
    plt.xlabel("")
    plt.ylabel("f1得分")
    plt.title("草書辨識")
    plt.xticks(size=10,rotation=0)
    plt.grid()
    plt.show()
```

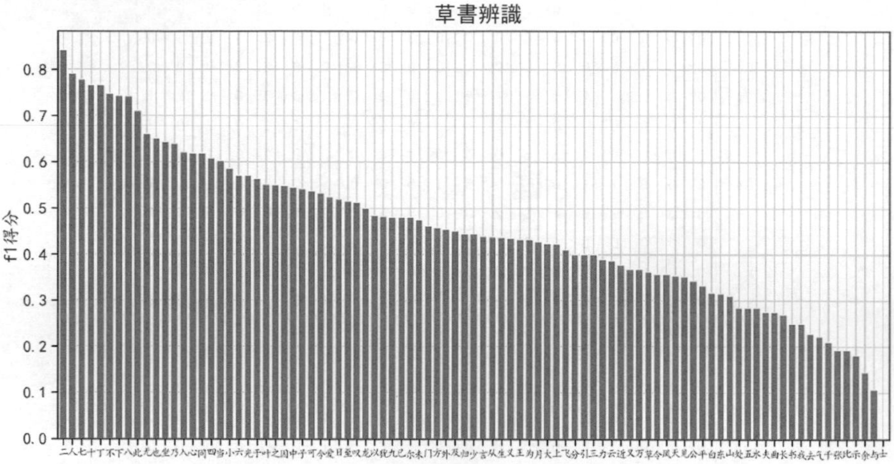

▲ 圖 10-18　每個字預測的 f1 得分高低

10.3.3 全連接神經網路資料回歸

針對全連接神經網路資料回歸，繼續使用 ENB2012 資料集進行演示分析。這裡讀取資料並將其切分為訓練集和測試集。

```
In[11]:## 使用MLP進行回歸分析,使用ENB2012資料集
       enbdf=pd.read_excel("data/chap8/ENB2012.xlsx")
       ## 將資料切分為訓練集和測試集
       X_trainenb,X_testenb,y_trainenb,y_testenb=train_test_split(
           enbdf.iloc[:,0:8], enbdf["Y1"],test_size=0.3,random_state=1)
       print("X_trainenb.shape :",X_trainenb.shape)
       print("X_testenb.shape :",X_testenb.shape)
Out[11]:X_trainenb.shape : (537, 8)
        X_testenb.shape : (231, 8)
```

這裡不再對資料進行標準化等前置處理，直接使用 MLPRegressor() 函數建立包含兩個隱藏層的 NLP 模型，每個隱藏層均有 100 個神經元。從模型對訓練集和測試集預測結果的均方根誤差設定值中可知，模型的預測效果並不好，原因可能是資料未標準化，導致模型不能收斂。

```
In[12]:## 使用未標準化的資料，利用MLP進行回歸分析
       mlpr1=MLPRegressor(hidden_layer_sizes=(100,100),
                          activation="tanh",batch_size=128,
                          learning_rate="adaptive",random_state=12,
                          max_iter=2000)
       mlpr1.fit(X_trainenb,y_trainenb)
       ## 計算在訓練集和測試集上的預測均方根誤差
       mlpr1_lab=mlpr1.predict(X_trainenb)
       mlpr1_pre=mlpr1.predict(X_testenb)
       print("訓練集上的均方根誤差:",mean_squared_error(y_trainenb, mlpr1_lab))
       print("測試集上的均方根誤差:",mean_squared_error(y_testenb, mlpr1_pre))
Out[12]:訓練集上的均方根誤差: 15.544279699427712
        測試集上的均方根誤差: 17.899169177719884
```

下面是對資料進行標準化前置處理的過程，然後建立同樣的 MLP 回歸模型，執行程式後可以發現，此時在訓練集上的預測誤差和測試集上的預測誤差都很小，説明資料是否進行標準化前置處理對模型的收斂影響很大。

```
In[13]:## 資料標準化前置處理
       std=StandardScaler()
       X_trainenb_s=std.fit_transform(X_trainenb)
       X_testenb_s=std.transform(X_testenb)
       ## 使用標準化的資料,利用MLP進行回歸分析
       mlpr2=MLPRegressor(hidden_layer_sizes=(100,100),
                          activation="tanh",batch_size=128,
                          learning_rate="adaptive",random_state=12,
                          max_iter=2000)
       mlpr2.fit(X_trainenb_s,y_trainenb)
       ## 計算在訓練集和測試集上的預測均方根誤差
       mlpr2_lab=mlpr2.predict(X_trainenb_s)
```

```
        mlpr2_pre=mlpr2.predict(X_testenb_s)
        print("訓練集上的均方根誤差:",mean_squared_error(y_trainenb, mlpr2_lab))
        print("測試集上的均方根誤差:",mean_squared_error(y_testenb, mlpr2_pre))
Out[13]:訓練集上的均方根誤差: 0.21208882235197163
         測試集上的均方根誤差: 0.35718155504336646
```

為了分析資料標準化對演算法收斂情況的具體影響，分別視覺化出上面兩個模型訓練過程中損失函數的變化情況，執行下面的程式後，結果如圖 10-19 所示。

```
In[14]:## 視覺化訓練過程中損失函數的變換情況
        plt.figure(figsize=(10,6))
        plt.plot(mlpr1.loss_curve_,"r-",linewidth=3,label="資料未標準化")
        plt.plot(mlpr2.loss_curve_,"b--",linewidth=3,label="資料已標準化")
        plt.grid()
        plt.legend()
        plt.xlabel("疊代次數")
        plt.ylabel("損失函數大小")
        plt.title("訓練資料是否標準化對網路的影響")
        plt.show()
```

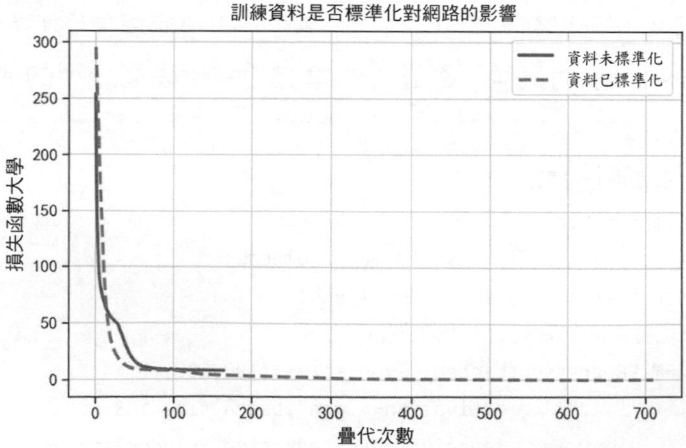

▲ 圖 10-19　不同模型損失函數的變化情況

從圖 10-19 中可以發現，資料是否標準化，網路的損失函數都能夠迅速下降，但是針對相同的網路，對資料進行標準化後的模型，預測的精度更高。

針對獲得的兩種回歸模型，可以將它們在測試集上的預測效果和原始資料進行比較分析，下面的程式將原始資料、MLP1 的預測結果與 MLP2 的預測結果同時視覺化，程式執行後的結果如圖 10-20 所示。

```
In[15]:## 視覺化兩種模型在測試集上的預測效果
       plt.figure(figsize=(10,6))
       index=np.argsort(y_testenb)
       plt.plot(np.arange(len(index)),y_testenb.values[index],"r",
                linewidth=2, label="原始資料")
       plt.plot(np.arange(len(index)),mlpr1_pre[index],"bo",
                markersize=5,label="資料未標準化的模型預測值")
       plt.plot(np.arange(len(index)),mlpr2_pre[index],"gs",
                markersize=5,label="資料已標準化的模型預測值")
       plt.legend()
       plt.grid()
       plt.xlabel("Index")
       plt.ylabel("Y")
       plt.title("全連接神經網路回歸")
       plt.show()
```

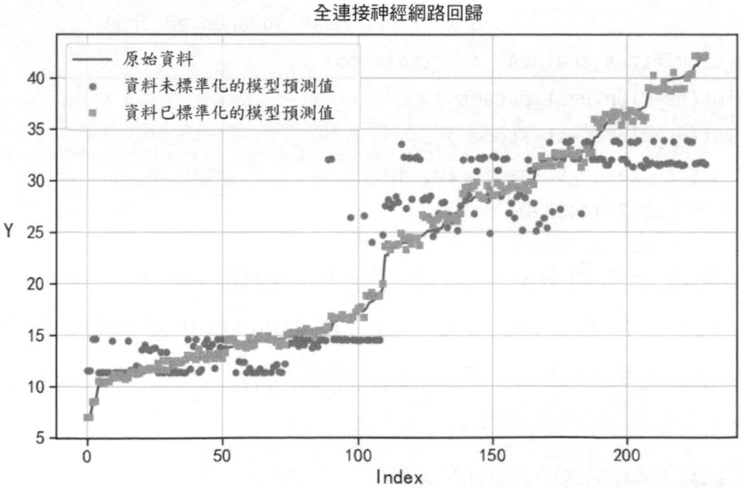

▲ 圖 10-20　全連接神經網路回歸效果

從圖 10-20 中可以發現，資料已標準化的模型預測值更接近於原始的資料設定值，圖中方塊為標準化後資料訓練得到模型的預測值。

同時，可以發現 MLP 模型的預測精度並沒有使用 SVM 回歸的精度高，針對這種情況，利用參數網格搜索的方式，分析兩個隱藏層分別使用不同神經元數量時，對資料的預測效果。程式如下：

```
In[16]:## 使用參數網格搜索分析兩個隱藏層神經元的數量對模型精度的影響
       ## 定義模型
       mlpr3=MLPRegressor(activation="relu",batch_size=128,
                          learning_rate="adaptive",random_state=12,
                          max_iter=2000)
       ## 定義網格參數
       hid1=np.arange(20,210,20)
       hid2=np.arange(20,210,20)
       xx,yy=np.meshgrid(hid1,hid1)
       hls=[(x,y) for x,y in zip(xx.flatten(),yy.flatten())]
       para_grid=[{"hidden_layer_sizes":hls}]
       ## 使用5折交換驗證進行搜索,使用均方根誤差的負數作為得分
       gs_mlpr=GridSearchCV(mlpr3,para_grid,cv=5,n_jobs=4,
                            scoring="neg_mean_squared_error")
       gs_mlpr.fit(X_trainenb_s,y_trainenb)
       print(gs_mlpr.best_params_)
       print(gs_mlpr.best_score_)
Out[16]:{'hidden_layer_sizes': (20, 40)}
        -0.28891057074483206
```

從參數網格搜索的輸出結果中可以發現，當第一個隱藏層有 20 個神經元，第二個隱藏層有 40 個神經元時，獲得的 MLP 模型資料回歸效果最好。針對參數搜索的結果，可以使用下面的程式將較好的幾組參數組合輸出。

```
In[17]:## 將輸出的所有搜索結果進行處理
       results=pd.DataFrame(gs_mlpr.cv_results_)
       ## 輸出感興趣的結果
       results2=results[["mean_test_score","std_test_score","params"]]
```

```
        results2=results2.sort_values(["mean_test_score"],ascending= False)
        results2=results2.reset_index(drop=True)
        results2.head()
Out[17]:
```

	mean_test_score	std_test_score	params
0	-0.288911	0.066371	{'hidden_layer_sizes': (20, 40)}
1	-0.310435	0.049840	{'hidden_layer_sizes': (20, 160)}
2	-0.311317	0.140522	{'hidden_layer_sizes': (200, 40)}
3	-0.318775	0.087564	{'hidden_layer_sizes': (180, 40)}
4	-0.320158	0.049208	{'hidden_layer_sizes': (160, 140)}

針對獲得的最佳的 MLP 模型，對測試集進行預測，並輸出在訓練資料和測試資料上的均方根誤差。從輸出結果中可以發現，在測試集上的預測精度更高了，預測誤差可以達到 0.255。

```
In[18]:## 輸出在測試集上的預測情況
        print("最好模型使用的參數為:",gs_mlpr.best_params_)
        gs_mlpr_lab=gs_mlpr.best_estimator_.predict(X_trainenb_s)
        gs_mlpr_pre=gs_mlpr.best_estimator_.predict(X_testenb_s)
        print("訓練集上的均方根誤差:",mean_squared_error(y_trainenb, gs_mlpr_lab))
        print("測試集上的均方根誤差:",mean_squared_error(y_testenb, gs_mlpr_pre))
Out[18]:最好模型使用的參數為: {'hidden_layer_sizes': (20, 40)}
         訓練集上的均方根誤差: 0.18619007428749085
         測試集上的均方根誤差: 0.2550967051005892
```

10.4 本章小結

本章主要介紹了支援向量機模型和全連接神經網路模型在實際資料任務中的應用。針對支援向量機模型，介紹了其資料分類和資料回歸的應用；針對全連接神經網路，則分別介紹了不同隱藏層數量的網路在分類和回歸問題中的應用。該章節出現的相關函數如表 10-1 所示。

表 10-1 相關函數

函數庫	模組	函數	功能
sklearn	svm	SVC	支援向量機分類
		LinearSVC	線性支援向量機分類
		SVR	支持向量機回歸
	neural_network	MLPClassifier	全連接神經網路分類
		MLPRegressor	全連接神經網路回歸

Chapter 11

連結規則與文字探勘

連結規則分析有一個非常經典的故事——超市中啤酒和紙尿布的購買連結。超市透過分析其會員的購物資料，發現成年男性去超市替孩子買紙尿布時，一般都會順手買一些啤酒，於是超市把紙尿布和啤酒放在了一起，方便兩種商品一起購買，這大大增加了超市的銷售額。連結規則演算法是透過分析像購物車這樣的非結構化資料，從中發現有趣資訊的一種演算法。同樣文字資料也是一種常見的非結構化資料，而文字探勘相關的演算法則是從無結構的文字中，發現感興趣的內容，如文字的主題、文字之間的相似性等。因此本章將連結規則和文字探勘放在一起進行討論，介紹如何使用 Python 從非結構化的資料中發現感興趣的內容。

本章先簡單介紹連結規則和文字探勘時相關的模型，然後介紹如何利用 Python 中的相關函數庫和函數進行分析和探勘。

11.1 模型簡介

本節簡單介紹連結規則和文字探勘相關的基礎知識，有助讀者更進一步地了解與分析程式得到的結果。

11.1.1 連結規則

連結規則分析（Association Rule Learning）也叫連結規則探勘或連結規則學習，它試圖在很大的資料集中找出規則或相關的關係。連結規則在探勘過程中，會分析一些事物同時出現的頻率。比如，看買什麼東西和買紙尿布同時出現的頻率最高，購買啤酒的顧客是不是男性所佔的比例較高等（這種方法通常稱為購物車分析）。連結規則的適用範圍很廣，除常用的購物車資料、問卷調查等以分類變數為主的情況外，還可以對連續的資料變數離散化進行連結規則分析。

連結規則是經典機器學習演算法之一，下面先介紹與其相關的幾個概念。

（1）項目：交易資料庫中的欄位，對超市的交易來說一般是指一次交易中的物品，如啤酒。

（2）交易：某個客戶在一次交易中，發生的所有專案的集合，如{麵包，啤酒，紙尿布}。

（3）項集：包含許多個專案的集合，一般會大於 0 個。

（4）頻繁項集：某個項集的支持度大於設定閾值（預先指定或根據資料分佈和經驗來設定），即稱這個項集為頻繁項集。

（5）頻繁模式：頻繁地出現在資料中的模式。舉例來說，頻繁出現在交易資料中的商品（如麵包和啤酒）集合就是頻繁項集。先買了一件外套，然後買了褲子，最後買了雙鞋子，如果它頻繁地出現在購物的歷史資料中，則稱它為一個頻繁的序列模式。

（6）連結規則：設 I 是項的集合，指定一個交易資料庫 D，其中的每項交易 d_i 都是 I 的不可為空子集，每一個交易都有唯一的識別符號對應。連結規則是形如 $X \Rightarrow Y$ 的蘊含式，其中 X、Y 屬於項的集合 I，並且 X 與 Y 的交集為空集，則 X、Y 分別稱為規則的先導和後繼（或稱前項和後項）。

- 支持度：連結規則 $X \Rightarrow Y$ 的支持度（support）是 D 中交易包含 X 和 Y 同時出現的百分比，它就是機率 $P(Y \cup X)$。即：

$$\text{support}\left(X \Rightarrow Y\right) = P(X \cup Y)$$

- 置信度：連結規則 $X \Rightarrow Y$ 的置信度（confidence）是 D 中包含 X 的交易同時也包含 Y 的交易百分比，它就是條件機率 $P(Y|X)$。即

$$\text{confidence}\left(X \Rightarrow Y\right) = P(Y|X) = \frac{\text{support}(X \cup Y)}{\text{support}(X)}$$

規則的置信度可以透過規則的支援度計算出來，得到對應的連結規則 $X \Rightarrow Y$ 和 $Y \Rightarrow X$，可以透過以下步驟找出強連結規則。

（i）找出所有的頻繁項集：找到滿足最小支持度的所有頻繁項集。

（ii）由頻繁項集產生強連結規則：這些規則必須同時滿足指定的最小置信度和最小支持度。

- 提升度：連結規則的一種簡單相關性度量，$X \Rightarrow Y$ 的提升度即在含有 X 的條件下同時含有 Y 的機率，與 Y 整體發生的機率之比。X 和 Y 的提升度可以透過下面的公式進行求解：

$$\text{lift}(X, Y) = \frac{P(Y|X)}{P(Y)} = \frac{\text{support}(X \cup Y)}{\text{support}(X)\text{support}(Y)}$$

如果 lift(X,Y) 的值小於 1，則表明 X 的出現和 Y 的出現是負相關的，即一個出現可能導致另一個不出現；如果值等於 1，則表明 X 和 Y 是獨立的，它們之間沒有關係；如果值大於 1，則 X 和 Y 是正相關的，即每一個的出現都蘊含著另一個的出現。提升度可以用於判斷獲得的規則是不是有用的規則。

發現資料中連結規則的常用演算法有 Apriori 演算法和 FPGrowth 演算法，這裡不再詳細介紹這些演算法的工作模式，後面會介紹如何使用

Python 針對資料進行連結規則探勘。圖 11-1 展示了基本的連結規則分析流程。

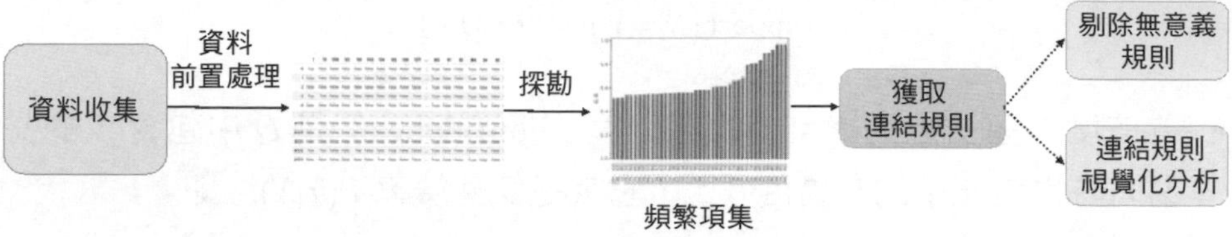

▲ 圖 11-1　連結規則流程示意圖

11.1.2 文字探勘

文字資料是常見的非結構資料類型之一，文字探勘（Text Mining）就是從文字資料中獲取有用資訊的一種方法，它在機器學習及人工智慧領域扮演著重要角色。文字探勘有時也被稱為文字資料探勘，一般指透過對文字資料進行處理，從中發現高品質的、可利用的資訊。文字中的高品質資訊通常透過分類和預測來產生，如模式辨識、情感分類等。本節介紹的文字探勘內容如圖 11-2 所示。

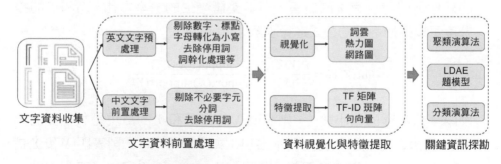

▲ 圖 11-2　文字探勘流程示意圖

在圖 11-2 中，針對文字探勘的內容可以分為 4 個部分：資料收集、文字資料前置處理、資料視覺化與特徵提取、關鍵資訊探勘。

（1）資料收集。文字資料無處不在，所以收集時非常方便，如網路上的文字資料、電影評論、新聞等，書籍的內容也是文字資料，在資料收集時抓取技術非常有用。

（2）文字資料前置處理。在文字資料前置處理階段根據文字語言的不同，處理方式會有些差異。針對英文文字，通常包括剔除文字中的數字、標點符號、多餘的空格；將所有的字母都轉化為小寫字母；剔除不能有效表達資訊甚至會對分析起干擾作用的停用詞；對文字進行詞幹化處理，只保留詞語的詞幹等。而針對中文文字，除了要剔除不需要的字元外，還需要首先對文字進行分詞操作，分詞是中文文字資料特有的資料前置處理流程。

（3）資料視覺化與特徵提取。針對文字資料的視覺化方式通常是視覺化詞語出現的次數，如使用詞雲、頻數橫條圖等方式，資料視覺化是為了能夠快速地從大量的文字資料中，對資料進行一些綜合性的了解，幫助後面的資料探勘過程。特徵提取通常會從文字資料中提取 TF 矩陣、TF-IDF 矩陣以及句向量等特徵，這些特徵通常用於文字探勘的相關分析。

（4）關鍵資訊探勘。這部分主要是使用一些有監督或無監督的機器學習演算法，從文字中獲取更深層次的資訊。如使用無監督的主題模型來分析文字中包含的主題；使用聚類分析演算法分析文字之間的關係和聚集特性；使用有監督的機器學習演算法，對文字資料進行分類等。

後面將以具體的資料集為例，介紹如何利用 Python 進行對應的文字探勘。這裡先匯入相關的函數庫和模組，其中 mlxtend 函數庫主要用於介紹連結規則分析，jieba 函數庫用於中文的分詞操作，Gensim 函數庫和 pyLDAvis 函數庫用於 LDA 主題模型。

```
## 輸出高畫質圖型
%config InlineBackend.figure_format='retina'
%matplotlib inline
## 圖型顯示中文的問題
```

```
import matplotlib
matplotlib.rcParams['axes.unicode_minus']=False
import seaborn as sns
sns.set(font= "Kaiti",style="ticks",font_scale=1.4)
import numpy as np
import pandas as pd
import matplotlib.pyplot as plt
from mpl_toolkits.mplot3d import Axes3D
## 探勘頻繁項集和連結規則
from mlxtend.frequent_patterns import *
from mlxtend.preprocessing import TransactionEncoder
from mlxtend.plotting import *
import networkx as nx
import glob
import re
import string
from WordCloud import WordCloud
import jieba
import csv
from sklearn.feature_extraction.text import *
from sklearn.manifold import TSNE
from scipy.cluster.hierarchy import dendrogram,linkage,fcluster
from sklearn.cluster import KMeans
from sklearn.metrics.cluster import v_measure_score
from gensim.models.doc2vec import Doc2Vec, TaggedDocument
from gensim.corpora import Dictionary
from gensim.models.ldamodel import LdaModel
import pyLDAvis
import pyLDAvis.gensim_models
import altair as alt
```

11.2 資料連結規則探勘

介紹如何進行資料連結規則探勘之前，準備可以進行分析的資料，使用下面的程式從檔案中讀取資料。

```
In[1]:##  讀取資料,根據文字檔進行資料讀取
      ARdf=pd.read_table("data/chap11/mushroom.dat",header=None)
      print(ARdf.head())
Out[1]:                                          0
        0  139132325343638405254596367768...
        1  239142326343639405255596367768...
        2  249152327343639415255596367768...
        3  1310152325343638415254596367 76 ...
        4  239162428343739405354596367768...
```

在讀取的資料中每行表示一個樣本，每個樣本中包含著不同的特性，這些特性的設定值使用空格分開，例如第 0 個樣本包含 1、3、9 等特性。針對該資料進行連結規則探勘的目標就是發現資料集中的規則，例如 $\{1,3,9,10\} \Rightarrow \{4,8,55\}$ 等。

進行連結規則探勘之前，先對資料進行前置處理。下面的程式中，將每行資料處理為串列，從程式輸出結果中可以發現一共包含 8124 個樣本序列，並且所有資料一共包含 119 個特性。

```
In[2]:##上面的資料在進行連結規則之前，需要將其處理為串列
      ARlist=ARdf.iloc[:,0].str.split(pat=" ") #使用空格將商品之間進行切分
      ARlist=ARlist.str[:-1]    ## 剔除最後一個空格
      ARlist=ARlist.tolist()    #資料轉化為串列
      print("序列的數量:",len(ARlist))
      print("包含的特徵內容:\n",np.unique(sum(ARlist, [])))
      print("類目的數量:",len(np.unique(sum(ARlist, []))))
Out[2]:序列的數量: 8124
       包含的特徵內容:
 ['1' '10' '100' '101' '102' '103' '104' '105' '106' '107' '108' '109' '11'
 '110' '111' '112' '113' '114' '115' '116' '117' '118' '119' '12' '13'
 '14' '15' '16' '17' '18' '19' '2' '20' '21' '22' '23' '24' '25' '26' '27'
 '28' '29' '3' '30' '31' '32' '33' '34' '35' '36' '37' '38' '39' '4' '40'
 '41' '42' '43' '44' '45' '46' '47' '48' '49' '5' '50' '51' '52' '53' '54'
 '55' '56' '57' '58' '59' '6' '60' '61' '62' '63' '64' '65' '66' '67' '68'
 '69' '7' '70' '71' '72' '73' '74' '75' '76' '77' '78' '79' '8' '80' '81'
```

```
'82' '83' '84' '85' '86' '87' '88' '89' '9' '90' '91' '92' '93' '94' '95'
'96' '97' '98' '99']
類目的數量: 119
```

為了方便使用 mlxtend 函數庫進行連結規則分析，將前面獲得的串列資料使用函數 TransactionEncoder() 進行資料變換，處理後的資料每個特性作為列名稱，每個樣本對應著行，如果樣本中有某種特性，則對應的設定值為 True，否則為 False。程式如下：

```
In[3]:## 為了使用mlxtend函數庫進行連結規則的相關分析，對串列資料進行處理
      te=TransactionEncoder()
      AR_array=te.fit(ARlist).transform(ARlist)
      df=pd.DataFrame(AR_array, columns=te.columns_)
      df
Out[3]:
```

	1	10	100	101	102	103	104	105	106	107	...	90	91	92	93	94	95	96	97	98	99
0	True	False	False	False	False	False	False	False	False	True	...	True	False	False	True	False	False	False	False	True	False
1	False	False	False	False	False	False	False	False	False	False	...	True	False	False	True	False	False	False	False	False	True
2	False	False	False	False	False	False	False	False	False	False	...	True	False	False	True	False	False	False	False	False	True
3	True	True	False	False	False	False	False	False	False	True	...	True	False	False	True	False	False	False	False	True	False
4	False	False	False	False	False	False	False	False	False	False	...	True	False	False	False	True	False	False	False	False	True
...	...	...	...	...	...	...	...	...	...	...	...	...	...	...	...	...	...	...	...	...	...
8119	False	False	False	False	False	False	False	False	True	False	...	True	False	False	True	False	False	False	False	False	False
8120	False	False	False	False	False	False	False	False	True	False	...	True	False	False	True	False	False	False	False	False	False
8121	False	False	False	False	False	False	False	False	True	False	...	True	False	False	True	False	False	False	False	False	False
8122	True	True	False	False	True	False	False	False	False	False	...	True	False	False	False	True	False	False	False	False	False
8123	False	False	False	False	False	False	True	False	False	False	...	True	False	False	True	False	False	False	False	False	False

8124 rows × 119 columns

11.2.1 FPGrowth 連結規則探勘

mlxtend 函數庫中同時提供了 FPGrowth 和 Apriori 兩種連結規則演算法，本節介紹如何使用 FPGrowth 演算法進行連結規則分析。下面的程式使用 fpgrowth() 函數獲取資料中的頻繁項集，並且計算輸出結果中每個頻繁項集的元素數量，因此在輸出結果中包含 support（支持度）、itemsets（頻繁項集）與 length（頻繁項集的元素數量）三個變數。

```
In[4]:## 使用FPGrowth演算法獲取資料中的頻繁項集
      iterm_fre=fpgrowth(df, min_support=0.5,   ## 支持度閾值
                        max_len=4,              ## 項集中的最大元素數量
                        use_colnames=True)      ## 輸出中使用列名稱
      ## 計算每個itemsets的元素數量
      iterm_fre["length"]=iterm_fre["itemsets"].apply(lambda x: len(x))
      iterm_fre
Out[4]:
```

	support	itemsets	length
0	1.000000	(85)	1
1	0.975382	(86)	1
2	0.974151	(34)	1
3	0.921713	(90)	1
4	0.838503	(36)	1
...	...	...	...
140	0.567208	(85, 53, 86)	3
141	0.567208	(34, 53, 90, 86)	4
142	0.567208	(34, 53, 90, 85)	4
143	0.567208	(85, 53, 90, 86)	4
144	0.567208	(85, 53, 34, 86)	4

145 rows × 3 columns

針對獲得的頻繁項集的支持度可以使用橫條圖進行視覺化，在下面的程式中，分別視覺化出了頻繁項集中元素數量不同情況下，項集對應的支援度大小情況，結果如圖 11-3 所示。

```
In[5]:## 視覺化出頻繁項集的支持度大小
      plt.figure(figsize=(14,8))
      for ii in np.arange(1,5):
          axi=plt.subplot(2,2,ii)
          plotdata=iterm_fre[iterm_fre.length == ii].sort_values("support")
          plotdata.plot(kind="bar",x="itemsets",y= "support",
                        legend=None,width=0.8,ax=axi)
          plt.title("頻繁項集的支持度")
          plt.ylabel("支持度")
```

```
        plt.xlabel("")
plt.tight_layout()
plt.show()
```

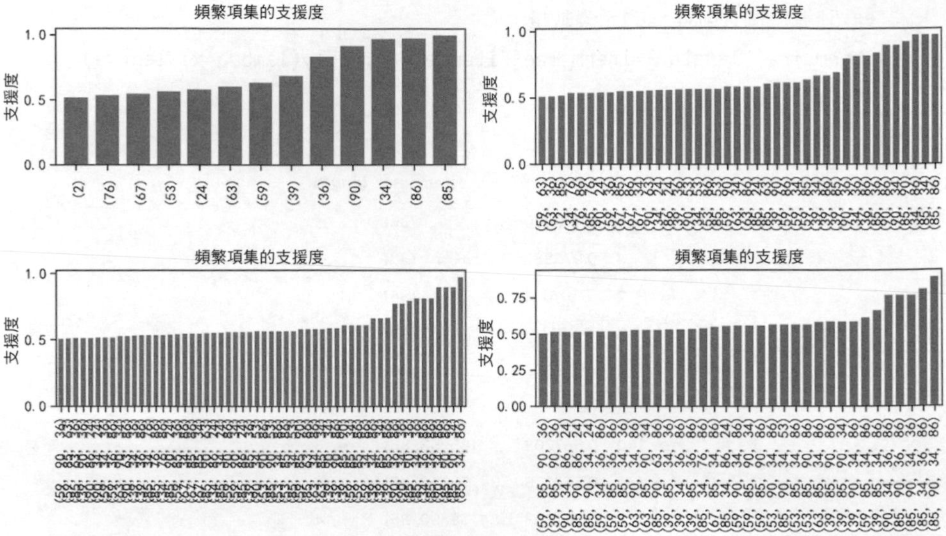

▲ 圖 11-3　頻繁項集的支持度大小

使用 FPGrowth 演算法獲得的頻繁項集，可以使用 association_rules() 函數發掘出其中的連結規則，下面的程式中利用置信度的大小對獲取的規則進行篩選，只保留置信度大於等於 0.9 的規則，從輸出的結果中可以發現一共獲取了 380 筆規則。

```
In[6]:## 透過頻繁項集找到連結規則,利用置信度篩選
      # 發現規則使用的頻繁項集資料
              rule1=association_rules(iterm_fre[["support","itemsets"]],
      # 使用的置信度及閾值
      metric="confidence", min_threshold=0.9)
      rule1
Out[6]:
```

	antecedents	consequents	antecedent support	consequent support	support	confidence	lift	leverage	conviction
0	(85)	(86)	1.000000	0.975382	0.975382	0.975382	1.000000	0.000000	1.000000
1	(86)	(85)	0.975382	1.000000	0.975382	1.000000	1.000000	0.000000	inf
2	(34)	(85)	0.974151	1.000000	0.974151	1.000000	1.000000	0.000000	inf
3	(85)	(34)	1.000000	0.974151	0.974151	0.974151	1.000000	0.000000	1.000000
4	(34)	(86)	0.974151	0.975382	0.973166	0.998989	1.024203	0.022997	24.353767
...	...	...	...	...	...	...	...	...	...
375	(86, 53, 34)	(85)	0.567208	1.000000	0.567208	1.000000	1.000000	0.000000	inf
376	(53, 85)	(34, 86)	0.567208	0.973166	0.567208	1.000000	1.027574	0.015221	inf
377	(53, 34)	(86, 85)	0.567208	0.975382	0.567208	1.000000	1.025240	0.013964	inf
378	(53, 86)	(34, 85)	0.567208	0.974151	0.567208	1.000000	1.026535	0.014662	inf
379	(53)	(86, 34, 85)	0.567208	0.973166	0.567208	1.000000	1.027574	0.015221	inf

380 rows × 9 columns

在獲取的輸出結果中，antecedents 表示規則中的前項、consequents 表示規則中的後項、support 表示支持度、confidence 表示置信度、lift 表示提升度、leverage 和 conviction 分別表示杠桿率和確信度。其中杠桿率跟提升度類似，杠桿率大於 0 說明有一定關係，越大說明兩者的相關性越強，確信度也用來衡量前項和後項的獨立性，這個值越大，前項和後項越連結。

association_rules() 函數中也可以使用其他參數指定篩選規則的方式，舉例來說，在下面的程式中只獲取提升度大於等於 1.2 的規則，從輸出結果中一共發現了 6 筆規則。

```
In[7]:## 透過頻繁項集找到連結規則，利用提升度篩選
     # 發現規則使用的頻繁項集資料
     rule1=association_rules(iterm_fre[["support","itemsets"]],
     # 使用的置信度及閾值
                                metric="lift", min_threshold=1.2)
     rule1
Out[7]:
```

	antecedents	consequents	antecedent support	consequent support	support	confidence	lift	leverage	conviction
0	(59)	(63)	0.637125	0.607582	0.511571	0.802937	1.321527	0.124465	1.991327
1	(63)	(59)	0.607582	0.637125	0.511571	0.841977	1.321527	0.124465	2.296350
2	(59, 85)	(63)	0.637125	0.607582	0.511571	0.802937	1.321527	0.124465	1.991327
3	(85, 63)	(59)	0.607582	0.637125	0.511571	0.841977	1.321527	0.124465	2.296350
4	(59)	(85, 63)	0.637125	0.607582	0.511571	0.802937	1.321527	0.124465	1.991327
5	(63)	(59, 85)	0.607582	0.637125	0.511571	0.841977	1.321527	0.124465	2.296350

11.2.2 Apriori 連結規則探勘

mlxtend 函數庫中還提供了 apriori() 函數，利用 Apriori 演算法進行連結規則探勘，下面的程式透過最小支援度對發現的頻繁項集進行篩選，執行程式後可以發現找到了 565 筆頻繁項集。

```
In[8]:## 使用Apriori演算法發現頻繁項集
      iterm_fre2=apriori(df, min_support=0.4,use_colnames=True)
      iterm_fre2
Out[8]:
```

	support	itemsets
0	0.482029	(1)
1	0.497292	(110)
2	0.517971	(2)
3	0.415559	(23)
4	0.584441	(24)
...	...	...
560	0.454948	(36, 34, 63, 86, 90, 85)
561	0.407681	(34, 86, 90, 85, 39, 56)
562	0.442639	(34, 63, 86, 90, 85, 59)
563	0.407681	(36, 86, 90, 85, 39, 56)
564	0.407681	(36, 34, 86, 90, 85, 39, 56)

565 rows × 2 columns

針對上面利用 Apriori 演算法獲得的頻繁項集 iterm_fre2，同樣可以使用 association_rules() 函數從中發現連結規則，在下面的程式中只獲取提升度大於等於 1.1 的規則，一共發現了 2 136 筆規則。

```
In[9]:## 發現資料中的連結規則，使用提升度來分析
      rule2=association_rules(iterm_fre2, metric="lift", min_threshold=1.1)
      ## 計算獲得規則中相關項集的長度
      rule2["antecedent_len"]=rule2["antecedents"].apply(lambda x: len(x))
      rule2["consequent_len"]=rule2["consequents"].apply(lambda x: len(x))
      rule2
Out[9]:
```

	antecedents	consequents	antecedent support	consequent support	support	confidence	lift	leverage	conviction	antecedent_len	consequent_len
0	(1)	(24)	0.482029	0.584441	0.405219	0.840654	1.438389	0.123502	2.607898	1	1
1	(24)	(1)	0.584441	0.482029	0.405219	0.693345	1.438389	0.123502	1.689099	1	1
2	(36)	(1)	0.838503	0.482029	0.468242	0.558426	1.158492	0.064060	1.173012	1	1
3	(1)	(36)	0.482029	0.838503	0.468242	0.971399	1.158492	0.064060	5.646620	1	1
4	(36)	(110)	0.838503	0.497292	0.473658	0.564885	1.135923	0.056677	1.155347	1	1
...	...	...	...	...	...	...	...	...	...	...	...
2131	(56, 85)	(36, 34, 86, 90, 39)	0.464796	0.494338	0.407681	0.877119	1.774331	0.177915	4.115044	2	5
2132	(39, 56)	(36, 34, 86, 90, 85)	0.422452	0.772033	0.407681	0.965035	1.249991	0.081534	6.519842	2	5
2133	(36)	(34, 86, 90, 85, 39, 56)	0.838503	0.407681	0.407681	0.486201	1.192601	0.065839	1.152822	1	6
2134	(39)	(36, 34, 86, 90, 85, 56)	0.690793	0.419498	0.407681	0.590164	1.406834	0.117895	1.416425	1	6
2135	(56)	(36, 34, 86, 90, 85, 39)	0.464796	0.494338	0.407681	0.877119	1.774331	0.177915	4.115044	1	6

2136 rows × 11 columns

由於發現的規則較多，所以透過觀察資料的內容並不能極佳地分析規則中的內容，下面使用一些視覺化方式，將發現的規則進行視覺化分析。想要分析的是規則中支援度、置信度和提升度之間的關係，針對這三個數值型特徵，可以使用矩陣散點圖進行視覺化分析。執行下面的程式後，矩陣散點圖型視覺化結果如圖 11-4 所示。

```
In[10]:## 使用散點圖型分析視覺化支持度、置信度和提升度的關係
       colnames=["support","confidence","lift"]
       plotdata=rule2[["support","confidence","lift"]].values
       scatterplotmatrix(plotdata, figsize=(14, 10),
                         names=colnames,color="red")
       plt.tight_layout()
       plt.show()
```

透過圖 11-4 可以發現，置信度和支援度並沒有明顯的相關性趨勢，但隨著提升度的增加，置信度也有增大的趨勢。透過對角線的長條圖可以發現支持度主要集中在 0.4 到 0.45 之間。

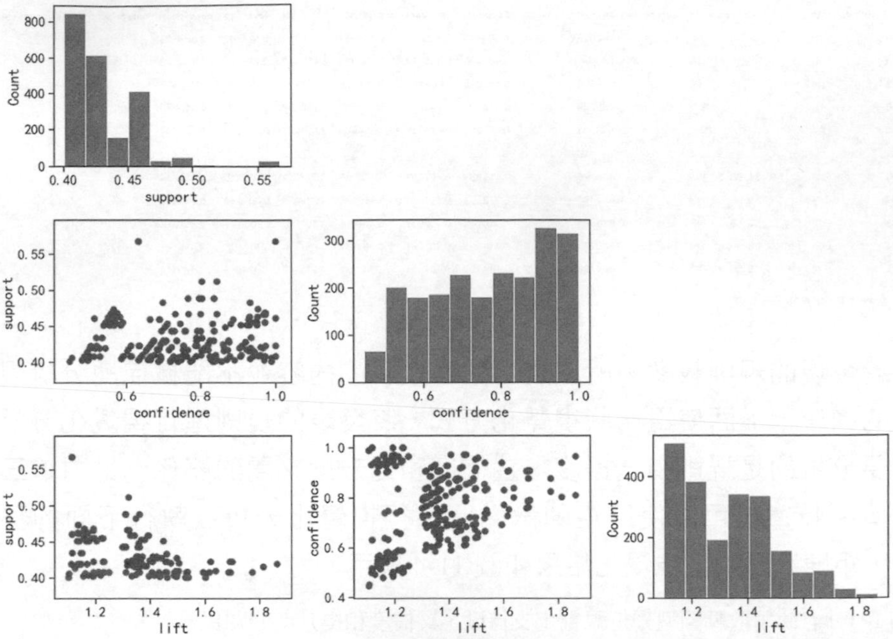

▲ 圖 11-4 連結規則矩陣散點圖型視覺化

針對獲取的連結規則，可以透過不同的條件對規則進行篩選，舉例來說，下面的程式是獲得前項和後項的項目個數都大於 2 的規則，一共可獲得 212 筆規則。

```
In[11]:## 對獲得的規則根據項集的長度進行篩選
       rule3=rule2[ (rule2["antecedent_len"]> 2)&(rule2["consequent_len"]> 2)]
       rule3
Out[11]:
```

	antecedents	consequents	antecedent support	consequent support	support	confidence	lift	leverage	conviction	antecedent_len	consequent_len
1650	(36, 34, 86)	(1, 90, 85)	0.812654	0.468735	0.454948	0.559830	1.194344	0.074029	1.206956	3	3
1651	(36, 34, 90)	(85, 1, 86)	0.772033	0.481044	0.454948	0.589286	1.225015	0.083566	1.263545	3	3
1652	(36, 34, 85)	(1, 90, 86)	0.812654	0.467750	0.454948	0.559830	1.196858	0.074830	1.209193	3	3
1653	(36, 90, 86)	(1, 34, 85)	0.772033	0.479813	0.454948	0.589286	1.228157	0.084517	1.266543	3	3
1654	(85, 36, 86)	(1, 34, 90)	0.814870	0.468735	0.454948	0.558308	1.191096	0.072991	1.202796	3	3
...	...	...	...	...	...	...	...	...	...	...	...
2113	(39, 56, 86)	(36, 34, 90, 85)	0.422452	0.772033	0.407681	0.965035	1.249991	0.081534	6.519842	3	4
2114	(39, 90, 85)	(36, 56, 34, 86)	0.612506	0.434269	0.407681	0.665595	1.532679	0.141689	1.691754	3	4
2115	(56, 90, 85)	(36, 34, 39, 86)	0.450025	0.534958	0.407681	0.905908	1.693419	0.166937	4.942422	3	4
2116	(39, 56, 90)	(85, 36, 34, 86)	0.407681	0.812654	0.407681	1.000000	1.230536	0.076377	inf	3	4
2117	(39, 56, 85)	(36, 34, 90, 86)	0.422452	0.772033	0.407681	0.965035	1.249991	0.081534	6.519842	3	4

212 rows × 11 columns

同樣可以指定前項或後項的元素內容，然後對規則進行篩選，挑出感興趣的規則。下面的程式則是從規則中挑出前項的項目為 90、36、85 三個元素的規則，從輸出結果中可以發現一共有 7 筆規則滿足條件。

```
In[12]:## 從規則3中挑選前項中某些項集包含某些元素的規則
       rule3[rule3["antecedents"] == {"90","36","85"}]
Out[12]:
```

	antecedents	consequents	antecedent support	consequent support	support	confidence	lift	leverage	conviction	antecedent_len	consequent_len
1655	(36, 90, 85)	(1, 34, 86)	0.795667	0.478828	0.454948	0.571782	1.194128	0.073960	1.217072	3	3
1687	(36, 90, 85)	(34, 110, 86)	0.795667	0.485475	0.451009	0.566832	1.167581	0.064733	1.187817	3	3
1775	(36, 90, 85)	(39, 56, 34)	0.795667	0.422452	0.407681	0.512376	1.212863	0.071550	1.184413	3	3
1879	(36, 90, 85)	(56, 34, 86)	0.795667	0.464796	0.419498	0.527228	1.134322	0.049675	1.132055	3	3
2011	(36, 90, 85)	(39, 56, 86)	0.795667	0.422452	0.407681	0.512376	1.212863	0.071550	1.184413	3	3
2097	(36, 90, 85)	(39, 56, 34, 86)	0.795667	0.422452	0.407681	0.512376	1.212863	0.071550	1.184413	3	4

下面的程式則是透過指定後項中所包含的專案，對規則進行篩選，找出後項中為 86、34、36 三個元素的規則，一共發現有 6 筆規則。

```
In[13]:## 從規則3中挑選後項中某些項集包含某些元素的規則
       rule3[rule3["consequents"] == {"86","34","36"}]
Out[13]:
```

	antecedents	consequents	antecedent support	consequent support	support	confidence	lift	leverage	conviction	antecedent_len	consequent_len
1661	(1, 90, 85)	(36, 34, 86)	0.468735	0.812654	0.454948	0.970588	1.194344	0.074029	6.369769	3	3
1693	(110, 90, 85)	(36, 34, 86)	0.486460	0.812654	0.451009	0.927126	1.140861	0.055686	2.570805	3	3
1740	(39, 56, 85)	(36, 34, 86)	0.422452	0.812654	0.422452	1.000000	1.230536	0.079145	inf	3	3
1836	(39, 56, 90)	(36, 34, 86)	0.407681	0.812654	0.407681	1.000000	1.230536	0.076377	inf	3	3
1885	(56, 90, 85)	(36, 34, 86)	0.450025	0.812654	0.419498	0.932166	1.147064	0.053784	2.761845	3	3
2087	(39, 56, 90, 85)	(36, 34, 86)	0.407681	0.812654	0.407681	1.000000	1.230536	0.076377	inf	4	3

針對獲取的規則還可以挑選出項集中包含某些專案的規則，在下面的程式中先定義一個函數 findset()，該函數可以挑選某個集合是否包含某個小的集合，從而可以更靈活地對規則進行篩選，執行下面的程式，則可以獲取前項包含 34、85，後項包含 56、86 的規則，執行程式後可以獲得 11 筆規則。

```
In[14]:## 挑選某個集合是否包含某個小的集合
       def findset(set1,set2):
           "set1:大的集合;set2:小的集合"
           return(set2.issubset(set1))
```

```
## 獲取前項同時包含{"34","85"}，後項同時包含{"56","86"}的規則
        set2={"34","85"}
        set3={"56","86"}
        rule4=rule3[(rule3["antecedents"].apply(findset,set2=set2)& #前項條件
              rule3["consequents"].apply(findset,set2=set3))]#後項條件
        rule4
Out[14]:
```

	antecedents	consequents	antecedent support	consequent support	support	confidence	lift	leverage	conviction	antecedent_len	consequent_len
1724	(36, 34, 85)	(39, 56, 86)	0.812654	0.422452	0.422452	0.519842	1.230536	0.079145	1.202830	3	3
1734	(39, 34, 85)	(36, 56, 86)	0.664943	0.434269	0.422452	0.635320	1.462965	0.133688	1.551310	3	3
1876	(36, 34, 85)	(56, 90, 86)	0.812654	0.450025	0.419498	0.516207	1.147064	0.053784	1.136799	3	3
1942	(39, 34, 85)	(56, 90, 86)	0.664943	0.450025	0.407681	0.613106	1.362384	0.108440	1.421515	3	3
2062	(36, 34, 90, 85)	(39, 56, 86)	0.772033	0.422452	0.407681	0.528061	1.249991	0.081534	1.223777	4	3
2065	(36, 34, 39, 85)	(56, 90, 86)	0.534958	0.450025	0.407681	0.762080	1.693419	0.166937	2.311599	4	3
2079	(39, 34, 90, 85)	(36, 56, 86)	0.588872	0.434269	0.407681	0.692308	1.594192	0.151952	1.838626	4	3
2090	(36, 34, 85)	(39, 56, 90, 86)	0.812654	0.407681	0.407681	0.501666	1.230536	0.076377	1.188599	3	4
2106	(39, 34, 85)	(36, 56, 90, 86)	0.664943	0.419498	0.407681	0.613106	1.461524	0.128739	1.500418	3	4

針對獲得的規則還可以使用網路圖進行視覺化，視覺化時一筆規則的前項指向後項可以作為有方向圖的一條邊。下面的程式則是將滿足某些條件的規則，使用有方向圖進行視覺化分析，程式執行後的結果如圖 11-5 所示。

```
In[15]:## 找到前項和後項長度均為1的連結規則，使用網路圖型視覺化
        rule5=rule2[(rule2["antecedent_len"] == 1 ) &
                    (rule2["consequent_len"] == 1) &
                    (rule2["confidence"] >0.8)]
        ## 獲取規則的前項和後項
        antecedents=[]
        consequents=[]
        for ii in range(len(rule5)):
            antecedents.append(list(rule5.antecedents.values[ii]))
            consequents.append(list(rule5.consequents.values[ii]))
        ## 視覺化
        plt.figure(figsize=(12,10))
        ## 生成社群網站圖
        G=nx.DiGraph()
        ## 為圖型增加邊
        for ii in range(len(antecedents)):
```

```
    G.add_edge(antecedents[ii][0],consequents[ii][0],
               weight=rule5.confidence.values[ii])
## 定義兩種邊
elarge=[(u,v) for (u,v,d) in G.edges(data=True) if d['weight'] >0.9]
esmall=[(u,v) for (u,v,d) in G.edges(data=True) if d['weight'] <= 0.9]
## 圖的佈局方式
pos=nx.circular_layout(G)
# 設定節點的大小
nx.draw_networkx_nodes(G,pos,alpha=0.4,node_size=500)
# 設定邊的形式
nx.draw_networkx_edges(G,pos,edgelist=elarge,width=2,
                       alpha=0.7,edge_color='r',arrowsize=20)
nx.draw_networkx_edges(G,pos,edgelist=esmall,width=2,
                       alpha=0.7,edge_color='b',arrowsize=20)
# 為節點增加標籤
nx.draw_networkx_labels(G,pos,font_size=12)
plt.axis('off')
plt.title("前項和後項長度均為1的規則網路圖")
plt.show()
```

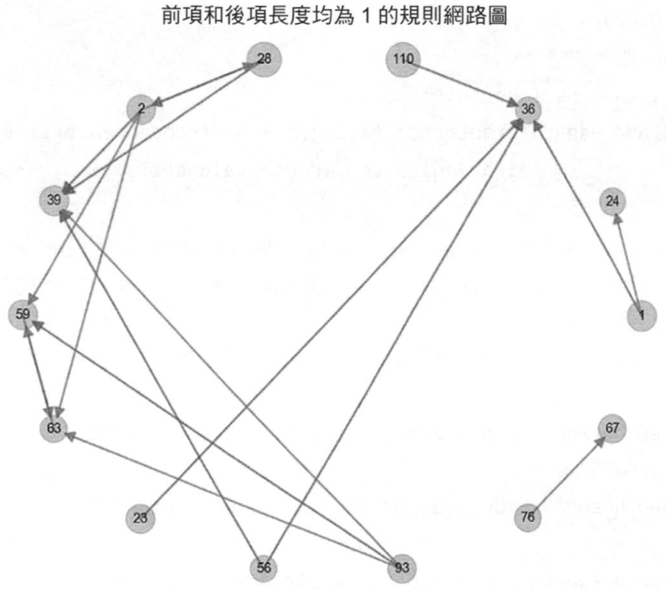

▲ 圖 11-5 連結規則有方向圖視覺化

從圖 11-5 中可以發現，擁於特性 23、56、110 的樣本，會有很大的可能性擁有特性 36。同時在使用有方向圖進行連結規則的視覺化時，可以透過不同的篩選條件，選出感興趣的規則，下面的程式則是視覺化前項長度≤ 2，後項長度為 1 並且置信度大於 0.8 的規則，程式執行後的結果如圖 11-6 所示。

```
In[16]:## 找到前項長度<=2，後項長度為1的連結規則，使用網路圖型視覺化
       rule5=rule2[(rule2["antecedent_len"] <= 2 ) &
                   (rule2["consequent_len"] == 1) &
                   (rule2["confidence"] >0.8)]
       ## 獲取規則的前項和後項
       antecedents=[]
       consequents=[]
       for ii in range(len(rule5)):
           antecedents.append(list(rule5.antecedents.values[ii]))
           consequents.append(list(rule5.consequents.values[ii]))
       ## 視覺化
       plt.figure(figsize=(12,10))
       ## 生成社群網站圖
       G=nx.DiGraph()
       ## 為圖型增加邊
       for ii in range(len(antecedents)):
           G.add_edge(str(antecedents[ii][:]),str(consequents[ii][:]),
                      weight=rule5.confidence.values[ii])
       ## 定義兩種邊
       elarge=[(u,v) for (u,v,d) in G.edges(data=True) if d['weight'] >0.9]
       esmall=[(u,v) for (u,v,d) in G.edges(data=True) if d['weight'] <= 0.9]
       ## 圖的佈局方式
       pos=nx.circular_layout(G)
       #設定節點的大小
       nx.draw_networkx_nodes(G,pos,alpha=0.4,node_size=500)
       # 設定邊的形式
       nx.draw_networkx_edges(G,pos,edgelist=elarge,width=2,
                              alpha=0.7,edge_color='r',arrowsize=20)
       nx.draw_networkx_edges(G,pos,edgelist=esmall,width=2,
                              alpha=0.7,edge_color='b',arrowsize=20)
```

```
# 為節點增加標籤
nx.draw_networkx_labels(G,pos,font_size=8)
plt.axis('off')
plt.title("部分規則的網路圖")
plt.show()
```

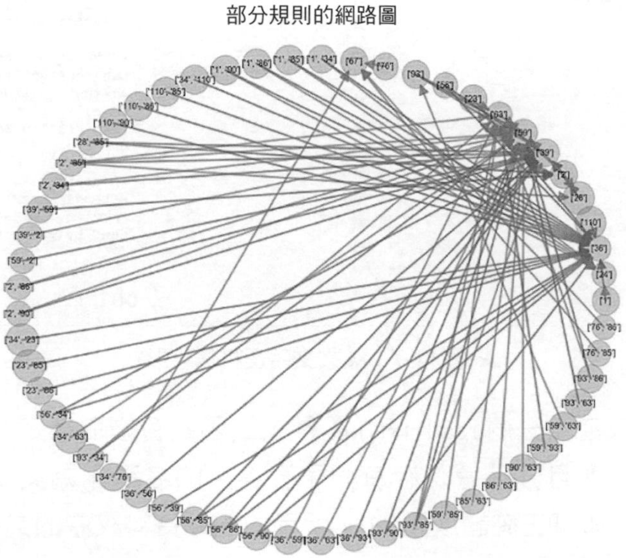

▲ 圖 11-6　部分連結規則有方向圖視覺化

11.3 文字資料前置處理

在介紹文字資料探勘之前，我們先介紹如何對文字資料進行前置處理操作，這裡分別針對英文文字和中文文字以不同的資料集為例進行前置處理。

11.3.1 英文文字前置處理

英文文字的詞語已經被空格切分開了，所以不需要像中文分詞這樣的步驟，下面使用一個英文文字資料集演示如何對文字資料進行前置處理。

這裡查看資料的保存形式，在 bbc 資料夾中包含 5 個子資料夾，每個子資料夾中包含多個 .txt 文字檔。資料讀取就是將 bbc 資料夾中的資料正確讀取，如圖 11-7 所示。

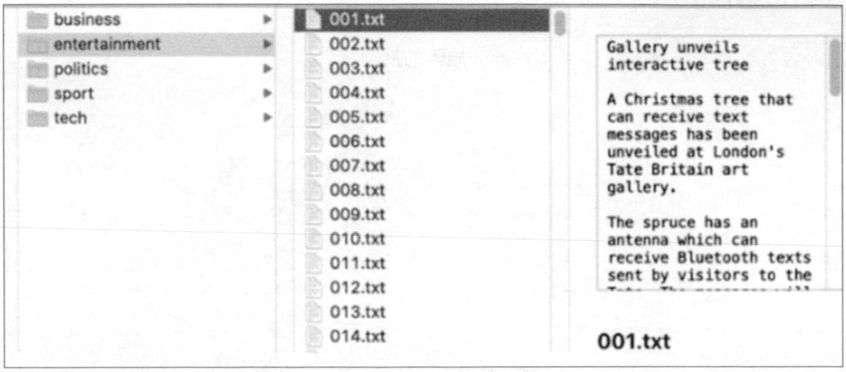

▲ 圖 11-7　英文文字資料保存形式

文字讀取可以定義一個 read_txt() 函數，該函數會讀取指定資料夾下的所有文字資料，並且同時會保存每個子資料夾的名稱作為文字的標籤，執行下面的程式即可正確讀取圖 11-7 所示的 bbc 資料夾中的文字資料。

```
In[1]:## 定義一個讀取文字檔的函數
      def read_txt(folder):
          ## folder="data/chap11/bbc/*"
          ## 獲取子資料夾的路徑
          foldernames=glob.glob(folder)
          ## 獲取每個資料夾的名稱
          names=[folder.split("/")[-1] for folder in foldernames]
          ## 讀取每個子資料夾的文字
          texts=[]
          label=[]
          for foldername in foldernames:
              ## 獲取資料夾的名稱
              names=foldername.split("/")[-1]
              ## 獲取資料夾中的所有檔案資料
              filenames=glob.glob(foldername+"/*")
              ## 讀取每個檔案的文字內容
```

```
            for file in filenames:
                with open(file) as f:
                    texts.append(f.read())
                    label.append(names)
        return texts,label
In[2]:## 使用read_txt()函數從檔案中讀取文字
      folder="data/chap11/bbc/*"
      texts,labels=read_txt(folder)
      ## 將資料整理為資料表格的形式
      textdf=pd.DataFrame(data={"text":texts,"label":labels})
      textdf.head()
Out[2]:
```

	text	label
0	Musicians to tackle US red tape\n\nMusicians' ...	entertainment
1	U2's desire to be number one\n\nU2, who have w...	entertainment
2	Rocker Doherty in on-stage fight\n\nRock singe...	entertainment
3	Snicket tops US box office chart\n\nThe film a...	entertainment
4	Ocean's Twelve raids box office\n\nOcean's Twe...	entertainment

針對讀取的資料對其類別標籤進行分析，同時也可以使用 map() 方法將字串轉化為 0 ～ n-1 的整數，用於表示不同類別的資料，程式如下：

```
In[3]:## 查看每類有多少文字資料
      pd.value_counts(textdf.label)
Out[3]:sport            511
       business         510
       politics         417
       tech             401
       entertainment    386
       Name: label, dtype: int64

In[4]:# 將每個類別的文字轉化為數字
      textdf["labelcode"]=textdf.label.map({"sport":0, "business":1,
                                            "politics":2, "tech":3,
                                            "entertainment":4})
```

```
    textdf.head()
Out[4]:
```

	text	label	labelcode
0	Musicians to tackle US red tape\n\nMusicians' ...	entertainment	4
1	U2's desire to be number one\n\nU2, who have w...	entertainment	4
2	Rocker Doherty in on-stage fight\n\nRock singe...	entertainment	4
3	Snicket tops US box office chart\n\nThe film a...	entertainment	4
4	Ocean's Twelve raids box office\n\nOcean's Twe...	entertainment	4

針對英文文字的前置處理操作主要包含對字元的清洗和對單字的前置處理，下面編寫一個 text_preprocess() 函數，主要對英文文字進行以下前置處理操作：①將字母轉化為小寫；②去除數字；③去除標點符號；④去除非英文字元；⑤去除多餘的空格。最後針對文字資料使用 text_preprocess() 函數，執行下面的程式後，輸出的前置處理前後的文字效果如下。

```
In[5]:## 對資料文字進行資料前置處理和清洗
    def text_preprocess(text_data):
        text_pre=[]
        for text1 in text_data:
            text1=text1.lower()          ## 轉化為小寫
            text1=re.sub("\d+", "", text1) ## 去除數字
            ## 去除標點符號
            text1=text1.translate(str.maketrans("","", string.punctuation))
            text1=re.sub("[^a-zA-Z]+", " ",text1) ## 剔除非英文字元
            text1=text1.strip()      ## 去除多餘的空格
            text_pre.append(text1)
        return text_pre

In[6]:## 對文字資料進行前置處理
    textdf["text_pre"]=text_preprocess(textdf.text)
    ## 查看部分前置處理前後的內容
    print("前置處理前的部分內容:\n",textdf.text.head())
```

```
    print("前置處理後的部分內容:\n",textdf.text_pre.head())
Out[15]:前置處理前的部分內容:
0    Musicians to tackle US red tape\n\nMusicians' ...
1    U2's desire to be number one\n\nU2, who have w...
2    Rocker Doherty in on-stage fight\n\nRock singe...
3    Snicket tops US box office chart\n\nThe film a...
4    Ocean's Twelve raids box office\n\nOcean's Twe...
Name: text, dtype: object
前置處理後的部分內容:
0    musicians to tackle us red tape musicians grou...
1    us desire to be number one u who have won thre...
2    rocker doherty in onstage fight rock singer pe...
3    snicket tops us box office chart the film adap...
4    oceans twelve raids box office oceans twelve t...
Name: text_pre, dtype: object
```

可以發現前置處理後的英文文字更加乾淨，剔除了很多干擾資訊。前置處理後的文字可以使用詞雲進行視覺化分析，下面的程式則是視覺化出了所有英文文字的詞雲，程式執行後的結果如圖 11-8 所示。

```
In[7]:## 使用詞雲視覺化前置處理後的文字資料
    plt.figure(figsize=(18,12))
    ## 設定詞雲參數
    WordC=WordCloud(margin=1,width=1800, height=1200,
                    max_words=1000, min_font_size=10,
                    background_color="white",max_font_size=200,)
    ## 從文字資料中視覺化詞雲
    WordC.generate_from_text(" ".join(textdf.text_pre))
    plt.imshow(WordC)
    plt.axis("off")
    plt.show()
```

▲ 圖 11-8　英文文字詞雲圖

11.3.2《三國演義》文字前置處理

中文文字資料探勘和英文文字不同，中文文字在建立模型之前，需要進行分詞操作，這是因為中文文字沒有像空格一樣的身份證將其切分為對應的詞語。針對中文分詞，Python 中常用的套件為 jiebaR 套件。下面首先讀取《三國演義》文字資料和停用詞資料，程式如下：

```
In[8]:## 讀取停用詞資料
      stopword=pd.read_csv("data/chap11/三國演義/綜合停用詞表1.txt",
header=None,names=["Stopwords"],quoting=csv.QUOTE_NONE)
      ## 讀取三國演義資料
      TK_df=pd.read_csv("data/chap11/三國演義/三國演義.txt",sep="\t")
      TK_df.head(5)
Out[8]:
```

	Name	content
0	宴桃园豪杰三结义,斩黄巾英雄首立功	滚滚长江东逝水，浪花淘尽英雄。是非成败转头空。青山依旧在，几度夕阳红。白发渔樵江渚上，惯看秋...
1	张翼德怒鞭督邮,何国舅谋诛宦竖	且说董卓字仲颖，陇西临洮人也，官拜河东太守，自来骄傲。当日怠慢了玄德，张飞性发，便欲杀之。玄...
2	议温明董卓叱丁原,馈金珠李肃说吕布	且说曹操当日对何进曰："宦官之祸，古今皆有；但世主不当假之权宠，使至于此。若欲治罪，当除元恶...
3	废汉帝陈留践位,谋董贼孟德献刀	且说董卓欲杀袁绍，李儒止之曰："事未可定，不可妄杀。"袁绍手提宝剑，辞别百官而出，悬节东门，...
4	发矫诏诸镇应曹公,破关兵三英战吕布	却说陈宫临欲下手杀曹操，忽转念曰："我为国家跟他到此，杀之不义。不若弃而他往。"插剑上马，不...

從讀取的資料輸出中可以發現，《三國演義》資料一共有兩個變數，分別對應著章節名稱和章節內容。

使用 jieba 函數庫進行中文分詞時，不同的分詞模型會獲得不一樣的分詞結果，下面使用資料中的句子，展示不同分詞模式下的分詞效果。

（1）**不使用詞典的全模式**。不參考自訂的詞典，會把句子中所有的可以成詞的詞語都掃描出來，雖然速度很快，但是不能解決問題。例如下面的範例：

```
In[9]:## 不使用詞典分詞
      print(list(jieba.cut(TK_df.Name[2], cut_all=True)))
Out[9]: ['議', '溫', '明', '董卓', '叱', '丁', '原', '', '', '饋', '金', '珠', '李', '肅', '說', '呂布']
```

（2）**不使用詞典的精確模式**。不參考自訂的詞典，試圖將句子最精確地切開，適合文字分析，預設模式為精確模式。例如下面的範例：

```
In[10]:print(list(jieba.cut(TK_df.Name[2])))
Out[10]: ['議溫明', '董卓', '叱丁原', ',', '饋金珠', '李肅', '說', '呂布']
```

jieba 函數庫還支持引入自訂的詞典，來增強分詞的準確性。詞典的引入可以使用函數 jieba.load_userdict()，並且只需要匯入一次即可。

（3）**使用詞典的全模式**。參考自訂的詞典，會把句子中所有可以成詞的詞語都掃描出來。例如下面的範例：

```
In[11]:## 增加自訂字典
      jieba.load_userdict("data/chap11/三國演義/三國演義詞典.txt")
      ## 使用詞典分詞
      print(list(jieba.cut(TK_df.Name[2], cut_all=True)))
Out[11]: ['議溫明董卓叱丁原', '董卓', '叱', '丁原', '', '', '饋金珠李肅說呂布', '李肅', '說', '呂布']
```

（4）**使用詞典的精確模式**。參考自訂字典，試圖將句子最精確地切開，預設模式為精確模式。例如下面的範例：

```
In[12]:## 使用詞典分詞
    print(list(jieba.cut(TK_df.Name[2])))
Out[12]: ['議溫明董卓叱丁原', ',', '饋金珠李肅説呂布']
```

透過上面的範例觀察不同模式下的輸出結果，可以清晰地分析出不同方式下輸出分詞結果之間的差異。下面針對整本書的文字資料，以使用詞典為基礎的全模式分詞方式，分詞操作，並對分詞結果進行剔除停用詞等前置處理操作，程式如下：

```
In[13]:## 資料表的行數
    row,col=TK_df.shape
    ## 預先定義串列
    TK_df["cutword"]="cutword"
    for ii in np.arange(row):
        ## 分詞
        cutwords=list(jieba.cut(TK_df.content[ii], cut_all=True))
        ## 去除長度為1的詞
        cutwords=pd.Series(cutwords)
        cutwords=cutwords[cutwords.apply(len)>1]
        ## 去停用詞
        cutwords=cutwords[~cutwords.isin(stopword.Stopwords)]
        TK_df.cutword[ii]=cutwords.values
    ## 視覺化每個章節獲得的關鍵詞數量
    TK_df.cutword.apply(len).plot(kind="line",figsize=(12,7),style=" r-o")
    plt.grid()
    plt.title("每章節的詞語數量")
    plt.ylabel("詞語數量")
    plt.show()
```

執行上面的程式後，同時可以獲得每個章節詞語數量的聚合線圖（見圖 11-9）。圖中展示了每個章節分詞後獲得詞語數量的變化趨勢，在一定程度上反應了對應章節的長度。

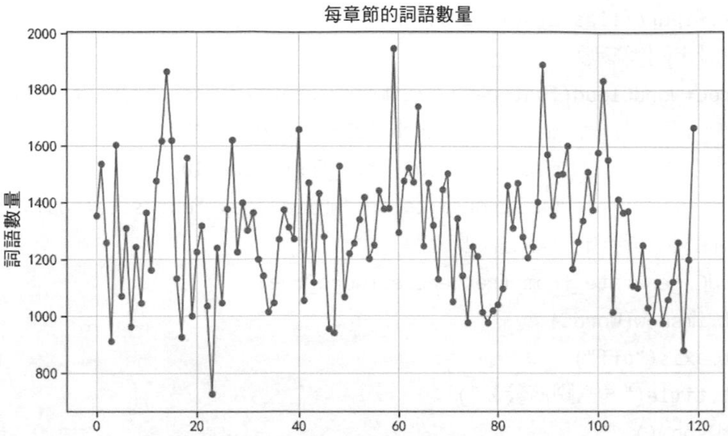

▲ 圖 11-9　每個章節獲得的分詞數量

針對分詞後的效果，可以使用 TK_df.cutword[0:5] 查看分詞後的部分分詞結果，輸出如下：

```
In[14]:## 查看全文的分詞結果
       TK_df.cutword[0:5]
Out[14]:
0  [滾滾, 長江, 江東, 逝水, 浪花, 英雄, 是非, 是非成敗, 成敗, 轉頭,...
1  [董卓, 仲穎, 隴西, 西臨, 臨洮, 官拜, 河東, 太守, 自來, 驕傲, 當日,...
2  [曹操, 當日, 何進, 宦官, 古今, 不當, 於此, 治罪, 元惡, 獄吏, 足矣,...
3  [董卓, 董卓欲, 袁紹, 李儒, 袁紹, 手提, 寶劍, 辭別, 百官, 東門,...
4  [卻說, 陳宮, 下手, 曹操, 轉念, 念曰, 國家, 不義, 上馬, 不等, 天...
Name: cutword, dtype: object
```

針對分詞後的《三國演義》內容，可以使用詞雲視覺化，在一定程度上分析圖書中的關鍵字。下面的程式利用了詞語和詞頻的方式視覺化詞雲，程式執行後的詞雲圖如圖 11-10 所示。

```
In[15]:## 連接切分後的詞語
       cutwords=np.concatenate(TK_df.cutword)
       ## 計算每個詞出現的頻率
       word, counts=np.unique(cutwords,return_counts=True)
       word_fre=dict(zip(word, counts))  # 詞語和出現次數定義為字典
       ## 視覺化分詞後的詞雲
```

```
plt.figure(figsize=(16,10))
## 設定詞雲參數
WordC=WordCloud(font_path="/Library/Fonts/Microsoft/Kaiti.ttf",
                margin=1,width=1800, height=1200,
                max_words=800, min_font_size=10,
                background_color="white",max_font_size=200,)
## 從文字資料中視覺化詞雲
WordC.generate_from_frequencies(word_fre)
plt.imshow(WordC)
plt.axis("off")
plt.title("《三國演義》")
plt.show()
```

▲ 圖 11-10 《三國演義》詞雲圖（編按：本圖為簡體中文介面）

11.4 文字聚類分析

文字資料探勘可以使用無監督的聚類模型分析，發現文件之間的分佈模式或隱藏關係，本節主要介紹使用不同的文字特徵及利用不同的文字聚類方式分析的方法。

11.4.1 文字資料特徵獲取

利用聚類演算法對文字進行資料探勘之前，先將前面已經前置處理好的文字資料進行特徵獲取操作，獲得可以使用的特徵。中文文字資料將獲取分詞後資料的 TF-IDF 矩陣，資料前置處理好的英文文字資料，將獲取每個文字的句向量特徵。

1. TF-IDF 矩陣

獲取文字資料的 TF-IDF 特徵之前，先觀察會使用到的資料，程式如下：

```
In[1]:TK_df.head()
Out[1]:
```

	Name	content	cutword
0	宴桃园豪杰三结义,斩黄巾英雄首立功	滚滚长江东逝水，浪花淘尽英雄。是非成败转头空。青山依旧在，几度夕阳红。白发渔樵江渚上，惯看秋...	[滚滚, 长江, 江东, 逝水, 浪花, 英雄, 是非, 是非成败, 成败, 转头, 青山,...
1	张翼德怒鞭督邮,何国舅谋诛宦竖	且说董卓字仲颖，陇西临洮人也，官拜河东太守，自来骄傲。当日怠慢了玄德，张飞性发，便欲杀之。玄...	[董卓, 仲颖, 陇西, 西临, 临洮, 官拜, 河东, 太守, 自来, 骄傲, 当日, 怠...
2	议温明董卓叱丁原,馈金珠李肃说吕布	且说曹操当日对何进曰："宦官之祸，古今皆有；但世主不当假之权宠，使至于此。若欲治罪，当除元恶...	[曹操, 当日, 何进, 宦官, 古今, 不当, 于此, 治罪, 元恶, 狱吏, 足矣, 纷...
3	废汉帝陈留践位,谋董贼孟德献刀	且说董卓欲杀袁绍，李儒止之曰："事未可定，不可妄杀。"袁绍手提宝剑，辞别百官而出，悬节东门，...	[董卓, 董卓欲, 袁绍, 李儒, 袁绍, 手提, 宝剑, 辞别, 百官, 东门, 冀州, ...
4	发矫诏诸镇应曹公,破关兵三英战吕布	却说陈宫临欲下手杀曹操，忽转念曰："我为国家跟他到此，杀之不义。不若弃而他往。"插剑上马，不...	[却说, 陈宫, 下手, 曹操, 转念, 念曰, 国家, 不义, 上马, 不等, 天明, 自...

TK_df 資料表中，會針對 cutword 特徵進行提取，並且使用 n-gram 模型來提取特徵詞項。n-gram 也稱為 n 元語法，是一種以統計語言模型為基礎的演算法。它的基本思想是將文字內容按照位元組進行大小為 n 的滑動視窗操作，形成了長度是 n 的位元組部分序列。每一個位元組部分稱為 gram，對所有 gram 的出現頻度進行統計，並且按照事先設定好的閾值進行過濾，形成關鍵 gram 串列（語料庫的向量特徵空間），串列中的每一種 gram 就是一個特徵向量維度。通常使用的方式有 1-gram（將一個單字作為一個詞項）和 2-gram（將兩個相鄰的單字作為一個詞項）。

在下面的程式中有先透過一個 for 迴圈，將一個章節中符合條件的分詞使用空格拼接，然後利用 CountVectorizer() 函數建構語料庫，參數 ngram_range=(1,2)) 表示可以使用 1-gram 或 2-gram 獲得片語，再利用 TfidfTransformer() 函數獲取文字資料的 TF-IDF 特徵，最後會輸出一個 120×2000 維的矩陣。

```
In[2]:## 針對中文資料，使用n-gram模型獲取資料特徵
      ## 準備工作，將分詞後的結果整理成CountVectorizer（）可應用的形式
      ## 將所有分詞後的結果使用空格連接為字串，並組成串列
      articals=[]
      for cutword in TK_df.cutword:
          cutword=[s for s in cutword if len(s) < 6]
          cutword=" ".join(cutword)
          articals.append(cutword)
      ## 建構語料庫，並計算文件－－詞的TF_IDF矩陣
      vectorizer=CountVectorizer(max_features=2000,  #使用的片語數量
                                 ngram_range=(1, 2))#可以使用1個或兩個詞語組成片語
      transformer=TfidfTransformer()
      tfidf=transformer.fit_transform(vectorizer.fit_transform (articals))
      tfidf_array=tfidf.toarray()
      print("文件--詞的TF-IDF矩陣維度為:",tfidf_array.shape)
文件--詞的TF-IDF矩陣維度為: (120, 2000)
```

2. 句向量

句向量就是將一個文字句子使用一個向量來表示，通常可以使用演算法訓練得到文字的句向量。在獲取英文文字的句向量之前，先查看待分析的資料，前幾行程式如下：

```
In[3]:## 針對英文資料獲取，使用Doc2Vec模型獲得每個句子的特徵
      textdf.head()
Out[3]:
```

	text	label	labelcode	text_pre
0	Musicians to tackle US red tape\n\nMusicians' ...	entertainment	4	musicians to tackle us red tape musicians grou...
1	U2's desire to be number one\n\nU2, who have w...	entertainment	4	us desire to be number one u who have won thre...
2	Rocker Doherty in on-stage fight\n\nRock singe...	entertainment	4	rocker doherty in onstage fight rock singer pe...
3	Snicket tops US box office chart\n\nThe film a...	entertainment	4	snicket tops us box office chart the film adap...
4	Ocean's Twelve raids box office\n\nOcean's Twe...	entertainment	4	oceans twelve raids box office oceans twelve t...

獲取句向量可以使用 gemsim 函數庫中的 Doc2Vec() 函數，該函數獲取 textdf 資料表中每個 text_pre 特徵的句向量，程式如下：

```
In[4]:# gemsim函數庫裡Doc2Vec模型需要的輸入格式為[句子，句子序號]的樣本
      documents=[TaggedDocument(text.split(" "), [ii]) for ii, text in 
enumerate(textdf.text_pre)]
      # 初始化和訓練模型
      model=Doc2Vec(documents, vector_size=500, ## 獲取特徵向量的維度
                    dm=1,         ## 指定使用的演算法，1：PV-DM；0：PV-DBOW；
                    window=5,     ## 句子中當前詞和預測詞之間的最大距離
                    min_count=5,  ## 使用詞語的最小詞頻
                    epochs=50)    ## 疊代訓練的輪數
      model.train(documents, total_examples=model.corpus_count, 
epochs=model.epochs)
      # 獲得資料集中每個句子的句向量
      documents_vecs=np.array([model.docvecs[sen.tags[0]] for sen in 
documents])
      print("documents_vecs.shape:",documents_vecs.shape)
Out[4]:documents_vecs.shape: (2225, 500)
```

程式中先將文字資料轉化為需要的格式 documents，然後使用 Doc2Vec() 函數初始化一個模型 model，使用模型的 train() 方法進行訓練，最後提取出每個文字的句向量，輸出結果使用 2225×500 維的矩陣，即每個文字句子使用了一個長度為 500 的向量進行表示。

11.4.2 常用的聚類演算法

獲取了中文文字和英文文字對應的特徵後，下面分別使用不同的資料聚類方法對對應的資料進行分析，主要使用了系統聚類（即層次聚類）、K-平均值聚類等常用的聚類演算法。

1. 系統聚類

系統聚類可以發現資料樣本之間的聚集順序和模式，在下面的程式中，則是使用系統聚類對《三國演義》文字資料進行聚類分析，同時還將聚類結果使用系統聚類樹進行視覺化，程式執行後的結果如圖 11-11 所示。

```
In[5]:## 對資料進行系統聚類
      Z=linkage(tfidf_array, method='ward', metric='euclidean')
      fig=plt.figure(figsize=(10,12))
      reddn=dendrogram(Z,orientation='right')
      plt.title("《三國演義》層次聚類")
      plt.ylabel("章節")
      plt.xlabel("Distance")
      plt.show()
```

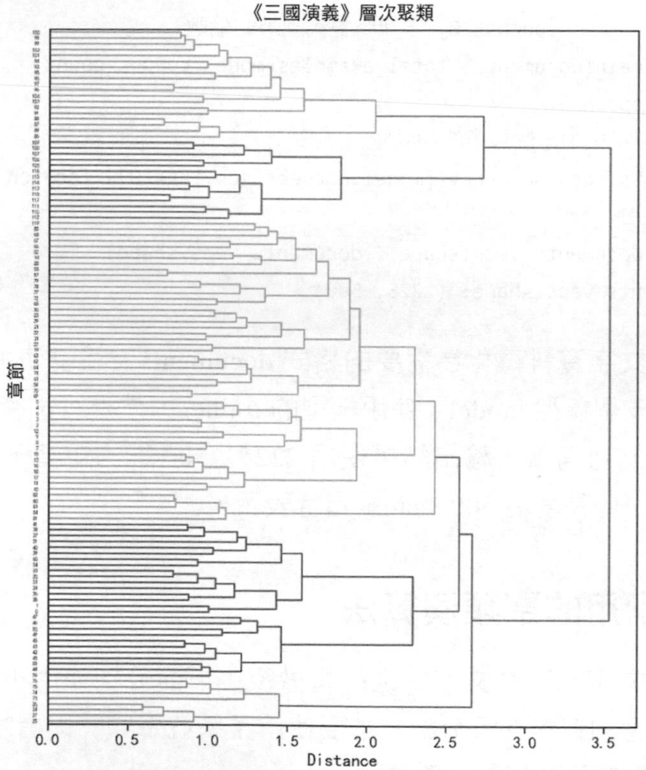

▲ 圖 11-11　系統聚類樹

從圖 11-11 中可以發現，《三國演義》文字資料的 120 個章節可以被聚集為 5 個簇。

系統進行聚類分析後，可以使用 fcluster() 函數獲取每個樣本的聚類標籤，並且可以使用參數 t 指定最終獲得的聚類數目。在下面的程式中，分別獲取了將資料聚為 2 個和 5 個簇的類別標籤，接著利用 t-SNE 演算法將資料降維到二維空間中，視覺化出每個簇在空間中的分佈情況，程式執行後的聚類結果如圖 11-12 所示。

```
In[6]:## 獲取每個章節的類別標籤
      clu2=fcluster(Z,t=2, criterion="maxclust") # 聚類為2個簇
      clu5=fcluster(Z,t=5, criterion="maxclust") # 聚類為5個簇
      ## 將資料特徵降維到二維空間
      tsne=TSNE(n_components=2, random_state=1233)
      tfidf_tsne=tsne.fit_transform(tfidf_array)
      ## 視覺化每個章節在空間中的分佈與聚集情況
      shape=["s","x","*","^","o"]
      color=["r","b","g","m","k",]
      plt.figure(figsize=(14,6))
      plt.subplot(1,2,1)
      for ii in range(120):
          cla=clu2[ii]-1   # 簇的標籤
          plt.scatter(tfidf_tsne[ii,0],tfidf_tsne[ii,1],
                      c=color[cla],marker=shape[cla],s=50)
          plt.text(tfidf_tsne[ii,0]+0.2,tfidf_tsne[ii,1]+0.2,
                   str(ii+1),size=10,c=color[cla])
      plt.grid()
      plt.title("聚類為2個簇")

      plt.subplot(1,2,2)
      for ii in range(120):
          cla=clu5[ii]-1  # 簇的標籤
          plt.scatter(tfidf_tsne[ii,0],tfidf_tsne[ii,1],
                      c=color[cla],marker=shape[cla],s=50)
          plt.text(tfidf_tsne[ii,0]+0.2,tfidf_tsne[ii,1]+0.2,
                   str(ii+1),size=10,c=color[cla])
      plt.title("聚類為5個簇")
      plt.grid()
      plt.tight_layout()
      plt.show()
```

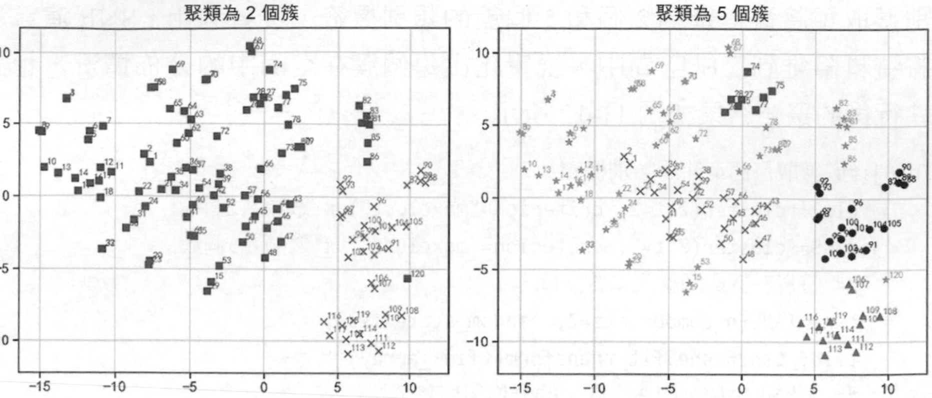

▲ 圖 11-12　聚類為不同簇的視覺化結果

2. K- 平均值聚類

前面的範例是使用系統聚類對《三國演義》資料進行分析，下面以 bbc 英文文字為例，使用 K- 平均值聚類演算法聚類分析。因為已經有了 bbc 英文文字資料的類別標籤，所以可以將聚類的結果使用 V 測度等指標進行評價，執行下面的 K- 平均值聚類程式後，可以發現最終的聚類 V 測度為 0.7998。

```
In[7]:## 使用K-平均值聚類演算法對英文文字進行聚類分析
      kmean=KMeans(n_clusters=5,random_state=1)
      k_pre=kmean.fit_predict(documents_vecs)
      print("每簇包含的樣本數量:",np.unique(k_pre,return_counts=True))
      print("聚類效果V測度: %.4f"%v_measure_score(textdf.labelcode.values,
k_pre))
Out[7]:每簇包含的樣本數量: (array([0, 1, 2, 3, 4], dtype=int32), array([492,
394, 517, 452, 370]))
    聚類效果V測度: 0.7998
```

前面進行聚類時使用的是 bbc 英文文字的句向量特徵，每個文字使用 500 維的向量表示，為了視覺化聚類效果，使用 t-SNE 降維演算法將句向量特徵降維到二維空間，執行下面的程式後，最後可獲得如圖 11-13 所示的資料聚類效果。

```
In[8]:## 將資料特徵降維到二維空間
    tsne=TSNE(n_components=2, random_state=1233)
    docvec_tsne=tsne.fit_transform(documents_vecs)
    ## 視覺化每個章節在空間中的分佈與聚集情況
    shape=["s","x","*","^","o"]
    color=["r","b","g","m","k",]
    plt.figure(figsize=(14,6))
    plt.subplot(1,2,1)
    labelcode=textdf.labelcode.values
    for ii in range(len(k_pre)):
        cla=labelcode[ii]   # 簇的標籤
        plt.scatter(docvec_tsne[ii,0],docvec_tsne[ii,1],
                    c=color[cla],marker=shape[cla],s=50)
    plt.grid()
    plt.title("原始資料分佈")
    plt.subplot(1,2,2)
    for ii in range(len(k_pre)):
        cla=k_pre[ii] # 簇的標籤
        plt.scatter(docvec_tsne[ii,0],docvec_tsne[ii,1],
                    c=color[cla],marker=shape[cla],s=50)
    plt.title("聚類為5個簇")
    plt.grid()
    plt.tight_layout()
    plt.show()
```

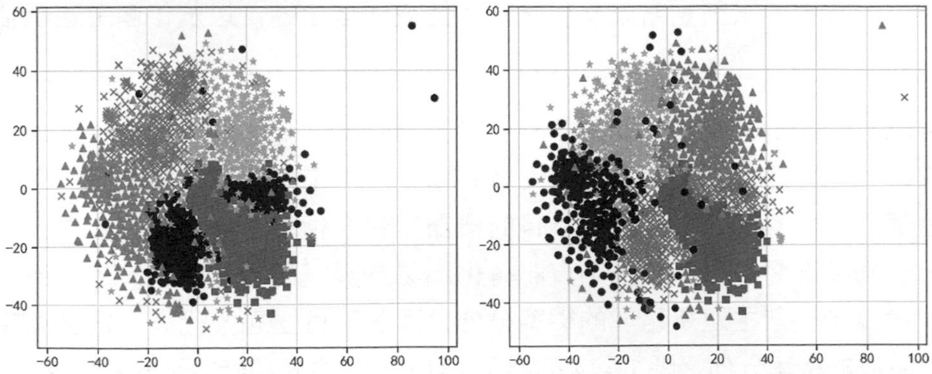

▲ 圖 11-13　K- 平均值聚類和原始標籤比較

在圖 11-13 中分別視覺化出了資料的原始標籤下的分佈情況，以及經過聚類演算法後資料每個簇的分佈情況。從視覺化效果可以發現，大部分原本是同類的資料樣本，經過聚類演算法後都被歸為了同一個簇。

11.4.3 LDA 主題模型

主題模型（Topic Model）是機器學習和自然語言處理等領域的常用文字探勘方法，主要用來在一系列文件中發現抽象主題，是統計模型的一種。它是一種無監督的文件分組方法，和聚類很相似，它主要根據每個文件之間的相似性，對文件進行分組。一般來説，如果一篇文章有一個描述的中心主題，那麼一些特定詞語會頻繁出現。舉例來説，一篇介紹狗的文章，與「狗」相關的詞語出現的頻率會高一些，如骨頭、狗糧、哈士奇等；如果一篇文章是關於貓的內容，那與「貓」相關的詞語出現的頻率會高一些，如貓糧、魚乾等。而有些詞，如「這個」、「和」、「它們」等詞語，在兩篇文章中出現的頻率大致相等。很多時候我們都希望一篇文件表達一種主題，但真實的情況是一篇文章通常包含多種主題，而且每個主題所佔比例各不相同。因此，如果一篇文章 10% 和貓有關，90% 和狗有關，那麼與「狗」相關的關鍵字出現的次數大概是與「貓」相關的關鍵字出現次數的 9 倍。主題模型就是試圖用數學框架來表現文件的這種特點。它透過自動分析每個文件，統計文件內詞語出現的特性，根據統計的資訊來斷定當前文件含有哪個或哪些主題，以及每個主題所佔的比例。

LDA（Latent Dirichlet Allocation，隱狄利克雷分佈）是一種文件主題生成模型，包含詞、主題和文件三層結構，可用來辨識文件集或語料庫中潛藏的主題資訊，是一種無監督的機器學習技術。它把每一篇文件視為一個詞頻向量，從而將文字資訊轉化為易於建模的數位資訊。每一篇文件代表了一些主題所組成的機率分佈，而每一個主題又代表了很多單字所組成的機率分佈。圖 11-14 列出了 LDA 文件主題和特徵詞的結構。

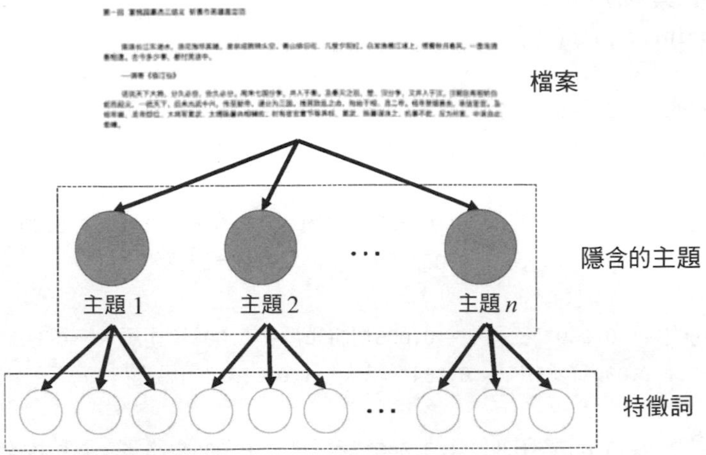

▲ 圖 11-14　LDA 文件主題和特徵詞的結構

在圖 11-14 中，LDA 主題模型定義每篇文件均為隱含主題集的隨機混合，從而可將整個文件集特徵化成隱含主題的集合。LDA 主題模型的層次結構可分為文件集層、隱含主題層及特徵詞層。

Python 中可以使用 Gensim 函數庫進行主題模型的應用，同時可以將主題模型的結果使用 pyLDAvis 函數庫進行視覺化。本小節將以《三國演義》資料為例，利用主題模型主題探勘。在下面的程式中，針對分詞後的資料集先使用 Dictionary() 進行處理，將單字集合轉為（word_id，word_frequency）二元組形式的串列作為分詞後的語料庫；再使用 LdaModel() 建立 LDA 主題模型，使用參數 num_topics=5 指定主題的個數，得到模型 lda；然後使用 lda.print_topics(-1) 輸出所有的主題進行查看。

```
In[9]:## 將分好的詞語和它對應的ID規範化封裝
      dictionary=Dictionary(TK_df.cutword)
      ## 將單字集合轉為（word_id，word_frequency）二元組的表示形式串列
      corpus=[dictionary.doc2bow(word) for word in TK_df.cutword]
      ## LDA主題模型
      lda=LdaModel(corpus=corpus,id2word=dictionary,num_topics=5,
random_state=12)
```

```
    ## 輸出其中的幾個主題
    lda.print_topics(-1)
[(0,
  '0.011*"玄德" + 0.006*"曹操" + 0.006*"孔明" + 0.006*"將軍" + 0.004*"關公" +
0.003*"丞相" + 0.003*"張飛" + 0.003*"夏侯" + 0.003*"玄德曰" '),
 (1,
  '0.012*"孔明" + 0.012*"玄德" + 0.007*"曹操" + 0.006*"將軍" + 0.004*"卻說" +
0.004*"雲長" + 0.004*"二人" + 0.003*"荊州" + 0.003*"大喜" '),
 (2,
  '0.012*"孔明" + 0.009*"玄德" + 0.006*"將軍" + 0.006*"司馬" + 0.005*"卻說" +
0.004*"關公" + 0.004*"丞相" + 0.004*"二人" + 0.003*"司馬懿" '),
 (3,
  '0.015*"玄德" + 0.007*"孔明" + 0.006*"曹操" + 0.005*"將軍" + 0.004*"卻說" +
0.003*"關公" + 0.003*"二人" + 0.003*"玄德曰" + 0.003*"雲長" '),
 (4,
  '0.012*"孔明" + 0.006*"玄德" + 0.006*"曹操" + 0.006*"將軍" + 0.004*"卻說" +
0.004*"司馬" + 0.003*"二人" + 0.003*"丞相" + 0.003*"商議" ')]
```

上面輸出的 5 個主題的結果是「詞頻率 * 詞」的形式，並沒有輸出主題所包含的所有詞，這種方式不能很方便地查看每個主題中所包含的內容。利用 pyLDAvis 函數庫可以將 LDA 主題模型視覺化展示，並且可以進行互動操作，更有助使用者了解各個主題。執行下面的程式，結果如圖 11-15 所示。

注意：在 Jupyter Notebook 中獲得的是一個可以互動操作的視覺化圖型，圖 11-15 展示的只是一幅截圖。

```
In[10]:## 主題模型視覺化
       TK_vis_data=pyLDAvis.gensim.prepare(lda, corpus, dictionary)
       pyLDAvis.display(TK_vis_data)
```

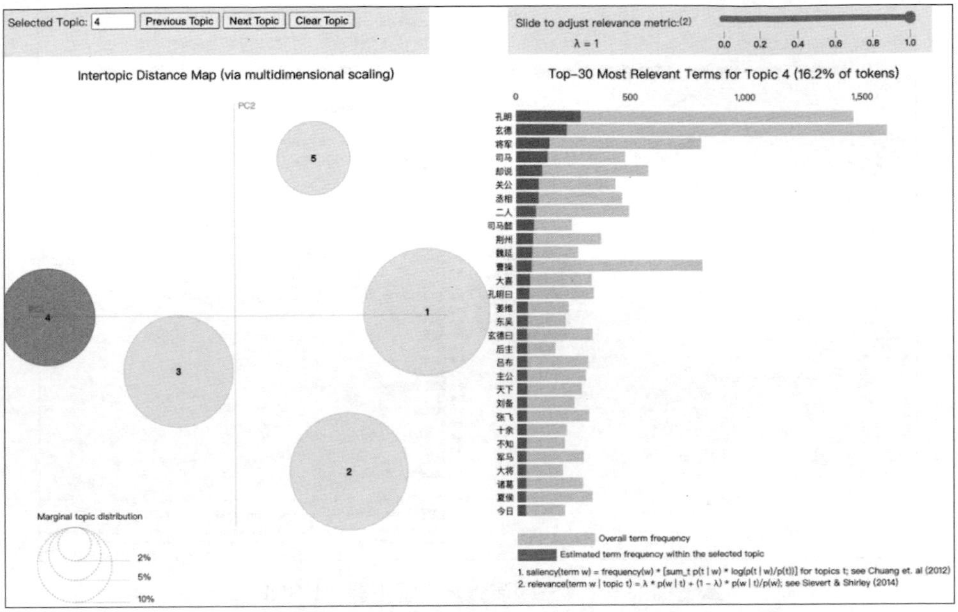

▲ 圖 11-15 《三國演義》中的 5 個主題

從圖 11-15 中可以看出，這是選中了《三國演義》5 個主題中第 4 個主題的圖型，圖型主要分為左邊部分和右邊部分，左邊是 5 個主題在 PCA 的前兩個主成分下的座標位置，圓形越大，說明該主題包含的章節數目越多，當選中某個主題時，右邊的關鍵字和頻率就會發生對應地變化。

在進行主題模型視覺化時，可以透過參數 mds 指定視覺化圖型左邊的座標圖是降維方式，預設為主成分降維。下面的程式則是利用 t-SNE 演算法進行降維，可獲得如圖 11-16 所示的視覺化結果。

```
In[11]:## 主題模型視覺化，在TSNE降維空間中
       TK_vis_data=pyLDAvis.gensim.prepare(lda,corpus,dictionary,mds ="tsne")
       pyLDAvis.display(TK_vis_data)
```

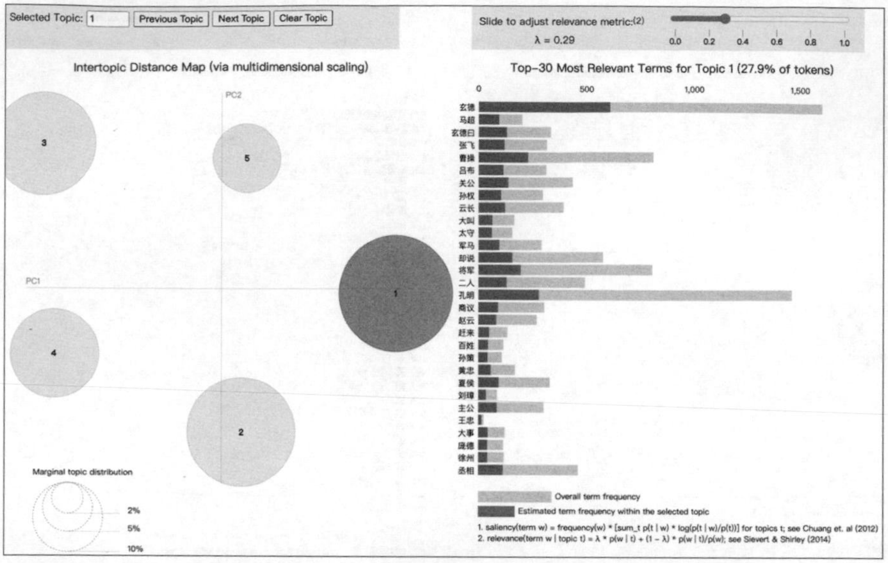

▲ 圖 11-16 《三國演義》5 個主題（t-SNE）

針對獲得的 LDA 主題模型，需要使用 lda.get_document_topics() 方法獲得每個章節所屬的主題，該方法計算指定文字屬於每個主題的百分比。下面的程式中將最大的百分比作為該章節所屬的主題進行輸出。程式執行後從輸出的結果中可以看出，第一、二、五章為主題 3；第三章為主題 0；第四章為主題 4。

```
In[12]:## 得到每一章節所屬的簇
       clust=[]
       for cutword in TK_df.cutword:
           bow=dictionary.doc2bow(cutword)
           t=np.array(lda.get_document_topics(bow))
           ## 輸出最有可能的類
           index=t[:,1].argsort()[-1]
           clust.append(t[index,:])
       cluster=pd.DataFrame(clust,columns=["cluster","probability"])
       print(cluster.head(5))
Out[12]:    cluster   probability
0       3.0       0.972395
1       3.0       0.895285
2       0.0       0.997903
```

```
3      4.0     0.979262
4      3.0     0.975995
```

針對主題模型的聚類結果，下面使用二維空間中的散點圖進行視覺化分析，視覺化時仍然使用文字 TF-IDF 特徵的 t-SNE 降維結果，作為每個章節的空間座標。執行下面的程式後，聚類結果如圖 11-17 所示。

```
In[13]:## 在二維空間中視覺化出聚類的效果
       ## 視覺化每個章節在空間中的分佈與聚集情況
       shape=["s","x","*","^","o"]
       color=["r","b","g","m","k",]
       plt.figure(figsize=(10,6))
       for ii in range(120):
           cla=int(cluster.cluster[ii])    # 簇的標籤
           plt.scatter(tfidf_tsne[ii,0],tfidf_tsne[ii,1],
                       c=color[cla],marker=shape[cla],s=50)
           plt.text(tfidf_tsne[ii,0]+0.2,tfidf_tsne[ii,1]+0.2,
                    str(ii+1),size=10,c=color[cla])
       plt.grid()
       plt.title("LDA聚類為5簇")
       plt.show()
```

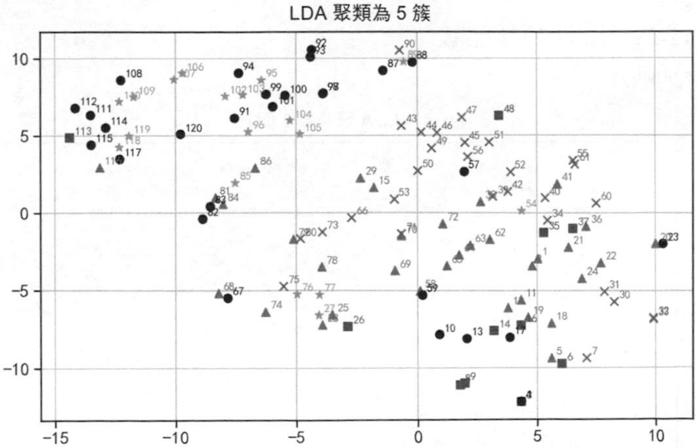

▲ 圖 11-17　LDA 聚類散點圖

下面利用 LDA 主題模型將資料聚類為 2 個簇並進行視覺化分析，程式如下，最終的視覺化結果如圖 11-18 所示。

```
In[14]:## LDA主題模型，獲得2個簇並視覺化
       lda=LdaModel(corpus=corpus,id2word=dictionary,num_topics=2, random_state=12)
       ## 獲取主題標籤
       clust=[]
       for cutword in TK_df.cutword:
           bow=dictionary.doc2bow(cutword)
           t=np.array(lda.get_document_topics(bow))
           ## 輸出最有可能的類
           index=t[:,1].argsort()[-1]
           clust.append(t[index][0])
       ## 視覺化每個章節在空間中的分佈與聚集情況
       shape=["s","x","*","^","o"]
       color=["r","b","g","m","k",]
       plt.figure(figsize=(10,6))
       for ii in range(120):
           cla=int(clust[ii])   # 簇的標籤
           plt.scatter(tfidf_tsne[ii,0],tfidf_tsne[ii,1],
                       c=color[cla],marker=shape[cla],s=50)
           plt.text(tfidf_tsne[ii,0]+0.2,tfidf_tsne[ii,1]+0.2,
                    str(ii+1),size=10,c=color[cla])
       plt.grid()
       plt.title("LDA聚類為2個簇")
       plt.show()
```

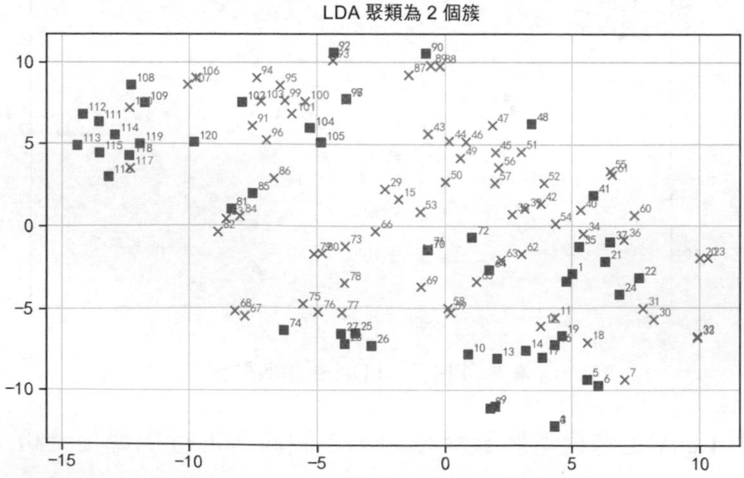

▲ 圖 11-18　LDA 聚類散點圖（2 個簇）

11.5《三國演義》人物關係分析

眾所皆知，在《三國演義》中隨著時間的變化出場了很多人物，這裡可以利用一些文字探勘方式，分析書中人物的關係等。本節將利用文字分析方法，觀察書中人物的出場情況和人物之間的關係。

11.5.1 人物重要性時序分析

這裡先介紹一些關鍵人物，隨著章節的推進，他們的出場頻次隨著時間的變化情況。讀取「一些三國人物的名和字.csv」檔案，該資料中主要包含書中不同陣營的關鍵人物的名、字等資訊。

```
In[1]:## 讀取一些三國人物的名和字資料
      TK_name=pd.read_csv("data/chap11/三國演義/一些三國人物的名和字.csv")
      print(TK_name.head())
Out[1]:      名字陣營
        0    曹操孟德曹魏
        1    曹丕子桓曹魏
        2   司馬懿仲達曹魏
        3    荀彧文若曹魏
        4    荀攸公達曹魏
```

想要分析每個人物的出場情況，就需要計算每個章節中感興趣的人物出場頻次等資訊。在下面的程式中，則是計算每個人物在每章節出現的次數，計算時將出現的名和字各作為一次出現。需要注意的是，根據分詞前的文字內容進行計算，最終的計算結果將轉化為資料表格。在最終的輸出資料表中，行表示對應的章節，列表示人物名稱，對應的數值為人物在對應章節出現的次數。

```
In[2]:## 計算一個人物名稱在每個章節出現的次數
      TK_name_time=[]
      for ii in np.arange(len(TK_name)):
          times=[]
          name=TK_name.iloc[ii,0]  # 獲取要計算的字
```

```
        zi=TK_name.iloc[ii,1]    # 獲取要計算的名
        nametime=TK_df.content.apply(func=lambda x: x.count(name))
        zitime=TK_df.content.apply(func=lambda x: x.count(zi) if
pd.isnull(zi)== False else 0)
        times=nametime.values + zitime.values
        TK_name_time.append(times)
    ## 計算結果設計為資料表
    TK_name_timedf=pd.DataFrame(data=np.array(TK_name_time).T,
                                columns=TK_name.iloc[:,0])
    TK_name_timedf
Out[2]:
```

名	曹操	曹丕	司马懿	荀彧	荀攸	郭嘉	程昱	张辽	徐晃	夏侯惇	...	何进	董卓	袁绍	吕布	袁术	刘表	刘璋	马腾	张鲁	韩遂
0	2	0	0	0	0	0	0	0	0	0	...	2	5	0	0	0	0	0	0	0	0
1	5	0	0	0	1	0	0	0	0	0	...	17	3	6	0	0	0	0	0	0	0
2	7	0	0	0	0	0	0	0	0	0	...	13	15	14	11	3	0	0	0	0	0
3	23	0	0	0	0	0	0	0	0	0	...	1	18	6	5	0	0	0	0	0	0
4	14	0	0	0	0	0	0	0	0	2	...	0	13	11	35	8	0	0	1	0	0
...	...	...	...	...	...	...	...	...	...	...	...	...	...	...	...	...	...	...	...	...	...
115	0	0	0	0	0	0	0	0	0	0	...	0	0	0	0	0	0	0	0	0	0
116	0	0	0	0	0	0	0	0	0	0	...	0	0	0	0	0	0	1	0	0	0
117	0	0	0	0	0	0	0	0	0	0	...	0	0	0	0	0	0	0	0	0	0
118	3	3	3	0	0	0	0	0	0	0	...	0	0	0	0	0	0	0	0	0	0
119	1	0	0	0	0	0	0	0	0	0	...	1	1	1	0	1	1	0	1	1	1

120 rows × 56 columns

針對獲得的資料表 TK_name_timedf，可以使用熱力圖視覺化分析，分析所有人的出場整體趨勢，執行下面的程式後，熱力圖結果如圖 11-19 所示。

```
In[3]:## 使用熱力圖型視覺化每個人出現的次數
      plt.figure(figsize=(20,12))
      ax=sns.heatmap(TK_name_timedf.T,annot=False,cmap="YlGnBu",
                     yticklabels=True,xticklabels=True)
      ax.set_yticklabels(TK_name_timedf.columns, fontsize=10)
      ax.set_xticklabels(TK_name_timedf.index+1, fontsize=10)
      plt.title("《三國演義》中每個人在各章節出現的次數")
      plt.show()
```

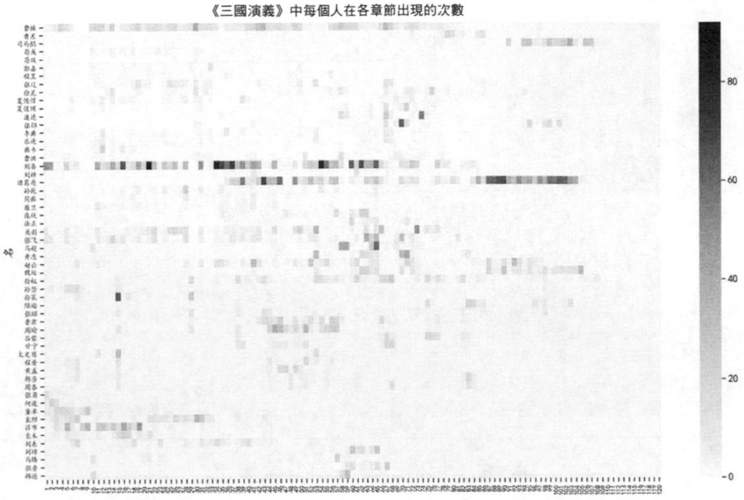

▲ 圖 11-19　人物出場次數熱力圖

從熱力圖中可以發現，出場次數較多的是劉備和諸葛亮兩人，其中劉備前期出場較多，諸葛亮後期出場較多。

針對上面的資料，可以使用蒸汽圖型視覺化一些關鍵人物的出場情況。下面的程式就是使用可互動的蒸汽圖，視覺化出曹操、曹丕、劉備、劉禪、孫策、孫權 6 個人的出場情況，程式執行後的結果如圖 11-20 所示。

```
In[4]:## 使用蒸汽圖型視覺化一些重要人物的出場情況
      plotname=["曹操","曹丕","劉備","劉禪","孫策","孫權"]
      plotdata=TK_name_timedf[plotname]
      plotdata["chap"]=np.arange(1,121)
      ## 轉化為長資料
      plotdata=plotdata.melt(["chap"], var_name="name",value_name="value")
      ## 使用可互動蒸汽圖型視覺化
      selection=alt.selection_multi(fields=["name"], bind="legend")
      alt.Chart(plotdata).mark_area().encode(
          alt.X("chap:Q"),                            ## X軸
          alt.Y("value:Q", stack="center",axis=None), ## Y軸
          alt.Color("name:N",scale=alt.Scale(scheme="category20c")), ##設定顏色
          opacity=alt.condition(selection, alt.value(1), alt.value(0.2)),
).properties(width=800,height=400).add_selection(selection)
```

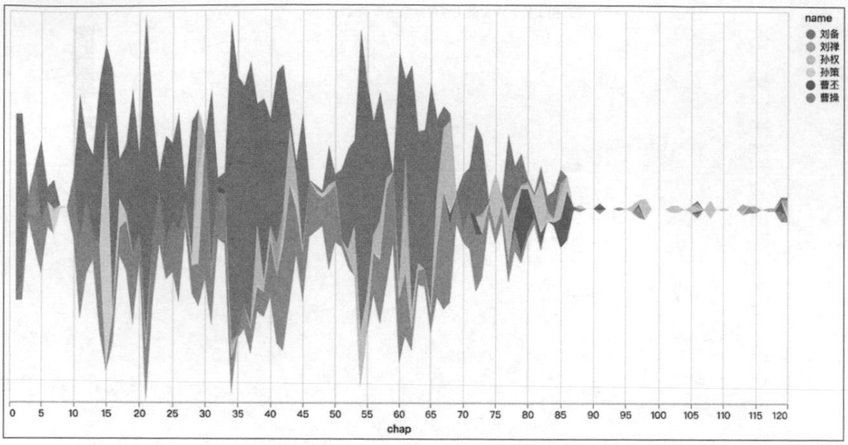

▲ 圖 11-20　蒸汽圖型視覺化

需要注意的是，圖 11-20 中是可互動的圖型，可以透過點擊選擇一個人物的資料進行視覺化分析，如劉備的出場情況視覺化圖型如圖 11-21 所示。

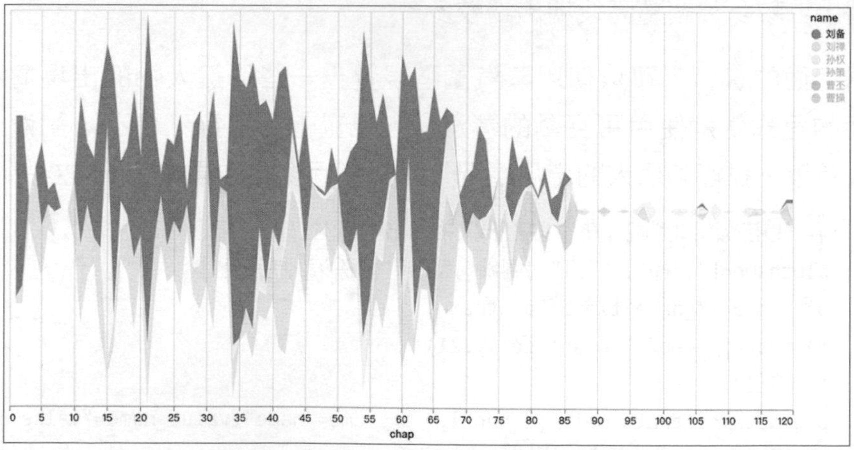

▲ 圖 11-21　蒸汽圖型視覺化（劉備）

11.5.2 人物關係視覺化分析

分析人物之間的關係，可以根據前面計算得到的每個人在書中的出場情況，獲取人物之間的相關係數。下面的程式則是使用熱力圖將相關係數進行視覺化，透過熱力圖可以很方便地分析不同人物之間的相關性，程式執行後的結果如圖 11-22 所示。

```
In[5]:## 根據人物的出場情況計算他們之間的相關係數
      Tkcor=TK_name_timedf.corr(method="pearson")
      ## 相關係數熱力圖
      plt.figure(figsize=(20,18))
      ax=sns.heatmap(Tkcor,square=True,annot=False,
                     linewidths=.5,cmap="YlGnBu",
                     cbar_kws={"fraction":0.046, "pad":0.03},
                     yticklabels=True,xticklabels=True)
      ax.set_title("人物相關性")
      plt.show()
```

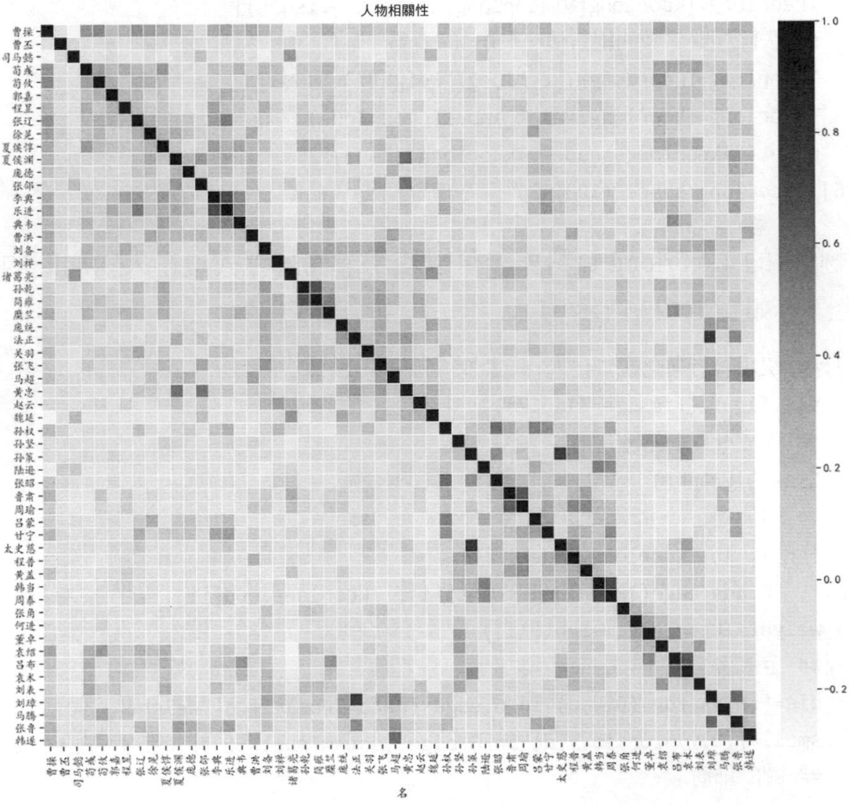

▲ 圖 11-22　人物相關性熱力圖

針對人物之間的關係，也可以使用社群網站圖型視覺化分析人物之間的關係。下面的程式根據相關係數的大小，建構人物之間的關係，並且只保留相關係數絕對值大於 0.3 的人物關係，從輸出結果中可以發現最終只有 100 條邊被保留。

```
In[6]:## 相關係數矩陣的下三角設定值定義為NaN
      Tkcor=Tkcor.where(np.triu(np.ones(Tkcor.shape),k=1).astype (np.bool))
      ## 寬資料轉化為長資料
      Tkcor.columns.name="start"
      Tkcor.index.name="end"
      Tkcorlong=Tkcor.unstack().reset_index()
      Tkcorlong.columns=["start","end","weight"]
      ## 剔除NaN的資料
      Tkcorlong=Tkcorlong[~Tkcorlong["weight"].isna()]
      ## 去除相關係數的絕對值小於0.3的資料
      Tkcorlong=Tkcorlong[Tkcorlong["weight"] > 0.3]
      Tkcorlong=Tkcorlong.reset_index(drop=True)
      print("Tkcorlong.shape",Tkcorlong.shape)
Out[6]:Tkcorlong.shape (100, 3)
```

針對獲得的 Tkcorlong 資料表，可以使用下面的程式獲得人物之間的關係網絡圖，如圖 11-23 所示。

```
In[7]:## 使用有方向圖視覺化人物之間的關係
      plt.figure(figsize=(14,12))
      ## 生成社群網站圖
      G=nx.DiGraph()
      ## 增加邊
      for ii in Tkcorlong.index:
          G.add_edge(Tkcorlong.start[ii], Tkcorlong.end[ii],
      weight=Tkcorlong.weight[ii])
      ## 定義邊
      big=[(u,v) for (u,v,d) in G.edges(data=True) if d["weight"] >0.5]
      small=[(u,v) for (u,v,d) in G.edges(data=True) if d["weight"] <0.5]
      ## 圖的佈局
      pos=nx.kamada_kawai_layout(G)
```

```
    nx.draw_networkx_nodes(G,pos,alpha=0.6,node_size=500)
    nx.draw_networkx_edges(G,pos,edgelist=big,
                           width=1.5,alpha=0.6,edge_color="r", arrowsize=20)
nx.draw_networkx_edges(G,pos,edgelist=small,
                       width=1,alpha=0.8,edge_color="b",arrowsize=20,
Style="dashed")
    nx.draw_networkx_labels(G,pos,font_size=10,font_family="Kaiti")
    plt.axis("off")
    plt.title("《三國演義》人物關係")
    plt.show()
```

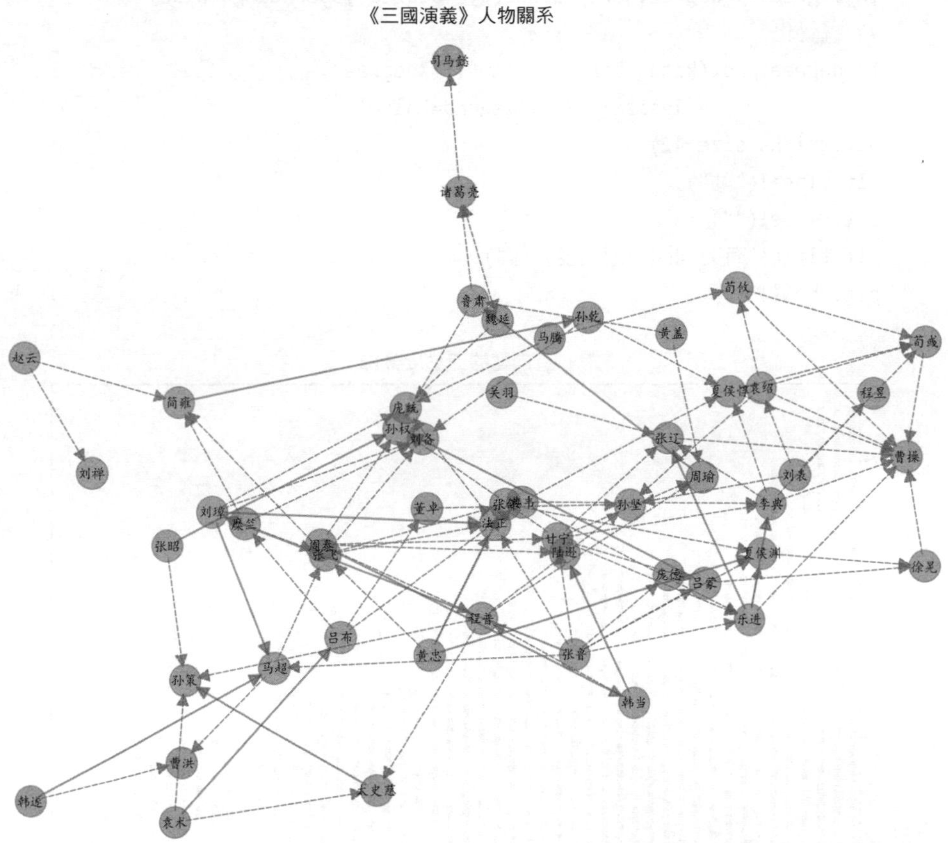

▲ 圖 11-23　關鍵人物之間的關係

在圖 11-23 中，正相關性使用實線的箭頭表示，負相關性使用虛線箭頭表示。透過圖可以更方便地分析兩人之間的關係。

針對獲得的關係網絡圖，也可以使用節點度表示每個人物在網路中的重要程度，其中度越大說明其越重要。執行下面的程式後，節點度分佈橫條圖結果如圖 11-24 所示。

```
In[8]:## 計算每個節點度，分析人物的重要程度
      Tk_degree=pd.DataFrame(list(G.degree))
      Tk_degree.columns=["name","degree"]
      Tk_degree=Tk_degree.sort_values(by="degree",ascending=False)
      ## 視覺化
      Tk_degree.plot(kind="bar",x="name",y="degree",
                     figsize=(12,7),legend=False)
      plt.xticks(size=12)
      plt.ylabel("度")
      plt.xlabel("")
      plt.title("有方向圖的節點度分佈")
      plt.show()
```

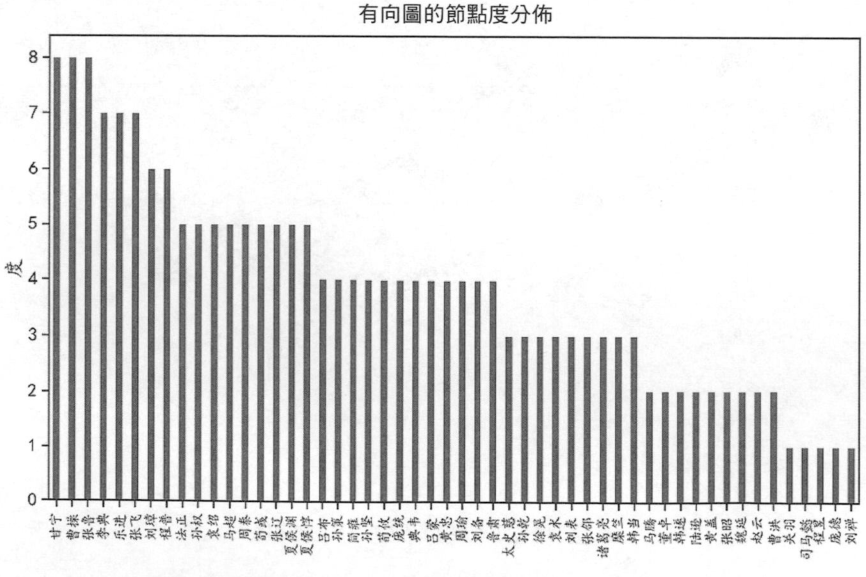

▲ 圖 11-24　網路圖中節點度分佈橫條圖

從圖 11-24 中可以發現，甘寧、曹操、張魯等人的節點度較高，説明他們在網路圖中較為重要。

11.6 本章小結

本章主要介紹了資料的連結規則探勘和文字資料探勘的內容。其中針對連結規則資料探勘，介紹了如何使用 FPGrowth 演算法和 Apriori 演算法進行頻繁項集探勘，然後繼續發現資料中的規則。針對文字資料探勘，則分別就中文和英文資料，介紹了資料的前置處理、文字資料的聚類分析、LDA 主題模型分析和分析《三國演義》中人物關係的方法等。本章使用的函數如表 11-1 所示。

表 11-1　相關函數

函數庫	模組	函數	功能
mlxtend	preprocessing	TransactionEncoder()	連結規則資料表生成
	frequent_patterns	fpgrowth()	FPGrowth 演算法獲取頻繁項集
		association_rules()	透過頻繁項集找到連結規則
		apriori()	Apriori 演算法發現頻繁項集
jieba		cut()	對中文進行分詞
Gensim	models.doc2vec	Doc2Vec()	獲得資料的句向量特徵
Gensim	models.ldamodel	LdaModel()	LDA 主題模型
SciPy	cluster.hierarchy	dendrogram	視覺化層次聚類樹
		linkage	進行層次聚類
		fcluster	層次聚類對資料進行預測

Chapter 12

深度學習入門

深度學習（Deep Learning，DL）的概念被提出後，在各個領域都獲得了廣泛的關注。2012 年，Hinton 課題組第一次參加 ImageNet 圖型辨識比賽，使用 CNN 網路的 AlexNex 取得冠軍，比第二名使用 SVM 分類器的性能高出很多，從而吸引了很多學者對卷積神經網路的注意。2016 年，用深度學習方法開發的圍棋程式 AlphaGo，在圍棋比賽中多次擊敗人類頂尖選手，再一次引發了深度學習的浪潮。自此，深度學習被看作是通向人工智慧的重要一步，許多機構和學者也加大了對深度學習理論和實際應用的研究。現如今已有多種深度學習框架，如深度神經網路、卷積神經網路、深度置信網路和循環神經網路等，被廣泛應用用電腦視覺、語音辨識、自然語言處理、音訊辨識與生物資訊學等領域，並獲取了良好的應用效果。其中卷積神經網路在電腦視覺方面表現出色；循環神經網路在文字探勘方面有突出的表現。

深度學習一般是指具有多層結構的網路學習方法，但其對網路的層數並沒有嚴格的要求，而且網路的連接和生成方式多種多樣。使用深度學習解決問題時，很多時候需要針對問題的特點設計不同的網路結構，如使用 VGG、ResNet 等卷積神經網路辨識圖型，使用 LSTM 循環神經網路辨識文字等。

本章主要介紹如何使用 PyTorch 進行深度學習。首先介紹一些具有代表性的深度學習網路結構，然後使用真實的資料集來說明使用 PyTorch 進行深度學習，如使用卷積神經網路進行草書辨識、使用循環神經網路辨識文字以及使用自編碼網路進行資料重建的應用。

12.1 深度學習介紹

本節介紹深度學習方面的一些基礎知識與一些常用的深度學習網路的結構。

12.1.1 卷積和池化

卷積是對兩個實值函數的一種數學運算，可以看作輸入和卷積核心之間的內積運算。在卷積運算中，通常使用卷積核心將輸入資料進行卷積運算，得到輸出作為特徵映射，其運算過程如圖 12-1 所示。

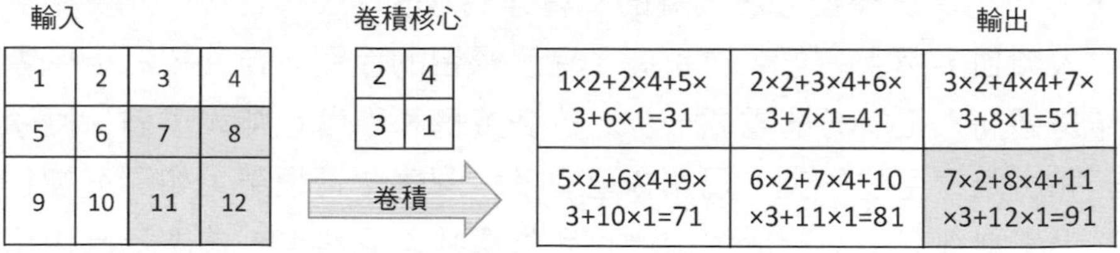

▲ 圖 12-1　卷積運算過程

圖 12-1 是一個二維卷積的例子，可以發現，卷積操作能夠將周圍幾個像素的設定值統一作用到一個像素上。使用卷積運算在圖型辨識等應用中有三個好處，分別是卷積稀疏連接、參數共用、等變表示。

池化操作的重要目的就是對卷積後得到的特徵進行進一步處理。通常池化層還能對資料造成進一步濃縮效果、緩解記憶體壓力，即選取一定大小區域，將該區域用一個代表元素表示。常用的池化方式有兩種，分別是最大值（max）池化的平均值（mean）池化，這兩種方式的示意圖如圖 12-2 所示。

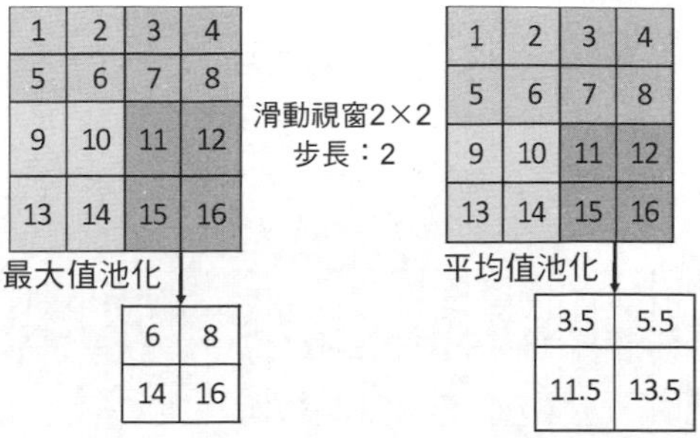

▲ 圖 12-2　最大值池化和平均值池化

從圖 12-2 中可以發現，最大值池化是將使用中視窗所覆蓋的像素使用一個最大值來表示，而平均值池化是將使用中視窗所覆蓋的像素使用一個平均值來表示。池化操作最重要的作用是能夠提取資料的多尺度資訊，這和人類大腦的認知功能類似，在淺層得到局部特徵，在深層則可獲取相對的全域特徵，同時池化還能增強提取到特徵的穩健性。針對輸入圖型的不一致，很多時候還可以採用池化操作對輸入進行降取樣，降低輸出的維度。

12.1.2 卷積神經網路

卷積神經網路（Convolutional Neural Networks，CNN）是一類包含卷積計算且具有深度結構的前饋神經網路，是一種以圖型辨識為中心，並且在多個領域得到廣泛應用的深度學習方法，如目標檢測、圖型分割、文字分類等，是深度學習的代表演算法之一。典型的卷積神經網路都會包括卷積層、池化層和全連接層。卷積神經網路於 1998 年由 Yann Lecun 提出，在 2012 年的 ImageNet 挑戰賽中，Alex Krizhevsky 等人憑藉深度卷積神經網路 AlexNet 獲得遠遠領先於第二名的成績，震驚世界。在 2014 年提出的 GoogLeNet 和 VGG 系列的網路，以及在 2016 年提出的 ResNet

等都是非常經典的網路結構。如今，卷積神經網路不僅是電腦視覺領域最具影響力的一類演算法，同時在自然語言分類領域也有一定程度的應用，其中 ResNet（Deep Residual Network）引入了殘差學習，影響深遠，圖 12-3 中展示了 ResNet18 的連接方式。

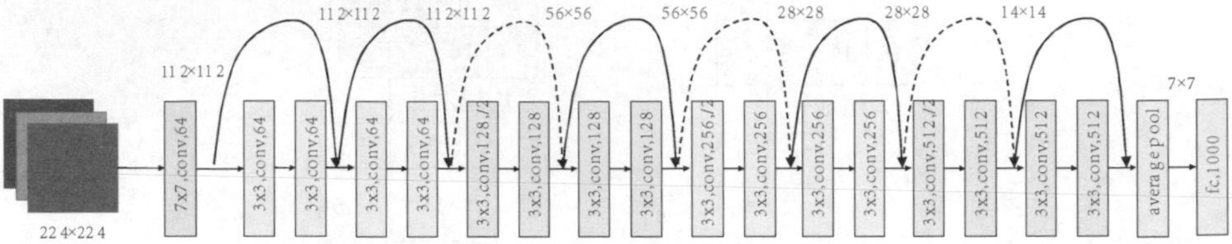

▲ 圖 12-3　ResNet18 的連接方式

12.1.3 循環神經網路

卷積神經網路和全連接網路的資料表示能力已經非常強了，為什麼還需要循環神經網路（Recurrent Neural Network，RNN）呢？這是因為現實世界中面臨的問題更加複雜，而且很多資料的輸入順序對結果有重要的影響，如文字資料是字母和文字的組合，先後順序具有非常重要的意義；語音資料、視訊資料，這些資料如果打亂了原始的時間順序，就會無法正確表示原始的資訊。針對這種情況，與其他神經網路相比，循環神經網路因其具有記憶能力，所以更加有效。循環神經網路（RNN）可以看是作具有短期記憶能力的神經網路，在循環神經網路中，神經元不但可以接收其他神經元的資訊，也可以接收自身的資訊，形成具有環路的網路結構，正因為能夠接收自身神經詮譯資訊的特點，讓循環神經網路具有更強的記憶能力。循環神經網路已經被廣泛應用在語音辨識、語言模型及自然語言生成、文字情感分類等任務上。

長短期記憶網路（Long Short-Term Memory，LSTM）是一種功能更強的 RNN，主要是為了解決長序列訓練過程中的梯度消失和梯度爆炸問題，簡單的網路示意如圖 12-4 所示。

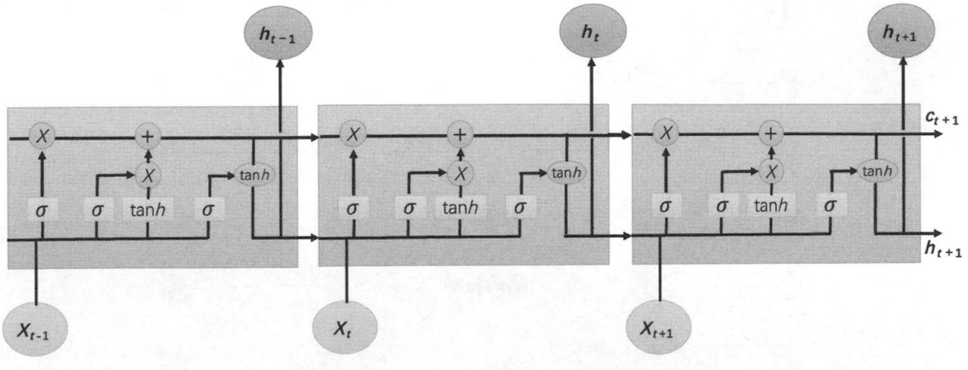

▲ 圖 12-4　LSTM 網路結構

由圖 12-4 可知，LSTM 在資訊處理方面主要分為三個階段。

（1）**遺忘階段**：這個階段主要是對上一個節點傳進來的輸入進行選擇性忘記，就是會「忘記不重要的，記住重要的」。

（2）**選擇記憶階段**：這個階段將輸入 X_t 有選擇性地進行「記憶」。重要資訊則著重記錄下來，不重要資訊則少記一些。

（3）**輸出階段**：這個階段將決定哪些會被當成當前狀態的輸出。

雖然 LSTM 透過門控狀態來控制傳輸狀態，記住需要長時間記憶的，忘記不重要的資訊，而不像普通的 RNN 那樣只能有一種記憶疊加，這對很多需要「長期記憶」的任務來說效果顯著，但是也因多個門控狀態的引入，導致需要訓練更多的參數，使得訓練難度大大增加。

12.1.4 自編碼網路

自編碼網路模型，也稱自動編碼器（AutoEncoder），是一種以無監督學習為基礎的資料維度壓縮和特徵表示方法，目的是對一組資料學習出一種表示。1986 年，Rumelhart 提出自編碼網路模型用於高維複雜資料的降維。由於自動編碼器通常用於無監督學習，所以不需要對訓練樣本進行標記。自動編碼器在圖型重構、聚類、降維、自然語言翻譯等方面應用廣泛。圖 12-5 展示了基礎的自編碼網路結構，主要包含編碼層和解碼層。

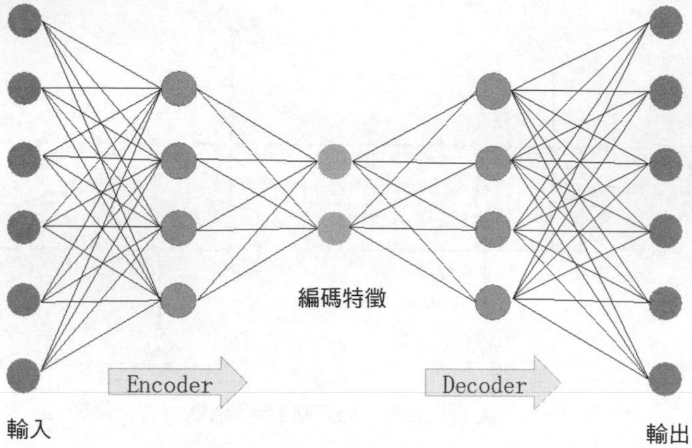

▲ 圖 12-5　深度自編碼網路模型（具有多個隱藏層）

本節主要介紹了一些經典的深度學習網路結構，下面將具體介紹如何使用這些網路結構，對資料進行深度學習建模。

12.2 PyTorch 入門

PyTorch 是以動態圖型計算為基礎的深度學習框架，是非常受歡迎的深度學習框架之一，2017 年 1 月 18 日，PyTorch 由 Facebook 發佈，並且在 2018 年 12 月已經發佈了穩定的 1.0 版本，目前已經更新疊代到 1.8 版本（2021 年 3 月）。本節作為 PyTorch 入門內容，會簡單地介紹 PyTorch 的張量及 nn 模組中的相關層。先使用下面的程式匯入後面會使用到的函數庫和模組。其中匯入 PyTorch 可以使用 import torch 命令列。

```
In[1]:## 輸出高畫質圖型
      %config InlineBackend.figure_format='retina'
      %matplotlib inline
      ## 圖型顯示中文的問題
      import matplotlib
      matplotlib.rcParams['axes.unicode_minus']=False
      import seaborn as sns
      sns.set(font= "Kaiti",style="ticks",font_scale=1.4)
```

```
import numpy as np
import matplotlib.pyplot as plt
import torch
import torch.nn as nn
```

12.2.1 張量的使用

在 PyTorch 中，張量（Tensor）屬於一種資料結構，它可以是一個純量、一個向量、一個矩陣，甚至是更高維度的陣列，所以 PyTorch 中的 Tensor 和 NumPy 函數庫中的陣列（ndarray）非常相似，使用時也會經常將 PyTorch 中的 Tensor 和 Numpy 中的陣列相互轉化。在深度學習網路中，以 PyTorch 為基礎的相關計算和最佳化都是在 Tensor 的基礎上完成的。

Python 的串列或序列可以透過 torch.tensor() 函數生成張量，例如使用下面程式生成了一個 2×2 的張量矩陣。

```
In[2]:## 生成
      A=torch.tensor([[1.0,1.0],[2,2]])
      A
Out[2]:tensor([[1., 1.],
               [2., 2.]])
In[3]:## 獲取張量的形狀
       A.shape
Out[3]:torch.Size([2, 2])
       In[4]:## 獲取第0行元素
       A[0,:]
Out[4]:tensor([1., 1.])
```

PyTorch 中也可使用 torch.tensor() 函數來生成張量，而且還可以根據指定的形狀生成張量，如根據 Python 串列生成張量 B，程式如下：

```
In[5]:## 創建具有特定大小的張量
      B=torch.tensor(2,3)
      B
Out[5]:tensor([[1.4013e-45, 0.0000e+00, 1.4013e-45],
        [0.0000e+00, 1.4013e-45, 0.0000e+00]])
```

已經生成的張量可以使用 torch.**_like() 系列函數生成與指定張量維度相同、性質相似的張量，如使用 torch.ones_like() 函數生成與 B 維度相同的全 1 張量，程式如下：

```
In[6]:## 創建與另一個張量相同大小和類型相同的張量
      torch.ones_like(B)
Out[6]:tensor([[1., 1., 1.],
               [1., 1., 1.]])
```

PyTorch 提供了 NumPy 陣列和 PyTorch 張量相互轉換的函數，能非常方便地對張量進行相關操作。將 NumPy 陣列轉化為 PyTorch 張量，可以使用 torch.as_tensor() 函數和 torch.from_numpy() 函數，程式如下：

```
In[7]:C=np.ones((3,3))
      ## 使用torch.as_tensor()函數
      Ctensor=torch.as_tensor(C)
      Ctensor
Out[7]:tensor([[1., 1., 1.],
               [1., 1., 1.],
               [1., 1., 1.]], dtype=torch.float64)
In[8]:## 使用torch.from_numpy()函數
      Ctensor=torch.from_numpy(C)
      Ctensor
Out[8]:tensor([[1., 1., 1.],
               [1., 1., 1.],
               [1., 1., 1.]], dtype=torch.float64)
```

在 PyTorch 中還可以透過相關隨機數來生成張量，並且可以指定生成隨機數的分佈函數等。在生成隨機數之前，可以使用 torch.manual_seed() 函數，指定生成隨機數的種子，用於保證生成的隨機數是可重複出現的。如使用 torch.normal() 生成服從正態分佈的隨機數，可以分別指定每個數值的平均值和標準差，程式如下：

```
In[9]:## 生成隨機數張量
      torch.manual_seed(123)
      D=torch.normal(mean=torch.arange(1,5.0),std=torch.arange(1,5.0))
```

```
    D
Out[9]:tensor([0.8885, 2.2407, 1.8911, 3.0383])
```

PyTorch 中的 torch.rand_like() 函數，可根據其他張量維度，生成與其維度相同的隨機數張量，程式如下：

```
In[10]:## 生成和其他張量尺寸相同的隨機數張量
       torch.manual_seed(123)
       E=torch.ones(2,3)
       F=torch.rand_like(E)
       F
Out[10]:tensor([[0.2961, 0.5166, 0.2517],
                [0.6886, 0.0740, 0.8665]])
```

PyTorch 中包含和 np.arange() 用法相似的函數 torch.arange()，常常用來生成張量，程式如下：

```
In[11]:## 使用torch.arange()生成張量
       torch.arange(start=0, end=10, step=2)
Out[11]:tensor([0, 2, 4, 6, 8])
```

在深度學習使用過程中經常會遇到改變張量的形狀這種需求，而且針對不同的情況對張量形狀尺寸的改變有多種函數和方法可以使用，如 tensor.reshape() 方法可以設定張量的形狀大小。

```
In[12]:## 使用tensor.reshape()函數設定張量的尺寸
       G=torch.arange(12.0).reshape(3,4)
       G
Out[12]:tensor([[ 0.,  1.,  2.,  3.],
                [ 4.,  5.,  6.,  7.],
                [ 8.,  9., 10., 11.]])
```

PyTorch 中的 torch.unsqueeze() 函數，可以在張量的指定維度插入新的維度，從而得到維度提升的張量；torch.squeeze() 函數，可以移除維度大小為 1 的維度，或移除所有維度為 1 的維度，從而得到維度減小的新張量，例如：

```
In[13]:## torch.unsqueeze()返回在指定維度插入尺寸為1的新張量
       H=torch.unsqueeze(G,dim=0)
       H.shape
Out[13]:torch.Size([1, 3, 4])
        In[14]:## torch.squeeze()函數移除所有維度為1的維度
        I=H.squeeze()
        I.shape
Out[14]:torch.Size([3, 4])
```

PyTorch 中也提供了將多個張量拼接為一個張量，將一個大的張量拆分為幾個小的張量的函數。其中 torch.cat() 函數，可以將多個張量在指定的維度進行拼接，得到新的張量；torch.chunk() 函數可以將張量分割為特定數量的區塊，相關函數的用法如下：

```
In[15]:## 在指定維度中連接指定的張量序列
       A=torch.arange(6.0).reshape(2,3)
       B=torch.linspace(0,10,6).reshape(2,3)
       ## 在0維度連接張量
       C=torch.cat((A,B),dim=0)
       print("A: \n",A)
       print("B: \n",B)
       print("C: \n",C)
Out[15]:A:
         tensor([[0., 1., 2.],
                [3., 4., 5.]])
        B:
         tensor([[ 0.,  2.,  4.],
                [ 6.,  8., 10.]])
        C:
         tensor([[ 0.,  1.,  2.],
                [ 3.,  4.,  5.],
                [ 0.,  2.,  4.],
                [ 6.,  8., 10.]])
In[16]:## 將張量分割為特定數量的區塊
       ## 在行上將張量C分為兩塊
       torch.chunk(C,2,dim=0)
```

```
Out[16]: (tensor([[0., 1., 2.],
                  [3., 4., 5.]]),
          tensor([[ 0.,  2.,  4.],
                  [ 6.,  8., 10.]]))
```

這裡介紹了一些基礎的 PyTorch 使用方法，受篇幅限制，不再贅述。

12.2.2 常用的層

torch.nn 模組包含著 torch 已經準備好的層，方便使用者呼叫建構網路，下面簡單介紹卷積層、池化層、啟動函數層、循環層、全連接層等層的相關使用方法。

1. 卷積層

雖然在 PyTorch 中針對卷積操作的物件和使用的場景不同，如一維卷積、二維卷積、三維卷積與轉置卷積（可以簡單了解為卷積操作的逆操作），但它們的使用方法比較相似，都可以從 torch.nn 模組中呼叫，可呼叫的類如表 12-1 所示。

表 12-1　常用的卷積操作可呼叫的類

層對應的類別	功能作用
torch.nn.Conv1d()	針對輸入訊號上應用 1D 卷積
torch.nn.Conv2d()	針對輸入訊號上應用 2D 卷積
torch.nn.Conv3d()	針對輸入訊號上應用 3D 卷積
torch.nn.ConvTranspose1d()	在輸入訊號上應用 1D 轉置卷積
torch.nn.ConvTranspose2d()	在輸入訊號上應用 2D 轉置卷積
torch.nn.ConvTranspose3d()	在輸入訊號上應用 3D 轉置卷積

2. 池化層

在 PyTorch 中提供了多種池化的類別，包括最大值池化（MaxPool）、最大值池化的逆過程（MaxUnPool）、平均值池化（AvgPool）與自我調整池化（AdaptiveMaxPool、AdaptiveAvgPool）等，並且均提供了一維、二維和三維的池化操作。具體的池化類別和功能如表 12-2 所示。

表 12-2　Pythoch 中常用的池化類別和功能

層對應的類別	功能
torch.nn.MaxPool1d()	針對輸入訊號上應用 1D 最大值池化
torch.nn.MaxPool2d()	針對輸入訊號上應用 2D 最大值池化
torch.nn.MaxPool3d()	針對輸入訊號上應用 3D 最大值池化
torch.nn.MaxUnPool1d()	1D 最大值池化的部分逆運算
torch.nn.MaxUnPool2d()	2D 最大值池化的部分逆運算
torch.nn.MaxUnPool3d()	3D 最大值池化的部分逆運算
torch.nn.AvgPool1d()	針對輸入訊號上應用 1D 平均值池化
torch.nn.AvgPool2d()	針對輸入訊號上應用 2D 平均值池化
torch.nn.AvgPool3d()	針對輸入訊號上應用 3D 平均值池化
torch.nn.AdaptiveMaxPool1d()	針對輸入訊號上應用 1D 自我調整最大值池化
torch.nn.AdaptiveMaxPool2d()	針對輸入訊號上應用 2D 自我調整最大值池化
torch.nn.AdaptiveMaxPool3d()	針對輸入訊號上應用 3D 自我調整最大值池化
torch.nn.AdaptiveAvgPool1d()	針對輸入訊號上應用 1D 自我調整平均值池化
torch.nn.AdaptiveAvgPool2d()	針對輸入訊號上應用 2D 自我調整平均值池化
torch.nn.AdaptiveAvgPool3d()	針對輸入訊號上應用 3D 自我調整平均值池化

3. 啟動函數

在 PyTorch 中提供了十幾種啟動函數層所對應的類別，但常用的啟動函數通常為 S 型（Sigmoid）啟動函數、雙曲正切（Tanh）啟動函數、線性修正單元（ReLU）啟動函數等。下面獲取 PyTorch 中幾個啟動函數的視覺化圖型，程式如下，執行程式後結果如圖 12-6 所示。

```
In[17]:## 啟動函數
       x=torch.linspace(-10,10,500)
       sigmoid=nn.Sigmoid()     ## Sigmoid啟動函數
       ysigmoid=sigmoid(x)
```

```
tanh=nn.Tanh()           ## Tanh啟動函數
ytanh=tanh(x)
selu=nn.SELU()           ## SELU啟動函數
yselu=selu(x)
relu=nn.ReLU()           ## ReLU啟動函數
yrelu=relu(x)
relu6=nn.ReLU6()         ## ReLU6啟動函數
yrelu6=relu6(x)
softplus=nn.Softplus()  ## Softplus啟動函數
ysoftplus=softplus(x)
## 視覺化啟動函數
plt.figure(figsize=(14,7))
plt.subplot(2,3,1)
plt.plot(x.data.numpy(),ysigmoid.data.numpy(),"r-")
plt.title("Sigmoid")
plt.grid()
plt.subplot(2,3,2)
plt.plot(x.data.numpy(),ytanh.data.numpy(),"r-")
plt.title("Tanh")
plt.grid()
plt.subplot(2,3,3)
plt.plot(x.data.numpy(),yselu.data.numpy(),"r-")
plt.title("SELU")
plt.grid()
plt.subplot(2,3,4)
plt.plot(x.data.numpy(),yrelu.data.numpy(),"r-")
plt.title("Relu")
plt.grid()
plt.subplot(2,3,5)
plt.plot(x.data.numpy(),yrelu6.data.numpy(),"r-")
plt.title("ReLU6")
plt.grid()
plt.subplot(2,3,6)
plt.plot(x.data.numpy(),ysoftplus.data.numpy(),"r-")
plt.title("Softplus")
plt.grid()
```

```
plt.tight_layout()
plt.show()
```

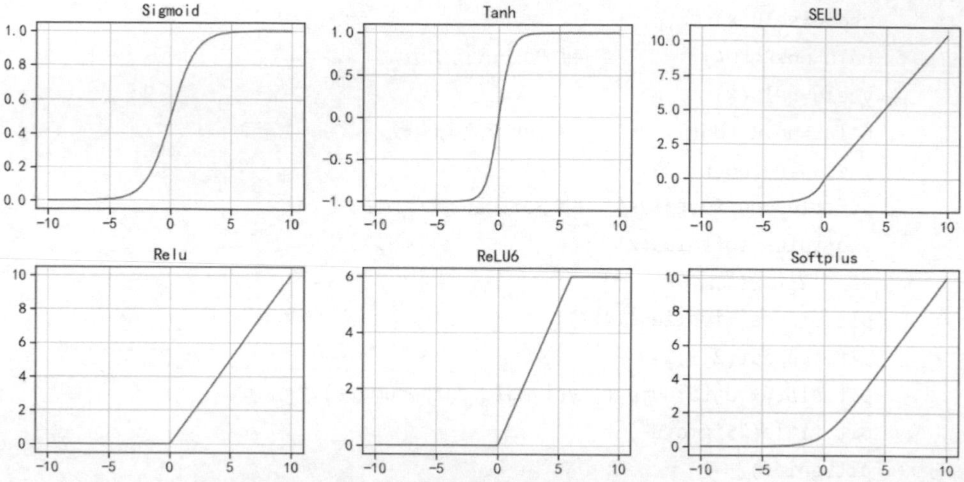

▲ 圖 12-6　部分啟動函數圖型

4. 循環層

PyTorch 中提供了多種循環層的實現，循環層對應的類如表 12-3 所示。

表 12-3　循環層對應的類別

層對應的類別	功能
torch.nn.RNN()	多層 RNN 單元
torch.nn.LSTM()	多層長短期記憶 LSTM 單元
torch.nn.GRU()	多層門限循環 GRU 單元
torch.nn.RNNCell()	一個 RNN 循環層單元
torch.nn.LSTMCell()	一個長短期記憶 LSTM 單元
torch.nn.GRUCell()	一個門限循環 GRU 單元

下面的內容將使用具體的深度學習網路結構，展示深度學習的效果。

12.3 卷積神經網路辨識草書

第 10 章已經使用全連接神經網路對草書圖像資料進行了辨識，本節將介紹如何使用卷積神經網路 ResNet18 對草書圖像資料進行辨識。這裡匯入本節需要的函數庫和模組。

```
In[1]:## 輸出高畫質圖型
      %config InlineBackend.figure_format='retina'
      %matplotlib inline
      ## 圖型顯示中文的問題
      import matplotlib
      matplotlib.rcParams['axes.unicode_minus']=False
      import seaborn as sns
      sns.set(font= "Kaiti",style="ticks",font_scale=1.4)
      iimport numpy as np
      import pandas as pd
      import matplotlib.pyplot as plt
      from mpl_toolkits.mplot3d import Axes3D
      import os
      from PIL import Image
      from sklearn.preprocessing import LabelEncoder
      from sklearn.model_selection import train_test_split
      import torch
      import torch.nn as nn
      import torch.nn.functional as F
      from torch.optim import SGD,Adam
      import torch.utils.data as Data
      from torchvision import models
      from torchvision import transforms
      import hiddenlayer as hl
```

12.3.1 草書資料前置處理與視覺化

使用 ResNet18 對圖型進行分類之前，需要對資料進行相關的前置處理操作，這裡將每個資料夾中的圖型正確讀取到 Python 中。針對影像檔的讀取，先使用下面的程式讀取其中一個資料夾的圖型，對其中的圖型進行視覺化分析，執行下面的程式後結果如圖 12-7 所示。

```
In[2]:## 先讀取一個資料夾中的圖型進行資料探索
      filename="data/chap12/草書均多餘50/白"
      imagename=os.listdir(filename)
      ## 讀取所有的圖型,並視覺化出其中的60張圖型
      plt.figure(figsize=(14,8))
      for ii,imname in zip(range(60),imagename):
          plt.subplot(6,10,ii+1)
          img=Image.open(filename + "/" + imname)
          plt.imshow(img)
          plt.axis("off")
          plt.title(img.size,size=10)
      plt.tight_layout()
      plt.show()
```

▲ 圖 12-7 部分草書圖片的情況

從圖 12-7 中可以發現，圖像資料的尺寸、背景等內容都不一樣，而且有些圖型的下面還帶有浮水印等情況。針對這樣的情況，定義一個 SingleImageProcess() 函數對單張圖型進行前置處理操作，主要包含裁去

圖型浮水印、轉化為灰階圖型，並將圖型尺寸轉化為 128px×128px。執行下面的程式，前置處理後部分圖型的視覺化結果如圖 12-8 所示。

```
In[3]:## 定義一個對單張圖型進行處理的操作
      def SingleImageProcess(im):
          width,high=im.size
          ## 裁去浮水印
          cuthigh=round(high / 12)
          im=im.crop((0,0,width,high-cuthigh))
          im=im.convert("L")  ## 轉化為灰階圖型
          ## 尺寸轉化為128px×128px
          im=im.resize((128,128), Image.ANTIALIAS)
          return im
      ## 讀取所有的圖型,並視覺化出其中的60張圖型
      plt.figure(figsize=(14,8))
      for ii,imname in zip(range(60),imagename):
          plt.subplot(6,10,ii+1)
          img=Image.open(filename + "/" + imname)
          img=SingleImageProcess(img)
          plt.imshow(img,cmap=plt.cm.gray)
          plt.axis("off")
          plt.title(img.size,size=10)
      plt.tight_layout()
      plt.show()
```

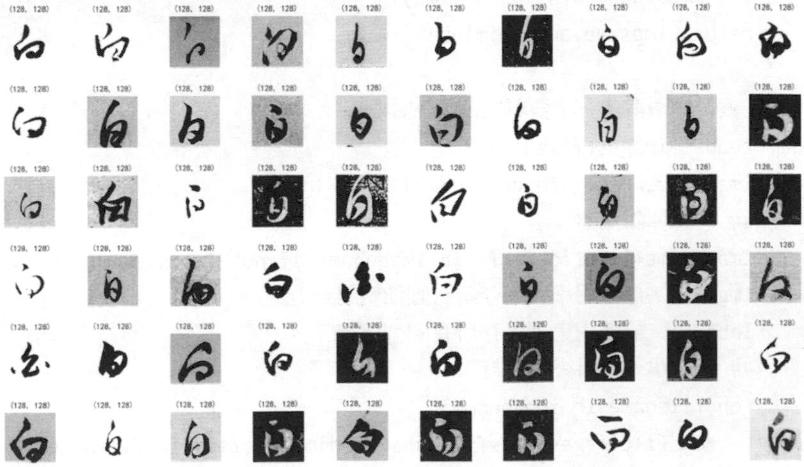

▲ 圖 12-8　經過前置處理後的草書圖型

對圖像資料進行探索性分析後，下面定義兩個輔助函數，用於圖像資料的讀取。第一個函數為 readimages()，其功能是針對一個資料夾中的所有圖型進行讀取和前置處理操作，最後輸出前置處理後的所有圖像資料和對應的字型標籤。第二個函數為 readallimages()，其功能是針對一個資料夾，讀取其中所有子資料夾中的所有類別圖型，最後輸出所有類別的圖像資料和對應的類別標籤。

```
In[4]:## 定義一個讀取單一資料夾圖型的程式
    def readimages(filedir,filename):
        filealldir=filedir + "/" + filename
        imfiles=os.listdir(filealldir)   # 索取所有的影像檔名稱
        ## 過濾掉隱藏檔案
        imfiles=[imf for imf  in imfiles if not imf.startswith('.')]
        imnum=len(imfiles)               # 將圖型的數量
        imgs=[]                          # 圖型保存為串列
        imlab=[filename] *  imnum        # 圖型的標籤
        ## 讀取圖型
        for name in imfiles:
            imdir=filealldir + "/" + name
            img=Image.open(imdir)
            ## 對每張圖型進行前置處理
            img=SingleImageProcess(img)
            imgs.append(np.array(img))
        return imgs,np.array(imlab)

    ## 定義一個讀取所有子資料夾圖型的函數
    def readallimages(filedir):
        imagename=os.listdir(filedir)
        ## 過濾掉隱藏檔案
        imagename=[imf for imf  in imagename if not imf.startswith('.')]
        imgs=[]  # 使用串列保存所有圖像資料
        labs=[]  # 使用串列保存所有圖型標籤
        ## 讀取單一資料夾的資料
        for filename in imagename:
            onefileimages, onefilelabs=readimages(filedir,filename)
```

```
        imgs.append(onefileimages)   # 陣列拼接
        labs.append(onefilelabs)
    return imgs,labs
```

定義好兩個資料讀取的輔助函數後，下面直接使用定義好的函數進行資料讀取，最後可以發現一共獲取了 9083 張 128px×128px 的灰階圖型。

```
In[5]:## 呼叫所定義的函數，讀取所有資料
      filename="data/chap12/草書均多餘50"
      allfileimages, allfilelabs=readallimages(filename)
      ## 資料轉化為陣列
      allfileimages=np.concatenate(allfileimages)
      allfilelabs=np.concatenate(allfilelabs,axis=0)
      print(allfileimages.shape)
      print(allfilelabs.shape)
Out[5]:(9083, 128, 128)
       (9083,)
```

讀取的資料中類別標籤可以使用 LabelEncoder() 重新編碼，同時執行下面的程式可以隨機選出一些圖型進行視覺化，輸出結果如圖 12-9 所示。

```
In[6]:## 對標籤進編碼
      LE=LabelEncoder().fit(allfilelabs)
      imagelab =LE.transform(allfilelabs)
      ## 視覺化其中的部分圖型用於查看
      imagex=allfileimages / 225.0
      ## 隨機選擇一些樣本進行視覺化
      np.random.seed(123)
      index=np.random.permutation(len(imagelab))[0:100]
      plt.figure(figsize=(10,9))
      for ii,ind in enumerate(index):
          plt.subplot(10,10,ii+1)
          img=imagex[ind,...]
          plt.imshow(img,cmap=plt.cm.gray)
          plt.axis("off")
      plt.subplots_adjust(wspace=0.05,hspace=0.05)
      plt.show()
```

▲ 圖 12-9　部分圖型樣本

資料準備好之後，使用下面的程式可以將所有的圖型切分為訓練集和測試集，然後將資料轉化為張量，針對灰階圖型，需要將其維度轉化為 1×128×128，因此需要使用 unsqueeze() 方法為資料增加一個顏色通道。

```
In[7]:## 將資料切分為訓練集和測試集
      X_train_im,X_test_im,y_train_im,y_test_im=train_test_split(
          imagex,imagelab,test_size=0.25,random_state=2)
      ## 將資料轉化為PyTorch可以使用的張量
      train_xt=torch.from_numpy(X_train_im.astype(np.float32))
      train_xt=train_xt.unsqueeze(1)     # 增加一個顏色通道
      train_yt=torch.from_numpy(y_train_im.astype(np.int64))
      test_xt=torch.from_numpy(X_test_im.astype(np.float32))
      test_xt=test_xt.unsqueeze(1)
      test_yt=torch.from_numpy(y_test_im.astype(np.int64))
      print(train_xt.shape)
      print(train_yt.shape)
      print(test_xt.shape)
      print(test_yt.shape)
Out[7]:torch.Size([6812, 1, 128, 128])
       torch.Size([6812])
```

```
torch.Size([2271, 1, 128, 128])
torch.Size([2271])
```

從上面的輸出中可以知道有 6812 張圖型用於訓練，2271 張圖型用於測試。下面將訓練集和測試集均定義為資料載入器，可以使用 Data.TensorDataset() 函數先將訓練資料集（或測試集）的資料和標籤整理到一起，然後利用 Data.DataLoader() 函數定義資料載入器，程式如下：

```
In[8]:## 建構資料載入器
    BATCH_SIZE=64      # 每個BATCH使用的圖型數量
    ## 定義一個訓練資料載入器
    train_data=Data.TensorDataset(train_xt,train_yt)
    train_loader=Data.DataLoader(
        dataset=train_data,          ## 使用的資料集
        batch_size=BATCH_SIZE,       ##  批次處理樣本大小
        shuffle=True,                ## 每次疊代前打亂資料
    )
    ## 定義一個測試資料載入器
    test_data=Data.TensorDataset(test_xt,test_yt)
    test_loader=Data.DataLoader(
        dataset=test_data,           ## 使用的資料集
        batch_size=BATCH_SIZE,       ## 批次處理樣本大小
        shuffle=False,               ## 每次疊代前不打亂資料
    )
```

12.3.2 ResNet18 網路辨識草書

PyTorch 中已經定義並且訓練好了很多經典的深度學習網路，這裡可以使用 models.resnet18() 匯入已經在 ImageNet 資料集與預訓練好的 ResNet18 網路，因此在使用時不需要重新訓練網路，只需要在預訓練網路的基礎上進行微調即可。下面的程式中匯入 ResNet18 後，分別對第一個輸入卷積層和輸出的全連接層進行了調整，執行程式後結果適用於新資料集微調後的 ResNet18 網路。

```
In[9]:## 匯入ResNet18
      resnet18=models.resnet18(pretrained=True)
      ## 微調ResNet18獲得適合使用者資料集的網路
      ## 調整第一個輸入卷積層
      resnet18.conv1=nn.Conv2d(1, 64,kernel_size=(7, 7),stride=(2, 2),
padding=(3, 3))
      ## 調整全連接層
      resnet18.fc=nn.Sequential(nn.Linear(512,91),nn.Softmax(dim=1))
      resnet18
Out[9]:ResNet(
  (conv1): Conv2d(1, 64, kernel_size=(7, 7), stride=(2, 2), padding=(3, 3))
  (bn1): BatchNorm2d(64,eps=1e-05,momentum=0.1,affine=True, track_running_
stats=True)
  (relu): ReLU(inplace=True)
  (maxpool): MaxPool2d(kernel_size=3,stride=2,padding=1,dilation=1, ceil_
mode=False)
  (layer1): Sequential(
    (0): BasicBlock(
      (conv1): Conv2d(64, 64, kernel_size=(3, 3), stride=(1, 1), padding=(1,
1), bias=False)
      (bn1): BatchNorm2d(64,eps=1e-05,momentum=0.1,affine=True, track_running_
stats=True)
      (relu): ReLU(inplace=True)
      (conv2): Conv2d(64, 64, kernel_size=(3, 3), stride=(1, 1), padding=(1,
1), bias=False)
      (bn2): BatchNorm2d(64,eps=1e-05,momentum=0.1,affine=True, track_running_
stats=True)
    )
    (1): BasicBlock(
      (conv1): Conv2d(64, 64, kernel_size=(3, 3), stride=(1, 1), padding=(1,
1), bias=False)
      (bn1): BatchNorm2d(64,eps=1e-05,momentum=0.1,affine=True, track_running_
stats=True)
      (relu): ReLU(inplace=True)
      (conv2): Conv2d(64, 64, kernel_size=(3, 3), stride=(1, 1), padding=(1,
1), bias=False)
```

```
      (bn2): BatchNorm2d(64,eps=1e-05,momentum=0.1,affine=True,track_running_
stats=True)
    )
  )
…
  (avgpool): AdaptiveAvgPool2d(output_size=(1, 1))
  (fc): Sequential(
    (0): Linear(in_features=512, out_features=91, bias=True)
    (1): Softmax(dim=1)
  )
)
```

為了更方便地利用資料對網路進行訓練，下面定義一個網路的訓練過程函數 train_CNNNet()，該函數包括網路的訓練階段和測試階段，並且會輸出訓練過程中在訓練集和測試集上的預測精度和損失函數的大小。

```
In[10]:## 定義網路的訓練過程函數
       def train_CNNNet(model,traindataloader,testdataloader,criterion,
                        optimizer,num_epochs=25):
           """
           model:網路模型；traindataloader:訓練集
           testdataload:測試集；criterion：損失函數；optimizer：最佳化方法；
           num_epochs:訓練的輪數
           """
           ## 保存訓練和測試過程中的損失和預測精度
           train_loss_all=[]
           train_acc_all=[]
           test_loss_all=[]
           test_acc_all=[]
           for epoch in range(num_epochs):
               print('-' * 10)
               print('Epoch {}/{}'.format(epoch, num_epochs - 1))
               # 每個epoch有兩個階段,訓練階段和測試階段
               train_loss=0.0
               train_corrects=0
               train_num=0
               test_loss=0.0
```

```
test_corrects=0
test_num=0
model.train() ## 設定模型為訓練模式
for step,(b_x,b_y) in enumerate(traindataloader):
    b_x=b_x.to(device)
    b_y=b_y.to(device)
    output=model(b_x)
    pre_lab=torch.argmax(output,1)
    loss=criterion(output, b_y)     # 計算損失
    optimizer.zero_grad()           # 梯度歸零
    loss.backward()                 # 損失後向傳播
    optimizer.step()                # 最佳化參數
    train_loss += loss.item() * b_x.size(0)
    train_corrects += torch.sum(pre_lab == b_y.data)
    train_num += b_x.size(0)
## 計算一個epoch在訓練集上的損失和精度
train_loss_all.append(train_loss / train_num)
train_acc_all.append(train_corrects.double().item()/ train_num)
print('{} Train Loss: {:.4f}  Train Acc: {:.4f}'.format(
    epoch, train_loss_all[-1], train_acc_all[-1]))

## 計算一個epoch訓練後在測試集上的損失和精度
model.eval() ## 設定模型為評估模式
for step,(b_x,b_y) in enumerate(testdataloader):
    b_x=b_x.to(device)
    b_y=b_y.to(device)
    output=model(b_x)
    pre_lab=torch.argmax(output,1)
    loss=criterion(output, b_y)
    test_loss += loss.item() * b_x.size(0)
    test_corrects += torch.sum(pre_lab == b_y.data)
    test_num += b_x.size(0)
## 計算一個epoch在測試集上的損失和精度
test_loss_all.append(test_loss / test_num)
test_acc_all.append(test_corrects.double().item()/ test_num)
print('{} Test Loss: {:.4f}  Test Acc: {:.4f}'.format(
```

```
            epoch, test_loss_all[-1], test_acc_all[-1]))
    ## 輸出相關訓練過程的數值
    train_process=pd.DataFrame(
        data={"epoch":range(num_epochs),
              "train_loss_all":train_loss_all,
              "train_acc_all":train_acc_all,
              "test_loss_all":test_loss_all,
              "test_acc_all":test_acc_all})
    return model,train_process
```

函數定義好之後可以使用下面的程式對資料進行訓練，訓練時可使用 Adam 最佳化器，損失函數利用交叉熵函數，在訓練過程中每訓練 20 個 epoch 更改一次 Adam 最佳化器的學習率，執行程式後會輸出模型的訓練過程。

```
In[11]:## 定義計算裝置
       device=torch.device("cuda:2" if torch.cuda.is_available() else "cpu")
       ## 訓練網路時每經過一定的epoch改變學習率的大小
       train_promodel=[]  ## 網路訓練過程
       LR=[0.0005,0.0001]
       loss_func=nn.CrossEntropyLoss()   # 交叉熵損失函數
       EachEpoch=[20,20]   # 每隔EachEpoch次訓練更新一次學習率
       ## 訓練模型
       for ii,lri in enumerate(LR):
           # 定義最佳化器
           print("======學習率為:",lri,"======")
           optimizer1=torch.optim.Adam(resnet18.parameters(),lr=lri)
           resnet18,train_process=train_CNNNet(
               resnet18,train_loader,test_loader,loss_func,
               optimizer1, num_epochs=EachEpoch[ii])
           ## 保存訓練過程
           train_promodel.append(train_process)
       ## 組合查看訓練過程資料表
       mytrain_promodel=pd.concat(train_promodel)
Out[11]:======學習率為: 0.0005 ======
        ----------
```

```
Epoch 0/19
0 Train Loss: 4.3466  Train Acc: 0.1861
0 Test Loss: 4.3010  Test Acc: 0.2290
…
Epoch 19/19
19 Train Loss: 3.5498  Train Acc: 0.9809
19 Test Loss: 3.6702  Test Acc: 0.8736
```

從模型的訓練過程輸出中可以發現，在測試集上的辨識精度最終提高到了 0.8736。針對模型在訓練過程中損失函數的變化情況，可以使用下面的程式進行視覺化，執行程式後結果如圖 12-10 所示。

```
In[12]:## 視覺化訓練過程和測試過程的損失函數變化情況
       plotlen=mytrain_promodel.shape[0]
       plt.figure(figsize=(10,6))
       plt.plot(np.arange(plotlen),mytrain_promodel.train_loss_all,
                "r-o",label="訓練損失")
       plt.plot(np.arange(plotlen),mytrain_promodel.test_loss_all,
                "k-s",label="測試損失")
       plt.legend()
       plt.grid()
       plt.xlabel("Epoch number")
       plt.ylabel("損失")
       plt.show()
```

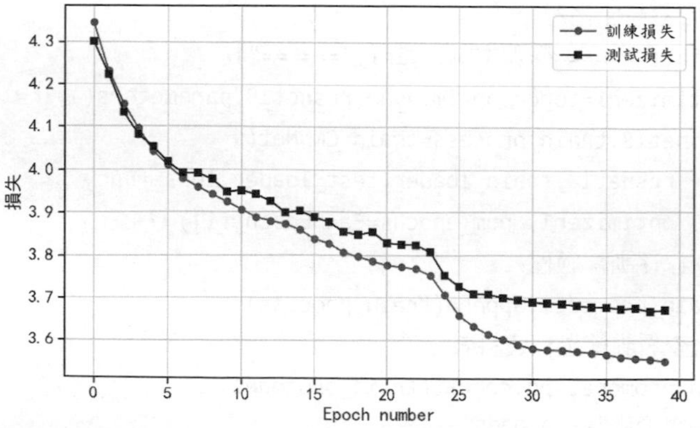

▲ 圖 12-10　損失函數變換情況

若想要觀察在訓練集和測試集上預測精度的變化情況，可以使用下面的程式進行視覺化，執行程式後結果如圖 12-11 所示。

```
In[13]:## 視覺化訓練集和測試集上預測精度的變化情況
       plt.figure(figsize=(10,6))
       plt.plot(np.arange(plotlen),mytrain_promodel.train_acc_all,
                "r-o",label="訓練精度")
       plt.plot(np.arange(plotlen),mytrain_promodel.test_acc_all,
                "b-s",label="測試精度")
       plt.xlabel("epoch")
       plt.ylabel("精度")
       plt.legend()
       plt.grid()
       plt.show()
```

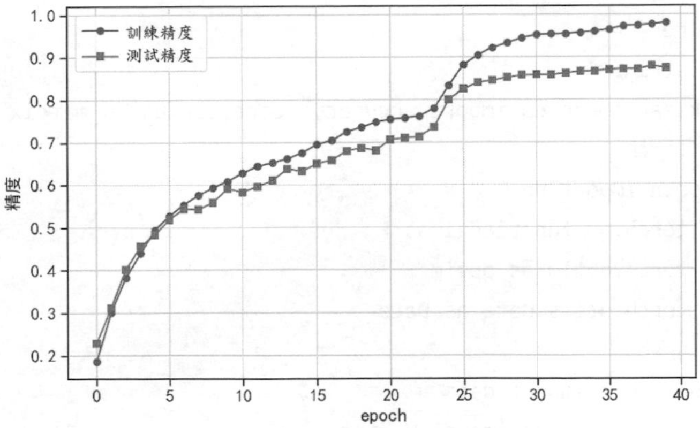

▲ 圖 12-11　演算法預測精度變化情況

12.4 循環神經網路新聞分類

本節介紹如何使用 LSTM 網路對中文文字資料集建立一個分類器，對中文新聞資料進行分類。該新聞資料集是 THUCNews 的子集，一共包含 10 類文字資料，每個類別資料有 6500 個文字，該資料已切分為訓練集 cnews.train.txt（5000×10）、驗證集 cnews.val.txt（500×10）以及測試集

cnews.test.txt（1000×10）三個部分。在使用 LSTM 網路文字分類之前，需要對文字資料進行前置處理，首先匯入該章節需要使用的函數庫和模組。

```
In[1]:## 輸出高畫質圖型
      %config InlineBackend.figure_format='retina'
      %matplotlib inline
      ## 圖型顯示中文的問題
      import matplotlib
      matplotlib.rcParams['axes.unicode_minus']=False
      import seaborn as sns
      sns.set(font= "Kaiti",style="ticks",font_scale=1.4)
      import numpy as np
      import pandas as pd
      import matplotlib.pyplot as plt
      import re
      import string
      from sklearn.metrics import accuracy_score,confusion_matrix
      import torch
      from torch import nn
      import torch.nn.functional as F
      import torch.optim as optim
      import torch.utils.data as Data
      import jieba
      from torchtext import data
      from torchtext.vocab import Vectors
```

上面匯入的函數庫中，re、string 用於處理文字資料，torchtext 函數庫可將資料表中的資料整理為 PyTorch 網路可用的資料張量。

12.4.1 資料準備

使用 torchtext 函數庫準備深度文字分類網路需要的資料，可使用下面的程式。程式中使用 data.Field() 函數分別定義了針對文字內容和類別標籤的實例 TEXT 和 LABEL，然後將 Field 實例和資料中的變數名稱相對應，組成串列 text_data_fields，在讀取資料時透過 data.TabularDataset.splits() 函數直接在指定的檔案中讀取訓練資料 cnews_train2.csv、驗證資料 cnews_val2.csv 和測試資料 cnews_test2.csv。其中資料的準備過程使用參數 fields=text_data_fields 來確定，如資料集中的變數 cutword，文字保持長度為 400，使用自訂函數 mytokenize 將文字用空格分為一個個詞語，並轉化為由多個片語成的向量。traindata、valdata 和 testdata 的長度分別為 50 000、5000、10 000，表明資料已經成功讀取。

```
In[2]:## 使用torchtext函數庫進行資料準備
      # 定義檔案中對文字和標籤所要做的操作
      """
      sequential=True:表明輸入的文字是字元，而非數值字
      tokenize=mytokenize:使用自訂的切詞方法，利用空格切分詞語
      use_vocab=True: 創建一個詞彙表
      batch_first=True: batch優先的資料方式
      fix_length=400 :每個句子固定長度為400
      """
      ## 定義文字切分方法，因為前面已經做過處理，所以直接使用空格切分即可
      mytokenize=lambda x: x.split()
      TEXT=data.Field(sequential=True, tokenize=mytokenize,
                      include_lengths=True, use_vocab=True,
                      batch_first=True, fix_length=400)
      LABEL=data.Field(sequential=False, use_vocab=False,
                       pad_token=None, unk_token=None)
      ## 對所要讀取的資料集的列進行處理
      text_data_fields=[
          ("labelcode", LABEL), # 對標籤的操作
          ("cutword", TEXT) # 對文字的操作
      ]
      ## 讀取訓練集驗證集和測試集
      traindata,valdata,testdata=data.TabularDataset.splits(
          path="data/chap12", format="csv",
          train="cnews_train2.csv", fields=text_data_fields,
          validation="cnews_val2.csv",
          test="cnews_test2.csv", skip_header=True
```

```
    )
    print(len(traindata),len(valdata),len(testdata))
Out[2]:50000500010000
```

資料讀取並且使用對應實例前置處理後，可以使用 TEXT.build_vocab() 函數訓練資料集建立單詞表，參數 max_size=10000 表示詞表中只使用出現頻率較高的前 10000 個詞語，參數 vectors=None 表示不使用預訓練好的詞項量。

```
In[3]:## 使用訓練集建構單詞表,只使用10 000個詞語作詞庫，並且沒有預訓練的詞向量
    TEXT.build_vocab(traindata,max_size=10000,vectors=None)
    LABEL.build_vocab(traindata)
    print("詞典的詞數:",len(TEXT.vocab.itos))
    print("前10個單字:\n",TEXT.vocab.itos[0:10])
    ## 類別標籤的數量和類別
    print("類別標籤情況:",LABEL.vocab.freqs)
    ## 前兩個分別代表詞典中沒有的詞語和用於填充的詞語
Out[3]:詞典的詞數: 10002
     前10個單字:
      ['<unk>', '<pad>', '中國', '基金', '沒有', '市場', '已經', '表示', '公
司', '美國']
     類別標籤情況: Counter({'0': 5000, '1': 5000, '2': 5000, '3': 5000, '4':
5000, '5': 5000, '6': 5000, '7': 5000, '8': 5000, '9': 5000})
```

建立詞表之後，針對讀取的三個資料集，使用 data.BucketIterator() 函數將它們分別處理為資料載入器，每次使用 64 個樣本用於訓練，也可以參看資料載入器中每個部分的內容，程式如下：

```
In[4]:## 定義一個疊代器，將類似長度的範例一起批次處理
    BATCH_SIZE=64
    train_iter=data.BucketIterator(traindata,batch_size=BATCH_SIZE)
    val_iter=data.BucketIterator(valdata,batch_size=BATCH_SIZE)
    test_iter=data.BucketIterator(testdata,batch_size=BATCH_SIZE)
    ##  獲得一個batch的資料，對資料內容介紹
    for step, batch in enumerate(train_iter):
        if step > 0:
```

```
            break
    ## 針對一個batch的資料，可以使用batch.labelcode獲得資料的類別標籤
    print("資料的類別標籤:\n",batch.labelcode)
    ## batch.cutword[0]是文字對應的內容矩陣
    print("文字資料的內容:",batch.cutword[0])
Out[4]:資料的類別標籤:
 tensor([5, 5, 8, 0, 5, 1, 5, 2, 1, 9, 0, 3, 7, 6, 6, 0, 8, 2, 0, 4, 7, 7, 5,
0,4, 3, 3, 5, 4, 5, 4, 1, 8, 0, 5, 8, 8, 4, 3, 3, 2, 6, 6, 0, 6, 1, 0, 7,7,
5, 3, 2, 3, 8, 9, 6, 2, 2, 5, 9, 5, 8, 7, 6])
文字資料的內容: tensor([[ 246,    0,    0,  ...,     1,     1,    1],
        [ 118, 6746, 8317,  ...,     1,     1,    1],
        [2497,  294, 1107,  ...,     1,     1,    1],
        ...,
        [ 110, 1103,    0,  ...,     1,     1,    1],
        [9235,    0,  628,  ...,     1,     1,    1],
        [ 351, 3236,    0,  ...,     1,     1,    1]])
```

12.4.2 LSTM 網路文字分類

資料準備操作完成後，需要架設一個 LSTM 網路分類器用於對文字資料分類，使用者可以使用下面的程式建構一個 LSTMNet 類別。

```
In[5]:## 定義一個LSTM網路
    class LSTMNet(nn.Module):
        def __init__(self, vocab_size):
            """
            vocab_size:詞典長度
            """
            super(LSTMNet, self).__init__()
            ## 對文字進行詞項量處理，每個詞使用100維的向量表示
            self.embedding=nn.Embedding(vocab_size, 100)
            # 1層128個神經元的LSTM 層
            self.lstm=nn.LSTM(100, 128, 1,batch_first=True)
            # 全連接層的輸入為128，輸出為10
            self.fc1=nn.Linear(128, 10)
        def forward(self, x):
```

```
            embeds=self.embedding(x)
            # r_out shape (batch, time_step, output_size)
            # h_n shape (n_layers, batch, hidden_size)LSTM 有兩個隱藏狀
#態，h_n 是分線，h_c 是主線
            # h_c shape (n_layers, batch, hidden_size) r_out, (h_n, h_
c)=self.lstm(embeds, None)
        # None表示hidden state 會用全0的初始化
            # 選取最後一個時間點的out輸出
            out=self.fc1(r_out[:, -1, :])
            return out
```

上面建構的 LSTMNet 類別中，創建 LSTM 網路分類器時需要輸入參數詞典長度。程式中 nn.Embedding() 層對輸入的文字進行詞向量處理，nn.LSTM() 層用於定義網路中的 LSTM 層的神經元數量和層數等，參數 batch_first=True 表示在輸入資料中，batch 在第一個維度，nn.Linear() 則定義一個全連接層用於分類。LSTMNet 類別的前向過程 forward 中，針對輸入的文字資料 x，會先經過 self.embedding(x) 操作，然後進入 self.lstm() 操作，而對 self.lstm() 操作會輸入兩個參數，第一個參數為 self.embedding(x) 操作輸出的 embeds，第二個參數為隱藏層的初值，使用 None 表示全部使用 0 初始化。self.lstm() 有三個輸出，使用全連接層處理 LSTM 的輸出時可以使用 r_out[:, -1, :] 來獲得。

已經處理好的資料和定義好的網路，在輸入合適的參數後，初始化一個 LSTM 網路中文文字分類器，程式如下：

```
In[6]:## 初始化一個LSTM網路
      vocab_size=len(TEXT.vocab)
      lstmmodel=LSTMNet(vocab_size)
      lstmmodel
Out[5]:LSTMNet(
         (embedding): Embedding(10002, 100)
         (lstm): LSTM(100, 128, batch_first=True)
         (fc1): Linear(in_features=128, out_features=10, bias=True)
      )
```

網路定義好之後，可以定義一個對網路進行訓練的函數 train_LSTM()。該網路透過輸入網路模型、訓練資料載入器、驗證資料載入器、損失函數、最佳化器以及疊代的 epoch 數量等參數，能夠自動對網路進行訓練。train_LSTM() 函數程式如下：

```
In[7]:## 定義網路的訓練過程函數
      def train_LSTM(model,traindataloader, valdataloader,criterion,
                     optimizer,num_epochs=25,):
          """
          model:網路模型；traindataloader:訓練集;
          valdataloader:驗證集，;criterion：損失函數；optimizer：最佳化方法；
          num_epochs:訓練的輪數
          """
          train_loss_all=[]
          train_acc_all=[]
          val_loss_all=[]
          val_acc_all=[]
          for epoch in range(num_epochs):
              print('Epoch {}/{}'.format(epoch, num_epochs - 1))
              # 每個epoch有兩個階段，即訓練階段和驗證階段
              train_loss=0.0
              train_corrects=0
              train_num=0
              val_loss=0.0
              val_corrects=0
              val_num=0
              model.train() ## 設定模型為訓練模式
              for step,batch in enumerate(traindataloader):
                  textdata,target=batch.cutword[0], batch.labelcode.view(-1)
                  out=model(textdata)pre_lab=torch.argmax(out,1) # 預測的標籤
                  loss=criterion(out, target) # 計算損失函數值
                  optimizer.zero_grad()
                  loss.backward()
                  optimizer.step()
                  train_loss += loss.item() * len(target)
                  train_corrects += torch.sum(pre_lab == target.data)
```

```
            train_num += len(target)
        ## 計算一個epoch在訓練集上的損失和精度
        train_loss_all.append(train_loss / train_num)
        train_acc_all.append(train_corrects.double().item()/ train_num)
        print('{} Train Loss: {:.4f}  Train Acc: {:.4f}'.format(
            epoch, train_loss_all[-1], train_acc_all[-1]))
                ## 計算一個epoch訓練後在驗證集上的損失和精度
        model.eval() ## 設定模型為評估模式
        for step,batch in enumerate(valdataloader):
            textdata,target=batch.cutword[0], batch.labelcode.view(-1)
            out=model(textdata)
            pre_lab=torch.argmax(out,1)
            loss=criterion(out, target)
            val_loss += loss.item() * len(target)
            val_corrects += torch.sum(pre_lab == target.data)
            val_num += len(target)
        ## 計算一個epoch在訓練集上的損失和精度
        val_loss_all.append(val_loss / val_num)
        val_acc_all.append(val_corrects.double().item()/val_num)
        print('{} Val Loss: {:.4f}  Val Acc: {:.4f}'.format(
            epoch, val_loss_all[-1], val_acc_all[-1]))
    train_process=pd.DataFrame(
        data={"epoch":range(num_epochs),
              "train_loss_all":train_loss_all,
              "train_acc_all":train_acc_all,
              "val_loss_all":val_loss_all,
              "val_acc_all":val_acc_all})
    return model,train_process
```

上述函數會輸出訓練好的網路和網路的訓練過程，輸出 model 表示已經訓練好的網路，train_process 則包含訓練過程中每個 epoch 對應的網路在訓練集上的損失與辨識精度，以及驗證集上的損失與辨識精度。

在定義網路的最佳化器和損失函數後，使用者即可以使用 train_LSTM() 函數對訓練集和驗證集進行網路訓練，程式如下：

```
In[8]:## 定義最佳化器
      optimizer=torch.optim.Adam(lstmmodel.parameters(), lr=0.0003)
      loss_func=nn.CrossEntropyLoss()   # 損失函數
      ## 對模型進行疊代訓練,對所有的資料訓練15個epoch
      lstmmodel,train_process=train_LSTM(
          lstmmodel,train_iter,val_iter,loss_func,optimizer,num_epochs=15)
Out[8]:Epoch 0/14
       0 Train Loss: 2.2339  Train Acc: 0.1565
       0 Val Loss: 2.2733  Val Acc: 0.1328
       …
       Epoch 14/14
       14 Train Loss: 0.1428  Train Acc: 0.9605
       14 Val Loss: 0.3011  Val Acc: 0.9154
```

在模型訓練完畢後，為了更進一步地觀察訓練過程，使用下面的程式，將訓練集、驗證集上的損失大小和精度的變化情況進行視覺化，結果如圖 12-12 所示。

```
In[9]:## 視覺化模型訓練過程
      plt.figure(figsize=(14,7))
      plt.subplot(1,2,1)
      plt.plot(train_process.epoch,train_process.train_loss_all,
               "r.-",label="Train loss")
      plt.plot(train_process.epoch,train_process.val_loss_all,
               "bs-",label="Val loss")
      plt.legend()
      plt.grid()
      plt.xlabel("Epoch number")
      plt.ylabel("Loss value")
      plt.subplot(1,2,2)
      plt.plot(train_process.epoch,train_process.train_acc_all,
               "r.-",label="Train acc")
      plt.plot(train_process.epoch,train_process.val_acc_all,
               "bs-",label="Val acc")
      plt.xlabel("Epoch number")
      plt.ylabel("Acc")
      plt.legend()
```

```
plt.grid()
plt.tight_layout()
plt.show()
```

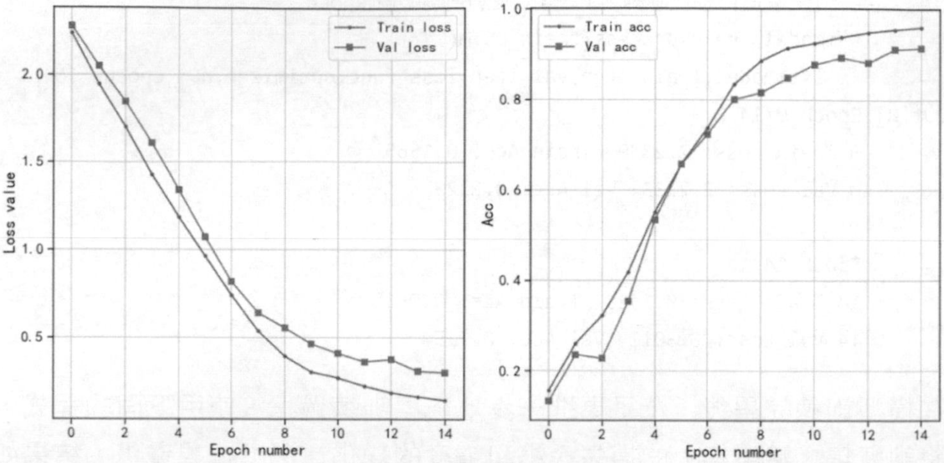

▲ 圖 12-12　LSTM 網路訓練過程

從圖 12-12 中可以發現，在訓練集和驗證集上的預測精度均是先迅速上升，然後保持在一個穩定的範圍內，說明網路的訓練在某種程度上已經比較充分，並且獲得了較高的辨識精度。

網路訓練結束後，可以使用測試集來評價網路的分類精度，將訓練好的網路作用於測試集，程式如下：

```
In[10]:## 對測試集進行預測並計算精度
    lstmmodel.eval() ## 設定模型為訓練模式、評估模式
    test_y_all=torch.LongTensor()
    pre_lab_all=torch.LongTensor()
    for step,batch in enumerate(test_iter):
        textdata,target=batch.cutword[0],batch.labelcode.view(-1)
        out=lstmmodel(textdata)
        pre_lab=torch.argmax(out,1)
        test_y_all=torch.cat((test_y_all,target)) ##測試集的標籤
        pre_lab_all=torch.cat((pre_lab_all,pre_lab))##測試集的預測標籤
    acc=accuracy_score(test_y_all.detach().numpy(), pre_lab_all.detach().
```

```
numpy())
        print("在測試集上的預測精度為:",acc)
        ## 計算混淆矩陣並視覺化
        conf_mat=confusion_matrix(test_y_all.detach().numpy(), pre_lab_all.
detach().numpy())
        plt.figure(figsize=(10,8))
        heatmap=sns.heatmap(conf_mat, annot=True, fmt="d",cmap="YlGnBu")
        plt.ylabel('True label')
        plt.xlabel('Predicted label')
        plt.show()
Out[10]:在測試集上的預測精度為: 0.942
```

程式中透過 accuracy_score() 函數計算了在測試集上的預測精度，並輸出對應的預測精度，還使用 confusion_matrix() 函數計算了預測值和真實值之間的混淆矩陣，使用熱力圖將混淆矩陣視覺化，熱力圖如圖 12-13 所示。

從輸出結果中可以發現，模型在測試集上的預測精度為 0.942。透過混淆矩陣熱力圖可以更方便分析 LSTM 網路的預測情況，第 2 類型和第 3 類類型資料之間更容易預測錯誤，而且針對第 2 類型的文字辨識精度並不是很高。

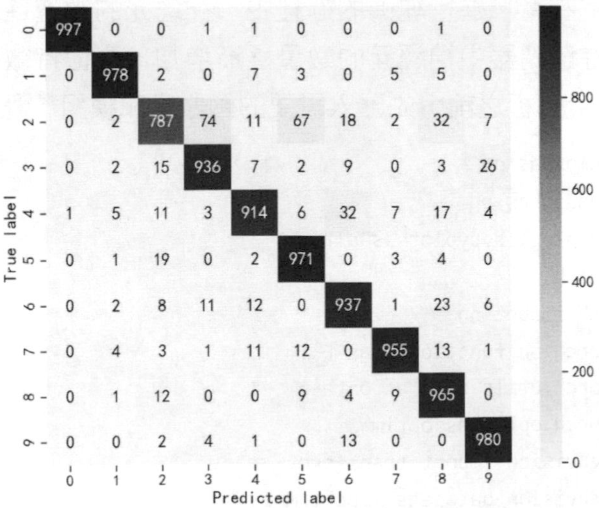

▲ 圖 12-13　測試集上的混淆矩陣熱力圖

12.5 自編碼網路重構圖像

本節主要介紹類似於全連接神經網路的自編碼模型，即網路中編碼層和解碼層都使用包含不同數量神經元的線性層來表示。針對手寫字型資料集，利用自編碼模型對資料降維和重構，以線性層為基礎的自編碼模型結構如圖 12-14 所示。

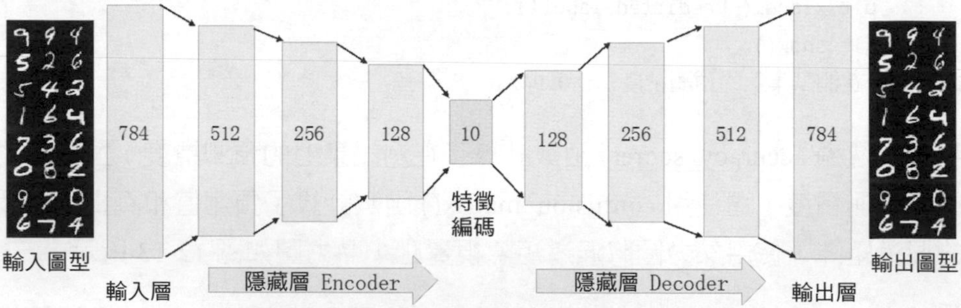

▲ 圖 12-14　以線性層為基礎的自編碼模型

在圖 12-14 所示的自編碼網路中，輸入層和輸出層都有 784 個神經元，對應著一張手寫圖片的 784 像素，即使用圖型時，將 28×28 的像素矩陣轉化為 1×784 的在量。進行編碼的過程中，神經元的數量逐漸從 512 個減少到 10 個，在解碼器中神經元的數量逐漸增加，會從特徵編碼中重構原始圖型。在進行分析之前，先匯入需要的函數庫和模組，程式如下：

```
In[1]:import numpy as np
      import pandas as pd
      import matplotlib.pyplot as plt
      import torch
      from torch import nn
      import torch.nn.functional as F
      import torch.utils.data as Data
      import torch.optim as optim
      from torchvision import transforms
      from torchvision.datasets import MNIST
      from sklearn.manifold import TSNE
```

12.5.1 資料準備

透過 torchvision 函數庫中的 MNIST() 函數匯入訓練和測試所需要的資料集——手寫字型資料集，並對資料進行前置處理，程式如下：

```
In[2]:## 使用手寫體資料
      ## 準備訓練資料集
      train_data =MNIST(
         root="./data/MNIST", # 資料的路徑
         train=True, # 只使用訓練資料集
         download= False
      )
      ## 將圖像資料轉化為向量資料
      train_data_x=train_data.data.type(torch.FloatTensor) / 255.0
      train_data_x=train_data_x.reshape(train_data_x.shape[0],-1)
      train_data_y=train_data.targets
      ## 定義一個資料載入器
      train_loader=Data.DataLoader(
          dataset=train_data_x, ## 使用的資料集
          batch_size=64, # 批次處理樣本大小
          shuffle=True, # 每次疊代前打亂資料
          num_workers=2, # 使用兩個處理程序
      )
      ## 對測試集進行匯入
      test_data=MNIST(
          root="./data/MNIST", # 資料的路徑
          train=False, # 只使用訓練資料集
          download= False
      )
      ## 為測試資料增加一個通道維度,獲取測試資料的x和y
      test_data_x=test_data.data.type(torch.FloatTensor) / 255.0
      test_data_x=test_data_x.reshape(test_data_x.shape[0],-1)
      test_data_y=test_data.targets
      print("訓練集:",train_data_x.shape)
      print("測試集:",test_data_x.shape)
Out[2]:訓練集: torch.Size([60000, 784])
       測試集: torch.Size([10000, 784])
```

在上面的程式中，透過 MNIST() 匯入訓練資料集後，將訓練資料集中的圖像資料和標籤資料分別保存為 train_data_x 和 train_data_y 變數，並且針對訓練資料集中的圖型將像素值處理在 0 ～ 1 之間，每個影像處理為長 784 的向量，最後透過 Data.DataLoader() 函數將訓練資料 train_data_x 處理為資料載入器，此處並沒有包含對應的類別標籤，這是因為上述的自編碼網路訓練時不需要圖型的類別標籤資料，資料載入器中每個 batch 包含 64 個樣本。針對測試集將圖型和經過前置處理後的圖型分別保存為 test_data_x 和 test_data_y 變數。最後輸出訓練資料和測試資料的形狀，每個樣本為一個長度為 784 的向量。

12.5.2 自編碼網路重構手寫數字

為了架設圖 12-14 所示的自編碼網路，需要建構一個 EnDecoder() 類別，程式如下：

```
In[3]:## 架設一個自編碼網路
      class EnDecoder(nn.Module):
          def __init__(self):
              super(EnDecoder,self).__init__()
              ## 定義Encoder
              self.Encoder=nn.Sequential(
                  nn.Linear(784,512),
                  nn.ReLU6(),
                  nn.Linear(512,256),
                  nn.ReLU6(),
                  nn.Linear(256,128),
                  nn.ReLU6(),
                  nn.Linear(128,10),
                  nn.ReLU6(),
              )
              ## 定義Decoder
              self.Decoder=nn.Sequential(
                  nn.Linear(10,128),
                  nn.ReLU6(),
```

```
                nn.Linear(128,256),
                nn.ReLU6(),
                nn.Linear(256,512),
                nn.ReLU6(),
                nn.Linear(512,784),
                nn.Sigmoid(),
            )
        ## 定義網路的前向傳播路徑
        def forward(self, x):
            encoder=self.Encoder(x)
            decoder=self.Decoder(encoder)
            return encoder,decoder
    ## 輸出網路結構
    edmodel=EnDecoder()
    print(edmodel)
Out[3]:EnDecoder(
  (Encoder): Sequential(
    (0): Linear(in_features=784, out_features=512, bias=True)
    (1): ReLU6()
    (2): Linear(in_features=512, out_features=256, bias=True)
    (3): ReLU6()
    (4): Linear(in_features=256, out_features=128, bias=True)
    (5): ReLU6()
    (6): Linear(in_features=128, out_features=10, bias=True)
    (7): ReLU6()
  )
  (Decoder): Sequential(
    (0): Linear(in_features=10, out_features=128, bias=True)
    (1): ReLU6()
    (2): Linear(in_features=128, out_features=256, bias=True)
    (3): ReLU6()
    (4): Linear(in_features=256, out_features=512, bias=True)
    (5): ReLU6()
    (6): Linear(in_features=512, out_features=784, bias=True)
    (7): Sigmoid()
  )
)
```

在上面的程式中，架設自編碼網路時，將網路分為編碼器部分 Encoder 和解碼器部分 Decoder 兩個部分。編碼器部分將資料的維度從 784 維逐步減少到 10 維，每個隱藏層使用的啟動函數為 ReLU6 啟動函數。解碼器部分將特徵編碼從 10 維逐步增加到 784 維，除輸出層使用 Sigmoid() 啟動函數外，其他隱藏層使用 ReLU6() 啟動函數。在網路的前向傳播函數 forward() 中，輸出編碼後的結果 encoder 和解碼後的結果 decoder，最後輸出使用 EnDecoder 類別的自編碼器網路 edmodel。

使用訓練資料對網路中的參數進行訓練時，使用 torch.optim.Adam() 最佳化器對網路中的參數進行最佳化，並使用 nn.MSELoss() 函數定義損失函數，即使用均方根誤差損失（因為自編碼網路需要重構出原始的手寫體資料，可看作回歸問題，即與原始圖型的誤差越小越好，使用均方根誤差作為損失函數較合適，也可以使用絕對值誤差作為損失）。為了觀察網路的訓練過程，將網路在訓練資料過程中的損失函數的大小視覺化，網路的訓練及視覺化程式如下：

```
In[4]:## 使用訓練資料進行訓練
      optimizer=torch.optim.Adam(edmodel.parameters(), lr=0.0003)
      # 定義最佳化器
      loss_func=nn.MSELoss()   # 損失函數
      train_loss_all=[]    # 保存訓練過程中的損失
      ## 對模型進行疊代訓練,對所有的資料訓練epoch輪
      for epoch in range(20):
          ## 對訓練資料的疊代器進行疊代計算
          train_loss=0.
          train_num=0
          for step, b_x in enumerate(train_loader):
              ## 使用每個batch進行訓練模型
              _,output=edmodel(b_x)          # 在訓練batch上的輸出
              loss=loss_func(output, b_x)   # 平方根誤差
              optimizer.zero_grad()          # 每個疊代步的梯度初始化為0
              loss.backward()                # 損失的後向傳播，計算梯度
              optimizer.step()               # 使用梯度進行最佳化
              train_loss += loss.item() * b_x.size(0)
```

```
            train_num=train_num+b_x.size(0)
        ## 計算一個epoch的損失
        train_loss=train_loss / train_num
        train_loss_all.append(train_loss)
        print("Epoch: ",epoch,"  損失大小: ",train_loss)
Out[4]:Epoch:  0   損失大小:  0.061289221487442654
       ….
       Epoch:  19   損失大小:  0.025989947167038917
In[5]:## 視覺化損失函數的訓練過程
      plt.figure(figsize=(12,6))
      plt.plot(train_loss_all,"bs-")
      plt.grid()
      plt.xlabel("Epoch number")
      plt.ylabel("Loss value")
      plt.title("訓練過程中損失函數的變化情況")
      plt.show()
```

執行程式後結果如圖 12-15 所示。

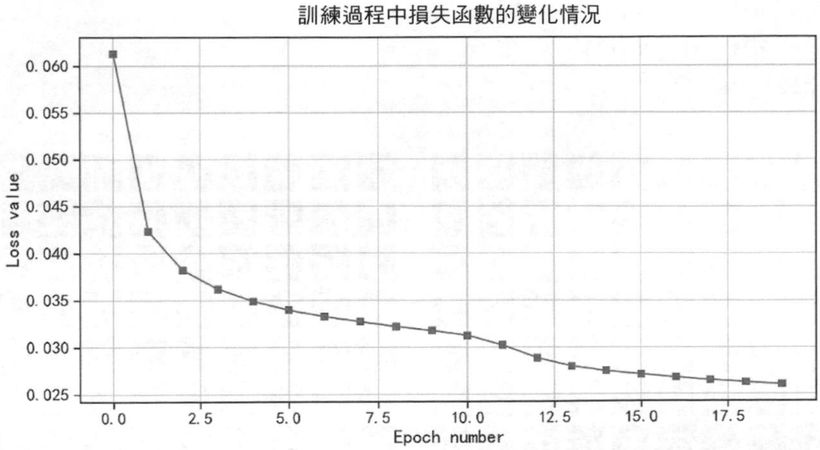

▲ 圖 12-15　自編碼網路訓練過程

由圖 12-15 可以發現，損失函數迅速減小。為了展示自編碼網路的效果，視覺化一部分測試集經過編碼前後的圖型，此處使用測試集的前 100 張圖型，執行下面的程式可以獲得如圖 12-16 所示的結果。

```
In[6]:## 預測測試集前100張圖型的輸出
      edmodel.eval()
      _,test_decoder=edmodel(test_data_x[0:100,:])
      ## 視覺化原始後的圖型
      plt.figure(figsize=(6,6))
      for ii in range(test_decoder.shape[0]):
          plt.subplot(10,10,ii+1)
          im=test_data_x[ii,:]
          im=im.data.numpy().reshape(28,28)
          plt.imshow(im,cmap=plt.cm.gray)
          plt.axis("off")
      plt.show()
      ## 視覺化編碼後的圖型
      plt.figure(figsize=(6,6))
      for ii in range(test_decoder.shape[0]):
          plt.subplot(10,10,ii+1)
          im=test_decoder[ii,:]
          im=im.data.numpy().reshape(28,28)
          plt.imshow(im,cmap=plt.cm.gray)
          plt.axis("off")
      plt.show()
```

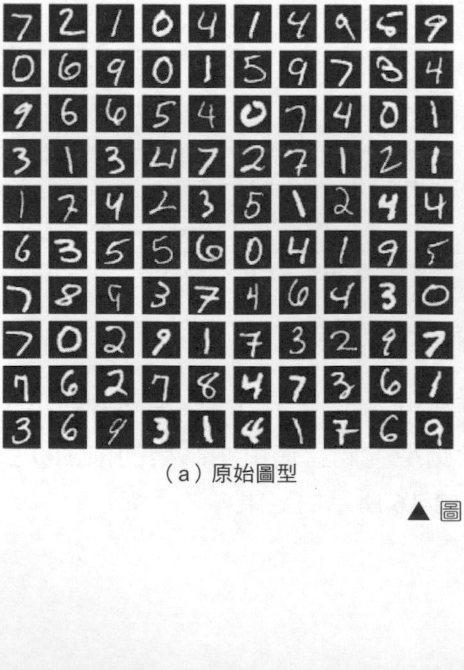

(a) 原始圖型

(b) 經過自編碼網路重構的圖型

▲ 圖 12-16

比較圖 12-16 中的（a）圖和（b）圖，可以看出自編碼網路極佳地重構了原始圖型的結構，但不足的是自編碼網路得到的圖型有些模糊，而且針對原始圖型中的某些細節並不能極佳地重構。這是因為在網路中，自編碼器部分最後一層只有 10 個神經元，將 784 維的資料壓縮到 10 維，會損失大量的資訊，故重構的效果會有一些模糊或錯誤。

自編碼網路的重要功能就是對資料進行降維，下面使用測試集中的 1000 個樣本，獲取網路對其自編碼後的 10 維特徵編碼，然後利用 t-SNE 演算法將其降維到二維，並將這 1000 張圖型在編碼特徵空間的分佈情況進行視覺化。執行下面的程式後，視覺化圖型如圖 12-17 所示。

```
In[7]:## 獲取前1000個樣本的自編碼後的特徵，並對資料進行視覺化
      edmodel.eval()
      TEST_num=1000
      test_encoder,_=edmodel(test_data_x[0:TEST_num,:])
      test_encoder_arr=test_encoder.data.numpy()
      ## 降維到二維空間中
      tsne=TSNE(n_components=2)
      test_encoder_tsne=tsne.fit_transform(test_encoder_arr)
      ## 將特徵進行視覺化
      X=test_encoder_tsne[:,0]
      Y=test_encoder_tsne[:,1]
      plt.figure(figsize=(10,6))
      # 視覺化前設定座標系的設定值範圍
      plt.xlim([min(X)-2,max(X)+2])
      plt.ylim([min(Y)-2,max(Y)+2])
      for ii in range(len(X)):
          text=test_data_y.data.numpy()[ii]
          plt.text(X[ii],Y[ii],str(text),fontsize=10,
                   bbox=dict(boxstyle="round",
                  facecolor=plt.cm.Set1(text), alpha=0.7))
      plt.grid()
      plt.title("自編碼後特徵的空間分佈")
      plt.show()
```

觀察圖 12-17 可以發現不同類型的手寫字型資料，在二維空間中的分佈都比較聚集，且在空間中和其他類型的資料距離較遠。

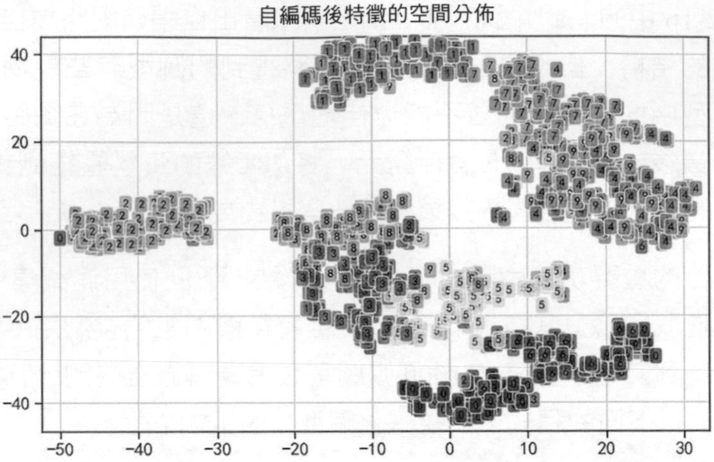

▲ 圖 12-17　圖型在自編碼特徵空間的分佈情況

12.6 本章小結

本節是深度學習的入門內容，借助 PyTorch 介紹相關深度學習網路的應用，主要有深度學習入門 PyTorch 函數庫的使用、使用卷積神經網路進行草書辨識、使用 LSTM 網路對文字資料進行分類，以及使用自編碼網路對資料進行重構。

本章使用到函數如表 12-4 所示。

表 12-4　相關函數

函數庫	模組	函數	功能
torch			深度學習函數庫 PyTorch
torchvision			包含已經預訓練好的多種模型和對應的資料集
torchtext			PyTorch 文字前置處理庫
torch	optim	SGD()	深度網路 SGD 最佳化演算法
		Adam()	深度網路 Adam 最佳化演算法
	nn	MSELoss()	均方根誤差損失函數
		CrossEntropyLoss()	交叉熵損失函數

Appendix

A

參考文獻

[1] 余本國，孫玉林 . Python 在機器學習中的應用 [M]. 北京：中國水利水電出版社，2019.

[2] 孫玉林，余本國 . PyTorch 深度學習入門與實戰 [M]. 北京：中國水利水電出版社，2020.

[3] 薛震，孫玉林 . R 語言統計分析與機器學習 [M]. 北京：中國水利水電出版社，2020.

[4] [美] 伊恩 · 古德費洛，[加] 約書亞 · 本吉奧，[加] 亞倫 · 庫維爾 . 深度學習 [M]. 北京：人民郵電出版社，2017.

[5] 周志華 . 機器學習 [M]. 北京：清華大學出版社，2016.

[6] 李航 . 統計學習方法 [M]. 北京：清華大學出版社，2012.

[7] [美] 韓家煒，等 . 資料探勘：概念與技術 [M]. 北京：機械工業出版社，2012.